普通高等院校化学化工类系列教材

钟福新 余彩莉 刘峥 编著

大学化学（第2版）
College Chemistry (Second Edition)

清华大学出版社
北京

版权所有，侵权必究。举报：010-62782989，beiqinquan@tup.tsinghua.edu.cn。

图书在版编目(CIP)数据

大学化学/钟福新,余彩莉,刘峥编著.—2版.—北京：清华大学出版社，2017(2023.8重印)
(普通高等院校化学化工类系列教材)
ISBN 978-7-302-48126-3

Ⅰ.①大… Ⅱ.①钟… ②余… ③刘… Ⅲ.①化学－高等学校－教材 Ⅳ.①O6

中国版本图书馆 CIP 数据核字(2017)第 201013 号

责任编辑：冯　昕
封面设计：常雪影
责任校对：赵丽敏
责任印制：宋　林

出版发行：清华大学出版社
　　　网　　址：http://www.tup.com.cn, http://www.wqbook.com
　　　地　　址：北京清华大学学研大厦 A 座　　　邮　编：100084
　　　社 总 机：010-83470000　　　邮　购：010-62786544
　　　投稿与读者服务：010-62776969, c-service@tup.tsinghua.edu.cn
　　　质量反馈：010-62772015, zhiliang@tup.tsinghua.edu.cn
印 装 者：三河市铭诚印务有限公司
经　　销：全国新华书店
开　　本：185mm×260mm　　　印　张：28.25　　插 页：1　　字　数：686 千字
版　　次：2012 年 4 月第 1 版　　2017 年 8 月第 2 版　　印　次：2023 年 8 月第 8 次印刷
定　　价：75.00 元

产品编号：076982-05

第 2 版前言

《大学化学》自 2012 年 4 月出版后，受到了许多读者的欢迎。根据当前科技和化学教学形势发展的需要，编者对 2012 版《大学化学》作出相应的补充、调整和取舍。主要原则是：

(1) 基本保持 2012 年版《大学化学》的体系和主线。

(2) 从与现行中学化学教学大纲和教材内容的衔接性及与后续课程的相承性出发，对内容进行了调整，增、删了一些内容。

(3) 将第 2 章与第 3 章内容作了顺序上的互换，以使难点分散，内容连贯。

(4) 调整了第 9 章部分内容的顺序，使知识点更集中、更突出。

(5) 增加了第 12 章关于配合物的晶体场理论，使配合物知识更完整。

(6) 删除了第 16 章内容，避免与后续课程重复。

修订后本书分为 15 章，主要涉及物质的凝聚态、化学热力学、化学动力学、化学平衡、相平衡、表面现象与胶体分散系、物质结构、元素化学等知识，各章后均有拓展知识、思考题与习题。

参加本书编写工作的有：桂林理工大学的钟福新（第 4、7 章）、余彩莉（第 2、5、12、15 章）、刘峥（第 6、10、11 章）、张淑华（第 1、12 章）、肖顺华（第 3、8 章）、黄红霞（第 13 章）、桂林电子科技大学的莫德清（第 14 章）和广西科技大学的张倩（第 9 章）。最后由钟福新、余彩莉、刘峥定稿。

本教材的出版得到了"桂林理工大学教材建设基金"的资助。

由于水平有限，教材中可能存在不足和疏漏之处，恳请读者不吝批评指正。

编　者
2017 年 6 月

第1版前言

"大学化学"课程是化工及非化学化工类本科学生的一门必修基础课程,主要介绍化学基本原理和化学技能。随着社会经济的不断发展和科学技术的不断进步,我国高等教育的改革和发展进入了一个新的历史阶段,教育体制、教学内容、教学方法的改革都在更广泛、更深入地展开,因而也给大学化学教学改革提出了更高的要求。一方面,要求学生在有限的学时数条件下掌握精通的专业知识;另一方面,要求学生有更宽广的知识面,以适应学科融合、交叉和渗透背景下对复合型技术人才的需要。为此,我们以现代教育思想为指导,在教学为先、育人为本的原则下,从培养21世纪高素质工科人才的总体需要出发,针对工科本科专业学生对化学基本知识、基本技术和基本方法的需求和学时分配,对原有的工科相关专业的基础化学、普通化学、无机化学、物理化学和有机化学的部分相关知识进行整合,编写了这本《大学化学》教材,以物质聚集态、化学热力学、化学动力学、物质结构、表面化学、胶体化学、配位化学、元素化学、有机化学为基础构建了新的工科专业基础化学教学体系。力求让学生在较少的学时内对化学知识体系和化学的近代进展有一个较为全面的了解。

为了适应新世纪对具有全面素质的创新型人才的要求,本书在编写过程中力求达到内容的先进性、基础性、科学性及针对性等各方面的统一,在介绍化学的基本原理、基本技术和基本方法的前提下,注意化学与各相关学科和技术的紧密联系,讨论化学在这些学科中的应用。在内容的选择上,注意与中学化学的衔接,力求理论联系实际。在材料组织上,力求概念阐述准确严密,内容安排深入浅出、循序渐进,并注意各章内容的相互依托与交叉,便于教师教学和学生自学。本书可以作为高等学校化学工程与工艺、材料科学、环境科学与工程、资源勘查、宝石学、生物科学与工程及相关专业本科四年制学生的教材,也可作为相关教师的参考资料。在使用本书作教材时,教师可根据学生的实际情况,在保证课程基本要求的前提下,对内容进行取舍,也可对相关知识的讲授顺序进行调整。书中带"*"的内容为选学内容。

参加本书编写工作的有桂林理工大学的钟福新(第4、7章)、余彩莉(第3、5、15章)、刘峥(第6、10、11、16章)、张淑华(第1、12章)、肖顺华(第2、8章)、黄红霞(第13章)、桂林电子科技大学的莫德清(第14章)和广西工学院的张倩(第9章)。最后由钟福新、余彩莉、刘峥定稿。

本书编写中参考了国内外出版的一些教材和著作,从中得到许多启发和教益,在此向这些作者表示诚挚的感谢。

本教材的出版得到了"桂林理工大学教材建设基金"的资助。

由于水平有限,教材中难免存在不足和疏漏之处,恳请读者不吝批评指正,深表感谢。

编 者
2011年4月

本书相关国际单位制说明

本书在量和单位方面,全面采用了我国法定计量单位。国际单位制是我国法定单位的基础,为了能正确使用国家标准 GB 3100—93《国际单位制及其应用》,现将有关问题简要说明如下。

1. 国际单位制(SI)的基本单位

量		单位	
名称	符号	名称	符号
长度	l	米	m
质量	m	千克(公斤)	kg
时间	t	秒	s
电流	I	安[培]	A
热力学温度	T	开[尔文]	K
物质的量	n	摩[尔]	mol
发光强度	I_v	坎[德拉]	cd

2. 常用 SI 导出单位

量		单位		
名称	符号	名称	符号	用 SI 基本单位和 SI 导出单位表示
频率	ν	赫[兹]	Hz	s^{-1}
能[量]	E	焦[耳]	J	$kg \cdot m^2 \cdot s^{-2}$
力	F	牛[顿]	N	$kg \cdot m \cdot s^{-2} = J \cdot m^{-1}$
压力	p	帕[斯卡]	Pa	$kg \cdot m^{-1} \cdot s^{-2} = N \cdot m^{-2}$
功率	P	瓦[特]	W	$kg \cdot m^2 \cdot s^{-3} = J \cdot s^{-1}$
电荷[量]	Q	库[仑]	C	$A \cdot s$
电位,电压,电动势	U	伏[特]	V	$kg \cdot m^2 \cdot s^{-3} \cdot A^{-1} = J \cdot A^{-1} \cdot s^{-1}$
电阻	R	欧[姆]	Ω	$kg \cdot m^2 \cdot s^{-3} \cdot A^{-2} = V \cdot A^{-1}$
电导	G	西[门子]	S	$kg^{-1} \cdot m^{-2} \cdot s^3 \cdot A^2 = \Omega^{-1}$
电容	C	法[拉]	F	$A^2 \cdot s^4 \cdot kg^{-1} \cdot m^{-2} = A \cdot s \cdot V^{-1}$
摄氏温度	t	摄氏度	℃	K

3. SI 词头

因数	词头名称 英文	词头名称 中文	符号	因数	词头名称 英文	词头名称 中文	符号
10^{24}	yotta	尧[它]	Y	10^{-1}	deci	分	d
10^{21}	zetta	泽[它]	Z	10^{-2}	centi	厘	c
10^{18}	exa	艾[可萨]	E	10^{-3}	mili	毫	m
10^{15}	peta	拍[它]	P	10^{-6}	micro	微	μ
10^{12}	tera	太[拉]	T	10^{-9}	nano	纳[诺]	n
10^{9}	giga	吉[咖]	G	10^{-12}	pico	皮[可]	p
10^{6}	mega	兆	M	10^{-15}	femto	飞[母托]	f
10^{3}	kilo	千	k	10^{-18}	atto	阿[托]	a
10^{2}	hecto	百	h	10^{-21}	zepto	仄[普托]	z
10^{1}	deca	十	da	10^{-24}	yocto	幺[科托]	y

4. 某些可与国际单位制单位并用的我国法定计量单位

量的名称	单位名称	单位符号	与 SI 单位的关系
时间	分 [小]时 日,(天)	min h d	1 min＝60 s 1 h＝60 min＝3600 s 1 d＝24 h＝86 400 s
体积	升	L	1 L＝1 dm³
质量	吨 原子质量单位	t u	1 t＝10^3 kg 1 u≈1.660 540×10^{-27} kg
长度	海里	n mile	1 n mile＝1852 m
能[量]	电子伏	eV	1 eV≈1.602 177×10^{-19} J
面积	公顷	hm²	1 hm²＝10^4 m²

5. 几种单位的换算

(1) 1 J＝0.2390 cal，1 cal＝4.184 J

(2) 1 J＝9.869 cm³·atm，1 cm³·atm＝0.1013 J

(3) 1 J＝6.242×10^{18} eV，1 eV＝1.602×10^{-19} J

(4) 1 D(德拜)＝3.334×10^{-30} C·m，1 C·m＝2.999×10^{29} D

(5) 1 Å(埃)＝10^{-10} m＝0.1 nm＝100 pm

(6) 1 cm^{-1}(波数)＝1.986×10^{-23} J

目 录

第1章 气体 ·· 1
  1.1 理想气体状态方程 ··· 1
  1.2 气体混合物 ·· 3
    1.2.1 道尔顿分压定理 ·· 3
    1.2.2 阿马格分体积定律 ··· 4
    1.2.3 气体混合物的摩尔质量 ·· 5
  1.3 气体的液化及临界参数 ··· 6
    1.3.1 液体的饱和蒸气压 ··· 6
    1.3.2 临界参数 ··· 6
    *1.3.3 真实气体的 p-V_m 图与气体的液化 ··································· 8
  1.4 真实气体状态方程 ··· 8
  拓展知识 获得诺贝尔化学奖的华人 ·· 10
  思考题 ·· 11
  习题 ·· 12

第2章 热力学第一定律与热化学 ·· 13
  2.1 热力学的术语和基本概念 ·· 13
    2.1.1 系统和环境 ··· 13
    2.1.2 状态和状态函数 ·· 14
    2.1.3 过程和途径 ··· 14
    2.1.4 相 ··· 15
  2.2 热力学第一定律 ·· 15
    2.2.1 热和功 ·· 15
    2.2.2 热力学能 ··· 16
    2.2.3 热力学第一定律 ·· 17
  2.3 热化学的术语和基本概念 ·· 17
    2.3.1 反应进度 ··· 18
    2.3.2 反应热 ·· 18
    2.3.3 标准状态 ··· 20
    2.3.4 热化学方程式 ··· 21
    2.3.5 盖斯定律 ··· 21

2.4 热化学基本数据与反应焓变的计算 ··· 22
    2.4.1 标准摩尔生成焓 ··· 22
    2.4.2 标准摩尔燃烧焓 ··· 23
    2.4.3 反应焓变的计算 ··· 23
拓展知识　能源 ··· 24
思考题 ·· 27
习题 ·· 28

第 3 章　化学动力学基础 ·· 30

3.1 化学动力学的任务和目的 ··· 30
3.2 化学反应速率表示方法 ··· 31
3.3 化学反应的速率方程 ··· 33
    3.3.1 质量作用定律 ··· 34
    3.3.2 反应级数和反应的速率常数 ··································· 35
3.4 温度和活化能对反应速率的影响 ······································· 37
    3.4.1 温度对反应速率的影响 ······································· 37
    3.4.2 活化能 E_a 对反应速率的影响 ································· 39
3.5 化学反应速率理论和反应机理简介 ····································· 39
    3.5.1 碰撞理论 ··· 39
    3.5.2 过渡态理论 ··· 40
    3.5.3 反应机理与基元反应 ··· 41
*3.6 催化反应动力学 ··· 42
    3.6.1 催化反应的特点 ··· 42
    3.6.2 均相催化反应 ··· 44
    3.6.3 气-固相催化反应 ··· 45
拓展知识　化学动力学在考古学中的应用 ································ 45
思考题 ·· 46
习题 ·· 46

第 4 章　热力学第二定律与化学反应的方向和限度 ····················· 48

4.1 热力学第二定律 ··· 48
4.2 熵　热力学第三定律 ··· 49
    4.2.1 混乱度、熵与微观状态数 ····································· 50
    4.2.2 热力学第三定律和标准熵 ····································· 52
    4.2.3 化学反应熵变 ··· 52
4.3 吉布斯函数 ··· 54
    4.3.1 吉布斯函数的定义及吉布斯函数[变]判据 ······················· 54
    4.3.2 标准摩尔生成吉布斯函数 ····································· 55
    4.3.3 化学反应的吉布斯函数变计算 ································· 56

4.3.4　ΔG 与 $\Delta G^{\ominus}$ 的关系 ·················· 57
4.4　吉布斯函数与化学平衡 ·················· 58
　　4.4.1　化学平衡的基本特征 ·················· 58
　　4.4.2　标准平衡常数表达式 ·················· 59
　　4.4.3　标准平衡常数的应用 ·················· 62
　　4.4.4　化学平衡移动 ·················· 64
拓展知识　氧-血红蛋白的平衡 ·················· 67
思考题 ·················· 68
习题 ·················· 70

第5章　水溶液中的离子平衡　72

5.1　酸碱质子理论概述 ·················· 72
　　5.1.1　质子酸、质子碱的定义 ·················· 72
　　5.1.2　共轭酸碱概念及其相对强弱 ·················· 73
　　5.1.3　酸碱反应的实质 ·················· 74
5.2　水的解离平衡和溶液的pH ·················· 75
　　5.2.1　水的解离平衡 ·················· 75
　　5.2.2　溶液的pH ·················· 75
5.3　弱酸、弱碱的解离平衡 ·················· 76
　　5.3.1　一元弱酸的解离平衡 ·················· 76
　　5.3.2　一元弱碱的解离平衡 ·················· 77
　　5.3.3　多元弱酸、弱碱的解离平衡 ·················· 78
5.4　盐溶液的解离平衡 ·················· 79
　　5.4.1　强酸弱碱盐 ·················· 79
　　5.4.2　弱酸强碱盐 ·················· 80
　　5.4.3　酸式盐 ·················· 81
　　5.4.4　弱酸弱碱盐 ·················· 82
　　5.4.5　影响盐类水解的因素及其应用 ·················· 83
5.5　缓冲溶液 ·················· 83
　　5.5.1　同离子效应 ·················· 83
　　5.5.2　缓冲溶液 ·················· 84
　　5.5.3　缓冲溶液的pH计算 ·················· 85
　　5.5.4　缓冲溶液的配制 ·················· 86
5.6　酸碱指示剂 ·················· 87
5.7　酸碱电子理论 ·················· 88
5.8　沉淀-溶解平衡 ·················· 89
　　5.8.1　溶解度 ·················· 89
　　5.8.2　溶度积 ·················· 90
　　5.8.3　溶度积和溶解度之间的换算 ·················· 90

5.8.4　溶度积规则 ·· 91
　　　5.8.5　同离子效应和盐效应 ·· 92
　　　5.8.6　溶液的 pH 对沉淀溶解平衡的影响 ·· 94
　　　5.8.7　分步沉淀 ·· 95
　　　5.8.8　沉淀的转化 ·· 96
　拓展知识　水的净化与废水处理 ··· 96
　思考题 ·· 99
　习题 ·· 100

第6章　氧化还原反应　电化学基础 ·· 102

　6.1　氧化还原反应的基本概念 ·· 103
　　　6.1.1　氧化剂、还原剂及氧化还原反应相关概念 ·································· 103
　　　6.1.2　氧化值和氧化态 ·· 103
　　　6.1.3　氧化还原方程式的配平 ·· 104
　6.2　电化学电池 ·· 107
　　　6.2.1　原电池的构造 ·· 107
　　　6.2.2　原电池符号和电极的分类 ·· 107
　　　6.2.3　原电池的热力学 ·· 109
　6.3　电极电势 ·· 110
　　　6.3.1　电极电势的产生 ·· 110
　　　6.3.2　标准电极电势 ·· 110
　　　6.3.3　能斯特方程式 ·· 112
　　　6.3.4　能斯特方程式的应用 ·· 113
　6.4　电解 ·· 119
　拓展知识　化学电源 ·· 123
　思考题 ·· 125
　习题 ·· 126

第7章　相平衡 ·· 129

　7.1　相体系平衡的一般条件 ·· 129
　7.2　相律 ·· 131
　　　7.2.1　相、组分、自由度和自由度数 ·· 131
　　　7.2.2　相律 ·· 133
　　　*7.2.3　相律的推导 ·· 133
　7.3　单组分体系的相平衡 ·· 135
　　　7.3.1　水的相图 ·· 135
　　　7.3.2　其他单组分相图 ·· 137
　7.4　二组分体系的相图及其应用 ·· 138
　　　7.4.1　二组分体系的气-液相平衡 ·· 138

7.4.2　二组分体系的液-固相平衡	147
*7.5　三组分体系的相图及其应用	150
拓展知识　相图在现代高科技中的应用	151
思考题	154
习题	154

第8章　界面现象和胶体分散体系　157

8.1　表面张力和表面能　157
　　8.1.1　净吸力和表面张力的概念　157
　　*8.1.2　影响表面张力的因素　159
8.2　纯液体的表面现象　160
　　8.2.1　弯曲界面的一些现象　161
　　8.2.2　润湿现象　161
8.3　固体表面的吸附　163
　　8.3.1　固体表面的特点　163
　　8.3.2　吸附作用　164
　　*8.3.3　吸附曲线　165
8.4　溶液表面层吸附与表面活性剂　167
　　8.4.1　溶液表面层吸附　167
　　8.4.2　表面活性剂　167
8.5　分散系统的分类及溶胶的特性　169
　　8.5.1　分散系统　169
　　8.5.2　溶胶的特性　170
8.6　溶胶的稳定性和聚沉　173
8.7　乳浊液　173
拓展知识　免疫胶体金技术　174
思考题　176
习题　176

第9章　原子结构　178

9.1　原子结构的早期模型　178
　　9.1.1　早期原子模型　178
　　9.1.2　有核原子模型　180
9.2　微观粒子运动的基本特征　181
　　9.2.1　物质波　181
　　9.2.2　测不准原理　183
9.3　氢原子结构的量子力学描述　184
　　9.3.1　薛定谔方程　184
　　9.3.2　波函数与原子轨道　184

9.3.3 四个量子数 ·· 185
9.3.4 概率密度和电子云 ·· 186
9.3.5 原子轨道和电子云的图像 ·· 187
9.4 多电子原子结构 ·· 190
9.4.1 屏蔽效应和钻穿效应 ·· 190
9.4.2 鲍林近似能级图 ·· 192
9.4.3 核外电子排布规则 ··· 193
9.5 原子的电子结构与元素周期系 ·· 196
9.5.1 原子结构与元素周期表 ··· 196
9.5.2 元素性质的周期性 ··· 197
拓展知识 物质的组成基元 ··· 201
思考题 ··· 202
习题 ·· 203

第 10 章 分子结构和分子间力 ··· 205

10.1 路易斯理论 ·· 205
10.2 价键理论 ·· 206
    10.2.1 共价键的形成及其本质 ··· 206
    10.2.2 价键理论 ··· 207
10.3 杂化轨道理论 ·· 210
    10.3.1 杂化轨道的概念 ··· 210
    10.3.2 杂化轨道的类型 ··· 212
10.4 价层电子对互斥理论 ··· 215
    10.4.1 价层电子对互斥理论的基本要点 ································ 215
    10.4.2 分子几何构型的预测 ·· 217
    10.4.3 判断分子(离子)几何构型的实例 ································· 219
10.5 分子轨道理论 ·· 219
    10.5.1 分子轨道理论的基本要点 ··· 219
    10.5.2 应用实例 ·· 223
10.6 键参数 ··· 224
    10.6.1 键长 ·· 224
    10.6.2 键能 ·· 225
    10.6.3 键角 ·· 226
    10.6.4 键级 ·· 226
    10.6.5 键矩与部分电荷 ·· 226
10.7 分子间力和氢键 ··· 227
    10.7.1 分子的极性 ·· 227
    10.7.2 分子间作用力 ··· 229
    10.7.3 氢键 ·· 231

拓展知识　荧光和磷光 ·· 233
思考题 ·· 236
习题 ·· 237

第 11 章　固体结构 ·· 242

11.1　晶体的类型和特征 ·· 242
　　11.1.1　晶体的特征 ·· 242
　　11.1.2　晶格理论的基本概念 ·· 243
　　11.1.3　晶体的基本类型 ·· 244

11.2　金属键和金属晶体 ·· 245
　　11.2.1　金属晶格 ·· 245
　　11.2.2　金属键 ·· 246

11.3　离子晶体 ·· 246
　　11.3.1　离子键的形成及离子的电子层结构 ······································ 246
　　11.3.2　离子晶体 ·· 247
　　11.3.3　晶格能 ·· 249

11.4　离子极化 ·· 250
　　11.4.1　离子的极化力和变形性 ·· 250
　　11.4.2　离子极化对晶体结构和性质的影响 ······································ 251

11.5　原子晶体和分子晶体 ·· 252
　　11.5.1　共价型原子晶体和混合键型晶体 ·· 252
　　11.5.2　分子型晶体 ·· 254

拓展知识　晶体材料 ·· 255
思考题 ·· 257
习题 ·· 257

第 12 章　配位化合物 ·· 260

12.1　配合物的组成和命名 ·· 260
　　12.1.1　配合物的组成 ·· 261
　　12.1.2　配合物的命名 ·· 262
　　12.1.3　配合物的分类 ·· 263

12.2　配合物的结构 ·· 265
　　12.2.1　配合物的空间构型 ·· 265
　　12.2.2　配合物同分异构现象 ·· 266

12.3　配合物的化学键理论 ·· 268

12.4　配合物的晶体场理论 ·· 271

12.5　配位反应与配位平衡 ·· 276
　　12.5.1　配合物的解离常数和稳定常数 ·· 276
　　12.5.2　配体取代反应和电子转移反应 ·· 278

12.6　配合物的应用 ………………………………………………………………………… 280
拓展知识　被骂出来的诺贝尔化学奖获得者——维克多·格林尼亚 ………………… 281
思考题 ……………………………………………………………………………………… 282
习题 ………………………………………………………………………………………… 282

第 13 章　s 区元素 ……………………………………………………………………… 285

13.1　s 区元素概述 ………………………………………………………………………… 285
13.2　s 区元素的单质 ……………………………………………………………………… 286
  13.2.1　s 区元素单质的存在和制备 ………………………………………………… 286
  13.2.2　s 区元素单质的物理和化学性质 …………………………………………… 287
13.3　s 区元素的化合物 …………………………………………………………………… 289
  13.3.1　氢化物 ………………………………………………………………………… 289
  13.3.2　氧化物 ………………………………………………………………………… 290
  13.3.3　氢氧化物 ……………………………………………………………………… 293
  13.3.4　配合物 ………………………………………………………………………… 294
  13.3.5　盐类 …………………………………………………………………………… 295
13.4　锂、铍的特殊性　对角线规则 ……………………………………………………… 296
  13.4.1　锂的特殊性 …………………………………………………………………… 296
  13.4.2　铍的特殊性 …………………………………………………………………… 297
  13.4.3　对角线规则 …………………………………………………………………… 297
拓展知识　硬水及其软化 ………………………………………………………………… 298
思考题 ……………………………………………………………………………………… 299
习题 ………………………………………………………………………………………… 300

第 14 章　p 区元素 ……………………………………………………………………… 301

14.1　p 区元素概述 ………………………………………………………………………… 301
14.2　硼族元素 ……………………………………………………………………………… 302
  14.2.1　硼族元素概述 ………………………………………………………………… 302
  14.2.2　硼族元素的单质 ……………………………………………………………… 303
  14.2.3　硼的化合物 …………………………………………………………………… 304
  14.2.4　铝的化合物 …………………………………………………………………… 308
14.3　碳族元素 ……………………………………………………………………………… 310
  14.3.1　碳族元素概述 ………………………………………………………………… 310
  14.3.2　碳族元素的单质 ……………………………………………………………… 311
  14.3.3　碳的化合物 …………………………………………………………………… 312
  14.3.4　硅的化合物 …………………………………………………………………… 315
  14.3.5　锡、铅的化合物 ……………………………………………………………… 316
14.4　氮族元素 ……………………………………………………………………………… 318
  14.4.1　氮族元素概述 ………………………………………………………………… 318

	14.4.2 氮族元素的单质	320
	14.4.3 氮的化合物	321
	14.4.4 磷的化合物	325
	14.4.5 砷、锑、铋的化合物	330
14.5	氧族元素	332
	14.5.1 氧族元素概述	332
	14.5.2 氧及其化合物	333
	14.5.3 硫及其化合物	335
14.6	卤素	340
	14.6.1 卤素概述	340
	14.6.2 卤素单质	341
	14.6.3 卤化氢和氢卤酸	342
	14.6.4 卤化物、多卤化物	343
	14.6.5 卤素的含氧化合物	344
14.7	稀有气体	347
	14.7.1 稀有气体的性质和用途	347
	14.7.2 稀有气体的化合物	348
拓展知识　新型无机非金属材料	350
思考题	352
习题	353

第15章　d区元素　357

15.1 d区元素概述　357
  15.1.1 d区元素的电子构型　357
  15.1.2 d区元素的原子半径和电离能　357
  15.1.3 d区元素的物理性质　358
  15.1.4 d区元素的化学性质　358
15.2 钛、钒　360
  15.2.1 钛及其化合物　360
  15.2.2 钒及其化合物　361
15.3 铬、钼、钨　多酸型配合物　361
  15.3.1 铬　361
  15.3.2 钼、钨　363
  15.3.3 多酸型配合物　364
15.4 锰　364
  15.4.1 锰的单质　364
  15.4.2 锰的化合物　365
15.5 铁、钴、镍　366
  15.5.1 铁、钴、镍的单质　366

  15.5.2　铁、钴、镍的化合物 …………………………………………………………… 366
*15.6　铂系元素简介 ………………………………………………………………………… 369
  15.6.1　铂系元素的单质 …………………………………………………………… 369
  15.6.2　铂和钯的重要化合物 ……………………………………………………… 370
*15.7　金属有机化合物 ……………………………………………………………………… 370
  15.7.1　金属羰基配合物 …………………………………………………………… 370
  15.7.2　不饱和烃金属有机配合物 ………………………………………………… 372
  15.7.3　夹心型配合物 ……………………………………………………………… 372
15.8　铜族元素 ……………………………………………………………………………… 373
  15.8.1　铜族元素的单质 …………………………………………………………… 373
  15.8.2　铜族元素的化合物 ………………………………………………………… 374
15.9　锌族元素 ……………………………………………………………………………… 377
  15.9.1　锌族元素的单质 …………………………………………………………… 377
  15.9.2　锌族元素的化合物 ………………………………………………………… 377
拓展知识　锌的生物作用和含镉、汞废水的处理 ……………………………………… 380
思考题 ……………………………………………………………………………………… 381
习题 ………………………………………………………………………………………… 382

部分习题参考答案 ……………………………………………………………………… 385

附录 A　一些物质在 298.15 K 下的标准热力学数据 ………………………………… 390

附录 B　一些物质的标准摩尔燃烧焓(298.15 K) ……………………………………… 412

附录 C　弱电解质的解离常数 ………………………………………………………… 413

附录 D　一些常见配离子的稳定常数 ………………………………………………… 416

附录 E　难溶化合物的溶度积常数 …………………………………………………… 418

附录 F　标准电极电势表 ……………………………………………………………… 422

附录 G　一些物质的摩尔质量 ………………………………………………………… 427

参考文献 ………………………………………………………………………………… 432

第1章

气 体

学习要求

(1) 掌握理想气体状态方程式。
(2) 掌握理想气体状态方程的应用。
(3) 了解道尔顿分压定律和阿马格分体积定律。
(4) 了解真实气体状态方程。

物质的聚集状态通常有气态、液态和固态三种,它们在一定的条件下可以相互转化。物质的性质取决于其状态,状态改变,其性质也发生变化。与液体和固体相比,气体是一种比较简单的聚集状态。它与人类的生存发展息息相关。

气体没有固定的体积和形状,是最容易被压缩的一种聚集状态。气体的密度比液体和固体的密度小很多。不同的气体能以任意比例互相均匀地混合。

由于液态、固态等凝聚状态物质的膨胀系数和等温压缩率均很小,在温度、压力改变不大时,体积的变化甚小;而气体的膨胀系数和等温压缩率均很大,在温度、压力改变时,体积的变化非常明显。

为了研究方便,我们把密度很小的气体抽象成一种理想的模型——理想气体。

因此,本章将重点讨论理想气体状态方程、混合气体的分压定律以及对应状态原理,学习气体混合物的摩尔质量的计算,了解气体的液化及临界参数,并介绍真实气体的状态方程。

1.1 理想气体状态方程

17—18 世纪,科学家们在比较温和的条件(如常压和室温)下探求气体体积的变化规律,在研究低压($p<1$ MPa)下物质的量为 n 的气体的 p-V-T 关系时,得出了对各种气体均适用的如下 3 个经验定律。

(1) 波义耳(Boyle)定律:在温度不变的情况下,一定量任何气体,其体积与其压力成反比,即

$$pV = 常数 \quad (n, T 一定)$$

(2) 盖·吕萨克(Gay-Lussac)定律:在压力不变的情况下,一定量任何气体,其体积与热力学温度成正比,即

$$V/T = 常数 \quad (n,p 一定)$$

（3）阿伏加德罗(Avogadro)定律：在相同温度、压力下，同体积的任何气体，均含有相同数量的分子，即

$$V/n = 常数 \quad (T,p 一定)$$

在总结上述 3 个定律的基础上，人们得出低压下气体的状态方程式

$$pV = nRT \tag{1-1}$$

式(1-1)被称为理想气体状态方程。式中 p 的单位为 Pa，V 的单位为 m^3，n 的单位为 mol，T 的单位为 K，R 称为摩尔气体常数，其值为 8.314 J·mol^{-1}·K^{-1}。

因摩尔体积 $V_m = V/n$，故上述方程还可以表示为

$$pV_m = RT \tag{1-2}$$

我们将在任何温度、压力下均严格适用状态方程 $pV=nRT$ 的气体称为理想气体。理想气体是一种假想的气体，其微观模型是气体分子之间无相互作用力，分子本身不具有体积。对于真实气体，只有在低压高温下，分子间作用力比较小，分子间平均距离比较大，分子自身的体积与气体体积相比完全微不足道，才能把它近似地看成理想气体。

理想气体状态方程有多种实际应用，可以用来计算描述气体状态的物理量，也可以在已知条件下求气体的密度和摩尔质量。

1. 计算 p、V、T 和 n 中的任意物理量

理想气体状态方程式在不同条件下，可以表现出不同的形式。除了上面提到的波义耳定律、盖·吕萨克定律、阿伏加德罗定律外，还有如下形式：

$$p/T = 常数 \quad (n,V 一定)$$
$$pV/T = 常数 \quad (n 一定)$$

例 1-1　在 573 K 和 2×10^5 Pa 压强下，33.3 L 气体 CF_4 的物质的量是多少？

解　由理想气体状态方程 $pV=nRT$ 得

$$n = \frac{pV}{RT} = \frac{2 \times 10^5 \times 33.3 \times 10^{-3}}{8.314 \times 573} \text{mol} = 1.40 \text{ mol}$$

2. 确定气体的密度和摩尔质量

测定气体或易挥发液体蒸气的密度，是常用的了解物质性质的方法。气体的密度

$$\rho = \frac{m}{V} = \frac{pM}{RT}$$

当气体的摩尔质量已知时，可以计算出在任意状态下的气体的密度。也可以由测定的气体密度来计算摩尔质量，进而求得相对分子质量或相对原子质量。这是测定气体摩尔质量常用的经典方法，现在通常用质谱仪等仪器测定摩尔质量。

例 1-2　某气体化合物是氮的氧化物，其中含氮的质量分数 $w(N)=30.5\%$；某一空容器里充有该氮氧化物的质量是 4.107 g，其体积为 0.500 L，压力为 202.65 kPa，温度为 0℃。试求：(1)在标准状况下，该气体的密度；(2)该氧化物的库尔质量 M_r 和化学式。

解 （1）在标准状况下，该气体的体积为

$$V = \frac{202.65 \times 0.500}{101.325} \text{L} = 1.00 \text{ L}$$

则密度为

$$\rho = \frac{m}{V} = \frac{4.107}{1} \text{g} \cdot \text{L}^{-1} = 4.107 \text{ g} \cdot \text{L}^{-1}$$

（2）$n = \dfrac{pV}{RT} = \dfrac{202.65 \times 0.500}{8.314 \times 273.15} \text{mol} = 0.0446 \text{ mol}$

则

$$M_r = \frac{m}{n} = \frac{4.107}{0.0446} = 92.0 \text{ g} \cdot \text{mol}^{-1}$$

所以

$$n(\text{N}) = \frac{92.0 \times 30.5\%}{14.0} = 2.00, \quad n(\text{O}) = \frac{92.0 \times (1-30.5\%)}{16.0} = 4.00$$

所以该氮氧化物的化学式为 N_2O_4。

1.2 气体混合物

当两种或两种以上气体在同一容器中混合时，相互间不发生化学反应，分子本身的体积和它们相互间的作用力都可以忽略不计，这就是理想气体混合物。其中每一种气体都称为该混合气体的组分气体。

本节讨论由几种理想气体构成的理想气体混合物中任一种气体的 p、V、T 关系。

1.2.1 道尔顿分压定理

在科学实验和生产实际中，常遇到由几种气体组成的气体混合物。实验研究表明，只要各组分气体之间互不反应，就可视为互不干扰，就像各自单独存在一样。在混合气体中，某组分气体所产生的压力称为该组分气体的分压。它等于在温度相同条件下，该组分气体单独占有与混合气体相同体积时所产生的压力。事实上，我们不可能测量出混合气体中某组分气体的分压，而只能测出混合气体的总压。

混合气体中某一组分气体 B 的分压 p_B 等于总压 $p_{总}$ 乘以气体 B 的物质的量分数 x_B （摩尔分数）：

$$p_B = p_{总} x_B \tag{1-3a}$$

因为

$$x_B = \frac{n_B}{n_{总}}$$

所以

$$p_B = p_{总} \left(\frac{n_B}{n_{总}} \right) \tag{1-3b}$$

又因为各气体摩尔分数之和 $\sum_{B} x_B = 1$，故气体混合物的总压等于所有气体的分压之和，即

$$p = \sum_{B} p_B \tag{1-4}$$

式(1-3)和式(1-4)对一切气体混合物均适用，高压下的真实气体混合物也是如此。

在总结低压下气体混合物压力实验的基础上，得出了如下结论：气体混合物的总压力等于各种气体单独存在且具有混合物温度和体积时的压力的和。这就是道尔顿定律。

道尔顿定律对于理想气体的混合物是准确的，对低压下真实气体的混合物只是近似适用。

例 1-3 某气柜内储有气体烃类混合物，其压力 p 为 104 364 Pa，气体中含有水蒸气，水蒸气的分压力 $p(H_2O)$ 为 3399.72 Pa。现将湿混合气体用干燥器脱水后使用，脱水后的干气中水含量可忽略。问每千摩[尔]的湿气需脱去多少千克的水？

解 利用分压定义，首先求出湿混合气体中水的摩尔分数 $x(H_2O)$，即

$$x(H_2O) = \frac{p(H_2O)}{p} = \frac{3399.72}{104\,364} = 0.0326$$

又

$$x(H_2O) = \frac{n(H_2O)}{\sum_{B} n_B}, \quad n(H_2O) = x(H_2O) \sum_{B} n_B = (0.0326 \times 1000)\,\text{mol} = 32.6\,\text{mol}$$

则所需脱去水的质量为

$$m(H_2O) = n(H_2O) \times M(H_2O) = (32.6 \times 18 \times 10^{-3})\,\text{kg} = 0.587\,\text{kg}$$

1.2.2 阿马格分体积定律

阿马格分体积定律是 19 世纪由阿马格首先提出来的。混合气体中组分 B 的分体积 V_B 是该组分单独存在并具有与混合气体相同温度和压力时占有的体积。实验结果表明：在一定温度和压力下，混合气体体积等于各组分的分体积的总和。这一规律叫做阿马格分体积定律，即

$$V = V_1 + V_2 + V_3 + \cdots$$

推导如下：

根据理想气体的状态方程，有

$$p_总 V_总 = n_总 RT, \quad p_总 V_B = n_B RT, \quad \frac{V_B}{V_总} = \frac{n_B}{n_总}$$

所以

$$V_B = V_总 x_B = V_总 \frac{n_B}{n_总} \tag{1-5}$$

在生产和科学实验中，常用体积分数来表示混合气体的组成。某组分气体的体积分数 φ_B 等于其分体积除以混合气体的总体积（或再乘以 100%）：

$$\varphi_B = \frac{V_B}{V_总}$$

根据式(1-3a)和式(1-5),可以整理出:

$$\frac{p_B}{p_\text{总}} = \frac{V_B}{V_\text{总}} = \frac{n_B}{n_\text{总}}$$

例 1-4 由 NH_4NO_2 分解制成 N_2,在 296 K,9.56×10^4 Pa 下,用排水法收集到 0.0575 L N_2,计算:(1)N_2 的分压;(2)干燥后的 N_2 体积(已知 296 K 时水的饱和蒸气压为 2.81×10^3 Pa)。

解 (1) $p_{N_2} = p - p_{H_2O} = (9.56\times10^4 - 2.81\times10^3)\text{Pa} = 9.28\times10^4$ Pa

(2) $V_{N_2} = \dfrac{p_{N_2}}{p_\text{总}} \times V_\text{总} = \left(\dfrac{9.28\times10^4}{9.56\times10^4} \times 0.0575\right)\text{L} = 0.0558$ L

1.2.3 气体混合物的摩尔质量

在对气体混合物进行 p、V、T 计算时,常使用混合物的摩尔质量这一概念。混合物的摩尔质量

$$M_\text{mix} = \sum_B x_B M_B \tag{1-6}$$

即混合物的摩尔质量等于气体混合物中各种物质的摩尔质量与其摩尔分数的乘积之和。式(1-6)的形式对于相对分子质量也适用,即

$$M_{r,\text{mix}} = \sum_B x_B M_{r,B} \tag{1-7}$$

因混合物中任一种物质 B 的质量 $m_B = n_B M_B$,而 $n_B = x_B n$,故有混合物的质量

$$m = \sum_B m_B = \sum_B n_B M_B = n\sum_B x_B M_B = nM_\text{mix}$$

得

$$M_\text{mix} = \frac{m}{n} = \frac{\sum_B m_B}{\sum_B n_B} \tag{1-8}$$

即混合物的摩尔质量等于混合物的总质量除以混合物的总的物质的量。

因此,对理想气体的混合物,有

$$pV = \frac{mRT}{M_\text{mix}}, \quad p = \frac{\rho RT}{M_\text{mix}}$$

等公式,其形式与纯理想气体相同。

例 1-5 假设空气中含氧和氮的体积分数分别为 21% 和 79%,求 2.00 kg 空气在 273 K,101.3 kPa 下的体积。

解 此题用理想气体状态方程计算 V 时,先要求出空气的摩尔质量。

依据 $V = \dfrac{mRT}{Mp}$,则

$$M_\text{mix} = \sum_B x_B M_B = x(O_2)M(O_2) + x(N_2)M(N_2)$$

$$= (0.21\times0.032 + 0.79\times0.028)\text{kg}\cdot\text{mol}^{-1} = 0.0288\text{ kg}\cdot\text{mol}^{-1}$$

$$V = \frac{mRT}{Mp} = \frac{2.00\times8.314\times273}{0.0288\times101.3\times10^3}\text{m}^3 = 1.56\text{ m}^3$$

由于空气中实际还含有二氧化碳和氩气等气体,所以工程计算时常取空气的摩尔质量为 0.029 kg·mol^{-1}。

1.3 气体的液化及临界参数

1.3.1 液体的饱和蒸气压

一定温度下,在容积恒定的真空容器中放入足够量的某种易挥发的液体,由于液体分子进入气相,使得蒸气的压力逐渐增加,但蒸气压力的增大,使蒸气分子回到液相的速率加快,故蒸气压力的增加就变得越来越缓慢,最后当单位时间单位表面上液体分子进入气相的数目与蒸气分子回到液相的数目相等时,就达到了动态平衡,蒸气压力就达到了恒定值。

从微观的角度看,这种宏观的平衡是一种动态平衡,即在气、液共存时,液面上热运动的分子中有部分动能较大的分子可以克服分子间引力的作用而蒸发,而运动着的蒸气分子碰撞到液面上又会凝结。当单位液面上蒸发的分子数与凝结回该表面的分子数相等,即蒸发与凝结速率相等时,宏观上就呈现出上述不随时间而变化的饱和状态。纯液体单位液面的蒸发速率不仅与物质性质(物质不同分子间引力不同)有关,而且与温度有关。当温度升高,则具有能克服分子间引力的动能的分子数增多,因而液体蒸发速率增大,气、液要达到饱和状态,蒸气的凝结速率必须相应提高。凝结速率与蒸气的压力有关,蒸气压力越大则凝结速率越大,也就是说,温度升高,气、液要处于饱和状态所对应的饱和蒸气压力必须提高。这就是饱和蒸气压随温度的升高而加大的原因。

我们将一定温度下与液体呈平衡的蒸气称为该温度下液体的饱和蒸气,将一定温度下与液体呈平衡的饱和蒸气的压力称为该温度下液体的饱和蒸气压,简称蒸气压。

1.3.2 临界参数

实际气体除了 p-V-T 关系不符合理想气体状态方程外,还能因分子间引力的作用凝聚为液体,这种过程称为液化或凝结。要使气体液化,需要减小气体分子热运动产生的离散倾向,缩小分子间距离从而增大分子间相互吸引力,据此,可施行降温与加压。实验结果表明,单纯降温可以使气体液化,但单凭加压却不一定能使气体液化。只有将温度降到一定数值后,再施加足够的压力方可使气体液化。若温度高于这个数值,则无论加多大的压力,都不能达到液化的目的。这个用加压的方法能使气体液化的最高温度,称为临界温度,以 T_c 表示。因此,换句话说,临界温度是液体能够存在的最高温度,所以,液体的饱和蒸气压对温度的曲线终止于临界温度。

低于临界温度,将气体等温压缩到气体的压力等于该温度下液体的饱和蒸气压时,气体就开始液化。

在临界温度时,使气体液化所需的最低压力称为临界压力,以 p_c 表示。在临界温度和临界压力下,物质的摩尔体积称为摩尔临界体积,以 $V_{c,m}$ 表示。

临界温度、临界压力和摩尔临界体积统称为临界参数。临界参数是物质的重要属性。表 1-1 列出了一些气体的临界参数。

表 1-1 一些物质的临界参数

物　　质	临界温度 t_c/℃	临界压力 p_c/MPa	临界密度 ρ/(kg·m^{-3})	临界压缩因子 Z_c
氦(He)	−267.96	0.227	69.8	0.301
氩(Ar)	−122.4	4.87	533	0.291
氢(H$_2$)	−239.9	1.297	31.0	0.305
氮(N$_2$)	−147.0	3.39	313	0.290
氧(O$_2$)	−118.57	5.043	436	0.288
氟(F$_2$)	−128.84	5.215	574	0.288
氯(Cl$_2$)	144	707	573	0.275
溴(Br$_2$)	311	10.3	1260	0.270
水(H$_2$O)	373.91	22.05	320	0.23
氨(NH$_3$)	132.33	11.313	236	0.242
氯化氢(HCl)	51.5	8.31	450	0.25
硫化氢(H$_2$S)	100.0	8.94	346	0.284
一氧化碳(CO)	−140.23	3.499	301	0.295
二氧化碳(CO$_2$)	30.98	7.375	468	0.275
二氧化硫(SO$_2$)	157.5	7.884	525	0.268
甲烷(CH$_4$)	−82.62	4.596	163	0.286
乙烷(C$_2$H$_6$)	32.18	4.872	204	0.283
丙烷(C$_3$H$_8$)	96.59	4.254	214	0.285
乙烯(C$_2$H$_4$)	9.19	5.039	215	0.281
丙烯(C$_3$H$_6$)	91.8	4.62	233	0.275
乙炔(C$_2$H$_2$)	35.18	6.139	231	0.271
氯仿(CHCl$_3$)	262.9	5.329	491	0.201
四氯化碳(CCl$_4$)	283.15	4.558	557	0.272
甲醇(CH$_3$OH)	239.43	8.10	272	0.224
乙醇(C$_2$H$_6$OH)	240.77	6.148	276	0.240
苯(C$_6$H$_6$)	288.95	4.898	306	0.268
甲苯(C$_6$H$_5$CH$_3$)	318.57	4.109	290	0.266

　　气态物质处于临界温度、临界压力和临界体积的状态下，我们说它处于临界状态。临界状态是一种不够稳定的特殊状态，在这种状态下气体和液体之间的性质差别将消失，两者之间的界面亦将消失。应当指出，理想气体是不能液化的，因为分子本身不具有体积，且分子间根本不存在作用力。

*1.3.3 真实气体的 p-V_m 图与气体的液化

从理想气体状态方程 $pV_m = RT$ 可知,理想气体在不同温度下其 p-V_m 等温线为不同的双曲线。

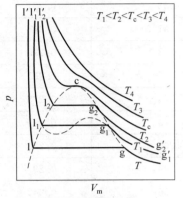

图 1-1 真实气体的等温线示意图

对于真实气体,因为其状态方程不同于理想气体,且真实气体能液化,故真实气体的 p-V_m 等温线就与理想气体的有一定的差别,而在液化过程中及液态时的 p-V_m 线更与气态时的等温线有着根本的不同。真实气体的 p-V_m 等温线示意如图 1-1 所示。

真实气体的 p-V_m 等温线按温度高于、低于还是等于临界温度而分为 3 种类型。

当温度远高于临界温度 T_c 时,该气体的等温线近似为双曲线,这说明其形状与理想气体的等温线相似。但当温度逐渐降低时,则真实气体等温线与理想气体等温线的偏离逐渐显著,如图中高于 T_c 但又靠近 T_c 的等温线。

当温度较低,即低于 T_c 时,图中温度为 T 的等温线与理想气体等温线显著不同。从低压开始压缩该气体时,体积会随着压力的增大而减小,但当压力增大到图中 g 点的压力后,曲线变成一个水平线。这表明其体积迅速减小,而压力不变,亦即此时气体不断液化,液体的状态为 l 点,直到气体全部液化后,曲线几乎呈直线上升,就是说,液体的体积是非常难以压缩的。在 $T < T_c$ 时,等温线出现水平线段是由于气体达到饱和而液化的结果。当温度比 T 高,等温线的水平线段逐渐缩短。若温度升至 T_1 时,水平线段 $g_1 l_1$ 较 gl 线段要短,表明 g_1 点的压力较 g 点大,g_1 点的气体摩尔体积较 g 点小。另一方面,l_1 点的液体的摩尔体积则较 l 点的液体大。亦即温度为 T_1 时,液体的摩尔体积与气体的摩尔体积较温度 T 时接近。由此可见,随着温度升高,互成平衡的蒸气摩尔体积与液体摩尔体积越来越接近。

当温度升至 T_c 时,水平线段缩成一点 c,此时蒸气与液体的摩尔体积相等,蒸气与液体两者合二为一,不可区分。c 点称为该气体的临界点,它代表的状态为临界状态。在 T_c 以上温度,所有的等温线均无水平线段,亦即在临界温度以上,单纯增大压力是不可能使气体液化的,故 T_c 是气体能够液化的最高温度。

从图 1-1 来看,虚线 lcg 以内为气、液两相共存区,在虚线 lcg 以外,右侧为气相区,左侧为液相区。但气相区和液相区是连续的,两者之间并不存在分界线。

1.4 真实气体状态方程

1873 年,荷兰科学家范德华(van der Waals)针对引起实际气体与理想气体偏差的两个主要原因,即实际气体分子自身的体积和压力,对理想气体状态方程进行了修正。

1) 体积所引起的修正

由于理想气体模型是将分子视为不具有体积的质点,故理想气体状态方程式中的体积项应是气体分子可以自由活动的空间。设 b 为气体分子本身所占有体积的修正量。这样

1 mol 真实气体的分子可以自由活动的空间为 $(V_m - b)$，理想气体状态方程则修正为

$$p(V_m - b) = RT$$

式中修正项 b 可通过实验方法测定，其数值约为 1 mol 气体分子自身体积的 4 倍，常用单位为 $m^3 \cdot mol^{-1}$。

2）压力所引起的修正

理想气体分子间无相互作用力，但是真实气体分子间存在相互作用力，且一般情况下为吸引力。因此对实际气体要考虑分子间力对压力的影响。当某一分子运动至器壁附近（发生碰撞），由于分子间的吸引作用而减弱了对器壁的碰撞作用，使实测压力比按理想气体推测出的压力要小，故应在实测压力的基础上加上由于分子间力而减小的压力才等于理想气体的压力。由于气体分子对器壁的碰撞是弹性的，碰撞产生的压力与气体的摩尔体积成反比；同样，分子间的吸引作用导致压力的减小也与摩尔体积成反比。若 1 mol 真实气体的压力为 p，则气体分子间无吸引力时的真正压力为 $\left(p + \dfrac{a}{V_m^2}\right)$。其中 a 为比例系数，单位为 $Pa \cdot m^6 \cdot mol^{-2}$。

综合上述两项修正，就可得到范德华状态方程：

$$\left(p + \dfrac{a}{V_m^2}\right)(V_m - b) = RT \tag{1-9a}$$

对物质的量为 n 的气体，方程为

$$\left(p + \dfrac{an^2}{V^2}\right)(V - nb) = nRT \tag{1-9b}$$

某些气体的范德华常量见表 1-2。

表 1-2 某些气体的范德华常量

气 体	$10^3 a/(Pa \cdot m^6 \cdot mol^{-2})$	$10^6 b/(m^3 \cdot mol^{-1})$
氩(Ar)	136.3	32.19
氢(H_2)	24.76	26.61
氮(N_2)	140.8	39.13
氧(O_2)	137.8	31.83
氯(Cl_2)	657.9	56.22
水(H_2O)	553.6	30.49
氨(NH_3)	422.5	37.07
氯化氢(HCl)	371.6	40.81
硫化氢(H_2S)	449.0	42.87
一氧化碳(CO)	150.5	39.85
二氧化碳(CO_2)	364.0	42.67
二氧化硫(SO_2)	680.3	56.36
甲烷(CH_4)	228.3	42.78
乙烷(C_2H_6)	556.2	63.80

续表

气 体	$10a/(Pa·m^6·mol^{-2})$	$10b/(m^3·mol^{-1})$
丙烷(C_3H_8)	877.9	84.45
乙烯(C_2H_4)	453.0	57.14
丙烯(C_3H_6)	849.0	82.72
乙炔(C_2H_2)	444.8	51.36
氯仿($CHCl_3$)	1537	102.2
四氯化碳(CCl_4)	2066	138.3
甲醇(CH_3OH)	964.9	67.02
乙醇(C_2H_5OH)	1218	84.07
乙醚(($C_2H_5)O$)	1761	134.4
丙酮(($CH_3)_2CO$)	1409	99.4
苯(C_6H_6)	1824	115.4

例 1-6 10.0 mol C_2H_6 在 300 K 充入 $4.86×10^{-3}$ m³ 的容器中,测得其压力为 3.445 MPa。试分别用理想气体状态方程和范德华方程计算容器内气体的压力 p。

解 (1) 根据理想气体状态方程计算

$$p = \frac{nRT}{V} = \frac{10.0×8.314×300}{4.86×10^{-3}} \text{MPa} = 5.13 \text{ MPa}$$

(2) 根据范德华方程式计算

从表 1-2 中查出 C_2H_6 的范德华常数 $a = 0.5562$ Pa·m⁶·mol⁻², $b = 6.380×10^{-5}$ m³·mol⁻¹,根据 $\left(p + \frac{an^2}{V^2}\right)(V-nb) = nRT$,得

$$p = \frac{nRT}{V-nb} - \frac{an^2}{V^2} = \left[\frac{10.00×8.314×300}{4.86×10^{-3} - 10.00×6.380×10^{-5}} - \frac{10.00^2×0.5562}{(4.86×10^{-3})^2}\right] \text{MPa}$$
$$= 3.55 \text{ MPa}$$

拓展知识

获得诺贝尔化学奖的华人

1. 首位诺贝尔化学奖华人得主——李远哲

李远哲(Yuan Tseh Lee,1936—),男,1936 年生于台湾新竹,祖籍台湾新竹。美籍华人化学家,诺贝尔化学奖获得者。1959 年毕业于台湾大学;1965 年获美国加州大学伯克利分校化学动力学博士学位。1965—1968 年在美国劳伦斯伯克利国家实验室和哈佛大学进行博士后研究工作;1968—1974 年先后在芝加哥大学化学系任助理教授、副教授、教授;1974 年任加州大学伯克利分校化学系教授兼主任,并任劳伦斯伯克利实验室主任研究员。1979 年当选美国科学院院士。主要研究气态化学动力学、分子光束和激光化学。台北"中

央研究院"院士、美国科学院院士,并被聘为中国科学院大连化学物理所和北京化学所名誉教授,北京大学、上海复旦大学、天津南开大学、南京大学和中国科学技术大学名誉教授。1994年获香港浸会大学颁授荣誉理学博士学位。1986年获美国国家科学技术奖章;同年获美国化学会彼得·德拜物理化学奖、诺贝尔化学奖、全美华人成就奖。

2. 诺贝尔化学奖华人得主——钱永健

钱永健(Roger Yonchien Tsien,1952—),出生于美国纽约,在新泽西州利文斯顿长大。钱永健小时候患有哮喘,只能经常待在家里。他对化学实验感兴趣,常常在家中地下室里做化学实验,一做就是几个小时。16岁时,钱永健获得生平第一个重要奖项,也是美国给予高中学生完成科研项目的最高奖:西屋科学天才奖,当时他研究的是金属如何与硫氰酸盐结合。后来钱永健拿了美国国家优等生奖学金进入哈佛大学学习,20岁获得化学物理学士学位并从哈佛毕业,接着前往剑桥大学深造,1977年获得生理学博士学位。1981年,钱永健来到加州大学伯克利分校,并在这里工作了8年,成为大学教授。1989年,钱永健将他的实验室搬到加州大学圣迭戈分校,现在他是该校的药理学教授以及化学与生物化学教授。1995年,钱永健当选美国医学研究院院士,1998年当选美国国家科学院院士和美国艺术与科学院院士。

钱永健获得了许多重要奖项,包括:1991年,帕萨诺基金青年科学家奖;1995年,比利时阿图瓦-巴耶-拉图尔健康奖;1995年,盖尔德纳基金国际奖;1995年,美国心脏学会基础研究奖;2002年,美国化学学会创新奖;2002年,荷兰皇家科学院海内肯生物化学与生物物理学奖;2004年,以色列沃尔夫医学奖;2008年,诺贝尔化学奖。他发明的多色荧光蛋白标记技术,为细胞生物学和神经生物学的发展带来一场革命。

1-1 什么是理想气体?
1-2 判断下列关系是否正确:
    (1) 一定量气体的体积与温度成正比。
    (2) 1 mol 任何气体的体积都是 22.4 L。
    (3) 气体的体积百分组成与摩尔分数相等。
    (4) 对于一定量混合气体来说,体积变化时,各组分气体的物质的量亦发生变化。
1-3 应用分压定律和分体积定律的条件是什么?
1-4 对于一定量的混合气体,试回答下列问题:
    (1) 恒压下,温度变化时各组分气体的体积分数是否变化?
    (2) 恒温下,压强变化时各组分气体的分压是否变化?
    (3) 恒温下,体积变化时各组分气体的摩尔分数是否变化?
1-5 何为液体的饱和蒸气压?它与哪些因素有关?
1-6 为什么气体在临界温度以上无论加多大压力也不能使其液化?
1-7 真实气体与理想气体产生偏差的原因是什么?
1-8 范德华方程的适用条件是什么?

习 题

1-1 汽车发动机的汽缸体积为 0.500 L。如果用汽油蒸气和空气的混合物充至压力为 0.10 MPa，假定温度恒定，将混合气体压缩至 57 mL（点火之前），则其压力为多少？

1-2 氧气钢瓶的容积为 40.0 L，压力为 10.1 MPa，温度为 27℃。计算钢瓶中氧气的质量。

1-3 在容积为 50.0 L 的容器中，充有 140.0 g 的 CO 和 20.0 g 的 H_2，温度为 300 K。试计算：(1) CO 和 H_2 的分压；(2) 混合气体的总压。

1-4 HCN 气体是用甲烷和氨作原料制成的。反应如下：

$$2CH_4(g) + 2NH_3(g) + 3O_2(g) \xrightarrow{Pt, 1100°C} 2HCN + 6H_2O(g)$$

如果反应物和产物的体积是在相同的温度和相同的压力下测定的，计算：
(1) 与 3.0 L CH_4 反应需要氨的体积；
(2) 与 3.0 L CH_4 反应需要氧气的体积；
(3) 当 3.0 L CH_4 完全反应时，生成的 HCN(g) 和 H_2O(g) 的体积。

1-5 常温下将装有相同气体的体积为 5 L、压强为 9.1193×10^5 Pa 和体积 10 L、压强为 6.0795×10^5 Pa 的两个容器的连接阀打开，求平衡时的压强为多少？

1-6 金星（太白星）表面大气压力为 9.2×10^3 kPa，其中 $\varphi(CO_2) = 96.5\%$，$\varphi(N_2) = 3.5\%$，另有少量其他气体。计算 CO_2 和 N_2 的摩尔分数和分压。

1-7 将一带活塞的汽缸置于 100℃ 的恒温槽，活塞外的压力维持 150 kPa 不变，汽缸内有 20 dm³ 的 N_2(g)，底部有一小玻璃瓶，瓶中装有质量为 m 的 H_2O(l)。已知水在 100℃ 下的饱和蒸气压为 101.325 kPa，计算当水的质量 m 分别为 50 g 及 30 g 时，将小瓶打碎，水蒸发至平衡时，末态的体积、H_2O(l) 蒸发成 H_2O(g) 的物质的量及 N_2(g) 和 H_2O(g) 的分压力。

1-8 25℃ 时被水蒸气饱和了的氢气，经冷凝器冷却至 10℃ 以除去其中大部分的水蒸气。冷凝器的操作压力恒定为 128.5 kPa。已知水在 10℃ 及 25℃ 时的饱和蒸气压分别为 1227.8 Pa，3167.2 Pa。试求：(1) 在冷却前、后的混合气体中含水蒸气的摩尔分数；(2) 每 1 mol 氢气经过冷凝器时冷凝出水的物质的量。

1-9 今有 0℃、40 530 kPa 的 N_2(g)，分别用理想气体状态方程及范德华方程计算其摩尔体积。实验值为 70.3 cm³·mol⁻¹。

1-10 CO_2 气体在 40℃ 时的摩尔体积为 0.381 dm³·mol⁻¹。设 CO_2 为范德华气体，试求其压力，并与实验值 5066.3 kPa 作比较。

第 2 章

热力学第一定律与热化学

学习要求

(1) 理解反应进度 ξ、系统与环境、状态与状态函数、相等的概念。
(2) 掌握热与功的概念和计算,掌握热力学第一定律的概念。
(3) 掌握 $\Delta_f H_m^\ominus$、$\Delta_r H_m^\ominus$ 和盖斯定律的概念及有关计算和应用。

在化学反应的研究中,经常会遇到这样的问题:哪些物质之间能发生化学反应,哪些物质之间不能发生化学反应,即反应的方向问题;如果反应能够进行,那么它能进行到什么程度,反应物的转化程度如何,即反应的限度(即平衡)问题;反应过程的能量如何变化,是吸热还是放热,即反应的热效应问题。解决这些问题的理论基础就是热力学。热力学是研究热和其他形式能量相互转换过程中应遵循的规律的科学。热力学的中心内容是热力学第一定律和第二定律,两者均为经验定律。利用热力学第二定律可以研究化学变化的方向和限度以及化学平衡的有关问题,将在第 4 章中介绍。本章主要介绍热力学的一些基本概念、热力学第一定律,并应用其讨论化学过程中能量的变化及其计算。

2.1 热力学的术语和基本概念

2.1.1 系统和环境

在热力学中,为了研究问题方便,人们常常把一部分物体和周围的其他物体划分开来作为研究的对象,这部分划分出来作为研究对象的物体称为系统,而系统以外与系统密切相关的部分则称为环境。例如,在 298.15 K、100 kPa 压力下测定烧杯中 HAc 水溶液的 pH,则烧杯中的 HAc 水溶液就是系统;而烧杯和烧杯以外的其余部分,如溶液上方空气的压力、温度、湿度等都属于环境。一般热力学中所说的环境,是指那些与系统密切相关的部分。应该指出,系统和环境的划分完全是人为的,只是为了研究问题的方便,但一经指定,在讨论问题的过程中就不能任意更改了。还要注意,系统和环境是共存的,缺一不可,当考虑系统时,切莫忘记环境的存在。

根据系统与环境之间是否有能量或物质的交换,把系统分为下列三种类型:
敞开系统——也称开放系统,系统与环境之间既有物质交换又有能量交换;
封闭系统——系统与环境之间只有能量交换而无物质交换;

隔离系统——也称孤立系统，系统与环境之间既无物质交换又无能量交换，是一种理想化的系统。绝对隔离的系统实际上是不存在的，为了研究的方便，在某些条件下可近似地把一个系统视为隔离系统。

三种系统的划分也是人为的，其目的是便于处理，并非系统本身有什么区别。例如，在一个保温良好的保温瓶内盛有水，再将瓶塞塞紧，指定水为系统。如果水的温度始终保持不变，在忽略了重力场的作用后，水可看作孤立系统；如果保温效果不好，水的温度发生改变，表明系统与环境间有能量交换，水就是封闭系统；如果再把瓶塞打开，水分子可以自由出入系统和环境，此时水就是敞开系统了。

2.1.2 状态和状态函数

状态是系统所有宏观性质的综合表现，宏观性质包括压力(p)、温度(T)、密度(ρ)、体积(V)、物质的量(n)及后面将要介绍的热力学能(U)、焓(H)、熵(S)、吉布斯函数(G)等宏观物理量。当所有这些宏观物理量都不随时间改变时，我们称系统处于一定状态。反之，当系统处于一定状态时，这些宏观物理量也都具有确定值。我们把这些确定系统存在状态的宏观物理量称为系统的状态函数。系统的某个状态函数或若干状态函数发生变化时，系统的状态也随之发生变化。状态函数之间是相互联系、相互制约的，具有一定的内在联系。因此确定了系统的几个状态函数后，系统其他的状态函数也随之确定。例如，理想气体的状态就是 p、V、n、T 这些状态函数的综合表现，它们的内在联系就是理想气体状态方程 $pV=nRT$。

状态函数的最重要特点是它的数值仅仅取决于系统的状态，当系统状态发生变化时，状态函数的数值也随之改变。但状态函数的变化值只取决于系统的始态与终态，而与系统变化的途径无关。即系统由始态 1 变化到终态 2 所引起的状态函数的变化值如 Δn、ΔT 等均为终态与始态相应状态函数的差值，$\Delta n=(n_2-n_1)$，$\Delta T=(T_2-T_1)$ 等。

状态函数按其性质可分为两类：一类与物质的数量有关，如 n、V 等；另一类与物质的数量无关，如 T、p 等。前一类物理量称为容量性质或广度性质，具有加和性；后一类物理量称为强度性质，没有加和性。通常强度性质可由两个容量性质相除而得到，如密度 $\rho=$ 质量 m/体积 V。

2.1.3 过程和途径

系统由一个状态（始态）变为另一个状态（终态），称之为发生了一个热力学过程，简称过程。在过程中系统不一定时刻都处于平衡态，因而其状态未必都能确切描述。不过，热力学总是假定系统的始、终态都是平衡态，都是可以确切描述的。

下面列出几种重要过程的定义：

(1) 等温过程。系统的始态和终态温度相等，这种过程叫等温过程或定温过程。

(2) 等压过程。系统的始态和终态压力相等，这种过程叫等压过程或定压过程。

(3) 等容过程。系统的始态和终态体积相同，这种过程称为等容过程或定容过程。

(4) 循环过程。系统由始态出发,经过一系列变化,又回到原来状态,这种始态和终态相同的变化过程称为循环过程。

一个热力学过程的实现,可通过许多不同的方式来完成,完成一个过程的具体步骤称为途径。例如,某系统由始态(p_1, V_1)变到终态(p_2, V_2),可由先等压后等容的途径Ⅰ实现;也可由先等容后等压的途径Ⅱ实现,如图2-1所示。无论采用何种途径,状态函数的变量仅取决于系统的始、终态,而与状态变化的途径无关。

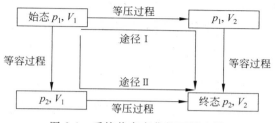

图 2-1　系统状态变化的不同途径

2.1.4　相

系统中物理性质与化学性质完全均匀的部分称为相。不同的相之间有明显的界面隔开。系统里的气体,无论是纯气体还是混合气体,总是1个相。系统中若只有一种液体,无论这种液体是纯物质还是(真)溶液,也总是1个相。若系统里有2种不互溶的液体,如乙醚与水,中间以液-液界面隔开,为两相系统,虽然乙醚相里溶有少量的水,水相里也溶有少量的乙醚,但两者分属于不同的两相。同样,不相溶的油和水在一起也是两相系统,将其激烈振荡后油和水形成的乳浊液,也仍然是两相(一相叫连续相,另一相叫分散相)。作为相的存在与物质的量的多少无关,也可以不连续存在。如冰不论是1 kg还是0.5 kg,也不论是大块还是小块,都是一个相。对于固体,如果系统中不同种固体达到了分子程度的均匀混合,就形成了固溶体,一种固溶体就是一个相。否则不论这些固体研磨得多么细,其分散程度亦远远达不到分子、离子级,系统中含有多少种固体,就有多少个相。

2.2　热力学第一定律

2.2.1　热和功

热和功是系统在发生状态变化的过程中与环境交换的两种形式的能量。也就是说,只有当系统经历某过程时,才能以热和功的形式与环境交换能量。热和功均具有能量的单位,如J,kJ等。

1. 热

在系统和环境之间由于存在温差而传递的能量称为热,以符号Q表示。热只是能量传递的一种形式,是与过程、途径密切相关的,一旦过程停止,也就不存在热了。所以热不是状态函数,也不是系统的固有性质。

热力学中以 Q 值的正、负号来表明热传递的方向。并规定环境向系统传递热量,系统吸热,Q 为正值,即 $Q>0$ 或 $\delta Q>0$;系统向环境放热,Q 为负值,即 $Q<0$ 或 $\delta Q<0$。因为热不是状态函数,所以不用微分符号"d"而是用"δ"表示微小量。

2. 功

除热以外,系统与环境间传递的能量统称为功,以符号 W 表示。功与热一样也是能量传递的一种形式,是与过程、途径密切相关的,功不是状态函数,也不是系统固有的性质。

规定环境对系统做功,W 为正值,即 $W>0$;系统对环境做功,W 为负值,即 $W<0$。

功分体积功和非体积功两大类。

1) 体积功

由于系统体积变化而与环境交换的功,称为体积功。例如汽缸中气体的膨胀或压缩。若忽略了活塞的质量及活塞与汽缸壁间的摩擦力,活塞截面面积为 A,在恒定外压过程中,系统克服外压 p_{ex} 膨胀,活塞移动距离 l,在等温下系统对环境做功(见图 2-2):

$$W = -F_{ex}l, \quad F_{ex} = p_{ex}A$$
$$W = -p_{ex}Al = -p_{ex}\Delta V = -p_{ex}(V_2 - V_1) \quad (2-1)$$

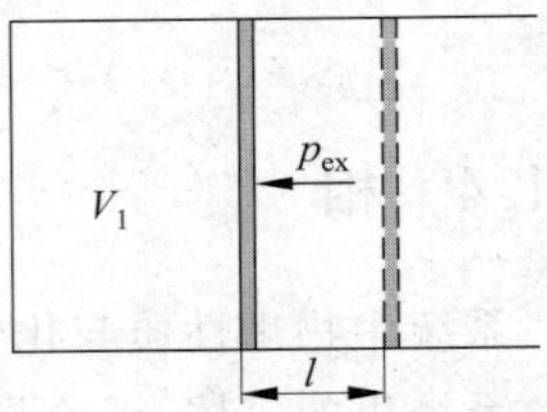

式中,V_2、V_1 分别为膨胀后和膨胀前的汽缸的容积,即气体的体积。一个微小变化过程所做的功为

$$\delta W = -pdV \quad (2-2)$$

图 2-2 系统膨胀做功示意图

当系统膨胀时,$dV>0$,$\delta W<0$,表示系统对环境做功;当系统被压缩时,$dV<0$,$\delta W>0$,表示环境对系统做功。

2) 非体积功

除体积功以外的所有其他形式的功称为非体积功,如电功、表面功等。

2.2.2 热力学能

热力学能又称内能,它是系统内各种形式的能量总和,包括组成系统的各种质点(如分子、原子、电子、原子核等)的动能(如分子的平动、转动、振动动能等)以及质点间相互作用的势能(如分子的吸引能、排斥能、化学键能等),但不包括系统整体运动的动能和系统整体处于外力场中具有的势能。热力学能用符号 U 表示,单位是 J 或 kJ。

由于人们对物质运动的认识不断深化,新的粒子不断被发现,系统内部粒子的运动方式及相互作用相当复杂,所以到目前为止,还无法确定系统某状态下热力学能 U 的绝对值。但有一点是肯定无疑的,即任何系统在一定状态下热力学能是一定的,因而热力学能是系统的状态函数,系统状态变化时热力学能变 ΔU 仅与始、终态有关而与过程的具体途径无关。实际计算各种过程的能量转换关系时,涉及的仅是热力学能的变化量 ΔU($\Delta U = U_{终态} - U_{始态}$),并不需要知道某状态下的系统热力学能的绝对值。

2.2.3 热力学第一定律

"自然界的一切物质都具有能量,能量有各种不同的形式,能够从一种形式转变为另一种形式,在转化的过程中,能量的总值不变。"这就是能量守恒及转换定律。把它应用于热力学系统,就是热力学第一定律。

热力学第一定律是人类经验的总结。迄今为止,还没有发现例外情况,这有力地证明了它的正确性。

设一个封闭系统由始态1变为终态2,系统从环境吸热为Q,得到功为W,根据能量守恒及转换定律,系统的热力学能变化为

$$\Delta U = U_2 - U_1 = Q + W \tag{2-3}$$

式(2-3)就是封闭系统的热力学第一定律的数学表达式。对一微小变化,第一定律的表达式为

$$\mathrm{d}U = \delta W + \delta Q \tag{2-4}$$

若系统只做体积功,则式(2-4)变为

$$\mathrm{d}U = \delta Q - p\mathrm{d}V \tag{2-5}$$

由上述热力学第一定律的数学表达式可以得出如下结论:

(1) 孤立系统与环境之间没有物质和能量的交换,所以孤立系统中发生的任何过程都有$Q=0$,$W=0$,$\Delta U=0$,即孤立系统的热力学能守恒不变。

(2) 循环过程:系统由始态经一系列变化又回复到原来状态的过程叫做循环过程。$\Delta U=0$,$Q=-W$。

(3) 系统由始态变为终态,ΔU不随途径而变,因而$Q+W$也不随途径而变,与途径无关,但单独的Q、W却与途径有关。

例2-1 在压力为101.33 kPa和反应温度是1110 K时,1 mol $CaCO_3$分解产生了1 mol CaO和1 mol CO_2,同时向环境吸热178.3 kJ,体积增大了0.091 m^3,试计算1 mol $CaCO_3$分解后系统热力学能的变化。

解 取$CaCO_3(s)$、$CaO(s)$、$CO_2(g)$及反应器的空间为系统。

$$p_{外} = 101.33 \text{ kPa}, \quad Q = 178.3 \text{ kJ}$$
$$W = -p_{外}\Delta V = (-101.33 \times 0.091)\text{kJ} = -9.2 \text{ kJ}$$

系统热力学能的变化:

$$\Delta U = Q + W = [178.3 + (-9.2)]\text{kJ} = 169.1 \text{ kJ}$$

计算结果说明在1110 K,当1 mol $CaCO_3$分解时,系统对环境做功-9.2 kJ,同时又向环境吸热178.3 kJ,结果使系统内能增加了169.1 kJ。

2.3 热化学的术语和基本概念

把热力学第一定律具体应用于化学反应,讨论和计算化学反应热量问题的学科称为热化学。本节主要讨论热化学的术语、基本概念及盖斯定律。

2.3.1 反应进度

反应进度是描述化学反应进行程度的物理量,其量符号为 ξ,单位为 mol。
对于任一化学反应

$$dD + eE = gG + hH$$

式中,d、e、g、h 称为化学计量数,是量纲为 1 的量。以上反应还可写为

$$0 = -dD - eE + gG + hH$$

若用 B 表示化学反应计量方程中任一物质的化学式,则上式可简写成

$$0 = \sum_B \nu_B B$$

式中,ν_B 是物质 B 的化学计量数,B 若是反应物,ν_B 为负值;B 若是生成物,ν_B 为正值。$\sum_B$ 表示对参与反应的所有物质求和。

反应进度的微分定义为

$$d\xi = \frac{dn_B}{\nu_B} \tag{2-6}$$

若系统发生有限的化学反应,则

$$n_B(\xi) - n_B(\xi_0) = \nu_B(\xi - \xi_0) \quad \text{或} \quad \Delta n_B = \nu_B \Delta \xi \tag{2-7}$$

式中,$n_B(\xi)$、$n_B(\xi_0)$ 分别代表反应进度为 ξ 和 ξ_0 时的物质 B 的物质的量;ξ_0 为反应起始的反应进度,一般为 0,则式(2-7)变为

$$\Delta n_B = \nu_B \xi \quad \text{即} \quad \xi = \nu_B^{-1} \Delta n_B \tag{2-8}$$

随着反应的进行,反应进度逐渐增大,当反应进行到 Δn_B 的数值恰好等于 ν_B 值时,反应进度 $\xi = \nu_B^{-1} \Delta n_B = 1$ mol 的反应,即为摩尔反应或单位反应进度。在后面的各热力学函数变的计算中,都是以摩尔反应为计量基础的。

例如反应

	$N_2(g)$	$+ 3H_2(g)$	$\longrightarrow 2NH_3(g)$	ξ
开始时 n_B/mol	3.0	10.0	0	0
t 时 n_B/mol	2.0	7.0	2.0	ξ

$$\xi = \frac{\Delta n(N_2)}{\nu(N_2)} = \frac{\Delta n(H_2)}{\nu(H_2)} = \frac{\Delta n(NH_3)}{\nu(NH_3)}$$

$$= \frac{2.0 - 3.0}{-1} \text{mol} = \frac{7.0 - 10.0}{-3} \text{mol} = \frac{2.0 - 0}{2} \text{mol} = 1.0 \text{ mol}$$

$\xi = 1.0$ mol 时,表明按该化学反应计量式进行了 1.0 mol 反应,即表示 1.0 mol N_2 和 3.0 mol 的 H_2 反应并生成了 2.0 mol 的 NH_3。

从上面的计算可以看出,无论用反应物和产物中的任何物种的物质的量的变化量(Δn_B)来计算反应进度 ξ,结果都是相同的。所以在谈到反应进度时必须指明相应的计量方程。

2.3.2 反应热

当生成物和反应物的温度相同时,化学反应过程中吸收或放出的热量称为化学反应的热效应,简称反应热。化学反应常在等容或等压条件下进行,因此化学反应热效应常分为等

容热效应 Q_V(也叫定容反应热)和等压热效应 Q_p(也叫定压反应热)。

1. 等容反应热与热力学能变

在等温条件下,若系统发生化学反应是在容积恒定的容器中进行,且为不做非体积功的过程,则该过程与环境之间交换的热量就是等容反应热,用 Q_V 表示。

等容过程,因为 $\Delta V=0$,系统的体积功 $W=0$。若系统不做非体积功,根据热力学第一定律式(2-3)可得:

$$\Delta U = Q_V \tag{2-9}$$

式(2-9)说明,等容反应热 Q_V 在量值上等于系统状态变化的热力学能变。因此,虽然热力学能 U 的绝对值无法知道,但可通过测定系统状态变化的等容反应热 Q_V,得到热力学能变 ΔU。

化学反应的等容反应热可以用图 2-3 所示量热计精确地测量。

量热计中,有一个用高强度钢制成的密闭钢弹,钢弹放在装有一定质量水的绝热容器中。测量反应热时,将已称重的反应物装入钢弹中,精确测定系统的起始温度后,用电火花引发反应。如果所测的是一个放热反应,则反应放出的热量使系统(包括钢弹及内部物质、水和钢质容器等)的温度升高,可用温度计测出系统的终态温度。计算出水和容器所吸收的热量即为反应热。

图 2-3 量热计

当需要测定某个热化学过程所放出或吸收的热量(如燃烧热、溶解热或相变热等)时,一般可测定一定组成和质量的某种介质(如溶液或水)的温度改变,再利用下式求得:

$$Q = -c_s m_s (T_2 - T_1) = -c_s m_s \Delta T = -C_s \Delta T \tag{2-10}$$

式中,Q 表示一定量反应物在给定条件下的反应热,负号表示放热,正号表示吸热;c_s 表示吸热溶液的比热容($J \cdot K^{-1} \cdot g^{-1}$),$m_s$ 表示溶液的质量(g);C_s 表示溶液的热容($J \cdot K^{-1}$),$C_s = c_s m_s$;ΔT 表示溶液终态温度 T_2 与始态温度 T_1 之差(K)。

弹式量热计中环境所吸收的热可分为两个部分:主要部分是加入的吸热介质水所吸收的,另一部分是金属容器等钢弹组件所吸收的热。前一部分的热,以 $Q(H_2O)$ 表示,可按式(2-10)计算,且由于是吸热,用正号表示,即

$$Q(H_2O) = c(H_2O) \cdot m(H_2O) \cdot \Delta T = C(H_2O) \cdot \Delta T$$

后一部分的热以 Q_b 表示,若钢弹组件的总热容以符号 C_b(C_b 值由仪器供应商提供,使用者一般都再作校验)表示,则

$$Q_b = C_b \cdot \Delta T$$

显然,系统中反应所放出的热等于环境即水和钢弹组件所吸收的热,从而可得反应热:

$$Q = -[Q(H_2O) + Q_b] = -[C(H_2O) \cdot \Delta T + C_b \cdot \Delta T] = -\sum C \cdot \Delta T \tag{2-11}$$

2. 等压反应热与焓变

在等温条件下,若系统发生化学反应是在恒定压力下进行,且为不做非体积功的过程,

则该过程中与环境之间交换的热量就是等压反应热，用 Q_p 表示。

等压过程中，体积功 $W=-p\Delta V$，若非体积功为零，由热力学第一定律式(2-3)可得：

$$\Delta U = Q_p - p\Delta V \tag{2-12}$$

$$U_2 - U_1 = Q_p - p(V_2 - V_1)$$

因为 $p_1=p_2=p=p_{外}$，所以 $U_2-U_1=Q_p-(p_2V_2-p_1V_1)$

$$Q_p = (U_2 + p_2V_2) - (U_1 + p_1V_1) \tag{2-13}$$

热力学中将 $(U+pV)$ 定义为焓，用 H 表示，单位为 J 或 kJ，即

$$H = U + pV \tag{2-14}$$

焓具有能量的量纲，但没有明确的物理意义。由于热力学能的绝对值无法确定，所以新组合的状态函数焓 H 的绝对值也无法确定。但可通过式(2-13)求得 H 在系统状态变化过程中的变化值——焓变 ΔH，即

$$Q_p = H_2 - H_1 = \Delta H \tag{2-15}$$

式(2-15)表明：在等压、不做非体积功的过程中，封闭系统与环境所交换的热 Q_p 等于系统的焓变。

等温等压只做体积功的过程中，$\Delta H > 0$，表明系统是吸热的；$\Delta H < 0$，表明系统是放热的。

将式(2-15)代入式(2-12)，得

$$\Delta U = \Delta H - p\Delta V \tag{2-16}$$

当反应物和生成物都为固体和液体时，反应的 ΔV 很小，$p\Delta V$ 可忽略不计，故 $\Delta U \approx \Delta H$。对有气体参与的化学反应，$p\Delta V$ 值较大，假设为理想气体，则式(2-16)可化为

$$\Delta H = \Delta U + \Delta n(g)RT \tag{2-17}$$

化学反应的反应热大小与反应进度 ξ 有关，定义在等压条件下发生一个单位反应的热效应为摩尔反应焓变 $\Delta_r H_m$，在等容条件下发生一个单位反应的热效应为摩尔反应热力学能 $\Delta_r U_m$，即

$$\Delta_r H_m = \Delta H/\Delta \xi, \quad \Delta_r U_m = \Delta U/\Delta \xi$$

$\Delta_r H_m$ 和 $\Delta_r U_m$ 的单位都是 $J \cdot mol^{-1}$。因为 $\Delta n_B = \nu_B \cdot \Delta \xi$，式(2-17)又可写为 $\Delta_r H_m = \Delta_r U_m + \sum_B \nu_{B(g)}RT$。

2.3.3 标准状态

一些热力学函数(如 H、U 等)的绝对值无法测得，只能测得它们的改变值(如 ΔH、ΔU 等)。因此需要规定一个状态作为比较的标准，这就是热力学标准状态。热力学中规定：标准状态是在温度 T 及标准压力 $p^{\ominus}$($p^{\ominus}=100$ kPa)下的状态，简称标准态，用右上标"$\ominus$"表示。

下面列出各类物质的标准态。

(1) 固体的标准态：在指定温度下，压力为 $p^{\ominus}$ 的纯固体。

(2) 纯液体的标准态：在指定温度下，压力为 $p^{\ominus}$ 的纯液体。

(3) 气体的标准态：在指定温度下，压力为 $p^{\ominus}$(在气体混合物中，各物质的分压均为

$p^{\ominus}$),且具有理想气体性质的气体。

(4) 溶液中溶质的标准态：指标准压力 $p^{\ominus}$ 和指定温度下溶质的浓度为 $c^{\ominus}$ ($c^{\ominus}$ = 1 mol·L^{-1})的溶液。

在标准态的规定中对热力学温度 T 未作具体规定。一般的热力学函数值均为 298.15 K 时的数值，若非 298.15 K 须特别说明。

2.3.4 热化学方程式

表示化学反应及其反应的标准摩尔焓变关系的化学反应方程式，称为热化学方程式。正确书写热化学方程式时应注意以下几点。

(1) 必须注明化学反应计量式中各物质的聚集状态。因为物质的聚集状态不同，反应的标准摩尔焓变 $\Delta_r H_m^{\ominus}$ 也不同。例如：

$$2H_2(g) + O_2(g) = 2H_2O(l), \quad \Delta_r H_m^{\ominus}(298.15\ K) = -571.6\ kJ·mol^{-1}$$

$$2H_2(g) + O_2(g) = 2H_2O(g), \quad \Delta_r H_m^{\ominus}(298.15\ K) = -483.6\ kJ·mol^{-1}$$

(2) 正确写出化学反应计量式，即配平反应方程式。因为 $\Delta_r H_m^{\ominus}$ 是反应进度 ξ 为 1 mol 时的反应标准摩尔焓变，而反应进度与化学计量方程式相关联。同一反应，以不同的计量式表示时，其反应的标准摩尔焓变 $\Delta_r H_m^{\ominus}$ 不同。例如：

$$H_2(g) + \frac{1}{2}O_2(g) = H_2O(g), \quad \Delta_r H_m^{\ominus}(298.15\ K) = -241.8\ kJ·mol^{-1}$$

化学计量式中各物质的聚集状态相同，而计量数不同，同是反应进度为 1 mol，$\Delta_r H_m^{\ominus}$ 不同。

2.3.5 盖斯定律

1840 年瑞士籍的俄国化学家盖斯(G. H. Hess)通过实验总结出一条规律：对于一个给定的总反应，不管反应是一步直接完成的还是分步完成的，其总反应热效应完全相同。这一规律称为盖斯定律。其实质是指出了反应只取决于物质的初、终状态，而与经历的具体途径无关。例如碳和氧气反应，可以一步直接生成 CO_2，也可以先生成 CO，再使 CO 与氧气继续反应生成 CO_2，但这两种途径的反应热效应是完全相同的，见图 2-4，即：$\Delta H_{总}$ = $\Delta H_1 + \Delta H_2$。

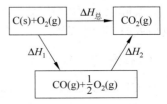

图 2-4 C 与 O_2 的反应途径

盖斯定律作为一个经验定律发表于热力学第一定律之前。而在热力学第一定律建立之后，这个定律就成为热力学第一定律的一个必然推论了。

盖斯定律的重要意义在于能使热化学方程式像代数方程式一样进行加、减运算，从而可以应用已知化学反应的热效应，间接算得未知化学反应的热效应，解决那些难以测量或根本不能测量的反应热效应问题。

例 2-2 已知 298.15 K 时：

(1) $2C(石墨) + O_2(g) = 2CO(g), \quad \Delta_r H_{m,1} = -221.06\ kJ·mol^{-1}$

(2) $3Fe(s) + 2O_2(g) = Fe_3O_4(s)$, $\Delta_r H_{m,2} = -118.4$ kJ·mol^{-1}

计算反应(3) $Fe_3O_4(s) + 4C(石墨) = 3Fe(s) + 4CO(g)$ 的 $\Delta_r H_{m,3}$。

解 2×反应式(1)得反应式(4):

(4) $4C(石墨) + 2O_2(g) = 4CO(g)$, $\Delta_r H_{m,4} = -442.12$ kJ·mol^{-1}

反应式(4)－反应式(2)得反应式(5):

(5) $4C(石墨) - 3Fe(s) = 4CO(g) - Fe_3O_4(s)$, $\Delta_r H_{m,5}$

$\Delta_r H_{m,5} = \Delta_r H_m(4) - \Delta_r H_m(2) = [-442.12 - (-118.4)]$ kJ·mol$^{-1} = -323.72$ kJ·mol^{-1}

反应式(5)移项即是所求的反应式(3),所以

$Fe_3O_4(s) + 4C(石墨) = 3Fe(s) + 4CO(g)$, $\Delta_r H_{m,3} = -323.72$ kJ·mol^{-1}

2.4 热化学基本数据与反应焓变的计算

2.4.1 标准摩尔生成焓

物质 B 的标准摩尔生成焓是指在温度 T 下,由参考状态的单质生成物质 B($\nu_B = +1$)反应的标准摩尔焓变,用符号 $\Delta_f H_m^\ominus$(B,相态,T) 表示,单位为 kJ·mol^{-1}。这里所谓的参考状态,一般是指每个单质在讨论的温度和标准压力 $p^\ominus$ 下最稳定的状态。

例如,碳有多种同素异形体——石墨、金刚石、无定形碳和 C_{60} 等。其中最稳定的是石墨。又如,$O_2(g)$、$H_2(g)$、$Br_2(l)$、$I_2(s)$、$Hg(l)$ 等是 T(298.15 K)、$p^\ominus$ 下相应元素的最稳定单质。但是,个别情况下,参考状态的单质并不是最稳定的,如磷的参考状态的单质是白磷 P_4(s,白),而不是比它更稳定的红磷或黑磷参考态。

根据 $\Delta_f H_m^\ominus$(B,相态,T) 的定义,在任何温度下,参考状态单质的标准摩尔生成焓均为零。例如 $\Delta_f H_m^\ominus$(C,石墨,s,T) = 0, $\Delta_f H_m^\ominus$(P_4,白磷,s,T) = 0。因为从参考态单质生成其本身,系统根本没有反应,所以也没有热效应。

实际上,$\Delta_f H_m^\ominus$(B,相态,T) 是物质 B 的生成反应的标准摩尔焓变。书写物质 B 的生成反应式时,要使 B 的化学计量数 $\nu_B = +1$。例如 $CH_3OH(g)$ 的生成反应:

$C(石墨, 298.15 K, p^\ominus) + 2H_2(g, 298.15 K, p^\ominus) + \frac{1}{2}O_2(g, 298.15 K, p^\ominus)$

$= CH_3OH(g, 298.15 K, p^\ominus)$

$\Delta_f H_m^\ominus(CH_3OH, g, 298.15 K, p^\ominus) = \Delta_r H_m^\ominus(CH_3OH, g, 298.15 K, p^\ominus) = -200.66$ kJ·mol^{-1}

对于水溶液中进行的离子反应,常涉及水合离子标准摩尔生成焓。水合离子标准摩尔生成焓是指:在温度 T 及标准状态下由参考状态单质生成溶于大量水(形成无限稀薄溶液)的水合离子 B(aq)的标准摩尔焓变,量的符号为 $\Delta_f H_m^\ominus$(B,∞,aq,T),单位为 kJ·mol^{-1}。符号"∞"表示"在大量水中"或"无限稀薄水溶液",常常省略。同样,在书写反应方程式时,应使离子 B 为唯一产物,且离子 B 的化学计量数 $\nu_B = +1$。并规定水合氢离子的标准摩尔生成焓为零,即在 298.15 K,标准状态时由单质 $H_2(g)$ 生成水合氢离子的标准摩尔反应焓变为零:

$\frac{1}{2}H_2(g) + aq \longrightarrow H^+(aq) + e^-$

$\Delta_f H_m^\ominus(H^+, \infty, aq, 298.15 K) = \Delta_r H_m^\ominus(H^+, \infty, aq, 298.15 K) = 0$

本书附录 A 中列出了在 298.15 K、100 kPa 下常见物质与水合离子标准摩尔生成焓 $\Delta_f H_m^\ominus$ 数据。

2.4.2 标准摩尔燃烧焓

物质 B 的标准摩尔燃烧焓是指在温度 T 下,物质 B($\nu_B=-1$)完全燃烧(或氧化)成相同温度下的指定产物时反应的标准摩尔焓变,用符号 $\Delta_c H_m^\ominus$(B,相态,T)表示,单位为 kJ·mol^{-1}。所谓指定产物,是指反应物中的 C 变为 CO_2(g),H 变为 H_2O(l),S 变为 SO_2(g),N 变为 N_2(g),Cl_2 变为 HCl(aq)。由于反应物已完全燃烧(或氧化),所以反应后的产物必不能再燃烧了。因此上述定义中暗含着在各燃烧反应中所有"产物的燃烧焓都是 0"。

书写燃烧反应计量式时,要使 B 的化学计量数 $\nu_B=-1$。例如 CH_3OH(l)的燃烧反应:

$$CH_3OH(l) + \frac{3}{2}O_2(g) \longrightarrow CO_2(g) + 2H_2O(l);$$

$$\Delta_c H_m^\ominus(CH_3OH, l, 298.15\ K) = -726.51\ kJ·mol^{-1}$$

可得出:

$$\Delta_c H_m^\ominus(H_2O, l, T) = 0, \quad \Delta_c H_m^\ominus(CO_2, g, T) = 0$$

2.4.3 反应焓变的计算

1. 由标准摩尔生成焓计算反应焓变

利用标准摩尔生成焓可以计算标准摩尔反应焓变。对任一个化学反应来说,其反应物和生成物的原子种类和个数是相同的,因此可以用同样的单质来生成反应物和生成物,如图 2-5 所示。

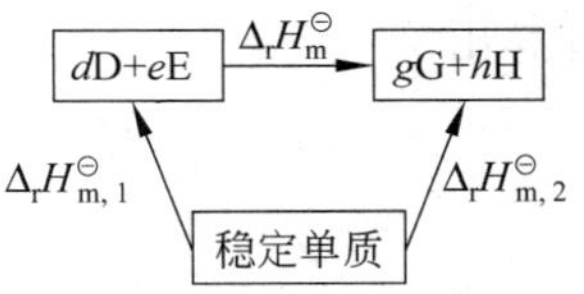

因为 H 是状态函数,所以

$$\Delta_r H_m^\ominus = \Delta_r H_{m,2}^\ominus - \Delta_r H_{m,1}^\ominus$$

式中,$\Delta_r H_m^\ominus$ 是任一温度 T 时的标准摩尔反应焓变;$\Delta_r H_{m,1}^\ominus$ 是在标准态下由稳定单质生成 $d$molD 和 $e$molE 的总焓变。即

图 2-5 用标准摩尔生成焓计算标准摩尔反应焓

$$\Delta_r H_{m,1}^\ominus = d\Delta_f H_m^\ominus(D) + e\Delta_f H_m^\ominus(E)$$

同理

$$\Delta_r H_{m,2}^\ominus = g\Delta_f H_m^\ominus(G) + h\Delta_f H_m^\ominus(H)$$

把 $\Delta_r H_{m,1}^\ominus$、$\Delta_r H_{m,2}^\ominus$ 代入前面的公式,得

$$\Delta_r H_m^\ominus = [g\Delta_f H_m^\ominus(G) + h\Delta_f H_m^\ominus(H)] - [d\Delta_f H_m^\ominus(D) + e\Delta_f H_m^\ominus(E)]$$

即

$$\Delta_r H_m^\ominus(T) = \sum_B \nu_B \Delta_f H_m^\ominus(B,\text{相态},T) \tag{2-18}$$

由式(2-18)可知,化学反应的标准摩尔焓变等于生成物的标准摩尔生成焓之和减去反应物的标准摩尔生成焓之和。

例 2-3 计算下列反应在 298.15 K 时的标准摩尔反应焓变。

$$CH_4(g) + 2O_2(g) \Longrightarrow CO_2(g) + 2H_2O(l)$$

解 由附录表查得各物质的标准摩尔生成焓如下

$$CH_4(g) + 2O_2(g) = CO_2(g) + 2H_2O(l)$$

$\Delta_f H_m^{\ominus}(298.15\ K)/(kJ \cdot mol^{-1})$ -74.4 0 -393.51 -285.83

由式(2-18)得

$$\Delta_r H_m^{\ominus}(298.15\ K) = \sum_B \nu_B \Delta_f H_m^{\ominus}(B, 相态, 298.15\ K)$$

$$= [2 \times (-285.83) + (-393.51) - (-74.4)]\ kJ \cdot mol^{-1}$$

$$= -890.41\ kJ \cdot mol^{-1}$$

2. 由标准摩尔燃烧焓计算反应焓变

一般的有机物难以直接从单质合成，其标准摩尔生成焓数据难以得到，但有机物大部分容易燃烧，因此可利用燃烧焓的数据来求某些反应的焓变。如果说标准摩尔生成焓是以反应起点即各种单质为参考点的相对值，那么标准摩尔燃烧焓则是以燃烧终点为参照物的相对值，如图2-6所示。

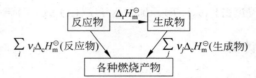

图 2-6 用标准摩尔燃烧焓计算标准摩尔反应焓

ν_i、ν_j 为相关燃烧反应方程式中各燃烧物的化学计量数，只有正值，无负值。从图 2-6 可以推导出

$$\Delta_r H_m^{\ominus} = \sum_i \nu_i \Delta_c H_m^{\ominus}(反应物) - \sum_j \nu_j \Delta_c H_m^{\ominus}(生成物)$$

$$= -\sum_B \nu_B \Delta_c H_m^{\ominus}(B, 相态, T) \tag{2-19}$$

例 2-4 计算下列反应的 $\Delta_r H_m^{\ominus}(298.15\ K)$。

$$CH_3OH(l) + \frac{1}{2}O_2(g) = HCHO(g) + H_2O(l)$$

解 查表得

$$CH_3OH(l) + \frac{1}{2}O_2(g) = HCHO(g) + H_2O(l)$$

$\Delta_c H_m^{\ominus}(298.15\ K)/(kJ \cdot mol^{-1})$ -726.64 -563.58 0

$\Delta_r H_m^{\ominus}(298.15\ K) = [1 \times (-726.64) - 1 \times (-563.58)]\ kJ \cdot mol^{-1} = -163.06\ kJ \cdot mol^{-1}$

拓展知识

能 源

凡能提供机械能、热能、电能、风能等各种形式能量的资源统称为能源。能源可分为可再生性能源和不可再生性能源两大类。煤、石油、天然气等矿物燃料及铀等核燃料都是不可再生性能源,它们有着自己的极限储量。太阳能、风能、水力能、潮汐能等能源是可再生性能源,暂无枯竭可虑。但由于技术和经济上的原因,目前可再生能源还不可能完全取代不可再生能源。近年来,能源问题的重要性越来越被人们所认识,不仅因为能源是发展国民经济的重要物质基础,还因为人类正面临着能源形势的严峻挑战,以及由能源而引起的环境污染等问题。

煤、石油、天然气等称为矿物燃料,它们是远古时代的绿色植物通过光合作用吸收太阳能,并经过漫长的地质年代而形成的,因而它们都是不可再生性燃料。

1) 煤

煤是最重要的能源之一。从世界范围来看,煤炭资源相对来说是比较丰富的。据统计,世界煤炭地质总储量有 13.01×10^4 亿 t,适于经济开采的约 9000 亿 t,煤炭储量苏联最多,美国其次,中国居第三位。煤炭在各国能源消耗中平均占 38%,是人类最重要的能源之一。按目前人类能源消耗水平,煤炭总储量仅够开采 300 年。

根据形成煤的地质年代不同,煤可分为泥煤、褐煤、烟煤、无烟煤等。煤的主要成分是碳、氢、氧三种元素及少量氮、磷、硫和一些稀有元素,煤中还含有一些泥、沙等杂质和水分。地质年代最短的煤是泥煤,其含碳量仅为 40% 左右,地质年代最长的煤是无烟煤,其含碳量达 90% 左右。煤中含碳量越高,燃烧性能越好,越易点燃。

煤作为能源主要是煤中的碳燃烧放出热量。其燃烧反应(以石墨计)为:

$$C(石墨) + O_2(g) \longrightarrow CO_2(g), \quad \Delta_c H_m^\ominus (石墨, 298.15 \text{ K}) = -393.51 \text{ kJ} \cdot \text{mol}^{-1}$$

硫、磷、氧是煤中的有害成分。煤燃烧时,硫会生成 SO_2 等有害气体,污染环境。含硫、磷高的煤用于冶炼会影响钢铁质量,硫会使钢铁发生热脆性,磷会使钢铁发生冷脆性。氧的存在,使煤中一部分碳或氢已处于与氧化合的状态,减小了发热量。

煤虽然是地球上储量最丰富的矿物燃料,但作为能源,利用效率较低,运输也不方便,燃烧时产生的烟尘严重污染环境。将煤气化和液化后再用作燃料,对运输、管理、燃烧控制都要比固体煤方便得多,同时也可减少对环境的污染。

2) 石油

石油是当今世界上最重要的能源之一,石油在世界能源消费中占 40% 左右。世界石油总储量约 3020 亿 t,适于开采的约为 918 亿 t。石油资源分布很不均匀,中东地区就占了世界总储量的 66.3%。中国大庆、新疆、山东等地都有着丰富的石油资源,中国现已成为世界第五大产油国。世界石油消耗需求量一直在不断加大,按目前的开采、消耗量计算,地球陆地下面的石油仅够人类使用 40~50 年。目前,人们正在将目光转向海洋和地壳深层,近几年来专家估计海底石油储量在 2500 亿 t 以上,可供人们使用 270 年。

石油是多种碳氢化合物的混合物,主要成分是烃类,包括链烷烃、环烷烃、芳香烃等,还有少量的含氧、含硫有机物质。从地下开采出来的原油一般为深褐色或暗绿色的液体。在炼油厂把原油按沸点不同分馏成石油气、汽油、煤油、柴油、重油等一系列石油产品。汽油主要用作汽车发动机燃料,其发热量约为 $4.7 \times 10^4 \text{ kJ} \cdot \text{kg}^{-1}$。煤油中的白煤油主要用于民用家庭燃料,深色煤油则用于石油发电机,煤油发热量约为 $4.6 \times 10^4 \text{ kJ} \cdot \text{kg}^{-1}$。柴油主要用作柴油机的燃料,也可作进一步裂解汽油的原料,柴油发热量约 $4.4 \times 10^4 \text{ kJ} \cdot \text{kg}^{-1}$。

汽油是石油产品中最重要的燃料,其主要成分是辛烷。

3) 天然气

在世界各地的油田、煤田和沼泽地带,几乎都蕴藏着一种可以燃烧的气体,就是天然气。

天然气主要成分是甲烷、乙烷和少量的丙烷、丁烷、戊烷、己烷等烷烃,有时还含有少量 H_2S、N_2、He 等气体。天然气的发热量也是较高的,每立方米达 35 000 kJ 左右。

天然气的燃烧反应主要为

$$CH_4(g) + 2O_2(g) = CO_2(g) + 2H_2O(l)$$

天然气对环境污染小,不产生灰渣,基本不排放有毒气体,产生的 CO_2 也比煤炭少 75%,比石油少 50%,使用方便,既可液化,又可用管道输送,开采成本也低。因此天然气格外受人青睐。已发现探明的天然气田储量中,以苏联、东欧和中国为最多,中国四川、西北等地有着丰富的天然气资源。

4) 核能

核能是安全清洁的新能源之一。在传统能源面临枯竭的危机和全球环境不断恶化的双重胁迫下,和平利用核能已是世界各国的共同希望。目前世界上已有 450 多座核电站在运行,预计到 21 世纪中叶,将有 1000 座核电站运行。中国自行设计制造的 30×10^4 kW 秦山核电站已于 1991 年正式投产运行,秦山二期(两台单机容量为 60×10^4 kW 机组)、三期核电站(两台单机容量为 73.8×10^4 kW 机组)也于 2002 年投入运行;广东大亚湾核电站装有三台单机容量为 98.4×10^4 kW 的压水堆核电机组,于 1993 年正式投入运行;投入运行的还有江苏田湾核电站和广东岭澳核电站。截至 2010 年 9 月,国务院已核准 34 台核电机组、装机容量 3692×10^4 kW,其中已开工在建机组达 25 台、装机容量 2773×10^4 kW,是全球核电在建规模最大的国家。据发改委能源研究所副所长戴彦德预计,未来 10 年,非化石能源将占我国总能源消耗比例的 15%,其中核电的装机容量在 2020 年将达到 8000×10^4 kW。

5) 氢能

当今世界能源的消耗结构正向低碳化演变,相信在不久的将来会向无碳化发展,因此,21 世纪将是氢能源时代。

氢的燃烧反应为

$$H_2(g) + \frac{1}{2}O_2(g) = H_2O(l)$$

氢的燃烧速度快,反应完全,燃烧产物为 H_2O,无废弃物,是理想的清洁能源。氢的能量转换效率高,每克氢燃烧放出的热量为 142.9 kJ,是每克碳、甲烷、汽油燃烧值的 2~4 倍;氢是宇宙中丰度最大的元素,但是由于地球无足够强的引力将之吸引,所以地球大气中并无氢,地壳中的氢以化合物的形式存在。氢在地壳中的丰度居第三位,以氢作为能源将取之不尽,用之不竭。目前制氢的方法有多种,常见的有:甲烷转化法、水煤气法、高温电解水制氢法,另外,还发展了热力学循环分解水制氢、生物分解水制氢、利用太阳能分解海水制氢等方法。

氢能不是一种自然资源,制氢过程需要消耗能量,也需要资金投入。另外,H_2 易燃又无色无味且其火焰难以用肉眼察觉,H_2 的安全运输和储存也存在隐患,这些都对氢能的推广和利用起了阻碍作用。尽管如此,氢作为可能取代石油和煤炭的清洁能源仍然受到人们的关注,许多国家正在努力地进行有关的研究和开发。

6) 太阳能

太阳是一个悬挂在空中的巨大核反应堆,数千年来,它不断地以光、热和各种射线的形式向四面八方辐射能量。太阳能的收集和利用是世代科学家感兴趣的课题。每年地球接受来自太阳的巨大能量大约为 2×10^{21} kJ,如果能有万分之一被利用,就可满足目前全世界所需的能量,有人认为太阳辐射的能量来源于下列反应

$$4{}^1_1H \longrightarrow {}^4_2He + 2{}^0_1e$$

式中,${}^0_1e$ 表示正电子。

对太阳能的利用有光-热转换和光-电转换等方法。

光-热转换是用聚光器或集热器将太阳辐射能直接转换成热能,如太阳灶、太阳能热水器及住房的太阳能供暖等。

光-电转换法通常是用单晶硅等半导体制成的太阳能电池将太阳辐射能转换成电能,其能量转换效率可达 10% 以上,而且电池的寿命也长,这是有效利用太阳光能的一种很好的形式。中国在太阳能电池技术上也已取得突破。例如中国自行研制的砷化镓太阳能电池已成功地在风云一号气象卫星上使用,其最大光电转换效率已达 17%,使中国成为继苏联、美、日后第四个拥有砷化镓太阳能电池太空实验数据的国家。为配合西部开发,中国政府实施了"阳光计划"、"乘风计划"和"光明工程"等,利用太阳能发电和风力发电解决西部广大无电地区农牧民的生活用电。

思 考 题

2-1 在孤立系统中发生任何过程,都有 $\Delta U=0,\Delta H=0$。这一结论对吗?

2-2 系统经过一循环过程后,与环境没有功和热的交换,因为系统回到了始态。这一结论是否正确,为什么?

2-3 20℃的实验室内,把一只盛有水和冰但没有盖的瓶子作为一个系统来研究,那么该系统称为什么系统? 它可与环境交换些什么? 若盖上盖子密封,则情况怎样? 这个系统称为什么系统? 若将这个瓶子用绝对隔热(实际上是不可能的)石棉包裹,情况又如何? 这个系统称为什么系统?

2-4 反应进度的物理意义是什么? 生成一定量的 H_2O 时,反应 $O_2 + 2H_2 \longrightarrow 2H_2O$ 与反应 $\frac{1}{2}O_2 + H_2 \longrightarrow H_2O$ 的反应进度是否相同?

2-5 运用盖斯定律计算时,必须满足什么条件?

2-6 指出下列公式成立的条件。

(1) $\Delta H=Q$;(2) $\Delta U=\Delta H$;(3) $\Delta U=Q$。

2-7 何谓盖斯定律? 如何利用物质的 $\Delta_f H_m^{\ominus}$ 计算反应的热效应? 试举例说明。

2-8 什么是焓和焓变? 物质的标准摩尔生成焓和标准摩尔燃烧焓的概念有何不同? 它们与标准摩尔反应焓变的关系如何?

2-9 什么叫系统、环境? 在敞口容器里进行的化学反应是什么系统?

2-10 下列物质中,$\Delta_f H_m^{\ominus}$ 不等于零的是(   )。

(1) Fe(s);(2) C(石墨);(3) Ne(g);(4) Cl_2(l)。

习 题

2-1 计算下列系统的热力学能变化。已知：
(1) 体系吸热 1000 J，对环境做 540 J 的功；
(2) 体系吸热 250 J，环境对系统做 635 J 的功。

2-2 反应 $N_2(g)+3H_2(g)\longrightarrow 2NH_3(g)$ 在恒容量热器内进行，生成 2 mol NH_3 时放出热量 82.7 kJ，求反应的 $\Delta_r U_m$ 和 298.15 K 时反应的 $\Delta_r H_m^{\ominus}$。

2-3 在下列反应过程中，$\Delta_r U_m$ 与 $\Delta_r H_m$ 是否有区别？为什么？请计算说明。
(1) $CaCO_3(s) \xrightarrow{810℃} CaO(s)+CO_2(g)$
(2) $2H_2(g)+O_2(g) \xrightarrow{25℃} 2H_2O(l)$
(3) $CH_4(g)+O_2(g) \xrightarrow{25℃} CO_2(g)+2H_2O(g)$
(4) $CuSO_4(aq)+Zn(s) \xrightarrow{25℃} ZnSO_4(aq)+Cu(s)$

2-4 已知化学反应方程式：$\dfrac{3}{2}H_2+\dfrac{1}{2}N_2 \longrightarrow NH_3$，试问：当反应过程中消耗掉 2 mol N_2 时，分别用 N_2、H_2、NH_3 进行计算，该反应的反应进度为多少？如果把上述化学方程式改成：$3H_2+N_2 \longrightarrow 2NH_3$，其反应进度又为多少？

2-5 已知化学反应方程式：$O_2+2H_2 \longrightarrow 2H_2O$，反应进度 $\xi=0.5$ mol 时，问消耗掉多少 H_2(mol)？生成了多少 H_2O(mol)？

2-6 已知 $C(石墨)+O_2(g)\longrightarrow CO_2(g)$ 的 $\Delta_r H_m^{\ominus}(298.15\text{ K})=-393.51\text{ kJ}\cdot\text{mol}^{-1}$，$C(金刚石)+O_2(g)\longrightarrow CO_2(g)$ 的 $\Delta_r H_m^{\ominus}(298.15\text{ K})=-395.4\text{ kJ}\cdot\text{mol}^{-1}$，计算金刚石的 $\Delta_f H_m^{\ominus}(298.15\text{ K})$。

2-7 已知下列化学反应的标准摩尔反应焓变，求乙炔(C_2H_2, g)的标准摩尔生成焓 $\Delta_f H_m^{\ominus}$。
(1) $C_2H_2(g)+\dfrac{5}{2}O_2(g)\longrightarrow 2CO_2(g)+H_2O(g)$，$\Delta_r H_m^{\ominus}=-1246.2$ kJ·mol^{-1}
(2) $C(s)+2H_2O(g)\longrightarrow CO_2(g)+2H_2(g)$，$\Delta_r H_m^{\ominus}=90.9$ kJ·mol^{-1}
(3) $2H_2O(g)\longrightarrow 2H_2(g)+O_2(g)$，$\Delta_r H_m^{\ominus}=483.6$ kJ·mol^{-1}

2-8 求下列反应在 298.15 K 的标准摩尔反应焓变 $\Delta_r H_m^{\ominus}$。
(1) $Fe(s)+Cu^{2+}(aq)\longrightarrow Fe^{2+}(aq)+Cu(s)$
(2) $AgCl(s)+Br^-(aq)\longrightarrow AgBr(s)+Cl^-(aq)$
(3) $Fe_2O_3(s)+6H^+(aq)\longrightarrow 2Fe^{3+}(aq)+3H_2O(l)$
(4) $Cu^{2+}(aq)+Zn(s)\longrightarrow Cu(s)+Zn^{2+}(s)$

2-9 将浓度 $c(C_2O_4^{2-})=0.16\text{ mol}\cdot\text{L}^{-1}$ 的酸性草酸溶液 25.00 mL 和浓度 $c(MnO_4^-)=0.08\text{ mol}\cdot\text{L}^{-1}$ 的高锰酸钾溶液 20 mL 在 100 kPa 和 298.15 K 下混合使之反应，用量热计测得的等容热效应为 -1200 J。该反应的计量方程可用下面两种写法表示，分别求出相应的 ξ 和 $\Delta_r H_m^{\ominus}(298.15\text{ K})$。
(1) $C_2O_4^{2-}(aq)+\dfrac{2}{5}MnO_4^-(aq)+\dfrac{16}{5}H^+(aq)=\!=\!=2CO_2(g)+\dfrac{2}{5}Mn^{2+}(aq)+\dfrac{8}{5}H_2O(l)$

(2) $5C_2O_4^{2-}(aq)+2MnO_4^-(aq)+16H^+(aq)=\!=\!=10CO_2(g)+2Mn^{2+}(aq)+8H_2O(l)$

2-10 已知 298.15 K 下,下列热化学方程式：

(1) $C(s)+O_2(g)\longrightarrow CO_2(g)$, $\Delta_r H_m^{\ominus}(1)=-393.51\ kJ\cdot mol^{-1}$

(2) $2H_2(g)+O_2(g)\longrightarrow 2H_2O(l)$, $\Delta_r H_m^{\ominus}(2)=-571.76\ kJ\cdot mol^{-1}$

(3) $CH_3CH_2CH_3(g)+5O_2(g)\longrightarrow 3CO_2(g)+4H_2O(l)$,
$\Delta_r H_m^{\ominus}(3)=-2220\ kJ\cdot mol^{-1}$

仅由这些热化学方程式确定 298.15 K 下 $\Delta_c H_m^{\ominus}(CH_3CH_2CH_3,g)$，并计算 298.15 K 下的 $\Delta_f H_m^{\ominus}(CH_3CH_2CH_3,g)$。

2-11 (1) 写出 $H_2(g)$、$CO(g)$、$CH_3OH(l)$燃烧反应的热化学方程式。

(2) 甲醇的合成反应为：$CO(g)+2H_2(g)\longrightarrow CH_3OH(l)$。利用 $\Delta_c H_m^{\ominus}(CO,g)$、$\Delta_c H_m^{\ominus}(H_2,g)$、$\Delta_c H_m^{\ominus}(CH_3OH,l)$，计算该反应的 $\Delta_r H_m^{\ominus}$。

2-12 已知 298.15 K 时下列反应的热效应：

$N_2(g)+3O_2(g)+H_2(g)=\!=\!=2HNO_3(aq)$, $\Delta_r H_m^{\ominus}=-414.8\ kJ\cdot mol^{-1}$

$N_2O_5(g)+H_2O(l)=\!=\!=2HNO_3(aq)$, $\Delta_r H_m^{\ominus}=-140.0\ kJ\cdot mol^{-1}$

$2H_2(g)+O_2(g)=\!=\!=2H_2O(l)$, $\Delta_r H_m^{\ominus}=-571.6\ kJ\cdot mol^{-1}$

求反应 $2N_2(g)+5O_2(g)=\!=\!=2N_2O_5(g)$ 在 298.15 K 时的热效应 $\Delta_r H_m^{\ominus}$。

第 3 章

化学动力学基础

学习要求

(1) 了解化学动力学的任务和目的。
(2) 掌握化学反应速率的表示方法。
(3) 掌握基元反应和简单级数反应的化学反应速率方程的表示方法;了解不同级数反应的反应特征,如速率常数的单位、反应物浓度与速率的关系、半衰期的大小等;了解反应级数的测定方法。
(4) 了解温度和活化能对反应速率的影响、反应速率理论和催化反应动力学理论。

3.1 化学动力学的任务和目的

在研究化学反应的过程中,研究化学反应的反应速率以及影响因素,确定反应速率与各影响因素之间的关系,无论在理论上还是在实践上都是及其重要的,它将指导我们在科学研究和实际生产中如何控制反应条件,最终达到控制合理的反应速率,提高反应效率的目的。

化学动力学和化学热力学是物理化学两大重要的分支学科,它们各有不同的研究内容。化学热力学的任务是讨论化学过程中能量转化以及解决在一定条件下某一化学反应的方向和限度问题。在化学热力学的研究中没有考虑时间因素,即没有考虑化学反应进行的速率及化学反应达到的最大限度(平衡)所需的时间。考虑时间因素通常是至关重要的。例如,298.15 K、100 kPa 下进行的合成氨反应:

$$N_2(g) + 3H_2(g) \Longrightarrow 2NH_3(g)$$
$$\Delta_r G_m^{\ominus}(298.15\ \text{K}) = -33\ \text{kJ} \cdot \text{mol}^{-1}$$
$$K^{\ominus}(298.15\ \text{K}) = 6.1 \times 10^5$$

从化学热力学的角度来看,在常温常压下这个反应的转化率是很高的,可是它的反应速率太慢,以至于工业上无法直接应用。至今尚未找到一种合适的催化剂,使合成氨反应能在常温常压条件下顺利进行。又例如 CO 和 NO 是汽车尾气中两种有毒的气体,若它们发生下列反应:

$$CO(g) + NO(g) \Longrightarrow CO_2(g) + \frac{1}{2}N_2(g)$$
$$\Delta_r G_m^{\ominus}(298.15\ \text{K}) = -334\ \text{kJ} \cdot \text{mol}^{-1}$$
$$K^{\ominus}(298.15\ \text{K}) = 1.9 \times 10^{60}$$

使之变成 CO_2 和 N_2 则将大大改善汽车尾气对环境的污染。可惜由于反应极慢而不能付诸实用。研究这个反应的催化剂是当今环境保护工作者非常感兴趣的课题。

上述两个例子说明,在化学热力学的讨论中没有考虑时间因素,只指出反应可以进行,并且进行得很完全,但没有考虑反应进行的速率,即没有回答反应的现实性问题。

化学动力学研究的目的和任务就是研究影响化学反应速率的各种影响因素,进而研究反应速率及其反应机理,最终达到控制反应速率以加快生产过程或延长产品的使用寿命,更好地为人类的生产和生活服务的目的。

化学动力学除了研究化学反应的速率以及各种因素对反应速率的影响外,还探讨化学反应进行的机理。反应机理也称反应历程,是化学反应实际经历的步骤。一个化学反应应以何种反应机理进行对反应的快慢起着决定性的作用。大多数化学反应的化学计量式只反映了反应物与最终产物之间的化学计量关系,并不代表反应机理,它只是一系列化学反应步骤的总结果。当然,也有的化学反应是一步进行完成的,这种反应称为基元反应。只有在这种情况下,化学计量式才能代表反应机理。例如下面两种反应:

$$CH_3COOC_2H_5 + NaOH \rightleftharpoons CH_3COONa + C_2H_5OH \tag{1}$$

$$H_2 + Br_2 \rightleftharpoons 2HBr \tag{2}$$

反应(1)为基元反应,而反应(2)的反应机理为下列一系列连续步骤:

$$Br_2 \longrightarrow 2Br\cdot$$
$$Br\cdot + H_2 \longrightarrow HBr + H\cdot$$
$$H\cdot + Br_2 \longrightarrow HBr + Br\cdot$$
$$2Br\cdot \longrightarrow Br_2$$

通过两个或多个反应步骤而完成的反应叫复合反应,也叫非基元反应。基元反应为组成一切化学反应的基本单元。通常确定反应机理就是确定化学反应由哪些基元反应所组成。H_2 与 Br_2 的反应由多个基元反应所组成,$H_2 + Br_2 \rightleftharpoons 2HBr$ 是总反应的化学计量式,它是多个基元反应按一定规律组合后的总结果。因此这类反应的总反应是非基元反应。

3.2 化学反应速率表示方法

目前,国际纯粹与应用化学联合会(IUPAC)推荐用反应进度 ξ 随时间 t 的变化率来表示反应进行的快慢。

对于任意化学反应:

$$0 = \sum_B \nu_B B$$

式中,ν_B 为物质 B 的化学计量数。该反应的转化速率 r 定义为

$$r \stackrel{\text{def}}{=} d\xi/dt \tag{3-1}$$

式中,ξ 为反应进度;t 为反应时间。按照反应进度的定义,$d\xi = dn_B(\xi)/\nu_B$,代入式(3-1),并将 $n_B(\xi)$ 简写为 n_B,则

$$r = \frac{1}{\nu_B} \frac{dn_B}{dt} \tag{3-2}$$

式(3-2)说明,转化速率是反应组分物质的量随时间的变化率。

对于等容反应,反应系统的体积 V 不变,反应速率 v 定义为

$$v \stackrel{\text{def}}{=\!=} r/V \tag{3-3}$$

或

$$v \stackrel{\text{def}}{=\!=} \frac{1}{\nu_B V}\left(\frac{\mathrm{d}n_B}{\mathrm{d}t}\right) \tag{3-4}$$

多数液相反应或者在密闭容器中进行的气相反应均可视为等容反应。

用 c_B 表示反应体系中任一反应组分 B 的浓度,则 $\mathrm{d}n_B/V = \mathrm{d}c_B$,因此式(3-4)可变为

$$v \stackrel{\text{def}}{=\!=} \frac{1}{\nu_B}\left(\frac{\mathrm{d}c_B}{\mathrm{d}t}\right) \tag{3-5}$$

如非特别说明,本章所讨论的反应均为等容反应。

化学反应的快慢也可以用某种反应物的消耗速率或者某种生成物的生成速率来表示。规定单位体积、单位时间内,某反应物 A 的物质的量的减少为反应物 A 的消耗速率 v_A,即

$$v_A \stackrel{\text{def}}{=\!=} -\frac{1}{V}\left(\frac{\mathrm{d}n_A}{\mathrm{d}t}\right) \tag{3-6}$$

式(3-6)等号右端加负号是因为 $\mathrm{d}n_A < 0$,加负号后可使 v_A 总为正值。

规定单位体积、单位时间内,某生成物 P 物质的量的增加为产物 P 的生成速率 v_P,即

$$v_P \stackrel{\text{def}}{=\!=} \frac{1}{V}\left(\frac{\mathrm{d}n_P}{\mathrm{d}t}\right) \tag{3-7}$$

对于等容反应,消耗速率及生成速率均可用单位时间内反应物或产物浓度的变化来表示:

$$v_A = -\mathrm{d}c_A/\mathrm{d}t \tag{3-8}$$

$$v_P = \mathrm{d}c_P/\mathrm{d}t \tag{3-9}$$

反应速率是用化学反应的反应进度来定义的,所以它与选用哪种反应组分无关;而 v_A 和 v_P 则须指明是以哪种反应物或产物表示的消耗速率或生成速率,即对同一反应,因选用的反应组分不同,v_A 和 v_P 可能有不同的数值,它们与计量方程中反应组分的化学计量数有关,如将任意化学反应写成如下形式:

$$a\mathrm{A} + b\mathrm{B} \longrightarrow y\mathrm{Y} + z\mathrm{Z}$$

对此反应,反应速率、消耗速率和生成速率之间的关系为

$$v = -\frac{1}{a}\frac{\mathrm{d}c_A}{\mathrm{d}t} = -\frac{1}{b}\frac{\mathrm{d}c_B}{\mathrm{d}t} = \frac{1}{y}\frac{\mathrm{d}c_Y}{\mathrm{d}t} = \frac{1}{z}\frac{\mathrm{d}c_Z}{\mathrm{d}t} \tag{3-10}$$

把式(3-8)、式(3-9)代入式(3-10),得

$$v = \frac{v_A}{-\nu_A} = \frac{v_B}{-\nu_B} = \frac{v_Y}{\nu_Y} = \frac{v_Z}{\nu_Z}$$

即反应速率 v 与任意组分 B 的反应速率 v_B 间的关系为

$$v = v_B/|\nu_B|$$

由此可见,对于指定的化学反应,在某一时刻无论选用哪种反应组分的浓度变化来表示速率,v 是唯一值,而 v_B 则随选用的反应组分不同而可能有不同的值。但用不同反应组分浓度变化表示的消耗速率或生成速率与各自化学计量数绝对值的比值相等,且等于该化学反应的反应速率,以合成氨反应为例:

$$\mathrm{N}_2(\mathrm{g}) + 3\mathrm{H}_2(\mathrm{g}) =\!=\!= 2\mathrm{NH}_3(\mathrm{g})$$

该反应有两种消耗速率:

N_2 的消耗速率
$$v_{N_2} = -dc_{N_2}/dt$$
H_2 的消耗速率
$$v_{H_2} = -dc_{H_2}/dt$$
产物的生成速率只有一种，为
$$v_{NH_3} = dc_{NH_3}/dt$$
几种速率与其化学计量数绝对值之比相等，且等于该反应的反应速率，即
$$v = \frac{1}{\nu_B}\left(\frac{dc_B}{dt}\right) = \frac{1}{1}\left(-\frac{dc_{N_2}}{dt}\right) = \frac{1}{3}\left(-\frac{dc_{H_2}}{dt}\right) = \frac{1}{2}\left(\frac{dc_{NH_3}}{dt}\right)$$
$$v = \frac{v_{N_2}}{1} = \frac{v_{H_2}}{3} = \frac{v_{NH_3}}{2}$$

反应速率、消耗速率和生成速率的单位常用 $mol \cdot L^{-1} \cdot s^{-1}$ 表示，其中时间单位除可用秒(s)表示外，还可用分(min)、小时(h)、天(d)、年(a)等表示。

测定反应速率的方法是：测定一定温度下不同反应时间 t 时，某反应组分 B 的浓度 c_B。以 c_B 对 t 作图，得到反应组分 B 的浓度 c_B 随时间 t 的变化曲线，这种曲线称为反应动力学曲线，如图 3-1 所示，如组分 B 为反应物 A，则动力学曲线向下弯曲，由线上各点的斜率可确定 A 的消耗速率 $v_A = -dc_A/dt$；如组分 B 为产物 P，则动力学曲线向上弯曲，由线上各点的斜率可确定 P 的生成速率 $v_P = dc_P/dt$，根据式(3-10)，由 v_A 或 v_P 可确定 v。由此可见，测定反应速率实际上是测定不同反应时间某种反应组分的浓度。原则上，测定各种物质的浓度有化学和物理两种方法。用化学方法测定反应速率一般要从反应系统中取样，然后用化学分析的方法测定某反应组分的浓度。为保证试样中的化学反应终止在取样的那个瞬间，需要用适当的方法将试样的反应状态固定下来。常用的方法有骤冷、稀释、加入阻化剂及除去催化剂等。

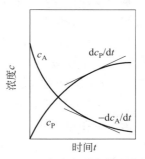

图 3-1　反应动力学曲线示意图

物理方法是观测与物质浓度有确定关系的某种物理性质，如体积、压力、折射率、吸光度、旋光度及电导率等，以间接获得反应过程中反应组分浓度变化的信息。使用物理方法测定反应速率通常不必从反应系统中取样，可以让反应系统一边进行化学反应，一边对它进行观测，正因为这种优点，所以物理方法在反应速率的测定中被广泛采用。

3.3　化学反应的速率方程

速率方程是由实验确定的反应速率与物质浓度间的关系式。对任意化学反应 $aA+bB+cC \longrightarrow xX+yY+zZ$，其速率方程可以表示为如下形式：
$$v = kc_A^\alpha c_B^\beta c_C^\gamma \tag{3-11}$$
$\alpha,\beta,\gamma,\cdots$ 分别称为组分 A，B，C，$\cdots$ 的分级数。各分级数之和 $n=\alpha+\beta+\gamma+\cdots$ 称为反应的总级数，简称级数。n 可以为整数、分数、零，也可以为负数，它的大小反映了物质浓度对反应速率影响的程度。由实验确定了各组分的分级数，则反应级数及反应的速率方程也就确定

了。式中的 k，对于基元反应，称为速率常数；对于复合反应，称为速率系数，其大小取决于反应本性、反应温度、溶剂类型、催化剂等，但与反应物的浓度无关。当各反应物浓度均为单位浓度（$c_B = 1\ \text{mol} \cdot \text{L}^{-1}$）时的反应速率 v 在数值上等于 k，故 k 又称比速率。

反应级数与反应分子数是两个不同的概念。反应级数是由实测数据归纳速率方程而得到的经验常数，它可以是整数、分数、零或负数；而反应分子数是与基元反应的机理相联系的，它是参与基元反应的分子（或其他微粒）的数目。尽管有少数复合反应总反应级数与参与总反应的分子数目相等，例如 $H_2 + I_2 \Longrightarrow 2HI$ 的反应级数为 2，但这并不是普遍规律，多数情况下，反应级数与反应分子数并不相等。在复合反应总反应的速率方程中，有时不仅有反应物浓度项，还包括产物、催化剂或不直接参与反应的惰性组分的浓度项。

3.3.1　质量作用定律

一定温度下，反应速率与反应组分或其他组分（例如催化剂）浓度的关系式称为反应的速率方程。

基元反应的速率方程比较简单，通常符合质量作用定律，即反应速率与各反应物浓度幂的乘积成正比，各反应物浓度对应的指数分别为其相应的化学计量数。

基元反应可按参与反应的反应物分子（或其他微粒）的数目而分为单分子反应、双分子反应和三分子反应。大多数基元反应为双分子反应；有些分解反应或异构化反应为单分子反应；三分子反应为数很少。三个以上的分子（或微粒）同时相撞到一起而发生反应的机会很少，所以至今尚未发现三分子以上的基元反应。

按质量作用定律，单分子反应 $A \longrightarrow$ 产物，其速率方程为

$$v = kc_A$$

双分子反应 $2A \longrightarrow$ 产物，其速率方程为

$$v = kc_A^2$$

双分子反应 $A + B \longrightarrow$ 产物，其速率方程为

$$v = kc_A c_B$$

基元反应的反应分子数与它的计量数绝对值相等，而且质量作用定律仅能适用于基元反应，所以对基元反应来说，通常几分子反应就是几级反应。但是也有例外情况，例如双分子反应 $A + B \Longrightarrow C$，若反应系统中 $c_B \gg c_A$，则反应过程中 c_B 可近似看作常数并可归并到速率常数中，即

$$v = kc_A c_B = k' c_A$$

式中，$k' = kc_B$。这种情况下，二级反应可近似地按一级反应来处理，这样的反应称为准一级反应。k' 近似为常数，称为准速率常数。

复合反应由多个基元反应所组成，尽管各步基元反应符合质量作用定律，但复合反应的总反应一般不符合质量作用定律，例如反应 $H_2 + Cl_2 \Longrightarrow 2HCl$ 的速率方程为

$$v = kc_{H_2} c_{Cl_2}^{1/2}$$

反应 $2O_3 \Longrightarrow 3O_2$ 的速率方程为

$$v = kc_{O_3}^2 / c_{O_2}$$

反应 $H_2 + Br_2 \Longrightarrow 2HBr$ 的速率方程就更为复杂，经测定为

$$v = \frac{kc_{H_2} c_{Br_2}^{1/2}}{1 + k'c_{HBr} c_{Br_2}^{-1}}$$

在一定温度下，对某反应来说，采用不同反应组分浓度变化表示的 v_A 或 v_P 并不一定相同，它们符合式(3-10)的简单比例关系。例如某基元反应

$$X + 2Y \Longrightarrow 3C$$

按质量作用定律，用不同组分浓度表示的速率方程为

$$v_X = -dc_X/dt = k_X c_X \cdot c_Y^2$$
$$v_Y = -dc_Y/dt = k_Y c_X \cdot c_Y^2$$
$$v_C = dc_C/dt = k_C c_X \cdot c_Y^2$$

根据式(3-10)，$v = v_X = v_Y/2 = v_C/3$，故

$$k_X = k_Y/2 = k_C/3$$

写成通式：

$$k = k_B / |\nu_B| \tag{3-12}$$

式中，k_B 为以任意组分 B 的浓度表示的速率常数。当反应式中各反应组分的化学计量数不同时，要注明是用哪种组分浓度表示的速率常数。

3.3.2 反应级数和反应的速率常数

1. 零级反应

反应速率与物质浓度无关的反应为零级反应，其速率方程为

$$v = k$$

对于零级反应来讲，反应速率是常数，因此无论反应物的浓度为何值，单位时间内物质发生化学反应的数量总相同。例如一些光化学反应，它们的反应速率仅取决于照射光的强度，而与反应物的浓度无关。光强度恒定的情况下，这种光化学反应即为零级反应。还有些气-固相催化反应，在一定条件下其反应速率只与催化剂的表面状态有关，与反应物的浓度（或分压）无关，也是零级反应。

零级反应中反应物 A 的消耗速率为

$$-dc_A/dt = k$$

此式移项、积分：

$$-\int_{c_{A_0}}^{c_A} dc_A = k \int_0^t dt$$

式中，c_{A_0} 和 c_A 分别为反应开始时和反应到 t 时系统中 A 的浓度，积分后则得到零级反应的动力学方程：

$$\left. \begin{array}{l} c_{A_0} - c_A = kt \\ c_A = c_{A_0} - kt \end{array} \right\} \tag{3-13}$$

由式(3-13)知，用$(c_{A_0} - c_A)$ 或 c_A 对 t 作图均可得到一条直线，其截距为 0 或 c_{A_0}，斜率为 k 或 $-k$。

零级反应具有以下特征：

（1）反应速率与反应物浓度无关，所以单位时间内发生反应的物质数量（或单位时间内

反应物浓度的变化)总是恒定的。

(2) 反应掉的反应物浓度 $c_{A_0} - c_A$ 与反应时间 t 成正比,以 c_A 对 t 作图得直线。

(3) 速率常数 k 的单位与反应速率 v 的单位相同,即 $mol \cdot L^{-1} \cdot s^{-1}$。

2. 一级反应

反应速率与物质浓度成正比的反应为一级反应,其速率方程为

$$v = kc_A \tag{3-14}$$

单分子基元反应为一级反应。许多分解反应虽然是复合反应,但其总反应仍表现为一级反应,一级反应的反应物消耗速率为

$$-dc_A/dt = kc_A$$

移项、积分:

$$-\int_{c_{A_0}}^{c_A} \frac{dc_A}{c_A} = k\int_0^t dt$$

则得一级反应的动力学方程:

$$\ln \frac{c_{A_0}}{c_A} = kt \tag{3-15}$$

或

$$c_A = c_{A_0} \cdot \exp(-kt) \tag{3-16}$$

此式的对数形式为

$$\ln c_A = \ln c_{A_0} - kt \tag{3-17}$$

若以 $\ln c_A$ 对 t 作图,可得一直线,直线的截距为 $\ln c_{A_0}$,斜率为 $-k$。

反应物 A 的转化率 x_A 规定为

$$x_A = \frac{c_{A_0} - c_A}{c_{A_0}} \tag{3-18}$$

则 $c_A = c_{A_0} \cdot (1 - x_A)$ 代入式(3-15)后,得

$$\ln \frac{1}{1-x_A} = kt \tag{3-19}$$

式(3-19)是用转化率来表征的一级反应动力学方程,可以看出,一级反应达到一定转化率所需的反应时间与反应物初始浓度无关。反应物初始浓度消耗掉一半,即转化率 $x_A = 0.5$ 时所需的反应时间叫半衰期或半寿期,以 $t_{1/2}$ 表示。将 $c_A = c_{A_0}/2$ 代入式(3-15),则得到一级反应的半衰期

$$t_{1/2} = \ln 2/k = 0.693/k \tag{3-20}$$

式(3-20)表明,半衰期与反应物浓度无关。

一级反应具有以下特征:

(1) 反应速率与物质的浓度成正比。

(2) 以 $\ln c_A$ 对 t 作图得直线。

(3) 半衰期与反应物的初始浓度无关,为常数。

(4) 速率常数 k 的单位常用 s^{-1}。

例 3-1 已测得 20℃时乳酸在酶的作用下,氧化反应过程中不同反应时间 t 的乳酸浓度 c_A 的数据如下:

t/min	0	5	8	10	13	16
c_A/(mol·L^{-1})	0.3200	0.3175	0.3159	0.3149	0.3133	0.3113

(1) 考察此反应是否为一级反应；

(2) 计算反应的速率常数及半衰期。

解 (1) 根据一级反应的特征，若以 $\ln c_A$ 对 t 作图应为一直线。由实验数据对 c_A 取对数，得到如下数据：

t/min	0	5	8	10	13	16
$\ln c_A$	−1.139	−1.147	−1.152	−1.156	−1.161	−1.167

用 $\ln c_A$ 对时间 t 作图，得到如图 3-2 所示的直线，说明此反应为一级反应。

(2) 由图 3-2 的直线读出斜率

$$b = [(-1.173 - (-1.139))/(20 - 0)]\,\text{min}^{-1}$$
$$= -1.70 \times 10^{-3}\,\text{min}^{-1}$$

根据一级反应的动力学方程，即式(3-17)，该反应的速率常数为

$$k = -b = 1.70 \times 10^{-3}\,\text{min}^{-1}$$

将 k 代入式(3-20)，反应的半衰期为

$$t_{1/2} = \ln2/k = [0.6932/(1.70 \times 10^{-3})]\,\text{min}$$
$$= 408\,\text{min}$$

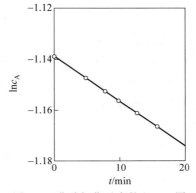

图 3-2 乳酸氧化反应的 $\ln c_A$-t 图

具有简单级数反应的速率方程、动力学方程及半衰期汇总于表 3-1 中。

表 3-1 简单级数反应的动力学关系

级数	反应类型	速率方程	动力学方程	半衰期
0	A ⟶ 产物	$v = k$	$c_{A_0} - c_A = kt$	$t_{1/2} = \dfrac{c_{A_0}}{2k}$
1	A ⟶ 产物	$v = kc_A$	$\ln \dfrac{c_{A_0}}{c_A} = kt$	$t_{1/2} = \dfrac{0.693}{k}$
2	A+B ⟶ 产物	$v = kc_A c_B = kc^2$ (规定 $c_A = c_B = c$)	$\dfrac{1}{c_t} = \dfrac{1}{c_0} + kt$	$t_{1/2} = \dfrac{1}{kc_0}$

3.4 温度和活化能对反应速率的影响

3.4.1 温度对反应速率的影响

大多数化学反应，不管是吸热反应还是放热反应，温度升高反应速率都会显著增大。例如，H_2 与 O_2 在常温下几年也观察不到有反应的迹象，但温度升高至 873 K 时，反应即可迅

速进行，甚至发生爆炸。

1884 年范特霍夫归纳了许多实验结果，提出一条经验规则：在反应物浓度相同的情况下，温度每升高 10 K，反应速率（或反应速率常数）约增加 2～4 倍，这一规则称为范特霍夫规则。但随后的研究发现，并不是所有的反应都符合范特霍夫规则。

1889 年阿累尼乌斯(Arrhenius)对反应速率常数 k 与温度 T 的关系提出了一个较准确的经验公式即阿累尼乌斯公式：

$$k = A \cdot e^{-E_a/RT} \tag{3-21}$$

写成对数式为

$$\ln k = -\frac{E_a}{RT} + \ln A \tag{3-22}$$

或

$$\lg k = -\frac{E_a}{2.303RT} + \lg A \tag{3-23}$$

式中，T 为热力学温度，K；R 为摩尔气体常数；E_a 为反应的活化能，常用单位为 $kJ \cdot mol^{-1}$；A 为指前因子或表观频率因子，是只与反应有关的特性常数，与 k 有相同量纲。当温度变化不太大时，E_a 与 A 被视为与温度无关。

例如，实验测得反应 $NO_2 + CO \longrightarrow NO + CO_2$ 在不同温度下的 k 如下表所示。

T/K	$1/T/K^{-1}$	$k/(L \cdot mol^{-1} \cdot s^{-1})$	$\lg k$
600	1.67×10^{-3}	0.028	-1.55
650	1.54×10^{-3}	0.220	-0.66
700	1.43×10^{-3}	1.300	0.11
750	1.33×10^{-3}	6.000	0.78
800	1.25×10^{-3}	23.00	1.36

以 k 对 T 作图可得一曲线（见图 3-3）。由该曲线可以看出，反应温度 T 略有升高，反应速率常数 k 显著增大。以 $\lg k$ 对 $1/T$ 作图得一直线（图 3-4）。由直线的斜率和截距可分别求得该反应的活化能 E_a 和指前因子 A：

$$斜率 = \frac{E_a}{-2.303R} = -6.91 \times 10^3, \quad E_a = 132 kJ \cdot mol^{-1}$$

$$截距 = \lg A = 9.99, \quad A = 9.77 \times 10^9 L \cdot mol^{-1} \cdot s^{-1}$$

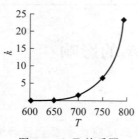

图 3-3　$k\text{-}T$ 关系图

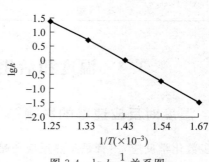

图 3-4　$\lg k\text{-}\dfrac{1}{T}$ 关系图

若某一给定反应,温度为 T_1 时的反应速率常数为 k_1,T_2 时的反应速率常数为 k_2,根据式(3-22)则有

$$\ln k_1 = -\frac{E_a}{RT_1} + \ln A, \quad \ln k_2 = -\frac{E_a}{RT_2} + \ln A$$

两式相减得

$$\ln \frac{k_2}{k_1} = \frac{E_a}{R}\left(\frac{1}{T_1} - \frac{1}{T_2}\right) = \frac{E_a}{R}\left(\frac{T_2 - T_1}{T_1 T_2}\right) \tag{3-24}$$

式(3-24)也称阿累尼乌斯公式。若已知 T_1,T_2,k_1,k_2,E_a 5 个量中的 4 个量,则可求第 5 个量。

3.4.2 活化能 E_a 对反应速率的影响

活化能对反应速率的影响主要是通过 E_a 对反应速率常数 k 的影响而实现的。由式(3-21)可以看出,E_a 在指数项内,对于同一个反应,E_a 的值有较小的改变,k 就会有显著的变化,因而反应速率也会有显著的变化。由(3-24)式还可以看出,对于不同反应,若指前因子 A 相同,温度 T_1、T_2 一定时,活化能 E_a 较大的反应 $\ln(k_2/k_1)$ 也大,即温度变化对活化能较大的反应速率常数 k 值影响较大。

3.5 化学反应速率理论和反应机理简介

3.5.1 碰撞理论

对于不同的化学反应,反应速率的差别很大。爆炸反应在一瞬间即可完成,慢的反应数年后也看不出有什么变化。为什么反应速率有快有慢呢?碰撞理论最早对反应速率作出了较为成功的解释。

碰撞理论认为,如果将反应物分子相互隔开,就不会有任何反应发生。所以,化学反应发生的首要条件是反应物分子必须相互碰撞。一个化学反应的反应速率 v 与单位体积、单位时间内分子碰撞的次数 Z 成正比,即 $v \propto Z$。Z 是一个相当大的数值。例如,对碘化氢气体在 450℃ 时的分解反应

$$2HI(g) \longrightarrow H_2(g) + I_2(g)$$

若 HI 气体的起始浓度为 1×10^{-3} mol·L^{-1},通过理论计算,分子间每秒中的碰撞次数约为 3.5×10^{28} L^{-1}·s^{-1},如果每次碰撞都能发生反应,那么 HI 的分解速率应是 1.2×10^5 mol·L^{-1}·s^{-1},但实际测得的反应速率为 1.2×10^{-8} mol·L^{-1}·s^{-1}。为什么根据碰撞频率计算出来的反应速率与实际速率之间有如此大的差别?碰撞理论认为这可归结于以下两个原因。

(1) 能量因素。从以上的计算可以看出,在反应分子的成千上万次碰撞中,大多数碰撞并不能引起化学反应,只有很少数碰撞对于反应才是有效的。这种能够发生反应的碰撞称为有效碰撞。碰撞理论认为发生有效碰撞的分子与普通分子的不同之处在于它们具有较高的能量,只有具有较高能量的分子相互碰撞时,才能克服电子云之间的相互排斥作用而相互接近,从而打破原有的化学键形成新的分子,即发生化学反应。这些具有较高能量的分子叫

活化分子。要使普通分子变为活化分子所需的最小能量,叫做活化能,用 E_a 表示。也就是说,从能量的角度看,只有那些能量大于或等于活化能的高能分子即活化分子的碰撞,才能引起化学反应。

图 3-5 为分子能量分布图,E 表示所有分子的平均能量,E_c 表示活化分子的最低能量,则活化能 $E_a = E_c - E$。由图 3-5 可知,在一定温度下,这种高能量的活化分子数总是非常少的,若用 f 表示一定温度下活化分子在分子总数中所占的百分数,假设能量的分布符合麦克斯韦-玻耳兹曼分布,则

$$f = \frac{\text{有效碰撞频率}}{\text{总的碰撞频率}} = e^{-\frac{E_a}{RT}} \tag{3-25}$$

在碰撞理论中,f 称为能量因子,于是反应速率可表示为 $v = fZ$。

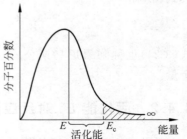

图 3-5 分子能量分布图

(2) 方位因素。碰撞理论认为,分子通过碰撞发生化学反应,不仅要求分子要有足够的能量,而且要求这些分子要有适当的取向。例如,在下列反应中:

$$CO(g) + NO_2(g) \longrightarrow CO_2(g) + NO(g)$$

当 CO 和 NO_2 分子碰撞时,如果 C 原子与 N 原子相碰撞或 CO 中的 O 与 NO_2 分子中的 O 相碰撞,都不可能发生 O 原子的转移。而当 C 原子与 NO_2 分子中的 O 原子相碰撞时,由于它们彼此间的取向适当,使 NO_2 分子中的 O 原子有可能转移到 CO 分子上,从而生成 CO_2 和 NO 分子,有利于发生反应。对于复杂的分子,方位因素的影响更大。因此在上述速率表达式中,还应增加一个校正因子 P,即

$$v = PfZ \tag{3-26}$$

式中,P 称为概率因子。

在气体分子运动论的基础上建立起来的碰撞理论,比较成功地解释了某些实验事实,例如反应物浓度、反应温度对反应速率的影响等,但也存在一些局限性。碰撞理论把反应分子认为是没有内部结构的刚性球体,显然这个模型过于简单,因而对一些分子结构比较复杂的反应,如某些有机反应、配合反应等,常常不能解释。

3.5.2 过渡态理论

20 世纪 30 年代中期,在量子力学和统计力学发展的基础上,埃林等人提出了反应速率的过渡状态理论,又称活化络合物理论。这一理论认为,化学反应的发生是具有足够大能量的反应物分子在有效碰撞后首先形成了一种称为活化配合物的过渡状态,然后再分解为产物。例如,反应 $CO + NO_2 \longrightarrow NO + CO_2$ 在温度高于 498 K 时是一基元反应,按照过渡态理论,这一基元反应的历程可用下式表示:

$$\underset{\substack{\text{反应物}\\(\text{始态})}}{\overset{O\quad O}{\underset{N}{\|}} + C-O} \rightleftharpoons \underset{\substack{\text{活化配合物}\\(\text{过渡状态})}}{\left[\overset{N}{\underset{O\quad O \cdots C-O}{}}\right]} \rightleftharpoons \underset{\substack{\text{产物}\\(\text{终态})}}{N-O + O-C-O}$$

即具有足够高能量的反应物 NO_2 和 CO 分子发生有效碰撞后,首先形成活化配合物 [O—N⋯O⋯C—O]。在该活化配合物中,原有的靠近 C 原子的 N—O 键变长将断裂而尚未断裂,新的化学键(C—O)将形成而尚未形成,这是一种不稳定的、高活性的过渡状态,它既可以生成产物,又有可能转变为原反应物。当活化配合物[O—N⋯O⋯C—O]中靠近 C 原子的 N—O 键完全断开,新形成的 C—O 键中 C 与 O 之间的距离进一步缩短而成键,即有产物 NO 和 CO_2 形成,达到反应的终态。

可将整个反应历程中反应体系能量的变化用图 3-6 表示。图中 c 点对应的能量为基态活化配合物[ONOCO]的势能,a,b 点对应的能量分别为基态反应物(NO_2+CO)和基态产物(NO+CO_2)的势能。基态活化配合物与基态反应物的势能差称为正反应的活化能(E_a=132 kJ·mol^{-1}),基态活化配合物与基态生成物的势能差称为逆反应的活化能(E_a'=366 kJ·mol^{-1})。

由图 3-6 不难理解,在化学反应中,反应物分子必须具有足够大的碰撞动能,才有可能转化为足够高的势能去克服反应的能垒高峰,很显然,反应的活化能实质上是化学反应进行所必须克服的势能垒。在一定温度下,反应的活化能越大,可能爬上能峰的分子数越少,反应速率就越慢。实验测定结果表明,大多数化学反应的活化能约为 60～250 kJ·mol^{-1}。活化能小于 40 kJ·mol^{-1} 的反应(如 Zn+2HCl ⟶ $ZnCl_2$+H_2),反应速率很快,可瞬间完成。活化能大于 420 kJ·mol^{-1} 的反应,其反应速率则很小。

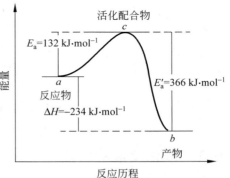

图 3-6 过渡态势能示意图

可逆反应的反应热($\Delta_r H$)与其正、逆反应的活化能的关系为

$$\Delta_r H = E_a - E_a' \tag{3-27}$$

若 $E_a < E_a'$,则 $\Delta_r H < 0$,正反应为放热反应,逆反应为吸热反应。对上述反应 NO_2+CO ⟶ NO+CO_2,$E_a < E_a'$,$\Delta_r H$ = 132－366 = －234 kJ·mol^{-1},表明该反应的正向为放热反应。

由于过渡态的寿命极短(一般为 10^{-12} s 左右),对过渡态进行观测非常困难。20 世纪 60 年代后,特别是近十几年来,随着激光技术、分子束技术以及光电子能谱等实验技术的出现,使对过渡态的探测和研究大大地向前推进了一步,过渡态的实验研究取得了可喜的成果,当然也还存在不少困难和问题。然而,也正因为这些困难和问题的存在,促使并激励着无数科学家和科学工作者去探索物质结构与化学反应速率间的更深一层的奥秘。

3.5.3 反应机理与基元反应

通常我们所写的化学反应方程式,只是化学反应的计量式,即表示反应从总体上在"量"的方面,是按照所给出的计量关系进行的,并没有表示出反应物经过怎样的途径,经历哪些具体步骤才变为产物。例如,氢气和氯气合成氯化氢的反应 H_2(g)+Cl_2(g)══2HCl(g) 只代表反应的总结果,它不表示由一个 H_2 分子和一个 Cl_2 分子直接碰撞就能生成两个 HCl

分子。研究表明,该反应在光照条件下是由下列4步反应完成的:

$$Cl_2(g) + M \longrightarrow 2Cl(g) + M \quad (a)$$
$$Cl(g) + H_2(g) \longrightarrow HCl(g) + H(g) \quad (b)$$
$$H(g) + Cl_2(g) \longrightarrow HCl(g) + Cl(g) \quad (c)$$
$$Cl(g) + Cl(g) + M \longrightarrow Cl_2(g) + M \quad (d)$$

式中,M是惰性物质,可以是器壁或其他不起化学反应的第三种物体,M只起传递能量的作用。上述每一步反应都是基元反应,是由反应分子(或离子、原子以及自由基等)直接相互作用,一步就生成产物。(a),(b),(c),(d) 4步反应的总效果和总反应是一致的,换言之,总反应就是由(a)~(d) 4步基元反应所构成。

但也有些反应很简单,反应物分子相互碰撞一步就直接转化为产物,如以下的基元反应:

$$SO_2Cl_2 \longrightarrow SO_2 + Cl_2 \quad \text{单分子反应}$$
$$NO_2 + CO \longrightarrow NO + CO_2 \quad \text{双分子反应}$$
$$2NO_2 \longrightarrow 2NO + O_2 \quad \text{双分子反应}$$

*3.6 催化反应动力学

3.6.1 催化反应的特点

凡能改变反应速率而自身在反应前后的数量和化学性质都不发生变化的物质称为催化剂。能加快反应速率的催化剂叫正催化剂;能降低反应速率的催化剂叫负催化剂或阻化剂。正催化剂使用得非常普遍,如不特别指明,一般所说的催化剂均指正催化剂。催化剂改变化学反应速率的作用叫催化作用。有催化剂参与的化学反应称为催化反应。

可从不同角度对催化反应进行分类。催化剂与反应组分处于同一相中的反应称为均相催化反应,如气相催化反应和液相催化反应;催化剂与反应组分处于不同相的反应称为多相催化反应或非均相催化反应,如气-液相催化反应、气-固相催化反应和液-固相催化反应等。催化反应也可按催化剂的特征来分类,有酸碱催化反应、酶催化反应、络合催化反应、金属催化反应和半导体催化反应等。

催化反应十分普遍。许多化工产品的生产,进行的都是催化反应。自然界及生物体内发生的许多化学反应也有催化剂的介入。对催化反应的研究是化学动力学的重要内容。

催化剂能加速化学反应,且自身并不消耗。这是因为催化剂与反应物生成不稳定的中间物,改变了反应途径,降低总活化能或增大指前因子,从而使反应总速率增加。例如NO能加速SO_2的氧化反应,经研究,反应机理为

$$NO + \frac{1}{2}O_2 \longrightarrow NO_2 \quad (1)$$
$$NO_2 + SO_2 \longrightarrow NO + SO_3 \quad (2)$$

NO在步骤(1)中消耗掉,但在步骤(2)中重新生成,所以反应前后NO的总量并没减少。这两步反应的总效果是

$$SO_2 + \frac{1}{2}O_2 \longrightarrow SO_3$$

一般催化反应均可看作反复进行的下列链反应：

$$反应物 + 催化剂 \longrightarrow 中间物(或中间物 + 产物)$$
$$中间物(或中间物 + 反应物) \longrightarrow 催化剂 + 产物$$

这种链传递过程反复进行，使反应物不断变成产物，而催化剂反复使用，又反复再生。由此可见，经过化学反应后，虽然催化剂的化学性质及数量未变，但它的某些物理性质（如颗粒大小、形状等）常常会改变，这也说明催化剂实际上参与了化学反应。因为催化剂可以反复再生，所以通常催化剂的用量很少。

若催化剂 K 能加速反应 $A + B \longrightarrow AB$。其一般机理为

$$A + K \underset{k_{-1}}{\overset{k_1}{\rightleftharpoons}} AK \quad (快)$$

$$AK + B \xrightarrow{k_2} AB + K \quad (慢)$$

由于中间物 AK 不稳定，反应能很快地接近平衡。根据平衡态近似法，总反应速率由最后一步速率所控制：

$$v = k_2 c_{AK} c_B$$

以 $c_{AK} = (k_1/k_{-1}) c_A c_K$ 代入：

$$v = (k_1 k_2 / k_{-1}) c_K c_A c_B$$

由于 c_K 不变，可令 $k = k_1 k_2 c_K / k_{-1}$，并代入上式，则得：

$$v = k c_{AK} c_B$$

式中，k 为催化反应的总速率系数。若各基元反应及总反应均符合阿累尼乌斯方程，由图 3-7 可以看出，总活化能与各基元反应的活化能之间有如下关系：

$$E_a = E_{a,1} + E_{a,2} - E_{a,-1}$$

总反应的指前因子与各基元反应的指前因子之间有如下关系：

$$A = A_1 A_2 / A_{-1}$$

如果催化反应的总活化能 E_a 小于非催化反应的活化能 E_0，假设指前因子变化不大，则催化反应即可加速化学反应。催化剂降低反应总活化能的原因可用两种反应途径与活化能关系的示意图（图 3-7）来说明。

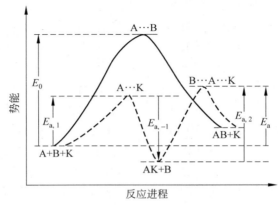

图 3-7 催化反应与非催化反应的比较

图 3-7 中用实线表示非催化反应的途径，用虚线表示催化反应的途径。比较两条反应途径可以看出，非催化反应必须要克服比较高的能垒 E_0，才能生成产物 AB。而催化反应所需克服的能垒 $E_a = E_{a,1} + E_{a,2} - E_{a,-1}$ 是比较低的，所以能发生反应的活化分子数目就要多得多，反应速率也就快得多。

若反应系统中加入催化剂后，活化能和指前因子同时改变，这就要同时考虑二者对速率常数的影响。由于在阿累尼乌斯方程中活化能处于指数位置上，所以一般它对速率常数的影响更重要。

根据对催化作用本质的了解，可以总结出催化剂的以下几个特点：

(1) 催化剂参与化学反应，但反应前后催化剂的化学性质及数量均不改变。

(2) 催化剂只能缩短达到化学平衡的时间，而不能改变平衡状态。反应系统的平衡状态是与反应的 $\Delta_r G_m^\ominus$ 相联系的，G 是状态函数，它的变化值只取决于始、终态，与变化经历的途径无关。催化剂虽然能改变反应途径，因而可以改变反应进行的速率，但它不能改变反应的始、终态，也就不会改变反应的 $\Delta_r G_m^\ominus$，所以不能使化学平衡移动。催化剂的作用只改变反应的动力学性质，而不改变反应的热力学性质，所以它在加速正反应的同时，也以同样的倍数加速逆反应，而正、逆向反应的速率常数之比不因催化剂的加入而改变。正因为如此，凡能加速正向反应的催化剂也必是加速逆向反应的催化剂。例如合成氨反应的催化剂也是氨分解反应的催化剂。合成氨反应需在高压下进行，而氨的分解反应在常压下即可发生。由于寻找氨分解反应的催化剂就可用于合成氨反应，因此给研究工作带来了方便。

(3) 催化剂不会改变反应热，因为反应的 ΔH，也是状态函数 H 的变化值。这一特点可应用于反应热的测定。许多需要在高温下进行的反应可以加入适当的催化剂，使其在常温下进行。测定常温、催化下反应的热效应，然后通过热力学计算就可获得高温下同一非催化反应的反应热。

(4) 催化剂对反应的催化作用有选择性。不同的反应需要不同的催化剂，同一种催化剂对不同反应的催化作用不同。在一个反应系统中可能同时发生多种反应，选择适当的催化剂只加速所需的主反应，就可提高产量及改进产品质量。

3.6.2 均相催化反应

均相催化反应包括气相催化反应和液相催化反应。以 H^+ 或 OH^- 作为催化剂的酸碱催化反应是常见的液相催化反应。如目前工业上广泛应用的酯化反应、乙烯水合制乙醇的反应等。酸碱催化反应的实质是质子的转移，因此凡是能释放质子的广义酸或能接受质子的广义碱均能作为酸碱催化反应的催化剂。凡是包括质子转移的反应也都可进行酸碱催化反应，如酯化与酯的水解、水合与脱水、烷基化与脱烷基等反应。

另一类重要的液相催化反应是酶催化反应。酶是生物体内产生的具有加速生化反应能力的蛋白质，生物体内的化学反应大都在酶的催化下进行，如蛋白质、淀粉和糖类的合成都是酶催化反应的结果。生物体内各种物质的转化，如食物的消化也是酶催化反应。酶催化反应的研究不仅对于揭示生命的奥秘至关重要，而且模拟酶催化反应来合成或转化化学品将成为未来化工及环保的发展方向。例如，许多科学家正在从事模拟生物固氮酶将大气中的 N_2 转化成 NH_3 的研究，如能成功，将变革目前高温、高压下合成氨的复杂工艺。

3.6.3 气-固相催化反应

多相反应大多在相界面上进行。实际上,比较重要的多相反应都是多相催化反应。目前在工业上应用较多的是用固相催化剂加速气相反应,即气-固相催化反应,如镍催化加氢反应,铁催化合成氨反应等。

气-固相催化反应包括 7 个基本步骤:
(1) 反应物分子由气相本体扩散到固体催化剂外表面,称为外扩散;
(2) 反应物分子由催化剂外表面向内表面扩散,称为内扩散;
(3) 反应物分子被吸附在固体催化剂表面上;
(4) 被吸附的反应物在催化剂表面上进行化学反应生成产物;
(5) 生成的产物在催化剂表面上解吸;
(6) 解吸的产物分子从催化剂内表面向外表面扩散,此为内扩散;
(7) 产物分子从催化剂外表面向气相本体扩散,此为外扩散。

这 7 步的速率若相差不大,则反应称为无控制步骤反应。如果各步的速率相差悬殊,则总反应速率由其中最慢一步的速率所控制。若总反应速率是由步骤(1)、(2)、(6)或(7)所控制,则为扩散控制反应。扩散控制反应又可分为外扩散控制反应和内扩散控制反应两类。步骤(3)、(4)和(5)称为表面过程。如果总反应的速率是由表面过程的速率所决定,则称为表面过程控制反应或动力学控制反应。对于气-固相催化反应,若改变气体的流速可以改变总反应速率,这说明反应为外扩散控制。将气体流速增大到不再影响总反应速率的条件下,改变催化剂的粒度如果会影响总反应速率,则表明此反应为内扩散控制。当气体的流速与催化剂的粒度均不影响总反应速率时,反应为表面过程所控制。

拓展知识

化学动力学在考古学中的应用

如何准确地测定考古学发现物和化石的年代,是考古学家们需要解决的重要课题之一。某些元素的放射性衰变是估算考古学发现物、化石、矿物、陨石、月亮岩石以及地球本身年龄的基础,如 ^{40}K 和 ^{238}U 常用于陨石和矿物年龄的估算,^{14}C 用于确定考古学发现物和化石的年代。因为宇宙射线恒定地产生碳的同位素 ^{14}C($^{14}_{7}N + ^{1}_{0}n \longrightarrow ^{14}_{6}C + ^{1}_{1}H$),动、植物不断地将 ^{14}C 吸收进其组织中,使微量的 ^{14}C 在总碳含量中维持一个恒定的比例 $\left(\dfrac{^{14}C\ 质量}{^{12}C\ 质量} = 1.10 \times 10^{-12}\right)$。一旦树木被砍伐、种子被采摘、植物或动物死亡后,则它们从空气中吸收 ^{14}C 的过程便停止了。由于 ^{14}C 的放射性衰变(衰变反应为 $^{14}_{6}C \longrightarrow ^{14}_{7}N + ^{0}_{-1}e^{-}$,是一级反应,$k = 1.12 \times 10^{-4}\ a^{-1}$,$t_{1/2} = 5730a$),$^{14}C$ 在总碳中的含量便下降。若能测出这些考古学发现物 ^{14}C 的浓度(设为 c)及其相应活体 ^{14}C 的浓度(设为 c_0),根据一级反应动力学方程 $\ln \dfrac{c_0}{c} = kt$,即可算出其所取样品的年代。

思考题

3-1 何谓基元反应？如何书写基元反应的速率方程式？

3-2 何谓反应级数？如何确定反应级数？

3-3 判断下列说法是否正确：
(1) 非基元反应是由多个基元反应组成的；
(2) 非基元反应中，反应速率是由最慢的反应步骤控制的。

3-4 影响反应速率的主要因素有哪些？举例说明。

3-5 某反应在相同温度下，不同起始浓度的反应速率是否相同？速率常数是否相同？

3-6 多相反应与均相反应的区别何在？影响多相反应速率的因素有哪些？

习题

3-1 某反应物消耗掉 50% 和 75% 所需要的时间分别为 $t_{1/2}$ 和 $t_{1/4}$，若该反应分别是一级、二级，则 $t_{1/2}$ 与 $t_{1/4}$ 的比值分别是多少？

3-2 反应 $SO_2Cl_2 \longrightarrow SO_2 + Cl_2$ 为一级气相反应，593.15 K 时 $k = 2.2 \times 10^{-5} \, s^{-1}$，问在该温度下加热 90 min，$SO_2Cl_2$ 的分解百分数为多少？

3-3 298.15 K 时 $N_2O_5(g)$ 分解反应半衰期 $t_{1/2}$ 为 5.7 h，此值与 N_2O_5 的起始浓度无关，试求：
(1) 该反应的速率常数；
(2) 分解完成 90% 所需时间(h)。

3-4 反应 $CH_3NNCH_3(g) \longrightarrow C_2H_6(g) + N_2(g)$ 为一级反应，560.15 K 时，一密闭容器中 CH_3NNCH_3（偶氮甲烷）原来的压力为 21 332 Pa，1000 s 后总压力为 22 732 Pa，求 k 及 $t_{1/2}$。

3-5 313.5 K 时 N_2O_5 在 CCl_4 溶液中进行的分解反应为一级反应，测得初速率 $v_0 = 3.26 \times 10^{-5} \, mol \cdot dm^{-3} \cdot s^{-1}$，1 h 时的瞬时反应速率 $v_t = 1.00 \times 10^{-5} \, mol \cdot L^{-1} \cdot s^{-1}$。试求：
(1) 反应速率常数 k_A；(2) 半衰期 $t_{1/2}$；(3) 初始浓度 $c_{A(0)}$。

3-6 某二级反应 $A + B \longrightarrow C + D$，初始速率为 $5 \times 10^{-2} \, mol \cdot L^{-1} \cdot s^{-1}$，而反应物初始浓度皆为 $0.2 \, mol \cdot L^{-1}$，求 k 为多少？

3-7 781 K 时，$H_2 + I_2 \longrightarrow 2HI$ 反应的速率常数 $k_{HI} = 80.2 \, L \cdot mol^{-1} \cdot min^{-1}$，求 k_{H_2}？

3-8 某一级反应在 340 K 时完成 20% 需时 3.20 min，而在 300 K 时同样完成 20% 需时 12.6 min，试计算该反应的活化能。

3-9 填空题
(1) 298.15 K 时两个反应级数相同的反应 Ⅰ、Ⅱ，它们的活化能为 $E_Ⅰ$、$E_Ⅱ$，若速率常数 $k_Ⅰ = 10k_Ⅱ$，则两反应之活化能相差_____。
(2) 反应的活化能是_____和_____之差。

(3) 从能量的角度看,只有那些能量大于或等于_____的高能分子即活化分子的碰撞,才能引起化学反应。

3-10 选择题

(1) 下列关于反应级数,说法正确的是(   )。

  A. 只有基元反应的级数是正整数 B. 反应级数不会小于零
  C. 催化剂不会改变反应级数 D. 反应级数都可以通过实验确定

(2) 某反应的活化能是 33 kJ·mol^{-1},当 $T=300$ K 时,温度增加 1 K,反应速率常数增加的百分数约为(   )。

  A. 4.5% B. 9.4% C. 11% D. 50%

(3) 一个基元反应,正反应的活化能是逆反应活化能的 2 倍,反应时吸热 120 kJ·mol^{-1},则正反应的活化能是(   )kJ·mol^{-1}。

  A. 120 B. 240 C. 360 D. 60

(4) 有如下简单反应:$aA+bB \longrightarrow dD$,已知 $a<b<d$,则速率常数 k_A、k_B、k_D 的关系为(   )。

  A. $k_A/a<k_B/b<k_D/d$ B. $k_A<k_B<k_D$
  C. $k_A>k_B>k_D$ D. $k_A/a>k_B/b>k_D/d$

(5) 某反应,当反应物反应掉 5/9 所需时间是它反应掉 1/3 所需时间的 2 倍,则该反应是(   )。

  A. 一级反应 B. 零级反应 C. 二级反应 D. 3/2 级反应

第 4 章

热力学第二定律与化学反应的方向和限度

学习要求

(1) 理解自发过程、宏观状态、微观状态、混乱度、热力学概率等概念。

(2) 掌握熵 S、熵变 $\Delta_r S_m^{\ominus}$、吉布斯函数 G、$\Delta_r G_m$、$\Delta_r G_m^{\ominus}$ 等概念，并会用 ΔS(孤立系统)和 ΔG(等温等压不做非体积功)判断过程的方向。

(3) 掌握热力学第二定律、热力学第三定律的意义及其应用。

(4) 掌握热力学判断反应方向和限度的方法和原理。

热力学第一定律是自然界发生的一切过程都必须遵循的基本规律，它揭示的是任何变化过程的能量可以相互转化而总能量不变。但它不能像热力学第二定律那样能揭示反应进行的方向和限度。本章主要介绍热力学第二定律与化学反应的方向和限度。

4.1 热力学第二定律

热力学第二定律是人类长期实践经验的总结，它的表述方式有多种。

1850 年，克劳修斯(R. Clausius)将热力学第二定律表述为：不可能将热从低温物体传到高温物体，而不引起其他变化。它总结了热传导方向的规律性，即热可自动地从高温物体向低温物体传递。这里强调的"自动地"是指除了传热以外，系统和环境都不再发生其他变化，但相反的过程——由低温物体向高温物体传热是不能自动发生的，如果发生，则一定要引起某种其他的变化。例如冰箱可以从低温处向高温处传热，但是消耗了电功，即引起了其他的变化，所以这种传热过程是在外力作用下进行的，不是自动发生的。

1851 年，开尔文(L. Kelvin)提出：不可能从单一热源吸热，使热完全转变为功而不引起其他变化。这是热力学第二定律的另一种表述，它总结了热与功转化的规律，即功向热的转变过程可以自动发生，而热向功的转变过程则不能自动发生。虽然从热力学第一定律来看，所有的功都能转变成相当量的热，反之，所有的热也可转变成相当量的功。但实际上热无论如何不会完全地、自动地向功转变，否则必定会引起其他变化。如热机是将热转变为功的机器，它必须在两个不同温度的热源之间工作(见图 4-1)，工作物质在循环过程中，从高温热源 T_H 吸热 Q_H，只将其中的一部分热转变成功($-W$)输出，另一部分未转变的热 Q_L 流失到低温热源 T_L 中，热转变为功的部分越多，热机效率越高。

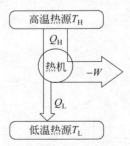

图 4-1 热机工作示意图

可是根据热力学第二定律,热机效率总小于1。讨论理想气体等温膨胀时,系统从环境吸的热全部转变成功($\Delta U = 0, Q = -W$),但这一转变过程中气体的体积改变了,即引起了其他变化,所以并不违反热力学第二定律。

如果只从单一热源吸热就能不断地做功,这种机器称为第二类永动机。历史上曾有人幻想制造这样一种机器,可以单从大海或单从大气中吸热,不断地将热转变成功,可是无数次试制都以失败而告终。这证明了一条自然规律:第二类永动机不可能造成。这一结论便是奥斯特瓦德(W. Ostwald)对热力学第二定律的另一种表述。

在没有外界作用或干扰的情况下,系统自身发生变化的过程称为自发过程或自发变化。例如,热从高温物体向低温物体传递、功向热的转换、在一定条件下进行的化学反应等都是自发过程。这些宏观的自发过程都是不可逆的过程。所谓"不可逆"的含义包含两方面:一是在一定条件下,任何宏观的自发过程都只能向某一方向进行,与此相反方向的过程不会自动发生;二是通过一个自发过程,系统从始态变到终态,如果要通过某过程使系统从终态返回始态,则环境中必定要留下某种变化。例如气体向真空膨胀(也叫自由膨胀)是自发过程,如果让气体缩回原来的体积,环境必须付出一定量的功,这就在系统复原的同时在环境中留下了影响。

自然界中的任何变化都是有方向性和限度的。如水往低处流(方向),直到高处的水流完或两处的水位相同(限度)。再如热从高温物体传到低温物体(方向),直到两物体的温度相等(限度)。化学反应也有方向性和限度。在一定条件下,一个反应自动地从反应物转化为生成物的方向,就是反应的方向,如铁在潮湿空气中锈蚀、锌置换硫酸铜溶液中的铜等。反应的限度则指在一定条件下,反应物转化成产物的最大极限。如对一个不可逆的反应,反应的限度就是某一反应物几乎被全部转化为产物;对一个可逆反应(如 $3H_2 + N_2 \rightleftharpoons 2NH_3$),反应的限度就是反应达到化学平衡。所以平衡状态是自发过程进行的限度。

化学反应的方向和限度是化学工作者最为关心的问题之一,它直接影响到人们对一个反应的应用与否。由于化学反应种类繁多,反应条件也千差万别,如果要对每一个反应在每一个条件下都进行自发性试验,不仅消耗人力、物力和大量的时间,而且有些反应条件还不能简单地创造出来。然而,根据热力学第二定律,人们很快找到一个能简单地判断反应的方向(自发性)及其限度的判据。这就是下面要讨论的熵和吉布斯(Gibbs)函数。

4.2　熵　热力学第三定律

早在一百多年前,有些化学家就希望找到一种能用来判断反应方向的依据。他们在对自发反应的研究中发现,许多自发反应都是放热的,如:

$$C(s) + O_2(g) = CO_2(g), \quad \Delta_r H_m^\ominus(298.15 \text{ K}) = -393.51 \text{ kJ} \cdot \text{mol}^{-1}$$

$$H^+(aq) + OH^-(aq) = H_2O(l), \quad \Delta_r H_m^\ominus(298.15 \text{ K}) = -55.84 \text{ kJ} \cdot \text{mol}^{-1}$$

1878年,法国化学家M. Berthelot和丹麦化学家J. Thomsen曾提出,自发的化学反应趋向于使系统释放出最多的热。于是有人试图用反应的热效应或焓变来作为反应自发进行的判断依据。但是随后的研究又发现,有些吸热的过程或反应也能自发进行。例如101.325 kPa、温度高于273.15 K(0℃)时,冰可自发地变成水:$H_2O(s) \longrightarrow H_2O(l), \Delta H > 0$。

再如氯化铵的溶解：$NH_4Cl(s) \xrightarrow{H_2O} NH_4^+(aq) + Cl^-(aq)$，$\Delta_r H_m^\ominus = 9.76$ kJ·mol^{-1}等。这些吸热过程或反应($\Delta H > 0$)在一定条件下均能自发进行。说明放热($\Delta H < 0$)只是有助于反应自发进行的因素之一，而不是唯一的因素。当温度升高时，另一个因素即与混乱度密切相关的状态函数"熵"也变得很重要。

4.2.1 混乱度、熵与微观状态数

除了上述所提到的吸热过程外，还有许多自发过程与它们的混乱度增加有关。例如气体的自发扩散、红墨水在水中的自发扩散等，但让扩散了的气体或液体再自发地返回扩散前的状态是不可能的。日常生活或工作中，类似的例子随处可见，如冰的融化、水的蒸发、固体物质在水中的溶解、难溶氢氧化物溶于酸等。这表明过程能自发地向着混乱度增加的方向进行，或者说系统有趋向于最大混乱度（或无序度）的倾向。因此，系统混乱度增大，有利于反应自发地进行。

那么，如何定量地描述系统自发变化与混乱度间的关系？混乱度是与系统内物质的微观粒子状态数密切相关的。所谓微观粒子状态数，是指组成宏观物质的微观粒子可能存在的状态数目。例如向地面抛出2枚硬币，落地后2枚硬币同面和正反各一面朝上的机会均等，各占50%。而在正反各一面朝上的机会中，对1号币而言，数字朝上和花纹朝上的机会又各占25%，2号币也有类似比例。因而这两枚硬币在地面上可能存在的状态数为4。依此类推，3枚硬币落在地面上可能的存在状态数为6，4枚硬币在地面上可能的存在状态数为16……可见，硬币数越多，其存在的可能状态数就越多，其混乱度就越大。化学物质是由原子、分子、离子等微观粒子组成的。同理可以推测，这些微观粒子数越多，物质系统的混乱度也就越大。

系统内微观粒子的混乱度可用"熵"来表达，或者说熵是系统内物质微观粒子的混乱度的量度，以符号 S 表示。系统的熵值越大，系统内微观粒子的混乱度越大。1878年，L. Boltzman 提出了微观粒子状态数与 S 之间的定量关系式（也叫玻耳兹曼公式）：$S = k\ln\Omega$，式中 S 为熵；Ω 为热力学概率（即实现某种宏观状态的微观状态数），是与一定宏观状态对应的微观状态数的总和，它可以是一个从 $1 \to \infty$ 的数（注意与状态的数学概率相区别，状态的数学概率等于状态的热力学概率除以在该情况下所有可能的微观状态的总和）；k 是玻耳兹曼常数，其值可用下式计算：

$$k = \frac{R}{N_A} = \frac{8.314}{6.022 \times 10^{23}} \text{J·K}^{-1} = 1.3806 \times 10^{-23} \text{ J·K}^{-1}$$

玻耳兹曼公式将系统的宏观性质熵与微观状态总数即混乱度联系起来了。它表明，熵是系统混乱度的量度，系统的微观状态数越多，热力学概率越大，系统越混乱，熵就越大。但是在实际应用中，目前主要不是从 Ω 来计算 S，而是从实验中的可测定的物理量(Q, C_p)来得到 S 的定量数值。

1850年克劳修斯在研究卡诺机做功的基础上，得到一个重要结论，即在状态1和状态2之间进行的任何恒温可逆过程，系统所吸收或放出的可逆热量 Q_r（"r"是取"reversible"可逆的第一个字母，Q_r 就是可逆过程的热效应）与其热源的热力学温度 T 之比 $\frac{Q_r}{T}$（称为热温商）是一个恒定值，它只取决于状态1和状态2，而与变化的途径无关，所以这个恒定值是一个

状态函数，克劳修斯定义这个函数为熵，用 S 表示，单位为 $J \cdot K^{-1}$。S 在状态 2 的值 (S_2) 减去状态 1 的值 (S_1) 所得结果 (称为熵变 ΔS) 等于可逆过程的热温商 $\dfrac{Q_r}{T}$，这个结论可用下列数学表达式表示：

$$\Delta S = S_2 - S_1 = \frac{Q_r}{T}$$

克劳修斯进一步证明，如在状态 1 和状态 2 之间发生不可逆过程，则系统所吸收或放出的不可逆热量 Q，要小于可逆过程中的热量 Q_r，这一关系可表示为：$Q < Q_r$，对其两边除以 T，可得 $\dfrac{Q}{T} < \dfrac{Q_r}{T} = \Delta S$，即 $\dfrac{Q}{T} < \Delta S$，是不可逆过程的重要结论。这两个事实，可用下列关系式表示：

$$\left. \begin{aligned} \Delta S &> \frac{Q}{T} \quad \text{不可逆过程} \\ \Delta S &= \frac{Q}{T} \quad \text{可逆过程} \end{aligned} \right\} \tag{4-1}$$

对于式(4-1)，其含义是在任何系统中都存在一个状态函数熵 S，它在可逆过程中的变化值等于系统的热温商 $\dfrac{Q_r}{T}$。

显然，对于隔离系统，系统与环境之间没有能量交换，$Q = 0$，即 $\dfrac{Q}{T} = 0$，代入式(4-1)得：

$$\Delta S_{\text{隔}} \geqslant 0 \tag{4-2}$$

式(4-2)包含两方面的含义：

(1) 当 $\Delta S_{\text{隔}} > 0$ 时，是不可逆过程。因为 $\Delta S_{\text{隔}} = S_2 - S_1 > 0$，所以 $S_2 > S_1$ 即隔离系统中进行的不可逆过程，一定是熵增加的自发过程。或者说，隔离系统中，过程总是自动地向熵增大的方向进行。这个结论称为熵增原理。

(2) 当 $\Delta S_{\text{隔}} = 0$ 时，是可逆过程。系统在可逆过程中，都连续处于平衡状态。因此，隔离系统达到平衡时，熵变等于零，即 $\Delta S_{\text{隔}} = S_2 - S_1 = 0$，$S_2 = S_1$。这就是说，隔离系统达到平衡时，熵值不再改变，即熵值增到最大。

因此可以把隔离系统中熵的变化量作为判断变化过程的方向和限度的依据，称为熵判据，可表示如下：

$$\left. \begin{aligned} \Delta S_{\text{隔}} &> 0 \quad \text{自发过程} \\ \Delta S_{\text{隔}} &= 0 \quad \text{平衡状态} \\ \Delta S_{\text{隔}} &< 0 \quad \text{非自发过程(逆向自发)} \end{aligned} \right\} \tag{4-3}$$

式(4-3)只适用于隔离(孤立)系统，对于非孤立系统，可以把系统和环境合在一起算作一个大的隔离系统，它的熵变等于系统的熵变加上环境的熵变，即

$$\Delta S_{\text{隔}} = (\Delta S)_{\text{总}} = (\Delta S)_{\text{系统}} + (\Delta S)_{\text{环境}}$$

在计算环境的熵变时，通常把环境看成一个恒温大热源，热量的流入和流出都不会改变它的温度，也不会改变它的体积。这样，系统得到多少热，环境就失去多少热，两者数值相等，符号相反，不论热量的交换是否可逆，$Q_r^{\text{环}}$ 或 $Q_{ir}^{\text{环}}$ 都等于 $\Delta U^{\text{环}}$。因此

$$\Delta S_{\text{环}} = \frac{Q_r^{\text{环}}}{T} = \frac{Q_{ir}^{\text{环}}}{T} = -\frac{Q}{T} \tag{4-4}$$

式中"ir"表示不可逆，$Q_{ir}^{环}$表示环境不可逆过程交换的热量，Q表示系统实际吸收的热量。

4.2.2 热力学第三定律和标准熵

系统内物质的微观粒子的混乱度与物质的聚集状态和温度等有关。当物质粒子处于完全整齐有序的状态时，其 $\Omega=1$，所以熵值为 $S=0$。人们根据一系列低温实验事实和推测，总结出又一个经验定律：在绝对零度时，任何纯物质的完美晶体的熵值为0，记为 S^*（完美晶体，0 K）=0，这一结论称为热力学第三定律。以此为基准可以确定其他温度下物质的熵。

如果将某纯净物质从 0 K 升高温度到 T K，那么该过程的熵变化 ΔS 为

$$\Delta S = S_T - S_0 = S_T$$

S_T 称为该物质的规定熵（或绝对熵）。在某温度下（通常为 298.15 K），1 mol 某物质 B（$\nu_B=1$）在标准状态（$p^\ominus=100$ kPa）下的规定熵称为标准摩尔熵，以符号 $S_m^\ominus$(B,相态,T)表示，单位为 J·mol^{-1}·K^{-1}。显然，所有物质（包括单质）在 298.15 K 下的标准摩尔熵 $S_m^\ominus$(B,相态,T)均大于零。这与单质的标准摩尔生成焓 $\Delta_f H_m^\ominus$ 为 0 不同。但与标准摩尔生成焓相似的是，对于水合离子，因同时存在正、负离子，规定 298.15 K 时，处于标准状态下水合 H$^+$ 离子的标准熵值为零，即 $S_m^\ominus$(H$^+$,aq,298.15 K)=0，从而得出其他水合离子在 298.15 K 时的标准熵（相对值），见附录 A。

通过对一些物质的标准摩尔熵值的分析，可得出一些规律：

(1) 熵与物质的聚集状态有关。同一物质的气态熵值最大，液态次之，固态最小，即 $S_m^\ominus$(B,g,298.15 K)$>S_m^\ominus$(B,l,298.15 K)$>S_m^\ominus$(B,s,298.15 K)。

(2) 同一物质同一聚集态时，其熵值随温度的升高而增大，即 $S_{高温}>S_{低温}$。

(3) 温度、聚集态相同时，分子结构相似且相近的物质，其 $S_m^\ominus$ 相近。如 $S_m^\ominus$(CO,g,298.15 K)=197.7 J·mol^{-1}·K^{-1}，$S_m^\ominus$(N$_2$,g,298.15 K)=191.6 J·mol^{-1}·K^{-1}。相对分子质量相同时，结构越复杂，其 $S_m^\ominus$ 越大。如乙醇的 $S_m^\ominus$(CH$_3$CH$_2$OH,g,298.15 K)=282.7 J·mol^{-1}·K^{-1}，大于二甲醚的 $S_m^\ominus$(CH$_3$OCH$_3$,g,298.15 K)=266.4 J·mol^{-1}·K^{-1}。分子结构相似，但相对分子质量不同的物质，其 $S_m^\ominus$ 随相对分子质量的增大而增大。如气态卤化氢的 $S_m^\ominus$ 依 HF(g)、HCl(g)、HBr(g)、HI(g)顺序增大（参见附录 A）。

(4) 混合物或溶液的熵值往往比相应的纯物质的熵值大，即 $S_{混合物}>S_{纯净物}$。

可见，物质的标准摩尔熵与聚集态、温度及其微观结构密切相关。根据以上规律，可得出一条定性判断过程熵变的有用规律：对于物理或化学变化而言，如果一个过程或反应导致气体分子数增加，则熵值增大，即 $\Delta S>0$；反之，如果气体分子数减小，则 $\Delta S<0$。

4.2.3 化学反应熵变

熵是状态函数，反应或者过程的熵变 $\Delta_r S$ 只与始态、终态有关，而与途径无关。标准状态下，按化学反应计量方程进行一个单位反应时，反应系统的熵变称为标准摩尔反应熵变，用 $\Delta_r S_m^\ominus$ 或简写为 $\Delta S^\ominus$ 表示。如果已知反应体系中各物质的标准摩尔规定熵，则反应的标准摩尔熵变 $\Delta_r S_m^\ominus$ 就如同计算反应的标准摩尔焓变一样，盖斯定律同样适用于反应熵变的计算。即在 298.15 K 下化学反应 $0=\sum_B \nu_B B$ 的反应标准摩尔熵变 $\Delta_r S_m^\ominus$ 可根据下式计算：

$$\Delta_r S_m^\ominus(298.15\ \text{K}) = \sum_B \nu_B S_m^\ominus(B, 相态, 298.15\ \text{K}) \tag{4-5}$$

例 4-1 计算 298.15 K 下反应 $2H_2(g) + O_2(g) = 2H_2O(l)$ 的熵变 $\Delta_r S_m^\ominus$。

解 查附录 A 得到各物质的标准熵如下：

$$2H_2(g) + O_2(g) \rightleftharpoons 2H_2O(l)$$

$S_m^\ominus/(\text{J·K}^{-1}\cdot\text{mol}^{-1})$ 130.7   205.2   70.0

$$\begin{aligned}\Delta_r S_m^\ominus(298.15\ \text{K}) &= 2S_m^\ominus(H_2O, l) - [2S_m^\ominus(H_2, g) + S_m^\ominus(O_2, g)] \\ &= 2\times 70.0 - [2\times 130.7 + 205.2] \\ &= -326.6\ (\text{J·K}^{-1}\cdot\text{mol}^{-1})\end{aligned}$$

应当指出，虽然物质的标准熵随温度的升高而增大，但只要温度升高时，没有引起物质聚集状态的改变，则每个生成物标准熵乘上其化学计量数所得的总和随温度升高而增大与每个反应物的标准熵乘上其化学计量数所得的总和的增大通常相差不是很大，因此可认为反应的熵变基本不随温度而变，即

$$\Delta_r S_m^\ominus(T) \approx \Delta_r S_m^\ominus(298.15\ \text{K})$$

例 4-2 试计算 $CaCO_3$ 热分解反应的 $\Delta_r S_m^\ominus(298.15\ \text{K})$ 和 $\Delta_r H_m^\ominus(298.15\ \text{K})$，并初步分析该反应的自发性。

解 写出 $CaCO_3$ 热分解的反应方程式，并从附录 A 查出反应物和生成物的 $\Delta_f H_m^\ominus(298.15\ \text{K})$ 和 $S_m^\ominus(298.15\ \text{K})$ 的值，标示如下：

$$CaCO_3(s) \rightleftharpoons CaO(s) + CO_2(g)$$

$\Delta_f H_m^\ominus(298.15\ \text{K})/(\text{kJ·mol}^{-1})$ -1207.8 -634.9 -393.5

$S_m^\ominus(298.15\ \text{K})/(\text{J·K}^{-1}\cdot\text{mol}^{-1})$ 88.0   38.1   213.8

根据式(2-18)得

$$\begin{aligned}\Delta_r H_m^\ominus &= \sum_B \nu_B \Delta_f H_m^\ominus(B, 相态, 298.15\ \text{K}) \\ &= [(-393.5) + (-634.9) - (-1207.8)]\ \text{kJ·mol}^{-1} \\ &= 179.4\ \text{kJ·mol}^{-1}\end{aligned}$$

根据式(4-5)，得

$$\begin{aligned}\Delta_r S_m^\ominus &= \sum_B \nu_B S_m^\ominus(B, 相态, 298.15\ \text{K}) = (213.8 + 38.1 - 88.0)\ \text{J·K}^{-1}\cdot\text{mol}^{-1} \\ &= 163.9\ \text{J·K}^{-1}\cdot\text{mol}^{-1}\end{aligned}$$

反应的 $\Delta_r H_m^\ominus(298.15\ \text{K})$ 为正值，表明此反应为吸热反应，从系统倾向于取得最低的能量这一因素来看，吸热不利于反应自发进行。但反应的 $\Delta_r S_m^\ominus(298.15\ \text{K})$ 为正值，表明反应过程中系统的熵值增大，从系统倾向于取得最大的混乱度这一因素来看，熵值增大有利于反应的自发进行。可见，根据 $\Delta_r H_m^\ominus$ 或 $\Delta_r S_m^\ominus$ 还不能简单地判断这一反应的自发性，应将它们综合考虑。虽然根据式(4-3)也可判断一个过程或反应的自发性，但式(4-3)要同时考虑系统和环境的熵变，这对化学工作者来说是不大习惯的，因为化学工作者对系统更感兴趣。热力学的研究结果表明，要准确判断反应的自发性，可借助吉布斯函数。

4.3 吉布斯函数

4.3.1 吉布斯函数的定义及吉布斯函数[变]判据

根据 $\Delta S_{隔} = \Delta S_{系统} + \Delta S_{环境}$ 和式(4-4),设以 ΔS 表示 $\Delta S_{系统}$,等温等压下过程或反应的 $Q = \Delta H$,则有

$$\Delta S_{隔} = \Delta S - \frac{\Delta H}{T} \tag{4-6}$$

可见,由系统的熵变 ΔS 和焓变 ΔH,同样可以得到总的熵变。这与综合考虑焓变和熵变对化学反应自发性的影响是一致的。

将(4-6)两边乘以热力学温度 T,得

$$T\Delta S_{隔} = T\Delta S - \Delta H$$

令

$$\Delta G = -T\Delta S_{隔} \tag{4-7}$$

则

$$\Delta G = \Delta H - T\Delta S \tag{4-8}$$

该式称为吉布斯-亥姆霍兹公式或吉布斯等温方程,是化学上最重要和最有用的方程之一。其中 G 为吉布斯函数,是由著名的美国理论物理学家 J. W. Gibbs(1839—1903)最先提出的,其定义为

$$G \stackrel{\text{def}}{=\!=} H - TS$$

由 G 的定义可见,G 是指体系总焓中具有作最大有用功能力的那部分能量,因这部分能量能自由地转变为其他形式的能量,故 G 又称吉布斯自由能。ΔG 为吉布斯函数变或吉布斯自由能变。因 H、T、S 都是状态函数,故 G 也是状态函数,且与 H 有相同的量纲。

根据式(4-3)和式(4-7),可以得到以吉布斯函数变 ΔG 判别过程或反应自发性的判据:

$$\left.\begin{array}{ll} \Delta G < 0 & \text{自发过程,即正向自发进行} \\ \Delta G = 0 & \text{平衡状态} \\ \Delta G > 0 & \text{非自发过程,即逆向自发进行} \end{array}\right\} \tag{4-9}$$

式(4-9)即为吉布斯函数[变]判据。它表明,在不做非体积功和等温等压下,任何自发变化总是系统的吉布斯函数减小(即 $\Delta G < 0$)。这一判据可用来判断封闭系统反应进行的方向。

表 4-1 将熵判据与吉布斯函数[变]判据进行了比较,由于常用的化学反应大多是在恒温、恒压、不做非体积功条件下进行的,所以用吉布斯函数[变]判据判断化学反应的方向就更方便适用。

表 4-1 熵判据和吉布斯函数[变]判据的比较

	熵 判 据	吉布斯函数[变]判据
系统	隔离(孤立)系统	封闭系统
过程	任何过程	恒温、恒压、不做非体积功

续表

	熵判据	吉布斯函数[变]判据
自发变化的方向	熵值增大，$\Delta S>0$	吉布斯函数减小，$\Delta G<0$
平衡条件	熵值最大，$\Delta S=0$	吉布斯函数值最小，$\Delta G=0$
判据法原理	熵增加原理	最小自由能原理

应当指出，如果化学反应在恒温恒压条件下，除体积功之外还做非体积功 W'，则吉布斯函数[变]判据就变为（热力学可推导，此略）：

$$\left.\begin{array}{ll} -\Delta G > -W' & \text{自发过程} \\ -\Delta G = -W' & \text{平衡状态} \\ -\Delta G < -W' & \text{非自发过程} \end{array}\right\} \tag{4-10}$$

此式的意义是在等温、等压下，一个封闭系统所能做的最大非体积功（$-W'$）等于其吉布斯函数（自由能）的减小（$-\Delta G$）。如电源和燃料电池中的最大电功 $W'_{\max}$ 与电池反应的 $-\Delta G$ 相等，即

$$-\Delta G = -W'_{\max}$$

由于温度 T 对 ΔH 和 ΔS 的影响基本可以忽略，因此，由式(4-8)可见，温度 T 对 ΔG 的影响非常显著。由于 ΔH 和 ΔS 均既可为正，又可为负，在不同的温度下反应进行的方向取决于 ΔH 和 $T\Delta S$ 的相对大小，因而可能出现如下4种情况，见表4-2。

表 4-2 ΔH、ΔS 及 T 对反应自发性的影响

ΔH	ΔS	$\Delta G = \Delta H - T\Delta S$	（正）反应的自发性	反应实例
−	+	−	自发（任意温度）	① $H_2(g) + Cl_2(g) = 2HCl(g)$
+	−	+	非自发（任意温度）	② $CO(g) = C(s) + \frac{1}{2}O_2(g)$
+	+	升高到某温度时由正值变为负值	升高温度有利于反应自发进行	③ $CaCO_3(s) = CaO(s) + CO_2(g)$
−	−	降低至某温度时由正值变为负值	降低温度有利于反应自发进行	④ $H_2(g) + N_2(g) = 2NH_3(g)$

大多数反应属于 ΔH 和 ΔS 同号的上述反应③和④两类反应，此时温度对反应的自发性有决定性影响，存在一个自发进行的最低或最高温度，称为转变温度 T_c（此时 $\Delta G=0$）：

$$T_c = \frac{\Delta H}{\Delta S} \tag{4-11}$$

可见，反应的转变温度 T_c 决定于 ΔH 和 ΔS 的相对大小，即 T_c 决定于反应的本性。如果忽略温度、压力的影响，$\Delta_r H_m \approx \Delta_r H_m^{\ominus}(298.15\ \text{K})$，$\Delta_r S_m \approx \Delta_r S_m^{\ominus}(298.15\ \text{K})$，则转变温度为

$$T_c = \frac{\Delta_r H_m^{\ominus}(298.15\ \text{K})}{\Delta_r S_m^{\ominus}(298.15\ \text{K})} \tag{4-12}$$

4.3.2 标准摩尔生成吉布斯函数

在标准状态下，式(4-8)的吉布斯等温方程可表示为

$$\Delta_r G_m^{\ominus} = \Delta_r H_m^{\ominus} - T\Delta_r S_m^{\ominus} \tag{4-13}$$

式中，$\Delta_r G_m^\ominus$ 称为反应的标准摩尔吉布斯函数变，它指的是温度一定时，当某化学反应在标准状态下按照反应计量式完成由反应物到产物的转化，相应的吉布斯函数的变化。热力学中规定，在温度为 T、压力为 $p^\ominus$ 的条件下，由参考状态单质生成 1 mol 化合物 B($\nu_B = 1$ 时)的反应的标准摩尔吉布斯函数变，称为物质 B 的标准摩尔生成吉布斯函数，记为 $\Delta_f G_m^\ominus$(B,相态,T)。其中所规定的参考状态单质与前面讨论 $\Delta_f H_m^\ominus$ 时的定义是一致的。显然，参考状态单质的 $\Delta_f G_m^\ominus$ 也为零，即 $\Delta_f G_m^\ominus$(参考状态单质,T) = 0。

$\Delta_r G_m^\ominus$ 的定义也可描述为：反应"a 参考单质$_1$ + b 参考单质$_2$ + … = B(相态)" 的 $\Delta_r G_m^\ominus = \Delta_f G_m^\ominus$(B,相态,$T$)。其中 a,b … 分别为参考单质$_1$、参考单质$_2$ …… 的化学计量系数。目前，许多物质的 $\Delta_f G_m^\ominus$ 已被测定出来，见附录 A。

4.3.3 化学反应的吉布斯函数变计算

G 是状态函数，盖斯定律也适用于化学反应的吉布斯函数变的计算。根据附录 A 中的 $\Delta_f G_m^\ominus$ 可以计算出 $\Delta_r G_m^\ominus$。即对于反应 $0 = \sum_B \nu_B B$ 来说：

$$\Delta_r G_m^\ominus(298.15\ \text{K}) = \sum \nu_B \Delta_f G_m^\ominus(298.15\ \text{K}) \tag{4-14}$$

由于一般热力学数据表中只能查到 $\Delta_f G_m^\ominus$(B,相态,298.15 K)，根据式(4-14)只能计算 298.15 K 下的 $\Delta_r G_m^\ominus$。要计算 $T \neq 298.15$ K 下的 $\Delta_r G_m^\ominus(T)$，可根据式(4-13)，得出近似计算式：

$$\Delta_r G_m^\ominus(T) = \Delta_r H_m^\ominus(298.15\ \text{K}) - T \Delta_r S_m^\ominus(298.15\ \text{K}) \tag{4-15}$$

例 4-3 试计算 $CaCO_3$ 热分解反应的 $\Delta_r G_m^\ominus$(298.15 K) 和 $\Delta_r G_m^\ominus$(1273 K) 及转变温度 T_c，并分析该反应在标准状态时的自发性。

解 写出 $CaCO_3$ 热分解的反应方程式，并从附录 A 查出反应物和生成物的 $\Delta_f G_m^\ominus$(298.15 K)值，标示如下：

$$CaCO_3(s) = CaO(s) + CO_2(g)$$

$\Delta_f G_m^\ominus$(298.15 K)/(kJ·mol^{-1}) −1129.1   −603.3   −394.4

(1) $\Delta_r G_m^\ominus$(298.15 K)的计算

方法 I 利用 $\Delta_f G_m^\ominus$(298.15 K)数据和盖斯定律，根据式(4-14)可得

$$\Delta_r G_m^\ominus(298.15\ \text{K}) = \sum \nu_B \Delta_f G_m^\ominus(298.15\ \text{K})$$
$$= [(-603.3) + (-394.4) - (-1129.1)]\ \text{kJ·mol}^{-1}$$
$$= 131.4\ \text{kJ·mol}^{-1}$$

方法 II 利用 $\Delta_f H_m^\ominus$(298.15 K)和 $S_m^\ominus$(298.15 K)的数据，先求出 $\Delta_r H_m^\ominus$(298.15 K)和 $\Delta_r S_m^\ominus$(298.15 K)(见例 4-2)，再根据式(4-15)可得

$$\Delta_r G_m^\ominus(298.15\ \text{K}) = \Delta_r H_m^\ominus(298.15\ \text{K}) - T\Delta_r S_m^\ominus(298.15\ \text{K})$$
$$= (179.4 - 298.15 \times 163.9 \times 10^{-3})\ \text{kJ·mol}^{-1}$$
$$= 130.5\ \text{kJ·mol}^{-1}$$

(2) $\Delta_r G_m^\ominus$(1273 K)的计算

此时不能按式(4-14)计算，只能按式(4-15)计算：

$$\Delta_r G_m^{\ominus}(1273\text{ K}) = \Delta_r H_m^{\ominus}(298.15\text{ K}) - T\Delta_r S_m^{\ominus}(298.15\text{ K})$$
$$= (179.4 - 1273 \times 163.9 \times 10^{-3})\text{ kJ} \cdot \text{mol}^{-1}$$
$$= -29.2 \text{ kJ} \cdot \text{mol}^{-1}$$

(3) 转变温度 T_c 的计算

将 $\Delta_r H_m^{\ominus}(298.15\text{ K})$ 和 $\Delta_r S_m^{\ominus}(298.15\text{ K})$ 的值代入式(4-12)得

$$T_c = \frac{\Delta_r H_m^{\ominus}(298.15\text{ K})}{\Delta_r S_m^{\ominus}(298.15\text{ K})} = \frac{179.4}{163.9 \times 10^{-3}}\text{ K} = 1094\text{ K}$$

(4) 反应自发性的分析

(1)和(2)的计算结果表明,298.15 K 的标准状态时,由于 $\Delta_r G_m^{\ominus}(298.15\text{ K}) > 0$,所以 $CaCO_3$ 的热分解反应不能自发进行。但 1273 K 的标准状态时,由于 $\Delta_r G_m^{\ominus}(1273\text{ K}) < 0$,故 $CaCO_3$ 的热分解反应能自发进行。由(3)的结果可知,当温度高于转变温度 1094 K 时,$CaCO_3$ 的热分解反应就能自发进行。

4.3.4 ΔG 与 $\Delta G^{\ominus}$ 的关系

自发过程的判断标准是 ΔG(而不是 $\Delta G^{\ominus}$),$\Delta G^{\ominus}$ 表示标准状态时反应或过程的吉布斯函数变,它只能用来判断标准状态下反应的方向。实际应用中,反应混合物很少处于相应的标准状态,反应进行中,气体物质的分压或溶液中溶质的浓度均在不断变化之中,直至达到平衡,即 $\Delta_r G_m = 0$。$\Delta_r G_m$ 表示任意态或指定态时反应或过程的吉布斯函数变,$\Delta_r G_m$ 不仅与温度有关,而且与系统组成有关。对于一般反应式 $0 = \sum_B \nu_B B$,由热力学推导可得出 ΔG 与 $\Delta G^{\ominus}$ 的关系式:

$$\Delta_r G_m(T) = \Delta_r G_m^{\ominus}(T) + RT \ln \prod_B (p_B/p^{\ominus})^{\nu_B} \tag{4-16a}$$

式中,R 为摩尔气体常数,p_B 为参与反应的物质 B 的分压力,$p^{\ominus}$ 为标准压力,$\prod$ 为连乘算符。习惯上将 $\prod_B (p_B/p^{\ominus})^{\nu_B}$ 称为反应商 Q,$p_B/p^{\ominus}$ 称为相对分压,故式(4-16a)也可写成:

$$\Delta_r G_m(T) = \Delta_r G_m^{\ominus}(T) + RT \ln Q \tag{4-16b}$$

式(4-16a)或式(4-16b)称为热力学等温方程。显然,若所有气体的分压均处于标准状态,即 $p_B = p^{\ominus}$,$p_B/p^{\ominus} = 1$,$\ln Q = 0$,则式(4-16a)或式(4-16b)变为 $\Delta_r G_m(T) = \Delta_r G_m^{\ominus}(T)$。这时,任意态变成了标准态,便可用 $\Delta_r G_m^{\ominus}(T)$ 判断反应的自发性。但在一般情况下,只有根据热力学等温方程求出指定态的 $\Delta_r G_m(T)$ 值,方可从其值是否小于零来判断此条件下反应的自发性。

对于水溶液中有水合离子(或分子)参与的多相反应,由于此类物质变化的不是气体的分压 p,而是相应的溶质的浓度 c,根据化学热力学的推导,此时各物质的 $p_B/p^{\ominus}$ 将会换成各相应溶质的浓度 $c_B/c^{\ominus}$($c_B/c^{\ominus}$ 称为相对浓度)。若有参与反应的固态或液态的纯物质,则不必列入反应商式子中。若反应中同时有气相物质,又有溶质物质,则反应商式子中气相物质用相对分压、溶质物质用相对浓度表示。例如,对于化学反应式 $aA(l) + bB(aq) \Longleftrightarrow gG(s) + dD(g)$,其热力学等温方程可表示为

$$\Delta_r G_m(T) = \Delta_r G_m^{\ominus}(T) + RT \ln [(p_D/p^{\ominus})^d \cdot (c_B/c^{\ominus})^{-b}]$$

或

$$\Delta_r G_m(T) = \Delta_r G_m^{\ominus}(T) + RT \ln \frac{(p_D/p^{\ominus})^d}{(c_B/c^{\ominus})^b}$$

4.4 吉布斯函数与化学平衡

利用吉布斯函数不仅可以判断反应的自发方向（$\Delta_r G_m < 0$，正向自发进行），而且可以判断化学反应进行的限度。因为自发反应具有明显的方向性，总是单向地趋向于平衡状态，所以化学平衡状态是化学反应进行的最大限度。

4.4.1 化学平衡的基本特征

在各类化学反应中，仅有少数反应的反应物能全部转化为产物。如氯酸钾的分解反应：$2KClO_3(s) \xrightarrow{MnO_2} 2KCl(s) + 3O_2(g)$，该反应逆向进行的趋势很小，即通常认为 KCl 不能直接和 O_2 反应生成 $KClO_3$。像这类实际上只能向一个反应方向进行"到底"的反应，叫不可逆反应。放射性元素蜕变反应也是典型的不可逆反应。

但大多数化学反应在一定的温度、压力、浓度等条件下，可以同时向正、逆两个方向进行，例如在某密闭的容器中，充入氢气和碘蒸气，在一定温度下，两者能自动地反应生成气态的碘化氢：

$$H_2(g) + I_2(g) \longrightarrow 2HI(g)$$

在另一密闭容器中，充入气态碘化氢，同样条件下，它能自动地分解为氢气和碘蒸气：

$$2HI(g) \longrightarrow H_2(g) + I_2(g)$$

上述两个反应同时发生并且方向相反，可以写成下列形式：

$$H_2(g) + I_2(g) \rightleftharpoons 2HI(g)$$

习惯上，把反应式中从左向右进行的反应叫做正反应，从右向左进行的反应叫做逆反应。这种在同一定条件下既能正向进行又能逆向进行的反应称为可逆反应。由于可逆反应中正、逆反应共处于同一系统内，因而在密闭容器中可逆反应不能进行到底，即反应物不能全部转化为产物，只能部分转化为产物。

现以氢气和碘蒸气的反应为例讨论化学平衡的基本特征。将氢气和碘蒸气混合加热到 425.4℃，考察各物种浓度和反应速率随时间的变化规律，结果如表 4-3 所示。

表 4-3　425.4℃ $H_2(g) + I_2(g) \rightleftharpoons 2HI(g)$ 的反应速率

时间 t/s	$c(H_2)$/(mol·L^{-1})	$c(I_2)$/(mol·L^{-1})	$c(HI)$/(mol·L^{-1})	v_f/(mol·L^{-1}·s^{-1})	v_r/(mol·L^{-1}·s^{-1})
0	0.0100	0.0100	0	7.60×10^{-6}	0
1000	0.005 68	0.005 68	0.008 64	2.45×10^{-6}	1.04×10^{-7}
2000	0.003 97	0.003 97	0.0121	1.20×10^{-6}	2.04×10^{-7}
3000	0.003 05	0.003 05	0.0139	7.07×10^{-7}	2.69×10^{-7}
4000	0.002 48	0.002 48	0.0150	4.67×10^{-7}	3.13×10^{-7}
4850	0.002 13	0.002 13	0.0157	3.45×10^{-7}	3.43×10^{-7}

从表 4-3 可以看出，随着反应的进行，$c(H_2)$ 和 $c(I_2)$ 逐渐减小，$c(HI)$ 逐渐增大，因而正反应渐渐变慢，逆反应渐渐加快，直到正、逆反应速率相等。此时系统中各物质浓度（或分

压)不再随时间变化而改变,即系统的组成不变,这种状态称为平衡状态。

由此可知,化学平衡有如下基本特征:一是从宏观上看化学平衡状态中化学反应好像停止了,但微观上看正、逆两个方向的反应并未停止,仍进行着正、逆反应速率相等的两个反应过程。因而化学平衡是一种动态平衡。二是平衡时系统中各物质浓度(或分压)不再随时间变化而改变,即系统的组成不变。三是平衡是在一定条件下建立的,一旦建立平衡的条件改变,则平衡将被打破,并重新建立新的平衡,因而平衡状态是相对的,不是绝对的,它会随条件的改变而改变。四是不管是从正反应开始,还是从逆反应开始,只要温度相同,反应的限度都相同(或者说平衡状态与达到平衡的途径无关),见表 4-4。

4.4.2 标准平衡常数表达式

平衡状态是可逆反应所能达到的最大限度。对于不同的化学反应(或是在不同条件下的同一反应)来说,反应所能达到的限度不同。为了描述反应的限度,引入平衡常数和标准平衡常数的概念。

仍以氢气与碘蒸气的反应为例,其典型的实验数据见表 4-4。

表 4-4　425.4℃ $H_2(g) + I_2(g) \rightleftharpoons 2HI(g)$ 系统的组成

序号	开始各组分分压 p/kPa			平衡时各组分分压 p/kPa			平衡时 $\dfrac{[p(\mathrm{HI})]^2}{p(\mathrm{H}_2) \cdot p(\mathrm{I}_2)}$
	$p(\mathrm{H}_2)$	$p(\mathrm{I}_2)$	$p(\mathrm{HI})$	$p(\mathrm{H}_2)$	$p(\mathrm{I}_2)$	$p(\mathrm{HI})$	
1	64.74	57.78	0	16.88	9.914	95.73	54.76
2	65.95	52.53	0	20.68	7.260	90.54	54.60
3	62.02	62.50	0	13.08	13.57	97.87	53.96
4	61.96	69.49	0	10.64	18.17	102.64	54.49
5	0	0	62.10	6.627	6.627	48.85	54.34
6	0	0	26.98	2.877	2.877	21.23	54.45

注:本表数据取自 TAYLOR A H, CRIST R H. J Am Chem Soc, 1941, 63:1377—1386。各物理量的单位经过了换算。

从表 4-4 的实验数据可以看出,平衡组成取决于开始时的系统组成。不同的开始组成可以得到不同的平衡组成。尽管不同平衡状态的组成不同,但平衡时 $\dfrac{[p(\mathrm{HI})]^2}{p(\mathrm{H}_2) \cdot p(\mathrm{I}_2)}$(表 4-4 最右边一列)是一常量。425.4℃下,其平均值为 54.43(注:在多数情况下,实验平衡常数不是量纲为 1 的量,它与标准平衡常数的数值往往不相等,对该反应来说,由于 $\sum\limits_{\mathrm{B}} \nu_{\mathrm{B}} = 0$,故两者相等,这仅是一种巧合),该常量被称为实验平衡常数。由于热力学中对物质的标准态作了规定,平衡时各物种均以各自标准态为参考态,热力学中的平衡常数称为标准平衡常数,以 $K^{\ominus}$ 表示。此气相反应的标准平衡常数可写为

$$K^{\ominus} = \frac{[p(\mathrm{HI})/p^{\ominus}]^2}{[p(\mathrm{H}_2)/p^{\ominus}] \cdot [p(\mathrm{I}_2)/p^{\ominus}]} = 54.43$$

对一般的可逆化学反应 $a\mathrm{A}(\mathrm{g}) + b\mathrm{B}(\mathrm{aq}) + c\mathrm{C}(\mathrm{s}) \rightleftharpoons x\mathrm{X}(\mathrm{g}) + y\mathrm{Y}(\mathrm{aq}) + z\mathrm{Z}(\mathrm{l})$,其标准平衡常数表达式为

$$K^{\ominus} = \frac{[p(X)/p^{\ominus}]^x \cdot [c(Y)/c^{\ominus}]^y}{[p(A)/p^{\ominus}]^a \cdot [c(B)/c^{\ominus}]^b} \tag{4-17}$$

在标准平衡常数表达式中,各物种均以各自的标准态为参考态。如果某物种 B 是气体,要用其平衡时的相对分压(即 $p(B)/p^{\ominus}$)表示;若某物种是溶液中的溶质 B,则要用其平衡时的相对浓度(即 $c(B)/c^{\ominus}$)表示;若是纯液体(常把水溶液中的水看成纯液体)或固体,因其标准态为相应的纯液体或固体,因此纯液体或固体的浓度项不出现在标准平衡常数的表达式中,如式(4-17)中就不出现纯液体组分 Z 及固体组分 C 的浓度项或分压项。

式(4-17)说明,在一定温度下,可逆反应达到平衡时,生成物的相对浓度(或相对分压)以其化学方程式的计量系数为指数幂的乘积,除以反应物的相对浓度(或相对分压)以其反应方程式中的计量系数为指数幂的乘积,其商为一常数 $K^{\ominus}$。$K^{\ominus}$ 是量纲为 1 的量。

标准平衡常数是一个重要的物理量,在书写标准平衡常数表达式时应注意如下几点:

(1) 反应商 Q 和标准平衡常数 $K^{\ominus}$ 的表达式很相像,它们的区别在于:反应商 Q 表达式中各物种的浓度或分压均为任意态时各物种的浓度 c_B 或分压 p_B,而 $K^{\ominus}$ 表达式中各物种的浓度或分压均为平衡时各物种的浓度 $c(B)$ 或分压 $p(B)$。

(2) $K^{\ominus}$ 的数值与化学计量方程式的写法(即反应方程式的配平方式)有关。由于 $K^{\ominus}$ 表达式中各物种的相对浓度或相对分压均以其化学计量系数 ν_B 为指数幂,同一反应以不同的计量式(ν_B 不同)表示时,其 $K^{\ominus}$ 的数值不同。因此,$K^{\ominus}$ 的数值必须与化学反应式"配套"。没有具体反应方程式的 $K^{\ominus}$ 数值是毫无意义的。例如只说"合成氨反应在 500℃ 时的标准平衡常数为 7.9×10^{-5}"是不科学的。因为对于合成氨反应的方程式,既可以写成:

$$N_2(g) + 3H_2(g) \Longrightarrow 2NH_3(g), \quad K_1^{\ominus} = \frac{[p(NH_3)/p^{\ominus}]^2}{[p(N_2)/p^{\ominus}][p(H_2)/p^{\ominus}]^3}$$

也可以写成:

$$\frac{1}{2}N_2(g) + \frac{3}{2}H_2(g) \Longrightarrow NH_3(g), \quad K_2^{\ominus} = \frac{[p(NH_3)/p^{\ominus}]}{[p(N_2)/p^{\ominus}]^{\frac{1}{2}}[p(H_2)/p^{\ominus}]^{\frac{3}{2}}}$$

显然,$K_1^{\ominus} \neq K_2^{\ominus}$。如果已知 500℃ 时 $K_1^{\ominus} = 7.9 \times 10^{-5}$,则 $K_2^{\ominus} = (K_1^{\ominus})^{1/2} = 8.9 \times 10^{-3}$。

(3) $K^{\ominus}$ 不随压力和组成而变(实例见表 4-4),但 $K^{\ominus}$ 与 $\Delta_r G_m^{\ominus}$ 一样都是温度 T 的函数。所以 $K^{\ominus}$ 的值应与温度一致,通常表示为 $K^{\ominus}(T)$,如 $K^{\ominus}(773\text{ K}) = 7.9 \times 10^{-5}$。若未注明温度 T,一般指 $T = 298.15$ K。

例 4-4 写出温度 T 时下列反应的标准平衡常数表达式,并确定(1)、(2)和(3)反应的 $K_1^{\ominus}$、$K_2^{\ominus}$ 和 $K_3^{\ominus}$ 的数学关系式。

(1) $CH_4(g) + H_2O(g) \Longrightarrow CO(g) + 3H_2(g)$ $K_1^{\ominus}$

(2) $\frac{1}{2}CH_4(g) + \frac{1}{2}H_2O(g) \Longrightarrow \frac{1}{2}CO(g) + \frac{3}{2}H_2(g)$ $K_2^{\ominus}$

(3) $2CO(g) + 6H_2(g) \Longrightarrow 2CH_4(g) + 2H_2O(g)$ $K_3^{\ominus}$

(4) $2MnO_4^-(aq) + 3H_2O_2(aq) \Longrightarrow 2MnO_2(s) + 3O_2(g) + 2H_2O(l) + 2OH^-(aq)$ $K_4^{\ominus}$

解 上述各反应对应的标准平衡常数表达式如下:

$$K_1^{\ominus} = \frac{[p(CO)/p^{\ominus}][p(H_2)/p^{\ominus}]^3}{[p(CH_4)/p^{\ominus}][p(H_2O)/p^{\ominus}]}$$

$$K_2^{\ominus} = \frac{[p(CO)/p^{\ominus}]^{\frac{1}{2}}[p(H_2)/p^{\ominus}]^{\frac{3}{2}}}{[p(CH_4)/p^{\ominus}]^{\frac{1}{2}}[p(H_2O)/p^{\ominus}]^{\frac{1}{2}}}$$

$$K_3^\ominus = \frac{[p(\mathrm{CH_4})/p^\ominus]^2[p(\mathrm{H_2O})/p^\ominus]^2}{[p(\mathrm{CO})/p^\ominus]^2[p(\mathrm{H_2})/p^\ominus]^6}$$

$$K_4^\ominus = \frac{[p(\mathrm{O_2})/p^\ominus]^3[c(\mathrm{OH^-})/c^\ominus]^2}{[c(\mathrm{H_2O_2})/c^\ominus]^3[c(\mathrm{MnO_4^-})/c^\ominus]^2}$$

分析反应(1)、(2)、(3)的化学反应计量式和 $K_1^\ominus$、$K_2^\ominus$、$K_3^\ominus$ 的数学表达式,可以看出：当反应计量式(1)乘以 $1/2$,就是反应式(2),则 $K_2^\ominus = (K_1^\ominus)^{1/2} = \sqrt{K_1^\ominus}$；当反应计量式(2)各计量数乘以 -4,就得到反应式(3),则 $K_3^\ominus = (K_2^\ominus)^{-4} = \dfrac{1}{(K_2^\ominus)^4}$。所以 $\sqrt{K_1^\ominus} = K_2^\ominus = \dfrac{1}{\sqrt[4]{K_3^\ominus}}$。由此可以得出结论：反应计量式乘以 $m(m \neq 0)$,则其标准平衡常数由 $K^\ominus$ 变为 $(K^\ominus)^m$。

如果两个反应的计量式相加(或相减)可以得到第三个反应的计量式,或者多个反应方程式的线性组合可以得到一个总反应方程式,则后者的标准平衡常数将等于前者各标准平衡常数的积(或商)。这一结论被称为多重平衡规则。它是利用已知标准平衡常数求未知标准平衡常数的重要方法。这对于尝试设计某产品新的合成路线,而又缺乏实验数据时,常常是很有用的。

例 4-5 已知下列两个反应的标准平衡常数：

① $\mathrm{XeF_6(g) + H_2O(g) \rightleftharpoons XeOF_4(g) + 2HF(g)}$ $\qquad K_1^\ominus$

② $\mathrm{XeO_4(g) + XeF_6(g) \rightleftharpoons XeOF_4(g) + XeO_3F_2(g)}$ $\qquad K_2^\ominus$

计算反应③ $\mathrm{XeO_4(g) + 2HF(g) \rightleftharpoons XeO_3F_2(g) + H_2O(g)}$ 的标准平衡常数 $K_3^\ominus$。

解 确定反应①、②与反应③间的关系为：反应②－反应①＝反应③,则可列出各反应标准平衡常数的表达式为

$$K_1^\ominus = \frac{[p(\mathrm{XeOF_4})/p^\ominus] \cdot [p(\mathrm{HF})/p^\ominus]^2}{[p(\mathrm{XeF_6})/p^\ominus] \cdot [p(\mathrm{H_2O})/p^\ominus]}$$

$$K_2^\ominus = \frac{[p(\mathrm{XeOF_4})/p^\ominus] \cdot [p(\mathrm{XeO_3F_2})/p^\ominus]}{[p(\mathrm{XeO_4})/p^\ominus] \cdot [p(\mathrm{XeF_6})/p^\ominus]}$$

$$K_3^\ominus = \frac{[p(\mathrm{H_2O})/p^\ominus] \cdot [p(\mathrm{XeO_3F_2})/p^\ominus]}{[p(\mathrm{XeO_4})/p^\ominus] \cdot [p(\mathrm{HF})/p^\ominus]^2}$$

经比较,可以确定它们之间的关系为：$K_3^\ominus = K_2^\ominus / K_1^\ominus$。

结合上述讨论结果,可以将多重平衡规则归纳为：

(1) 若反应④＝反应①＋反应②－反应③,则 $K_4^\ominus = K_1^\ominus \cdot K_2^\ominus / K_3^\ominus$；

(2) 若反应④＝m 反应①＋n 反应②－h 反应③,则 $K_4^\ominus = (K_1^\ominus)^m \cdot (K_2^\ominus)^n / (K_3^\ominus)^h$。

确定标准平衡常数的数值最基本的方法是通过实验测定,即通过实验测定平衡时各物种的浓度或分压,将其直接代入 $K^\ominus$ 表达式进行计算,即可求得 $K^\ominus$ 的数值。表 4-4 所提供的数据就是很好的实例。通常在实验中只要确定最初各反应物的分压或浓度以及平衡时某一物种的分压或浓度,根据化学反应的计量关系,再推算出平衡时其他反应物和产物的分压或浓度,最后计算出标准平衡常数 $K^\ominus$。

例 4-6 $\mathrm{GeWO_4(g)}$ 是一种不常见的化合物,可在高温下由相应氧化物生成：

$$\mathrm{2GeO(g) + W_2O_6(g) \rightleftharpoons 2GeWO_4(g)}$$

某容器中充有 $\mathrm{GeO(g)}$ 与 $\mathrm{W_2O_6(g)}$ 的混合气体。反应开始前,它们的分压均为 $100.0\,\mathrm{kPa}$。在等温等容下达到平衡时,$\mathrm{GeWO_4(g)}$ 的分压为 $98.0\,\mathrm{kPa}$。试确定平衡时 $\mathrm{GeO(g)}$ 和 $\mathrm{W_2O_6(g)}$

的分压及该反应的标准平衡常数。

解 该反应是在等温等容下进行的,假设各物种可按理想气体处理,则各物种分压与其物质的量成正比。

$$2\text{GeO}(g) + \text{W}_2\text{O}_6(g) \rightleftharpoons 2\text{GeWO}_4(g)$$

开始 p/kPa 100.0   100.0   0

平衡 p/kPa 98.0

根据各物种的计量关系,可得平衡时:

$$p(\text{GeO}) = (100.0 - 98.0)\text{kPa} = 2.0 \text{ kPa}$$

$$p(\text{W}_2\text{O}_6) = \left(100.0 - \frac{98.0}{2}\right)\text{kPa} = 51.0 \text{ kPa}$$

$$K^{\ominus} = \frac{[p(\text{GeWO}_4)/p^{\ominus}]^2}{[p(\text{GeO})/p^{\ominus}]^2 \cdot [p(\text{W}_2\text{O}_6)/p^{\ominus}]} = \frac{\left(\frac{98.0}{100.0}\right)^2}{\left(\frac{2.0}{100.0}\right)^2 \times \frac{51.0}{100.0}} = 4.7 \times 10^3$$

4.4.3 标准平衡常数的应用

标准平衡常数是化学反应系统处于平衡状态时的一种数量标志。它常用来判断反应程度(或限度)、预测反应方向以及计算平衡组成等。

1. 判断反应程度

在一定条件下,化学反应达到平衡状态时,由于正、逆反应速率相等,净反应速率等于零,平衡组成不再改变。这表明在这种条件下反应物向产物转化达到了最大限度。如果该反应的标准平衡常数 $K^{\ominus}$ 值越大,则 $K^{\ominus}$ 表达式中分子项(产物的浓度或分压)比分母项(反应物的浓度或分压)大得越多,说明反应物转化为产物的量也就越多,反应进行得就越完全。反之,$K^{\ominus}$ 值越小,反应进行得就越不完全。所以,可以用 $K^{\ominus}$ 值的大小判断反应(严格地讲是同类型反应,即反应中各计量数相同的反应)的程度。一般认为,当 $K^{\ominus} > 10^3$ 时,反应进行得较完全;当 $K^{\ominus} < 10^{-3}$ 时,反应进行的程度较小;当 $10^{-3} < K^{\ominus} < 10^3$ 时,平衡混合物中产物和反应物的分压(或浓度)相差不大,反应物部分地转化为产物。

反应进行的程度也常用平衡转化率来表示。反应物 A 的平衡转化率 $\alpha(\text{A})$ 定义为

$$\alpha(\text{A}) \stackrel{\text{def}}{=\!=} \frac{n_0(\text{A}) - n_{\text{eq}}(\text{A})}{n_0(\text{A})} \tag{4-18}$$

式中,$n_0(\text{A})$ 为反应开始时($\xi = 0$) A 的物质的量;$n_{\text{eq}}(\text{A})$ 为平衡时($\xi = \xi_{\text{eq}}$) A 的物质的量。$K^{\ominus}$ 越大,往往 $\alpha(\text{A})$ 也越大。

2. 预测反应方向

对于某给定反应:

$$a\text{A}(g) + b\text{B}(aq) + c\text{C}(s) \rightleftharpoons x\text{X}(g) + y\text{Y}(aq) + z\text{Z}(l)$$

$$K^{\ominus} = \frac{[p(\text{X})/p^{\ominus}]^x \cdot [c(\text{Y})/c^{\ominus}]^y}{[p(\text{A})/p^{\ominus}]^a \cdot [c(\text{B})/c^{\ominus}]^b}$$

在给定温度 T 下,其 $K^{\ominus}$ 有一确定值。其反应的方向可由热力学判据($\Delta_r G_m(T)$ 是否小于

零)来判断。根据热力学等温方程：

$$\Delta_r G_m(T) = \Delta_r G_m^{\ominus}(T) + RT\ln Q$$

其中反应商 $Q = \dfrac{[p_X/p^{\ominus}]^x \cdot [c_Y/c^{\ominus}]^y}{[p_A/p^{\ominus}]^a \cdot [c_B/c^{\ominus}]^b}$。当反应达到平衡时，$\Delta_r G_m(T) = 0$ 且 $Q = K^{\ominus}$。于是热力学等温方程变为

$$0 = \Delta_r G_m^{\ominus}(T) + RT\ln K^{\ominus}$$

即

$$\Delta_r G_m^{\ominus}(T) = -RT\ln K^{\ominus} \tag{4-19}$$

再把式(4-19)代入热力学等温方程，有

$$\Delta_r G_m(T) = -RT\ln K^{\ominus} + RT\ln Q$$

于是

$$\Delta_r G_m(T) = RT\ln \dfrac{Q}{K^{\ominus}} \tag{4-20}$$

由式(4-20)可知：

$$\left.\begin{array}{l} Q < K^{\ominus}, \Delta_r G_m(T) < 0 \quad \text{反应正向自发进行} \\ Q = K^{\ominus}, \Delta_r G_m(T) = 0 \quad \text{反应达到平衡} \\ Q > K^{\ominus}, \Delta_r G_m(T) > 0 \quad \text{反应逆向自发进行} \end{array}\right\} \tag{4-21}$$

式(4-21)就是应用标准平衡常数预测反应方向的反应商判据。它与吉布斯判据是一致的。

由式(4-19)可以得出：

$$\ln K^{\ominus} = -\dfrac{\Delta_r G_m^{\ominus}(T)}{RT} \tag{4-22}$$

式(4-22)定量地反映了标准平衡常数 $K^{\ominus}$ 与 $\Delta_r G_m^{\ominus}(T)$ 及温度 T 的关系。它表明，$K^{\ominus}$ 只与 $\Delta_r G_m^{\ominus}(T)$ 及温度有关，而与各物种的浓度或压力无关。通过热力学数据 $\Delta_r G_m^{\ominus}(T)$ 及温度 T，可直接求取反应的 $K^{\ominus}$。

式(4-21)和式(4-22)就是热力学解决反应的方向与限度问题的根本所在。

3. 计算平衡组成

平衡组成是许多重要的化学过程最为关心的内容之一，借助平衡组成及平衡产率可以衡量实践过程的完善程度。利用标准平衡常数可以计算平衡时系统的组成。

例 4-7 将 1.20 mol SO_2 和 2.00 mol O_2 的混合气体，在 800 K 和 100 kPa 的总压力下，缓慢通过 V_2O_5 催化剂使生成 SO_3，在恒温恒压下达到平衡后，测得混合物中生成的 SO_3 为 1.10 mol。试利用上述实验数据求该温度下反应 $SO_2(g) + O_2(g) \rightleftharpoons 2SO_3(g)$ 的 $K^{\ominus}$，$\Delta_r G_m^{\ominus}(T)$ 及 SO_2 的转化率。

解

	$2SO_2(g)$	$+ O_2(g)$	$\rightleftharpoons 2SO_3(g)$
起始时物质的量/mol	1.20	2.00	0
反应中物质的量的变化/mol	-1.10	$-1.10/2$	$+1.10$
平衡时物质的量/mol	0.10	1.45	1.10
平衡时的摩尔分数 x	$\dfrac{0.10}{2.65}$	$\dfrac{1.45}{2.65}$	$\dfrac{1.10}{2.65}$

根据分压定律,求得各物质的平衡分压:

$$p(SO_2) = p_{总} \cdot x(SO_2) = \left(100 \times \frac{0.10}{2.65}\right) kPa = 3.77 \text{ kPa}$$

$$p(O_2) = p_{总} \cdot x(O_2) = \left(100 \times \frac{1.45}{2.65}\right) kPa = 54.72 \text{ kPa}$$

$$p(SO_3) = p_{总} \cdot x(SO_3) = \left(100 \times \frac{1.10}{2.65}\right) kPa = 41.51 \text{ kPa}$$

$$K^{\ominus} = \frac{[p(SO_3)/p^{\ominus}]^2}{[p(SO_2)/p^{\ominus}]^2 \cdot [p(O_2)/p^{\ominus}]} = \frac{[p(SO_3)]^2 \cdot p^{\ominus}}{[p(SO_2)]^2 \cdot [p(O_2)]} = \frac{41.51^2 \times 100}{3.77^2 \times 54.72} = 222$$

根据式(4-19)得:

$$\Delta_r G_m^{\ominus}(T) = -RT \ln K^{\ominus} = (-8.314 \times 800 \times \ln 222) \text{J} \cdot \text{mol}^{-1} = -3.59 \times 10^4 \text{ J} \cdot \text{mol}^{-1}$$

$$SO_2 \text{ 的转化率} = \frac{\text{平衡时 } SO_2 \text{ 已转化的量}}{SO_2 \text{ 的起始量}} \times 100\% = \frac{1.10}{1.20} \times 100\% = 91.7\%$$

有关平衡组成计算中,应特别注意:

(1) 写出配平的化学反应方程式,这对正确书写 $K^{\ominus}$ 的表达式十分重要。

(2) 当涉及各物质的初始量、变化量、平衡量时,关键要搞清各物质的变化量之比即反应式中各物质的化学计量数之比。

4.4.4 化学平衡移动

一切平衡都只是相对的和暂时的。化学平衡也是相对一定条件下的平衡,当外界条件改变时,系统中各物质的分压或溶液中各溶质的浓度就会发生变化,直到与新的条件相适应并达到新的平衡。这种因条件的改变使化学平衡从原来的平衡状态转变到新的平衡状态的过程,叫化学平衡的移动。

为什么改变条件,化学平衡会移动?这是因为,从热力学的角度来看,可逆反应达到平衡时,$\Delta_r G_m(T) = 0$,$Q = K^{\ominus}$;从动力学的角度来看,化学平衡是可逆反应正、逆反应速率相等时的状态,宏观上反应不再进行,但是微观上正、逆反应仍在进行,并且两者的速率相等。因此,一旦影响 $\Delta_r G_m(T)$,Q 或反应速率的外界因素如浓度、压力和温度等发生改变,那么 $\Delta_r G_m(T) \neq 0$ 或 $Q \neq K^{\ominus}$,正、逆反应速率将不再相等($v_{正} \neq v_{逆}$),即向某一方向进行的反应速率将会大于向相反方向进行的反应速率,这样原来的平衡状态就被破坏,直到正、逆反应速率再次相等。此时系统的组成也会跟着改变,从而建立起与新条件相适应的新的平衡。

那么外界条件是如何影响化学平衡移动的呢?下面主要从热力学、动力学两方面定量地讨论浓度、压力、温度等对化学平衡移动的影响。

1. 浓度(或分压)对化学平衡的影响

对于任一反应:$aA(g) + bB(aq) + cC(s) \rightleftharpoons xX(g) + yY(aq) + zZ(l)$

任意态时:

$$Q = \frac{[p_X/p^{\ominus}]^x \cdot [c_Y/c^{\ominus}]^y}{[p_A/p^{\ominus}]^a \cdot [c_B/c^{\ominus}]^b}$$

平衡时:

$$K^{\ominus} = \frac{[p(X)/p^{\ominus}]^x \cdot [c(Y)/c^{\ominus}]^y}{[p(A)/p^{\ominus}]^a \cdot [c(B)/c^{\ominus}]^b}$$

对于已达平衡的上述反应,如果增加反应物的浓度(或分压)或减少产物的浓度(或分压),则从热力学方面看,$Q<K^{\ominus}$,根据式(4-21)的反应商判据,此时平衡向正反应方向移动,移动的结果使 Q 增大,直到 Q 重新等于 $K^{\ominus}$,系统又建立新的平衡;从动力学方面看,若增大 $c_{反应物}$ 或减小 $c_{产物}$,则反应速率 $v_{正}>v_{逆}$,反应的净结果是平衡向正反应方向移动,随着移动的不断进行,$c_{反应物}$ 逐渐减小,$c_{产物}$ 逐渐增大,因而 $v_{正}$ 随之逐渐减小,$c_{产物}$ 随之逐渐增大,直到 $v_{正}$ 重新等于 $v_{逆}$,系统又建立新的平衡。反之,如果减小反应物的浓度(或分压)或增加产物的浓度(或分压),同理可从热力学和动力学两方面推知,平衡将向逆反应方向移动。

2. 压力对化学平衡的影响

由于压力对固体或液体的体积影响甚微,因而压力的变化只是对有气体参与反应的平衡产生影响。由于改变系统压力的方法不同,因而它对平衡移动的情况也不同,下面分 3 种情况介绍。

1) 部分物种分压的变化

如果保持反应在等温等容下进行,只是增大(或减小)一种以上反应物的分压,或者减小(或增大)一种以上产物的分压,能使反应商 Q 减小(或增大),导致 $Q<K^{\ominus}$(或 $Q>K^{\ominus}$),或使反应速率 $v_{正}>v_{逆}$(或 $v_{正}<v_{逆}$),平衡向正(或逆)方向移动。这种情形与上述浓度(或分压)对化学平衡的影响是一致的。

2) 体积改变引起压力的变化

对于有气体参与的化学反应,反应系统体积的变化将导致系统总压和各物种分压的变化。例如:

$$a\mathrm{A(g)} + b\mathrm{B(g)} \Longleftrightarrow y\mathrm{Y(g)} + z\mathrm{Z(g)}$$

平衡时:

$$K^{\ominus} = \frac{[p(\mathrm{Y})/p^{\ominus}]^y \cdot [p(\mathrm{Z})/p^{\ominus}]^z}{[p(\mathrm{A})/p^{\ominus}]^a \cdot [p(\mathrm{B})/p^{\ominus}]^b} = Q$$

当等温下将反应系统压缩到 $1/n(n>1)$ 时,系统的总压力增大到 n 倍,相应各组分的分压也都同时增大到 n 倍,此时反应商为

$$Q = \frac{[np(\mathrm{Y})/p^{\ominus}]^y \cdot [np(\mathrm{Z})/p^{\ominus}]^z}{[np(\mathrm{A})/p^{\ominus}]^a \cdot [np(\mathrm{B})/p^{\ominus}]^b} = n^{\sum_{\mathrm{B}} \nu_{\mathrm{B}}(\mathrm{g})} K^{\ominus}$$

对于气体分子数增加的反应,$\sum_{\mathrm{B}} \nu_{\mathrm{B}}(\mathrm{g})>0$,此时 $Q>K^{\ominus}$,平衡向逆反应方向移动,即平衡向气体分子数减小的方向移动;

对于气体分子数减小的反应,$\sum_{\mathrm{B}} \nu_{\mathrm{B}}(\mathrm{g})<0$,此时 $Q<K^{\ominus}$,平衡向正反应方向移动,即平衡向气体分子数减小的方向移动;

对于气体分子数不变的反应,$\sum_{\mathrm{B}} \nu_{\mathrm{B}}(\mathrm{g})=0$,此时 $Q=K^{\ominus}$,平衡不发生移动。

同理可以推知,等温下系统若膨胀,总压将减小,各组分分压也减小相同倍数,平衡将向气体分子数增大的方向(即增大压力的方向)移动。总之,等温压缩(或膨胀)只能使 $\sum_{\mathrm{B}} \nu_{\mathrm{B}}(\mathrm{g}) \neq 0$ 的平衡发生移动,而不能使 $\sum_{\mathrm{B}} \nu_{\mathrm{B}}(\mathrm{g}) = 0$ 的平衡发生移动。

3) 惰性气体的影响

惰性气体为不参与化学反应的气态物质,通常为 $H_2O(g)$ 或 $N_2(g)$ 等。它对平衡移动

的影响也有下列 3 种情况。

(1) 若某一反应在有惰性气体存在下已达到平衡,此时体积的改变引起压力的变化从而使化学平衡移动的情形与上述"体积改变引起压力的变化"相同,即平衡同样向气体分子数减小的方向移动。

(2) 若反应在等温等容下进行,反应已达到平衡时,引入惰性气体,系统的总压力增大,但各反应物和产物的分压不变,因而 $Q=K^\ominus$,平衡不移动。

(3) 若反应在等温等压下进行,反应已达到平衡时,引入惰性气体,为了保持总压不变,系统的体积将相应增大。在这种情况下,各组分气体的分压将相应减小相同倍数,$\sum_B \nu_B(g) \neq 0, Q \neq K^\ominus$,平衡向气体分子数增大的方向移动。

可见,压力对平衡移动的影响,关键在于各反应物和产物的分压是否改变,同时要考虑反应前、后气体分子数是否改变。基本判据是反应商判据。

3. 温度对化学平衡的影响

浓度和压力对平衡移动的影响是通过改变系统的组成,使 Q 改变,但是 $K^\ominus$ 并不改变。温度对化学平衡的影响则不然,温度的改变引起标准平衡常数 $K^\ominus$ 的改变从而使化学平衡发生移动。这可从热力学方面给予描述,也可从动力学方面给予描述。

从热力学方面看,对于放热反应,$\Delta_r H_m^\ominus < 0$,温度升高($T_1 < T_2$),根据 van't Hoff 方程:$\ln \dfrac{K_2^\ominus}{K_1^\ominus} = \dfrac{\Delta_r H_m^\ominus}{R}\left(\dfrac{1}{T_1} - \dfrac{1}{T_2}\right)$(式中 $K_1^\ominus$、$K_2^\ominus$ 分别为温度 T_1、T_2 时的标准平衡常数,$\Delta_r H_m^\ominus$ 为可逆反应的标准摩尔焓变),可以得到 $\ln \dfrac{K_2^\ominus}{K_1^\ominus} < 0$,故 $K_1^\ominus > K_2^\ominus$。这说明对放热反应,标准平衡常数随温度升高而减小,此时得到 $Q = K_1^\ominus > K_2^\ominus$,故平衡向逆反应(吸热)方向移动。而降低温度($T_1 > T_2$),$Q = K_1^\ominus < K_2^\ominus$,将使平衡向正反应(放热)方向移动。同理,对于吸热反应,$\Delta_r H_m^\ominus > 0$,温度升高($T_1 < T_2$),则 $Q = K_1^\ominus < K_2^\ominus$,平衡向正反应(吸热)方向移动;降低温度($T_1 > T_2$),则 $Q = K_1^\ominus > K_2^\ominus$,平衡向逆反应(放热)方向移动。可见,不管是放热反应还是吸热反应,升高温度平衡都向吸热反应方向移动;反之,降低温度,平衡将向放热反应方向移动。

从动学力方面看,对于放热反应,$\Delta_r H_m^\ominus < 0$,由于正反应活化能 $E_{a(正)}$ 小于逆反应活化能 $E_{a(逆)}$,根据 Arrhenius 方程:$\ln \dfrac{k_2}{k_1} = \dfrac{E_a}{R}\left(\dfrac{1}{T_1} - \dfrac{1}{T_2}\right)$,温度升高($T_1 < T_2$),$k_{2(正)} < k_{2(逆)}$,由反应的速率方程 $v = k c_A^\alpha c_B^\beta$ 知,$v_正 < v_逆$,故平衡向逆反应(吸热)方向移动。反之,降低温度($T_1 > T_2$),$k_{2(正)} > k_{2(逆)}$,平衡向正反应(放热)方向移动。同理,对于吸热反应,$E_{a(正)} > E_{a(逆)}$,温度升高($T_1 < T_2$),$k_{2(正)} > k_{2(逆)}$,$v_正 > v_逆$,平衡向正反应方向(吸热)方向移动;反之,降低温度,平衡向逆反应(放热)方向移动。这个结论与热力学所描述的结论是一致的。

综上所述,改变化学平衡的条件,使 $Q \neq K^\ominus$ 或 $v_正 \neq v_逆$,则平衡一定会发生移动,移动的规律是:假如改变平衡系统的条件之一,如浓度、压力或温度,平衡就向能减弱这个改变的方向移动。这就是中学里已学过的平衡移动原理——吕·查德里(Le Châtelier)原理。利用这个原理,可以改变反应条件,使所需的反应进行得更完全。

吕·查德里原理从定性的角度解释了平衡移动的普遍原理,它非常简洁适用,但使用时要特别注意:它只适用于已处于平衡状态的系统,而不适用于未达到平衡状态的系统。如果某系统处于非平衡态且 $Q<K^{\ominus}$，反应向正方向进行。若适当减少某种反应物的浓度或分压，同时仍维持 $Q<K^{\ominus}$，则反应方向是不会因此而改变的。另外，催化剂因能同程度提高 $v_{正}$ 和 $v_{逆}$，仍能维持 $v_{正}=v_{逆}$，因而催化剂的加入不能改变化学平衡，只能缩短化学反应达到平衡所需的时间。

拓展知识

氧-血红蛋白的平衡

人和动物要维持生命都需要呼吸氧气。一般人每次呼吸能吸进大约 500 mL 空气。吸入的空气通过支气管输送到约 $1.5×10^9$ 个肺泡中。在肺泡中吸进的新空气与前一次呼吸剩余的空气混合。在这一过程中，水蒸气和 CO_2 的浓度比新空气中有所增加。通过肺泡壁吸入的氧扩散进入动脉血液中，动脉血液再将氧输送到体内所有细胞中，起输送氧作用的是血液中的血红蛋白(Hb)。血红蛋白和肌红蛋白(Mb)都属于血红蛋白。肌红蛋白中含有一个血红素，血红蛋白可看做由 4 个血红素组成的。一个单一的血红蛋白分子最多能结合 4 个氧原子。血液中溶解的氧仅约 3%，其余的氧与血红蛋白结合。两者间的平衡有

$$Hb(aq) + O_2(aq) \rightleftharpoons HbO_2(aq)$$
$$HbO_2(aq) + O_2(aq) \rightleftharpoons Hb(O_2)_2(aq)$$
$$Hb(O_2)_2(aq) + O_2(aq) \rightleftharpoons Hb(O_2)_3(aq)$$
$$Hb(O_2)_3(aq) + O_2(aq) \rightleftharpoons Hb(O_2)_4(aq)$$

这一反应过程很复杂。通常简化表示为

$$\underset{(血红蛋白)}{Hb(aq)} + O_2(aq) \rightleftharpoons \underset{(氧合血红蛋白)}{HbO_2(aq)}$$

生命的维持取决于血红蛋白同氧的结合及其对氧的释放，即上述平衡的移动。血液中氧含量和血红蛋白含量的改变将引起这一平衡的移动。

在海拔高度很低的地区(如海边)生活的人，其肺部氧的分压如下：

	干空气	肺泡	动脉	静脉
$p(O_2)$	21.2 kPa (159 mmHg)	13.3 kPa (100 mmHg)	12.67 kPa (95 mmHg)	5.33 kPa (40 mmHg)

在肺中，$p(O_2)$ 高，氧被血红蛋白结合，平衡向右移动，氧合血红蛋白的量增多。在进行繁重的劳动时，极需要氧的肌肉中 $p(O_2)$ 降低，氧从氧血红蛋白中释放出来，并被消耗，平衡向左移动。因此，静脉中的氧含量要低于动脉中的氧含量。通过血液循环血红蛋白完成了输送氧的任务。

当在 1～2 天之内，从海平面攀登到海拔 3000 m 的高山上时，能引起头痛、恶心、极度疲劳等不舒服的感觉，这些症状叫高山病，高山病是缺氧的结果。海拔 3000 m，只有 14.1 kPa (相当于 106 mmHg)。空气中氧的分压降低，氧-血红蛋白平衡向左移动，动脉中的氧合血红蛋白减少，因此引起缺氧。如果有足够的时间(如 2～3 周)，体内产生更多的血红蛋白分子，平衡即可从左向右移动，生成更多的 HbO_2 分子。研究表明，长时间在高山区生活的居

民其血红蛋白的含量比生活在海边的人多 50%。

CO 与血红蛋白形成复杂的化合物 Hb(CO)，它比 HbO$_2$ 更稳定。

$$HbO_2(aq) + CO(aq) \rightleftharpoons Hb(CO)(aq) + O_2(aq)$$

$$K^\ominus = \frac{[c(Hb(CO))/c^\ominus][c(O_2)/c^\ominus]}{[c(HbO_2)/c^\ominus][c(CO)/c^\ominus]} = 2.1 \times 10^2$$

Hb(CO) 的形成使血红蛋白失去了携带氧的能力。因此，CO 的毒性很强。尤其是它为无色、无臭的气体，很容易使人丧失警惕。CO 中毒时，血液中的 CO 浓度增大，上一反应向右移动，可使人严重缺氧。高浓度的 CO 将导致人失去知觉，甚至死亡。如果在 $\varphi(CO) = 0.1\%$ 的空气中滞留 1h，常常会导致死亡。对 CO 中毒事故的处理，首选有效的方法是对中毒者提供新鲜空气，和采用高压氧舱治疗一样，都能使中毒平衡向左（解毒）方向移动。中度的 CO 中毒的恢复比较快，并能完全治愈。CO 中毒作用不是累积性的。

不仅在家庭取暖时会由于煤的不完全燃烧而发生 CO 中毒，在现代社会中，汽车数量日益增多，汽车发动机的不完全燃烧也能造成车内 CO 中毒。汽车行驶过程中形成的 CO 已是主要的空气污染物；城市中交通警察的血液中有较高的 CO 含量。吸烟者也因烟草燃烧时产生的 CO 而使自身血液中的 CO 含量增加。

值得指出的是，人体吸氧并不是"多多益善"。在呼吸时，体内的氧气中有 98% 被正常利用，余下的 2% 则被转化为化学反应活性极强的活性氧——氧自由基。它对人体是一种有害物质，能导致人体的正常细胞受到损害，以致各种疾病（如动脉硬化、糖尿病、白内障等）的发生。对正常人来说，人体经过呼吸、运动和进食、饮水足以维持所需要的氧。

思 考 题

4-1 说明下列符号的意义：

$S, S_m^\ominus(Br, l, 298.15 K), \Delta_r S_m^\ominus(298.15 K), G, \Delta G, \Delta_r G_m^\ominus(298.15 K), \Delta_r G_m^\ominus(T),$
$\Delta_f G_m^\ominus(298.15 K), Q, K^\ominus$。

4-2 下列叙述是否正确？试说明之。

(1) 标准平衡常数大，反应速率系数也一定大；

(2) 在等温条件下，某反应系统中，反应物开始时的浓度和分压不同，则平衡时系统的组成不同，标准平衡常数也不同；

(3) 在标准状态下反应商与标准平衡常数相等；

(4) 对放热反应来说温度升高，标准平衡常数 $K^\ominus$ 变小，反应速率系数 k_f 变小，k_r 变大；

(5) 催化剂使正、逆反应速率系数增大相同的倍数，而不改变平衡常数；

(6) 在一定条件下，某气相反应达到平衡。若温度不变的条件下压缩反应系统的体积，系统总压增大，各物种的分压也增大相同倍数，则平衡必定移动；

(7) 反应 $H_2(g) + S(s) \rightleftharpoons H_2S(g)$ 的 $\Delta_r H_m^\ominus$ 就是 $H_2S(g)$ 的标准生成焓 $\Delta_f H_m^\ominus(H_2S, g, 298.15K)$；

(8) 单质的 $\Delta_f H_m^\ominus(298.15 K), \Delta_f G_m^\ominus(298.15 K)$ 均为零；

(9) 自发反应必使系统的熵值增加；

(10) 自发反应一定是放热反应；

(11) 如果反应在一定温度下其 $\Delta_r G_m^{\ominus}(T)<0$,则此反应在该条件下一定会发生。

4-3 判断反应能否自发进行的标准是什么？能否用反应的焓变或熵变作为衡量的标准？为什么？

4-4 H、S 与 G 之间,$\Delta_r H$、$\Delta_r S$ 与 $\Delta_r G$ 之间,$\Delta_r G_m$ 与 $\Delta_r G_m^{\ominus}$ 之间各存在哪些重要关系？试用公式表示之。

4-5 如何利用物质的标准热力学函数 $\Delta_f H_m^{\ominus}$、$S_m^{\ominus}(298.15\ \text{K})$、$\Delta_f G_m^{\ominus}(298.15\ \text{K})$ 的数据,计算反应的 $K^{\ominus}$ 值？写出有关的计算公式。

4-6 试举出两种计算反应 $K^{\ominus}$ 值的方法。

4-7 预测下列过程熵变化的符号：
(1) 氯化钠的熔化；
(2) 大楼被毁坏；
(3) 将某体积的空气分离为 N_2、O_2 和 Ar 等 3 种气体,每种气体保持与原有空气的温度、压力相同。

4-8 指出下列各组物质中,标准熵值由小到大的顺序。
(1) $O_2(l)$,$O_3(g)$,$O_2(g)$;
(2) $Na(s)$,$NaCl(s)$,$Na_2O(s)$,$Na_2CO_3(s)$,$NaNO_3(s)$;
(3) $H_2(g)$,$F_2(g)$,$Br_2(g)$,$Cl_2(g)$,$I_2(g)$。

4-9 比较温度与平衡常数的关系式和温度与反应速率常数的关系式,两者有哪些相似之处？有哪些不同之处？举例说明。

4-10 总压力与浓度的改变对反应速率以及平衡移动的影响有哪些相似之处？有哪些不同之处？举例说明。

4-11 已知反应 $2Cl_2(g)+2H_2O(g) \rightleftharpoons 4HCl(g)+O_2(g)$ 为吸热反应。将 Cl_2、H_2O、HCl、O_2 4 种气体混合后,反应达到平衡。下列左边的操作条件的改变对右边的平衡时的数值有何影响(如操作条件中未注明,则温度不变、容积不变)？
(1) 增大容器体积——H_2O 的物质的量；
(2) 加 O_2——H_2O 的物质的量；
(3) 加 O_2——O_2 的物质的量；
(4) 加 O_2——HCl 的物质的量；
(5) 减小容器体积——Cl_2 的物质的量；
(6) 减小容器体积——Cl_2 的分压；
(7) 减小容器体积——$K^{\ominus}$；
(8) 提高温度——$K^{\ominus}$；
(9) 提高温度——HCl 的分压；
(10) 加催化剂——HCl 的物质的量。

4-12 对于反应：
$$N_2(g)+3H_2(g) \rightleftharpoons 2NH_3(g), \quad \Delta_r H_m^{\ominus}(298.15\ \text{K})=-92.2\ \text{kJ} \cdot \text{mol}^{-1}$$
若升高温度 100 K,试分析 $\Delta_r H_m^{\ominus}$、$\Delta_r S_m^{\ominus}$、$\Delta_r G_m^{\ominus}$、$K^{\ominus}$、$v_{正}$、$v_{逆}$ 等将如何改变(不变、基本不变、增大或减小)？

4-13 对于下列反应：
$$C(s)+CO_2(g) \rightleftharpoons 2CO(g), \quad \Delta_r H_m^{\ominus}(298.15\ \text{K})=172.5\ \text{kJ} \cdot \text{mol}^{-1}$$

若增加总压力或升高温度或加入催化剂,则反应速率常数 $k_正$、$k_逆$ 和反应速率 $v_正$、$v_逆$ 以及标准平衡常数 $K^\ominus$、平衡移动的方向等将如何?分别填入下表中。

	$k_正$	$k_逆$	$v_正$	$v_逆$	$K^\ominus$	平衡移动方向
增加总压力						
升高温度						
加入催化剂						

习 题

4-1 试用书末附录 A 中的标准热力学数据,计算下列反应的 $\Delta_r S_m^\ominus$(298.15 K)和 $\Delta_r G_m^\ominus$(298.15 K)。

(1) $3Fe(s) + 4H_2O(l) \rightleftharpoons 4H_2(g) + Fe_3O_4(s)$

(2) $Zn(s) + 2H^+(aq) \rightleftharpoons H_2(g) + Zn^{2+}(aq)$

(3) $CaO(s) + H_2O(l) \rightleftharpoons Ca^{2+}(aq) + 2OH^-(aq)$

(4) $2AgBr(s) \rightleftharpoons 2Ag(s) + Br_2(l)$

4-2 写出下列反应的标准平衡常数 $K^\ominus$ 的表达式:

(1) $CH_4(g) + H_2O(g) \rightleftharpoons CO(g) + 3H_2(g)$

(2) $C(s) + H_2O(g) \rightleftharpoons CO(g) + H_2(g)$

(3) $2MnO_4^-(aq) + 5H_2O_2(aq) + 6H^+(aq) \rightleftharpoons 2Mn^{2+}(aq) + 5O_2(g) + 8H_2O(l)$

(4) $VO_4^{3-}(aq) + H_2O(l) \rightleftharpoons [VO_3(OH)]^{2-}(aq) + OH^-(aq)$

(5) $2NO_2(g) + 7H_2(g) \rightleftharpoons 2NH_3(g) + 4H_2O(l)$

(6) $CO(g) + 2H_2(g) \rightleftharpoons CH_3OH(l)$

(7) $BaCO_3(s) + C(s) \rightleftharpoons BaO(s) + 2CO(g)$

(8) $Ag^+(aq) + Cl^-(aq) \rightleftharpoons AgCl(s)$

(9) $HCN(aq) \rightleftharpoons H^+(aq) + CN^-(aq)$

4-3 $CaO(s) + H_2O(l) \rightleftharpoons Ca(OH)_2(s)$ 在 298.15 K 及 100 kPa 时是自发反应,高温时逆反应变成自发反应,试确定该反应的 ΔH 和 ΔS 分别为正值还是负值。

4-4 已知 298.15 K 时,$NH_3(g)$ 的 $\Delta_f H_m^\ominus = -46.1 \text{ kJ} \cdot \text{mol}^{-1}$,反应 $N_2(g) + 3H_2(g) \rightleftharpoons 2NH_3(g)$ 的 $\Delta_r S_m^\ominus = -198 \text{ J} \cdot \text{K}^{-1} \cdot \text{mol}^{-1}$。欲使此反应在标准状态时能自发进行,所需温度条件应为多少?

4-5 在一定温度下,反应 $H_2(g) + Br_2(g) \rightleftharpoons 2HBr(g)$ 的标准平衡常数 $K^\ominus = 0.04$,则反应 $HBr(g) \rightleftharpoons \frac{1}{2}H_2(g) + \frac{1}{2}Br_2(g)$ 的标准平衡常数 $K^\ominus$ 为多少?

4-6 已知下列反应在 1362 K 时的标准平衡常数:

(1) $H_2(g) + \frac{1}{2}S_2(g) \rightleftharpoons H_2S(g)$, $K_1^\ominus = 0.80$

(2) $3H_2(g) + SO_2(g) \rightleftharpoons H_2S(g) + 2H_2O(g)$, $K_2^\ominus = 1.80 \times 10^4$

计算反应(3) $4H_2(g)+2SO_2(g) \rightleftharpoons S_2(g)+4H_2O(g)$ 在 1362 K 时的标准平衡常数 $K_3^\ominus$。

4-7 某温度时 8.0 mol SO_2 和 4.0 mol O_2 在密闭容器中进行反应生成 SO_3 气体,测得起始时和平衡时(温度不变)系统的总压力分别为 300 kPa 和 220 kPa,试利用上述实验数据求该温度时反应 $2SO_2(g)+O_2(g) \rightleftharpoons 2SO_3(g)$ 的标准平衡常数 $K^\ominus$ 和 SO_2 的转化率。

4-8 已知反应 $Ag_2S(s)+H_2(g) \rightleftharpoons 2Ag(s)+H_2S(g)$ 在 740 K 时的 $K^\ominus=0.36$。若在该温度下,在密闭容器中将 1.0 mol Ag_2S 还原为银,试计算最少需用 H_2 的物质的量。

4-9 利用标准热力学函数估算反应 $CO_2(g)+H_2(g) \rightleftharpoons CO(g)+H_2O(g)$ 在 873 K 时的标准摩尔吉布斯函数变 $\Delta_r G_m^\ominus$ 和标准平衡常数 $K^\ominus$。若此时系统中各组分气体的分压为 $p(CO_2)=p(H_2)=127$ kPa,$p(CO)=p(H_2O)=76$ kPa,计算此条件下反应的摩尔吉布斯函数变 $\Delta_r G_m$,并判断反应的方向。

4-10 反应:$PCl_5(g) \rightleftharpoons PCl_3(g)+Cl_2(g)$

(1) 523 K 时,将 0.700 mol 的 PCl_5 注入容积为 2.00 L 的密闭容器中,平衡时有 0.500 mol PCl_5 被分解了。试计算该温度下的标准平衡常数 $K^\ominus$ 和 PCl_5 的分解率。

(2) 若在上述容器中已达到平衡后,再加入 0.100 mol Cl_2,则 PCl_5 的分解率与(1)的分解率相比相差多少?

(3) 如开始时在注入 0.700 mol 的 PCl_5 的同时,就注入了 0.100 mol Cl_2,则平衡时 PCl_5 的分解率又是多少?比较(2)、(3)所得结果,可以得出什么结论?

4-11 已知反应 $\frac{1}{2}H_2(g)+\frac{1}{2}Cl_2(g) \rightleftharpoons HCl(g)$ 在 298.15 K 时的 $K_1^\ominus=4.9 \times 10^{16}$,$\Delta_r H_m^\ominus=-92.31$ kJ·mol^{-1},求在 500 K 时的 $K_2^\ominus$ 值(近似计算,不查 $S_m^\ominus$(298.15 K)和 $\Delta_f G_m^\ominus$(298.15 K)数据)。

4-12 在一定温度下 $Ag_2O(s)$ 和 $AgNO_3(s)$ 受热均能分解,反应为

$$Ag_2O(s) \rightleftharpoons 2Ag(s)+\frac{1}{2}O_2(g)$$

$$2AgNO_3(s) \rightleftharpoons Ag_2O(s)+2NO_2(g)+\frac{1}{2}O_2(g)$$

假定反应的 $\Delta_r H_m^\ominus$ 和 $\Delta_r S_m^\ominus$ 不随温度的变化而改变,估算 Ag_2O 和 $AgNO_3$ 按上述反应方程式进行分解时的最低温度,并确定分解的最终产物。

4-13 对于制取水煤气的反应 $C(s)+H_2O(g) \rightleftharpoons CO(g)+H_2(g)$,$\Delta_r H_m^\ominus>0$,问:

(1) 欲使平衡向右移动,可采取哪些措施?

(2) 欲使正反应进行得较快且较完全(平衡向右移动)的适宜条件如何?这些措施对 $K^\ominus$ 及 $k_正$、$k_逆$ 的影响各如何?

4-14 反应 $\frac{1}{2}Cl_2(g)+\frac{1}{2}F_2(g) \rightleftharpoons ClF(g)$ 在 298.15 K 和 398 K 下,测得其标准平衡常数分别为 9.3×10^9 和 3.3×10^7。

(1) 计算 $\Delta_r G_m^\ominus$(298.15 K)和 $\Delta_r G_m^\ominus$(398 K);

(2) 若 298.15~398 K 范围内 $\Delta_r H_m^\ominus$ 和 $\Delta_r S_m^\ominus$ 基本不变,计算 $\Delta_r H_m^\ominus$ 和 $\Delta_r S_m^\ominus$。

第 5 章

水溶液中的离子平衡

学习要求

(1) 了解近代酸碱理论的基本概念。
(2) 掌握各种平衡的计算原理与方法。
(3) 掌握同离子效应和缓冲溶液的概念,熟悉缓冲溶液的缓冲原理。
(4) 掌握溶度积的概念,熟悉溶度积与溶解度的换算。
(5) 掌握溶度积规则并能利用其判断沉淀的生成及溶解。

大多数无机化学反应都是在水溶液中进行的,参加反应的物质大多以酸、碱的形式存在于溶液中。酸和碱是日常生活、科学研究及工农业生产中常见而又重要的物质。人们对酸和碱的认识经历了一个由浅入深,由低级到高级的认识过程。现代酸碱理论有电离理论、质子理论、电子理论等。

1884 年,瑞典化学家阿累尼乌斯(S. Arrhenius)根据电解质溶液理论定义了酸和碱:在水溶液中解离出的阳离子全部是 H^+ 的化合物就是酸,解离出的阴离子全部是 OH^- 的化合物就是碱。酸碱反应的实质就是 H^+ 和 OH^- 作用生成水。根据阿累尼乌斯的理论,HCl、HNO_3、H_2SO_4、CH_3COOH 及 HF 等都是酸,NaOH、KOH、$Ca(OH)_2$ 等都是碱。

阿累尼乌斯理论存在一定的局限性,把酸碱仅局限在水溶液中,而科学实验中越来越多的化学反应是在非水溶液中进行。同时阿累尼乌斯酸碱理论把酸局限在含 H^+ 的物质,把碱局限在含 OH^- 的物质,这也是不完全正确的。人们长期错误地认为氨溶于水生成 NH_4OH,解离出 OH^- 而显碱性,但经过长期实验测定,却从未分离出 NH_4OH 这个物质。

1923 年,丹麦化学家布朗斯特(J. N. Brönsted)和英国化学家劳瑞(T. M. Lowry)同时提出了酸碱质子理论,1923 年美国化学家路易斯(G. N. Lewis)提出了酸碱电子理论。

酸碱质子理论既适用于水溶液系统,也适用于非水溶液系统和气体状态,且可定量处理,所以得到广泛应用,本章主要讨论酸碱质子理论。

5.1 酸碱质子理论概述

5.1.1 质子酸、质子碱的定义

质子理论认为:凡是能释放出质子(H^+)的物质都是酸;凡是能接受质子(H^+)的物质

都是碱。酸被看成质子给予体，碱为质子接受体。例如 HCl、HSO_4^-、$[Al(H_2O)_6]^{3+}$、NH_4^+ 等能给出质子，它们都是酸；I^-、Br^-、SO_4^{2-}、OH^-、CN^-、NH_3、CO_3^{2-}、$[Al(OH)(H_2O)_5]^{2+}$ 等能接受质子，它们都是碱。质子理论的酸碱概念不只局限于分子，可以有分子酸、碱，也可以有离子酸、碱。HSO_4^-、H_2O 等既能给出质子，也能接受质子，所以它们既是酸也是碱。这种既能给出质子，又能接受质子的物质称两性物质。

5.1.2 共轭酸碱概念及其相对强弱

由质子理论的酸碱定义可以看出，酸和碱不是孤立的，酸给出质子后生成碱，碱接受质子后变成酸。这种相互转化、相互依存的关系称共轭关系，相应的酸、碱称共轭酸、共轭碱。

$$酸 \rightleftharpoons 质子 + 碱$$
$$HF \rightleftharpoons H^+ + F^-$$
$$H_2PO_4^- \rightleftharpoons H^+ + HPO_4^{2-}$$
$$[Fe(H_2O)_6]^{3+} \rightleftharpoons H^+ + [Fe(OH)(H_2O)_5]^{2+}$$
$$NH_4^+ \rightleftharpoons H^+ + NH_3$$

以上方程式中，F^-、HPO_4^{2-}、$[Fe(OH)(H_2O)_5]^{2+}$、NH_3 分别是 HF、$H_2PO_4^-$、$[Fe(H_2O)_6]^{3+}$、NH_4^+ 的共轭碱；HF、$H_2PO_4^-$、$[Fe(H_2O)_6]^{3+}$、NH_4^+ 分别是 F^-、HPO_4^{2-}、$[Fe(OH)(H_2O)_5]^{2+}$、NH_3 的共轭酸。由于酸解离出质子就变成它的共轭碱，所以酸比它的共轭碱在组成上多一个质子。

酸、碱的强度除主要取决于其本身的性质外，还与溶剂的性质等因素有关。酸（或碱）的强弱依给出质子能力（或接受质子的能力）的强弱而定。给出（或接受）质子能力强的酸为强酸（或强碱）；反之，是弱酸或弱碱。强弱是相对的，是一定条件下相比较而言。要比较就要有一个标准。在水溶液中比较酸的强弱，以溶剂水作为标准。

酸在水溶液中给出质子的过程可用如下反应式表示：

$$酸 + H_2O \rightleftharpoons 碱 + H_3O^+$$

或简写为
$$酸 \rightleftharpoons 碱 + H^+$$

其标准平衡常数
$$K_a^{\ominus} = \frac{[c(H_3O^+)/c^{\ominus}][c(碱)/c^{\ominus}]}{[c(酸)/c^{\ominus}]}$$

或简写为
$$K_a^{\ominus} = \frac{c(H^+) \cdot c(碱)}{c(酸)}$$

$K_a^{\ominus}$ 称为弱酸的质子传递常数或弱酸的解离常数。$K_a^{\ominus}$ 是水溶液中酸强度的量度，其值大于 10 时为强酸，例如 HCl、$HClO_4$、HNO_3、H_2SO_4 等，它们的共轭碱都很弱。事实上，在水溶液中 Cl^-、ClO_4^-、NO_3^- 等都是很弱的碱，几乎不能获得质子。

以 HAc、H_2S 和 NH_4^+ 三种酸与水反应为例：

$$HAc(aq) + H_2O(l) \rightleftharpoons Ac^-(aq) + H_3O^+(aq)$$

或简写为
$$HAc(aq) \rightleftharpoons Ac^-(aq) + H^+(aq)$$
$$NH_4^+(aq) + H_2O(l) \rightleftharpoons NH_3(aq) + H_3O^+(aq)$$

或简写为
$$NH_4^+(aq) \rightleftharpoons NH_3(aq) + H^+(aq)$$
$$H_2S(aq) + H_2O(l) \rightleftharpoons HS^-(aq) + H_3O^+(aq)$$

或简写为
$$H_2S(aq) \rightleftharpoons HS^-(aq) + H^+(aq)$$

它们的解离常数分别为

$$K_a^{\ominus}(HAc) = \frac{c(H^+) \cdot c(Ac^-)}{c(HAc)} = 1.8 \times 10^{-5}$$

$$K_a^{\ominus}(NH_4^+) = \frac{c(H^+) \cdot c(NH_3)}{c(NH_4^+)} = 5.56 \times 10^{-10}$$

$$K_a^{\ominus}(H_2S) = \frac{c(H^+) \cdot c(HS^-)}{c(H_2S)} = 9.1 \times 10^{-8}$$

由 $K_a^{\ominus}$ 值的大小可知它们的强弱次序为 $HAc > H_2S > NH_4^+$。

类似地,碱接受质子的过程可用如下反应式表示:

$$碱 + H_2O \rightleftharpoons 酸 + OH^-$$

其标准平衡常数

$$K_b^{\ominus} = \frac{[c(OH^-)/c^{\ominus}][c(酸)/c^{\ominus}]}{[c(碱)/c^{\ominus}]}$$

$K_b^{\ominus}$ 称为弱碱的解离常数,同样,$K_b^{\ominus}$ 越大,碱越强。

5.1.3 酸碱反应的实质

根据质子理论,酸碱反应的实质是两个共轭酸碱对之间质子的传递或转移反应。反应进行的方向是强碱夺取强酸的质子,转化为较弱的共轭酸和较弱的共轭碱。例如:

(1) 酸碱解离反应是质子转移反应。例如 HCl 在水溶液中的解离,HCl 给出 H^+ 后,成为其共轭碱 Cl^-,而 H_2O 接受 H^+ 生成其共轭酸 H_3O^+。通过两个共轭酸碱对的反应,净的结果是 HCl 把质子 H^+ 转移给了 H_2O。

$$HCl(aq) \rightleftharpoons H^+(aq) + Cl^-(aq)$$
$$+) \quad H^+(aq) + H_2O(l) \rightleftharpoons H_3O^+(aq)$$
$$\overline{\quad HCl(aq) + H_2O(l) \rightleftharpoons H_3O^+(aq) + Cl^-(aq) \quad}$$
$$\text{酸}1 \quad \text{碱}2 \quad \text{酸}2 \quad \text{碱}1$$

水是两性物质,它的自身解离反应也是质子转移反应。

$$H_2O(l) \rightleftharpoons H^+(aq) + OH^-(aq)$$
$$+) \quad H^+ + H_2O(l) \rightleftharpoons H_3O^+(aq)$$
$$\overline{\quad H_2O(l) + H_2O(l) \rightleftharpoons OH^-(aq) + H_3O^+(aq) \quad}$$
$$\text{酸}1 \quad \text{碱}2 \quad \text{碱}1 \quad \text{酸}2$$

(2) 盐类水解反应也是离子酸碱的质子转移反应。例如 NaAc 水解:

$$H^+(aq) + Ac^-(aq) \rightleftharpoons HAc(aq)$$
$$+) \quad H_2O(l) \rightleftharpoons H^+(aq) + OH^-(aq)$$
$$\overline{\quad Ac^-(aq) + H_2O(l) \rightleftharpoons HAc(aq) + OH^-(aq) \quad}$$
$$\text{碱}1 \quad \text{酸}2 \quad \text{酸}1 \quad \text{碱}2$$

质子理论不仅适用于水溶液,还适用于气相和非水溶液中的反应。例如 NH_3 和 HCl

的反应,无论是在水溶液中还是在气相中,其实质都是质子转移反应。

$$HCl + NH_3 \rightleftharpoons NH_4^+ + Cl^-$$

5.2 水的解离平衡和溶液的pH

5.2.1 水的解离平衡

在纯水中,水分子、水合氢离子和氢氧根离子总是处于平衡状态。按照酸碱质子理论,水的自身解离平衡可表示为

$$H_2O(l) + H_2O(l) \rightleftharpoons H_3O^+(aq) + OH^-(aq)$$

该解离反应很快达到平衡。平衡时,水中的 H_3O^+ 和 OH^- 的浓度很小。根据水的电导率的测定,一定温度下,$c(H_3O^+)$ 和 $c(OH^-)$ 的乘积是恒定的。根据热力学中对溶质和溶剂标准状态的规定,水解离反应的标准平衡常数表达式为

$$K_w^\ominus = \frac{c(H_3O^+)}{c^\ominus} \frac{c(OH^-)}{c^\ominus} \tag{5-1}$$

通常简写为

$$K_w^\ominus = c(H_3O^+) \cdot c(OH^-) \tag{5-2}$$

$K_w^\ominus$ 被称为水的离子积常数。

25℃时,$K_w^\ominus = 1.0 \times 10^{-14}$。在稀溶液中,水的离子积常数不受溶质浓度的影响,但随温度的升高而增大(见表5-1)。

表 5-1 不同温度下水的离子积常数

$t/℃$	$K_w^\ominus$	$t/℃$	$K_w^\ominus$
0	1.15×10^{-15}	40	2.87×10^{-14}
10	2.96×10^{-15}	50	5.31×10^{-14}
20	6.87×10^{-15}	90	3.73×10^{-13}
30	1.01×10^{-14}	100	5.43×10^{-13}

5.2.2 溶液的pH

氢离子或氢氧根离子浓度的改变能引起水的解离平衡的移动。在纯水中,$c(H_3O^+) = c(OH^-)$;如果在纯水中加入少量的 HCl 或 NaOH 形成稀溶液,$c(H_3O^+)$ 和 $c(OH^-)$ 将发生改变,达到新的平衡时,$c(H_3O^+) \neq c(OH^-)$。但是,只要温度保持恒定,$K_w^\ominus = c(H_3O^+) \cdot c(OH^+)$ 仍然保持不变。若已知 $c(H_3O^+)$,可根据式(5-2)求得 $c(OH^-)$;反之亦然。

溶液中 H_3O^+ 浓度或 OH^- 浓度的大小反映了溶液酸碱性的强弱。一般稀溶液中,$c(H_3O^+)$ 的范围在 $(10^{-1} \sim 10^{-14}) \text{mol} \cdot \text{L}^{-1}$ 之间。在化学科学中,通常以 $c(H_3O^+)$ 的负对数来表示其很小的数量级。即

$$pH = -\lg c(H_3O^+) \tag{5-3}$$

与 pH 对应的还有 pOH,即

$$pOH = -\lg c(OH^-) \tag{5-4}$$

25℃,在水溶液中,

$$K_w^\ominus = c(H_3O^+)c(OH^-) = 1.0 \times 10^{-14}$$

将等式两边分别取负对数,得

$$-\lg K_w^\ominus = -\lg c(H_3O^+) - \lg c(OH^-) = 14.00$$

令

$$pK_w^\ominus = -\lg K_w^\ominus$$

则

$$pK_w^\ominus = pH + pOH = 14.00 \tag{5-5}$$

pH 是用来表示水溶液酸碱性的一种标度。pH 越小,$c(H_3O^+)$ 越大,溶液的酸性越强,碱性越弱。溶液的酸碱性与 $c(H_3O^+)$,pH 的关系可概括如下:

(1) 酸性溶液,$c(H_3O^+) > 10^{-7}$ mol·L^{-1} $> c(OH^-)$,pH$<7<$pOH;

(2) 中性溶液,$c(H_3O^+) = 10^{-7}$ mol·L^{-1} $= c(OH^-)$,pH$=7=$pOH;

(3) 碱性溶液,$c(H_3O^+) < 10^{-7}$ mol·L^{-1} $< c(OH^-)$,pH$>7>$pOH。

pH 仅适用于表示 $c(H_3O^+)$ 或 $c(OH^-)$ 在 1 mol·L^{-1} 以下的溶液酸碱性。如果 $c(H_3O^+) > 1$ mol·L^{-1},则 pH<0;$c(OH^-) > 1$ mol·L^{-1},则 pH>14,在这种情况下,就直接写出 $c(H_3O^+)$ 或 $c(OH^-)$,而不用 pH 表示这类溶液的酸碱性。

只要确定了溶液中 H_3O^+ 的浓度,就能计算出 pH。实际应用中常用 pH 试纸和 pH 计测定溶液的 pH,再计算 H_3O^+ 浓度或 OH^- 浓度。

5.3 弱酸、弱碱的解离平衡

强电解质在水中几乎全部解离成离子;弱电解质在水中仅部分解离成离子,大部分仍保持分子状态。

5.3.1 一元弱酸的解离平衡

一元弱酸 HA 的水溶液中存在下列质子转移反应:

$$HA(aq) + H_2O(l) \rightleftharpoons A^-(aq) + H_3O^+(aq)$$

$$K_a^\ominus(HA) = \frac{[c(H_3O^+)/c^\ominus][c(A^-)/c^\ominus]}{c(HA)/c^\ominus} \tag{5-6}$$

或简写为

$$K_a^\ominus(HA) = \frac{c(H_3O^+)c(A^-)}{c(HA)} \tag{5-7}$$

式中,$K_a^\ominus(HA)$ 被称为弱酸 HA 的解离常数。弱酸解离常数的数值表明了酸的相对强弱。在相同温度下,解离常数大的酸是较强的酸,即其给出质子的能力较强。$K_a^\ominus$ 受温度影响但变化不大,在室温范围内,常不考虑温度对解离常数的影响。

除解离常数外,还常用解离度 α 表示弱电解质在水溶液中的解离程度。解离度是指达到解离平衡时,已解离的分子数占解离前分子总数的百分数,用公式表示为

$$\alpha = \frac{已解离的溶质分子数}{解离前溶质的分子总数} \times 100\%$$

实际应用时,解离度常用浓度来计算:

$$\alpha = \frac{已解离的酸(碱)浓度}{酸(碱)溶液的初始浓度} \times 100\% \tag{5-8}$$

在温度、浓度相同的条件下,弱酸、弱碱解离度的大小也可以表示酸或碱的相对强弱,α 值越大,酸性或碱性越强。以浓度为 c 的 HA 的解离平衡为例,α 与 $K_a^\ominus$ 间的定量关系推导如下:

$$HA(aq) + H_2O(l) \rightleftharpoons A^-(aq) + H_3O^+(aq)$$

初始浓度	c	0	0
平衡浓度	$c(1-\alpha)$	$c\alpha$	$c\alpha$

$$K_a^\ominus(HA) = \frac{(c\alpha)(c\alpha)}{c(1-\alpha)} = \frac{c\alpha^2}{1-\alpha} \tag{5-9}$$

当 $[K_a^\ominus(HA)/c] < 10^{-4}$ 时,$\alpha < 10^{-2}$,$1-\alpha \approx 1$,$K_a^\ominus(HA) = c\alpha^2$,

$$\alpha = [K_a^\ominus(HA)/c]^{1/2} \tag{5-10}$$

式(5-10)表明了弱酸溶液的浓度、解离度和解离常数间的关系,叫做稀释定律。它表明了在一定温度下,$K_a^\ominus$ 保持不变,溶液在一定浓度范围内被稀释时,α 增大。

例 5-1 计算 25℃时,0.1 mol·L^{-1} HAc(醋酸)溶液中的 H_3O^+、Ac^-、HAc、OH^- 浓度及溶液的 pH。已知 HAc 的 $K_a^\ominus = 1.8 \times 10^{-5}$。

解 设平衡时 HAc 解离了 x mol·L^{-1}。

$$HAc(aq) + H_2O(l) \rightleftharpoons Ac^-(aq) + H_3O^+(aq)$$

初始浓度/(mol·L^{-1})	0.10	0	0
平衡浓度/(mol·L^{-1})	$0.10-x$	x	x

$$K_a^\ominus(HAc) = \frac{c(H_3O^+)c(Ac^-)}{c(HAc)}$$

$$1.8 \times 10^{-5} = \frac{x^2}{0.10-x}, \quad x = 1.3 \times 10^{-3}$$

$$c(H_3O^+) = c(Ac^-) = 1.3 \times 10^{-3} \text{ mol·L}^{-1}$$

$$c(HAc) = (0.10 - 1.3 \times 10^{-3}) \text{ mol·L}^{-1} \approx 0.1 \text{ mol·L}^{-1}$$

溶液中的 OH^- 来自于水的解离。

$$K_w^\ominus = c(H_3O^+)c(OH^-)$$

$$c(OH^-) = 7.7 \times 10^{-12} \text{ mol·L}^{-1}$$

$$pH = -\lg c(H_3O^+) = -\lg 1.3 \times 10^{-3} = 2.89$$

5.3.2 一元弱碱的解离平衡

一元弱碱的解离平衡组成的计算与一元弱酸的解离平衡组成的计算相似。

弱碱 B 的解离平衡：

$$B(aq) + H_2O(l) \rightleftharpoons BH^+(aq) + OH^-(aq)$$

$$K_b^\ominus(B) = \frac{c(BH^+)c(OH^-)}{c(B)} \tag{5-11}$$

$K_b^\ominus$ 被称为一元弱碱的解离常数。

与一元弱酸类似，对于一元弱碱来说：

$$\alpha = [K_b^\ominus(B)/c]^{1/2} \tag{5-12}$$

例 5-2 已知 25℃时，$0.20\ mol \cdot L^{-1}$ 氨水的 pH 为 11.27。计算溶液中 OH^- 浓度、解离度 α 和氨的解离常数 $K_b^\ominus$。

解 已知 pH = 11.27，则 pOH = 2.73，$c(OH^-) = 1.9 \times 10^{-3}\ mol \cdot L^{-1}$，

$$\alpha = \frac{1.9 \times 10^{-3}}{0.20} \times 100\% = 0.95\%$$

$$K_b^\ominus(NH_3) = \frac{c\alpha^2}{1-\alpha} = \frac{0.20 \times (0.95\%)^2}{1 - 0.95\%} = 1.8 \times 10^{-5}$$

5.3.3 多元弱酸、弱碱的解离平衡

一元弱酸、弱碱的解离过程是一步完成的，而多元弱酸、弱碱的解离过程是分步进行的。现以氢硫酸为例来讨论多元弱酸的解离平衡，第一步解离式为

$$H_2S(aq) + H_2O(l) \rightleftharpoons HS^-(aq) + H_3O^+(aq)$$

$$K_{a_1}^\ominus = \frac{c(H_3O^+)c(HS^-)}{c(H_2S)} = 9.1 \times 10^{-8}$$

第二步解离式为

$$HS^-(aq) + H_2O(l) \rightleftharpoons H_3O^+(aq) + S^{2-}(aq)$$

$$K_{a_2}^\ominus = \frac{c(H_3O^+)c(S^{2-})}{c(HS^-)} = 1.1 \times 10^{-12}$$

因为 $K_{a_1}^\ominus \gg K_{a_2}^\ominus$，所以在 H_2S 水溶液中，H_3O^+ 主要来自于第一步解离，第二步解离出来的 H_3O^+ 可以忽略不计，即 $c(H_3O^+) \approx c(HS^-)$。因此，$H_2S$ 水溶液中，$c(S^{2-})$ 近似等于 H_2S 的第二步解离常数 $K_{a_2}^\ominus$，即

$$c(S^{2-}) \approx K_{a_2}^\ominus = 1.1 \times 10^{-12}\ mol \cdot L^{-1}$$

将 H_2S 的两步解离方程式相加，得到

$$H_2S(aq) + 2H_2O(l) \rightleftharpoons 2H_3O^+(aq) + S^{2-}(aq)$$

$$K_a^\ominus = \frac{[c(H_3O^+)]^2 c(S^{2-})}{c(H_2S)}$$

$$K_a^\ominus = K_{a_1}^\ominus \cdot K_{a_2}^\ominus = 1.0 \times 10^{-19}$$

室温时，H_2S 饱和水溶液中，$c(H_2S) \approx 0.1\ mol \cdot L^{-1}$，因此溶液中 S^{2-} 与 H^+ 浓度的关系为

$$c(S^{2-}) = \frac{K_{a_1}^\ominus \cdot K_{a_2}^\ominus \cdot c(H_2S)}{[c(H_3O^+)]^2}$$

由上式可知,调节溶液酸度,可以控制 S^{2-} 的浓度。

例 5-3　在 H_2S 和 HCl 混合溶液中,$c(H_3O^+) \approx 0.30\ mol \cdot L^{-1}$,如果 $c(H_2S) \approx 0.1\ mol \cdot L^{-1}$,求混合溶液中的 $c(S^{2-})$。

解　$K_a^{\ominus} = \dfrac{[c(H_3O^+)]^2 c(S^{2-})}{c(H_2S)}$

$K_a^{\ominus} = K_{a_1}^{\ominus} \cdot K_{a_2}^{\ominus} = 1.0 \times 10^{-19}$

代入数据

$$\dfrac{0.3^2 c(S^{2-})}{0.1} = 1.0 \times 10^{-19},\quad c(S^{2-}) = 1.0 \times 10^{-19}\ mol \cdot L^{-1}$$

5.4　盐溶液的解离平衡

盐溶液按酸碱性不同可分为中性、酸性和碱性。由强酸、强碱所生成的盐在水中完全解离产生的阳、阴离子不能与水发生质子转移反应,因而这种盐不水解,其水溶液为中性。除此之外,其他各类盐在水中解离所产生的阳、阴离子能与水发生质子转移反应,这种反应称为盐类的水解反应。这些能与水发生质子转移反应的离子物种被称为离子酸或离子碱。它们的溶液酸碱性取决于这些离子酸或离子碱的相对强弱。

5.4.1　强酸弱碱盐

通常,强酸弱碱盐在水中完全解离生成的阳离子,在水溶液中发生质子转移反应,它们的水溶液呈酸性,这类溶液也叫离子酸。例如 NH_4Cl 在水中全部解离:

$$NH_4Cl(s) \xrightarrow{H_2O(l)} NH_4^+(aq) + Cl^-(aq)$$

$Cl^-(aq)$ 不水解,而 $NH_4^+(aq)$ 与水反应

$$NH_4^+(aq) + H_2O(l) \rightleftharpoons NH_3(aq) + H_3O^+(aq)$$

该质子转移反应中 NH_4^+ 是酸,其共轭碱为 NH_3。反应的标准平衡常数为离子酸 NH_4^+ 的解离常数,其表达式为:

$$K_a^{\ominus}(NH_4^+) = \dfrac{c(H_3O^+)c(NH_3)}{c(NH_4^+)}$$

$K_a^{\ominus}(NH_4^+)$ 又称为 NH_4^+ 的水解常数。$K_a^{\ominus}(NH_4^+)$ 与其共轭碱 NH_3 的解离常数 $K_b^{\ominus}(NH_3)$ 之间有一定的联系:

$$K_a^{\ominus}(NH_4^+) = \dfrac{c(H_3O^+)c(NH_3)}{c(NH_4^+)} \times \dfrac{c(OH^-)}{c(OH^-)} = \dfrac{K_w^{\ominus}}{K_b^{\ominus}(NH_3)}$$

$$K_a^{\ominus}(NH_4^+) \cdot K_b^{\ominus}(NH_3) = K_w^{\ominus}$$

任何一对共轭酸碱的解离常数都符合这一关系,可简化为通式:

$$K_a^{\ominus} \cdot K_b^{\ominus} = K_w^{\ominus} \tag{5-13}$$

将等式两边分别取负对数,得

$$pK_a^{\ominus} + pK_b^{\ominus} = pK_w^{\ominus} \tag{5-14}$$

25℃时：
$$pK_a^\ominus + pK_b^\ominus = 14.00 \tag{5-15}$$

利用式(5-13)~式(5-15)可以求得离子酸、碱的 $K_a^\ominus$、$K_b^\ominus$。用计算一元弱酸、弱碱平衡组成的同样方法,可以确定盐溶液的平衡组成和pH。

例 5-4 计算 $0.10\ \mathrm{mol \cdot L^{-1}}$ NH_4Cl 溶液的 pH 和 NH_4^+ 的解离度。已知 $K_b^\ominus(NH_3)=1.8\times 10^{-5}$。

解 设平衡时 NH_3 的浓度为 $x\ \mathrm{mol \cdot L^{-1}}$。

$$K_a^\ominus(NH_4^+) = \frac{K_w^\ominus}{K_b^\ominus(NH_3)} = \frac{1.0\times 10^{-14}}{1.8\times 10^{-5}} = 5.6\times 10^{-10}$$

$$NH_4^+(aq) + H_2O(l) \rightleftharpoons NH_3(aq) + H_3O^+(aq)$$

初始浓度/$(\mathrm{mol \cdot L^{-1}})$	0.10	0	0
平衡浓度/$(\mathrm{mol \cdot L^{-1}})$	$0.10-x$	x	x

$$\frac{x^2}{0.10-x} = 5.6\times 10^{-10},\quad x = 7.5\times 10^{-6}$$

$$c(H_3O^+) = 7.5\times 10^{-6}\ \mathrm{mol \cdot L^{-1}},\quad pH = 5.12$$

解离度 $\alpha = \dfrac{x}{c} = \dfrac{7.5\times 10^{-6}}{0.1}\times 100\% = 0.0075\%$。

5.4.2 弱酸强碱盐

NaAc、NaCN 等盐在水中完全解离生成的阳离子(如 Na^+、K^+)并不发生水解,而阴离子在水中发生水解反应,使溶液显碱性,故这类溶液也叫离子碱。

如在 NaAc 水溶液中：

$$Ac^-(aq) + H_2O(l) \rightleftharpoons HAc(aq) + OH^-(aq)$$

$$K_b^\ominus(Ac^-) = \frac{c(HAc)c(OH^-)}{c(Ac^-)}$$

$K_b^\ominus(Ac^-)$ 是质子碱 Ac^- 的解离常数,也是 Ac^- 的水解常数。

多元弱酸强碱盐溶液也呈碱性,它们在水中解离产生的阴离子,如 CO_3^{2-} 和 PO_4^{3-} 等是多元离子碱,如同多元弱酸一样,这些阴离子与水之间的质子转移反应也是分步进行的。平衡时有相应的解离(水解)常数,共轭酸碱解离常数间的关系也符合式(5-13)~式(5-15)。例如,Na_2CO_3 水溶液中的质子转移反应为

$$CO_3^{2-}(aq) + H_2O(l) \rightleftharpoons HCO_3^-(aq) + OH^-(aq),\quad K_{b_1}^\ominus(CO_3^{2-})$$

$$HCO_3^-(aq) + H_2O(l) \rightleftharpoons H_2CO_3(aq) + OH^-(aq),\quad K_{b_2}^\ominus(CO_3^{2-})$$

在第一步的解离反应中,HCO_3^- 是 CO_3^{2-} 的共轭酸,HCO_3^- 的解离常数是 $K_{a_2}^\ominus(H_2CO_3)$,则

$$K_{b_1}^\ominus(CO_3^{2-}) = \frac{K_w^\ominus}{K_{a_2}^\ominus(H_2CO_3)}$$

$$K_{b_2}^\ominus(CO_3^{2-}) = \frac{K_w^\ominus}{K_{a_1}^\ominus(H_2CO_3)}$$

因为

$$K_{a_1}^\ominus(H_2CO_3) \gg K_{a_2}^\ominus(H_2CO_3)$$

所以
$$K_{b_1}^{\ominus}(CO_3^{2-}) \gg K_{b_2}^{\ominus}(CO_3^{2-})$$
这说明 CO_3^{2-} 的第一级解离（水解）反应是主要的。计算 Na_2CO_3 溶液 pH 时，可只考虑第一步的质子转移反应。其他大多数多元离子碱溶液 pH 的计算也可按此法处理。

例 5-5 计算 25℃ 时 $0.10\ mol·L^{-1}\ Na_3PO_4$ 溶液的 pH。已知 $K_{a_1}^{\ominus}(H_3PO_4)=7.52\times10^{-3}$，$K_{a_2}^{\ominus}(H_3PO_4)=6.23\times10^{-8}$，$K_{a_3}^{\ominus}(H_3PO_4)=2.2\times10^{-13}$。

解 设水解平衡时 HPO_4^{2-} 的浓度为 $x\ mol·L^{-1}$。Na_3PO_4 是三元酸 H_3PO_4 与强碱 NaOH 经中和反应生成的弱酸强碱盐。PO_4^{3-} 是三元弱碱，这种离子碱的 $K_b^{\ominus}$ 可根据共轭酸碱常数的关系求得，所以

$$K_{b_1}^{\ominus}(PO_4^{3-})=\frac{K_w^{\ominus}}{K_{a_3}^{\ominus}(H_3PO_4)}=\frac{1.0\times10^{-14}}{2.2\times10^{-13}}=0.045$$

$$PO_4^{3-}(aq)+H_2O(l) \rightleftharpoons HPO_4^{2-}(aq)+OH^-(aq)$$

初始浓度/$(mol·L^{-1})$　　　　0.10　　　　　　　　0　　　　　0
平衡浓度/$(mol·L^{-1})$　　　$0.10-x$　　　　　　x　　　　　x

$$K_{b_1}^{\ominus}(PO_4^{3-})=0.045=\frac{x^2}{0.10-x}$$

因为 $K_{b_1}^{\ominus}(PO_4^{3-})$ 较大，$0.10-x\neq0.10$，必须解一元二次方程，得 $x=0.048\ mol·L^{-1}$，$c(OH^-)=0.048\ mol·L^{-1}$，pH=12.69。

5.4.3 酸式盐

多元酸的酸式盐，如碳酸氢钠 $NaHCO_3$、磷酸二氢钠 NaH_2PO_4、磷酸氢二钠 Na_2HPO_4、邻苯二甲酸氢钾 $KHC_8H_4O_4$ 等，溶于水后完全解离生成的阴离子 HCO_3^-、$H_2PO_4^-$、HPO_4^{2-}、$HC_8H_4O_4^-$ 等既能给出质子又能接受质子，是两性的。其水溶液有碱性的，也有酸性的。两性物质溶液的酸碱平衡比较复杂，需要根据具体情况针对溶液中的主要平衡进行处理。

现以二元弱酸的酸式盐 NaHA 为例进行讨论，设 NaHA 浓度为 c，H_2A 的解离常数为 $K_{a_1}^{\ominus}$ 和 $K_{a_2}^{\ominus}$，在水溶液中存在下列平衡：

$$HA^-+H_2O \rightleftharpoons H_2A+OH^-$$
$$HA^-+H_2O \rightleftharpoons H_3O^++A^{2-}$$
$$H_2O+H_2O \rightleftharpoons H_3O^++OH^-$$

根据以上解离平衡式及质量守恒和电荷守恒可得：
$$c(H_3O^+)+c(H_2A)=c(A^{2-})+c(OH^-)$$

根据有关平衡常数式可得：
$$c(H_3O^+)+\frac{c(H_3O^+)·c(HA^-)}{K_{a_1}^{\ominus}}=\frac{K_{a_2}^{\ominus}·c(HA^-)}{c(H_3O^+)}+\frac{K_w^{\ominus}}{c(H_3O^+)}$$

经整理得：
$$c(H_3O^+)=\left\{\frac{K_{a_1}^{\ominus}[K_{a_2}^{\ominus}·c(HA^-)+K_w^{\ominus}]}{K_{a_1}^{\ominus}+c(HA^-)}\right\}^{1/2} \quad (5-16)$$

式（5-16）即为计算两性物质溶液 $c(H_3O^+)$ 的精确式。一般情况下，HA^- 的酸式解离和碱式

解离的倾向都很小，因此，溶液中 HA^- 消耗得很少。所以 $c(HA^-) = c$，代入式(5-16)，得到计算酸式盐 HA^- 溶液 $c(H_3O^+)$ 的近似式：

$$c(H_3O^+) = \left[\frac{K_{a_1}^\ominus(K_{a_2}^\ominus \cdot c + K_w^\ominus)}{K_{a_1}^\ominus + c}\right]^{1/2} \tag{5-17}$$

若 $c \cdot K_{a_2}^\ominus \geqslant 20 K_w^\ominus$，则 $K_w^\ominus$ 可忽略，式(5-17)可进一步简化为

$$c(H_3O^+) = \left(\frac{K_{a_1}^\ominus \cdot K_{a_2}^\ominus \cdot c}{K_{a_1}^\ominus + c}\right)^{1/2} \tag{5-18}$$

又若 $c \geqslant 20 K_{a_1}^\ominus$，则 $K_{a_1}^\ominus + c \approx c$，式(5-18)可简化为最简式

$$c(H_3O^+) = (K_{a_1}^\ominus \cdot K_{a_2}^\ominus)^{1/2} \tag{5-19}$$

例 5-6 计算 $0.05 \text{ mol} \cdot L^{-1}$ $NaHCO_3$ 溶液的 pH。

解 已知：$K_{a_1}^\ominus = 4.4 \times 10^{-7}$，$K_{a_2}^\ominus = 4.7 \times 10^{-11}$，$c(NaHCO_3) = 0.05 \text{ mol} \cdot L^{-1}$。因 $c \cdot K_{a_2}^\ominus \geqslant 20 K_w^\ominus$，$c \geqslant 20 K_{a_1}^\ominus$，故采用最简式(5-19)计算。

$$c(H_3O^+) = (K_{a_1}^\ominus \cdot K_{a_2}^\ominus)^{1/2} = (4.4 \times 10^{-7} \times 4.7 \times 10^{-11})^{1/2} \text{ mol} \cdot L^{-1}$$
$$= 4.5 \times 10^{-9} \text{ mol} \cdot L^{-1}$$
$$pH = 8.34$$

例 5-7 计算 $0.033 \text{ mol} \cdot L^{-1}$ Na_2HPO_4 溶液的 pH。

解 HPO_4^{2-} 涉及的解离常数 $K_{a_2}^\ominus = 6.3 \times 10^{-8}$，$K_{a_3}^\ominus = 4.5 \times 10^{-13}$。因 $c \cdot K_{a_3}^\ominus \approx K_w^\ominus$，故 $K_w^\ominus$ 不能忽略。$K_{a_2}^\ominus + c \approx c$，可用式(5-17)近似计算：

$$c(H_3O^+) = \left[\frac{K_{a_2}^\ominus(K_{a_3}^\ominus \cdot c + K_w^\ominus)}{K_{a_2}^\ominus + c}\right]^{1/2}$$
$$= \left[\frac{6.3 \times 10^{-8} \times (4.5 \times 10^{-13} \times 0.033 + 1.0 \times 10^{-14})}{0.033}\right]^{1/2} \text{mol} \cdot L^{-1}$$
$$= 2.2 \times 10^{-10} \text{ mol} \cdot L^{-1}$$
$$pH = 9.66$$

5.4.4 弱酸弱碱盐

弱酸弱碱盐也是一种两性物质，可以用上面的公式计算，以 $0.10 \text{ mol} \cdot L^{-1}$ NH_4Ac 为例，Ac^- 作为碱，其共轭酸的 $K_a^\ominus(HAc)$ 作为 $K_{a_1}^\ominus$，NH_4^+ 作为酸，其解离常数 $K_a^\ominus(NH_4^+)$ 作为 $K_{a_2}^\ominus$。由于

$$cK_{a_2}^\ominus = c\frac{K_w^\ominus}{K_b^\ominus(NH_3)} > 20 K_w^\ominus, \quad c \geqslant 20 K_{a_1}^\ominus$$

所以可用最简式计算：

$$c(H_3O^+) = (K_{a_1}^\ominus \cdot K_{a_2}^\ominus)^{1/2} = \left[K_a^\ominus(HAc) \times \frac{K_w^\ominus}{K_b^\ominus(NH_3)}\right]^{1/2}$$

因此可以得到弱酸弱碱盐溶液 $c(H_3O^+)$ 浓度的最简式：

$$c(H_3O^+) = \left(K_a^\ominus \times \frac{K_w^\ominus}{K_b^\ominus}\right)^{1/2} \tag{5-20}$$

式(5-20)说明在一定温度下，$K_a^\ominus = K_b^\ominus$ 时，溶液呈中性；$K_a^\ominus > K_b^\ominus$ 时，溶液呈酸性；$K_a^\ominus < K_b^\ominus$ 时，溶液呈碱性。

5.4.5 影响盐类水解的因素及其应用

化学平衡移动的一般规律适用于盐溶液中的质子转移反应。影响盐类水解平衡的因素只有温度和浓度。盐的水解反应是中和反应的逆反应,中和反应的反应热往往比较大,如氨水与盐酸的中和反应:

$$NH_3(aq) + H_3O^+(aq) \rightleftharpoons NH_4^+(aq) + H_2O(l)$$
$$\Delta_r H_m^\ominus = -52.21 \text{ kJ} \cdot \text{mol}^{-1}$$

NH_4^+ 水解反应的 $\Delta_r H_m^\ominus = 52.21 \text{ kJ} \cdot \text{mol}^{-1}$。随着温度升高,水解常数增大。由于 $K_a^\ominus(NH_4^+) = K_w^\ominus / K_b^\ominus(NH_3)$,当温度改变时,$K_b^\ominus(NH_3)$ 基本不变,而 $K_w^\ominus$ 变化较大,所以 $K_a^\ominus(NH_4^+)$ 随温度升高而增大,水解加剧。另外,稀释定律式(5-10)同样适用于盐类的水解反应。当温度一定时,盐浓度越小,水解度 α 越大。总之,加热和稀释都有利于盐类的水解。

在化工生产和实验室中,水解现象是经常遇到的。有时配制某些盐溶液,常由于这些盐的水解而不能得到澄清的溶液。例如:

$$Bi(NO_3)_3(aq) + H_2O(l) \rightleftharpoons BiONO_3(s) + 2HNO_3(aq)$$
$$SbCl_3(aq) + H_2O(l) \rightleftharpoons SbOCl(s) + 2HCl(aq)$$
$$SnCl_2(aq) + H_2O(l) \rightleftharpoons Sn(OH)Cl(s) + HCl(aq)$$

为了防止水解的发生,利用改变酸度的方法,使水解平衡发生移动。通常先将盐溶于较浓的相应酸中,然后再加水稀释到一定浓度。然而,有时人们不是抑制水解而是利用盐类水解反应生成的沉淀,来达到提纯和制备产品的目的。如在多种常见无机化合物的生产中,必须除去铁杂质。这一过程的主要反应之一,就是利用 Fe^{3+} 水解最终生成 $Fe(OH)_3$ 沉淀,再经过滤将其除去。

5.5 缓冲溶液

5.5.1 同离子效应

弱电解质的解离平衡是一种相对、暂时的动态平衡,当外界条件改变时,平衡将发生移动。如向 HAc 溶液中加入 NaAc,NaAc 是强电解质,在溶液中全部解离成 Na^+ 与 Ac^-,溶液中存在以下平衡:

$$HAc(aq) + H_2O(l) \rightleftharpoons Ac^-(aq) + H_3O^+(aq)$$
$$NaAc \longrightarrow Na^+(aq) + Ac^-(aq)$$

由于溶液中 Ac^- 浓度大大增加,使 HAc 的解离平衡向左移动,从而降低 HAc 的解离度,这种在弱电解质的溶液中,加入与弱电解质具有相同离子的易溶强电解质,使弱电解质解离度降低的作用,叫同离子效应。

例 5-8 在 $0.10 \text{ mol} \cdot \text{L}^{-1}$ 的 HAc 溶液中,加入 NaAc 晶体,使 NaAc 浓度为 $0.10 \text{ mol} \cdot \text{L}^{-1}$,计算该溶液的 pH 和 HAc 的解离度 α。

解 设平衡时 H_3O^+ 浓度为 x mol·L^{-1}。

$$HAc(aq) + H_2O(l) \rightleftharpoons Ac^-(aq) + H_3O^+(aq)$$

初始浓度/(mol·L^{-1})　　0.10　　　　　　　　0.10　　　　0

平衡浓度/(mol·L^{-1})　　0.10 $-x$　　　　　　0.10$+x$　　x

$$K_a^\ominus(HAc) = \frac{c(H_3O^+)c(Ac^-)}{c(HAc)}$$

$$1.8 \times 10^{-5} = \frac{x(0.10+x)}{0.10-x}$$

$$0.10 \pm x \approx 0.10, \quad x = 1.8 \times 10^{-5}$$

$$c(H_3O^+) = 1.8 \times 10^{-5} \text{mol·L}^{-1}, \quad pH = 4.74$$

$$\alpha = \frac{1.8 \times 10^{-5}}{0.10} \times 100\% = 0.018\%$$

在 0.10 mol·L^{-1} 的 HAc 溶液中,α(HAc)=1.3%,pH=2.89。而在 0.10 mol·L^{-1} HAc$^-$ 与 0.10 mol·L^{-1} NaAc 的混合溶液中,pH=4.74,α(HAc)=0.018%,显然 HAc 的解离度降低了。

5.5.2　缓冲溶液

1. 缓冲溶液的概念

为了了解缓冲溶液的概念,先分析表 5-2 所列实验数据。

表 5-2　缓冲溶液与非缓冲溶液的比较实验

	1.8×10^{-5} mol·L^{-1} HCl	0.10 mol·L^{-1} HAc-0.10 mol·L^{-1} NaAc
1.0 L 溶液的 pH	4.74	4.71
加 0.010 mol NaOH(s)后 pH	12.00	4.83
加 0.010 mol HCl 后 pH	2.00	4.66

由表 5-2 看出,在稀盐酸(1.8×10^{-5} mol·L^{-1})溶液中,加入少量 NaOH 或 HCl,pH 有较明显的变化,说明这种溶液不具有保持 pH 相对稳定的性能。但是在 HAc-NaAc 这对共轭酸碱组成的溶液中,加入少量的强酸或强碱,溶液的 pH 改变很小,说明这类溶液具有能保持 pH 基本不变的性能。这种当加入少量强酸、强碱或稍加稀释时,仍能保持 pH 相对稳定的溶液叫做缓冲溶液。从组成上来看,缓冲溶液通常是由弱酸和它的共轭碱组成的。组成缓冲溶液的一对共轭酸碱,如 HAc-Ac$^-$、NH_3-NH_4^+、H_3PO_4-$H_2PO_4^-$ 称为缓冲对。

2. 缓冲原理

缓冲溶液中共轭酸碱之间存在的质子转移反应为

$$HA(aq) + H_2O(l) \rightleftharpoons A^-(aq) + H_3O^+(aq)$$

外加少量酸,平衡向左移动,共轭碱与 H_3O^+ 结合生成酸,起抵抗酸的作用。加入少量碱,平衡向右移动,碱与 H_3O^+ 结合生成水,起抵抗碱的作用。下面以 HAc-NaAc 系统为例进一步说明。

$$HAc(aq) + H_2O(l) \rightleftharpoons Ac^-(aq) + H_3O^+(aq)$$
$$NaAc \longrightarrow Na^+ + Ac^-$$

在上述体系中,当加入少量酸(H_3O^+)时,加入的 H_3O^+ 与 HAc 解离出的 H_3O^+ 产生同离子效应,解离平衡向左移动,H_3O^+ 离子浓度不会显著增加;当加入少量碱(OH^-)时,OH^- 与原体系解离出的 H_3O^+ 结合生成 H_2O,平衡向右移动,HAc 会不断解离出 H_3O^+,使 H_3O^+ 保持稳定,pH 值改变不大;当溶液加入 H_2O 稀释时,H_3O^+、Ac^-、HAc 的浓度同时减小,但 HAc 解离度 α 增大,其所产生的 H_3O^+ 也可保持溶液的 pH 基本不变。

显然,当加入大量的 H_3O^+、OH^- 时,溶液中 HAc、NaAc 耗尽,失去缓冲能力,故缓冲溶液的缓冲能力是有限的。

5.5.3 缓冲溶液的 pH 计算

对弱酸与其共轭碱组成的缓冲溶液

$$HA(aq) + H_2O(l) \rightleftharpoons A^-(aq) + H_3O^+(aq)$$

$$K_a^\ominus(HA) = \frac{c(H_3O^+)c(A^-)}{c(HA)}$$

$$c(H_3O^+) = K_a^\ominus(HA)\frac{c(HA)}{c(A^-)}$$

将等式两边分别取负对数得

$$pH = pK_a^\ominus(HA) + \lg\frac{c(A^-)}{c(HA)} \tag{5-21}$$

对共轭酸碱来说,25℃时:$pK_a^\ominus + pK_b^\ominus = 14.00$,则

$$pH = 14.00 - pK_b^\ominus(A^-) + \lg\frac{c(A^-)}{c(HA)} \tag{5-22}$$

常用式(5-22)计算 NH_3-HN_4Cl 这类碱性缓冲溶液的 pH。应当指出的是,式(5-21)、式(5-22)中共轭酸、碱的浓度是平衡时的 $c(HA)$ 和 $c(A^-)$,除了 $pK_a^\ominus$(或 $pK_b^\ominus$)<2 的情况外,由于同离子效应的存在,将平衡时的 $c(HA)$ 和 $c(A^-)$ 看作等于初始浓度 $c_0(HA)$ 和 $c_0(A^-)$,利用式(5-21)、式(5-22)计算缓冲溶液的 pH 一般是可行的,不会产生较大的误差。

例 5-9 在 20.00 mL 0.100 mol·L^{-1} HAc 溶液中,加入 0.4 mL 0.100 mol·L^{-1} NaOH 溶液,计算其 pH。

解 混合后 HAc 和 Ac^- 的浓度分别为

$c(HAc) = \{[(0.1000 \times 20.00) - (0.1000 \times 0.4)]/(20.00 + 0.4)\}$ mol·L^{-1}
$= 0.0960$ mol·L^{-1}

$c(Ac^-) = [(0.1000 \times 0.4)/(20.00 + 0.4)]$ mol·L^{-1} = 1.96×10^{-3} mol·L^{-1}

形成缓冲溶液,所以

$$pH = pK_a^\ominus(HAc) + \lg\frac{c(Ac^-)}{c(HAc)} = 4.74 + \lg\frac{1.96 \times 10^{-3}}{0.0960} = 3.05$$

例 5-10 若在 50.00 mL 的 0.150 mol·L^{-1} NH_3(aq) 和 0.200 mol·L^{-1} NH_4Cl 缓冲溶液中,加入 1.00 mL 0.100 mol·L^{-1} 的 HCl 溶液。计算加入 HCl 溶液前后溶液的 pH 各为多少?

解 加 HCl 前

$$pH = 14.00 - pK_b^{\ominus}(NH_3) + \lg\frac{c(NH_3)}{NH_4^+} = 14.00 + \lg(1.8\times 10^{-5}) + \lg\frac{0.150}{0.200}$$
$$= 14.00 - 4.74 - 0.12 = 9.14$$

加入 1.00 mL 0.100 mol·L^{-1} 的 HCl 溶液之后，可认为这时溶液的体积为 51.00 mL。HCl、NH$_3$ 与 NH$_4^+$ 在该溶液中未反应前浓度分别是

$$c(HCl) = \frac{1.00\times 0.100}{51.00}\text{mol·L}^{-1} = 0.001\,96\text{ mol·L}^{-1}$$

$$c(NH_3) = \frac{50.00\times 0.150}{51.00}\text{mol·L}^{-1} = 0.147\text{ mol·L}^{-1}$$

$$c(NH_4^+) = \frac{50.00\times 0.200}{51.00}\text{mol·L}^{-1} = 0.196\text{ mol·L}^{-1}$$

由于加入 HCl，它全部解离产生的 H$_3$O$^+$ 与缓冲溶液中的 NH$_3$ 反应生成了 NH$_4^+$；这样使 NH$_3$ 的浓度减少了 0.001 96 mol·L^{-1}，而 NH$_4^+$ 浓度增加了 0.001 96 mol·L^{-1}。设平衡时 NH$_3$ 解离的 OH$^-$ 浓度为 x mol·L^{-1}。

	NH$_3$(aq) + H$_2$O(aq)	⇌	NH$_4^+$(aq) +	OH$^-$ (l)
加 HCl 前浓度/(mol·L^{-1})	0.150		0.200	
加入 HCl 后变化了的浓度/(mol·L^{-1})	−0.001 96		+0.001 96	
平衡浓度/(mol·L^{-1})	0.147−0.001 96−x		0.196+0.001 96+x	x

$$\frac{x(0.196 + 0.001\,96 + x)}{0.147 - 0.001\,96 - x} = 1.8\times 10^{-5},\quad x = 1.3\times 10^{-5}$$

$$c(OH^-) = 1.3\times 10^{-5}\text{ mol·L}^{-1},\quad pH = 9.11$$

5.5.4 缓冲溶液的配制

向缓冲溶液中加入少量的酸和碱时，溶液的 pH 可维持不变，但加入过多的酸和碱时，缓冲溶液就不起缓冲作用了。衡量缓冲溶液缓冲能力大小的尺度称缓冲容量。缓冲容量与组成缓冲溶液的共轭酸碱对的浓度有关，浓度越大，缓冲容量越大；同时也与缓冲组分的比值有关，当共轭酸碱对浓度比值为 1 时，缓冲容量最大，离 1 越远，缓冲容量越小。所以，缓冲体系中共轭酸碱对之间的浓度比 $c(HA)/c(A^-)$ 为 0.1~10 时，缓冲溶液的缓冲范围为 pH = p$K_a^{\ominus}$ ± 1。

配制和应用缓冲溶液应注意以下几点。

(1) 所选择的缓冲溶液，除了参与和 H$^+$ 或 OH$^-$ 有关的反应以外，不能与反应系统中的其他物质发生副反应。

(2) 尽管共轭酸碱的总浓度越大，缓冲作用越强，但实践中以 0.01~0.1 mol·L^{-1} 为宜，这个浓度范围的缓冲溶液足以抵御少量外加强酸、强碱，过大的浓度不但浪费，而且还可能对反应体系产生其他副作用。

(3) p$K_a^{\ominus}$ 或 14−p$K_b^{\ominus}$ 尽可能接近所需溶液的 pH，若 p$K_a^{\ominus}$ 或 14−p$K_b^{\ominus}$ 与所需 pH 不相等，依所需 pH 调整 $\frac{c(HA)}{c(A^-)}$ 或 $\frac{c(B)}{c(BH^+)}$。

(4) 几种常见缓冲溶液见表 5-3。

表 5-3　几种常见缓冲溶液

配制缓冲溶液的试剂	缓冲组分	$pK_a^{\ominus}$	缓冲范围
HAc-NaAc	HAc-Ac$^-$	4.75	3.75～5.75
NaH$_2$PO$_4$-Na$_2$HPO$_4$	H$_2$PO$_4^-$-HPO$_4^{2-}$	7.20	6.20～8.20
Na$_2$B$_4$O$_7$-HCl	H$_3$BO$_3$-B(OH)$_4^-$	9.14	8.14～10.14
NH$_3$·H$_2$O-NH$_4$Cl	NH$_4^+$-NH$_3$	9.25	8.25～10.25
NaHCO$_3$-Na$_2$CO$_3$	HCO$_3^-$-CO$_3^{2-}$	10.25	9.25～11.25
Na$_2$HPO$_4$-NaOH	HPO$_4^{2-}$-PO$_4^{3-}$	12.66	11.66～13.66

例 5-11　欲配制 pH=5.00 的缓冲溶液,需在 50 mL 0.100 mol·L^{-1} 的 HAc 溶液中加入 0.100 mol·L^{-1} 的 NaOH 多少毫升?

解　先用 $pK_a^{\ominus}$(HAc)=4.75 作出判断,使用醋酸和醋酸钠配制 pH=5.00 的缓冲溶液是恰当的,该体系的共轭酸碱的浓度是接近的。由于加入 NaOH 发生中和反应生成的共轭碱和剩余的共轭酸在同一个溶液中,由 $c=n/V$,它们的 V 相同,为简化计算,可将公式(5-21)写为

$$pH = pK_a^{\ominus}(HAc) + \lg\frac{n(Ac^-)}{n(HAc)}$$

式中,n(HAc) 和 n(Ac$^-$) 分别代表共轭酸、碱的物质的量。

设加入的 0.100 mol·L^{-1} NaOH 的体积为 x mL,它的物质的量为 n(NaOH)=0.100x mmol,中和反应使它完全转化为 NaAc,所以 n(Ac$^-$)=0.10x mmol;反应剩余的 HAc 的物质的量则为 n(HAc)=(50×0.100−0.100x) mmol,已知 $pK_a^{\ominus}$=4.75,代入上式,得

$$5.00 = 4.75 - \lg\frac{50\times 0.100 - 0.100x}{0.100x}, \quad x = 32 \text{ mL}$$

即需在 50 mL 0.100 mol·L^{-1} 的 HAc 溶液中加入 0.100 mol·L^{-1} 的 NaOH 32 mL。

例 5-12　欲配制 pH=9.00 的缓冲溶液 1 L,应选用哪种物质为宜?其浓度比如何?

解　pH=9.00,则 pOH=5.00,可选用 $pK_b^{\ominus}$=5 左右的弱碱,如 NH$_3$·H$_2$O,其 $pK_b^{\ominus}$=4.74,故可选用 NH$_3$·H$_2$O-NH$_4$Cl 缓冲系统。

$$pH = 14.00 - pK_b^{\ominus}(A^-) + \lg\frac{c(A^-)}{c(HA)}$$

$$9.00 = 14.00 - 4.75 + \lg\frac{c(NH_3)}{c(NH_4^+)}$$

$$\frac{c(NH_3)}{c(NH_4^+)} = 0.56$$

5.6　酸碱指示剂

检测溶液酸碱性的简便方法是使用酸碱指示剂,常用的 pH 试纸是由多种指示剂的混合溶液浸制而成的。酸碱指示剂一般是弱的有机酸或弱的有机碱,溶液的 pH 改变时,由于

质子转移引起指示剂的分子或离子结构发生变化,使其在可见光范围内发生了吸收光谱的改变,因而呈现不同的颜色。每种指示剂的变色范围见表 5-4。

表 5-4 常见指示剂的变色范围

指示剂	颜 色			pH 变色范围	$pK_a^\ominus(HIn)$
	酸型色	过渡色	碱型色		
甲基橙	红	橙	黄	3.1～4.4	3.4
甲基红	红	橙	黄	4.4～6.2	5.0
溴百里酚蓝	黄	绿	蓝	6.0～7.6	7.3
酚酞	无色	粉红	红	8.2～10.0	9.1

若以 HIn 表示指示剂,In^- 为其共轭碱。HIn 的解离平衡为

$$HIn(aq) + H_2O(l) \rightleftharpoons In^-(aq) + H_3O^+(aq)$$

$$K_a^\ominus(HIn) = \frac{c(H_3O^+) \cdot c(In^-)}{c(HIn)}$$

$$\frac{c(H_3O^+)}{K_a^\ominus(HIn)} = \frac{c(HIn)}{c(In^-)}$$

若溶液的酸性增强,HIn 的解离平衡向左移动,$c(HIn)$ 增大。当

$$\frac{c(H_3O^+)}{K_a^\ominus(HIn)} = \frac{c(HIn)}{c(In^-)} \geqslant 10$$

溶液中的 $pH \leqslant pK_a^\ominus(HIn) - 1$,指示剂 90% 以上以弱酸 HIn 形式存在,溶液呈现 HIn 的颜色。当

$$\frac{c(H_3O^+)}{K_a^\ominus(HIn)} = \frac{c(HIn)}{c(In^-)} \leqslant \frac{1}{10}$$

溶液的 $pH \geqslant pK_a^\ominus(HIn) + 1$,指示剂 90% 以上以共轭碱 In^- 形式存在,溶液呈现 In^- 的颜色。当

$$\frac{c(H_3O^+)}{K_a^\ominus(HIn)} = \frac{c(HIn)}{c(In^-)} = 1$$

溶液的 $pH = pK_a^\ominus(HIn)$,溶液中 HIn 与 In^- 各占 50%,呈现两者混合颜色。

上述分析表明,指示剂的变色范围取决于 $pK_a^\ominus(HIn) \pm 1$。由于人的视觉对不同颜色的敏感程度有差异,实测的变色范围往往略小于 2 个 pH 单位。如甲基橙由红变黄就不易察觉,其实际变色范围为 3.1～4.4。

用酸碱指示剂测定溶液的 pH 是很粗略的,只能知道溶液 pH 在某一个范围之内。用 pH 试纸测定就比较准确了。更精确地测定溶液 pH 的方法是用 pH 计。

5.7 酸碱电子理论

在提出酸碱质子理论的同一年(1923 年),美国化学家路易斯(G. N. Lewis)提出了酸碱电子理论。路易斯定义:酸是任何可以接受电子对的分子或离子,即酸是电子对的接受体,

必须具有可以接受电子对的空轨道。碱则是可以给出电子对的分子或离子,即碱是电子对的给予体,必须具有未共享的孤对电子。酸碱之间以共价配键相结合,并不发生电子转移。这些就是酸碱电子理论的基本要点。

许多实例说明了路易斯的酸碱电子理论的适用范围更广泛。例如:

(1) H^+ 与 OH^- 反应生成 H_2O,这是典型的电离理论的酸碱中和反应。质子理论也能说明 H^+ 是酸,OH^- 是碱。根据酸碱的电子理论,OH^- 具有孤对电子,能给出电子对,它是碱;而 H^+ 有空轨道,可接受电子对,是酸。H^+ 与 OH^- 反应形成配位键 $H \leftarrow OH$,H_2O 是酸碱加合物。

(2) 在气相中氯化氢与氨反应生成氯化铵。在这一反应中,氯化氢中的氢转移给氨,生成铵离子和氯离子。显然这是一个质子转移反应。

同样,按照电子理论,:NH_3 中 N 上的孤对电子提供给 HCl 中的 H(指定原来 HCl 中的 H—Cl 键的共用电子对完全归属于 Cl 之后,H 有了空轨道),形成 NH_4^+ 中的配位共价键 $[H_3N \rightarrow H]^+$。

(3) 碱性氧化物 Na_2O 与酸性氧化物 SO_3 反应生成盐 Na_2SO_4。该反应完全类似于水溶液中的 NaOH(aq) 与 H_2SO_4(aq) 之间的中和反应,它也是酸碱反应。然而,此反应不能用质子理论说明。但根据酸碱电子理论,Na_2O 中的 O^{2-} 具有孤对电子(是碱),SO_3 中的 S 能提供空轨道接受一对孤对电子(是酸)。

(4) 硼酸 H_3BO_3 不是质子酸,而是路易斯酸。在水中,$B(OH)_3$ 与水反应并不是给出它自身的质子,而是 B(有空轨道)接受了 H_2O 的 OH 中 O 提供的孤对电子形成 $B(OH)_4^-$:

$$\text{HO—B(aq)} + :O\overset{H}{\underset{H}{}} \quad (1) \rightleftharpoons \left[\text{HO—B} \leftarrow \text{OH}\right]^- (aq) + H^+(aq)$$

(其中 B 上下各连一个 OH)

许多配合物和有机化合物是路易斯酸碱的加合物。路易斯酸碱的范围很广泛。但是酸碱电子理论也不是完美无瑕的,至少,它还不能用来比较酸碱的相对强弱。目前,还没有一种在所有场合下完全适用的酸碱理论。

5.8 沉淀-溶解平衡

水溶液中的酸碱平衡是均相反应,除此之外,另一类重要的离子反应是难溶电解质在水中的溶解,即在含有固体难溶电解质的饱和溶液中,存在着电解质与由它解离产生的离子之间的平衡,叫做沉淀-溶解平衡。这是一种多相离子平衡。沉淀的生成和沉淀的溶解是科研和生产实践中经常使用的一种手段。

本节将对沉淀溶解平衡进行定量讨论。先对溶质的溶解性作一般介绍,再对溶度积常数、溶度积规则及应用等加以讨论。

5.8.1 溶解度

溶解度定义为:在一定温度下,达到溶解平衡时,一定量的溶剂中含有溶质的质量。物质的溶解度有多种表示方法,对水溶液来说,通常以饱和溶液中每 100 g 水所含溶质质量来表示。习惯上将其分为可溶、微溶、难溶 3 类。把溶解度大于 1 g/100 g 水的溶质称为可溶性物质;把溶解度小于 0.1 g/100 g 水的物质称为难溶物;物质的溶解度介于可溶与难溶之间的称为微溶物。通常使用的溶解度的单位可以是 g/100 g H_2O,也可以是 $g \cdot L^{-1}$ 或 $mol \cdot L^{-1}$。

利用溶解度的差异可以达到分离或提纯物质的目的。

5.8.2 溶度积

难溶物质溶解度较小,但并不是完全不溶,绝对不溶的物质是没有的。例如将 $CaCO_3$ 放在水溶液中,此时束缚在固体中的 Ca^{2+}、CO_3^{2-} 会不断地由固体表面溶于水中,已溶解的 Ca^{2+}、CO_3^{2-} 也会不断地从溶液中回到固体表面而沉淀。一定条件下,溶解的速度与沉淀的速度相等时,溶液达到饱和状态,便建立了固体和溶液之间的一种动态的多相离子平衡,可表示为

$$CaCO_3(s) \underset{沉淀}{\overset{溶解}{\rightleftharpoons}} Ca^{2+}(aq) + CO_3^{2-}(aq)$$

该动态平衡的标准平衡常数表达式为

$$K_{sp}^{\ominus} = [c(Ca^{2+})/c^{\ominus}][c(CO_3^{2-})/c^{\ominus}]$$

或简写为

$$K_{sp}^{\ominus} = c(Ca^{2+}) \cdot c(CO_3^{2-})$$

$K_{sp}^{\ominus}$ 是沉淀溶解平衡的标准平衡常数,叫做溶度积常数,简称溶度积。$c(Ca^{2+})$ 和 $c(CO_3^{2-})$ 是饱和溶液中 Ca^{2+} 和 CO_3^{2-} 的浓度。

对于一般的沉淀反应来说:

$$A_nB_m(s) \rightleftharpoons nA^{m+}(aq) + mB^{n-}(aq)$$

则溶度积的通式为

$$K_{sp}^{\ominus}(A_nB_m) = [c(A^{m+})]^n[c(B^{n-})]^m \tag{5-23}$$

溶度积等于沉淀-溶解平衡时离子浓度幂的乘积,每种离子浓度的幂与化学计量式中的计量数相等。要特别指出的是,在多相离子平衡系统中,必须有未溶解的固相存在,否则就不能保证系统处于平衡状态。有时,这种动态平衡需要有足够的时间才能达到。

难溶电解质的溶度积常数的数值在稀溶液中不受其他离子存在的影响,只取决于温度。温度升高,多数难溶电解质化合物的溶度积增大。

当然,溶度积常数也与固体的晶型有关。

5.8.3 溶度积和溶解度之间的换算

溶度积和溶解度都可以用来表示难溶电解质的溶解性。两者既有联系又有区别。从相互联系考虑,它们之间可以相互换算,即可以从溶解度求得溶度积,也可以从溶度积求得溶解度。它们之间的区别在于:溶度积是未溶解的固相与溶液中相应离子达到平衡时的离子浓度的乘积,只与温度有关。溶解度不仅与温度有关,还与系统的组成、pH 的改变等因素有关。

难溶电解质在水中的溶解度很小,饱和溶液很稀,大多数情况下可以认为溶解了的固体

完全电离成离子,所以饱和溶液中难溶电解质离子的浓度可以代表它的溶解度。这样,根据难溶电解质的溶解度就可以知道溶液中离子的浓度,从而可以计算出它的溶度积;反过来,根据溶度积也可以计算溶解度。

在有关溶度积的计算中,离子浓度必须是物质的量浓度,其单位为 $mol \cdot L^{-1}$。

例 5-13 298.15 K 时,AgCl 的溶解度为 $1.92 \times 10^{-3} g \cdot L^{-1}$,计算 $K_{sp}^{\ominus}(AgCl)$。

解 已知 $M(AgCl) = 143.3 g \cdot mol^{-1}$,将 AgCl 的溶解度单位换算为 $mol \cdot L^{-1}$,则其溶解度 s 为

$$s = c(AgCl) = (1.92 \times 10^{-3}/143.3) mol \cdot L^{-1} = 1.34 \times 10^{-5} mol \cdot L^{-1}$$

AgCl 在水中的解离平衡为

$$AgCl(s) \rightleftharpoons Ag^+(aq) + Cl^-(aq)$$

平衡浓度/$(mol \cdot L^{-1})$ $\qquad\qquad\qquad s \qquad\qquad s$

$$K_{sp}^{\ominus}(AgCl) = c(Ag^+) \cdot c(Cl^-) = s^2 = 1.80 \times 10^{-10}$$

例 5-14 298.15 K 时,$Fe(OH)_3$ 的溶度积为 2.79×10^{-39},计算 $Fe(OH)_3$ 在水中的溶解度 $(g \cdot L^{-1})$。

解 设 $Fe(OH)_3$ 的溶解度为 x $mol \cdot L^{-1}$。

$$Fe(OH)_3(s) \rightleftharpoons Fe^{3+}(aq) + 3OH^-(aq)$$

平衡浓度/$(mol \cdot L^{-1})$ $\qquad\qquad\qquad x \qquad\qquad 3x$

$$K_{sp}^{\ominus}(Fe(OH)_3) = c(Fe^{3+})[c(OH^-)]^3 = x(3x)^3$$

$$27x^4 = 2.79 \times 10^{-39}, \quad x = 1.01 \times 10^{-10} mol \cdot L^{-1}$$

$M(Fe(OH)_3) = 108 g \cdot mol^{-1}$,$Fe(OH)_3$ 在水中的溶解度 s 为

$$s = (1.01 \times 10^{-10} \times 108) g \cdot L^{-1} = 1.09 \times 10^{-8} g \cdot L^{-1}$$

5.8.4 溶度积规则

难溶电解质的沉淀-溶解平衡也与其他动态平衡一样,遵循 Le Chatelier 原理。如果条件改变,可以使溶液中的离子转化为固相——沉淀生成;或者使固相转化为溶液中的离子——沉淀溶解。

对于任意的难溶电解质的多相离子平衡系统:

$$A_nB_m(s) \rightleftharpoons nA^{m+}(aq) + mB^{n-}(aq)$$

其反应商(又称难溶电解质的离子积)Q 表达式可写作

$$Q = [c(A^{m+})]^n [c(B^{n-})]^m$$

依据平衡移动原理,将 Q 与 $K_{sp}^{\ominus}$ 比较,可以得出:

(1) $Q > K_{sp}^{\ominus}$,溶液为过饱和溶液,平衡向左移动,沉淀从溶液中析出;

(2) $Q = K_{sp}^{\ominus}$,溶液为饱和溶液,溶液中的离子与沉淀之间处于平衡状态;

(3) $Q < K_{sp}^{\ominus}$,溶液为不饱和溶液,无沉淀析出;若原来系统中有沉淀,平衡向右移动,沉淀溶解。

这就是判断沉淀的生成与溶解的溶度积规则。

例 5-15 298.15 K 时,在 1.00 L 0.03 $mol \cdot L^{-1}$ $AgNO_3$ 溶液中,加入 0.50 L 0.06 $mol \cdot L^{-1}$ 的 $CaCl_2$ 溶液,能否生成 AgCl 沉淀?如果有沉淀生成,生成 AgCl 的质量是

多少？最后溶液中 $c(Ag^+)$ 是多少？

解 查表得 $K_{sp}^{\ominus}(AgCl)=1.8\times 10^{-10}$。将 1.00 L $AgNO_3$ 溶液与 0.50L $CaCl_2$ 溶液混合后，认定混合溶液的总体积为 1.50 L。

反应前，Ag^+ 与 Cl^- 浓度分别为

$$c_0(Ag^+) = (0.03\times 1.00/1.50) \text{mol} \cdot L^{-1} = 0.02 \text{ mol} \cdot L^{-1}$$
$$c_0(Cl^-) = (0.06\times 0.50\times 2/1.50) \text{mol} \cdot L^{-1} = 0.04 \text{ mol} \cdot L^{-1}$$
$$Q = c(Ag^+)\cdot c(Cl^-) = 0.02\times 0.04 = 8.0\times 10^{-4}$$

$Q > K_{sp}^{\ominus}(AgCl)$，有 AgCl 沉淀生成。

为计算 AgCl 沉淀的质量和最后溶液中 $c(Ag^+)$，就必须确定反应前后 Ag^+ 和 Cl^- 浓度的变化量。因为 $c_0(Cl^-) > c_0(Ag^+)$，生成 AgCl 沉淀时，Cl^- 是过量的。设平衡时 $c(Ag^+) = x$ mol·L^{-1}。

$$AgCl(s) \rightleftharpoons Ag^+(aq) + Cl^-(aq)$$

起始浓度/(mol·L^{-1})	0.02	0.04
变化浓度/(mol·L^{-1})	$0.02-x$	$0.02-x$
平衡浓度/(mol·L^{-1})	x	$0.04-(0.02-x)$

平衡时：
$$K_{sp}^{\ominus}(AgCl) = c(Ag^+)\cdot c(Cl^-)$$
$$1.8\times 10^{-10} = x[0.04-(0.02-x)], \quad x = 9.0\times 10^{-9}$$
$$c(Ag^+) = 9.0\times 10^{-9} \text{ mol} \cdot L^{-1}$$

$M(AgCl) = 143.3$ g·mol^{-1}，析出 AgCl 质量为
$$m(AgCl) = (0.02\times 1.50\times 143.3) \text{g} = 4.3 \text{ g}$$

5.8.5　同离子效应和盐效应

在难溶电解质的饱和溶液中，加入易溶的强电解质，则难溶电解质的溶解度与其在纯水中的溶解度有可能不相同。易溶电解质的存在对难溶电解质溶解度的影响是多方面的。

1. 同离子效应

在难溶电解质的饱和溶液中，加入含有相同离子的强电解质时，难溶电解质的多相离子平衡将发生移动。如同弱酸或弱碱溶液中的同离子效应那样，在难溶电解质溶液中的同离子效应将使其溶解度降低。

例 5-16 求 298.15 K 时，$CaF_2(s)$ 在 0.01 mol·L^{-1} NaF 溶液中的溶解度(mol·L^{-1})，并与其在水中的溶解度相比较。

解 查表得 $K_{sp}^{\ominus}(CaF_2) = 1.4\times 10^{-9}$。设 CaF_2 在纯水中的溶解度为 s_1 mol·L^{-1}。

$$CaF_2(s) \rightleftharpoons Ca^{2+}(aq) + 2F^-(aq)$$

平衡浓度/(mol·L^{-1})　　　　　　　　　s_1　　　$2s_1$

$$K_{sp}^{\ominus}(CaF_2) = c(Ca^{2+})[c(F^-)]^2$$
$$1.4\times 10^{-9} = s_1(2s_1)^2 = 4s_1^3, \quad s_1 = 7.0\times 10^{-4} \text{ mol} \cdot L^{-1}$$

设 CaF_2 在 0.01 mol·L^{-1} NaF 溶液中的溶解度为 s_2 mol·L^{-1}。

$$\text{CaF}_2(\text{s}) \rightleftharpoons \text{Ca}^{2+}(\text{aq}) + 2\text{F}^-(\text{aq})$$

起始浓度/(mol·L^{-1})　　　　　　　　　　　0.01

平衡浓度/(mol·L^{-1})　　　　　　s_2　　0.01+2s_2

$$1.4 \times 10^{-9} = s_2(0.01 + 2s_2)^2, \quad s_2 = 1.4 \times 10^{-5} \text{ mol·L}^{-1}$$

由以上计算可知：CaF$_2$(s)在 0.01 mol·L^{-1} NaF 溶液中的溶解度比在水中的溶解度小。在实际应用中,通常利用同离子效应,加入适当过量的沉淀剂,使某离子沉淀更完全,但加入沉淀试剂不能太多,否则不仅不会产生明显的同离子效应,往往还会因其他副反应的发生,反而使沉淀的溶解度增大。

2. 盐效应

在难溶电解质的饱和溶液中,加入其他易溶强电解质,这些强电解质与难溶物并不起化学反应,且无共同离子,但这些强电解质的存在却能使难溶电解质的溶解度比同温时在纯水中的溶解度增大,这种现象称为盐效应。例如,AgCl 在 KNO$_3$ 溶液中的溶解度比其在纯水中的溶解度大,并且溶解度随强电解质的浓度增大而增大。当溶液中 KNO$_3$ 浓度由 0 增加到 0.01 mol·L^{-1} 时,AgCl 的溶解度由 1.28×10^{-5} mol·L^{-1} 增加到 1.43×10^{-5} mol·L^{-1}。这种现象是不能用 KNO$_3$ 与 AgCl 沉淀发生化学反应来解释的。因为 K$^+$、NO$_3^-$ 与沉淀中所含的离子不能生成弱电解质和另一种沉淀,也不能生成配离子。那么,为什么难溶电解质 AgCl 的溶解度有所增大呢？这是由于加入易溶强电解质后,溶液中的各种离子总浓度增大了,增强了离子间的静电作用,在 Ag$^+$ 的周围有更多的阴离子(主要是 NO$_3^-$),形成了所谓的"离子氛";在 Cl$^-$ 的周围有更多的阳离子(主要是 K$^+$),也形成了"离子氛",使 Ag$^+$ 和 Cl$^-$ 受到较强的牵制作用,降低了它们的有效浓度,因而在单位时间内与沉淀表面碰撞次数减少,沉淀过程变慢,难溶电解质的溶解过程暂时超过了沉淀过程,平衡向溶解的方向移动；当建立起新的平衡时,难溶电解质的溶解度就增大了。

产生盐效应的并不只限于加入盐类,如果加入的强电解质是强酸或强碱,在不发生其他化学反应的前提下,所加入的强酸或强碱同样能使溶液中各种离子总浓度增大,有利于离子氛的形成,也能使难溶电解质的溶解度增大,这也是盐效应。

不但加入不具有相同离子的电解质能产生盐效应,加入具有相同离子的电解质,在产生同离子效应的同时,也能产生盐效应。所以在利用同离子效应降低沉淀溶解度时,沉淀剂不能过量太多,否则将会引起盐效应,使沉淀的溶解度增大(表 5-5)。

表 5-5　PbSO$_4$ 在 Na$_2$SO$_4$ 溶液中的溶解度

$c(\text{Na}_2\text{SO}_4)$/(mol·L^{-1})	0	0.001	0.01	0.02	0.04	0.10	0.20
$c(\text{PbSO}_4)$/(mol·L^{-1})	0.15	0.024	0.016	0.014	0.013	0.016	0.023

由表 5-5 可见,当 Na$_2$SO$_4$ 的浓度从 0 增加到 0.04 mol·L^{-1} 时,PbSO$_4$ 溶解度逐渐变小,同离子效应起主导作用；当 Na$_2$SO$_4$ 的浓度为 0.04 mol·L^{-1} 时,PbSO$_4$ 的溶解度最小；当 Na$_2$SO$_4$ 的浓度大于 0.04 mol·L^{-1} 时,PbSO$_4$ 溶解度逐渐增大,盐效应起主导作用。

一般来说,若难溶电解质的溶度积很小时,盐效应的影响很小,可忽略不计；若难溶电解质的溶度积较大,溶液中各种离子的总浓度也较大时,就应该考虑盐效应的影响。

5.8.6 溶液的 pH 对沉淀溶解平衡的影响

一些难溶弱酸盐和难溶金属氢氧化物的溶解度与溶液的 pH 有关。

例如在氢氧化镁的饱和溶液中加入 $NH_4Cl(s)$,可使 $Mg(OH)_2$ 沉淀溶解,反应为

$$Mg(OH)_2(s) \rightleftharpoons Mg^{2+}(aq) + 2OH^-(aq)$$

$$NH_4^+(aq) + OH^-(aq) \rightleftharpoons NH_3(aq) + H_2O(l)$$

总反应为

$$Mg(OH)_2(s) + 2NH_4^+(aq) \rightleftharpoons Mg^{2+}(aq) + 2NH_3(aq) + 2H_2O(l)$$

NH_4^+ 与 OH^- 反应生成 NH_3 和 H_2O,减少了溶液中 OH^- 的浓度,使 $Q < K_{sp}^\ominus[Mg(OH)_2]$,所以沉淀溶解。

例 5-17 计算 $c(Fe^{3+}) = 0.10 \text{ mol} \cdot L^{-1}$ 时,$Fe(OH)_3$ 开始沉淀和 Fe^{3+} 沉淀完全时的 pH。

解 查表得 $K_{sp}^\ominus[Fe(OH)_3] = 2.79 \times 10^{-39}$。

$$Fe(OH)_3(s) \rightleftharpoons Fe^{3+}(aq) + 3OH^-(aq)$$

$$K_{sp}^\ominus(Fe(OH)_3) = c(Fe^{3+})[c(OH^-)]^3, \quad c(OH^-) = \left(\frac{K_{sp}^\ominus(Fe(OH)_3)}{c(Fe^{3+})}\right)^{1/3}$$

开始沉淀时:

$$c(OH^-) = (2.79 \times 10^{-39}/0.10)^{1/3} \text{ mol} \cdot L^{-1} = 3.0 \times 10^{-13} \text{ mol} \cdot L^{-1}$$

$$pOH = 12.52, \quad pH = 1.48$$

开始沉淀时的 pH 必须大于 1.48。

当溶液中 $c(Fe^{3+})$ 小于 $10^{-5} \text{ mol} \cdot L^{-1}$ 时,认为沉淀完全:

$$c(OH^-) = (2.79 \times 10^{-39}/10^{-5})^{1/3} \text{ mol} \cdot L^{-1} = 6.5 \times 10^{-12} \text{ mol} \cdot L^{-1}$$

$$pOH = 11.2, \quad pH = 2.8$$

溶液的 pH 大于 2.8,Fe^{3+} 沉淀完全。

所以,Fe^{3+} 开始沉淀时 pH = 1.48,沉淀完全时 pH = 2.8。

例 5-18 在 298.15 K 1 L 的溶液中,有 0.10 mol NH_3 和 Mg^{2+},要防止生成 $Mg(OH)_2$ 沉淀,需向此溶液中加入多少克 NH_4Cl?

解 查表得 $K_{sp}^\ominus[Mg(OH)_2] = 5.6 \times 10^{-12}$,$K_b^\ominus(NH_3) = 1.8 \times 10^{-5}$。设生成沉淀时,所需离子浓度的最小值为 $c(OH^-)$。

$$Mg(OH)_2(s) \rightleftharpoons Mg^{2+}(aq) + 2OH^-(aq)$$

$$K_{sp}^\ominus[Mg(OH)_2] = c(Mg^{2+})[c(OH^-)]^2$$

$$c(OH^-) = (5.6 \times 10^{-12}/0.10)^{1/2} \text{ mol} \cdot L^{-1} = 7.48 \times 10^{-6} \text{ mol} \cdot L^{-1}$$

该系统中加入的 NH_4^+ 与 NH_3 构成缓冲系统:

$$NH_3(aq) + H_2O(l) \rightleftharpoons NH_4^+(aq) + OH^-(aq)$$

平衡浓度/(mol·L^{-1})　　$0.10 - 7.48 \times 10^{-6}$　　$c_0 + 7.48 \times 10^{-6}$　7.48×10^{-6}

　　　　　　　　　　　　≈ 0.10　　　　　　　　≈ c_0

$c_0 \times 7.48 \times 10^{-6}/0.10 = 1.8 \times 10^{-5}$,　$c_0(NH_4^+) = 0.23 \text{ mol} \cdot L^{-1}$

$M(NH_4Cl) = 53.5$,

$$m(NH_4Cl) = (53.5 \times 0.23 \times 1) \text{g} = 12.3 \text{ g}$$

即至少要在该溶液中加入 0.23 mol(12.3 g)NH₄Cl 才不生成 Mg(OH)₂ 沉淀。

5.8.7 分步沉淀

若一种溶液中同时存在着几种离子,而且它们又都能与同一种离子生成难溶电解质,将含该种离子的溶液逐滴加入上述溶液中,由于难溶电解质溶解度不同,可先后生成不同的沉淀,这种先后生成沉淀的现象,叫做分步沉淀。

例如,在 1.0 L 含有浓度均为 0.01 mol·L^{-1} 的 I$^-$ 和 Cl$^-$ 混合溶液中,逐滴加入 AgNO₃ 试剂,开始只生成黄色的 AgI 沉淀,加入到一定量的 AgNO₃ 时,才出现白色的 AgCl 沉淀。

在上述溶液中,开始生成 AgI 和 AgCl 沉淀时所需要的 Ag$^+$ 浓度分别为

AgI:$c(Ag^+) > K_{sp}^{\ominus}(AgI)/c(I^-) = (8.3 \times 10^{-17}/0.01)\text{mol·L}^{-1} = 8.3 \times 10^{-15} \text{mol·L}^{-1}$

AgCl:$c(Ag^+) > K_{sp}^{\ominus}(AgCl)/c(Cl^-) = (1.8 \times 10^{-10}/0.01)\text{mol·L}^{-1} = 1.8 \times 10^{-8} \text{mol·L}^{-1}$

计算结果表明:沉淀 I$^-$ 所需 Ag$^+$ 浓度比沉淀 Cl$^-$ 所需 Ag$^+$ 浓度小得多,所以 AgI 先沉淀。不断滴入 AgNO₃ 溶液,当 Ag$^+$ 浓度刚超过 1.8×10^{-8} mol·L^{-1} 时 AgCl 开始沉淀,此时溶液中存在的 I$^-$ 浓度为

$$c(I^-) = \frac{K_{sp}^{\ominus}(AgI)}{c(Ag^+)} = \left(\frac{8.3 \times 10^{-17}}{1.8 \times 10^{-8}}\right)\text{mol·L}^{-1} = 4.6 \times 10^{-9} \text{mol·L}^{-1}$$

可以认为,当 AgCl 开始沉淀时,I$^-$ 已经沉淀完全。

总之,当溶液中同时存在几种离子时,离子积首先达到溶度积的难溶电解质先生成沉淀,离子积后达到溶度积的则后生成沉淀。必须指出:只有对同一类型的难溶电解质且被沉淀离子浓度相同或相近的情况下,逐滴慢慢加入沉淀剂时,才是溶度积小的沉淀先析出,溶度积大的沉淀后析出。对于同一类型的难溶电解质,溶度积差别越大,利用分步沉淀分离得就越完全。

例 5-19 在一种溶液中,Ba^{2+} 与 Sr^{2+} 浓度都是 0.10 mol·L^{-1},逐滴加入 K₂CrO₄ 溶液,先生成什么沉淀?当第二种沉淀析出时,第一种离子是否已被沉淀完全?

解 查表得 $K_{sp}^{\ominus}(\text{BaCrO}_4) = 1.2 \times 10^{-10}$,$K_{sp}^{\ominus}(\text{SrCrO}_4) = 2.2 \times 10^{-5}$。溶液中加入 K₂CrO₄ 试剂后,可能发生如下反应:

$$\text{Ba}^{2+}(\text{aq}) + \text{CrO}_4^{2-}(\text{aq}) \rightleftharpoons \text{BaCrO}_4(\text{s})$$

$$\text{Sr}^{2+}(\text{aq}) + \text{CrO}_4^{2-}(\text{aq}) \rightleftharpoons \text{SrCrO}_4(\text{s})$$

设生成 BaCrO₄ 沉淀所需要的 CrO$_4^{2-}$ 最低浓度为 $c_1(\text{CrO}_4^{2-})$。

$$K_{sp}^{\ominus}(\text{BaCrO}_4) = c(\text{Ba}^{2+}) \cdot c_1(\text{CrO}_4^{2-})$$

$$c_1(\text{CrO}_4^{2-}) = (1.2 \times 10^{-10}/0.10)\text{mol·L}^{-1} = 1.2 \times 10^{-9} \text{mol·L}^{-1}$$

设生成 SrCrO₄ 沉淀所需要的 CrO$_4^{2-}$ 最低浓度为 $c_2(\text{CrO}_4^{2-})$。

$$K_{sp}^{\ominus}(\text{SrCrO}_4) = c(\text{Sr}^{2+}) \cdot c_1(\text{CrO}_4^{2-})$$

$$c_2(\text{CrO}_4^{2-}) = (2.2 \times 10^{-5}/0.10)\text{mol·L}^{-1} = 2.2 \times 10^{-4} \text{mol·L}^{-1}$$

生成 BaCrO₄ 沉淀所需 CrO$_4^{2-}$ 浓度小,所以 BaCrO₄ 先沉淀。

当 SrCrO₄ 开始沉淀时,溶液中 CrO$_4^{2-}$ 的浓度是 2.2×10^{-4} mol·L^{-1},故此时

$$c(\text{Ba}^{2+}) = (1.2 \times 10^{-10}/2.2 \times 10^{-4})\text{mol·L}^{-1} = 5.5 \times 10^{-7} \text{mol·L}^{-1}$$

$c(\text{Ba}^{2+}) < 1.0 \times 10^{-5}$ mol·L^{-1},说明 SrCrO₄ 开始沉淀时 Ba^{2+} 已被沉淀完全。

5.8.8 沉淀的转化

由一种沉淀转化为另一种沉淀的过程叫沉淀的转化。有些沉淀既不溶于水和酸,也不能用配位或氧化还原的方法将它溶解。这时,可以先将难溶强酸盐转化为难溶弱酸盐,然后再用酸溶解。例如,锅炉中的锅垢不溶于酸,常用 Na_2CO_3 处理,使锅垢中的 $CaSO_4$ 转化为疏松的可溶于酸的 $CaCO_3$ 沉淀,这样就可以把锅垢清除掉了。

例 5-20 1.0 L 0.10 mol·L^{-1} 的 Na_2CO_3 可使多少克 $CaSO_4$ 转化为 $CaCO_3$?

解 设 SO_4^{2-} 的平衡浓度为 x mol·L^{-1}。

$$CaSO_4(s) + CO_3^{2-}(aq) \rightleftharpoons CaCO_3(s) + SO_4^{2-}(aq)$$

平衡浓度/(mol·L^{-1})　　　$0.10-x$　　　　　　　　　　x

$$K^{\ominus} = \frac{c(SO_4^{2-})}{c(CO_3^{2-})} = \frac{c(SO_4^{2-})}{c(CO_3^{2-})} \cdot \frac{c(Ca^{2+})}{c(Ca^{2+})} = \frac{K_{sp}^{\ominus}(CaSO_4)}{K_{sp}^{\ominus}(CaCO_3)} = \frac{7.10 \times 10^{-5}}{2.8 \times 10^{-9}} = 2.5 \times 10^4$$

$$K^{\ominus} = \frac{c(SO_4^{2-})}{c(CO_3^{2-})} = \frac{x}{0.10-x} = 2.5 \times 10^4$$

得 $x = 0.10$,即 $c(SO_4^{2-}) = 0.10$ mol·L^{-1}。

故转化的 $CaSO_4$ 的质量为 $(136.14 \times 1.0 \times 0.10)$ g $= 13.6$ g。

拓展知识

水的净化与废水处理

由于水是一种很好的溶剂,所以天然水也会受到污染。人们对水中污染物或其他物质的最大容许浓度作出规定(称为水质标准)。按水资源的用途分为生活饮用水、工业用水、渔业用水、农业灌溉用水等。各种用水有不同的水质标准。表 5-6 列出了我国生活饮用水的水质标准。

表 5-6 我国生活饮用水水质标准

分类	水质指标		标　　准
	序	名　　称	
感官性状指标	1	色度	色度不超过 15 度(铂钴色度单位),并不得呈现其他异色
	2	浑浊度	不超过 1NTU(散射浊度单位),特殊情况不超过 5NTU
	3	臭和味	不得有异臭、异味
	4	肉眼可见物	不得含有
化学指标	5	pH	6.5～8.5
	6	总硬度(以 $CaCO_3$ 计)	不超过 450 mg·L^{-1}
	7	铝	不超过 0.2 mg·L^{-1}
	8	铁	不超过 0.3 mg·L^{-1}
	9	锰	不超过 0.1 mg·L^{-1}

续表

分类	水质指标 序	水质指标 名称	标准
化学指标	10	铜	不超过 1.0 mg·L^{-1}
	11	锌	不超过 1.0 mg·L^{-1}
	12	挥发酚类(以苯酚计)	不超过 0.002 mg·L^{-1}
	13	阴离子合成洗涤剂	不超过 0.3 mg·L^{-1}
	14	硫酸盐	不超过 250 mg·L^{-1}
	15	氯化物	不超过 250 mg·L^{-1}
	16	溶解性总固体	不超过 100 mg·L^{-1}
	17	耗氧量(以 O_2 计)	不超过 3 mg·L^{-1},特殊情况不超过 5 mg·L^{-1}
毒理学指标	18	氟化物	不超过 1.0 mg·L^{-1},适宜浓度 0.5～1.0 mg·L^{-1}
	19	氰化物	不超过 0.05 mg·L^{-1}
	20	砷	不超过 0.05 mg·L^{-1}
	21	硒	不超过 0.01 mg·L^{-1}
	22	汞	不超过 0.001 mg·L^{-1}
	23	镉	不超过 0.005 mg·L^{-1}
	24	铬(六价)	不超过 0.05 mg·L^{-1}
	25	铅	不超过 0.01 mg·L^{-1}
	26	硝酸盐(以氮计)	不超过 20 mg·L^{-1}
	27	氯仿	不超过 0.06 mg·L^{-1}
	28	四氯化碳	不超过 0.002 mg·L^{-1}
细菌学指标	29	细菌总数	1 mL 水中不超过 100CFU(菌落形成单位)
	30	总大肠菌数	每 100 mL 水样中不得检出
	31	粪大肠菌数	每 100 mL 水样中不得检出
	32	游离性余氯	在接触 30 min 后应不低于 0.3 mg·L^{-1}。集中式给水除出厂水应符合上述要求外,管网末梢水不低于 0.05 mg·L^{-1}
放射性指标	33	总 α 放射性	0.5 Bq·L^{-1}
	34	总 β 放射性	1 Bq·L^{-1}

注:① 表中"特殊情况"包括水源限制等情况;
② 放射性指标数值不是限值,而是参考水平,超过该值时必须进行核素分析,以决定能否使用。

对于生活饮用水应尽量采用少受污染的水源(如地表水或地下水)。经过粗滤、混凝、消毒等步骤处理后,可达饮用标准。若需要进一步提高水的纯度,可在前面处理的基础上,再用离子交换、电渗析或蒸馏等方法处理,从而制得纯净水。

对于要返回环境中的工业废水和生活污水也应加以处理,使其达到国家规定的排放标准,再行排放。处理的方法很多,各种方法都有其特点和适用范围。实际处理中,有时需几种方法联合使用才能达到要求。

根据处理的程度一般分为三个级别,一级处理应用物理处理方法,即用格栅、沉淀池等构筑物,去除污水中不溶解的污染物和寄生虫卵。二级处理应用生物处理方法,即主要通过微生物的代谢作用,将污水中各种复杂的有机物氧化降解为简单的物质。三级处理是用化学反应法、离子交换法、反渗透法、臭氧氧化法、活性炭吸附法等除去磷、氮、盐类和难降解有机物以及用氯化法消毒等一种或几种方法组成的污水处理工艺。

发达国家的污水处理一般以一级处理为预处理,二级处理为主体,三级处理正在兴起,而且污水处理正向着普及化、大型化和深度化发展,使污水处理厂不仅能处理污水,而且能将污水中的有机物变成能源。如1985年投入运行的洛杉矶污水处理厂,每天可以处理1亿加仑(37.85万 m^3)的污泥(从最初的污水处理中得到的黏性剩余物),然后再将这些污泥加工成燃料;同时,当污水通过微生物消污池时,还能产生大量 CH_4。以上两种燃料可供火力发电,共可发电 25 000 kW。产生的电力除60%污水处理厂自用外,还有40%可提供给其他企业。

此种废水"末端处理",相对于20世纪初的"稀释排放"是一大进步,其功不可没。经二级处理或三级处理的水可部分或全部循环使用,但处理设备投资大,运行费用高。为了人类的可持续发展,应采用清洁生产技术,实现污水"零排放"。

下面简单介绍几种常用的处理方法。

1. 混凝法

水中若有很细小的淤泥及其他污染物微粒等杂质存在,它们往往形成不易沉降的胶态物质悬浮于水中。此时可加入混凝剂使其沉降。

铝盐和铁盐是最常用的混凝剂。以铝盐为例,铝盐与水反应可生成 $Al(OH)^{2+}$, $Al(OH)_2^+$ 和 $Al(OH)_3$ 等,它们可从3个方面发挥混凝作用:①中和胶体杂质的电荷;②在胶体杂质微粒之间起黏结作用;③自身形成氢氧化物的絮状体,在沉淀时对水中胶体杂质起吸附卷带作用。

影响混凝过程的因素有pH、温度、搅样强度等。其中以pH最为重要。采用铝盐作为混凝剂时,pH应控制在6.0~8.5的范围内。采用铁盐时,pH控制在8.1~9.6效果最佳。

在混凝过程中,有时还同时投加细粘土、膨润土等作为助凝剂。其作用是形成核心,使沉淀物围绕核心长大,增大沉淀物密度,加快沉降速度。

新型的无机高分子混凝剂如聚氯化铝 $[Al_2(OH)_nCl_{6-n} \cdot xH_2O]_m$,由于净水效果好、价廉,所以被普遍采用。近年来发展起来的有机高分子絮凝剂,如聚丙烯酰胺(俗称3#絮凝剂)能强烈被快速地吸附水中胶体颗粒及悬浮物颗粒形成絮状物,大大加快了凝聚速度。

在实际操作中,有时使用复合配方的混凝剂,净化的效果更为理想。例如,投加铁盐和聚丙烯酰胺的复合配方处理皮毛工业废水,要比单一药剂的效果更好。

2. 化学法

主要介绍以沉淀反应和氧化还原反应为主的处理方法的原理。

1) 以沉淀反应为主的处理法

对于各种有毒或有害的金属离子可加入沉淀剂与其反应,使生成氢氧化物、碳酸盐或硫化物等难溶物质而除去。常用的沉淀剂有 CaO、Na_2CO_3、Na_2S 等。例如,硬水软化方法之一,是用石灰-苏打(CaO-Na_2CO_3)使水中的 Mg^{2+}、Ca^{2+} 转变为 $Mg(OH)_2$ 和 $CaCO_3$ 沉淀而除去。若欲除去酸性废水中的 Pb^{2+},一般可投加石灰水,使生成 $Pb(OH)_2$ 沉淀。废水中残留的 Pb^{2+} 浓度与水中的 OH^- 浓度(即 pH)有关。根据同离子效应,加入适当过量的石灰水,可使废水中残留的 Pb^{2+} 进一步减少;但石灰水的用量不宜过多,否则会使两性的 $Pb(OH)_2$ 沉淀部分溶解。

对于酸性废水,还可加入石灰石、电石渣(主要组分为 $Ca(OH)_2$)等来调节 pH。对于碱性废水,可加入废酸或通入烟道气(含二氧化碳或二氧化硫等)来调节 pH。也可使酸性废水与碱性废水相互调节,以达到排放标准或去除重金属离子的目的。

又如,含 Hg^{2+} 的废水中加入 Na_2S,可使 Hg^{2+} 转变成 HgS 沉淀而除去。沉淀转化法也被应用于废水处理。例如,用 FeS 处理含 Hg^{2+} 的废水,发生以下反应:

$$FeS(s) + Hg^{2+}(aq) \Longrightarrow HgS(s) + Fe^{2+}(aq)$$

该反应的平衡常数 K 值相当大(约 7.9×10^{33},读者可自行计算),因此,沉淀转化程度很高,且成本低。

近年来,在沉淀法的基础上发展了吸附胶体浮选(简称 ACF)处理含重金属离子废水的新技术。该法是利用胶体物质(如 $Fe(OH)_3$ 胶体)作为载体,可使重金属离子(如 Hg^{2+}、Cd^{2+}、Pb^{2+} 等)吸附在载体上,然后加表面活性剂(或称为捕收剂,如十二烷基磷酸钠与正己醇以 1∶3 比例的混合物),使载体疏水,则重金属离子会附着于预先在加压下溶解的空气所产生的气泡表面上,浮至液面而除去。本法与一般沉淀法相比,具有操作简便、效率高、泥渣量少、重金属离子高度富集等优点。

2) 以氧化还原反应为主的处理法

利用氧化还原反应将水中有毒物转变成无毒物、难溶物或易于除去的物质是水处理工艺中较重要的方法之一。常用的氧化剂有 O_2(空气)、Cl_2(或 $NaClO$)、H_2O_2、O_3 等,常用的还原剂有 $FeSO_4$、Fe 粉、SO_2、Na_2SO_3 等。例如,水处理中常用曝气法(即向水中不断鼓入空气),使其中的 Fe^{2+} 氧化,并生成溶度积很小的 $Fe(OH)_3$ 沉淀而除去。又如 Cl_2 可将废水中的 CN^- 氧化成无毒的 N_2、CO_2 等。

对于 $Cr_2O_7^{2-}$,则可加入 $FeSO_4$ 作还原剂,使发生以下反应:

$$Cr_2O_7^{2-} + 6Fe^{2+} + 14H^+ \Longrightarrow 2Cr^{3+} + 6Fe^{3+} + 7H_2O$$

然后再加 $NaOH$,调节溶液的 pH 为 6~8,使 Cr^{3+} 生成 $Cr(OH)_3$ 沉淀而从污水中除去。

此外,还有离子交换法、电渗析法和反渗透法等。

5-1 试述几种酸碱理论的基本要点。

5-2 写出下列物质的共轭酸或共轭碱。

酸:HAc,NH_4^+,H_2SO_4,HCN,HF,H_2O;

碱：HCO_3^-，NH_3，HSO_4^-，Br^-，Cl^-，H_2O。

5-3 举例说明下列各常数的意义：
$K_a^\ominus$，$K_b^\ominus$，$K_w^\ominus$，$K_{sp}^\ominus$，α

5-4 解释下列名称并说明它们的意义与联系：
(1)离子积与溶度积；(2)溶解度与溶度积；(3)溶解度与浓度；(4)质子酸与质子碱；(5)解离常数与解离度；(6)同离子效应和盐效应；(7)分步沉淀和沉淀转化；(8)pH 和 pOH。

5-5 在氨水中分别加入下列物质时，$NH_3 \cdot H_2O$ 的解离度和溶液的 pH 如何变化？
(1)加 NH_4Cl；(2)加 NaOH；(3)加 HCl；(4)加水稀释。

5-1 计算下列溶液的 pH：
(1) 0.01 mol·L^{-1} HCN；(2) 0.01 mol·L^{-1} HNO_2；(3) 0.10 mol·L^{-1} NH_4Cl。

5-2 已知氨水溶液的浓度为 0.20 mol·L^{-1}。
(1) 求该溶液中的 $c(OH^-)$，pH 及氨的解离度。
(2) 在上述溶液中加入 NH_4Cl 晶体，使其溶解后 NH_4Cl 的浓度为 0.2 mol·L^{-1}。求所得溶液的 $c(OH^-)$，pH 及氨的解离度。
(3) 比较上述(1)、(2)两小题的计算结果，说明了什么？

5-3 已知在 1.0 mol·L^{-1} HA 水溶液中，$c(H^+) = 2.4 \times 10^{-10}$ mol·L^{-1}，计算 $K_a^\ominus(HA)$。

5-4 用质子理论推断下列物质哪些是酸？哪些是碱？哪些既是酸又是碱？
$H_2PO_4^-$，CO_3^{2-}，NH_3，NO_3^-，H_2O，HSO_4^-，HS^-，HCl

5-5 已知浓度为 1.0 mol·L^{-1} 的弱酸 HA 溶液的解离度 $\alpha = 2\%$，计算它的 $K_a^\ominus$。

5-6 某一元弱酸与 36.12 mL 0.1000 mol·L^{-1} NaOH 溶液中和后，再加入 18.06 mL 0.10 mol·L^{-1} HCl 溶液，测得 pH 为 4.92。计算该弱酸的解离常数。

5-7 在 0.20 mol·L^{-1} HAc 溶液中，NaAc 的浓度是 0.5 mol·L^{-1}，计算溶液的 $c(H^+)$。

5-8 在 0.10 mol·L^{-1} 氨的水溶液中，加入固体 NH_4Cl 后，$c(OH^-) = 2.8 \times 10^{-6}$ mol·L^{-1}，计算溶液中 NH_4^+ 的浓度。

5-9 在烧杯中盛放 20.00 mL 0.10 mol·L^{-1} 氨的水溶液，逐步加入 0.10 mol·L^{-1} HCl 溶液。试计算：(1) 加入 10.00 mL HCl 后，(2) 加入 20.00 mL HCl 后，(3) 加入 30.00 mL HCl 后，溶液的 pH。

5-10 计算 0.10 mol·L^{-1} NH_4NO_3 溶液的 pH。

5-11 欲配制 1L pH=5 HAc 浓度是 0.20 mol·L^{-1} 的缓冲溶液，需用 $NaAc \cdot 3H_2O$ 多少克？需用 1.0 mol·L^{-1} HAc 多少毫升？

5-12 已知 HCN 的 $K_a^\ominus = 5.8 \times 10^{-10}$，计算其共轭碱 CN^- 的 $K_b^\ominus$ 与 0.10 mol·L^{-1} CN^- 溶液的 pH。

5-13 0.5 mol·L^{-1} HAc 和 0.25 mol·L^{-1} NaAc 各 0.50 L，如果用这两种溶液配制 pH=4.58 的 HAc-NaAc 缓冲溶液，最多可以配多少升？

5-14 配制 pH＝8.04 的缓冲溶液，应选择什么样的缓冲剂？如何配制这样的缓冲溶液 500 mL？

5-15 草酸钡 BaC_2O_4 的溶解度是 $0.078\ g \cdot L^{-1}$，计算其 $K_{sp}^{\ominus}$。

5-16 饱和溶液 $Ni(OH)_2$ 的 pH＝8.83，计算 $Ni(OH)_2$ 的 $K_{sp}^{\ominus}$。

5-17 在下列溶液中是否会生成沉淀？
(1) 10.00 mL $0.10\ mol \cdot L^{-1}$ $MgCl_2$ 溶液和 10.00 mL $0.10\ mol \cdot L^{-1}$ 氨水相混合；
(2) 0.50 L 的 $1.4 \times 10^{-2}\ mol \cdot L^{-1} CaCl_2$ 溶液与 0.25 L 的 $0.25\ mol \cdot L^{-1} Na_2SO_4$ 溶液相混合。

5-18 求 CaC_2O_4 在纯水中及在 $0.01\ mol \cdot L^{-1}$ 的 $(NH_4)_2C_2O_4$ 溶液中的溶解度。

5-19 假定 $Mg(OH)_2$ 在饱和溶液中完全解离，计算：
(1) $Mg(OH)_2$ 在水中的溶解度；
(2) $Mg(OH)_2$ 饱和溶液中 OH^- 的浓度；
(3) $Mg(OH)_2$ 饱和溶液中 Mg^{2+} 的浓度；
(4) $Mg(OH)_2$ 在 $0.01\ mol \cdot L^{-1} NaOH$ 溶液中的溶解度；
(5) $Mg(OH)_2$ 在 $0.01\ mol \cdot L^{-1} MgCl_2$ 溶液中的溶解度。

5-20 一溶液中含有 Fe^{3+} 和 Fe^{2+}，它们的浓度都是 $0.05\ mol \cdot L^{-1}$。如果要求 $Fe(OH)_3$ 沉淀完全而 Fe^{2+} 不生成 $Fe(OH)_2$ 沉淀，问溶液的 pH 应控制为何值？

5-21 将固体 Na_2CrO_4 慢慢加入含有 $0.01\ mol \cdot L^{-1} Pb^{2+}$ 和 $0.01\ mol \cdot L^{-1} Ba^{2+}$ 的溶液中，哪种离子先沉淀？当第二种离子开始沉淀时，已经生成沉淀的那种离子的浓度是多少？

5-22 在 1.0 L 溶液中溶解 0.10 mol $Mg(OH)_2$ 需加入固体 NH_4Cl 的物质的量是多少？

5-23 混合溶液中 $NaCl$ 和 K_2CrO_4 的浓度均为 $0.01\ mol \cdot L^{-1}$，向其中逐滴加入 $AgNO_3$ 溶液时，哪种离子先与 Ag^+ 生成沉淀？

5-24 用 Na_2CO_3 处理 AgI，能否使之转化为 Ag_2CO_3？

第 6 章

氧化还原反应　电化学基础

学习要求

(1) 掌握氧化还原反应的基本概念,掌握氧化还原反应式配平方法。
(2) 了解原电池的组成及其中化学反应的热力学原理。
(3) 掌握标准电极电势的意义,能利用标准电极电势判断氧化剂和还原剂的相对强弱、氧化还原反应进行的方向和平衡常数计算。
(4) 掌握能斯特方程的相关计算,能运用其讨论离子浓度对电极电势的影响。
(5) 了解电解的原理。

根据反应中是否有电子转移或偏移,化学反应可以分为氧化还原反应和非氧化还原反应两大类。氧化还原反应是参加反应的物质之间有电子转移(或偏移)的一类反应。这类反应对制备新的化合物、获取化学热能和电能、金属的腐蚀与防腐蚀都有重要的意义,而生命活动过程中的能量就是直接依靠营养物质的氧化而获得的。

氧化还原反应中电子从一种物质转移到另一种物质,相应某些元素的氧化值发生了改变,这是一类非常重要的反应。我们所需要的各种各样的金属,都是通过氧化还原反应从矿石中提炼而得到的。许多重要化工产品的制造,如合成氨、合成盐酸、接触法制硫酸、氨氧化法制硝酸、食盐水电解制烧碱等,主要反应也是氧化还原反应。石油化工里的催化去氢、催化加氢、链烃氧化制羧酸、环氧树脂的合成等也都是氧化还原反应。在农业生产中,植物的光合作用、呼吸作用是复杂的氧化还原反应。土壤里铁或锰的氧化态的变化直接影响着作物的营养,晒田和灌田主要就是为了控制土壤里的氧化还原反应的进行。我们通常使用的干电池、蓄电池以及在空间技术上应用的高能电池都发生着氧化还原反应,否则就不可能把化学能变成电能,把电能变成化学能。人和动物的呼吸,把葡萄糖氧化为二氧化碳和水。通过呼吸把储藏在食物分子内的能,转变为存在于三磷酸腺苷(ATP)的高能磷酸键的化学能,这种化学能再供给人和动物进行机械运动、维持体温、合成代谢、细胞的主动运输等所需要的能量。煤炭、石油、天然气等燃料的燃烧更是供给人们生活和生产所必需的大量的能量。由此可见,在许多领域里都涉及氧化还原反应。本章将以原电池和电解池作为讨论氧化还原的物理模型,重点讨论标准电极电势的概念以及影响电极电势的因素,将氧化还原反应与原电池电动势联系起来,判断氧化还原反应进行的方向和限度,同时将氧化还原反应与电解池联系起来,阐明电解池工作原理,为后续课程深入学习电化学理论打下良好基础。

6.1 氧化还原反应的基本概念

18 世纪末,人们把与氧化合的反应叫氧化反应,从氧化物夺取氧的反应叫还原反应。1852 年,英国化学家弗兰克兰(E. Edward Frankland)提出原子价(化合价)的概念;人们把化合价升高的过程叫氧化,化合价降低的过程叫还原。1916 年,德国化学家柯塞尔(Walther Kossel)提出电价理论(八隅律);1916—1919 年,美国化学家路易斯(Gilbert Newton Lewis)和朗缪尔(Irving Langmuir)提出共价键理论,人们把失电子的过程叫氧化,得电子的过程叫还原,沿用至今。

6.1.1 氧化剂、还原剂及氧化还原反应相关概念

有电子转移的反应为氧化还原反应。氧化剂是得到电子(或电子对偏向)的物质,氧化剂具有氧化性。还原剂是失去电子(或电子对偏离)的物质,还原剂具有还原性。如氧化还原反应:

$$2Mg + O_2 = 2MgO$$
还原剂　氧化剂

我们把元素的高价态称为氧化态,因为它可以作为氧化剂而获得电子,其相应物质称氧化剂;把元素的低价态称为还原态,因为它可以作为还原剂而给出电子,其相应物质称为还原剂。如上反应中对镁元素来说,金属 Mg 为还原态,是反应中的还原剂,MgO 中的镁是氧化态;对氧元素来说,O_2 中的氧是氧化态,O_2 是反应的氧化剂,而 MgO 中的氧是还原态。

为了分析氧化还原反应,可以把氧化还原反应看做两个"半反应"连接而成的,例如:

$$2Mg = 2Mg^{2+} + 4e^-　氧化半反应(失去电子)$$
$$O_2 + 4e^- = 2O^{2-}　还原半反应(得到电子)$$

我们可以把所有半反应排列成表,这种半反应表可以从任何理化手册或基础教科书里查到,参见本书附录 F。半反应表有如下特点:

(1) 在表中列出的半反应式的书写格式是统一的——高价状态总是写在左边,低价状态总是写在右边;半反应式里一定有电子,而且总是在等式左边。半反应式的正向和逆向都有发生的可能,究竟向哪个方向视具体反应而定。如:

$$a(氧化态) + ne^- \Longleftrightarrow b(还原态)$$

(2) 常用"氧化态的物质/还原态的物质"这样的符号来表达上述半反应,并称之为"氧化还原电对"。在电对的符号中只标出"发生电子得失"元素的存在形式,而且高价状态写在斜线左边,低价状态写在斜线右边。如可用电对"MnO_4^-/Mn^{2+}"符号表示下列半反应式:

$$MnO_4^- + 8H^+ + 5e^- \Longleftrightarrow Mn^{2+} + 4H_2O$$

6.1.2 氧化值和氧化态

1970 年,IUPAC 建议将"正负化合价"改称为"氧化值"或称"氧化数"。因此,氧化值是指某元素的一个原子荷电数。该荷电数是假定把每一化学键中的电子指定给电负性更大的

原子而求得的。确定氧化值的规则是：

(1) 单质中元素的氧化值等于零,因为原子间成键电子并不偏离一个原子而靠近另一个原子。如 Na、Be、K、Pb、H_2、O_2、P_4 中各元素的氧化值均为零。

(2) 在化合物中,氢的氧化值一般为 +1(但在金属氢化物如 NaH、CaH_2 中氢的氧化值为 −1);氧的氧化值一般为 −2(但在过氧化物如 H_2O_2、Na_2O_2 中氧的氧化值为 −1;在氧的氟化物如 OF_2 和 O_2F_2 中氧的氧化值分别为 +2 和 +1);在所有的氟化物中,氟的氧化值为 −1。

(3) 二元离子化合物中,各元素的氧化值和离子的电荷数相一致。如 CaF_2 中钙的氧化值为 +2,氟的氧化值为 −1。

(4) 共价化合物中,成键电子对总是向电负性大的元素靠近。按照化合物中各元素氧化值的代数和等于零(整个分子电中性)的原则来确定元素的氧化值。如 H_3PO_4 中氢的氧化值为 +1,磷的氧化值为 +5,氧的氧化值为 −2。

(5) 氧化值不一定是整数。例如,连四硫酸钠 $Na_2S_4O_6$ 中钠的氧化值为 +1,氧的氧化值为 −2,硫的氧化值平均为 +2.5(两个 S 为 0,两个硫为 +5)。

6.1.3 氧化还原方程式的配平

配平氧化还原反应的方法很多。这里介绍两种方法:氧化值法和半反应法。

1. 氧化值法

氧化值法配平氧化还原反应方程式的基本原则是:氧化值的总升高数等于氧化值的总降低数以及物质守恒。其配平步骤是:首先单独考察发生氧化值改变的元素,确定反应前后的氧化值,配平电子得失,然后把它们改写成主要存在形态,使方程式配平。水溶液中的反应根据实际情况用 H^+ 或 OH^- 和 H_2O 等配平氢和氧元素。若写离子方程式时,还要注意电荷的配平。

例 6-1 配平 $P_4 + HClO_3 \longrightarrow HCl + H_3PO_4$ 方程式。

解 (1) 写出反应物(氧化剂和还原剂)和生成物(氧化剂的还原产物和还原剂的氧化产物)的分子式或离子式:$P_4 + HClO_3 \longrightarrow HCl + H_3PO_4$

(2) 标明氧化值发生变化的元素的氧化值,计算它们氧化值升高或降低的总数,并用双桥表示,即

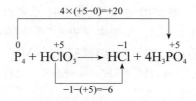

(3) 在氧化值升高与降低总数的后边分别乘上系数 3 和 10,使达到它们的最小公倍数 60(此时氧化值升高的总数与降低的总数相等),系数 3 和 10 就是双桥上所指的两边物质要乘的系数,即

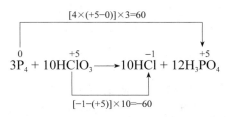

（4）用物质守恒原则配平氧化值没有发生变化的原子，使反应前后各种原子总数不变。上式中除 P 和 Cl 原子已配平外，右边比左边还多出 36 个 H 原子和 18 个 O 原子，所以左边要添加 18 个 H_2O 分子，再将箭头"$\longrightarrow$"改为"$=\!=$"号，即

$$3P_4 + 10HClO_3 + 18H_2O = 12H_3PO_4 + 10HCl$$

例 6-2 向高锰酸钾溶液添加少量氢氧化钠溶液后加热，溶液的颜色转为透明的绿色。写出化学方程式。

解 （1）写出氧化剂、还原剂及其反应主产物的分子式或离子式：

$$MnO_4^- + OH^- \longrightarrow MnO_4^{2-} + O_2$$

（2）标明氧化值发生变化的元素的氧化值，计算它们氧化值升高或降低的总数，并用双桥表示，即

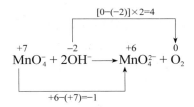

（3）在氧化值升高与降低总数的后边分别乘上系数 1 和 4，使达到它们的最小公倍数 4，系数 1 和 4 就是双桥上所指的两边物质要乘的系数，即

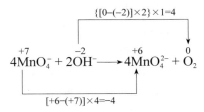

（4）用物质守恒原则配平氧化值没有发生变化的原子，使反应前后各种原子总数不变。上式中左边比右边多出 2 个 H 原子、少了 2 个负电荷，因为是在碱性条件下，所以左边要添加 2 个 OH^-，右边再添加 2 个 H_2O 分子，使反应式左、右两边各原子总数和电荷数不变，即

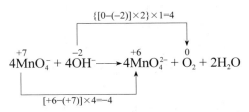

(5) 将上式改写为分子方程式,箭头改为"——"号:

$$4KMnO_4 + 4NaOH = 2Na_2MnO_4 + 2K_2MnO_4 + O_2 + 2H_2O$$

2. 半反应法

半反应法也叫"离子-电子法"。其基本原则为在离子方程式两边,原子个数与离子电荷数都必须相等。其步骤是先分别写出氧化剂和还原剂的半反应式,然后乘以适当系数使它们的电子得失数相等,再将两式相加即得配平的化学方程式。

例 6-3 配平 $H^+ + NO_3^- + Cu_2O \longrightarrow Cu^{2+} + NO + H_2O$ 方程式。

解 (1) 先将反应物和产物以离子形式列出(难溶物、弱电解质和气体均以分子式表示);

(2) 将反应式分成两个半反应——一个是氧化反应,另一个是还原反应:

$$Cu_2O \longrightarrow Cu^{2+}$$
$$NO_3^- \longrightarrow NO$$

(3) 加一定数目的电子和介质(酸性条件下加 H^+ 或 H_2O;碱性条件下加 OH^- 或 H_2O),使半反应两边的原子个数和电荷数相等——这是关键步骤:

$$Cu_2O + 2H^+ = 2Cu^{2+} + H_2O + 2e^- \qquad ①$$
$$NO_3^- + 4H^+ + 3e^- = NO + 2H_2O \qquad ②$$

(4) 根据氧化还原反应中得失电子必须相等的原则,将两个半反应乘以相应的系数,合并成一个配平的离子方程式,即 ①×3+②×2 得

$$3Cu_2O + 2NO_3^- + 14H^+ = 6Cu^{2+} + 2NO + 7H_2O$$

例 6-4 配平下列方程式:

$$KMnO_4(aq) + K_2SO_3(aq) \xrightarrow{\text{酸性溶液中}} MnSO_4(aq) + K_2SO_4(aq)$$

解 (1) 分别写出氧化剂被还原和还原剂被氧化的半反应,配平两个半反应方程式:

$$MnO_4^- + 8H^+ + 5e^- = Mn^{2+} + 4H_2O \qquad ①$$
$$SO_3^{2-} + H_2O = SO_4^{2-} + 2H^+ + 2e^- \qquad ②$$

(2) 确定两个半反应式得、失电子数目的最小公倍数。将两个半反应方程式中各项分别乘以相应的系数,使得、失电子数目相同。然后,将两者合并,就得到了配平的氧化还原反应的离子方程式,有时根据需要可将其改为分子方程式。

①×2+②×5 得

$$2MnO_4^- + 16H^+ + 10e^- = 2Mn^{2+} + 8H_2O \qquad ①$$
$$+) \quad 5SO_3^{2-} + 5H_2O = 5SO_4^{2-} + 10H^+ + 10e^- \qquad ②$$

$$2MnO_4^- + 5SO_3^{2-} + 6H^+ = 2Mn^{2+} + 5SO_4^{2-} + 3H_2O$$
$$2KMnO_4 + 5K_2SO_3 + 3H_2SO_4 = 2MnSO_4 + 6K_2SO_4 + 3H_2O$$

离子-电子法配平反应方程式的特点如下。

(1) 每个半反应两边的电荷数与电子数的代数和相等,原子数相等。

(2) 正确添加介质:在酸性介质中,去氧加 H^+,添氧加 H_2O;在碱性介质中,去氧加 H_2O,添氧加 OH^-。

(3) 根据弱电解质存在的形式,可以判断离子反应是在酸性还是在碱性介质中进行。

(4) 优点：①不用计算氧化剂或还原剂的氧化值的变化；②在配平过程中,不参与氧化还原反应的物种自然会配平。

6.2 电化学电池

6.2.1 原电池的构造

在溶液中发生的普通氧化还原反应不能产生定向移动的电流,但可以通过适当的设计,使电流能够定向移动,这种装置称为原电池或伽伐尼(Luigi Galvani)电池。铜-锌原电池(也叫 Daniel 电池,早期曾是普遍实用的化学电源)的基本构成见图 6-1。这种电池用金属锌和金属铜作电极导电。锌电极放入 $ZnSO_4$ 溶液中,铜电极放入 $CuSO_4$ 溶液中。两个电极导体用导线连接起来,其中还要串联一个检流计以便观察电流的产生和电流的方向。在两个电解质溶液之间用盐桥联系起来,我们就会看到电路中的检流计指针发生了偏转,并且由此可以确定电流的方向是由铜电极流向锌电极(即电子由锌电极流向铜电极)。

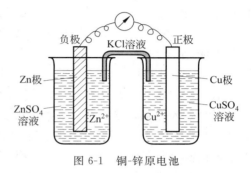

图 6-1 铜-锌原电池

在原电池中,电子流出的一极叫负极,电子流入的一极叫正极,在铜-锌原电池中,电子由锌电极经由导线流向铜电极,可知两个电极上发生的反应为

锌电极(负极)　　$Zn - 2e^- \rightleftharpoons Zn^{2+}$　　(氧化半反应)

铜电极(正极)　　$Cu^{2+} + 2e^- \rightleftharpoons Cu$　　(还原半反应)

电极上发生的氧化反应或还原反应,都称为电极反应。合并上述两个半反应,即可得到在原电池中发生的氧化还原反应(也叫原电池反应):

$$Cu^{2+} + Zn \rightleftharpoons Cu + Zn^{2+}$$

原电池可以使氧化还原反应产生电流,是因为它使氧化和还原两个半反应分别在不同的区域同时进行。这不同的区域就是半电池。

从以上分析可知,原电池是由三个部分组成的：两个半电池、外电路和盐桥。半电池是原电池的主体,每个半电池都是由同一种元素不同氧化值的两种物质组成的,即由一对氧化还原电对组成。连接两个半电池电解质溶液的倒置 U 形管称为盐桥,管内充满了含电解质溶液(一般为饱和 KCl 溶液)的琼胶凝胶。其作用是连通原电池的两个半电池间内电路,使两个半电池保持电中性,这样电流才可以不断产生。原则上,任何氧化还原半反应都可以设计成半电池,两个半电池连通,都可以形成向导线(外电路)释放电流的原电池。

6.2.2 原电池符号和电极的分类

原电池可用符号表示,如铜-锌原电池用符号表示为

$$(-)\ Zn\ |\ ZnSO_4(c_1)\ \|\ CuSO_4(c_2)\ |\ Cu\ (+)$$

$$(-)\ Zn|Zn^{2+}(c_1)\|Cu^{2+}(c_2)|Cu(+)$$

书写电池符号的注意事项:

(1) 负极写在左边,正极写在右边。

(2) 用单垂线"|"表示两相的界面;如溶液中含有两种离子参与电极反应,不存在相界面,可用逗号","分开。

(3) 用双垂线"‖"表示盐桥。

(4) 用化学式表示电池物质的组成,气体要注明其分压,溶液要注明其浓度。

(5) 对于某些电极的电对自身不是金属导电体时,则需外加一个能导电而又不参与电极反应的惰性电极,通常用铂做惰性电极。如果电对都是离子,则氧化值高的离子靠近盐桥,对于有气体参与的电对,以离子靠近盐桥。例如,由标准氢电极和 Fe^{3+}/Fe^{2+} 电极所组成的电池,其电池符号为

$$(-)\ Pt|H_2(p^\ominus)|H^+(1\ mol/L)\|Fe^{3+}(1\ mol/L),Fe^{2+}(1\ mol/L)|Pt(+)$$

通常构成原电池的电极有 4 类(见表 6-1):

(1) 金属-金属离子电极。这类电极由金属与其正离子组成。

(2) 非金属-非金属离子电极。这类电极由非金属单质与其离子及惰性电极组成。惰性电极仅起吸附气体和传递电子的作用,不参加电极反应。

(3) 氧化还原电极。这类电极由同种元素不同价态的离子及惰性电极组成。

(4) 金属-金属难溶盐电极。这类电极由金属与其相应的难溶盐组成,有时还需加上惰性电极。

电极也可用符号表示,除了标明氧化态和还原态的物质种类以外,还应该标明所用的惰性电极。

表 6-1 电极类型

电极类型	氧化还原电对示例	电极符号	电极反应示例
金属-金属离子电极	Zn^{2+}/Zn Cu^{2+}/Cu	$Zn\|Zn^{2+}$ $Cu\|Cu^{2+}$	$Zn^{2+}+2e^-\rightleftharpoons Zn$ $Cu^{2+}+2e^-\rightleftharpoons Cu$
非金属-非金属离子电极	Cl_2/Cl^- O_2/OH^-	$Pt\|Cl_2\|Cl^-$ $Pt\|O_2\|OH^-$	$Cl_2+2e^-\rightleftharpoons 2Cl^-$ $O_2+2H_2O+4e^-\rightleftharpoons 4OH^-$
氧化还原电极	Fe^{3+}/Fe^{2+} Sn^{4+}/Sn^{2+}	$Pt\|Fe^{3+},Fe^{2+}$ $Pt\|Sn^{4+},Sn^{2+}$	$Fe^{3+}+e^-\rightleftharpoons Fe^{2+}$ $Sn^{4+}+2e^-\rightleftharpoons Sn^{2+}$
金属-金属难溶盐电极	$AgCl/Ag$ Hg_2Cl_2/Hg	$Ag\|AgCl\|Cl^-$ $Pt\|Hg\|Hg_2Cl_2(s)\|Cl^-$	$AgCl+e^-\rightleftharpoons Ag+Cl^-$ $Hg_2Cl_2(s)+2e^-\rightleftharpoons 2Hg+2Cl^-$

例 6-5 写出下列反应的电池符号:

(1) $Sn^{2+}+2Fe^{3+}\rightleftharpoons 2Fe^{2+}+Sn^{4+}$

(2) $Zn+2H^+\rightleftharpoons H_2+Zn^{2+}$

(3) $2KMnO_4+10FeSO_4+8H_2SO_4\rightleftharpoons K_2SO_4+2MnSO_4+5Fe_2(SO_4)_3+8H_2O$

解 (1) 由电池反应可知,电对 Fe^{3+}/Fe^{2+} 做正极,电对 Sn^{4+}/Sn^{2+} 做负极,则电池符号:

$$(-)\text{Pt}|\text{Sn}^{2+}(c_1),\text{Sn}^{4+}(c_2)\|\text{Fe}^{3+}(c_3),\text{Fe}^{2+}(c_4)|\text{Pt}(+)$$

(2) 由电池反应可知,电对 H^+/H_2 做正极,电对 Zn^{2+}/Zn 做负极,则电池符号:
$$(-)\text{Zn}|\text{Zn}^{2+}(c_1)\|\text{H}^+(c_2)|\text{H}_2(p)|\text{Pt}(+)$$

(3) 由电池反应可知,电对 $\text{MnO}_4^-/\text{Mn}^{2+}$ 做正极,电对 $\text{Fe}^{3+}/\text{Fe}^{2+}$ 做负极,则电池符号:
$$(-)\text{Pt}|\text{Fe}^{2+}(c_1),\text{Fe}^{3+}(c_2)\|\text{MnO}_4^-(c_3),\text{Mn}^{2+}(c_4),\text{H}^+(c_5)|\text{Pt}(+)$$

6.2.3 原电池的热力学

1. 原电池的电动势

两个半电池连通后可产生电流表明,两个电极的电势(也叫"电位")是不同的。物理学规定:电流从正极流向负极,正极的电势高于负极,原电池的电动势 E 等于正极电极电势 $\varphi_{正极}$ 与负极电极电势 $\varphi_{负极}$ 之差:

$$E = \varphi_{正极} - \varphi_{负极} \tag{6-1}$$

我们可在电路中接入高阻抗的伏特计或电位差计直接测量原电池的电动势 E,即两电极电势的差值。

原电池的电动势与系统的组成有关。当电池各物种均处于各自的标准态时,测定的电动势称为标准电动势 $E^\ominus$。

2. 电池反应的摩尔吉布斯函数变 $\Delta_r G_m$ 与电动势 E 的关系

在可逆电池中,进行自发反应产生电流可以做非体积功——电功。所谓可逆电池必须具备以下条件:①电极反应必须是可逆的;②通过电极的电流无限小,电极反应在接近电化学平衡的条件下进行。

考虑一个电动势为 E 的可逆电池,其中进行的电池反应为

$$a\text{A}(\text{aq}) + b\text{B}(\text{aq}) \Longleftrightarrow g\text{G}(\text{aq}) + d\text{D}(\text{aq})$$

根据物理学原理可以确定,原电池对环境所做的电功等于电路中所通过的电荷量与电势差的乘积,即

$$\text{电功(J)} = \text{电荷量(C)} \times \text{电势差(V)}$$

可逆电池所做的最大电功为

$$W_{\max} = -nFE$$

式中,n 为配平的电池反应中还原剂(负极)失去的电子数,也等于氧化剂(正极)得到的电子数;F 为法拉第常数;nF 为 n mol 电子的总电荷量。热力学研究表明,定温定压下,反应的摩尔吉布斯函数变等于反应所做的最大非体积功,则电池反应的摩尔吉布斯函数变 $\Delta_r G_m$ 与电动势 E 之间存在以下关系:

$$\Delta_r G_m = -nFE \tag{6-2a}$$

如果原电池在标准状态下工作,则

$$\Delta_r G_m^\ominus = -nFE^\ominus \tag{6-2b}$$

式(6-2a)和式(6-2b)把热力学和电化学联系起来。所以由原电池的标准电动势 $E^\ominus$ 可以求出电池反应的标准摩尔吉布斯函数变 $\Delta_r G_m^\ominus$;反之,已知某氧化还原反应的标准摩尔吉布斯函数变 $\Delta_r G_m^\ominus$ 的数据,就可以求得由该反应所组成的原电池的标准电动势 $E^\ominus$。

6.3 电极电势

6.3.1 电极电势的产生

在铜-锌原电池中,用导线将原电池的两个电极连接起来,其间有电流通过。这表明两个电极之间存在电势差,那么这个电势差是怎样产生的呢?

金属晶体是由金属原子、金属离子和自由电子组成的。当把金属插入其盐溶液中时,金属表面的离子与溶液中极性水分子相互吸引而发生水化作用。这种水化作用可使金属表面上部分金属离子进入溶液而把电子留在金属表面上,这是金属溶解过程。金属越活泼,溶液越稀,金属溶解的倾向越大。另一方面,溶液中的金属离子有可能碰撞金属表面,从金属表面上得到电子,还原为金属原子沉积在金属表面上。这个过程为金属离子的沉积。金属越不活泼,溶液浓度越大,金属离子沉积的倾向越大。当金属的溶解速度和金属离子的沉积速度相等时,达到了动态平衡。

$$\text{金属} \underset{\text{沉积}}{\overset{\text{溶解}}{\rightleftharpoons}} \text{金属离子} + \text{电子}$$

(进入溶液中)　　(留在金属上)

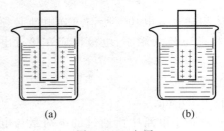

图 6-2　双电层

在一给定浓度的溶液中,若金属失去电子的溶解速度大于金属离子得到电子的沉积速度,达到平衡时,金属带负电,溶液带正电。溶液中的金属离子并不是均匀分布的,由于静电吸引,较多地集中在金属表面附近的液层中。这样在金属和溶液的界面上形成了双电层(图 6-2(a)),产生电势差。反之,如果金属离子的沉积速度大于金属的溶解速度,达到平衡时,金属带正电,溶液带负电。金属和溶液的界面上也形成双电层(图 6-2(b)),产生电势差。金属与其盐溶液界面上的电势差称为金属的电极电势,常用符号"φ"表示。显然,金属与其相应离子所组成的氧化还原电对不同,金属离子的浓度不同,这种在金属与其盐溶液界面上的电势差也就不同。因此,若将两种不同的氧化还原电对设计构成原电池,则在两电极之间就会有一定的电势差,从而产生电流。

6.3.2 标准电极电势

1. 标准氢电极

原电池的电动势可以直接测定,而电极电势却没有绝对值,只有相对值,正如地势高低是以"海拔"为基准的相对值一样,电极电势的基准是标准氢电极,其他电极的电极电势的数值都是通过与标准氢电极比较而确定的。标准氢电极的构造如图 6-3 所示。将镀有铂黑的铂片(镀铂黑的目的是增加电极的表面积,促进对气体的吸附,以利于与溶液达到平衡)浸入含有氢离子的酸溶液中,并不断通入纯净的氢气,使氢气冲打在铂片上,同时使溶液被氢气

所饱和,氢气泡围绕铂片浮出液面。此时铂黑表面既有 H_2,又有 H^+。氢电极符号为：Pt|H_2|H^+。国际上规定：298.15 K 下含 1 mol·L^{-1} 浓度的 H^+ 溶液、1 标准压力(100 kPa)的氢气的电极的标准电极电势 $\varphi^{\ominus}(H^+/H_2)=0$。

由于标准氢电极使用起来很不方便,常用饱和甘汞电极(见图 6-4)代替标准氢电极做参比。饱和甘汞电极用 Hg、糊状 Hg_2Cl_2 和饱和 KCl 溶液构成,以铂丝为导体。这是一类金属-金属难溶盐电极,在 298.15 K 时电极电势为 0.2412 V。电极符号为：
$$Pt|Hg|Hg_2Cl_2(s)|Cl^-。$$

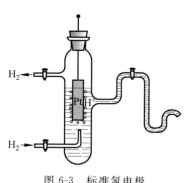

图 6-3 标准氢电极

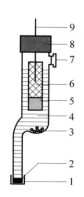

图 6-4 饱和甘汞电极

1—胶帽；2—多孔物质；3—KCl 晶体；
4—KCl 饱和溶液；5—Hg；6—Hg_2Cl_2；
7—胶塞；8—胶木帽；9—Pt 丝

2. 标准电极电势的测定

参与电极反应的各有关物质均为标准状态(即离子浓度为 1 mol·L^{-1},气体物质的分压为 100 kPa)时,其电极电势称为该电极的标准电极电势,用符号 $\varphi^{\ominus}$ 表示。欲测定某电极的标准电极电势,可将该电极与标准氢电极组成原电池,用电位计测定该原电池的标准电动势 $E^{\ominus}$。

例 6-6 测定锌电极(Zn|Zn^{2+} 电极)的标准电极电势 $\varphi^{\ominus}(Zn^{2+}/Zn)$。

解 将标准 Zn|Zn^{2+} 电极与标准氢电极组成原电池。298.15 K 时,测得 $E^{\ominus}=0.7618(V)$。因为
$$E^{\ominus}=\varphi^{\ominus}(H^+/H_2)-\varphi^{\ominus}(Zn^{2+}/Zn)=0-\varphi^{\ominus}(Zn^{2+}/Zn)$$
所以
$$\varphi^{\ominus}(Zn^{2+}/Zn)=-0.7618(V)$$

因为 Zn|Zn^{2+} 电极的电势为负值,低于标准氢电极的电势,所以在原电池中锌电极为负极,标准氢电极为正极。其电极反应和电池反应为

电极反应　负极 Zn ⥫⥬ $Zn^{2+}+2e^-$
　　　　　正极 $2H^++2e^-$ ⥫⥬ H_2
电池反应　Zn+$2H^+$=Zn^{2+}+H_2
原电池符号为　(−)Zn|Zn^{2+}(1 mol|L^{-1}) ‖ H^+(1 mol·L^{-1})|H_2(100 kPa)|Pt(+)

例 6-7 测定铜电极(Cu|Cu^{2+} 电极)的标准电极电势 $\varphi^{\ominus}(Cu^{2+}/Cu)$。

解 将标准 Cu|Cu^{2+} 电极与标准氢电极组成原电池。298.15 K 时,测得 $E^{\ominus}=+0.3419(V)$。因为

$$E^{\ominus} = \varphi^{\ominus}(Cu^{2+}/Cu) - \varphi^{\ominus}(H^+/H_2) = \varphi^{\ominus}(Cu^{2+}/Cu) - 0$$

所以
$$\varphi^{\ominus} = +0.3419(V)$$

因为 $Cu|Cu^{2+}$ 电极的电势为正值，高于标准氢电极的电势。所以铜电极为正极，标准氢电极为负极。其电极反应和电池反应为

电极反应　负极　$H_2 \rightleftharpoons 2H^+ + 2e^-$

　　　　　正极　$Cu^{2+} + 2e^- \rightleftharpoons Cu$

电池反应　　　　$H_2 + Cu^{2+} \rightleftharpoons 2H^+ + Cu$

原电池符号为　$(-)Pt|H_2(100\ kPa)|H^+(1\ mol \cdot L^{-1})\|Cu^{2+}(1\ mol \cdot L^{-1})|Cu(+)$

以标准氢电极或饱和甘汞电极为参比测得各种常用电极的标准电极电势列入附录 F。

使用标准电极电势表注意事项如下：

(1) 电极反应中各物质均为标准态，温度一般为 298.15 K。

(2) 表中电极反应是按还原反应书写的：

$$a(氧化态) + ne^- \rightleftharpoons b(还原态)$$

ne^- 表示电极反应的电子数。氧化态和还原态包括电极反应所需的 H^+、OH^-、H_2O 等物质，如

$$Cr_2O_7^{2-} + 14H^+ + 6e^- \rightleftharpoons 2Cr^{3+} + 7H_2O$$

表中 $\varphi^{\ominus}$ 越高，表示该电对的氧化态越容易接受电子，氧化其他物质的能力越强，它本身易被还原，是一个强氧化剂，而它的还原态的还原能力越弱；$\varphi^{\ominus}$ 越低，表示该电对的还原态越容易放出电子，还原其他物质的能力越强，它本身易被氧化，是一个强还原剂，而它的氧化态的氧化能力越弱。

(3) 不论电极进行氧化或还原反应，电极电势符号不变。例如，不管电极反应是 $Zn \rightleftharpoons Zn^{2+} + 2e^-$，还是 $Zn^{2+} + 2e^- \rightleftharpoons Zn$，$Zn|Zn^{2+}$ 电极的标准电极电势值均取 -0.7628 V。这是由于电极电势是指金属与它的盐溶液双电层间的电势差，所以两式的标准电极电势值是一样的。

(4) 标准电极电势值与电极反应中物质的计量系数无关。例如，$Ag|Ag^+$ 电极的电极反应写成 $Ag^+ + e^- \rightleftharpoons Ag$，若写成 $2Ag^+ + 2e^- \rightleftharpoons 2Ag$，$\varphi^{\ominus}(Ag^+/Ag)$ 仍是 $+0.7996$ V，而不是 2×0.7996 V。这是因为 $\varphi^{\ominus}$ 值反映了物质得失电子的能力，是由物质本性决定的，与物质的量无关。

(5) 电极电势和标准电极电势都是电极处于平衡状态时表现时出来的特征，它和达到平衡的快慢无关。

(6) 本书附录 F 给出的标准电极数据是在水溶液体系中测定的，因而只适用于水溶液体系，高温反应、非水溶剂反应均不能用这些数据来说明问题。如在高温下反应 $Na + KCl \rightleftharpoons K + NaCl$ 的方向不是由电极电势决定的。

(7) 酸性和中性环境查酸表，碱性环境查碱表。

6.3.3　能斯特方程式

标准电极电势的代数值是在标准状态下测得的。非标准状态下的电极电势可用能斯特 (Nernst) 方程式求出。对于电极反应：

$$a(氧化态) + ne^- \rightleftharpoons b(还原态)$$

能斯特给出了一个表示电极电势与浓度关系的公式：

$$\varphi = \varphi^{\ominus} + \frac{RT}{nF}\ln\frac{[c(\text{氧化态})/c^{\ominus}]^a}{[c(\text{还原态})/c^{\ominus}]^b} \tag{6-3}$$

式中，φ 为电极电势，V；$\varphi^{\ominus}$ 为标准电极电势，V；R 为摩尔气体常数，8.314 J·K^{-1}·mol^{-1}；F 为法拉第常数，96 485 C·mol^{-1}；T 为热力学温度，K；n 为电极反应得失的电子数；c(氧化态)、c(还原态)为电极反应中氧化态物质、还原态物质的浓度，mol·L^{-1}；$c^{\ominus}$ 为标准摩尔浓度，即 1.0 mol·L^{-1}；a,b 为电极反应中氧化态物质、还原态物质的计量系数。

能斯特方程式表达了电极电势随浓度的变化，1889 年由德国物理化学家能斯特建立，自从伏打电池发明以来，他第一个对电池产生电势作出了合理解释。

在电化学的研究中，常涉及常温下的电化学反应，在化学手册中能查到的标准电极电势也多半是 298.15 K 下的数据，因此，298.15 K 下的能斯特方程式有较大的应用价值。将 $T=298.15$ K，$R=8.314$ J·K^{-1}·mol^{-1}，$F=96\,485$ C·mol^{-1} 代入式(6-3)，得

$$\varphi = \varphi^{\ominus} + \frac{0.0592}{n}\lg\frac{[c(\text{氧化态})/c^{\ominus}]^a}{[c(\text{还原态})/c^{\ominus}]^b} \tag{6-4}$$

应用能斯特方程式时对于反应组分浓度的表达应注意以下 3 点：

（1）电极反应中某物质若是纯的固体或纯的液体，则能斯特方程式中该物质的浓度为 1（因热力学规定该状态下活度等于 1）。

（2）电极反应中某物质若是气体，则能斯特方程式中该物质的相对浓度 $c/c^{\ominus}$ 改用相对压力 $p/p^{\ominus}$ 表示。例如对于氢电极，电极反应 $2H^+ + 2e^- \rightleftharpoons H_2$，能斯特方程式中氢离子浓度用 $c(H^+)/c^{\ominus}$ 表示，氢气用相对分压 $p(H_2)/p^{\ominus}$ 表示，即

$$\varphi(H^+/H_2) = \varphi^{\ominus}(H^+/H_2) - \frac{0.0592}{2}\lg\frac{p(H_2)/p^{\ominus}}{[c(H^+)/c^{\ominus}]^2}$$

（3）虽自身没有氧化还原，但参与了电极反应，则其浓度也应写入方程式中。如下列电极反应：

$$MnO_4^- + 8H^+ + 5e^- \rightleftharpoons Mn^{2+} + 4H_2O$$

其能斯特方程式为

$$\varphi_{(MnO_4^-/Mn^{2+})} = \varphi^{\ominus}_{(MnO_4^-/Mn^{2+})} + \frac{0.0592}{5}\lg\frac{[c(MnO_4^-)/c^{\ominus}][c(H^+)/c^{\ominus}]^8}{[c(Mn^{2+})/c^{\ominus}]}$$

能斯特方程式也可应用于电池反应。对下列电动势为 E 的电池反应：

$$aA(aq) + bB(aq) \rightleftharpoons gG(aq) + dD(aq)$$

当 $T=298.15$ K 时，其能斯特方程式为

$$E = E^{\ominus} - \frac{0.0592}{n}\lg\frac{[c(G)/c^{\ominus}]^g[c(D)/c^{\ominus}]^d}{[c(A)/c^{\ominus}]^a[c(B)/c^{\ominus}]^b} \tag{6-5}$$

式中，E 为非标准状态下原电池的电动势，V；$E^{\ominus}$ 为标准态下原电池的电动势，V；c 为反应物 A、B 及产物 G、D 的浓度，mol·L^{-1}。

6.3.4 能斯特方程式的应用

1. 浓度对电极电势的影响

例 6-8 试计算 298.15 K 时，$c(Fe^{3+})$ 为 1 mol·L^{-1}，$c(Fe^{2+})$ 为 1.0×10^{-4} mol·L^{-1} 时，电对 Fe^{3+}/Fe^{2+} 的电极电势。

解 电对 Fe^{3+}/Fe^{2+} 的电极反应为 $Fe^{3+} + e^- \rightleftharpoons Fe^{2+}$，查附录 F 得 $\varphi^{\ominus} = 0.771$ V。由

能斯特方程式(6-4),则有

$$\varphi(Fe^{3+}/Fe^{2+}) = \varphi^{\ominus}(Fe^{3+}/Fe^{2+}) + \frac{0.0592}{n}\lg\frac{c(Fe^{3+})/c^{\ominus}}{c(Fe^{2+})/c^{\ominus}}$$

$$= \left(0.771 + \frac{0.0592}{1}\lg\frac{1}{1.0\times 10^{-4}}\right)V$$

$$= 1.008\ V$$

计算结果表明,增大氧化态物质的浓度或降低还原态物质的浓度,电极电势将增大,这表明此电对(Fe^{3+}/Fe^{2+})中的氧化态(Fe^{3+})的氧化性将增强。

例 6-9 计算 pH=7 时,电对 O_2/OH^- 的电极电势。设 $T=298.15$ K,$p(O_2)=100$ kPa。

解 此电对的电极反应为

$$O_2 + 2H_2O + 4e^- \rightleftharpoons 4OH^-$$

已知 pH=7,则 $c(OH^-) = 10^{-7}$ mol·L^{-1}。所以,按式(6-4)有

$$\varphi(O_2/OH^-) = \varphi^{\ominus}(O_2/OH^-) + \frac{0.0592}{n}\lg\frac{p(O_2)/p^{\ominus}}{[c(OH^-)/c^{\ominus}]^4}$$

当 $p(O_2)=100$ kPa 时,$p(O_2)/p^{\ominus}=1$,则

$$\varphi(O_2/OH^-) = \left[0.401 + \frac{0.0592}{4}\lg\frac{1}{(10^{-7})^4}\right]V$$

$$= 0.8154\ V$$

计算结果表明,当还原态(OH^-)浓度减少时,其电极电势代数值增大,这表明此电对(O_2/OH^-)中的氧化态(O_2)的氧化性将增强。

通过上述两个例题可以看出,氧化态或还原态离子浓度的改变对电极电势有影响,但在通常情况下影响不大。

例 6-10 在 298.15 K 时,在 Fe^{3+}、Fe^{2+} 的混合溶液中加入 NaOH 溶液,有 $Fe(OH)_3$、$Fe(OH)_2$ 的沉淀生成(假设无其他反应发生)。当沉淀反应达到平衡时,保持 $c(OH^-)=1.0$ mol·L^{-1}。求 Fe^{3+}/Fe^{2+} 电对的电极电势。

解 $Fe^{3+}(aq) + e^- \rightleftharpoons Fe^{2+}(aq)$

由溶度积规则得

$$c(Fe^{3+}) = \frac{K_{sp}^{\ominus}[Fe(OH)_3]}{[c(OH^-)]^3}$$

$$c(Fe^{2+}) = \frac{K_{sp}^{\ominus}[Fe(OH)_2]}{[c(OH^-)]^2}$$

由附录查得

$$\varphi^{\ominus}(Fe^{3+}/Fe^{2+}) = 0.771\ V,\quad K_{sp}^{\ominus}[Fe(OH)_3] = 2.79\times 10^{-39}$$
$$K_{sp}^{\ominus}[Fe(OH)_2] = 4.87\times 10^{-17}$$

$$\varphi(Fe^{3+}/Fe^{2+}) = \varphi^{\ominus}(Fe^{3+}/Fe^{2+}) + \frac{0.0592}{1}\lg\frac{c(Fe^{3+})/c^{\ominus}}{c(Fe^{2+})/c^{\ominus}}$$

$$= \varphi^{\ominus}(Fe^{3+}/Fe^{2+}) + 0.0592\lg\frac{K_{sp}^{\ominus}[Fe(OH)_3]}{K_{sp}^{\ominus}[Fe(OH)_2]c(OH^-)}$$

$$= \left(0.771 + 0.0592\lg\frac{2.79\times 10^{-39}}{4.87\times 10^{-17}}\right)V$$

$$= -0.546\ V$$

根据标准电极电势的定义，$c(\mathrm{OH^-})=1.0\ \mathrm{mol\cdot L^{-1}}$时的 $\varphi(\mathrm{Fe^{3+}/Fe^{2+}})$，就是电极反应

$$\mathrm{Fe(OH)_3(s)+e^-\rightleftharpoons Fe(OH)_2(s)+OH^-(aq)}$$

的标准电极电势 $\varphi^\ominus[\mathrm{Fe(OH)_3/Fe(OH)_2}]$。

从以上的例子可以看出，氧化还原电对的氧化态物质生成了沉淀（或配合物），则电极电势将变小；如果电对的还原态物质生成了沉淀（或配合物），则电极电势将变大。

2. 介质酸度的影响

例 6-11 计算当 $\mathrm{MnO_4^-}$ 浓度为 $1\ \mathrm{mol\cdot L^{-1}}$、$\mathrm{Mn^{2+}}$ 浓度为 $1\ \mathrm{mol\cdot L^{-1}}$、$\mathrm{H^+}$ 浓度为 $1.0\times10^{-4}\ \mathrm{mol\cdot L^{-1}}$（pH=4）时，电对 $\mathrm{MnO_4^-/Mn^{2+}}$ 的电极电势。

解 电极反应：
$$\mathrm{MnO_4^-+8H^++5e^-\rightleftharpoons Mn^{2+}+4H_2O},\quad \varphi^\ominus=1.507\ \mathrm{V}$$

代入能斯特方程(6-4)，则有

$$\varphi(\mathrm{MnO_4^-/Mn^{2+}})=\varphi^\ominus(\mathrm{MnO_4^-/Mn^{2+}})+\frac{0.0592}{n}\lg\frac{[c(\mathrm{MnO_4^-})/c^\ominus][c(\mathrm{H^+})/c^\ominus]^8}{c(\mathrm{Mn^{2+}})/c^\ominus}$$

$$=\left[1.507+\frac{0.0592}{5}\lg(10^{-4})^8\right]\mathrm{V}$$

$$=1.128\ \mathrm{V}$$

计算结果表明，pH 对电极电势的影响是非常大的。有些时候，可以通过调节溶液的 pH 来使氧化还原反应的方向发生逆转。

例 6-12 计算电对 $\mathrm{O_2/H_2O}$ 在 $c(\mathrm{H^+})=10^{-7}\ \mathrm{mol\cdot L^{-1}}$（中性溶液）和 $c(\mathrm{H^+})=10^{-14}\ \mathrm{mol\cdot L^{-1}}$（碱性溶液）中的电极电势。设 $T=298.15\ \mathrm{K}$，$p(\mathrm{O_2})=100\ \mathrm{kPa}$。

解 电极反应：$\mathrm{O_2+4H^++4e^-\rightleftharpoons 2H_2O}$，$\varphi^\ominus=1.229\ \mathrm{V}$

代入能斯特方程(6-4)，则有

$$\varphi(\mathrm{O_2/H_2O})=\varphi^\ominus(\mathrm{O_2/H_2O})+\frac{0.0592}{n}\lg\frac{[p(\mathrm{O_2})/p^\ominus][c(\mathrm{H^+})/c^\ominus]^4}{1}$$

$$=1.229+\frac{0.0592}{4}\lg c(\mathrm{H^+})$$

当 pH=7，$c(\mathrm{H^+})=10^{-7}$，则 $\varphi(\mathrm{O_2/H_2O})=0.815\ \mathrm{V}$；

当 pH=14，$c(\mathrm{H^+})=10^{-14}$，则 $\varphi(\mathrm{O_2/H_2O})=0.401\ \mathrm{V}$。

计算结果表明，溶液的酸碱性对氧气的氧化性有很大的影响。

3. 比较氧化剂或还原剂的相对强弱

对在水溶液中进行的反应，可用电极电势 φ 或 $\varphi^\ominus$ 直接比较氧化剂或还原剂的相对强弱。标准状态下，用 $\varphi^\ominus$ 比较电对氧化还原能力的相对强弱；非标准状态下，用 φ 比较电对氧化还原能力的相对强弱。

在有较多的氧化还原电对的体系中，电极电势代数值最大的那种氧化态是最强的氧化剂，电极电势代数值最小的那种还原态是最强的还原剂。

例 6-13 试比较标准状态下，在酸性介质中，下列电对氧化能力及还原能力的相对强弱：$\mathrm{MnO_4^-/Mn^{2+}}$，$\mathrm{Fe^{3+}/Fe^{2+}}$，$\mathrm{I_2/I^-}$，$\mathrm{O_2/H_2O}$，$\mathrm{Cu^{2+}/Cu}$。

解 查附录 F 得各电对的标准电极电势，并按由大到小排列：

$\varphi^{\ominus}(MnO_4^-/Mn^{2+}) = 1.507\ V$，$\varphi^{\ominus}(O_2/H_2O) = 1.229\ V$，$\varphi^{\ominus}(Fe^{3+}/Fe^{2+}) = 0.771\ V$，$\varphi^{\ominus}(I_2/I^-) = 0.5355\ V$，$\varphi^{\ominus}(Cu^{2+}/Cu) = 0.3419\ V$。

氧化能力由大到小排列：$MnO_4^- > O_2 > Fe^{3+} > I_2 > Cu^{2+}$；还原能力由大到小排列：$Cu > I^- > Fe^{2+} > H_2O > Mn^{2+}$。

4. 判断原电池的正、负极和计算电动势

在原电池中，正极发生还原半反应，负极发生氧化半反应。因此，电极电势代数值较大的电极是正极，电极电势代数值较小的电极是负极。正极电势与负极电势之差即为原电池的电动势。

例 6-14 将下列氧化还原反应组成原电池（写出电池符号），计算电池电动势，并写出正、负极反应：$Sn^{4+}(0.10\ mol \cdot L^{-1}) + Cd(s) \Longrightarrow Sn^{2+}(0.001\ mol \cdot L^{-1}) + Cd^{2+}(0.10\ mol \cdot L^{-1})$。

解 电极反应

$$Cd^{2+} + 2e^- \Longrightarrow Cd, \quad \varphi^{\ominus} = -0.403\ V$$

$$Sn^{4+} + 2e^- \Longrightarrow Sn^{2+}, \quad \varphi^{\ominus} = 0.154\ V$$

代入能斯特方程(6-4)，则有

$$\varphi(Cd^{2+}/Cd) = \{-0.403 + (0.0592/2)\lg[c(Cd^{2+})]\}V = -0.433\ V$$

$$\varphi(Sn^{4+}/Sn^{2+}) = \{0.154 + (0.0592/2)\lg[c(Sn^{4+})/c(Sn^{2+})]\} = 0.213\ V$$

因为 $\varphi(Sn^{4+}/Sn^{2+}) > \varphi(Cd^{2+}/Cd)$，所以 Sn^{4+}/Sn^{2+} 为正极，Cd^{2+}/Cd 为负极。其电池电动势为

$$E = \varphi_{正极} - \varphi_{负极} = [0.213 - (-0.433)]V = 0.646\ V$$

正极反应：$Sn^{4+} + 2e^- \Longrightarrow Sn^{2+}$，负极反应：$Cd \Longrightarrow Cd^{2+} + 2e^-$

电池符号：$(-)\ Cd\ |\ Cd^{2+}(0.10\ mol \cdot L^{-1})\ \|\ Sn^{4+}(0.10\ mol \cdot L^{-1}), Sn^{2+}(0.001\ mol \cdot L^{-1})\ |\ Pt(+)$

例 6-15 判断下述两电极所组成的原电池的正、负极，并计算此电池在 298.15 K 时的电动势：(1) $Zn\ |\ Zn^{2+}(0.001\ mol \cdot L^{-1})$；(2) $Zn\ |\ Zn^{2+}(1.0\ mol \cdot L^{-1})$。

解 根据能斯特方程(6-4)分别计算此两电极的电极电势：

$$\varphi_1(Zn^{2+}/Zn) = \varphi^{\ominus}(Zn^{2+}/Zn) + \frac{0.0592}{2}\lg\frac{c(Zn^{2+})/c^{\ominus}}{1}$$

$$= \left[-0.7618 + \frac{0.0592}{2}\lg(0.001)\right]V$$

$$= -0.8506\ V$$

$$\varphi_2(Zn^{2+}/Zn) = \left[\varphi^{\ominus}(Zn^{2+}/Zn) + \frac{0.0592}{2}\lg\frac{c(Zn^{2+})/c^{\ominus}}{1}\right]V$$

$$= -0.7618\ V$$

因为 $\varphi_2(Zn^{2+}/Zn) > \varphi_1(Zn^{2+}/Zn)$，所以电极(1)为负极，而电极(2)为正极。电池符号为：

$$(-)Zn\ |\ Zn^{2+}(0.001\ mol \cdot L^{-1})\ \|\ Zn^{2+}(1.0\ mol \cdot L^{-1})\ |\ Zn(+)$$

其电动势 $E = \varphi_{正极} - \varphi_{负极} = [(-0.7618) - (-0.8506)]V = 0.089\ V$。

这种电极组成相同,仅由于离子浓度不同而产生电流的电池称为浓差电池。浓差电池的电动势甚小,不能做电池使用。但是,浓差电池的形成在金属腐蚀中的作用不可忽略。

5. 判断氧化还原反应的方向

如果电池中的各物质处于标准状态时,根据 $\Delta G_m^{\ominus} = -nFE^{\ominus}$,则有:

当 $\Delta G_m^{\ominus} < 0$ 时,$E^{\ominus} > 0$,电池反应向正方向自发进行;

当 $\Delta G_m^{\ominus} = 0$ 时,$E^{\ominus} = 0$,电池反应处于平衡状态;

当 $\Delta G_m^{\ominus} > 0$ 时,$E^{\ominus} < 0$,电池正反应方向非自发(逆方向自发进行)。

如果电池中的各物质处于非标准状态,此时需要计算非标准状态下的电动势,再根据 $\Delta_r G_m = -nFE$,则有:

当 $\Delta G < 0$ 时,$E > 0$,电池反应向正方向自发进行;

当 $\Delta G = 0$ 时,$E = 0$,电池反应处于平衡状态;

当 $\Delta G > 0$ 时,$E < 0$,电池正反应方向非自发(逆方向自发进行)。

例 6-16 试判断氧化还原反应 $Pb^{2+} + Sn \rightleftharpoons Pb + Sn^{2+}$ 在标准状态下,及 $c(Pb^{2+}) = 0.1 \text{ mol} \cdot L^{-1}$,$c(Sn^{2+}) = 1.0 \text{ mol} \cdot L^{-1}$ 时反应进行的方向。

解 查附录 F 知 $Pb^{2+} + 2e^- \rightleftharpoons Pb$,$\varphi^{\ominus}(Pb^{2+}/Pb) = -0.126 \text{ V}$,应为正极

$Sn^{2+} + 2e^- \rightleftharpoons Sn$,$\varphi^{\ominus}(Sn^{2+}/Sn) = -0.140 \text{ V}$,应为负极

在标准状态下:

$$E^{\ominus} = \varphi^{\ominus}(Pb^{2+}/Pb) - \varphi^{\ominus}(Sn^{2+}/Sn)$$
$$= [(-0.126) - (-0.140)]V$$
$$= 0.014 \text{ V} > 0$$

所以反应正向进行。

非标准状态下,依据能斯特方程(6-4),则有

$$\varphi(Pb^{2+}/Pb) = \varphi^{\ominus}(Pb^{2+}/Pb) + \frac{0.0592}{2}\lg\frac{c(Pb^{2+})/c^{\ominus}}{1}$$
$$= \left(-0.126 + \frac{0.0592}{2}\lg 0.1\right)V$$
$$= -0.151 \text{ V}$$

由于 $E = \varphi(Pb^{2+}/Pb) - \varphi^{\ominus}(Sn^{2+}/Sn) = [(-0.151) - (-0.140)]V = -0.011 \text{ V}$,$E < 0$,所以反应逆向进行。

计算表明,改变物质的浓度,可以改变反应的方向。

例 6-17 判断在酸性水溶液中下列两组离子共存的可能性:(1) Sn^{2+} 和 Hg^{2+};(2) Sn^{2+} 和 Fe^{2+}。

解 (1) Sn^{2+} 和 Hg^{2+}

查附录 F:$Hg^{2+} + 2e^- \rightleftharpoons Hg$,$\varphi^{\ominus}(Hg^{2+}/Hg) = 0.851 \text{ V}$

$Sn^{4+} + 2e^- \rightleftharpoons Sn^{2+}$,$\varphi^{\ominus}(Sn^{4+}/Sn^{2+}) = 0.154 \text{ V}$

从标准电极电势可知,若 Sn^{2+} 和 Hg^{2+} 共存,Hg^{2+} 做氧化剂,Sn^{2+} 做还原剂,发生下列氧化还原反应:

$$Hg^{2+} + Sn^{2+} \rightleftharpoons Hg + Sn^{4+}$$

设计为原电池，Hg^{2+}/Hg 电对为正极，Sn^{4+}/Sn^{2+} 电对为负极。
$E^{\ominus}=\varphi^{\ominus}_{正极}-\varphi^{\ominus}_{负极}=(0.851-0.154)V=0.697\ V>0$，说明两离子不能共存。

(2) Sn^{2+} 和 Fe^{2+}

第一种情况：$Fe^{2+}+2e^-\rightleftharpoons Fe$，$\varphi^{\ominus}(Fe^{2+}/Fe)=-0.447\ V$
$$Sn^{4+}+2e^-\rightleftharpoons Sn^{2+}, \quad \varphi^{\ominus}(Sn^{4+}/Sn^{2+})=0.154\ V$$

若 Sn^{2+} 和 Fe^{2+} 共存，可能发生如下氧化还原反应：
$$Fe^{2+}+Sn^{2+}\rightleftharpoons Fe+Sn^{4+}$$

设计为原电池，Sn^{4+}/Sn^{2+} 电对为负极，Fe^{2+}/Fe 电对为正极。
$E^{\ominus}=\varphi^{\ominus}_{正极}-\varphi^{\ominus}_{负极}=(-0.447-0.154)V=-0.601\ V<0$，反应不能发生。

第二种情况：$Sn^{2+}+2e^-\rightleftharpoons Sn$，$\varphi^{\ominus}(Sn^{2+}/Sn)=-0.140\ V$
$$Fe^{3+}+e^-\rightleftharpoons Fe^{2+}, \quad \varphi^{\ominus}(Fe^{3+}/Fe^{2+})=0.771\ V$$

若 Sn^{2+} 和 Fe^{2+} 共存，也可能发生如下氧化还原反应：
$$2Fe^{2+}+Sn^{2+}\rightleftharpoons 2Fe^{3+}+Sn$$

设计为原电池，Sn^{2+}/Sn 电对为正极，Fe^{3+}/Fe^{2+} 电对为负极。
$E^{\ominus}=\varphi^{\ominus}_{正极}-\varphi^{\ominus}_{负极}=[(-0.140)-0.771]V=-0.911\ V<0$，反应不能发生。

通过上述计算说明 Sn^{2+} 和 Fe^{2+} 两离子能共存。

6. 判断氧化还原反应进行的程度

氧化还原反应的平衡常数 $K^{\ominus}$ 与标准电极电势 $E^{\ominus}$ 之间的关系推导如下。
因为 $\Delta G_m^{\ominus}=-RT\ln K^{\ominus}$，$\Delta G_m^{\ominus}=-nFE^{\ominus}$，所以
$$-RT\ln K^{\ominus}=-nFE^{\ominus}$$

$$\ln K^{\ominus}=\frac{nFE^{\ominus}}{RT} \quad 或 \quad \lg K^{\ominus}=\frac{nFE^{\ominus}}{2.303RT} \tag{6-6a}$$

当 $T=298.15\ K$ 时，式(6-6a)可写成：

$$\lg K^{\ominus}=\frac{nE^{\ominus}}{0.0592} \tag{6-6b}$$

根据式(6-6b)，若已知氧化还原反应所组成的原电池的标准电动势 $E^{\ominus}$，就可计算此反应的平衡常数 $K^{\ominus}$，从而了解反应进行的程度。

例 6-18 计算下述反应在 298.15 K 时的平衡常数：
$$Cu+2Ag^+\rightleftharpoons Cu^{2+}+2Ag$$

解 根据此氧化还原反应设计成原电池，其两极反应分别为

正极：$Ag^++e^-\rightleftharpoons Ag$，$\varphi^{\ominus}(Ag^+/Ag)=0.7996\ V$
负极：$Cu-2e^-\rightleftharpoons Cu^{2+}$，$\varphi^{\ominus}(Cu^{2+}/Cu)=0.3419\ V$
所以 $E^{\ominus}=(0.7996-0.3419)V=0.4577\ V$
将此值代入式(6-6b)中，得

$$\lg K^{\ominus}=\frac{2\times 0.4577}{0.0592}, \quad K^{\ominus}=2.88\times 10^{15}$$

计算结果表明，此反应向正方向进行的程度是很大的。

6.4 电　解

一个自发进行的氧化还原反应可以组成原电池产生电流,从而实现化学能到电能的转变。事实上,也可以用电流促使一个非自发的氧化还原反应得以进行,完成电能到化学能的转变。实现这种转变的过程就是电解。

1. 电解池

电解通常是使直流电通过电解质溶液(或熔融液)来引起氧化还原反应的发生。我们把借电流实现上述过程的装置,即把电能转变成化学能的装置叫电解池(图6-5)。与电源正极连接的电极叫做阳极,与电源负极连接的电极叫做阴极。阴极上发生还原反应,阳极上发生氧化反应。

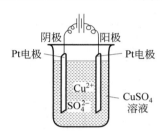

图 6-5　电解硫酸铜溶液

如在盛着$CuSO_4$溶液的电解池中,插入两个铂电极,接通电源后,电解液中的阳离子Cu^{2+}移向阴极,阴离子SO_4^{2-}移向阳极。从电源负极输出的电子,通过导线传送到阴极,Cu^{2+}在阴极获得电子而成金属Cu沉积于铂阴极上。与此同时,阴离子在阳极释放电子,这些电子再沿着导线回入电源正极,于是电路形成通路。溶液中虽有SO_4^{2-}向阳极移动,但在阳极释放电子的不是SO_4^{2-},而是水中少量的OH^-,OH^-释放电子而生成的O_2在铂阳极上逸出。

在电解池阴极上：$Cu^{2+}+2e^-=\!\!=\!\!=Cu$

在电解池阳极上：$4OH^-=\!\!=\!\!=2H_2O+O_2+4e^-$

原电池和电解池同样都有两个电极,在电极上进行的氧化还原反应都符合法拉第定律,但是两者有根本上的区别,见表6-2。

表 6-2　原电池和电解池的比较

	原电池	电解池
工作原理	在电极上发生氧化还原反应,产生电流,向外电路的负载提供电流,将化学能转化为电能	施加电流在电极上发生氧化还原反应,将电能转化为化学能
反应自发性	电池反应的吉布斯函数变为负值,反应是自发的	电池反应的吉布斯函数变为正值,反应是非自发的
氧化反应	向外电路提供电子的电极为负极,负极发生氧化反应	与外电源正极相连的电极为阳极,阳极发生氧化反应
还原反应	由外电路传入电子的电极为正极,正极发生还原反应	与外电源负极相连的电极为阴极,阴极发生还原反应

2. 分解电压

电解时,直流电源将电压施加于电解池的两极,但在电解池的两极应该施加多大的电压才能使电解顺利进行呢?下面以铂作电极,电解 $0.100\ mol\cdot L^{-1}\ Na_2SO_4$ 溶液为例进行说明。

将 0.100 mol·L^{-1} Na$_2$SO$_4$ 溶液按图 6-6 的装置进行电解,通过可变电阻 R 调节外电压,从电流计 Ⓐ 可以读出在一定外加电压下的电流数值。当接通电路后,可以发现,在外加电压很小时,电流很小;电压逐渐增加到 1.23 V 时,电流增大仍很小,电极上没有气泡发生;只有当电压增加到约 1.7 V 时,电流开始剧增,此后随电压的增加,电流直线上升,同时,在两极上有明显的气泡发生,电解能够顺利进行。通常把能使电解顺利进行的最低电压称为实际分解电压,简称分解电压。如果把上述实验结果以电压为横坐标、以电流密度为纵坐标作图,可得图 6-7 的曲线。图中 D 点的电压读数即为实际分解电压。各种物质的分解电压是通过实验测定的。

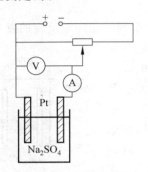

图 6-6　测定分解电压装置示意图

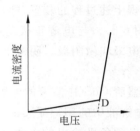

图 6-7　电压-电流密度曲线

产生分解电压的原因可以从电极上的氧化还原产物进行分析。在电解硫酸钠溶液时,阴极上析出氢气($2H^+ + 2e^- \rightleftharpoons H_2$),阳极上析出氧气($2OH^- \rightleftharpoons H_2O + 1/2 O_2 + 2e^-$),而部分氢气和氧气分别吸附在铂表面,组成了氢氧原电池:

$$(-)Pt|H_2(p_1)|Na_2SO_4(0.100 mol/L)|O_2(p_2)|Pt(+)$$

该原电池的电子流方向与外加直流电源电子流的方向相反。因而至少需要外加一定值的电压以克服该原电池所产生的电动势,才能使电解顺利进行。这样看来,分解电压是由于电解产物在电极上形成某种原电池,产生反向电动势(称为理论分解电压)而引起的。分解电压的理论数值可以根据电解产物及溶液中有关离子的浓度计算得到。

例 6-19　计算电解食盐水的理论分解电压。已知电解质溶液中的 $c(Cl^-) = 3.2$ mol·L^{-1},$c(OH^-) = 1$ mol·L^{-1},电解产生的气体分压为标准压力。

解　解题思路:应用能斯特方程式分别求取两个电极的非标态电极电势,相减得原电池电动势及其相应电解池的理论分解电压。

电极反应:$2H^+ + 2e^- \rightleftharpoons H_2$

$$\varphi(H^+/H_2) = \varphi^{\ominus}(H^+/H_2) + \frac{0.0592}{2} \lg \frac{[c(H^+)/c^{\ominus}]^2}{p(H_2)/p^{\ominus}}$$

$$= \left[0 + \frac{0.0592}{2} \lg (10^{-14})^2\right] V$$

$$= -0.83 V$$

电极反应:$2Cl^- - 2e^- \rightleftharpoons Cl_2$

$$\varphi(Cl_2/Cl^-) = \varphi^{\ominus}(Cl_2/Cl^-) + \frac{0.0592}{2} \lg \frac{p(Cl_2)/p^{\ominus}}{[c(Cl^-)/c^{\ominus}]^2}$$

$$= \left(1.36 + \frac{0.0592}{2} \lg \frac{1}{3.2^2}\right) V$$

$$= 1.33 V$$

原电池的电动势 $E=\varphi(Cl_2/Cl^-)-\varphi(H^+/H_2)=(1.33+0.83)=2.16$ V

相应电解池的理论分解电压等于该原电池的电动势,即 2.16 V。

然而,在事实上,欲使电解反应发生,施加在电解池两端的最小电压总是大于理论分解电压,这种实际电压称为"实际分解电压"。实际分解电压大于理论分解电压的原因是多方面的。最容易理解的因素是,电解池各界面都存在电阻,电极材料和电解质也都有电阻,电流通过时会发生电能转化为热能的必然现象而导致电压下降。然而实际分解电压大于理论分解电压最重要的因素是所谓的"极化"。

3. 极化与超电势

按照能斯特方程式计算得到的电极电势,是在电极上(几乎)没有电流通过条件下的平衡电极电势。但当可察觉量的电流通过电极时,电极的电势会与上述平衡电势有所不同。这种电极电势偏离了没有电流通过时的平衡电极电势值的现象,在电化学上称为极化。电极极化包括浓差极化和电化学极化两个方面。浓差极化现象是由于离子扩散速率缓慢所引起的。它可以通过搅拌电解液和升高温度,使离子扩散速率增大而得到一定程度的消除。电化学极化是由电解产物析出过程中某一步骤(如离子的放电、原子结合为分子、气泡的形成等)反应速率迟缓而引起电极电势偏离平衡电势的现象。即电化学极化是由电化学反应速率决定的。对电解液的搅拌,一般并不能消除电化学极化的现象。

有显著大小的电流通过时电极的电势 $\varphi_实$ 与没有电流通过时的电极的电势 $\varphi_理$ 之差的绝对值定义为电极的超电势 η,即

$$\eta=|\varphi_实-\varphi_理|$$

电解时电解池的实际分解电压 $E_实$ 与理论分解电压 $E_理$ 之差则称为超电压 $E_超$,即

$$E_超=E_实-E_理$$

显然,超电压与超电势之间的关系为 $E_超=\eta_阴+\eta_阳$。

影响超电势的因素主要有以下 3 方面:

(1) 电解产物的本质:金属的超电势一般很小,气体的超电势较大,而氢气、氧气的超电势则更大。

(2) 电极的材料和表面状态:同一电解产物在不同电极上的超电势数值不同,且电极表面状态不同时超电势数值也不同(见表 6-3)。

表 6-3　298.15 K 时 H_2、O_2、Cl_2 在一些电极上的超电势

电　极	电流密度/($A \cdot m^{-2}$)				
	10	100	1000	5000	50 000
从 0.5 $mol \cdot L^{-1}$ H_2SO_4 溶液中释放 H_2(g)					
Ag	0.097	0.13	0.30	0.48	0.69
Fe	—	0.56	0.82	1.29	—
石墨	0.002	—	0.32	0.60	0.73
光亮 Pt	0.0000	0.16	0.29	0.68	—
镀 Pt	0.0000	0.030	0.041	0.048	0.051
Zn	0.048	0.75	1.06	1.23	

续表

电极	电流密度/(A·m^{-2})				
	10	100	1000	5000	50 000
从 1 mol·L^{-1} KOH 溶液中释放 O$_2$(g)					
Ag	0.58	0.73	0.96	—	1.13
Cu	0.42	0.58	0.66	—	0.79
石墨	0.53	0.90	1.09	—	1.24
光亮 Pt	0.72	0.85	1.28	—	1.49
镀 Pt	0.40	0.52	0.64	—	0.77
从饱和 NaCl 溶液中释放 Cl$_2$(g)					
石墨	—	—	0.25	0.42	0.53
光亮 Pt	0.008	0.03	0.054	0.161	0.236
镀 Pt	0.006	—	0.026	0.05	—

(3) 电流密度：随着电流密度增大，超电势增大。因此表达超电势的数据时，必须指明电流密度的数值或具体条件（表 6-3）。

电极上超电势的存在，使得电解所需的外加电压增大，消耗更多的能源，因此人们常常设法降低超电势。但是，有时超电势也会给人们带来便利。例如，在铁板上电镀锌时，如果没有超电势，由于 $\varphi(H^+/H_2) > \varphi(Zn^{2+}/Zn)$，所以在阴极铁板上析出的是氢气而不是金属锌。但由于氢气在铁板上的超电势较大，使得 $\varphi_{实}(H^+/H_2) < \varphi_{实}(Zn^{2+}/Zn)$，因此在铁板上析出的是金属锌。

大量实验结果表明，盐类水溶液电解时，两极的产物是有一定规律的：

(1) 在阴极，H^+ 只比电动序中铝以前的金属离子（K^+、Ca^{2+}、Na^+、Mg^{2+}、Al^{3+}）易放电（得电子）。电解这些金属的盐溶液时，阴极析出氢气；电解其他金属的盐溶液时，阴极则析出金属。

(2) 在阳极，OH^- 只比含氧酸根离子易放电（失电子）。电解含氧酸盐溶液时，阳极析出氧气；电解卤化物或硫化物时，阳极则分别析出卤素或硫。但是，如果阳极导体是可溶性金属，则阳极金属首先放电，称阳极溶解。

如石墨电极电解 Na_2SO_4 水溶液。在电解池的阳极有 OH^- 和 SO_4^{2-} 可能放电，按上述规律是 OH^- 放电，得到氧气；在电解池的阴极有 Na^+、H^+ 可能放电，按上述规律应是 H^+ 放电，得到氢气。再如用金属镍做电极电解 $NiSO_4$ 水溶液时，在阳极有 OH^- 和 SO_4^{2-} 可能放电，还有金属镍可溶解。此时，首先是金属镍溶解。这是由于金属镍的电极电势较低，且金属镍溶解时没有超电势的阻碍。在阴极有 H^+ 和 Ni^{2+} 可能放电，按上述规律应是 Ni^{2+} 放电，在阴极有金属镍析出。电解池的两极反应如下：

阳极　$Ni - 2e^- = Ni^{2+}$

阴极　$Ni^{2+} + 2e^- = Ni$

电解总反应式为　$Ni(阳极) + Ni^{2+} \xrightarrow{电解} Ni^{2+} + Ni(阴极)$

这个例子是电镀的基本原理。

拓展知识

化 学 电 源

从1799年伏打发明电池到今天,已有两个世纪,化学电源,简称电池,有了长足的进步。尤其是第二次世界大战以来的60多年里,发展更是迅猛异常。第二次世界大战开始时,锌锰干电池、铅酸蓄电池占了很大优势。可使用的电池品种为数极少,而且主要限于汽车、信号和无线电方面的应用。现在化学电源的面貌发生了翻天覆地的变化,在国民经济、科学技术、军事和日常生活方面均获得了广泛应用。

化学电源又称电池,是一种能将化学能直接转变为电能的装置。化学电池品种繁多,按电解液的性质可分为碱性电池、酸性电池、固体电池等;按外形可分为扣式电池、矩形电池、圆柱形电池等;按工作特点则可分为高容量电池、免维护电池、密封电池、防爆电池等。现在较为流行的分类方式,是按电池工作性质及储存方式,将电池分为一次电池、二次电池、储备电池和燃料电池4大类。

1. 一次电池

一次电池又称"原电池"。即电池放电后不能用充电方法使它复原的一类电池。换句话说,这种电池只能使用一次,如常用的锌锰电池(锌、二氧化锰为两极活性物质,氯化铵溶液做电解液,工作电压1.5 V)、锌汞电池(锌、氧化汞为两极活性物质,35%~40%(质量分数)氢氧化钾溶液作电解液,工作电压1.35 V)、锌银电池(锌、氧化银为两极活性物质,氢氧化钾溶液做电解液,工作电压1.5 V)等。

锌锰干电池是日常生活中常用的干电池,其结构如图6-8所示。

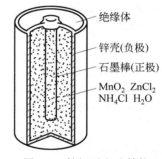

图6-8 锌锰干电池结构

正极材料:MnO_2,石墨棒;负极材料:锌片;电解质:NH_4Cl,$ZnCl_2$及淀粉糊状物;电池符号可表示为

$$(-)\ Zn\,|\,ZnCl_2,NH_4Cl(糊状)\,\|\,MnO_2\,|\,C(石墨)\ (+)$$

负极:$Zn \longrightarrow Zn^{2+} + 2e^-$

正极:$2MnO_2 + 2NH_4^+ + 2e^- \longrightarrow Mn_2O_3 + 2NH_3 + H_2O$

总反应:$Zn + 2MnO_2 + 2NH_4^+ \longrightarrow 2Zn^{2+} + Mn_2O_3 + 2NH_3 + H_2O$

锌锰干电池的电动势为1.5 V。因产生的NH_3被石墨吸附,引起电动势下降较快。如果用高导电的糊状KOH代替NH_4Cl,正极材料改用钢筒,MnO_2层紧靠钢筒,就构成碱性锌锰干电池,由于电池反应没有气体产生,内电阻较低,电动势为1.5 V,比较稳定。

2. 二次电池

二次电池又称"蓄电池"。即电池放电后,可用充电方法使活性物质复原而再次使用,这种电池能循环使用多次。该电池实际上是将电能变为化学能储存起来(充电过程),工作时再将化学能转变为电能(放电过程)。如铅酸蓄电池(铅、氧化铅为两极活性物质,硫酸做电解液,工作电压 2.0 V,循环寿命约 300 次)、镉镍电池(镉、氧化镍为两极活性物质,氢氧化钾溶液做电解液,工作电压 1.20 V,循环寿命 2000~4000 次)等。

铅蓄电池(图 6-9)由一组充满海绵状金属铅的铅锑合金格板做负极,由另一组充满二氧化铅的铅锑合金格板做正极,两组格板相间浸泡在电解质稀硫酸中,放电时,电极反应为

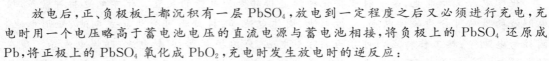

图 6-9 铅蓄电池

负极:$Pb+SO_4^{2-} \rightleftharpoons PbSO_4+2e^-$

正极:$PbO_2+SO_4^{2-}+4H^++2e^- \rightleftharpoons PbSO_4+2H_2O$

总反应:$Pb+PbO_2+2H_2SO_4 \rightleftharpoons 2PbSO_4+2H_2O$

放电后,正、负极板上都沉积有一层 $PbSO_4$,放电到一定程度之后又必须进行充电,充电时用一个电压略高于蓄电池电压的直流电源与蓄电池相接,将负极上的 $PbSO_4$ 还原成 Pb,将正极上的 $PbSO_4$ 氧化成 PbO_2,充电时发生放电时的逆反应:

阴极:$PbSO_4+2e^- \rightleftharpoons Pb+SO_4^{2-}$

阳极:$PbSO_4+2H_2O \rightleftharpoons PbO_2+SO_4^{2-}+4H^++2e^-$

总反应:$2PbSO_4+2H_2O = Pb+PbO_2+H_2SO_4$

正常情况下,铅蓄电池的电动势是 2.1 V,随着电池放电生成水,H_2SO_4 的浓度降低,故可以通过测量 H_2SO_4 的浓度来检查蓄电池的放电情况。铅蓄电池具有充放电可逆性好、放电电流大、稳定可靠、价格便宜等优点,缺点是笨重,常用作汽车和柴油机车的启动电源,坑道、矿山和潜艇的动力电源,以及变电站的备用电源。

3. 储备电池

储备电池又称"激活电池"。这类电池为了达到长期储存,又不致因放置过程中自放电使电池失效的目的,采取使两极活性物质在平时和电解液完全不接触,只是到使用时,注入电解液使电池激活的方法。如镁银电池(镁、氧化银为两极活性物质,氯化镁为电解液)、铅高氯酸电池(铅、氧化铅为两极活性物质,高氯酸作电解液)等。例如镁-氯化银电池的电池反应为 $Mg+2AgCl \rightleftharpoons MgCl_2+2Ag$。

4. 燃料电池

燃料电池又称"连续电池"。这类电池,只要将活性物质(即燃料)连续注入电池,电池便能一直工作。这类电池本身只是一种能量转换的装置,需要电能时将反应物从外部送入电池即可。如氢氧燃料电池、甲醇空气电池等。

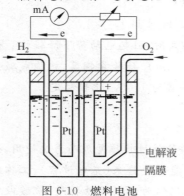

图 6-10 燃料电池

燃料电池的基本结构与一般化学电源相同(图 6-10),由正极(氧化剂电极)、负极(燃料电极)和电解质构成,但其电极本身仅起催化和集流作用。燃料电池工作时,活性物质由外部供给,因此,原则上说,只要燃料和氧化剂不断地输入,反应产物不断地排出,燃料电池就可以连续放电,供应电能。理论上可作为电池燃料和氧化剂

的化学物质很多，但目前得到实际应用的只有氢-氧燃料电池。氢气流经铂负极，催化解离为氢原子，再释放出电子形成氢离子，电子经外电路的负载后流到通氧气的催化正极，氧得电子生成氢氧离子，氢离子再在电解液中与氢氧离子结合成水，因此氢氧燃料电池对环境无污染。燃料气体都是共价分子，反应过程必须先离子化，此过程速率较慢，所以筛选催化剂是关键问题之一。电池符号如下：

$$(-)\ C\mid H_2(p)\mid KOH(aq)\mid O_2(p)\mid C\ (+)$$

电极反应为：负极 $2H_2+4OH^-$ ══ $4H_2O+4e^-$；正极 $O_2+2H_2O+4e^-$ ══ $4OH^-$。电池总反应为：$2H_2+O_2$ ══ $2H_2O$。当 H_2 和 O_2 的分压均为 100 kPa、KOH 的质量分数为 30% 时，电池的理论电动势约为 1.23 V。

6-1 什么是氧化还原的半反应式？原电池的电极反应与氧化还原半反应式的对应关系如何？

6-2 总结配平氧化还原方程式应注意的问题。

6-3 下列叙述是否正确？并加以说明。
(1) 在氧化还原反应中，氧化值升高的物种是氧化剂，氧化值降低的物种是还原剂。
(2) 某物种得电子，其相关元素的氧化值降低。
(3) 氧化剂一定是电极电势大的电对的氧化态，还原剂是电极电势小的电对的还原态。

6-4 如何用符号表示原电池？

6-5 什么叫做标准电极电势？标准电极电势的正负号是怎么确定的？

6-6 在原电池中盐桥的作用是什么？

6-7 原电池放电时，其电动势如何变化？当电池反应达到平衡时，电动势等于多少？

6-8 怎样利用电极电势来决定原电池的正、负极，并计算原电池的电动势？

6-9 原电池的电动势与离子浓度的关系如何？电极电势与离子浓度的关系如何？

6-10 已知 $\varphi^{\ominus}(Cl_2/Cl^-)=+1.36\ V$，在下列电极反应中标准电极电势为 +1.36 V 的电极反应是（　　）。
A. Cl_2+2e^- ══ $2Cl^-$ 　　　　B. $2Cl^--2e^-$ ══ Cl_2
C. $\frac{1}{2}Cl_2+e^-$ ══ Cl^- 　　　　D. 都是

6-11 下列都是常见的氧化剂，其中氧化能力与溶液 pH 大小无关的是（　　）。
A. $K_2Cr_2O_7$ 　　　　B. PbO_2 　　　　C. O_2 　　　　D. $FeCl_3$

6-12 同一种金属及其盐溶液能否组成原电池？试举出两种不同情况的例子。

6-13 判断氧化还原反应进行方向的原则是什么？什么情况下必须用 $\varphi^{\ominus}$ 值？

6-14 下列电极反应中，有关离子浓度减小时，电极电势增大的是（　　）。
A. $Sn^{4+}+2e^-$ ══ Sn^{2+} 　　　　B. Cl_2+2e^- ══ $2Cl^-$
C. $Fe-2e^-$ ══ Fe^{2+} 　　　　D. $2H^++2e^-$ ══ H_2

6-15 判断下列各项叙述是否正确：
(1) 在氧化还原反应中，如果两个电对的电极电势相差越大，反应就进行得越快。
(2) 由于 $\varphi^{\ominus}(Cu^+/Cu)=+0.52\ V$，$\varphi^{\ominus}(I_2/I^-)=+0.536\ V$，故 Cu^+ 和 I_2 不能发生氧化还原反应。
(3) 氢的电极电势是零。
(4) 计算在非标准状态下进行氧化还原反应的平衡常数，必须先算出非标准电动势。
(5) $FeCl_3$、$KMnO_4$ 和 H_2O_2 是常见的氧化剂，当溶液中 $c(H^+)$ 增大时，它们的氧化能力都增加。

6-16 试从有关电对的电极电势，说明为什么常在 $SnCl_2$ 溶液加入少量纯锡粒以防止 Sn^{2+} 被空气(O_2)氧化。

6-17 判断氧化还原反应进行程度的原则是什么？与 E 有关，还是只与 $E^{\ominus}$ 有关？

6-18 根据 $\varphi^{\ominus}(PbO_2/PbSO_4)>\varphi^{\ominus}(MnO_4^-/Mn^{2+})>\varphi^{\ominus}(Sn^{4+}/Sn^{2+})$，可以判断在组成电对的 6 种物种中，氧化性最强的是_____，还原性最强的是_____。

6-19 随着溶液的 pH 增加，下列电对 $Cr_2O_7^{2-}/Cr^{3+}$、Cl_2/Cl^-、MnO_4^-/MnO_4^{2-} 的 φ 值将分别_____、_____、_____。

6-20 用电对 MnO_4^-/Mn^{2+}、Cl_2/Cl^- 组成的原电池，其正极反应为：_____，负极反应为 _____，电池的电动势等于_____，电池符号为_____。（$\varphi^{\ominus}(MnO_4^-/Mn^{2+})=1.51\ V$，$\varphi^{\ominus}(Cl_2/Cl^-)=1.36\ V$）

6-21 由标准锌半电池和标准铜半电池组成原电池：

$$(-)Zn|ZnSO_4(1\ mol\cdot L^{-1})||CuSO_4(1\ mol\cdot L^{-1})|Cu(+)$$

(1) 改变下列条件对原电池电动势有何影响？
① 增加 $ZnSO_4$ 溶液的浓度；② 在 $ZnSO_4$ 溶液中加入过量的 NaOH；③ 增加铜片的电极表面积；④ 在 $CuSO_4$ 溶液中加入 H_2S。

(2) 当铜锌原电池工作半小时以后，原电池的电动势是否会变生变化？为什么？

6-22 根据标准电极电势表，将 Hg^{2+}、$Cr_2O_7^{2-}$、H_2O_2、Sn、Zn、Br^- 按(1)氧化性由强到弱_____；(2)还原性由强到弱_____排列成序。

6-23 试分别写出铅蓄电池放电时的两极反应。

6-24 燃料电池的组成有何特点？试写出氢-氧燃料电池的两极反应及电池总反应式。

6-25 实际分解电压为什么高于理论分解电压？简单说明超电压和超电势的概念。

6-26 H^+/H_2 电对的电极电势代数值往往比 Zn^{2+}/Zn 电对或 Fe^{2+}/Fe 电对的要大，为什么电解锌盐或亚铁盐溶液时在阴极常得到金属锌或金属铁？

习　　题

6-1 用氧化值法配平下列方程式：
(1) $Cu+HNO_3(稀)\longrightarrow Cu(NO_3)_2+NO+H_2O$
(2) $PbO_2+MnSO_4+HNO_3\longrightarrow Pb(NO_3)_2+PbSO_4+HMnO_4+H_2O$
(3) $FeS_2+O_2\longrightarrow Fe_3O_4+SO_2$
(4) $As_2S_3+HNO_3+H_2O\longrightarrow H_3AsO_4+H_2SO_4+NO$

(5) $KMnO_4 + K_2SO_3 + H_2O \longrightarrow MnO_2 + K_2SO_4 + KOH$

(6) $Na_2S_2O_3 + I_2 \longrightarrow Na_2S_4O_6 + NaI$

(7) $(NH_4)_2S_2O_8 + FeSO_4 \longrightarrow Fe_2(SO_4)_3 + (NH_4)_2SO_4$

6-2 用离子-电子法配平下列方程式(必要时添加反应介质):

(1) $KMnO_4 + K_2SO_3 + H_2SO_4 \longrightarrow K_2SO_4 + MnSO_4 + H_2O$

(2) $NaBiO_3(s) + MnSO_4 + HNO_3 \longrightarrow HMnO_4 + Bi(NO_3)_3 + Na_2SO_4 + NaNO_3 + H_2O$

(3) $Zn + NO_3^- + H^+ \longrightarrow Zn^{2+} + NH_4^+ + H_2O$

(4) $Ag + NO_3^- + H^+ \longrightarrow Ag^+ + NO + H_2O$

(5) $Cl_2 + OH^- \longrightarrow Cl^- + ClO^- + H_2O$

(6) $Al + NO_3^- + OH^- + H_2O \longrightarrow [Al(OH)_4]^- + NH_3$

6-3 填空题

(1) $2HgCl_2(aq) + SnCl_2(aq) \rightleftharpoons SnCl_4(aq) + Hg_2Cl_2(s)$ 构成电池的标准电动势 $E^\ominus$ 为 0.476 V,$\varphi^\ominus(Sn^{4+}/Sn^{2+}) = 0.154$ V,则 $\varphi^\ominus(HgCl_2/Hg_2Cl_2)$ 为_____。

(2) 将氢电极($p_{H_2} = 100$ kPa)插入纯水中与标准氢电极组成原电池,则电池的电动势 E 为_____。

(3) 反应 $2MnO_4^-(aq) + 10Br^-(aq) + 16H^+ \rightleftharpoons 2Mn^{2+} + 5Br_2(l) + 8H_2O(l)$ 的电池符号为:_____。

6-4 已知原电池 $(-)Pt|H_2(100\text{ kPa})|H^+(1.0\text{ mol}\cdot L^{-1})\|Cu^{2+}(1.0\text{ mol}\cdot L^{-1})|Cu(+)$,在 298.15 K 时测得此原电池的标准电动势为 0.3419 V,求标准铜电极的电极电势。

6-5 查出下列电对的电极反应的标准电极电势值,判断各组中哪种物质是最强的氧化剂,哪种物质是最强的还原剂。

(1) MnO_4^-/Mn^{2+},Fe^{3+}/Fe^{2+};(2) $Cr_2O_7^{2-}/Cr^{3+}$,$CrO_4^{2-}/Cr(OH)_3$;(3) Cu^{2+}/Cu,Fe^{3+}/Fe^{2+},Fe^{2+}/Fe。

6-6 根据电对 Cu^{2+}/Cu、Fe^{3+}/Fe^{2+}、Fe^{2+}/Fe 的电极反应的标准电极电势值,指出下列各组物质中哪些可以共存,哪些不能共存,并说明理由。

(1) Cu^{2+},Fe^{2+};(2) Fe^{3+},Fe;(3) Cu^{2+},Fe;(4) Fe^{3+},Cu;(5) Fe^{2+},Cu。

6-7 高锰酸钾溶液在 pH = 5 时,溶液中的 $c(MnO_4^-) = c(Mn^{2+}) = 1.0$ mol·L^{-1},求 $\varphi(MnO_4^-/Mn^{2+})$ 值。已知 $\varphi^\ominus(MnO_4^-/Mn^{2+}) = 1.507$ V。

6-8 在 Ag^+、Cu^{2+} 浓度分别为 1.0×10^{-2} mol·L^{-1} 和 0.10 mol·L^{-1} 的混合溶液中加入 Fe 粉,哪种金属离子先被还原?当第二种离子被还原时,第一种金属离子在溶液中的浓度为多少?

6-9 判断下列反应进行的方向:

$$Sn(s) + Pb^{2+}(1.0\text{ mol}\cdot L^{-1}) \rightleftharpoons Sn^{2+}(0.010\text{ mol}\cdot L^{-1}) + Pb(s)$$

6-10 求下列电极在 25℃ 时的电极反应的电极电势:

(1) 金属铜放在 0.50 mol·L^{-1} Cu^{2+} 离子溶液中;

(2) 在 1 L 上述(1)的溶液中加入 0.50 mol 固体 Na_2S;

(3) 在 1 L 上述(1)的溶液中加入固体 Na_2S,使溶液中的 $c(S^{2-}) = 1.0$ mol·L^{-1}(忽略加入固体引起的溶液体积变化)。

6-11 求下列电极在 25℃时的电极反应的电极电势：
(1) 100 kPa 的 $H_2(g)$ 通入 0.10 mol·L^{-1} 的盐酸溶液中；
(2) 在 1 L 上述(1)的溶液中加入 0.1 mol 固体 NaOH；
(3) 在 1 L 上述(1)的溶液中加入 0.1 mol 固体 NaAc(忽略加入固体引起的溶液体积变化)。

6-12 试计算在 298.15 K 时，反应 $Sn + Pb^{2+} \rightleftharpoons Sn^{2+} + Pb$ 的平衡常数；若 Pb^{2+} 的初始浓度为 2.0 mol·L^{-1}，反应达到平衡后，$c(Pb^{2+})$ 还有多大？

6-13 写出原电池电极反应和电池反应，并计算原电池的电动势。
(1) (−)Zn|Zn^{2+}(0.001 mol·L^{-1}) ‖ Cu^{2+}(1 mol·L^{-1})|Cu(+)；
(2) (−)Zn|Zn^{2+}(0.1 mol·L^{-1}) ‖ HAc(0.1 mol·L^{-1}) | H_2(100 kPa)|Pt(+)。

6-14 为测定 $PbSO_4$ 的溶度积，设计了如下原电池：
(−) Pb|$PbSO_4(s)$|SO_4^{2-}(1.0 mol·L^{-1}) ‖ Sn^{2+}(1.0 mol·L^{-1})|Sn(+)
25℃时测得该电池的电动势 $E^{\ominus} = 0.22$ V，试据此求 $PbSO_4$ 的 $K_{sp}^{\ominus}$。

6-15 若参加下列反应的各离子浓度均为 1.0 mol·L^{-1}，气体的压力为 $p^{\ominus} = 100$ kPa，试判断各反应能否正向进行。
(1) $Sn^{2+} + Fe^{3+} \longrightarrow Fe^{2+} + Sn^{4+}$；
(2) $Fe^{2+} + Cu^{2+} \longrightarrow Cu + Fe^{3+}$；
(3) $MnO_4^- + H_2O_2 + H^+ \longrightarrow Mn^{2+} + O_2 + H_2O$。

6-16 将如下反应设计为原电池：
$$Cr_2O_7^{2-} + 6Cl^- + 14H^+ \rightleftharpoons 2Cr^{3+} + 3Cl_2 + 7H_2O$$
试求：(1) 该电池的电动势 $E^{\ominus}$ 及该电池反应的 $\Delta_r G_m^{\ominus}$；
(2) 当 $c(Cl^-) = c(H^+) = 12$ mol·L^{-1}，其他离子浓度均为 1 mol·L^{-1}，$p(Cl_2) = 100$ kPa 时，求电动势 E。

6-17 已知下列原电池：
(−) Pt|Sn^{2+}(1 mol·L^{-1}), Sn^{4+}(1 mol·L^{-1}) ‖ Cl^-(1 mol·L^{-1})|AgCl|Ag (+)
(1) 试写出电极反应和电池反应；
(2) 求电池反应的 $\Delta_r G_m^{\ominus}$，并判断电池反应进行的方向。

第7章

相 平 衡

学习要求

(1) 了解相平衡的特点。
(2) 掌握相律的意义及其应用。
(3) 掌握单组分相图的绘制及其意义。
(4) 理解二组分系统相图的特征及杠杆规则在两相平衡中的应用。

许多物理过程(如液体的蒸发、蒸气的凝结、固体的溶解、溶液的结晶等)和化学过程(如天然产品的转化、分离、提纯,金属的冶炼、合金的制备等)都包含相的变化,并涉及相平衡问题。相平衡就是研究多相系统相变化规律的一门学科,它与热平衡、化学平衡一样,是热力学的重要应用之一,也是化学热力学的主要研究对象。

研究多相系统的相平衡有着重要的实际意义。例如研究金属冶炼过程中的相的变化,根据相变进而研究金属的成分、结构与性能之间的关系。开发利用属于多相系统的石油、硅酸盐、岩盐、盐湖等天然资源,要用适当的方法如溶解、蒸馏、结晶、萃取、凝结等从各种天然资源中分离出所需要的成分,在这些过程中也涉及相的变化及相平衡问题,都需要有相平衡的知识作指导。

相律描述了多相、多组分平衡体系共同遵守的普遍规律,为多相平衡体系的研究建立了热力学基础。相律作为热力学的一个直接推论,当然遵循热力学的一切规律。本章我们将对相律作重点介绍。

研究多相体系的状态如何随浓度、温度、压力等变量的改变而发生变化,并用图形来表示体系状态的变化,这种图叫相图。相图的类型很多,例如,各类组成与各种性质(电阻率、折光率、旋光率、热膨胀系数、硬度等)就可形成各种相图,这些图形可对特殊性能材料的制造提供可靠而有用的信息。本章仅从热力学角度,着重讨论多相体系与温度、压力和组成相关的条件下相的形态及其变化,介绍一些基本的典型相图,目的在于通过这些相图能看懂其他相图并了解其应用。

7.1 相体系平衡的一般条件

体系内如含有不止一个相,则称为多相体系。在整个封闭体系中,相与相之间没有任何限制条件,在它们之间可以有热的交换、功的传递及物质的交流,也就是说每个相是互相敞开的。

在体系只有体积功而没有其他功的情况下,对一个热力学体系,如果它的诸性质不随时间而改变,则体系就处于热力学的平衡状态——包含热平衡、力学平衡、化学平衡和相平衡 4 种平衡条件。

1. 热平衡条件

热平衡条件指在体系各部分之间有热量交换过程时达到平衡的条件。设体系由 α 和 β 两相所构成,在体系的组成、总体积及内能均不变的条件下,有微量的热量 δQ 自 α 相流入 β 相。体系的总熵等于两相的熵之和,即

$$S = S^\alpha + S^\beta$$

$$dS = dS^\alpha + dS^\beta$$

若体系已达到平衡,则 $dS=0$,即 $dS^\alpha + dS^\beta = 0$,故

$$-\frac{\delta Q}{T^\alpha} + \frac{\delta Q}{T^\beta} = 0$$

$$T^\alpha = T^\beta \tag{7-1}$$

式(7-1)表明,热平衡条件就是平衡时两相的温度相等。

2. 力学平衡条件

力学平衡条件(也称压力平衡条件)指体系各部分之间有力的作用而发生变形时达到平衡的条件。当体系的总体积为 V,在体系的温度、体积及组成皆不变的条件下,设 α 相膨胀了 dV^α,β 相收缩了 dV^β,体系达平衡时,则

$$dF = dF^\alpha + dF^\beta = 0$$

或

$$dF = -p^\alpha dV^\alpha - p^\beta dV^\beta = 0$$

因为

$$dV^\alpha = -dV^\beta$$

所以

$$p^\alpha = p^\beta \tag{7-2}$$

式(7-2)就是体系的力学平衡条件,即平衡时两相中的压力相等,保证各相均无膨胀和收缩。

对于具有 Φ 个相的多相平衡体系,上述结论可以推广,即

$$T^\alpha = T^\beta = \cdots = T^\Phi$$

$$p^\alpha = p^\beta = \cdots = p^\Phi$$

3. 化学平衡条件

若体系内有化学变化发生时,达到平衡的条件就叫化学平衡条件。热力学的研究表明,化学平衡条件就是反应的吉布斯函数变为零,即

$$\Delta_r G_m = 0 \tag{7-3}$$

4. 相平衡条件

相平衡条件指在多相体系中,相变过程达到平衡时的条件。相平衡条件除了满足热平

衡、力学平衡和化学平衡条件外,还要求各相之间无物质的净转移,这就要求任一组分在所有 α,β,…,Φ 各相中的化学势相等,即

$$\mu_i^\alpha = \mu_i^\beta = \cdots = \mu_i^\Phi \tag{7-4}$$

式中,μ_i 为物质 i 的化学势,通常指等温等压及系统中除 i 物质外其他物质 j 组成不变时物质 i 的偏摩尔吉布斯函数,即 $\mu_i = \left(\dfrac{\partial G}{\partial n_i}\right)_{T,p,n_j}$。

总之,对于多相平衡体系,不论是由多少种物质和多少个相构成,平衡时体系有共同的温度和压力,每一个化学反应达到平衡,并且任一种物质在含有该物质的各个相中的化学势都相等。

$$\left.\begin{array}{l} T^\alpha = T^\beta = \cdots = T^\Phi \\ p^\alpha = p^\beta = \cdots = p^\Phi \\ \Delta_r G_m = \sum_B \nu_B \mu_B = 0 \\ \mu_i^\alpha = \mu_i^\beta = \cdots = \mu_i^\Phi \end{array}\right\} \tag{7-5}$$

相平衡条件也可以看成化学平衡条件的特殊情况。

7.2 相　　律

7.2.1 相、组分、自由度和自由度数

1. 相

相是体系内部物理性质和化学性质完全均匀的一部分。在指定条件下,相与相之间存在明显的界面,可以用机械的方法把它们分开。在界面上,从宏观的角度来看,性质的改变是飞跃式的,即越过界面时物理性质或化学性质发生突变。体系内相的数目用符号 Φ 表示。

体系中成相的一般规律是:

(1) 任何气体都能在分子水平上混合均匀,故气体混合物为单相(高压下除外)。

(2) 液体视互溶程度不同,可为单相(完全互溶的液体),也可为多相(不能互溶,分层的液体,如水与油共存时为两相)。

(3) 对固体系统,除形成固体溶液(即固溶体)为单相外,有几种固体或固溶体就有几个相,晶体结构不同的同一单质或化合物是不同的相。

(4) 凡与体系平衡无关的物质,例如玻璃容器、杂质等都不能算为体系的相数。

体系内部只有一相的称为均相系统,不止一相的称为多相系统。

2. 独立组分数

系统中所含化学物质的种类数称为物种数,以 S 表示。例如,水与水蒸气两相平衡系统中只含有一种物质 H_2O,$S=1$。足以构成平衡体系中所有各相所需要的最少物种数,称为独立组分数,简称为组分数或组元数,用 C 表示。这里的"独立组分数"意指这些组分的量可以独立变化而不引起平衡体系相的数目与相的性质发生改变的组分的数目。

如果一个相平衡系统由 S 种化学物质组成,由于各物质之间存在着化学平衡关系和浓度(量)的比例关系,所以 C 的求取要从 S 中减去独立的化学平衡数目 R 及浓度限制条件数目 R',即

$$C = S - R - R' \tag{7-6}$$

应用式(7-6)时应注意如下 4 点:

(1) 计算独立组分数时涉及的化学平衡是指在所讨论的条件下确实能实现的、独立(即与其他化学平衡无关)的化学平衡。例如,常温常压且无催化剂的条件下,由 N_2、H_2 和 NH_3 三种气体组成的系统,由于实际上并不能进行 $N_2(g) + 3H_2(g) \rightleftharpoons 2NH_3(g)$ 的反应,故该系统的独立组分数 $C = 3$。再如,某系统中发生下列三对平衡反应:

① $CO(g) + H_2O(g) \rightleftharpoons CO_2(g) + H_2(g)$

② $CO(g) + \frac{1}{2}O_2(g) \rightleftharpoons CO_2(g)$

③ $H_2(g) + \frac{1}{2}O_2(g) \rightleftharpoons H_2O(g)$

因为反应③=反应②-反应①,所以独立的平衡反应只有两个,$R = 2$。

(2) C 与 S 是两个不同的概念。例如,室温下由 PCl_5、PCl_3 及 Cl_2 三种气体构成的单相系统,$S = 3$。由于系统中存在一个独立的化学平衡:

$$PCl_5(g) \rightleftharpoons PCl_3(g) + Cl_2(g)$$

三种物质的组成受这个化学平衡的制约——存在一个平衡常数,通过这个平衡常数,只要知道其中任意两种物质的量,就可计算第 3 种物质的量。因此,该系统中仅有两种物质的数量可独立改变,$C = S - R - R' = 3 - 1 - 0 = 2$。如果系统中 PCl_3 和 Cl_2 的浓度保持 $[PCl_3] : [Cl_2] = 1 : 1$,则系统的独立组分数 $C = S - R - R' = 3 - 1 - 1 = 1$。这种系统实际上是由 $PCl_5(g)$ 分解产生 $PCl_3(g)$ 和 $Cl_2(g)$ 而形成的。

(3) 浓度限制条件是指同一相中的几种物质浓度之间存在的关系。例如在真空容器中进行的分解反应 $CaCO_3(s) \rightleftharpoons CaO(s) + CO_2(g)$ 是一个三相体系,虽然 $CaO(s)$ 与 $CO_2(g)$ 物质的量相等,但由于二者处于不同的相,不存在浓度限制条件,即 $R' = 0$,故其 $C = S - R - R' = 3 - 1 - 0 = 2$。但对于以任意量配制的 $NH_4Cl(s)$、$NH_3(g)$ 和 $HCl(g)$ 两相体系,温度较高时发生 $NH_4Cl(s) \rightleftharpoons NH_3(g) + HCl(g)$ 反应,则其 $R' = 0$,$C = S - R - R' = 3 - 1 - 0 = 2$。而在另一种情况,若使 $NH_3(g)$ 和 $HCl(g)$ 的物质的量的比例为 $1 : 1$,或者说这两种气体仅靠分解 $NH_4Cl(s)$ 所得,没有额外添加的 $NH_3(g)$ 或 $HCl(g)$,则因 $NH_3(g)$ 和 $HCl(g)$ 的物质的量相等,指出其一,必知其二,因此体系就多了一个浓度限制条件 $R' = 1$,那么这时体系的独立组分数 $C = S - R - R' = 3 - 1 - 1 = 1$。比较上述两例不同之处,可以得出:只有同一相中的物种可以考虑浓度限制条件。

(4) 系统的物种数 S 可因考虑问题的角度不同而异,但平衡系统中的组分数是固定不变的。例如纯水,不考虑水的解离时其 $C = 1$。若考虑水的解离时有

$$2H_2O(l) \rightleftharpoons H_3O^+ + OH^-$$

因为存在一个独立的解离平衡($R = 1$)及浓度限制条件(H_3O^+ 和 OH^- 浓度相等,$R' = 1$),所以其独立组分数 $C = S - R - R' = 3 - 1 - 1 = 1$。再如,含固体 NaCl 的水溶液,若不考虑 NaCl 的解离,R 和 R' 都为 0,故其 $C = S = 2$。若考虑 NaCl 的解离,因存在一个独立的解离

平衡：NaCl(s)⇌Na$^+$+Cl$^-$，$R=1$，则 $S=4$(H$_2$O,NaCl,Na$^+$,Cl$^-$)，且 Na$^+$ 与 Cl$^-$ 的物质的量相等，$R'=1$，所以其独立组分数仍为 2($C=S-R-R'=4-1-1=2$)。

3. 自由度和自由度数

在不引起系统旧相消失和新相生成的前提下，可以在一定范围内独立变动的系统强度性质，称为体系的自由度，自由度通常可以是体系的温度、压力和各种物质的浓度。在指定条件下，体系自由度的数目称为该体系的自由度数，用符号"f"表示。例如，水以单一液相存在时，在该相不消失，同时又不生成新相冰或水蒸气的情况下，体系的温度和压力可以在一定范围内独立变动，此时的自由度数 $f=2$。当液态水与其蒸气平衡共存时，若要保持这两相均不消失，体系的压力必须是指定温度下水的饱和蒸气压。如果体系的压力比饱和蒸气压高时，气相要消失并全部变成液态；当体系的压力比饱和蒸气压低时，液相要消失并将全部蒸发成气态。因温度与压力间有函数关系，在温度与压力中只有一个可以独立变动，所以 $f=1$。又如，当一杯不饱和的盐水单相存在时，要保持没有新相生成，旧相也不消失，可在一定范围内独立变动的强度性质为温度、压力和盐的浓度，因此 $f=3$。但当固体盐与饱和盐水溶液两相共存时，因为指定了温度与压力之后，饱和盐水的浓度为定值，所以 $f=2$。再如，若在水中加入蔗糖形成蔗糖水溶液，是为双组分均相系统，在一定范围内同时改变温度、压力和浓度都不会影响它的单相特性，所以系统有三个自由度，$f=3$。

7.2.2 相律

相律是研究相平衡系统中各种因素对系统相态影响的一条基本规律，通用于所有相平衡系统。它是在 1873—1876 年间根据热力学原理导出的，所以也称吉布斯相律。相律可表述为：相平衡系统中，系统的自由度数 f 等于系统的独立组分数 C 减去平衡的相数 Φ，再加上可影响相平衡的外界条件数 b。其数学表达式为

$$f=C-\Phi+b \tag{7-7}$$

通常情况下，能影响相平衡的外界条件数 b 是指温度和压力这两个因素，故式(7-7)中的 $b=2$。所以一般情况下，相律的形式为

$$f=C-\Phi+2 \tag{7-8}$$

特殊情况下，例如还需考虑电场、磁场或重力场等因素对系统相平衡的影响时，则 b 不止 2，相律可写成更为普遍的形式：$f=C-\Phi+n$。本书不讨论这类情况。

有时候，在指定的压力(如 $p=p^\ominus$)下讨论相平衡时，由于压力已指定，可影响相平衡的外界条件就只有温度，则 $b=1$。

对于不含气相，只有液相和固体的凝聚系统由于压力对其相平衡的影响很小，可以忽略不计，因而讨论凝聚系统相平衡时，相律一般为 $f=C-\Phi+1$。

*7.2.3 相律的推导

对于一个已达热平衡、压力平衡、化学平衡和相平衡的多相系统，设有 Φ 个相，每个相中都含有 S 种不同的物种，系统的状态可由如下变量描述：

$$T,\Phi;x_1^1,x_2^1,\cdots,x_S^1;x_1^2,x_2^2,\cdots,x_S^2;\cdots$$

其中，x 是某物种的物质的量分数，右上标 $1,2,\cdots,\Phi$ 是相的序号，右下标 $1,2,\cdots,S$ 是物种的序号。变量的总数是 $S\Phi+2$。这里假定系统不受电场、磁场或重力场等因素的影响。

由于系统处于平衡，$S\Phi+2$ 个变量之间不是完全独立的，即 $f \neq S\Phi+2$。为了找出平衡系统中的独立变量数，可从如下几方面加以考虑：

在每一个相内，各物质的量分数之和等于 1，系统有 Φ 个相，所以有 Φ 个等式：

$$\begin{aligned} x_1^1 + x_2^1 + \cdots + x_S^1 &= 1 \\ &\vdots \\ x_1^\Phi + x_2^\Phi + \cdots + x_S^\Phi &= 1 \end{aligned} \tag{7-9}$$

有一个等式意味着有一个变量是不独立的，所以 $S\Phi+2$ 个变量扣除 Φ 后剩下 $S\Phi+2-\Phi$ 个。

若系统中存在 R 个独立的化学反应平衡，每个反应都应满足化学平衡条件 $\sum_B \nu_B \mu_B = 0$，因此又有 R 个变量是不独立的，独立变量应从 $S\Phi+2-\Phi$ 中再减去 R，为 $S\Phi+2-\Phi-R$ 个。又由于系统处于相平衡，同一物质在各相内的化学势必须相等，即

$$\begin{aligned} \mu_1^1 &= \mu_1^2 = \cdots = \mu_1^\Phi \\ &\vdots \\ \mu_S^1 &= \mu_S^2 = \cdots = \mu_S^\Phi \end{aligned} \tag{7-10}$$

这里共有 $S(\Phi-1)$ 个等式，因为化学势是 T、Φ 和组成的函数，每一个等式就能建立起一种物质在两相之间的浓度关系，所以独立变量数又要从 $S\Phi+2-\Phi-R$ 中减去 $S(\Phi-1)$，为 $S\Phi+2-\Phi-R-S(\Phi-1) = S-R-\Phi+2$ 个。如果系统中同一相内还存在着 R' 个浓度限制条件，就又有 R' 个变量是不独立的，那么还要从 $S-R-\Phi+2$ 个变量中再减去 R'，于是相平衡系统的独立变量数，即自由度数为

$$\begin{aligned} f &= S-R-\Phi+2-R' \\ f &= (S-R-R')-\Phi+2 \\ f &= C-\Phi+2 \end{aligned} \tag{7-11}$$

式(7-11)就是相律。

相律作为热力学的一个直接推论，当然遵循热力学的一切规律。其重要意义在于不需要详细了解系统的个性，仅由系统的组分数和相数就可确定自由度数，从而确定系统的状态由几个强度性质来决定，也可根据组分数及最小自由度数确定系统的最多相数。

但要指出，相律只适用于平衡系统，它指出组分数和相的数目，而不涉及具体是何组分及是何相态等。与热力学的其他推断一样，相律不能揭示过程发生的机理，尽管可以框定平衡的条件，却不能告知达到平衡的时间要多久。

例 7-1 碳酸钠与水可组成三种化合物：$NaCO_3 \cdot H_2O$，$NaCO_3 \cdot 7H_2O$，$NaCO_3 \cdot 10H_2O$，试说明 101.325 kPa 下，与碳酸钠水溶液和冰共存的含水盐最多可以有几种。

解 此系统由 $NaCO_3$、H_2O 及三种含水盐构成，$S=5$，但每形成一种含水盐，就存在一个化学平衡，因此独立组分数 $C=S-3=2$。

等压下，相律表达式为 $f = C-\Phi+1 = 2-\Phi+1 = 3-\Phi$。

因为自由度数最小（$f_{\min}=0$）时，相数最多（$\Phi_{\max}$），即

$$\Phi_{\max} = 3 - f_{\min} = 3 - 0 = 3$$

故相数最多为 3。依题意知,已有碳酸钠水溶液和冰两相,因此只可能再有一种含水盐存在。即 101.325 kPa 下,与碳酸钠水溶液和冰共存的含水盐最多只能有一种(具体是何种含水盐,这里是无法得知的)。

7.3 单组分体系的相平衡

对单组分系统,$C=1$,相律的表达式为
$$f = C - \Phi + 2 = 3 - \Phi$$
其中 $1 \leqslant \Phi \leqslant 3, 0 \leqslant f \leqslant 2$,可见,单组分体系可构成三种相平衡系统,且这三种系统通常采用压力 p 和温度 T 两个独立变量作为坐标而描绘相图(称 p-T 相图)。

(1) $\Phi = 1, f = 2$ 的单组分单相双变量系统。由于单组分系统没有组成变量,这两个独立变量只能是 p 和 T,且 p 和 T 可在有限的范围内随意改变而不会产生新相,在 p-T 相图上对应于一个面。

(2) $\Phi = 2, f = 1$ 的单组分两相单变量系统。此时 p 与 T 具有依赖关系,二者中只有一个量可以独立改变,故在 p-T 相图上对应于一条线。

(3) $\Phi = 3, f = 0$ 的单组分三相零变量系统。该系统没有可独立改变的强度性质。在 p-T 相图上对应于一个点。一个单组分系统即纯物质通常可能存在气、液和固三种相态,分别以 g、l 和 s 表示,它们两两之间均可存在相平衡。有些物质存在不同晶型,因此也存在不同晶型之间的相平衡,例如 α-Fe 与 β-Fe 的相平衡:Fe(α) $\Longleftrightarrow$ Fe(β);针形硫与菱形硫的相平衡:S(针形) $\Longleftrightarrow$ S(菱形)。

下面以纯水的相图为例讨论单组分系统的相平衡。

7.3.1 水的相图

将水放进抽去空气的封闭容器内,使水仅处于其本身的蒸气压之下,测定不同温度下水的气-液平衡、固-液平衡、固-气平衡时的蒸气压,结果见表 7-1。

表 7-1 水的相平衡数据

温度/℃	系统的蒸气压 p/kPa		平衡压力 p/kPa	温度/℃	系统的蒸气压 p/kPa		平衡压力 p/kPa
	水 $\rightleftharpoons$ 水蒸气	冰 $\rightleftharpoons$ 水蒸气	冰 $\rightleftharpoons$ 水		水 $\rightleftharpoons$ 水蒸气	冰 $\rightleftharpoons$ 水蒸气	冰 $\rightleftharpoons$ 水
−20	0.126	0.103	193.5	80	47.343		
−15	0.191	0.165	156.0	100	101.325		
−10	0.287	0.265	110.4	150	476.02		
−5	0.422	0.414	59.8	200	1554.2		
0.01	0.610	0.610	0.610	250	3975.4		
20	2.338			300	8590.3		
40	7.376			350	16 532		
60	19.196			374	22 060		

由表 7-1 可绘制出水的相图,如图 7-1 所示,该图也称水的压力-温度图。根据表 7-1 中 0.01~374℃间各温度下水的饱和蒸气压数据画出 OC 线,即水与水蒸气两相平衡线,称为水的饱和蒸气压曲线或蒸发曲线。因高于临界温度时,气体不能液化,因此 OC 线上端止于临界点 C。根据表 7-1 中不同温度下冰的饱和蒸气压数据画出 OB 线,即冰与水蒸气的两相平衡线,称为冰的饱和蒸气压曲线或升华曲线。根据表 7-1 中不同压力下水和冰平衡共存的温度数据画出 OA 线,即冰与水的两相平衡线,称为冰的熔点曲线。从图 7-1 中可以看出,OA 线的斜率为负值,说明压力增大,冰的熔点降低。当 OA 延伸,达到 2.027×10^5 kPa 以上的高压时,目前已发现 6 种不同冰晶形态(分别以Ⅰ、Ⅱ、Ⅲ、Ⅳ、Ⅴ、Ⅵ序号表示)及液态水共存的相图。

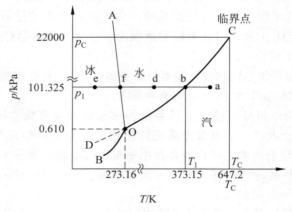

图 7-1 水的相图

OA、OB 和 OC 三条曲线将水的相图划分成三个区域:AOB 区为冰,AOC 区为水,BOC 区为水蒸气。在各区内,系统都是单相状态。根据相律分析,有两个自由度——温度和压力,在各区域内温度和压力均可随意改变(但不能超越界限)而不会变更系统的相态。

OA、OB、OC 三条曲线分别代表系统处于冰⇌水、冰⇌水蒸气、水⇌水蒸气三种两相平衡的状态。根据相律,$\Phi=2$,$f=1$,即只有一个自由度——温度或者压力。以 OC 线为例,处于此线上任何一点的系统均为水与水蒸气两相平衡的状态。若随意指定温度为 T_1,则在此温度下能保持水与水蒸气共存的压力只能是 p_1。若系统的压力高于 p_1,系统的状态进入 AOC 区,即所有的水蒸气将转变成水;若系统的压力低于 p_1,则系统的状态进入 BOC 区,即水将完全转变成水蒸气。若要保持水与水蒸气两相平衡的状态,在任意指定温度后,压力便随之被确定,不再能随意改变了,否则总会有一相将消失。同样,如果将压力作为独立变量随意指定,则温度将随着压力而确定,不能随意变动,否则将不能保持原有的相平衡状态。OA 线及 OB 线上的情况类似,为保持单组分系统的两相平衡,温度和压力之中只有一个是可以独立变动的。

OA、OB、OC 三条线的交点 O 称为三相点。处于此点的系统为冰⇌水、冰⇌水蒸气、水⇌水蒸气三相平衡状态。系统处于三相点时,$f=0$,为无变量系统。即温度和压力均为定值。1934 年，我国著名物理化学家黄子卿先生经反复测试，测得水的三相点温度为 $T=(+0.00981\pm0.00005)$℃，1954 年在巴黎召开的国际温标会议上得到确认，同时规定，水的三相点的温度为 0.01℃(273.16 K)，压力为 0.610 kPa。高于或低于此温度或压力，三相中总有一相或两相将消失。

要注意的是水的三相点不同于普通水的冰点。水的三相点是水在水的蒸气压下（无空气或其他气体）的凝固点。冰点则是在一定压力下被空气饱和了的水的凝固点。对于冰点来说，由于空气在水中的溶解，水已不是纯水，又由于与水平衡的气相中除了水蒸气之外，还有空气，所以也不是纯水蒸气了。在这种条件下，101.325 kPa 时测得水的凝固点为 0℃(273.15 K)，比水的三相点低 0.01℃。国际单位制规定 101.325 kPa 下水的冰点为 273.15 K(0℃)，水的三相点则为 273.16 K(0.01℃)。

在图 7-1 中，虚线 OD 是根据表 7-1 中 $-20\sim0.01$℃间各温度下过冷水的饱和蒸气压数据绘制的过冷水的饱和蒸气压曲线。若把水的温度降低，水的蒸气压将沿着 OC 线移动，到 O 点应当有冰出现，但是如果特别小心地冷却水（例如无搅动，缓慢地降温），水到 O 点时仍无冰出现，这种现象被称为液体的过冷现象。OD 线位于 OB 线之上，表明同样温度下过冷水的蒸气压高于冰的蒸气压，则过冷水的化学势高于冰的化学势，因此过冷水能自发地转变为冰。也就是说，过冷水与蒸气的两相平衡是不稳定的平衡，只要稍受外界因素的干扰（如搅动或投入小冰粒），水就会立即变为冰。这种不稳定的平衡称为亚稳平衡。

利用相图可以分析系统相态的变化。例如，在一带活塞的气缸中盛有 120℃、101.325 kPa 的水蒸气，此系统的状态相当于水相图（图 7-1）中的 a 点。a 点为表示整个系统状态的点，称为系统点。在 101.325 kPa 下将系统冷却，系统点将沿过 a 点的横坐标平行线向左移动，当与 OC 线相交时，系统的状态为 b 点所示。b 点代表水⇌水蒸气平衡状态，温度为 100℃，压力为 101.325 kPa。继续冷却，系统进入 AOC 区，在此区内，系统均为水（如 d 点）。当系统点到达 OA 线上的 f 点时，系统处于水⇌冰平衡状态，此点的温度为 0.0025℃，压力仍为 101.325 kPa。最后冷却到 e 点（-10℃，101.325 kPa）时，系统处于 AOB 区，只以冰的状态存在。C 点是临界点，$\Phi=1$，目前为止只发现气液平衡线上有临界点，水的临界点 $T_{\mathrm{C}}=647.2$ K，$p_{\mathrm{C}}=22\,000$ kPa，此时相界面消失，密度均一。

7.3.2 其他单组分相图

图 7-2 是 CO_2 的相图。由图可知：①298.15K 时 CO_2 需要 6788.775 kPa($67p^{\ominus}$)的压力才能液化；②打开 CO_2 灭火器阀门时，会出现少量白色固体（俗称干冰）。这可由相图作出解释：当体系压力低于 517.771 kPa($5.11p^{\ominus}$)时，不存在液态，故高压 CO_2 减压时，气体迅速膨胀所需的能量，就会降低部分 CO_2 气体的温度，于是该部分 CO_2 就直接转变为固态，即干冰。

硫的相图（图 7-3）较为复杂，硫相图中有 4 个三相点，出现 4 种不同形态的相。

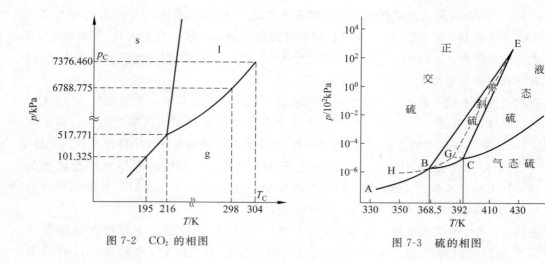

图 7-2 CO₂ 的相图   图 7-3 硫的相图

7.4 二组分体系的相图及其应用

对于二组分体系,其独立组分数 $C=2$,按相律:
$$f = C - \Phi + 2 = 2 - \Phi + 2 = 4 - \Phi$$

因为系统至少有一个相,所以自由度数 f 最多等于 3,系统的状态由三个独立的变量(温度、压力和组成)决定,其相图要用三个坐标的立体图来表示。由于立体图不够直观,所以常常固定一个变量,则 $f' = 3 - \Phi$,于是可以用平面图来表示。这种平面图有三种:$p\text{-}x$ 图(固定温度)、$T\text{-}x$ 图(固定压力)和 $T\text{-}p$ 图(固定组成)。常用的是前两种。在平面图上二组分系统最大自由度数是 2,同时平衡共存的相数最多是 3。

二组分系统相图的类型很多,下面择要介绍一些典型的类型。

7.4.1 二组分体系的气-液相平衡

1. 完全互溶理想双液系的气-液相平衡

1) 完全互溶理想双液系蒸气压-组成图($p\text{-}x$ 图)

根据"相似相溶"原理,两种结构相似的纯液体,很容易按任意比例互相混溶,成为理想的完全互溶双液系。例如苯-甲苯、正己烷-正庚烷、邻二氯苯-对二氯苯、立体异构体的混合物等。两组分在蒸气中的相对含量与它们在溶液中的相对含量是不同的。假设蒸气混合物服从道尔顿分压定律,溶液又符合拉乌尔定律,以 x_A 和 x_B 表示溶液中两组分的摩尔分数,p_A 和 p_B 表示蒸气中两组分的分压,p_A^*、p_B^*、p 分别表示纯 A、纯 B 的蒸气压和混合蒸气总压,则根据拉乌尔定律,有

$$p_A = p_A^* x_A = p_A^*(1 - x_B) \tag{7-12}$$

$$p_B = p_B^* x_B \tag{7-13}$$

$$p = p_A + p_B = p_A^* x_A + p_B^* x_B = p_A^*(1 - x_B) + p_B^* x_B$$
$$= p_A^* + (p_B^* - p_A^*) x_B \tag{7-14}$$

由式(7-12)~式(7-14),可以得到3个直线方程。在 p-x 图上,若以 p_A,p_B 及 p 分别对液相中 B 的摩尔分数 x_B 作图,则可得到3条直线。如图 7-4 所示。这张相图可作为二组分理想混合物蒸气压-组成图的代表。由图 7-4 可以看出,二组分理想混合物的蒸气压总是介于两个纯组分蒸气压 p_A^* 和 p_B^* 之间,即 $p_A^* < p < p_B^*$。

图 7-4 中,p-x_B 线表示二组分系统的总蒸气压与系统液相组成的关系,称为液相线。液相线上任何一点所代表的系统均处于气、液平衡状态,按相律 $f' = 3 - \Phi = 3 - 2 = 1$,只有一个自由度,独立变量为 p 或 x_B。若任意指定系统的压力 p,则组成 x_B 随之被确定;若任意指定 x_B,则溶液的蒸气压 p 随之被确定。

若以 y_A 和 y_B 表示蒸气中两组分的摩尔分数,根据道尔顿分压定律,达气液平衡时,

$$y_A = \frac{p_A}{p} = \frac{p_A^* x_A}{p}, \quad y_B = \frac{p_B}{p} = \frac{p_B^* x_B}{p}$$

所以

$$\frac{y_A}{y_B} = \frac{p_A^*}{p_B^*} \cdot \frac{x_A}{x_B}$$

通常把纯组分蒸气压较大的组分叫做易挥发组分,纯组分蒸气压较小的组分称为难挥发组分。在此系统中,B 为易挥发组分。由于 $p_B^* > p_A^*$,$\frac{p_A^*}{p_B^*} < 1$,故 $\frac{y_A}{y_B} < \frac{x_A}{x_B}$。结合 $x_A + x_B = 1$,$y_A + y_B = 1$,可导出 $y_B > x_B$ 或 $y_A < x_A$。即易挥发组分在气相中的组成大于其在液相中的组成。反之,难挥发组分在液相中的组成大于其在气相中的组成。这就是说,由于两组分的挥发性不同,挥发性较大的组分较多地进入气相,留在液相中较少;挥发性较小的组分进入气相的较少,留在液相中较多。这就是通过精馏将两种组分分开的理论根据。

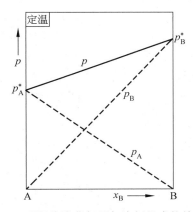
图 7-4 理想溶液蒸气压与液相组成的关系图

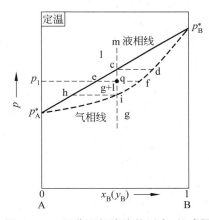
图 7-5 二组分理想溶液的压力-组成图

用二组分理想溶液的蒸气压 p 对气相中 B 的摩尔分数 y_B 作图,所得 p-y_B 线叫气相线。将 p-x_B 线(液相线,以直实线表示)和 p-y_B(气相线,以曲虚线表示)画在同一张相图上,得二组分理想溶液的压力-组成图,如图 7-5 所示。从该图可以看出,二组分理想溶液的压力-组成图有3个特点:

(1) 液相线总在气相线之上。系统处于液相线之上时呈液态(以"l"表示),系统处于气相线之下时则呈气态(以"g"表示)。系统若处于气相线与液相线之间(包括在两条线上),

为气、液两相(以"g+l"表示)平衡状态。

(2) 液相线为一条直线,这条直线符合式(7-14)。而气相线则为曲线。

(3) 气相线和液相线上各点的压力(p)均介于两种纯组分蒸气压(p_A^* 和 p_B^*)之间。

以温度、压力和浓度 y_B(或 x_B)描述的系统状态的点称为气相点(或液相点),以温度、压力和总组成 x 描述的系统状态点称为物系点。显然,在体系中只有一相时,体系的总组成 x 与该相的组成 x_B 是一致的,故在相图上物系点与相点是重合在一起的(如图 7-5 中的 m 点),当体系出现两相时,体系的总组成与各相的组成都不一致,故物系点(如图 7-5 中的 q 点)与各相点(如图 7-5 中的 e 和 f 点)是分开的。

外界条件改变时,体系的状态会发生相应的变化,利用相图可以表示变化的具体过程。以图 7-5 为例,当系统总组成不变、压力减小时系统内发生的变化过程如下:自 m 点开始降压,到达 c 点之前,系统只有液相。在 c 点,开始有气相出现,气相组成由 d 点表示。继续降压,气体增多,液体减少,液、气相组成各沿液相线和气相线逐渐改变。压力降至 p_1(物系点变至 q 点)时,液、气相的组成分别由 e、f 点给出。物系点降至 i 点时,液体几乎全部挥发,i 点以下就没有液相了。

2) 完全互溶理想双液系的沸点-组成图(T-x 图)

通常蒸馏或精馏都是在恒定的压力下进行的,所以表示双液系沸点和组成关系的图形(T-x 图)对讨论蒸馏更为有用。

当溶液的蒸气压等于外压时,溶液开始沸腾,此时的温度即为溶液的沸点。显然,蒸气压越高的溶液,其沸点越低;反之,蒸气压越低的溶液,其沸点越高。

T-x 图可以直接从实验结果绘制:在恒定压力下,测定不同组成(含液相组成 x_B 和气相组成 y_B)的二组分溶液沸点 T,然后以 x_B 为横坐标,T 为纵坐标,即可绘出 T-x_B 图(液相线)。若以 y_B 为横坐标,T 为纵坐标,即可绘出 T-y_B 图(气相线)。将液相线(曲实线)和气相线(曲虚线)组合在一个相图中,即为典型的温度-组成图(T-x 图),如图 7-6 所示。

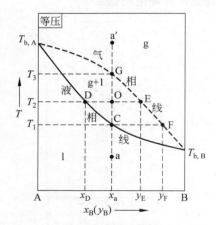

图 7-6 二组分理想溶液的 T-x 图

与二组分理想溶液的 p-x 图(图 7-5)相比,其 T-x 图(图 7-6)也有 3 个特点:

(1) A、B 两组分组成的理想溶液中,若纯 B 的蒸气压 p_B^* 较高,则纯 B 的沸点 $T_{b,B}$ 较低,即易挥发组分的沸点较低;反之,难挥发组分 A 的沸点 $T_{b,A}$ 较高。

(2) 气相线总在液相线之上(与 p-x 图相反)。系统处于气相线之上时呈气态(以"g"表示),系统处于液相线之下时则呈液态(以"l"表示)。系统若处于气相线与液相线之间(包括在两条线上),为气、液两相(以"g+l"表示)共存状态。

(3) 在 p-x 图中液相线为一条直线,气相线为曲线。而在 T-x 图中气、液相线均为曲线,且溶液的沸点处于两种纯溶液的沸点之间,即 $T_{b,B} < T < T_{b,A}$。

通过相图可以分析外界条件改变时系统状态的变化。

若有一 A,B 混合物状态如图 7-6 中 a 点所示。由于 a 点处于液相区,故此时混合物为液态。等压下加热此混合物,系统点 a 将垂直上升。升温至 T_1 时,系统点到达液相线上的

C点。此时混合物开始沸腾,有大量气泡产生,所以温度 T_1 称为此混合物的泡点。液相线表示不同组成液态混合物的泡点与液相组成的关系,所以液相线也称泡点线。系统在C处开始出现气、液两相,不过气相刚出现,量很少。气相的组成为F点相应的横坐标读数 y_F。F点是 T_1 与C点的延长线与气相线的交点。

继续升温至 T_2,系统点进入气-液两相平衡区中的O点(物系点),其气、液两相的组成可分别用E、D两个相点的组成 y_E、x_D 表示。呈平衡的两个相点的连线称为结线,如ED线。这两个相点称为结点,如E、D点。

再继续升温,系统点继续垂直上升,气相点和液相点也分别沿气相线和液相线上升。当温度升至 T_3 时物系点到达G点,此时气相点也汇合于此,系统几乎已完全化为蒸气。温度高于 T_3 时,液相完全消失,系统进入气相,物系点与气相点合为一点,如 a' 点。

若将状态为 a' 的系统等压降温,则物系点垂直下降。物系点到达G点时,蒸气开始凝结而析出液滴。与G点相对应的温度 T_3 称为二组分混合物蒸气的露点。气相线表示露点与气相组成的关系,所以也叫露点线。

当气、液两相平衡时,气相组成一般不同于液相组成,利用这一点可以进行混合物或溶液的分离。以甲苯(A)-苯(B)混合物为例,如图7-6所示,等压下将组成为 x_a 的甲苯(A)-苯(B)混合物加热,收集温度为 $T_1 \sim T_3$ 间的气体组分,即馏分。显然,馏分中含低沸点组分苯(B)较多,而剩余的液相中含高沸点组分甲苯(A)较多,实现了甲苯(A)与苯(B)成对分离。这便是有机化学实验中常常采用的简单蒸馏。为了使甲苯(A)与苯(B)混合液得到较完全的分离,需重复进行气、液相的分离和气相的部分冷凝及液相的部分汽化。这种反复汽化与冷凝的操作称为分馏或精馏。

通过反复进行气、液相分离及部分冷凝和部分蒸发,会使气相组成沿气相线变化,最终得到纯B;液相组成沿液相线变化,最终得到纯A,实现A与B的分离。两种纯液体的沸点相差越大,分离效果越好。

在工业上这种反复的部分汽化与部分冷凝是在精馏塔中进行的,塔中有很多塔板。物料在塔釜(相当于最下面的蒸馏器)经加热后,蒸气通过塔板上的浮阀(或泡罩)和塔板上的液体接触。蒸气中的高沸点物就冷凝为液体并放出冷凝热,使液体中的低沸点物蒸发为蒸气,然后升入高一层的塔板。所以在上升的蒸气中低沸物的含量总是比由下一块塔板上来的蒸气中含量大。而下降到下一块塔板的液体,其中高沸点物的含量就增加。在每一块塔板上都同时发生着由下一块塔板上来的蒸气的部分冷凝和由上一块塔板下来的液体的部分汽化过程。具有 n 块塔板的精馏塔中发生了 n 次的部分冷凝和部分汽化,相当于 n 次的简单蒸馏。因此精馏比简单蒸馏的效率大大地提高了。显然,经过足够多的塔板后,上升到塔顶的几乎全部是易挥发(低沸点)的组分,下降到塔釜的几乎全部是难挥发(高沸点)组分,从而实现了易挥发组分与难挥发组分的分离。

3) 杠杆原则

在二组分理想溶液的 T-x 图(图7-6)中,液相组成为 x_a 的系统在 T_2 温度下物系点为O,落在气-液两相平衡区中,两相的组成分别为 x_D 和 y_E。设在气-液两相中,A、B的总物质的量为 $n_气$ 和 $n_液$,就组分B来说,它存在于气、液两相中的物质的量之和必等于它在整个系统中B的物质的量,即

$$n_液 x_D + n_气 y_E = (n_气 + n_液) x_a$$

$$n_{气}(y_E - x_a) = n_{液}(x_a - x_D) \tag{7-15}$$

从相图上看，$y_E - x_a = \overline{EO}$，$x_a - x_D = \overline{OD}$，因此：

$$n_{气}\overline{EO} = n_{液}\overline{OD} \tag{7-16}$$

式中，$\overline{EO}$ 为气相点 E 到物系点 O 连线的长度，$\overline{OD}$ 为物系点 O 到液相点 D 连线的长度。由式(7-15)或式(7-16)可见，若把 DE 比作一个以 O 为支点的杠杆，气相物质的量乘以 $\overline{EO}$，等于液相物质的量乘以 $\overline{OD}$。这个关系就是杠杆规则。如果 E 和 O 点重合，则 $\overline{EO}$ 为零，因而 $n_{气}$ 必为零，此时只存在液相。反之，如果 D 与 O 重合，则 $\overline{OD}$ 为零，因而 $n_{液}$ 必为零，此时只存在气相。

杠杆规则适用范围很广，不限于二组分理想混合物，也不限于气-液相平衡条件，它可通用于任何两相平衡的情况。组分浓度也不限于摩尔分数表示的浓度，当用质量分数($m/\%$)表示浓度时，杠杆规则可表示为

$$m_{气}(m_E - m_a) = m_{液}(m_a - m_D)$$
$$m_{气}\overline{EO} = m_{液}\overline{OD} \tag{7-17}$$

式中，$m_{气}$、$m_{液}$ 分别为 A 和 B 在气相、液相中的总质量；m_a、m_E、m_D 分别为与物系点 a、气相点 E、液相点 D 对应的物质 B 的质量分数(横坐标读数)。

从式(7-16)或式(7-17)可以看出，杠杆规则也可描述为：在相图中任何两相平衡区域内，若以摩尔分数(或质量分数)表示系统及各相的组成，则呈平衡两相的物质的量(或质量)反比于物系点到两相点的线段长度。

2. 完全互溶真实双液系的气-液相平衡

经常遇到的实际体系绝大多数是非理想溶液，它们的行为与拉乌尔定律有一定的偏差。故其蒸气压-液相组成关系不再符合直线方程式(7-14)而成为曲线。

根据压力-组成图上液相线与理想行为(按拉乌尔定律算出的直线 p-x 关系)的偏离程度，二组分真实混合物可分为四种类型，其蒸气压-液相组成图见图 7-7～图 7-10。

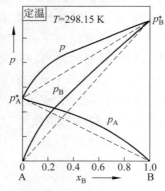

图 7-7 苯(A)-丙酮(B)混合物的蒸气压-液相组成图

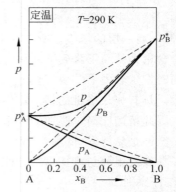

图 7-8 氯仿(A)-乙醚(B)混合物的蒸气压-液相组成图

(1) 一般正偏差混合物。液相线为向上弯曲的曲线，但在全部浓度范围内，混合物的蒸气总压均介于两个纯组分的蒸气压之间。如苯(A)-丙酮(B)混合物即属这种类型，其蒸气

压-液相组成图如图 7-7 所示。图中标以 p、p_A 和 p_B 的三条实线分别为蒸气总压、气相中苯的分压和丙酮的分压对液相中丙酮的摩尔分数 x_B 的关系。各实线下的虚线为按拉乌尔定律计算的相应蒸气压与液相组成的关系。

(2) 一般负偏差混合物。液相线为向下弯曲的曲线，但在全部浓度范围内，混合物的蒸气压均介于两个纯组分的蒸气压之间。如氯仿(A)-乙醚(B)混合物即属这种类型，其蒸气压-液相组成图如图 7-8 所示。

(3) 出现最大正偏差的混合物。如果混合物的蒸气压总压产生严重正偏差或两个纯组分的蒸气压相差不大，就可能在一段浓度范围内，混合物的蒸气总压超出易挥发纯组分的蒸气压，液相线上出现最高点。这种混合物称为出现最大正偏差的混合物，如甲醇(A)-氯仿(B)混合物，其蒸气压-液相组成图如图 7-9 所示。

(4) 出现最大负偏差的混合物。如果混合物的蒸气总压产生严重负偏差或两个纯组分的蒸气压相差不大，就可能在一段浓度范围内，混合物的蒸气总压低于难挥发纯组分的蒸气压，液相线上出现最低点。这种混合物称为出现最大负偏差的混合物，如氯仿(A)-丙酮(B)混合物，其蒸气压-液相组成图如图 7-10 所示。

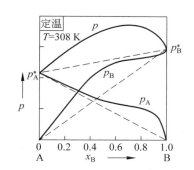

图 7-9　甲醇(A)-氯仿(B)混合物的蒸气压-液相组成图

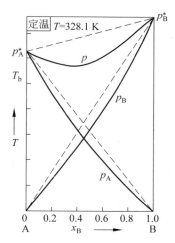

图 7-10　氯仿(A)-丙酮(B)混合物的蒸气压-液相组成图

二组分真实混合物产生与理想行为偏差的根源在于分子间的作用力 f_{A-A}，f_{B-B} 与 f_{A-B} 之间差别。若 $f_{A-B} < f_{A-A}$ 和 $f_{A-B} < f_{B-B}$，则形成混合物后，分子较纯组分时更容易逸出液面，故产生正偏差；若 $f_{A-B} > f_{A-A}$ 和 $f_{A-B} > f_{B-B}$，则形成混合物后，分子较纯组分时难以逸出液面，故产生负偏差。

图 7-7～图 7-10 只画出液相线，若将气相线和液相线都画在同一张相图上，则如图 7-11 所示。图 7-11 中第一列从上到下分别为二组分理想、一般正偏差、一般负偏差、最大正偏差、最大负偏差的压力-组成图，第二列从上到下分别为二组分理想、一般正偏差、一般负偏差、最大正偏差、最大负偏差的温度-组成图。比较二组分理想混合物与真实混合物相图，可以发现如下规律：

(1) 在压力-组成图上易挥发纯组分(B)的蒸气压(p_B^*)较高，则在温度-组成图上它的沸点($T_{b,B}^*$)较低；在压力-组成图上难挥发组分(A)的蒸气压(p_A^*)较低，则在温度-组成图上它的沸点($T_{b,A}^*$)较高。

(2) 压力-组成图上,液相线总在气相线之上;而温度-组成图上,气相线总在液相线之上。

(3) 若压力-组成图上液相线有最高点,则在温度-组成图上出现最低点;若压力-组成图上液相线有最低点,则在温度-组成图上出现最高点。在最高点或最低点处,气相线与液相线相交。

图 7-12 为甲醇(A)-氯仿(B)混合物的温度-组成图。图中在 $x_B=0.7$ 处出现最低点,那么在该混合物的压力-组成图上,将出现最高点,所以甲醇-氯仿混合物属最大正偏差的混合物。在这种混合物的相图上,气相线和液相线将相图划分为 4 个区域:气相线以上为气相区,以 g 表示;液相线以下为液相区,以 l 表示;气相线与液相线所夹的左、右两个区都是气、液两相共存区,以 g+l 表示。在最低点相应组成的液体沸腾时,产生的平衡蒸气的组成与液相组成相同,因此在一定压力下,沸点恒定不变。又由于是液态混合物最低的沸点,故与 C 点对应的温度称为最低恒沸点,与 C 点对应组成的混合物称为恒沸混合物。如果在压力-组成图上出现最低点,即产生最大负偏差,这种混合物的温度-组成图上会出现最高点,如图 7-13 所示的氯仿(A)-丙酮(B)混合物。与温度-组成图上最高点相应组成的混合物也称恒沸点混合物,与最高点对应的温度称为最高恒沸点。

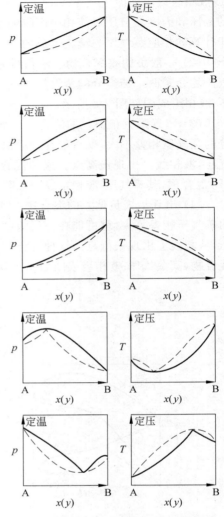

图 7-11 二组分完全互溶混合物各种类型气-液平衡相图

在一定压力下,恒沸混合物的沸点不变,这似乎像纯化合物,但它并不是化合物。因为从微观上看,恒沸混合物的两组分的分子之间并没有形成化学键;从宏观上看,压力改变时恒沸混合物的组成要改变,沸点也将改变,而化合物化学组成却不会因压力改变而改变。

对能形成恒沸混合物的二组分系统,用普通精馏方法不能将混合物溶液分离成两个纯组分,只能得到一个纯组分和恒沸混合物。如二组分混合物有最低恒沸点,则进入精馏塔的混合物组成位于恒沸点以左时,塔底得纯 A,塔顶得恒沸混合物;进入精馏塔的混合物组成位于恒沸点以右时,塔底得纯 B,塔顶得恒沸混合物。如二组分混合物有最高恒沸点,则进入精馏塔的混合物组成位于恒沸点以左或以右时,塔底总是得到恒沸混合物,塔顶分别得到纯 A 和纯 B。

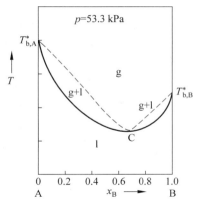
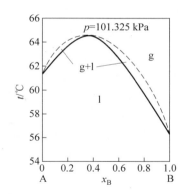

图 7-12　甲醇(A)-氯仿(B)混合物的温度-组成图

图 7-13　氯仿(A)-丙酮(B)混合物的温度-组成图(具有最大负偏差)

3. 二组分部分互溶系统的气-液平衡

如果两种液体不能以任意比例完全混溶,则形成部分互溶二组分混合物,如水(A)-异丁醇(B)混合物。常温、常压下,将少量异丁醇加到水中,搅动后它可完全溶解于水中。继续往水中滴加异丁醇,超过异丁醇在水中的溶解度后,多加的异丁醇将不能完全溶于水中,静置后分成相互平衡的两个液层。上层为水在异丁醇中的饱和溶液(称为醇层),下层为异丁醇在水中的饱和溶液(称为水层)。这两个呈平衡的液层称为共轭溶液。无论往这种系统中再添水或醇,只要温度不变,这两层溶液的组成总不改变,只是它们的数量改变。改变温度时,两个共轭溶液的组成会改变,即水在醇中的溶解度及醇在水中的溶解度同时随温度而改变。在一定压力下,以温度对两层共轭溶液的浓度(即两种液体的相互溶解度)作图,得到如图 7-14 的水(A)-异丁醇(B)混合物的温度-溶解度图。随着温度的升高,水层中的异丁醇溶解度沿溶解度曲线 CK 上升,异丁醇层中水的溶解度沿溶解度曲线 C′K 上升。132.8℃时,两条溶解度曲线相交于一点 K,K 点称为高临界会溶点,简称高会溶点。与高会溶点相应的温度称为高会溶温度或高临界溶解温度。温度高于高会溶温度,水和异丁醇可以完全互溶,两液层合并成一相。两条溶解度曲线以上的区域均为完全互溶的液态混合物,

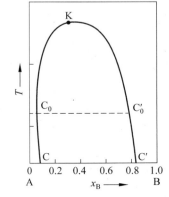

图 7-14　水(A)-异丁醇(B)混合物的温度-溶解度图

为单相区。由溶解度曲线与横坐标轴包围的区域为两液层共存区,即两相区。连接两个共轭相点的直线(如图 7-14 中 C_0C_0' 线)为结线。

有些系统降低温度可使两种液体的溶解度增加,例如水(A)-三乙基胺(B)系统,其温度-溶解度图如图 7-15 所示。此类系统的温度-溶解度图上会出现低临界会溶点,相应的温度称为低会溶温度或低临界溶解温度。

还有些系统具有高会溶温度和低会溶温度,如水(A)-烟碱(B)系统,其相图上形成环形溶解度封闭曲线,有高会溶温度和低会溶温度。在高会溶温度以上和低会溶温度以下,水与烟碱可以任何比例互溶。环形溶解度曲线以外,为完全互溶的单相区;环形溶解度曲线以内,为互不相溶两液层共存区,即两相区。

部分互溶的二组分系统两相共存(系统处于两相区)时,两液相的量符合杠杆规则。二组分部分互溶系统的气-液平衡相图包括压力-组成图。同为部分互溶二组分混合物,其温度-组成图也不尽相同。100 kPa 下,水(A)-正丁醇(B)混合物的温度-组成图如图 7-16 所示。水与正丁醇在较低温度下部分互溶形成两液层,温度升高到高会溶温度之前,液体已经转变成蒸气。

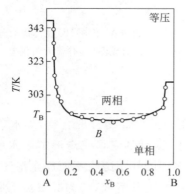
图 7-15 水(A)-三乙基胺(B)混合物的温度-溶解度图

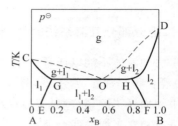
图 7-16 水(A)-正丁醇(B)混合物的温度-组成图

图 7-16 中 C 点和 D 点所对应的温度分别为水和正丁醇的沸点。GE 线和 HF 线分别为正丁醇在水中的溶解度曲线和水在正丁醇中的溶解度曲线。CG 线为正丁醇溶于水中所形成溶液的沸点-液相组成关系线(液相线),CO 线为该溶液的沸点与气相组成的关系线(气相线)。DH 线为水溶于正丁醇中所形成溶液的沸点-液相组成关系线(液相线),DO 线为该溶液的沸点与气相组成的关系线(气相线)。

以上曲线将相图划分为几个区域,各区的相态如下:COD 线以上为气相区;CGE 线以左为正丁醇在水中的溶液(l_1),单相区;DHF 线以右为水在正丁醇中的溶液(l_2),单相区;EGHF 区为水溶液层(l_1)与正丁醇溶液层(l_2)两相共存区;CGO 区为水溶液层(l_1)与蒸气两相平衡区;DHO 区为正丁醇溶液层(l_2)与蒸气两相平衡区。O 点为 G 点所代表的溶液(正丁醇在水中的饱和溶液)、H 点所代表的溶液(水在正丁醇中的饱和溶液)和蒸气三相共存。该点所对应的温度为两个液层同时沸腾所对应的温度,称为共沸温度。在一定压力下,共沸温度及三个平衡相的组成保持不变($f=C-\Phi+1=2-3+1=0$)。连接 G,O 和 H 三个相点的直线称为三相平衡线。系统点位于三相平衡线上的系统都是三相共存的系统,三个相的相点分别为 G,O 和 H。

由图 7-16 可以看出,如果在 $p^\ominus$ 下将系统总组成位于 0~E 间的混合物进行蒸馏时,到达 GC 线所对应的温度液体(l_1)沸腾,气相组成沿 OC 线向 C 点变化,液相组成及沸点沿 GC 线向 C 点变化。若改简单蒸馏为精馏,则从馏出液中得到恒沸混合物,蒸馏残液中得到纯 A。同样道理,$p^\ominus$ 下将系统总组成位于 F 点以右的混合物进行精馏,馏出液组成为 x_O,残馏液为 B。如果加热系统总组成位于 GO 之间的混合物,至共沸温度时开始沸腾。精馏过程中,气相组成沿 CO 线变化,液相组成沿 CG 线变化,最后从馏出液中得到恒沸混合物,残馏液中得到纯 A。同理,精馏总组成在 OH 之间的混合物从馏出液中得到恒沸混合物,残馏液中得到纯 B。总之,对于有低共沸点(或高共沸点)的二组分系统,一次精馏操作不能同时得到两种纯组分,只能得到其中一种纯组分,另一馏出液(或残馏液)为恒沸混合物。

4. 二组分完全不互溶系统的气-液平衡

若两种液体的相互溶解度非常小,以致可以忽略,这便是二组分液态完全不互溶系统,如 H_2O-CS_2,H_2O-Hg 均属于此种系统。此外,水与许多有机物可形成此类系统。在此类系统中,虽然两种液体共处于同一平衡系统中,但彼此互不影响,如同单独存在时一样,因此系统的总压等于各纯组分的蒸气压之和,即

$$p = p_A^* + p_B^* \tag{7-18}$$

由于混合物的蒸气压高于两纯组分的蒸气压,因此混合物的沸点较两种纯组分的沸点都低。将完全不互溶的混合液体加热至沸点时,两液体同时沸腾,故称为共沸。此时液体 A、液体 B 及蒸气三相平衡共存。根据相律,等压下两液体共沸时 $f=C-\Phi+1=2-3+1=0$。这表明,等压下完全不互溶的混合液体的共沸点及共沸时的平衡气相的组成不会因混合液体的总组成而改变,结合分压定律,可确定平衡气相的组成为

$$y_B = \frac{p_B^*}{p_A^* + p_B^*} \tag{7-19}$$

完全不互溶系统如水-氯苯的气-液平衡相图如图 7-17 所示。可以看出,这类物系与部

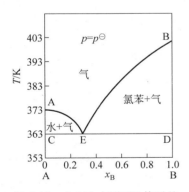

图 7-17 水(A)-氯苯(B)体系的气-液平衡相图

分互溶系统的区别是,在共沸点 E 以下,随着不互溶程度的增大,两液层由原来的共轭溶液趋于两层不互溶纯液。在典型的部分互溶相图 7-16 中,标注着 l_1+l_2 的两块互溶区的面积逐渐缩小,而趋于零。于是形成图 7-17,此图中 AE,BE 是气相线,也是水及氯苯的饱和蒸气压(或者冷凝)曲线。与它们平衡共存时的液相线则分别是 AC,BD。CED 是三相线,线上 $f=0$。E 是作为三相点中的一个相点,与一元相图的三相点是有差别的。生产中常依据这类相图,由有机混合气中含水率的多少来判断首先冷凝出来的应是什么纯组分。

完全不互溶的二组分液体混合物的共沸点低于每一纯组分的沸点,利用这一原理,把不溶于水的高沸点液体与水一起蒸馏,混合物可在低于水沸点的温度下共沸并进入气相。收集馏出物并冷却,得到被提纯的液体和水,由于两者完全不互溶,很容易分离出高沸点液体,这种蒸馏方法被称为水蒸气蒸馏。采用水蒸气蒸馏可避免因蒸馏温度过高而使被提纯液体分解,是有机物提纯常用的方法。

7.4.2 二组分体系的液-固相平衡

只研究液相与固相的平衡,不考虑气相,这样的液-固相平衡体系也称凝聚体系。由于

压力对液体和固体变化的影响很小,因此讨论二组分体系的液-固相平衡时,通常不考虑压力的影响,这相当于压力已经指定,于是,相律的具体形式为 $f=C-\Phi+1=2-\Phi+1=3-\Phi$。由于相数 Φ 最小是 1,f 最大是 2,这 2 个自由度数就是温度和组成。所以,仅用温度-组成的平面坐标就可将二组分凝聚体系的平衡相图描绘出来。这类相图对于生产具有指导作用,例如在制备或纯化某些化合物时,相图可以告诉我们所需要的温度或浓度。在操作过程中,相图可指示在什么温度及浓度范围内可避免某些化合物的固相出现等。

二组分凝聚体系相图有多种类型,本节只讨论简单二组分凝聚体系的液-固相平衡图。

相图是根据实验数据绘制的,根据研究对象,可以采用不同的测定方法。例如,对于合金,用热分析法或电阻法;对于水盐体系,可测定不同温度下的溶解度。水的相图就是利用溶解度数据制作的,属溶解度法。

热分析法是绘制二组分凝聚体系相图常用的实验测定方法。以 Bi-Cd 混合物为例,其方法是:按一定比例混合固体铋 Bi(s)和固体镉 Cd(s)。加热熔化混合物,然后缓慢而均匀地将其冷却,记录冷却过程中体系的温度 T 与时间 t,以 T 为纵坐标,t 为横坐标,所得 T-t 曲线叫冷却曲线或步冷曲线。由冷却曲线上的转折点可以判断体系中发生了相变化,依据若干条不同组成的体系的冷却曲线就可以绘制出 Bi-Cd 混合物的相图,如图 7-18 所示。

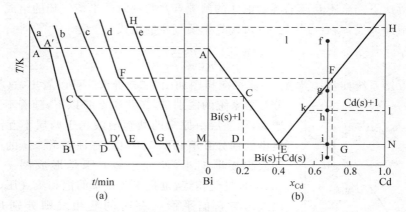

图 7-18　热分析法绘制 Bi-Cd 混合物相图

图 7-18(a)中线 a 是纯 Bi(Cd 的质量分数为 0)的冷却曲线。将纯 Bi(s)熔化后,均匀冷却 Bi(l),系统温度沿 aA 下降,到 A 点时达到 Bi(l)的凝固点(273℃),Bi(s)开始析出。在 Bi(l)全部凝固之前,Bi(l)凝固所放出的热量可以抵消冷却散热,所以到 Bi(l)全部凝固为止,体系的温度不变,冷却曲线上出现 AA'水平线段。Bi(l)完全凝固后,体系的温度沿 A'B 线下降。

线 e 是纯 Cd(Cd 的质量分数为 100%)的冷却曲线,其形状与线 a 相似,只是转折温度为 Cd(l)的凝固点(323℃)。

线 b 是含 Cd 20%(质量分数,下同)的 Bi-Cd 混合物的冷却曲线。Bi-Cd(l)均匀冷却至纯 Cd 的凝固点(323℃)及纯 Bi 的凝固点(273℃)时仍无固体析出,这是因为溶有 Cd 的 Bi 溶液的凝固点比纯物质的凝固点低。直至冷却到 C 点才开始有 Bi(s)析出。随着 Bi(s)的不断析出,液相中 Cd 含量不断增加,所以体系的凝固点也不断降低,故没有像线 a 那样的水平线段,而是沿曲线 CD 下降。在此冷却阶段中,由于 Bi(s)的不断析出,释放的凝固热可以补偿部分冷却散热,从而使体系的降温速率减慢,冷却曲线的斜率逐渐减小。当系统中 Cd 的浓度增大到 Bi-Cd 最低共熔混合物的浓度,即 Cd 的质量分数达到 40% 时,Bi(s) 与 Cd(s) 按最低共熔混合物组成的比例同时析出,液相组成不变,所以凝固点(140℃)也不会改变,于是出现 DD′水平线段,直到所有液相全部凝固后,体系的温度才继续下降。

线 d 是含 70%Cd 的 Bi-Cd 混合物冷却曲线。冷却过程中体系温度的变化情况与线 b 类似,只是体系冷至 F 点时,首先析出的是 Cd(s),冷至 G 点时,Bi(s) 与 Cd(s) 按最低共熔混合物组成的比例同时析出并出现一水平线段。

线 c 是按最低共熔混合物的组成(Cd 的质量分数为 40%)配制的 Bi(s)-Cd(s) 混合物的冷却曲线。这条线在冷却到最低共熔点(140℃)以前,无固体析出。达到最低共熔点时,Bi(s) 与 Cd(s) 按最低共熔混合物组成的比例同时析出,因为液相组成不会因固体析出而改变,所以体系的凝固温度也不会改变,冷却曲线上出现一段水平线,直至所有的 Bi-Cd 混合物均凝固后,体系的温度才重新下降。

图 7-18(b) 中,在与 Cd 的质量分数为 0,20%,40%,70% 和 100% 相对应的各位置上,按线 a~线 e 上的转折点,找到 A、C、D、E、F、G 和 H 点,连 A、C 和 E,连 H、F 和 E,连 D、E 和 G,并延长至与两个坐标轴相交,便制成了 Bi-Cd 混合物的温度-组成相图。

相图 7-18(b) 中,$x_B=0$ 处表示纯 Bi,A 点所对应的温度为纯 Bi 的熔点;$x_B=1$ 处表示纯 Cd,H 所对应的温度为纯 Cd 的熔点。ACE 线表示从 Bi-Cd 混合物中析出固体 Bi 的温度(凝固点)与液相组成的关系。由于 Cd 的加入,固体 Bi 的析出温度(凝固点)降低,故称 ACE 线为 Bi 的凝固点降低曲线。ACE 线也可表示固、液两相呈平衡时体系温度与液相组成的关系,所以也可将 ACE 线看作固体 Bi 的溶解度曲线。同理,HFE 线为 Cd 的凝固点降低曲线,或固体 Cd 在 Bi 中的溶解度曲线。在这两条曲线以上的区域内,两种液态组分完全互溶,为液相区(l)。在 MN 线以下区域为完全不相溶的固态 Bi 和固态 Cd 的混合物,以 Bi(s)-Cd(s) 表示。AEM 区内两相共存,固相是纯 Bi,液相是 Bi 在 Cd 中的饱和溶液,以 Bi(s)+l 表示。HEN 区内纯 Cd(s) 与 Cd 在 Bi 中的饱和溶液共存,以 Cd(s)+l 表示。两条凝固点曲线交于 E 点,该点为三相点。与 E 点所对应的状态是:Bi(s)、Cd(s) 和对 Bi(s)、Cd(s) 均达到饱和的液体(l),三相呈平衡。根据相律,在三相点处,自由度数 $f=3-\Phi=3-3=0$,可见保持三相点共存的温度不能变动,三个相的组成也固定不变。与三相点 E 对应的温度是混合的 Bi(s) 与 Cd(s) 可以同时熔化的最低温度,也是液相能存在的最低温度,故称为最低共熔点或低共熔点。相对含量与 E 对应的 Bi-Cd 混合物称为最低共熔混合物或低共熔混合物。固态完全不互溶、液态完全互溶的二组分凝聚体系在温度-组成图上只出现一个低共熔点,这种体系称为简单二组分凝聚体系。

根据相图可以分析相态变化。如混合物的物系点在图中 f 处,此时体系为完全互溶的 Bi-Cd 液态混合物。冷却此体系时,物系点垂直下降,当落到 HE 线上时(g 点),开始有 Cd(s) 析出。继续冷却,物系点进入两相平衡区,例如到达 h 点,此时体系分为两相,一相为纯 Cd(s),相点为 l,与之相平衡的另一相为 Cd 的饱和溶液,相点为 k。在两相区 HEN 内,冷却过程中物系点垂直下降,与此同时,固相点沿 HN 线下降。冷却至 i 点时,液相点刚好达到 E 点。此时液相对 Bi(s) 和 Cd(s) 均达到饱和,Bi(s)、Cd(s) 与低共熔混合物(l)三相共存。继续冷却,液相以不变的最低共熔混合物组成不断地凝固,体系的组成不变,温度也不变,直至液相完全凝固后,物系点才离开 i 点进入两相区。此后物系点仍垂直下降,两个相点分别沿 M0 线和 N1.0 线下降,体系始终是 Bi(s)和 Cd(s)共存。

许多无机盐与水组成的体系,称为水盐体系,它们的相图常用溶解度法制作,这部分的内容比较复杂,在此不作介绍。

*7.5 三组分体系的相图及其应用

三组分体系中组分数 $C=3$,根据相律 $f=C-\Phi+2=3-\Phi+2=5-\Phi$。由于体系至少有一相,故自由度数 $f=5-\Phi=5-1=4$,即温度 T、压力 p 及任意两个组分的浓度项 (x_1,x_2)。显然,三维空间已不足以描绘。通常维持压力不变,则 $f=4-\Phi$,此时仍有 T、x_1、x_2 三个变量,虽可以用三维立体图来表示相图,但仍很不方便。为此,在三组分体系相平衡讨论中常常制作等温等压下的相图,此时 $f=3-\Phi$,f 最大为 2,这样就可用平面坐标表示三元相图了。最常用的三组分平面相图是等边三角形相图。用三角形的三个顶点代表组成系统的三种纯液体 A、B 和 C,每条边代表由两种组分组成的系统。每条边上的坐标刻度为三组分系统中一种组分的浓度,例如以质量分数表示浓度,则 AB、BC 和 CA 三条边上的刻度分别为 m_B、m_C 和 m_A。越靠近某顶点的系统中,含该顶点表示的物质越多,如图 7-19 所示。三角形内任一点 p 代表三组分系统 A-B-C 的组成,其读取方法为:过点 p 分别作三角形三边的平行线 pa、pb 和 pc,交 AC、AB 和 BC 于 a、b 和 c 三点。a、b 与 c 点的刻度即为系统 p 中 A、B 与 C 的含量,即 p 中含 a% 的 A、b% 的 B 与 c% 的 C。

若考虑温度对相平衡的影响,则要将表示组成的等边三角形平放,在三个顶点作三角形的垂线,形成三维的等边三角棱柱体,以垂直轴的高度表示温度,如图 7-20 所示。立体的相图被三维空间的曲面划分成不同的相区。

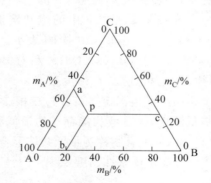

图 7-19 三组分体系三角形相图表示方法

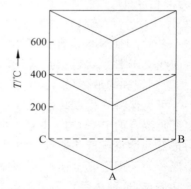

图 7-20 正三棱柱体(柱高表示温度)

例如,在氯仿(A)-水(B)-醋酸(C)三种液体组成的三组分系统中,A 和 C,B 和 C 均可以任何比例完全混溶,而 A 与 B 则为部分互溶,其液-液平衡相图如图 7-21 所示。在图 7-21 中,AB 边上,B 在 A 中的含量(均为质量分数,下同)小于 L_1,则 B 可完全溶于 A 中成为 B/A 不饱和溶液,故系统总组成若在 AL_1 段,均为一相。系统总组成落于 BL_2 段,则表示少量 A 溶于大量 B 中,形成 A/B 不饱和溶液,也为一相。物系点落于 L_1L_2 段的任何系统均分成两层液体,一层为 B 在 A 中的饱和溶液(B/A 饱和溶液),浓度为 L_1 所示;另一层为 A 在 B 中的饱和溶液(A/B 饱和溶液),浓度为 L_2 所示。例如某系统的总组成为 e 点所示,在此温度下该组成实际上分为组成为 L_1 和 L_2 的两层溶液（共轭溶液）。相平衡的两层溶液的量符合杠杆规则。

当向 e 点表示的 A-B 混合物中加入第三组分 C 时，物系点将沿 Ce 连线向 C 点方向移动，并进入三角形内。例如到达 e' 点时，系统分成组成为 L_1' 和 L_2' 的两层共轭溶液。继续往 A-B 混合物中添加第三组分 C，随着物系点越来越靠近 C 点，相平衡的两层共轭溶液的组成越来越接近，连接两共轭溶液的相点的结线越来越短。由图 7-21 不难看出，结线不一定是平行于三角形一边的直线，结线的倾斜度取决于组分 C 在两相中的相对含量。当物系点到达 k 时，两层共轭溶液的组成相同，两层溶液合并为一个液层。此后继续增加组分 C，物系点进入 A、B 与 C 完全相互混溶的单相区。相图上表示两层共轭溶液合并成一层的点——k 点称为会溶点。会溶点不一定是溶解度曲线的最高点。曲线 L_1kL_2 与三角形底边 AB 包围的区域为液-液两相平衡区，在此区域以外为 A、B 与 C 三组分完全互溶的单相区。

将图 7-21 放平作为底面，以垂直于底面的 AA'、BB' 和 CC' 作为温度坐标，则得到三维的三组分系统温度-组成图，如图 7-22 所示。由图 7-22 可见，随着温度的升高，曲面内的区域越来越小，最后归于一点 k'，此点为高临界会溶点，相应的温度为高临界会溶温度。高于高临界会溶温度，三个组分完全互溶。

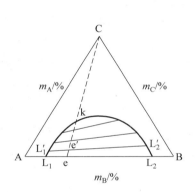

图 7-21　氯仿(A)-醋酸(B)-水(C)
三元体系等温等压相图

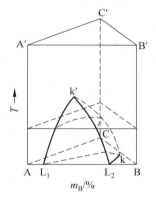

图 7-22　氯仿(A)-醋酸(B)-水(C)
三元体系温度-组成图

拓展知识

相图在现代高科技中的应用

1. 新型闪烁材料 BGO 相图

20 世纪 70 年代初，美国科学家 M. J. Weber 发现新型闪烁材料 BGO，这是锗酸铋系化合物 $Bi_4Ge_3O_{12}$ 的缩写，是一种无色透明的纯晶体，由于在 X 射线、γ 射线、正电子或重带电粒子进入时具有发出蓝绿色的荧光的特性，成为高能粒子的"探测器"。在美籍华人、著名的高能物理学家丁肇中主持的正负离子对撞机模拟宇宙大爆炸实验中，由上海硅酸盐研究所的科学家们研制提供的 BGO 晶体发挥了作用。

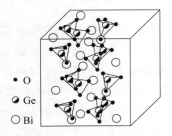

图 7-23　BGO 晶体结构

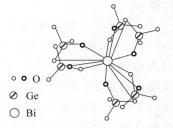

图 7-24　Bi^{3+} 离子最邻近配位结构

BGO 的发光性质与它的晶体结构(图 7-23,图 7-24)密切相关。BGO 属于立方晶系,与天然矿物 $Bi_4Ge_3O_{12}$ 闪铋矿型结构相同。每个晶胞中有 4 个 $Bi_4Ge_3O_{12}$ 分子。Bi^{3+} 由 6 个 GeO_4 四面体包围,最邻近配位于畸变的氧八面体中,值得一提的是,已发现许多闪铋矿型结构的化合物都具有发光性质,如:$Ca_3Bi(PO_4)_3$、$M_3Ln(PO_4)_3$、$M_4(PO_4)_2SO_4$ 等,式中 M=Sr 或 Ba,而 Ln=La,Nd,Nu,Y,Sc,In,Bi。这表明闪铋矿型结构创造了电子能级跃迁的特殊晶格场。

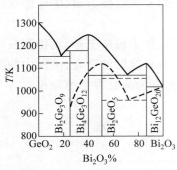

图 7-25　Bi_2O_3-GeO_2 相图

一种化合物的制备往往从形成这种化合物的相图和它的一些物理、化学和结构的基本数据入手,最初的 Bi_2O_3-GeO_2 二组分体系的相图仅发现有两种化合物:$Bi_4Ge_3O_{12}$($2Bi_2O_3:3GeO_2$) 和 $Bi_{12}GeO_{20}$($6Bi_2O_3:1GeO_2$),后又陆续发现了 $Bi_2Ge_3O_9$($1Bi_2O_3:3GeO_2$) 和亚稳晶相 Bi_2GeO_5($1Bi_2O_3:1GeO_2$)。直到 1986 年,G. Corsmit 和 J. C. Sens 等人才发表了用差热分析(DTA)法得到的比较完整的相图(图 7-25)。由相图可知

$$2Bi_2O_3 + 3GeO_2 \xrightarrow{\text{加热固相反应或熔融析晶}} Bi_4Ge_3O_{12}(\text{晶体})$$

这一反应是稳定的。但如果配料稍偏移化学计量纯(组分混合不匀)或者相变条件有异(熔体冷却速度过快),也有可能生成亚稳晶相 Bi_2GeO_5 和组分偏离很大的低共熔体固相。相图给出了固液相线的明确位置,但它没有给出稳定相变和亚稳相变的具体条件,更没有给出液相转变成完整晶体的条件。解决这个问题的学科便发展成了材料科学中的一大分支:晶体生长学。

如果采用提拉法生长人工晶体,对于长达 25 cm 的 BGO 晶体的实际需要来说,既困难又不经济。因而中国的科学家们采用了经过改进的坩埚下降法,为了熔体的冷却(晶体生长)在相变点下接近"平衡",恒温控制达数百小时,以保证高纯度,杂质含量不允许超过 $10^{-7} \sim 10^{-8}$(即材料的高纯度要求 7 个 9 以上)。终于实现了工业化生产的巨大成功。

2. 超导 YBCO 相图

高温超导材料是迄今被研究过的一种最复杂的材料。需要纯度和均匀度都非常高的高质量大单晶,以便研究它们的许多各向异性的本征属性。超导体有两大特性,在某一特定的

临界温度 T_c 下,电阻突然下降为零,呈现理想的完全导电性;具有完全的反磁性,在磁场中有排斥磁力线作用。如将一个超导体材料制成的小球放在磁场中,因反磁性作用而使小球像气球一样悬浮在空中。利用超导体的完全导电性可实现远距离的无损耗输电;利用超导体产生的强磁场,核磁共振成像技术(NMRCT)可以分辨仅 1.3 mm 大小的肿瘤;利用超导体的完全反磁性可以制成超导磁悬轴承、超导磁悬浮列车,其时速可达 500 km·h^{-1}(民航客机时速 700~800 km·h^{-1}),且无噪声和废气,因而是一种很有前途的交通工具。

然而,广泛的应用前景受到了超导性的临界温度太低的制约。自 1911 年卡末林·昂内斯在成功液化氦气之后不久发现汞在 4.15 K 具有超导现象以来,人们一直在寻找高临界温度的超导材料。元素周期表中过半数的金属具有超导现象,它们的 T_c 最高的是铌(Nb),为 9.25 K。1977 年,超导材料 Nb$_3$Ge 的高临界温度 T_c 还只有 23.2 K,1986 年发现第一个铜氧化物超导体使研究获得了重大的突破,贝德诺茨(J. G. Bednorz)和缪勒(K. A. Muller)在通式为 A$_x$B$_y$Cu$_z$O$_w$(A 为 Ba、Sr 等,B 为 La、Y 等)的准钙钛矿结构体系中获得了 T_c 为 36 K 的超导体,他们因此而荣获 1987 年诺贝尔物理学奖。1987 年中国科学院赵忠贤等与美国休斯敦大学的朱经武等分别独立地发现 95 K 的 YBa$_2$Cu$_3$O$_{7-\delta}$($\delta \approx 0.2$)的超导氧化物,临界温度达到了液氮温度。1988 年制备的 Ti$_2$Ca$_2$Cu$_3$O$_{10}$ 的 T_c 为 125 K。目前临界温度最高的是 HgBa$_2$Ca$_2$Cu$_3$O$_y$ 超导体,T_c 提高到 135 K。因此,多元体系超导的研究,是在现代高科技领域综合了多学科优势的结果。

20 世纪 50 年代,人们认识到超导体可分为两类,根据超导相-正常相界面的界面能的符号来划分。在 1940 年以前研究的纯元素超导体几乎全是第一类超导体,它们的界面能是负的,当外加磁场达到临界磁场 B_c 时,第一类超导体显示出可逆的一级相变,有潜热。某些简单的合金也属于第一类超导体。20 世纪 70 年代发现的过渡金属化合物是很"强"的第二类超导体,超导转变时无潜热,即无热电效应,热容在 T_c 处有跃变。正常态时是线性热容($\propto T$),超导时跃至 T^3 行为。表征为一类有序化过程的高级相变所共有的特征,可耐受磁场高达 20 T。这些超导体都可以从绝缘母化合物掺入少量的特殊杂质而得到。

研究超导材料,首先要研究它们的相图。图 7-26 中,代表 CuO、BaCuO$_2$ 和 Y$_2$BaCuO$_5$ 组成的相点所连结的三角形内,均是生成层状钙钛矿结构 YBa$_2$CuO$_{7-\delta}$ 的范围。由于它的氧含量的易变性,随着 δ 的 1~0 的减小(即氧负电价含量的增加),结构由 YBa$_2$CuO$_6$(四方结构,绝缘体)发生四方-正交相变、绝缘-金属相变和正常态-超导态转变等(参考相似相图 7-27),为我们提供了一个好的样品组进行研究。具有大于 90 K 的超导转变温度的超导区就在其中。这就为选择不同的相组成及烧结(包括冷却)温度提供了理论依据。在结构方面,YBa$_2$Cu$_3$O$_7$ 的正、负电价不平衡,

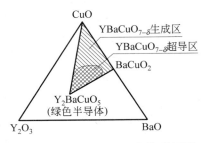

图 7-26 Y$_2$O$_3$-BaO-CuO 体系相图

正价总和为 $(+3)+2\times(+2)+3\times(+2)=+13$,负价总和为 $7\times(-2)=-14$。目前的认识是 13(+)=13(−),氧的 −2 价态不完全,有一个处在 O(1) 位上的空穴,其中 $(1-\delta)$ 的一半驻留在蓄电库(单胞晶体结构包含 O(1) 的 xy 四方平面)层,另一半转移到两个 CuO$_2$ 层成为决定超导电性的关键因素(图 7-28)。由于 CuO$_2$ 的双(多)层特殊结构,CuO$_2$ 层中的 2 价 Cu(2) 离子可以用其他的 2 价离子如 Ni^{2+} 或 Zn^{2+} 离子置换,只需百分之几就可以完全破坏超导电性。

Cu(1)的这种置换对超导电性的影响就要弱得多,例如 Co^{3+} 的置换是通过改变 CuO_2 层的载流子浓度而影响超导电性的,它对 Cu(1)的置换,对结构变化的影响更强些。用 La 系稀土元素置换 Y,除了 Ce 和 Pr 外,均不明显改变超导性质,T_c 均保持在 92 K 附近。因 $YBa_2CuO_{7-\delta}$ 中不同位置的元素进行置换所诱发的变化,为我们提供了丰富的信息。图 7-27 所示为置换了过渡元素和碱土金属元素的 YBCO 超导家族中的一员 $La_{1-x}Sr_x\text{-}CuO_4$ 的相图。

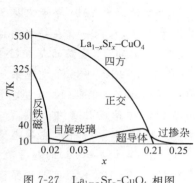

图 7-27　$La_{1-x}Sr_x\text{-}CuO_4$ 相图

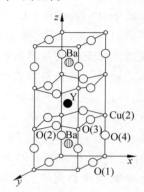

图 7-28　$YBa_2CuO_{7-\delta}$ 系特殊结构

由此可见,物质的性能,是由物质的组成、结构和聚集状态所决定的。而掌握组成-性质图,将大大有助于高新技术材料的制造。

思　考　题

7-1　怎样理解"相"? 单相是否必须是纯物质组成?

7-2　怎样确定一个平衡体系的组分数?

7-3　什么是自由度? 确定自由度有什么意义?

7-4　如何体会相律具有普遍意义? 相律导出中用了什么数学概念? 根据什么热力学原理?

7-5　一个纯物质最多可以几相平衡共存?

7-6　绘制二元体系温度-组成相图。叙述测定不同温度下体系各相组成的三种方法。

7-7　什么是临界点、恒沸点、低共熔点? 恒沸物、低共熔物与化合物有何异同?

7-8　在低共熔点以下之区域内指定一点,$\Phi=2$,$f=?$ 如何理解?

7-9　什么是物系点? 相点? 两者在什么时候变为一致?

7-10　什么是杠杆规则? 应用时应注意什么?

7-11　冬天河水里的冰、水及河面上的水汽三相共存,其三相共存时温度和压力是否与水的三相点相同? 为什么? 冰点与三相点的定义有何原则上的区别?

习　题

7-1　碳的相图如图 7-29 所示:

(1) 请论述 O 点及线 OA、OB、OC 的意义;

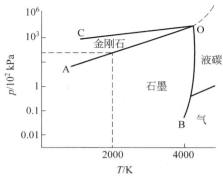

图 7-29 碳的相图

(2) 在 2000 K 的温度下将石墨转化为金刚石,如何确定所需的最小压力?

7-2 对于下列各体系,求其组分数及自由度:
(1) $NH_4Cl(s)$,$NH_4^+(aq)$,$Cl^-(aq)$,$H_2O(l)$,$H_2O(g)$,$H_3O^+(aq)$,$NH_3(g)$,$OH^-(aq)$,$NH_4OH(aq)$;
(2) $CH_3COONH_4(s)$,$CH_3COO^-(aq)$,$NH_4^+(aq)$,$H_3O^+(aq)$,$NH_3(g)$,$OH^-(aq)$,$CH_3COOH(aq)$,$H_2O(l)$,$H_2O(g)$;
(3) $NaCl(s)$,$KBr(s)$,$K^+(aq)$,$Na^+(aq)$,$Cl^-(aq)$,$Br^-(aq)$,$H_2O(g)$,$H_3O^+(aq)$。

7-3 确定下列各系统的组分数、相数及自由度:
(1) C_2H_5OH 与水的溶液;
(2) $CHCl_3$ 溶于水中、水溶于 $CHCl_3$ 中的部分互溶溶液达到相平衡;
(3) $CHCl_3$ 溶于水中、水溶于 $CHCl_3$ 中的部分互溶溶液及其蒸气达到相平衡;
(4) $CHCl_3$ 溶于水中、水溶于 $CHCl_3$ 中的部分互溶溶液及其蒸气和冰达到相平衡;
(5) 气态的 N_2、O_2 溶于水中且达到相平衡;
(6) 气态的 N_2、O_2 溶于 C_2H_5OH 的水溶液中且达到相平衡;
(7) 气态的 N_2、O_2 溶于 $CHCl_3$ 与水组成的部分互溶溶液达到相平衡;
(8) 固态的 NH_4Cl 放在抽空的容器中部分分解得气态的 NH_3 和 HCl,且达到平衡;
(9) 固态的 NH_4Cl 与任意量的气态 NH_3 及 HCl 达到平衡。

7-4 指出下列体系中的组分数:
(1) NaH_2PO_4 在水中与蒸气达平衡(忽略盐在溶液中电离的可能性);
(2) 在上述体系中,考虑盐能完全电离成所有可能存在的离子;
(3) $AlCl_3$ 在水中,考虑其水解作用和出现 $Al(OH)_3$ 沉淀。

7-5 炼锌的工业过程是先将锌矿石灼烧成氧化锌,再用碳还原。假如平衡系统中锌以气态存在,试分析此平衡系统的组分数和自由度数各是多少?

7-6 试求下列各系统的自由度数,并指出独立变量是什么。
(1) 25℃时,气相中有 O_2 和 H_2,并且有部分溶解在水中;
(2) $NaCl(s)$ 与它的饱和水溶液在 101.325 kPa 下的沸点共存;
(3) 在 101.325 kPa 下,I_2 在液态水和四氯化碳中的分配达平衡(无固体 I_2 存在);
(4) 在 101.325 kPa 下,H_2SO_4 水溶液与 $H_2SO_4 \cdot 2H_2O(s)$ 已达平衡。

7-7 CO_2 的平衡相图见图 7-30,试根据该图回答下列问题:
(1) 把 CO_2 在 0℃时液化,需要加多大压力?
(2) 把钢瓶中的液体 CO_2 在空气中喷出,大部分成为气体,一部分成为固体(干冰)而没有液体,是何原因?
(3) 指出 CO_2 相图与 H_2O 的相图的最大差别。

7-8 HAc 及 C_6H_6 的凝聚系统相图见图 7-31:
(1) 指出各区域所存在的相数和自由度数;
(2) 该系统的最低共熔温度为—8℃,最低共熔混合物的组成含 C_6H_6 64%(质量百分数,下同),试问将含苯 75%和 25%的溶液各 100 g 由 20℃冷却时,首先析出的固体为何物?最多能析出该固体多少克?
(3) 试述将含苯 75%和 25%的溶液冷却到—10℃这一过程的相变化。

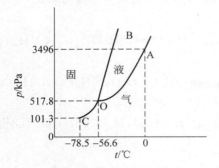

图 7-30 CO_2 的平衡相图

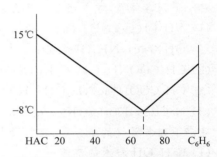

图 7-31 HAc-C_6H_6 的凝聚系统相图

7-9 下表为实验测定的 Sb-Cd 二组分系统步冷曲线数据:

w(Cd)/%	0	20	37.5	47.5	50	58.3	70	93	100
曲线最初转折温度/℃	—	50	461	—	419	—	400	—	—
曲线呈水平的温度/℃	630	410	410	410	410	439	295	295	321

(1) 绘制 Sb-Cd 的温度-组成图,并标明各区域中可能存在的稳定相及自由度数;
(2) 求出生成化合物的组成,确定其熔点。

*7-10 已知 A 和 B 能形成两种化合物 A_2B 和 AB_2,A 的熔点比 B 低,A_2B 的相合熔点介于 A 和 B 之间,AB_2 的不相合熔点介于 A 和 A_2B 的熔点之间,请画出 T-x 示意图。

第8章

界面现象和胶体分散体系

学习要求

(1) 了解表面吉布斯能、表面张力及其影响。
(2) 了解两相界面发生的一系列界面现象及其基本应用。
(3) 掌握胶体的基本特性、制备方法及其物理化学性质。

界面现象是自然界普遍存在的现象。胶体指的是具有很大比表面积的分散体系。胶体与界面化学是研究分散体系物理化学性质及界面现象的科学,它在生产、生活和多种学科研究中的应用极为广泛。从历史角度看,界面化学是胶体化学的一个最重要的分支,两者关系密切。而随着科学的发展,如今界面化学已独立成一门科学。

8.1 表面张力和表面能

任何表面都是界面,例如一杯水的表面是气-液界面,桌子的表面是气-固界面。本书中所说的表面都是界面,有时这两种名词混用,不加以区别。

胶体化学中所说的界面现象,不仅要讨论物体表面上会发生怎样的物理化学现象以及物体表面分子(或原子)和内部的有什么不同,而且还要讨论一定量的物体经高度分散后(这时表面积将强烈增大)给体系的性质带来怎样的影响,例如粉尘为什么会爆炸?小液珠为什么是球形?活性炭为什么能脱色?等等,这些问题都与界面现象有关。界面现象涉及的范围很广,研究界面现象具有十分重要的意义。这里仅介绍一些基本概念及其应用。

8.1.1 净吸力和表面张力的概念

1. 净吸力

分子在体相内部与界面上所处的环境是不同的。液体表面上的某分子 M 受到如图 8-1 中所示的各个方向的吸引力,其中 a、b 可抵消,e 向下,并有 c、d 的合力 f(向下),故分子 M 受到一个垂直于液体表面、指向液体内部的"合吸力",通常称为净吸力。由于有净吸力存在,致使液体表面的分子有被拉入液体内部的倾向,所以任何液体表面都有自发缩小的倾向,这也是液体表面表现出表面张力的原因。

2. 表面张力

由图 8-2 可见,当球形液滴被拉成扁平后(假设液体体积 V 不变),液滴表面积 S 变大,

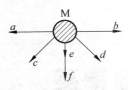
图 8-1　表面分子的受力情况

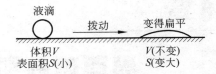
图 8-2　球形液滴变形

这就意味着液体内部的某些分子被"拉到"表面并铺于表面上,因而使表面积变大。当内部分子被拉到表面上时,同样要受到向下的净吸力,这表明,在把液体内部分子搬到液体表面时,需要克服内部分子的吸引力而消耗功。因此,表面张力 σ 可定义为可逆地增加系统单位表面积 dA 环境所消耗的功 $\delta W'$。

$$\sigma = \frac{环境所消耗的功}{系统增加的表面积} = \frac{\delta W'}{dA} \tag{8-1}$$

按能量守恒定律,外界所消耗的功储存于表面,成为表面分子所具有的一种额外的势能,故也称为表面能。因为恒温恒压下

$$dG = \delta W'$$

式中,G 为表面吉布斯函数,代入式(8-1)得

$$dG = \sigma dA$$

或

$$\sigma = \left(\frac{\partial G}{\partial A}\right)_{T,p} \tag{8-2}$$

所以表面张力 σ 又称为比表面吉布斯函数,其单位为 $J \cdot m^{-2}$,由于 $J = N \cdot m$,所以 σ 的单位也可写成 $N \cdot m^{-1}$。在物理化学中由热力学定律还可导出表面张力的其他表达式。

表面张力的实质是作用在单位长度上的力,这可由图 8-3 加以说明。将图 8-3 中的金属丝框蘸上肥皂水后缓慢拉动活动金属丝。设活动金属丝移动距离为 Δx,则形成面积为 $2l\Delta x$ 的肥皂膜(因为金属丝框上的肥皂膜有两个表面,所以要乘以 2)。此过程中环境所消耗的表面功 W' 为

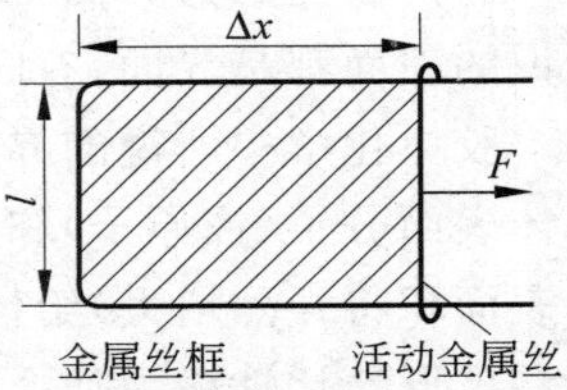

$$W' = F\Delta x \tag{8-3}$$

图 8-3　表面张力与表面功

与式(8-1)比较,则

$$W' = F\Delta x = \sigma \Delta A = \sigma \cdot (2l\Delta x)$$

或

$$\sigma = \frac{F}{2l} \tag{8-4}$$

图 8-3 中,扩大肥皂膜时表面积变大;肥皂膜收缩时,表面积变小。这意味着表面上的分子被拉入液体内部。肥皂膜收缩时,力的方向总是与液面平行(相切)的,因此表面张力的方向也和表面平行。在活动金属丝收缩时,当然有垂直作用在金属丝框边缘上的力,所以表面张力也可认为是作用在金属丝框单位长度上的力。

综上所述,可以得出结论:分子间力可以引起净吸力,而净吸力引起表面张力。表面张力永远和液体表面相切,而和净吸力垂直。

*8.1.2 影响表面张力的因素

表面张力是液体(包括固体)表面的一种性质,而且是强度性质。有多种因素可以影响物质的表面张力。

1. 物质本性

表面张力起源于净吸力,而净吸力取决于分子间的引力和分子结构,因此表面张力与物质本性有关。例如水是极性分子,分子间有很强的吸引力,常压下 20℃时水的表面张力高达 $72.75\ \mathrm{mN\cdot m^{-1}}$,而非极性分子的正己烷在同温下其表面张力只有 $18.4\ \mathrm{mN\cdot m^{-1}}$。水银有极大的内聚力,$\sigma_{Hg}=485\ \mathrm{mN\cdot m^{-1}}$,故在室温下是所有液体中表面张力最高的物质。当然,其他熔态金属的表面张力也很高(一般是在高温熔化状态时的数据),例如 1100℃熔态铜的表面张力为 $879\ \mathrm{mN\cdot m^{-1}}$。

2. 相界面性质

通常所说的某种液体的表面张力,是指该液体与含有本身蒸气的空气相接触时的测定值。在与液体相接触的另一相物质的性质改变时,表面张力会发生变化。Antonoff 发现,两个液相之间的界面张力是两液体已相互饱和(尽管互溶度很小)时两个液体的表面张力之差,即

$$\sigma_{1,2} = \sigma'_1 - \sigma'_2 \tag{8-5}$$

式中,σ'_1、σ'_2 分别为两个相互饱和的液体的表面张力。这个经验规律称为 Antonoff 法则。表 8-1 为常见有机液体与水之间的界面张力。

表 8-1 常见有机液体与水之间的界面张力 $\mathrm{mN\cdot m^{-1}}$

液体	表面张力			界面张力		温度/℃
	水层 σ'_1	有机液层 σ'_2	纯有机液体	计算值	实验值	
苯	63.2	28.8	28.4	34.4	34.4	19
乙醚	28.1	17.5	17.7	10.6	10.6	18
氯仿	59.8	26.4	27.2	33.4	33.3	18
四氯化碳	70.9	43.2	43.4	24.7	24.7	18
戊醇	26.3	21.5	24.4	4.8	4.8	18
5%乙醇+95%苯	41.4	28.0	26.0	13.4	16.1	17

在液-气界面上,表面张力是液体分子相互吸引所产生的净吸力的总和,空气分子对液体分子的吸引可以忽略。但在液$_1$-液$_2$ 界面上,两种不同的分子也要相互吸引,因而降低了每种液体的净吸力,使新界面的张力比原有两个表面张力中较大的那个小一些。

3. 温度

温度升高时一般液体的表面张力都降低,这是因为温度升高时物质膨胀,分子间距离增

大,吸引力减弱所引起,且 σ-T 有线性关系,如图 8-4 所示。当温度升高到接近临界温度 T_c 时,液-气界面逐渐消失,表面张力趋近于零。当然也可用温度升高时气-液两相的密度差别减小这个事实来说明这一现象。

关于表面张力和温度的关系式,目前主要采用一些经验公式。实验证明,非缔合性液体的 σ-T 关系基本上是线性的,可表示为

$$\sigma_T = \sigma_0[1 - K(T - T_0)] \tag{8-6}$$

式中,σ_T、σ_0 分别为温度 T 和 T_0 时的表面张力;K 为表面张力的温度系数。

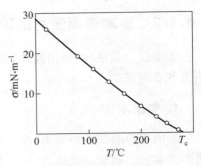

图 8-4　CCl$_4$ 的 σ-T 关系曲线

当温度接近于临界温度时,液-气界面即消失,这时表面张力为零,由此 Ramsay 和 Shields 提出了以下关系式

$$\sigma \widetilde{V}^{\frac{2}{3}} = k(T_c - T - 6.0) \tag{8-7}$$

式中,$\widetilde{V}$ 为液体的摩尔体积;T_c 为临界热力学温度;k 为常数,非极性液体的 k 约为 2.2×10^{-7} J·K^{-1}。式(8-7)是比较常用的公式。某些液体在不同温度下的表面张力列于表 8-2 中。

表 8-2　某些液体在不同温度下的表面张力　　　　　　　　　　mN·m^{-1}

液体	0℃	20℃	40℃	60℃	80℃	100℃
水	75.64	72.75	69.56	66.18	62.61	58.85
乙醇	24.05	22.27	20.06	19.01	—	—
甲苯	30.74	28.43	26.13	23.81	21.53	19.39
苯	31.6	28.9	26.3	23.7	21.3	—

4. 压力

从气-液两相密度差和净吸力考虑,气相压力对表面张力是有影响的。由于在一定温度下液体的蒸气压不变,因此研究压力的影响只能靠改变空气或惰性气体的压力来进行。可是空气和惰性气体都在一定程度上(特别在高压下)溶于液体并为液体所吸收,当然也会有部分气体在液体表面上吸附,而且压力不同,溶解度和吸附量也不同,因此用改变空气或惰性气体压力所测得的表面张力变化应包括溶解、吸附、压力等因素的综合影响。表面张力随压力增大而减小,但当压力改变不大时,压力对液体表面张力的影响很小。

8.2　纯液体的表面现象

纯液体的表面现象包括弯曲现象、润湿现象、毛细管上升和下降现象等,本节主要讨论弯曲现象和润湿现象。

8.2.1 弯曲界面的一些现象

一杯水的液面是平面,而滴定管或毛细管中的水面是弯曲液面。在细管中液面为什么是曲面?弯曲液面有些什么性质和现象?或者说,液面弯曲将对体系的性质产生什么影响?这是界面现象中十分重要的问题。日常生活中常见的毛巾会吸水、湿土块干燥时会裂缝以及实验中的过冷和工业装置中的暴沸等现象都与液面或界面弯曲有关。

在一杯水界面层处,界面内外两侧的压力是平衡、相等的。但弯曲界面内外两侧的压力就不相同,有压力差,可形成凹面或凸面,如图 8-5 所示。现在分析处于平衡态下的一个液滴,如图 8-6 所示。

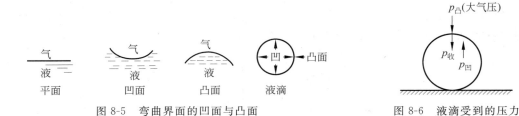

图 8-5 弯曲界面的凹面与凸面   图 8-6 液滴受到的压力

图 8-6 中,设液滴的曲率半径为 R,液面上某分子因受净吸力的作用而产生一个指向液滴内部的压力 $p_{收}$(通常称为收缩压,也称附加压力),液滴的外部压力(即大气压,也就是凸面的压力)为 $p_{凸}$。此液滴所受到的压力为 $p_{收}+p_{凸}$。因液滴处于平衡态,故液滴的凹面上必有一个向外的与之相抗衡的压力 $p_{凹}$,即

$$p_{凹}=p_{收}+p_{凸}$$

或

$$p_{收}=p_{凹}-p_{凸}=\Delta p \tag{8-8}$$

显然,收缩压 $p_{收}$ 代表了弯曲液面两侧的压力差 Δp,有些人也称它为毛细压力。

上面讨论的是球形液滴的情况,$p_{收}$ 指向液滴内部,且 $p_{凹}>p_{凸}$,即表面层处液体分子所受到的压力必大于外部压力。与此相反,若为凹液面,则 $p_{收}$ 指向液体外部(即指向大气),或者说 $p_{收}$ 总是指向凹面内部,这时关系式(8-8)依然成立,且 $p_{凹}>p_{凸}$,但表面层处液体分子所受到的压力将小于外部压力(见图 8-7)。

总之,由于表面张力的作用,表面层处的液体分子总是受到一种附加的指向凹面内部(球心)的收缩压力 $p_{收}$,且在曲率中心这一边的体相的压力总是比曲面另一边体相的压力大。

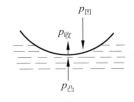

图 8-7 凹液面的 $p_{收}$ 方向

8.2.2 润湿现象

手入水即湿,但涂油后入水就不湿了。干净玻璃上有水倒掉后,玻璃是湿的,但玻璃上有汞倒掉后玻璃上无汞。这些现象都是经常遇到的。要解释这些现象必须弄清楚什么叫润湿和润湿角(亦称接触角)。

1. 液体对固体的润湿

液体与固体接触时液体能否润湿固体？从热力学观点看，就是恒温恒压下体系的表面吉布斯函数(G)是否降低？如果 G 降低就能润湿，且降低越多润湿程度越好。图 8-8 表示界面均为一个单位面积时，固-液接触体系表面吉布斯函数的变化。此时

$$\Delta G = \sigma_{液\text{-}固} - \sigma_{气\text{-}液} - \sigma_{气\text{-}固} \tag{8-9}$$

当体系 G 降低时，它向外做的功为

$$W_a = \sigma_{气\text{-}液} + \sigma_{气\text{-}固} - \sigma_{液\text{-}固} \tag{8-10}$$

式中，W_a 为粘附功。W_a 越大，体系越稳定，液-固界面结合越牢固，或者说，此液体极易在此固体上粘附。所以，$\Delta G<0$ 或 $W_a>0$ 是液体润湿固体的条件。但固体的表面张力 $\sigma_{气\text{-}固}$ 和 $\sigma_{液\text{-}固}$ 难以测定，因此难以用式(8-9)或式(8-10)进行计算和衡量润湿程度。然而人们发现，润湿现象还与润湿角有关，而润湿角是可以通过实验测定的。

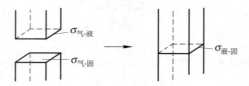

图 8-8　固-液接触时表面吉布斯函数的变化

2. 润湿角与润湿的关系

让液体在固体表面形成液滴(图 8-9)，达到平衡时，在气、液、固三相接触的交界点 O 处，沿气-液界面画切线，称此切线与固-液界面之间的夹角(包括液体在内)为润湿角 θ。

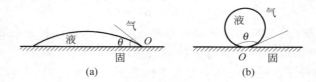

图 8-9　润湿角图示
(a) 水在玻璃上($\theta<90°$)；(b) 汞在玻璃上($\theta>90°$)

根据界面张力的概念，在平衡时，3 个界面张力在 O 点处相互作用的合力为零，此时液滴保持一定的形状，且界面张力与润湿角之间的关系为

$$\sigma_{气\text{-}固} = \sigma_{液\text{-}固} + \sigma_{气\text{-}液} \cos\theta \tag{8-11}$$

式(8-11)常称为杨氏方程或润湿方程。将式(8-11)代入式(8-9)得

$$-\Delta G = \sigma_{气\text{-}液} + \sigma_{气\text{-}液} \cos\theta = \sigma_{气\text{-}液}(1+\cos\theta) \tag{8-12}$$

可见，θ 越小，$-\Delta G$ 越大，润湿程度越好。当 $\theta=0°$ 时，$-\Delta G$ 最大，此时液体对固体"完全润湿"，液体将在固体表面上完全展开，铺成一薄层；当 $\theta=180°$ 时，$-\Delta G$ 最小，此时液体对固体"完全不润湿"，当液体量很少时则在固体表面上缩成一个圆球。故通常把 $\theta=90°$ 作为分界线，$\theta<90°$ 时能润湿(例如水在玻璃上，图 8-9(a))；$\theta>90°$ 时不能润湿(例如汞在玻璃上，图 8-9(b))。

8.3 固体表面的吸附

8.3.1 固体表面的特点

和液体一样,固体表面上的原子或分子的力场也是不均衡的,所以固体表面也有表面张力和表面能。但固体分子或原子不能自由移动,因此它表现出以下几个特点。

1. 固体表面分子(原子)移动困难

固体表面不像液体那样易于缩小和变形,因此固体表面张力的直接测定比较困难。任何表面都有自发降低表面能的倾向,由于固体表面难以收缩,所以只能靠降低界面张力的办法来降低表面能,这也是固体表面能产生吸附作用的根本原因。当然,固体表面上的分子或原子不能移动也不是绝对的,在高压下几乎所有金属表面上的原子都会流动;在高温或接近熔点时,许多固体表面上的高峰、棱角都会变得钝一些,或发生熔结现象;它的外表面总要取吉布斯函数最低的晶面才最稳定。

2. 固体表面不均匀

固体表面看上去是平滑的,但经过放大后即使磨光的表面也会有 $10^{-5} \sim 10^{-3}$ cm 左右的不规整性,即表面是粗糙的。这是因为在实际的表面上总是有台阶、裂缝、沟槽、位错等现象。图 8-10 是经过抛光的铝表面的断面形状。为使表面粗糙度这个概念数值化,可把最高的"峰"和最低的"谷"之间的高度作为最大高度 h_{max},然后引一平分线,使上下的峰和谷总面积相等,此平分线与峰和谷之间的平均距离以 h_{av} 表示,于是

$$h_{av} = \frac{1}{n}(h_1 + h_2 + \cdots + h_n) \tag{8-13}$$

显然 h_{av} 越大,表面越粗糙。这是实际工作中常用的粗糙度表示方法。

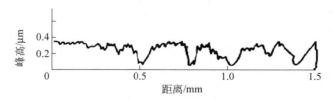

图 8-10 铝表面的断面形状

3. 固体表面层与体相内部组成不同

由于加工方式或固体形成环境的不同,固体表面层由表向里往往呈现出多层次结构。例如经研磨的多晶固体,越接近表层晶粒越细(图 8-11)。特别是在接近表层几纳米处,通过电子绕射分析发现已成为非结晶乃至特别细微的晶群结构。

经研磨的高度分散的石英粉表面性质和硅胶相似,具有一定厚度的无定形层。金属的表面组成更为复杂,常因加工方式、环境气氛及其他条件的不同而异。例如铁在 574℃ 以

下，由表向里的成分依次为 Fe_2O_3—Fe_3O_4—Fe；在 574℃ 以上则为 Fe_2O_3—Fe_3O_4—FeO/Fe。铜在 1100℃ 以下由表及里为 CuO—Cu_2O—Cu，在 1100℃ 以上为 Cu_2O—Cu。

固体表面结构和组成的变化，将直接影响它的使用性能、吸附行为和催化作用，因此备受人们关注。

8.3.2 吸附作用

1. 吸附

由于固体表面上的分子或原子力场不平衡，使其具有较高的表面能，因而可以吸附周围介质气体、液体中的分子、原子或离子以达到其力场的相对平衡，降低表面能。这种分子在固体表面上富集的现象称为吸附。起吸附作用的固体称为吸附剂，被吸附的物质称为吸附质。固体吸附剂都有很发达的比表面，如活性炭、硅胶、吸附树脂等。吸附是界面现象，它常伴有其他过程，如吸收、毛细管凝结等，但又不完全等同于吸收，也不等同于气体与固体的化学反应。

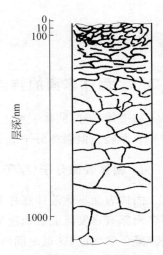

图 8-11 固体表面层结构的变化

如果吸附质（特别是气体）与吸附剂长时间接触，吸附质可钻入吸附剂内部，这种现象称为吸收。如氢与铂接触，初为吸附，后为吸收。岩石中的气体有的也来源于吸收而不同于包裹体中的气体。吸收是整体现象，实质上是吸附质在吸附剂中的溶解。氯化钙吸水也属于吸收（形成水合物）。

实际工作中还有许多同时发生吸附和吸收作用的现象，例如在特细孔中的吸附（如分子筛吸附水蒸气），常称此为"吸着"或吸混作用。

2. 物理吸附和化学吸附

固体表面的吸附，按作用力的性质可分为物理吸附和化学吸附两种类型。

物理吸附是分子间力（范德华力）引起的，它相当于气体分子在固体表面上的凝聚。由于分子间力很弱，所以物理吸附时释放出的热量只与凝聚热相当，约 20 kJ·mol^{-1}，吸附后也不稳定，容易脱离固体表面而解吸，吸附和解吸都快（因为不需或只需很低的活化能）。同时，物理吸附没有选择性，因为任何吸附质和吸附剂之间都存在着分子间力，都可发生吸附。物理吸附可形成单分子吸附层，也可形成多分子吸附层。

由化学键力引起的吸附称化学吸附，化学吸附过程中，可以发生电子转移、原子重排、化学键的破坏与形成等过程，其实质是一种化学反应。化学吸附具有选择性，即一种吸附剂只对某些吸附质发生吸附作用。由于化学键力较强，化学吸附释放出的吸附热较多（>80 kJ·mol^{-1}），因此不易解吸，吸附和解吸都较慢（因需较高活化能）。化学吸附依靠的是化学键力，吸满单分子层后固体表面原子的剩余力就达到饱和了，所以化学吸附只能形成单分子吸附层。

为了便于比较，将物理吸附和化学吸附的特点列于表 8-3。

表 8-3 物理吸附和化学吸附的比较

主要特征	物理吸附	化学吸附
吸附力	范德华力	化学键力
选择性	无	有
吸附热	近于液化热($0\sim20$ kJ·mol^{-1})	近于反应热($80\sim400$ kJ·mol^{-1})
吸附速度	快,易平衡,不需要活化能	较慢,难平衡,需要活化能
吸附层	单或多分子层	单分子层
可逆性	可逆	不可逆(解吸物性质常不同于吸附质)

在一定条件下,物理吸附和化学吸附往往同时发生。例如氧在金属 W 表面上的吸附,有 3 种情况同时存在:有的氧是以原子状态被吸附(化学吸附);有的氧是以分子状态被吸附(物理吸附);还有一些氧是以分子状态被吸附在已被钨吸附的氧原子上面,形成多层吸附。此外,在不同温度下,起主导作用的吸附可以发生变化,如氢在镍上的吸附,在低温时发生物理吸附,而在高温时发生化学吸附,如图 8-12 所示。

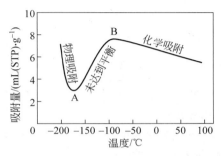

图 8-12　H_2 在 Ni 上的吸附量随温度的变化(H_2 的压力为 26.7 kPa)

*8.3.3　吸附曲线

吸附曲线主要反映固体吸附气体时,吸附量和温度、压力的关系。实验证明,对一定的吸附体系来说,吸附量 Γ 和温度及气体压力有关,即 $\Gamma = f(T, p)$。在一定温度下,改变气体压力并测定相应压力下的平衡吸附量,作 Γ-p 曲线,此曲线称为吸附等温线,如图 8-13 所示。固定某一压力,作出不同温度下的吸附等温线即 Γ-T 曲线,此曲线称为吸附等压线,如图 8-14 所示。固定某一吸附量,作 p-T 曲线,此曲线称为吸附等量线,如图 8-15 所示。这 3 种吸附曲线是相互联系的,其中任何一种曲线都可以用来描述吸附作用的规律,实际工作中使用最多的是吸附等温线。

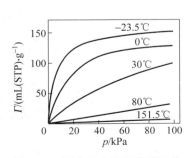

图 8-13　氨在炭上的吸附等温线

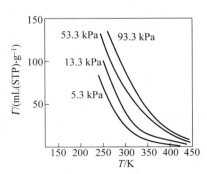

图 8-14　氨在炭上的吸附等压线

实验证明,不同吸附体系的吸附等温线形状很不一样,Brunauer 将其分为 5 类,如图 8-16 所示,图中 p_0 表示在吸附温度下,吸附质的饱和蒸气压。

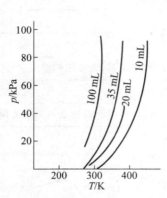

图 8-15　氨在炭上的吸附等量线

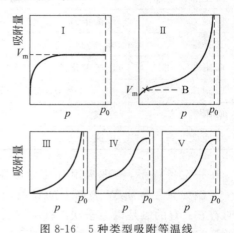

图 8-16　5 种类型吸附等温线

这 5 种吸附等温线反映了 5 种不同吸附剂的表面性质、孔分布性质以及吸附质与吸附剂相互作用的性质。

第 I 类吸附等温线,Langmuir 称之为单分子吸附类型,也称为 Langmuir 型。室温下氨、氯乙烷等在炭上的吸附及低温下氮在细孔硅胶上的吸附常表现为第 I 型。化学吸附通常也是这种等温线。从吸附剂的孔径大小来看,当孔半径在 1.0~1.5 nm 以下时常表现为第 I 型。此种等温线在远低于 p_0 时,固体表面就吸满了单分子层(严格说是微孔中填满了吸附质分子),此时的吸附量称为饱和吸附量 V_m。

第 II 类吸附等温线形状如反"S",所以称为反 S 形等温线,也常被说成 S 形等温线。这种等温线是常见的物理吸附等温线,它的特点是在低压下首先形成单分子层吸附(B 点),此时的吸附量为 V_m,随着压力的增加逐渐产生多分子层吸附,当压力相当高时,吸附量又急剧上升,这表明被吸附的气体已开始凝结为液相。这种吸附剂的孔半径相当大(孔很大时可近似看作无孔),通常都 10 nm 以上。—78℃下 CO_2 在硅胶上及室温下水蒸气在特大孔硅胶上的吸附常表现为第 II 型等温线。

第 III 型等温线比较少见。在低压下等温线是凹的,说明吸附质和吸附剂之间的相互作用很弱。但压力稍增加,吸附量即急剧增大。当压力接近于 p_0 时便和 II 型曲线相似,曲线成为与纵轴平行的渐近线,这表明吸附剂的表面上由多层吸附逐渐转变为吸附质的凝聚。低温下溴在硅胶上的吸附属于此种情况。

第 IV 型等温线在低压下是凸的,表明吸附质和吸附剂有相当强的亲和力,并且也易于确定像在 II 型等温线 B 点的位置(相当于盖满单分子层时的饱和吸附量 V_m)。随着压力的增加,又由多层吸附逐渐产生毛细管凝结,所以吸附量急剧增大。最后由于毛细孔中均装满吸附质液体,故吸附量不再增加,等温线又平缓起来。室温下苯蒸气在氧化铁凝胶或硅胶上的吸附均属于这种情况。

第 V 型等温线低压下也是凹的(和第 III 型低压时相似)。随着压力的增大也产生多分子层和毛细管凝结,此种情况和 IV 型曲线的高压部分相似。100℃水蒸气在活性炭上的吸附等温线为第 V 型。

总之,通过吸附等温线的测定,大致可以了解吸附剂和吸附质之间的相互作用以及有关吸附剂表面性质的信息。当然,在实际工作中,有时遇到的等温线形状并不那么典型,这就要具体情况具体分析了。

8.4 溶液表面层吸附与表面活性剂

8.4.1 溶液表面层吸附

实验发现,在纯液体中溶入一定量某些溶质能降低溶液表面张力,这种能降低溶液表面张力的物质称为表面活性物质或表面活性剂。加入的溶质在溶液表面层的浓度往往不同于其在体相的浓度,这种现象称为溶液表面层吸附。

8.4.2 表面活性剂

表面活性剂是一类能显著降低溶液表面张力的物质,其分子结构的特点是同时具有亲水基团和亲油基团(又称憎水基团或疏水基团),是"双亲分子"。它的应用非常广泛,种类繁多,主要包括如下几类。

1. 阴离子表面活性剂

阴离子表面活性剂的特点是在水中解离后,起活性作用的是阴离子基团。它又可分为两种类型。

(1) 盐类型:由有机酸根与金属离子组成,如羧酸盐型的 $RCOO^- \cdot Na^+$,磺酸盐型的 $RSO_3^- \cdot Na^+$。

(2) 酯盐类型:它的分子中既有酯的结构又有盐的结构,例如,硫酸酯盐 $ROSO_3^- \cdot Na^+$,磷酸酯盐 $ROPO_3^- \cdot Na^+$。

阴离子表面活性剂是目前应用最广泛的一类表面活性剂,既可作洗涤剂,也可作起泡剂、乳化剂、分散剂和增溶剂等。

2. 阳离子表面活性剂

该类物质在水中解离后,起活性作用的部分是阳离子,常见的阳离子型活性剂有4种类型:

(1) 胺盐型:$[RNH_3]Cl$,即 $RNH_2 \cdot HCl$;

(2) 季铵盐型:$RNR_3'Cl$;

(3) 吡啶盐型:$\left[C_{16}H_{33}-N\bigcirc\right]^+ Br^-$;

(4) 多乙烯多胺盐型:$RNH \!\!+\!\! CH_2 \!-\! CH_2 NH \!\!+\!\! H \cdot mCl (m \leqslant n+1)$。

阳离子表面活性剂大多数用于杀菌、缓蚀、防腐、织物柔软和抗静电等方面。

3. 两性离子型表面活性剂

两性离子型表面活性剂是由带正、负电荷活性基团组成的表面活性剂。这种表面活性剂溶于水后显示出极为重要的性质：当水溶液偏碱性时，它显示出阴离子活性剂的特性；当水溶液偏酸性时，它显示出阳离子表面活性剂的特性。

如果将等量的阴离子表面活性剂和阳离子表面活性剂混合，由于它们的相互作用则可能使它们各自的性能相互抵消。而两性表面活性剂却能灵活自如地显示出两种不同离子活性基团的特性，因此它具有独特的应用性能。有的两性离子型表面活性剂在硬水甚至在浓盐水及碱水中也能很好地溶解，并且稳定。这类表面活性剂有杀菌作用，对人体的毒性和刺激性也较小。一些典型的产品有：

(1) 氨基酸型：十二烷基氨基丙酸钠（$C_{12}H_{25}NHCH_2CH_2COONa$）；

(2) 甜菜碱型：十八烷基二甲基甜菜碱 $\left[C_{18}H_{37} - \underset{\underset{CH_3}{|}}{\overset{\overset{CH_3}{|}}{N^+}} - CH_2COO^- \right]$。

4. 非离子型活性剂

非离子型表面活性剂在溶液中不是离子状态，所以稳定性高，不易受强电解质无机盐类的影响，也不易受酸、碱的影响，在一般固体表面上不发生强烈吸附。它与其他类型表面活性剂的相容性好，在水及有机溶剂中皆有较好的溶解性能（视结构的不同而有所差别）。

这类表面活性剂虽在水中不电离，但有亲水基（如氧乙烯基—CH_2CH_2O、醚基—O—、羟基—OH 或酰胺基—$CONH_2$ 等），也有亲油基（如烃基—R）。它包括两大类，即聚乙二醇型（也叫聚氧乙烯型）和多元醇型表面活性剂。

非离子型表面活性剂在数量上仅次于阴离子型表面活性剂。它除具有良好的洗涤力外，还有较好的乳化、增溶性及较低的泡沫，在工业助剂中占有非常重要的地位。

5. 高分子型表面活性剂

该类表面活性剂的相对分子质量一般在几千以上，甚至可高达几千万。它也有非离子、阴离子、阳离子和两性型之分，其分子结构的共同特点是相对分子质量大且含有极性和非极性两部分。例如，聚氧乙烯聚氧丙烯二醇醚（即破乳剂 4411）是一类非离子型高分子表面活性剂，它是著名的原油破乳剂。聚-4-乙烯溴化十二烷基吡啶是阳离子型的，而聚丙烯酸钠是阴离子型的。有的高分子物质并不具有显著降低表面张力的作用，在溶液中也不能形成通常意义的胶束，但它们可以吸附于固体表面，从而具有分散、稳定和絮凝等作用，在工农业生产中有着重要应用，也被称为高分子表面活性剂。如褐藻酸钠、羧甲基纤维素钠盐、明胶、淀粉衍生物、聚丙烯酰胺、聚乙烯醇等常用的水溶性高分子，属于该类高分子表面活性剂。

6. 特殊表面活性剂

以碳氟链为疏水基的表面活性剂，简称为氟表面活性剂，如全氟辛酸钾 $CF_3(CF_2)COOK$。这类活性剂具有极高的表面活性，不仅可以使水的表面张力降至 20 mN·m^{-1} 以下，而且能降低油的表面张力。其化学性质极其稳定，具有抗氧化、抗强酸和强碱及抗高温等特性。

以硅氧烷为疏水基的表面活性剂，如二甲硅烷的聚合物，简称为硅表面活性剂，其表面活性仅次于氟表面活性剂。

生物表面活性剂是近几年发展起来的一类物质,它们包括由酵母、细菌作培养液,生成有特殊结构的表面活性剂,如鼠李糖脂、海藻糖脂等,以及非微生物的,但存在于生物体内的表面活性剂,如胆汁、磷脂等。

8.5 分散系统的分类及溶胶的特性

8.5.1 分散系统

1. 分散系统的分类

一种或几种物质分散在另一种物质中所形成的系统称为分散系统,简称分散系。分散系中被分散的物质称为分散相,分散相所处的介质称为分散介质。根据分散相颗粒的大小,分散系统大致可以分为 3 种类型,如表 8-4 所示。

表 8-4 分散系的分类

类 型	颗粒大小/m	主要特征	实 例
粗分散系(悬浊液和乳浊液)	$>10^{-7}$	粒子不能透过滤纸,不扩散,在一般显微镜下可以看见	牛奶、豆浆
胶体分散系(溶胶、高分子溶液)	$10^{-9} \sim 10^{-7}$	粒子能透过滤纸,但不能透过半透膜,扩散速度慢,在普通显微镜下看不见,在超显微镜下可以看见	AgI 或 Fe(OH)$_3$ 水溶液
小分子或小离子分散系(真溶液)	$<10^{-9}$	粒子能透过滤纸和半透膜,扩散速度快;无论普通显微镜还是超显微镜均能看见	NaCl 或乙醇水溶液,空气

2. 胶团结构

胶体(溶胶)是高度分散的超微不均匀(多相)系统,粒子间有相互聚集而降低其表面积的趋势,即具有热力学上的聚结不稳定性。但事实上不少溶胶可以保持数月、数年,甚至更长的时间而不发生沉降,这是因为除了胶粒的布朗运动相当大之外,在大多数情况下,胶体是在含有电解质的溶液中形成的,胶体粒子的总表面积非常大,因而具有高度的吸附能力,往往能选择性地吸附某种离子而使胶粒带有正电荷或负电荷,而带电的表面又会通过静电引力与体系中其他带相反电荷的离子发生作用,形成双电层结构。因胶粒的表面电性相同,因而不易聚集沉降。

现以硝酸银和碘化钾合成碘化银胶体为例。首先 Ag$^+$ 与 I$^-$ 反应生成 AgI 分子,由大量的 AgI 分子聚集成直径为 1~100 nm 的颗粒,称为胶核。由于胶核颗粒很小,分散度很高,因此具有很高的表面能。如果该体系中存在过剩的离子,胶核就有选择性地吸附这些离子。

(1) 若此时体系中 KI 过量,根据"相似相吸"的原则,胶核优先吸附 I$^-$,因此在胶核表面就会因吸附 I$^-$ 而带负电,该溶胶称为负溶胶。被吸附的离子称为电位离子。此时,由于胶核表面带有较为集中的负电荷,所以就会通过静电引力而吸附带有正电荷的 K$^+$。通常将这些带有相反电荷的离子称为反离子。因此,把胶核与被其吸附的电位离子,以及部分被较强吸附的反离子统称为胶粒,而胶粒与反离子形成的不带电的物质称为胶团。其结构式如下:

$$[(AgI)_m \cdot nI^- \cdot (n-x)K^+]^{x-} \cdot xK^+$$

胶核　电位离子　反离子　　反离子
　　　　　胶粒　　　　扩散层
　　　　　　　胶团

(2) 同理,如果 $AgNO_3$ 过量,则形成的胶粒带正电荷,称为正溶胶。其结构式如下:

$$[(AgI)_m \cdot nAg^+ \cdot (n-x)NO_3^-]^{x+} \cdot xNO_3^-$$

胶核　电位离子　反离子　　反离子
　　　　吸附层　　　　扩散层
　　　　　胶粒
　　　　　　胶团

氢氧化铁、三硫化二砷和硅胶的胶团结构式可表示如下:

$$[Fe(OH)_3 \cdot nFeO^+ \cdot (n-x)Cl^-]^{x+} \cdot xCl^-$$

$$[(As_2S_3)_m \cdot nHS^- \cdot (n-x)H^+]^{x-} \cdot xH^+$$

$$[(H_2SiO_3)_m \cdot nHSiO_3^- \cdot (n-x)H^+]^{x-} \cdot xH^+$$

应当注意的是,在制备胶体时,一定要有稳定剂存在。通常稳定剂就是在吸附层中的离子,否则胶粒就会因无静电排斥力而相互碰撞,最终聚合成大颗粒而从溶液中沉淀出来。

8.5.2　溶胶的特性

1. 运动性质

溶胶中的粒子和溶液中的溶质分子一样总是处在不停的、无秩序的运动之中。从分子运动的角度看,胶粒的运动和分子运动并无本质区别,它们都符合分子运动理论。不同的是胶粒比一般分子大得多,故运动强度小。在这一节中主要介绍溶胶的扩散、布朗运动和沉降等运动性质。

1) 扩散

扩散现象是微粒的热运动(或布朗运动)在有浓度差时发生的物质迁移现象。就体系而言,浓度差越大,质点扩散越快;就质点而言,胶粒越小,扩散能力越强,扩散速度越快。因此,溶胶粒子的扩散速度在溶液与粗分散系统之间。

2) 布朗运动

1827 年,英国植物学家布朗(Brown)在显微镜下观察到悬浮在水中的花粉粒子处于不停的无规则的运动之中,后来发现其他微粒(如炭末和矿石粉末等)也有这种现象。如果在一定时间间隔内观察某一颗粒的位置,则可得如图 8-17 所示的情况,这种现象称为布朗运动。

关于布朗运动的起因,经过几十年的研究,才在分子运动学说的基础上作出了正确的解释。悬浮在液体中的颗粒处在液体分子

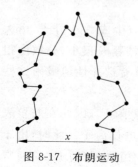

图 8-17　布朗运动

的包围之中，液体分子一直处于不停的热运动状态，撞击着悬浮粒子。如果粒子相当大，则某一瞬间液体分子从各方向对粒子的撞击可以彼此抵消；但当粒子相当小时（例如胶粒那样大），此种撞击可能是不均衡的。这意味着在某一瞬间，粒子从某一方向得到的冲量要多些，因而粒子向某一方向运动；而在另一时刻，又从另一方向得到较多的冲量，因而又使粒子向另一方向运动。这样就能观察到微粒作如图 8-17 所示的连续的、不规则的折线运动即布朗运动。

3）沉降

分散于气体或液体介质中的微粒，都受到两种方向相反的作用力：一是重力作用，如微粒的密度比介质的大，微粒就会因重力而下沉，这种现象称为沉降；二是扩散力（由布朗运动引起）。与沉降作用相反，扩散力能促进体系中粒子浓度趋于均匀。当这两种作用力相等时，就达到平衡状态，谓之"沉降平衡"。平衡时，各水平面内粒子浓度保持不变，但从容器底部向上会形成浓度梯度，如图 8-18 所示。

胶粒的浓度随高度的变化为

$$n_2 = n_1 e^{-\left[\frac{N_A}{RT} \cdot \frac{4}{3}\pi r^3 (\rho - \rho_0)\right](x_2 - x_1)g} \quad (8-14)$$

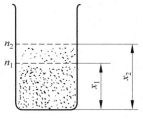

图 8-18 沉降平衡

式中，n_1 表示在高度为 x_1 截面积内的粒子浓度；n_2 表示在高度为 x_2 截面积内的粒子浓度；ρ 为胶粒的密度；ρ_0 为分散介质的密度；r 为胶粒半径；g 为重力加速度；N_A 为阿伏加德罗常数。

由式（8-14）可见，胶粒浓度因高度而改变的情况与粒子的半径 r 和密度差 $\rho - \rho_0$ 有关，粒子半径越大，浓度随高度变化越明显。表 8-5 为几种分散体系中粒子浓度随高度变化的情形。

表 8-5 的数据表明，粒度为 186 nm 的粗分散金溶胶在沉降平衡时，只要高度上升 2×10^{-5} cm，粒子浓度就减少一半，这说明实际上已完全沉降，也说明这种体系的布朗运动极为微弱，动力学不稳定性——沉降是其主要特征。随着粒子的大小减小到胶体范围，扩散能力显著增加，达到沉降平衡时，浓度分布要均匀得多。例如粒子直径为 1.86 nm 的金溶胶，实际已看不出明显的沉降。

表 8-5 粒子浓度随高度的变化

体　系	粒子直径/nm	粒子浓度降低一半时的高度
氧气	0.27	5 km
高度分散的金溶胶	1.86	215 cm
粗分散金溶胶	186	2×10^{-5} cm
藤黄悬浮体	230	2×10^{-3} cm

2. 光学性质

溶胶的光学性质是其高度分散性和不均匀性的反映。当光线射入分散体系时，只有一部分光线能自由通过，另一部分被吸收、散射或反射。对光的吸收主要取决于体系的化学组成，而散射和反射的强弱则与质点大小有关。低分子真溶液的散射极弱；当质点大小在胶体范围内,则发生明显的散射现象(即通常所说的光散射);当质点直径远大于入射光波长时(例如悬浮液中的粒子),则主要发生反射,体系呈现浑浊。

1) 丁达尔效应

在暗室里将一束强光射过胶体溶液,在光的垂直方向上观察,可以清楚地看到明显的光径(图 8-19)。光线越强,则光的路程也就越清楚。这个现象首先被丁达尔(Tyndall)发现,故称为丁达尔效应(或丁达尔现象)。其起因是由于胶体粒子较大,已经形成相的界面,能够把射到上面的光散射开来。每个胶粒似乎都成了一个发光的小点,使光束通过溶胶的途径变成了肉眼可见的光柱。而溶液中的溶质粒子太小,悬浊液中粒子太大,故无此效应。所以丁达尔效应可用作鉴别溶液、溶胶和悬浊液的方法。

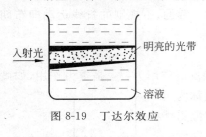

图 8-19　丁达尔效应

丁达尔效应的另一特点就是带色。如氯化银、溴化银等溶胶,在光透射方向上观察,呈浅红色,在垂直方向看到的却是蓝色,这个蓝色称为丁达尔蓝。这一现象也称为乳光现象,它可以由瑞利散射定律解释。

2) 瑞利散射定律

瑞利(Rayleigh)在详细研究丁达尔现象时,发现非导电性球形粒子(如硫溶胶)的散射光强度 I 与入射光强度 I_0 之间有如下关系:

$$I = \frac{24\pi^3 cv^2}{\lambda^4} \cdot \left(\frac{n_2^2 - n_1^2}{n_2^2 + 2n_1^2}\right)^2 I_0 \tag{8-15}$$

式中,c 为单位体积中的质点数;v 为单个粒子的体积(其线性大小应远小于入射光波长);λ 为入射光波长;n_1 和 n_2 分别为分散介质和分散相的折射率。式(8-15)称为瑞利散射定律。由此定律可知:

(1) 散射光强度与入射光波长的 4 次方成反比,即波长越短的光越易被散射(散射得越多)。因此,当用白光照射溶胶时,由于蓝光($\lambda \approx 450$ nm)波长较短,较易被散射,故在侧面观察时,溶胶呈浅蓝色,即乳光现象。波长较长的红光($\lambda \approx 650$ nm)被散射的较少,从溶胶中透过的较多,故透过光呈浅红色。

(2) 散射光强度与单位体积中的质点数 c 成正比,通常所用的"浊度计"就是根据这个原理设计而成。

(3) 散射光强度与粒子体积的平方成正比。在粗分散体系中,由于粒子的线性大小大于可见光波长,故无乳光,只有反射光。

3. 电学性质

1) 电泳

在外加电场作用下,胶体粒子在分散介质中向带异性电荷的电极做定向移动的现象,叫电泳。因为中性粒子不可能在外加电场中定向移动,电泳现象证明胶体粒子是带电荷的,并且可用电泳实验来确定胶粒所带电性。胶体粒子所带电荷可以是吸附离子引起的,也可以是胶粒表面分子解离引起的。胶体粒子的电泳速度与粒子所带的电量及外加电位梯度成正比,而与介质黏度及粒子的大小成反比。

2) 电渗

在外电场作用下,固体胶粒不动而带电介质向异性电极做定向移动的现象,叫电渗。例如可以把溶胶充满在多孔性物质,如棉花或凝胶中,使胶体粒子被吸附而固定。再在多孔物质两侧施加电压,即可观察到电渗现象。如果固体带正电,而液体介质带负电,则可清楚地分辨出液体移动的方向,即向正极移动。

8.6 溶胶的稳定性和聚沉

溶胶是高度分散的多相系统,其分散相(胶粒)有着巨大的比表面积,表面吉布斯函数很高,因此是热力学不稳定系统。当胶粒由于热运动而相互接近时,会相互吸引并合并成较大的颗粒,这种过程称为聚结或凝并。胶粒聚结到一定大小后,会因重力作用而下沉,即沉降,聚结与沉降合称聚沉,聚沉使溶胶被破坏。

溶胶有时可以在相当长的时间内稳定地存在而不聚沉,其原因有 3 个:第一,布朗运动引起的扩散作用构成了溶胶的动力学稳定性。分散度越大,布朗运动越剧烈,溶胶的动力学稳定性越好。第二,溶剂化的稳定作用。由于胶粒表面吸附的离子都处于溶剂化状态,不仅降低了胶粒的表面吉布斯函数,而且形成的溶剂化膜可以阻隔胶粒的聚结。第三,电学稳定作用,这是溶胶稳定的最重要因素。由于胶粒表面存在双电层,胶粒相互接近时首先是彼此的反离子相接触。由于带有相同符号电荷的离子静电斥力会阻止胶粒进一步靠近而聚结,因而使溶胶得以稳定。溶胶虽然能相对稳定地存在一定时间,但其本质是热力学不稳定系统,所以最终还是要发生聚沉。

能促使溶胶聚沉的措施有外加电解质、温度变化、溶胶的浓度增大、加聚沉剂及混入不同电性的溶胶等。

在溶胶中加入少量电解质,使胶体粒子原来的电荷减少甚至完全中和,胶粒相互碰撞而引起聚沉。同理,将两种带相反电荷的溶胶混合,也会发生聚沉,如将硫化砷溶胶与氢氧化铁溶胶混合会发生聚沉。两种不同墨水混合,也会发生聚沉。这种现象叫相互聚沉。

加热也可以使很多溶胶聚沉。因为加热可加速胶粒的热运动,增加胶粒间相互接近或碰撞的机会,同时又削弱了胶核对离子的吸附作用以及溶剂化作用,从而有利于溶胶的聚沉。如将氢氧化铁溶胶适当加热后便可使红色的氢氧化铁沉淀下来。

8.7 乳 浊 液

乳浊液是分散质和分散剂均为液体的粗分散系。牛奶、某些植物茎叶裂口渗出的白浆(例如橡胶树的胶乳)、人和动物机体内的血液、淋巴液都是乳浊液。在乳浊液中被分散的液滴的直径为 0.1~50 μm。根据分散质与分散剂的不同性质,乳浊液又可分为两大类:一类是"油"(通常指有机物)分散在水中所形成的体系,以油/水型表示,如牛奶、豆浆、农药乳化剂等;另一类是水分散在"油"中形成的水/油型乳浊液,如石油等。

将油和水一起放在容器内猛烈震荡,可以得到乳浊液。但是这样得到的乳浊液并不稳定,停止震荡后,分散的液滴相碰后会自动合并,油水会迅速分离成两个互不相溶的液层。

可见乳浊液也像溶胶那样需要有第三种物质作为稳定剂,才能形成稳定的体系。在油水混合时加入少量肥皂,则形成的乳浊液在停止震荡后分层很慢,肥皂就起了一种稳定剂的作用。乳浊液的稳定剂称为乳化剂,许多乳化剂都是表面活性剂。因此,表面活性剂有时候也称乳化剂。乳化剂可根据其亲和能力的差别分为亲水性乳化剂和亲油性乳化剂。常用的亲水性乳化剂有钾肥皂、钠肥皂、蛋白质、动物胶等。亲油性乳化剂有钙肥皂、高级醇类、高级酸类、石墨等。

在制备不同的乳浊液时,要选择不同类型的乳化剂。例如亲水性乳化剂适合制备油/水型乳化剂,不适合制备水/油型乳化剂。这是因为亲水性乳化剂的亲水基团结合能力比亲油基团的结合能力大,乳化剂分子的大部分分布在油滴表面。因此,它在油滴表面形成一层较厚的保护膜,防止油滴之间相互碰撞而聚结。相反,该乳化剂不能在水滴表面较好地形成保护膜,因为表面活性剂分子大部分被拉入水滴中,因此水滴表面的保护膜厚度不够,水滴之间碰撞后,容易聚结而分层。同理,在制备水/油型乳浊液时,最好选用亲油性乳化剂,可以用向乳浊液中加水的办法来区分不同类型的乳浊液。加水稀释后,乳浊液不出现分层,说明水是一种分散剂,则为油/水型乳浊液;加水稀释后,乳浊液出现分层,则为水/油型乳浊液。牛奶是一种油/水型乳浊液,所以加水稀释后不出现分层。

极细的固体粉末也可以起到乳化剂的作用。非极性的亲油固体粉末,例如炭黑,是一种水/油型乳化剂,而二氧化硅等亲水粒子是油/水型乳化剂。用去污粉(主要是碳酸钙细粉)或细炉灰(碳酸盐或二氧化硅细粉)擦洗器皿油污后,用水一冲便很干净,就是因为形成了油/水型乳浊液。

乳浊液及乳化剂在生产中的应用非常广泛,绝大多数有机农药、植物生长调节剂的使用都离不开乳化剂。例如,有机农药水溶性较差,不能与水均匀混合,加入适量的乳化剂,可减小它们的表面张力,达到均匀喷洒、降低成本、提高杀虫效率的目的。在人体的生理活动中,乳浊液也起到重要的作用。例如,食物中的脂肪在消化液(水溶液)中是不溶解的,但经过胆汁中的胆酸的乳化作用和小肠的蠕动,使脂肪形成微小的液滴,其表面积大大增加,有利于肠壁的吸收。此外,乳浊液在日用化工、制药、食品、制革、涂料、石油钻探等工业生产中都有许多应用。

根据生活、生产的需要,有时又必须设法破坏天然形成的乳浊液。例如,在溶液萃取、处理石油和橡胶类植物的乳浆时,为了使水、油两相分层完全,就需要通过破坏乳化剂的方法来破坏乳浊液。常用的方法有,加入不能生成牢固保护膜的表面活性剂来取代原来的乳化剂,例如加入异戊醇就能起到这种作用。加入无机酸可以破坏皂类乳化剂,使皂类变成脂肪酸而析出。此外,升高温度等方法也能破坏乳浊液。

拓展知识

免疫胶体金技术

胶体金技术是一种常用的标记技术,是以胶体金作为示踪标志物应用于抗原抗体的一种新型的免疫标记技术,有其独特的优点,近年已在各种生物学研究中广泛使用。胶体金在临床使用的免疫印迹技术中应用广泛,在流式、电镜、免疫、分子生物学以至生物芯片中也有诸多应用。

1971 年，Faulk 和 Taylor 将胶体金引入免疫化学，此后，免疫胶体金技术作为一种新的免疫学方法，在生物医学各领域得到了日益广泛的应用。目前在医学检验中的应用主要是免疫层析法和快速免疫金渗滤法，用于检测 HBsAg（乙肝表面抗原）、HCG（绒毛膜促性腺激素）和抗双链 DNA 抗体等，具有简单、快速、准确和无污染等优点。

1. 免疫胶体金技术的基本原理

氯金酸（$HAuCl_4$）在还原剂如白磷、抗坏血酸、枸橼酸钠、鞣酸等作用下，聚合成一定大小的金颗粒，并由于静电作用成为一种稳定的胶体状态，称为胶体金。胶体金在弱碱环境下带负电荷，可与蛋白质分子的正电荷基团形成牢固的结合，由于这种结合是静电结合，所以不影响蛋白质的生物特性。

胶体金除了与蛋白质结合以外，还可以与其他许多生物大分子结合，如 SPA（葡萄球菌 A 蛋白）、PHA（植物血凝素）、ConA（刀豆蛋白 a）等。由于胶体金的物理性状，如高电子密度、颗粒大小、形状及颜色反应，加上结合物的免疫和生物学特性，从而使胶体金广泛地应用于免疫学、组织学、病理学和细胞生物学等领域。

胶体金标记，实质上是蛋白质等高分子被吸附到胶体金颗粒表面的包被过程。吸附机理可能是胶体金颗粒表面的负电荷与蛋白质的正电荷基团因静电吸附而形成牢固结合。用还原法可以方便地从氯金酸制备各种不同粒径，也就是不同颜色的胶体金颗粒。这种球形的粒子对蛋白质有很强的吸附功能，可以与葡萄球菌 A 蛋白、免疫球蛋白、毒素、糖蛋白、酶、抗生素、激素、牛血清白蛋白多肽缀合物等非共价结合，因而在基础研究和临床实验中成为非常有用的工具。

免疫金标记技术主要利用了金颗粒具有高电子密度的特性，在金标蛋白结合处，在显微镜下可见黑褐色颗粒，当这些标记物在相应的配体处大量聚集时，肉眼可见红色或粉红色斑点，因而可用于定性或半定量的快速免疫检测方法中，这一反应也可以通过银颗粒的沉积被放大，称为免疫金银染色。

2. 常用的免疫胶体金检测技术

1) 免疫胶体金光镜染色法

对于细胞悬液涂片或组织切片，可用胶体金标记的抗体进行染色，也可在胶体金标记的基础上，以银显影液增强标记，使被还原的银原子沉积于已标记的金颗粒表面，可明显增强胶体金标记的敏感性。

2) 免疫胶体金电镜染色法

可用胶体金标记的抗体或抗抗体与负染病毒样本或组织超薄切片结合，然后进行负染。可用于病毒形态的观察和病毒检测。

3) 斑点免疫金渗滤法

应用微孔滤膜作载体，先将抗原或抗体点于膜上，封闭后加待检样本，洗涤后用胶体金标记的抗体检测相应的抗原或抗体。

4) 胶体金免疫层析法

将特异性的抗原或抗体以条带状固定在膜上，胶体金标记试剂（抗体或单克隆抗体）吸附在结合垫上,当待检样本加到试纸条一端的样本垫上后,通过毛细作用向前移动,溶解结合垫上的胶体金标记试剂后相互反应,再移动至固定的抗原或抗体的区域时,待检物与金标试剂的结合物又与之发生特异性结合而被截留,聚集在检测带上,可通过肉眼观察到显色结果。该法现已发展出诊断试纸条,使用十分方便。

思　考　题

8-1　胶体有哪些主要特征?

8-2　什么是表面活性物质?它在分子结构上有何特点?

8-3　说明表面活性剂用作乳化剂的原理。

8-4　溶胶具有一定稳定性的原因何在?

8-5　有哪些方法可使溶胶聚沉?

8-6　分散系分为哪几类?请举例说明。

8-7　什么是乳化剂?为什么在制备不同的乳浊液时,要选用不同的乳化剂?

8-8　什么是表面张力?影响表面张力大小的因素有哪些?

8-9　纯液体表面有哪些现象?请简要解释。

8-10　固体表面有哪两种吸附?请简要解释。

8-11　乳浊液分为哪两类?请举例说明。

习　题

8-1　胶体粒子为什么会带电?$Fe(OH)_3$ 溶胶带有何种电荷?

8-2　比较物理吸附和化学吸附的不同特点。

8-3　固体表面有哪几个特点?

8-4　表面活性剂有哪几类?

8-5　在制备 AgI 溶胶过程中,若 KI 过量,则胶核优先吸附什么离子而带何种电荷?整个胶团的结构如何表示?

8-6　写出下列条件下制备的溶胶的胶团结构:(1)向 25 mL 0.1 mol·L^{-1} KI 溶液中加入 70 mL 0.005 mol·L^{-1} $AgNO_3$ 溶液;(2)向 25 mL 0.01 mol·L^{-1} KI 溶液中加入 70 mL 0.005 mol·L^{-1} $AgNO_3$ 溶液。

8-7　$Cu_2[Fe(CN)_6]$ 溶液的稳定剂是 $K_4[Fe(CN)_6]$,试写出胶团结构式及胶粒的电荷符号。

8-8　在 H_3AsO_3 的稀溶液中通入过量的 H_2S 得到 As_2S_3 溶胶,请写出该胶团结构式。

8-9　填空题

(1) 从结构上看,表面活性物质分子中都包含_____和_____,在制备乳浊液时,常常需要加入表面活性物质,其作用是_____。

(2) 由 $FeCl_3$ 水解制得的 $Fe(OH)_3$ 溶胶的胶团结构式为_____,在电泳中向_____极移动,NaCl、Na_2SO_4 和 $CaCl_2$ 对其聚沉能力较大的是_____。

(3) 使溶胶稳定的三大因素是_____，使溶胶聚沉的三种主要方法是_____。

8-10 选择题

(1) 表面张力是物质的一种表面性质，它的数值与很多因素有关，但它与（   ）无关。

  A. 温度   B. 压力   C. 组成   D. 表面积大小

  E. 另一相的物质种类

(2) 江水、河水的泥沙悬浮物在出海口附近会沉积下来，与胶体化学有关的原因是（   ）。

  A. 盐析作用   B. 电解质聚沉作用

  C. 溶胶互沉作用   D. 破乳作用

  E. 触变作用

(3) 在外电场的作用下，溶胶粒子向某个电极移动的现象称为（   ）。

  A. 电泳   B. 电渗   C. 布朗运动   D. 丁达尔现象

(4) 我国自古以来就有用明矾净水的做法，这主要利用了（   ）。

  A. 电解质对溶胶的聚沉作用   B. 溶胶的相互聚沉作用

  C. 高分子的敏化作用   D. 溶胶的特性吸附作用

原子结构

学习要求

(1) 了解原子核外电子运动的特性;了解波函数表达的意义;掌握四个量子数的意义及其规律;掌握原子轨道和电子云的角度分布图。

(2) 掌握核外电子排布原则及方法;掌握常见元素的电子结构式。

(3) 理解核外电子排布和元素周期系的关系;了解有效核电荷、电离能、电子亲和能、电负性、原子半径的概念及规律。

从微观角度上看,化学变化的实质是物质的化学组成、结构发生了变化,而这些变化又归结为各元素的核外电子的运动状态发生了变化。因此要深入理解化学变化过程中的能量变化,探讨反应本质,了解物质的结构和性质的关系,预测和合成新物质等,首先必须了解原子结构,特别是原子核外电子的运动状态及规律的知识。本章将简要介绍有关物质原子结构的基础知识。

9.1 原子结构的早期模型

原子非常小,其直径大约为千万分之一毫米。从英国化学家和物理学家道尔顿(J. John Dalton)创立原子学说以后,很长时间内人们都认为原子就像一个小得不能再小的实心球,里面再也没有什么了。

1869 年德国科学家希托夫发现阴极射线以后,陆续有一大批科学家研究了阴极射线,最终,汤姆逊(Joseph John Thomson)发现了电子的存在。通常情况下,原子是不带电的,既然从原子中能跑出比它质量小 1700 倍的带负电电子来,这说明原子内部还有结构,也说明原子里还存在带正电的东西,它们应和电子所带的负电中和,使原子呈中性。

原子中除电子外还有什么东西?电子是怎么待在原子里的?原子中什么东西带正电荷?正电荷是如何分布的?带负电的电子和带正电的东西是怎样相互作用的?根据科学实践和当时的实验观测结果,科学家们提出了各种不同的原子模型。

9.1.1 早期原子模型

1. 行星结构原子模型

1901 年,法国物理学家佩兰(Jean Baptiste Perrin)提出了"行星结构原子模型",认为原子的中心是一些带正电的粒子,外围是一些围绕正电中心旋转着的电子,电子绕转的周期对应于原子发射的光谱线频率,最外层的电子抛出就发射阴极射线。

2. 中性原子模型

1902年,德国物理学家勒纳德(Philipp Edward Anton Lenard)提出了中性微粒原子模型。根据勒纳德早期的观察,高速的阴极射线能通过数千个原子。按照当时的认识,原子的大部分体积是空无所有的空间,而刚性物质大约仅占其全部体积的 10^{-9}。勒纳德提出的"中性原子模型"认为"刚性物质"是分散在原子内部空间里的由正电粒子和负电粒子结合而成的电中性粒子。

3. 实心带电球原子模型

英国著名物理学家、发明家开尔文(Lord Kelvin)在1902年提出了实心带电球原子模型。这个模型把原子看成均匀带正电的球体,里面埋藏着带负电的电子,正常状态下处于静电平衡。这个模型后由 J.J.汤姆逊加以发展,后来通称汤姆逊原子模型。

4. 葡萄干蛋糕模型

汤姆逊进行了更系统化的研究,尝试描绘原子结构。汤姆逊认为原子含有一个均匀的阳电球,若干阴性电子在这个球体内运行。他按照迈耶尔(Alfred Mayer)关于浮置磁体平衡的研究证明,如果电子的数目不超过某一限度,则这些运行的电子所成的一个环必能稳定。如果电子的数目超过这一限度,则将裂成两环,如此类推以至多环。这样,电子的增多就造成了结构上呈周期的相似性,而门捷列夫周期表中物理性质和化学性质的重复再现,也能够得以解释。

在汤姆逊提出的这个模型中,电子分布在球体中,很像葡萄干点缀在一块蛋糕里,于是人们称其为"葡萄干蛋糕模型"。它不仅能解释原子为什么是电中性的,电子在原子里是怎样分布的,而且还能解释阴极射线现象和金属在紫外线的照射下能发出电子的现象。而且根据这个模型还能估算出原子的大小约为 10^{-8} cm。由于汤姆逊模型能解释当时很多的实验事实,所以很容易被许多物理学家所接受。

5. 土星模型

日本物理学家长冈半太郎(Nagaoka Hantaro)批评了汤姆逊的模型,认为正负电不能相互渗透,提出一种他称之为"土星模型"的结构,即围绕带正电的核心有电子环转动的原子模型。一个大质量的带正电的球,外围有一圈等间隔分布的电子以同样的角速度做圆周运动。电子的径向振动发射线光谱,垂直于环面的振动则发射带光谱,环上的电子飞出形成β射线,中心球的正电粒子飞出形成α射线。1905年他从α粒子的电荷质量比值的测量等实验结果分析,α粒子就是氦离子。

以上早期的原子结构模型在一定程度上都能解释当时的一些实验事实,但不能解释以后出现的很多新的实验结果,所以都没有得到进一步的发展。

9.1.2 有核原子模型

1. α粒子散射实验和卢瑟福原子模型

1910年,卢瑟福(Ernest Rutherford)和马斯登(E. Marsden)在研究α粒子时发现,用高速α粒子去轰击金箔,其中大部分α粒子穿过了金箔,少数α粒子在穿过金箔后发生了一定角度的偏转,甚至极少粒子被反向散射回来。α粒子是失去两个电子的氦离子,它的质量要比电子大几千倍。卢瑟福认为,产生α粒子散射现象的原因是当α粒子轰击金箔时,必然会遇到很多原子,大多数α粒子能穿过,说明原子内部大部分是空的。少数α粒子发生大角度散射,则是由于α粒子与原子内部体积非常小的带正电荷的部分碰撞引起的,这个体积、质量和正电荷非常集中的那一部分就是原子核。

卢瑟福提出的原子模型像一个太阳系,所以也叫"太阳系模型"。带正电的原子核像太阳,带负电的电子像绕着太阳转的行星。支配原子核和电子之间的作用力是电磁相互作用力。原子中带正电的物质集中在一个很小的核心上,而且原子质量的绝大部分也集中在这个很小的核心上。当α粒子正对着原子核心射来时,就有可能被反弹回去,这就较好地解释了α粒子的大角度散射。卢瑟福原子模型的弱点是正负电荷之间的电场力无法满足稳定性的要求,即无法解释电子是如何稳定地待在核外的。

2. 玻尔模型

以火焰、电弧、电火花等方法激发物质原子时,物质原子会发出不同频率的光谱线,称为线状光谱,这就是原子光谱,每种原子都有自己的特征光谱。从氢气放电管可以获得氢原子光谱。1885年,巴耳末(Johann Balmer)对当时已知的、在可见光区的14条氢原子谱线作了分析,发现这些谱线的波长可以用一个经验公式来表示,此公式称为巴耳末公式,它确定的这一组谱线称为巴耳末系。

$$\frac{1}{\lambda} = R\left(\frac{1}{2^2} - \frac{1}{n^2}\right) \quad (9-1)$$

式中,R称为里德伯(Rydberg)常数;n是大于2的正整数(3,4,5,…)。可以看出,由于n只能取整数,不能连续取值,波长也只会是分立的值。

按照经典物理学,核外电子受到静电的作用,不可能是静止的,它一定是以一定的速度绕核转动。既然电子在运动,它的电磁场就在变化,而变化的电磁场会激发电磁波。也就是说,它将把自己绕核转动的能量以电磁波的形式辐射出去。电子绕核转动这个系统是不稳定的,电子会失去能量,最后一头栽在原子核上。但实际上,原子是个很稳定的系统。根据经典电磁理论,电子辐射的电磁波的频率,就是它绕核转动的频率。电子越转能量越小,它离原子核就越来越近,转得也就越来越快。这个变化是连续的,也就是说,我们看到的原子辐射光谱应该是连续的。而实际上我们看到的分立的线状谱。

1913年,丹麦科学家玻尔(Niels Bohr)在卢瑟福模型的基础上,结合普朗克量子理论和爱因斯坦的光子说,提出了电子在核外的量子化轨道模型,解决了原子结构的稳定性问题,并成功解释了氢原子光谱的规律。

玻尔的原子理论建立在三个基本假设的基础上。

(1) 原子系统只能具有一系列的不连续的能量状态,在这些状态中,电子虽然作绕核运动,但不辐射电磁能量。这些状态叫做原子的定态,相应的能量分别为 $E_1, E_2, E_3, \cdots (E_1 < E_2 < E_3, \cdots)$,这就是所谓的定态假设。

(2) 当原子从一个具有较大能量 E_2 的定态跃迁到另一个能量较低的定态 E_1 时,它辐射出具有一定频率 ν 的光子,光子的能量为

$$E_2 - E_1 = \Delta E = h\nu \tag{9-2}$$

或

$$\nu = \frac{E_2 - E_1}{h} \tag{9-3}$$

式中,h 是普朗克常数,其数值为 $6.628\,18 \times 10^{-34}$ J·s。这一假设确定了原子发光的频率,也就是频率假设。

(3) 原子的不同能量状态和电子沿不同的轨道绕核运动相对应,电子的可能轨道的分布也是不连续的,只有当轨道的半径 r 与电子的动量 P 的乘积(即动量矩)等于 $h/2\pi$ 的整数倍,轨道才是可能的。

玻尔的原子理论给出这样的原子图像:电子在一些特定的可能轨道上绕核运动,离核越远能量越高;可能的轨道由电子的角动量(必须为 $h/2\pi$ 的整数倍)决定;当电子在这些可能的轨道上运动时,原子不发射也不吸收能量,只有当电子从一个轨道跃迁到另一个轨道时,原子才发射或吸收能量,而且发射或吸收的辐射是单频的,辐射的频率和能量之间的关系由 $E = h\nu$ 给出。玻尔的理论成功地说明了原子的稳定性和氢原子光谱的规律。

9.2 微观粒子运动的基本特征

以普朗克的量子论、爱因斯坦的光子学说和玻尔的原子模型方法为代表的理论称为旧量子论。旧量子论尽管解释了一些简单的现象,但是,对绝大多数较为复杂的情况,仍然不能解释。19 世纪末,人们通过黑体辐射、光电效应和原子光谱等实验发现的现象,已经无法用经典物理学解释。可见,对于微观体系的运动,经典物理学已完全不能适用。

9.2.1 物质波

1900 年,普朗克发表了他的量子论。接着爱因斯坦推广了普朗克的量子论,在 1905 年发表了他的光子学说,圆满地解释了光电效应。根据光子论的观点,光的能量不是连续的分布在空间,而是集中在光子上。凡是与光的传播有关的各种现象,如衍射、干涉和偏振,必须用波动说来解释,凡是与光和实物相互作用有关的各种现象,即实物发射光(如原子光谱等)、吸收光(如光电效应、吸收光谱等)和散射光(如康普顿效应等)等现象,必须用光子学说来解释。因此,光既具有波动性的特点,又具有微粒性的特点,即它具有波粒二象性,它是波动性和微粒性的统一,这就是光的本性。

所谓波动和微粒,都是经典物理学的概念,不能原封不动地应用于微观世界。光既不是经典意义上的波,也不是经典意义上的微粒。光的波动性和微粒性的相互联系特别明显地表现在以下 3 个式子中:

$$E = h\nu \tag{9-4}$$

$$p = \frac{h}{\lambda} \tag{9-5}$$

$$\rho = k|\Psi|^2 \tag{9-6}$$

在以上 3 个式子中，等号左边表示微粒的性质，即光子的能量 E、动量 p 和光子密度 ρ，等式右边表示波动的性质，即光波的频率 ν，波长 λ 和场强 Ψ。按照光的电磁波理论，光的强度正比于光波振幅的平方 $|\Psi|^2$，按照光子学说，光的强度正比于光子密度 ρ，所以 ρ 正比于 $|\Psi|^2$，令比例常数为 k，即得到 $\rho = k|\Psi|^2$。

1924 年，法国物理学家德布罗意提出，这种"波粒二象性"并不特殊地只是一个光学现象，而是具有一般性的意义。他说："整个世纪以来，在光学上，比起波动的研究方法，是过于忽略了粒子的研究方法；在实物理论上，是否发生了相反的错误呢？是不是我们把粒子的图像想得太多，而过分忽略了波的图像？"从这样的思想出发，德布罗意假定波粒二象性的公式也可适用于电子等静止质量不为零的粒子（也称实物粒子），即微观实物粒子也具有波粒二象性。实物粒子的波长等于普朗克常数除以粒子的动量：

$$\lambda = \frac{h}{mv} \tag{9-7}$$

式中，m 是电子的质量，其数值为 9.1095×10^{-31} kg；v 是电子运动的速率；h 是普朗克常数。这就是德布罗意关系式。

根据德布罗意假设，以 1.0×10^6 m·s^{-1} 的速度运动的电子波长应为（已知电子的质量为 9.11×10^{-31} kg）：

$$\lambda = \frac{h}{mv} = \frac{6.626 \times 10^{-34}}{9.11 \times 10^{-31} \times 1.0 \times 10^6} \text{m} = 2.03 \times 10^{-11} \text{m}$$

质量为 1.0×10^{-3} kg 的宏观物体，当以 1.0×10^{-2} m·s^{-1} 的速度运动时，波长应为

$$\lambda = \frac{h}{mv} = \frac{6.626 \times 10^{-34}}{1.0 \times 10^{-3} \times 1.0 \times 10^{-2}} \text{m} = 6.62 \times 10^{-29} \text{m}$$

可见，实物粒子波长太小，观察不到其波动性；只有微观粒子才可观测其波动性。实物粒子的波称为德布罗意波或实物波。德布罗意指出：可以用电子的晶体衍射实验证实物质波的存在。

1927 年，美国科学家戴维逊和革末的单晶电子衍射实验以及英国汤姆逊的多晶体电子衍射实验证实了德布罗意关于物质波的假设。随后，实验发现质子、中子、原子和分子等都有衍射现象，且都符合德布罗意关系式。图 9-1 就是多晶体电子衍射的示意图，从电子发射器发出的电子束穿过晶体粉末，投射到屏上，可以得到一系列的同心圆。这些同心圆叫衍射环纹。图中右边是电子射线通过金晶体时的衍射环纹图样。

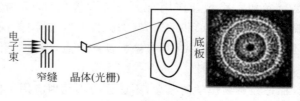

图 9-1 电子衍射示意图

实物波的物理意义与机械波(水波、声波)及电磁波等不同,机械波是介质质点的振动,电磁波是电场和磁场的振动在空间传播的波,而实物波没有这种直接的物理意义。

那么实物波的本质是什么呢?有一种观点认为波动是粒子本身产生出来的,有一个电子就有一个波动。因此当一个电子通过晶体时,就应当在底片上显示出一个完整的衍射图形。而事实上,在底片上显示出来的仅仅是一个点,无衍射图形。另一种观点认为波是一群粒子组成的,衍射图形是由组成波的电子相互作用的结果。但是实验表明,用很弱的电子流,让每个电子逐个地射出,经过足够长的时间,在底片上显示出了与较强的电子流在较短时间内电子衍射完全一致的衍射图形。这说明电子的波动性不是电子间相互作用的结果。

在电子衍射实验中,若将加速后的电子一个一个地发射,发现各电子落到屏上的位置是不重合的,也就是说电子的运动是没有确定轨迹的,不服从经典力学物体的运动方程。当不断发射了很多电子以后,各电子在屏上形成的黑点构成了衍射图像,这说明大量粒子运动的统计结果是具有波动性的。当电子数不断增加时,所得衍射图像不变,只是颜色相对加深,这就说明波强度与落到屏上单位面积中的电子数成正比。1926年,波恩提出了实物波的统计解释。他认为在空间的任何一点上,波的强度(振幅绝对值平方$|\Psi|^2$)和粒子在该位置出现的几率成正比,这样,电子的波动性就与微观粒子行为的统计性联系在一起了。因为实物波的强度反映微观粒子在空间出现的几率的大小,所以又称为几率波。

9.2.2 测不准原理

我们可以把实物粒子的波粒二象性理解为:具有波动性的微粒在空间的运动没有确定的轨迹,只有与其波强度大小成正比的几率分布规律。微观粒子的这种运动完全不服从经典力学的理论,所以在认识微观体系运动规律时,必须摆脱经典物理学的束缚,用量子力学的概念去理解。微观粒子的运动没有确定的轨迹,也就是说它在任一时刻的坐标和动量是不能同时准确确定的,这就是测不准原理。

1927年,德国物理学家海森堡(W. Heisenberg)从理论上证明,要想同时准确测定运动微粒的位置和动量(或速度)是不可能的。微粒的运动位置测得越准确,其相应的速度测得越不准确,反之亦然。其关系式为

$$\Delta x \cdot \Delta p \geqslant \frac{h}{4\pi} \tag{9-8}$$

式中,Δx 为测定实物粒子的位置不确定程度;Δp 为测定实物粒子的动量不确定程度;h 为普朗克常数。

这一关系式表明,实物粒子运动在某一方向上位置和动量偏差的乘积大于 $h/4\pi$,即粒子位置测定得越准确(Δx 越小),相应的动量就越不准确(Δp 越大);反之亦然。测不准原理是由微观粒子本质特性决定的物理量间相互关系的原理,它反映了物质波的一种重要性质。因为实物微粒具有波粒二象性,所以从微观体系得到的信息会受到某些限制。那么我们应如何合理地描述微观粒子的运动状态呢?只有从微观粒子的运动特征出发,对微粒运动作出统计学的判断,从而推算出电子在核外空间的出现概率。由此可知,合理的原子模型只能是在测不准原理限制之内,用一个能代表原子性质和行为的抽象的数学方程式来描述,而不可能得出像玻尔所描述的那种轮廓鲜明的原子模型。

9.3 氢原子结构的量子力学描述

9.3.1 薛定谔方程

1926年,薛定谔从微观粒子具有波粒二象性出发,通过光学和力学方程之间的类比,提出了著名的薛定谔方程,它是描述微观粒子运动的基本方程,这个描述核外电子运动状态的二阶偏微分方程如下:

$$\frac{\partial^2 \psi}{\partial x^2} + \frac{\partial^2 \psi}{\partial y^2} + \frac{\partial^2 \psi}{\partial z^2} + \frac{8\pi^2 m}{h^2}(E-V)\psi = 0 \tag{9-9}$$

对于氢原子来说,E 是电子的总能量,等于势能与动能之和;V 是电子的势能,表示原子核对电子的吸引能力的大小;m 是电子的质量;ψ 是波函数;h 是普朗克常数;x、y、z 是空间坐标。

薛定谔方程把体现微观粒子的粒子性特征值(m, E, V)与波动性特征值(ψ)有机地融合在一起,从而真实地反映出微观粒子的运动状态。求解薛定谔方程很复杂,一般只要了解求解薛定谔方程得到的一些重要结论。

9.3.2 波函数与原子轨道

为了有利于薛定谔方程的求解和原子轨道的表示,把直角坐标(x, y, z)转换为球极坐标(r, θ, ϕ),见图9-2。解薛定谔方程可得到一系列的合理解 $\psi_{n,l,m}(r, \theta, \phi)$。对氢原子来说,方程的每一个特定解 $\psi_{n,l,m}(r, \theta, \phi)$ 表示核外电子运动的一个稳定状态,只有 n、l、m 取一定数值这个解才是合理的。与这个解相对应的常数 E,就是该电子在这一状态下的总能量,故解薛定谔方程即求得 $\psi_{n,l,m}(r, \theta, \phi)$ 和与之对应的 E。

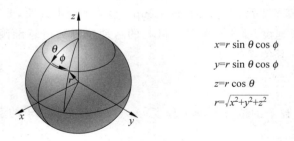

图 9-2 直角坐标与球极坐标的关系

当 n、l、m 的数值一定,就有一个波函数的具体表达式,电子在空间的运动状态也就确定了。量子力学中,把 n、l、m 称作量子数,把这三个量子数都有确定值的波函数称为一条原子轨道。原子轨道指的是电子的一种空间运动状态,也可以形象地把原子轨道理解为由具体的波函数在空间给出的空间图形,这个图形的形状是由 n、l、m 的值决定的。

9.3.3 四个量子数

在解薛定谔方程时,为了得到描述电子运动状态的合理解,必须引入 n、l、m 三个具有合理取值的量子数。1928 年,狄拉克把波动力学引入相对论,得出第 4 个量子数 m_s,所以总共有四个量子数,用这四个量子数可以全面地表征任意一个电子或其他微观粒子的运动状态。

1. 主量子数 n

描述原子中电子出现概率最大区域离核的平均距离,是决定电子能量高低的主要因素。它的数值可以取 1,2,3,… 正整数,光谱学上分别用符号 K、L、M、N、O、P、Q… 来表示。n 值越大表示电子离核的平均距离越远,能量越高。对于单电子原子(氢原子或类氢离子),电子的能量为:$E_n = -\dfrac{Z^2}{n^2} \times 2.179 \times 10^{-18}$ J,即单电子原子中电子能量只决定于主量子数 n。通常称 $n=1,2,3,…$ 的轨道为第一、第二、第三……电子层轨道。量子力学中称能量相等的原子轨道为"简并轨道"。单电子原子中,n 相同的原子轨道为简并轨道。

n 的取值与电子层数的关系为:

n	1	2	3	4	5	6	…
电子层	K	L	M	N	O	P	…

2. 角量子数 l

角量子数决定电子空间运动的角动量,以及原子轨道或电子云的形状,在多电子原子中与主量子数 n 共同决定电子的能量高低。对于一定的 n 值,l 可取 0,1,2,3,4,…,$n-1$ 等共 n 个值,用光谱学上的符号相应表示为 s、p、d、f、g 等。角量子数 l 表示电子的亚层或能级。一个 n 值可以有多个 l 值,如 $n=3$ 表示第三电子层,l 值可有 0,1,2,分别表示 3s、3p、3d 亚层,相应的电子分别称为 3s、3p、3d 电子。它们的原子轨道和电子云的形状分别为球形对称、哑铃形和四瓣梅花形,对于多电子原子来说,这三个亚层能量为 $E_{3d} > E_{3p} > E_{3s}$,即 n 值一定时,l 值越大,亚层能级越高。在描述多电子原子系统的能量状态时,需要用 n 和 l 两个量子数。

l 的取值与电子亚层的关系为:

l	0	1	2	3	…
电子亚层	s	p	d	f	…

3. 磁量子数 m

同一亚层(l 值相同)的几条轨道对原子核的取向不同。磁量子数 m 描述的是原子轨道或电子云在空间的伸展方向。m 取值受角量子数取值限制,对于给定的 l 值,$m=0, \pm 1, \pm 2, \cdots, \pm l$,共 $2l+1$ 个值。这些取值意味着在角量子数为 l 的亚层有 $2l+1$ 个取向,而每一个取向相当于一条"原子轨道"。如 $l=2$ 的 d 亚层,$m=0, \pm 1, \pm 2$,共有 5 个取值,表示 d 亚层有 5 条伸展方向不同的原子轨道,即 d_{xy}、d_{xz}、d_{yz}、$d_{x^2-y^2}$、d_{z^2}。我们把同一亚层(l 相同)伸展方向不同的原子轨道称为等价轨道或简并轨道。

4. 自旋量子数 m_s

用分辨率很高的光谱仪研究原子光谱时,发现在无外磁场作用时,每条谱线实际上由两条十分接近的谱线组成,这种谱线的精细结构用 n、l、m 三个量子数无法解释。1925年,人们为了解释这种现象,沿用旧量子论中习惯的名词,提出了电子有自旋运动的假设,并用第4个量子数 m_s 表示自旋量子数。m_s 的值可取 $+1/2$ 或 $-1/2$,在轨道表示式中用"↑"和"↓"分别表示电子的两种不同的自旋运动状态。考虑电子自旋后,由于自旋磁矩和轨道磁矩相互作用分裂成相隔很近的能量,所以在原子光谱中每条谱线由两条很相近的谱线组成。值得说明的是,"电子自旋"并不是电子真的像地球一样自转,它只是表示电子的两种不同的运动状态。

综上所述,量子力学对氢原子核外电子的运动状态有了较清晰的描述:解薛定谔方程得到多个可能的解 ψ,电子在多条能量确定的轨道中运动,每条轨道由 n、l、m 三个量子数决定,主量子数 n 决定了电子的能量和离核远近;角量子数 l 决定了轨道的形状;磁量子数 m 决定了轨道的空间伸展方向,即 n、l、m 三个量子数共同决定了一条原子轨道 ψ,决定了电子的轨道运动状态。自旋量子数 m_s 决定了电子的自旋运动状态,结合前三个量子数共同决定了核外电子运动状态。据此可以确定各电子层中电子运动可能的状态数,如1,2电子层中电子运动状态与四个量子数的关系见表9-1。

表 9-1 电子运动状态与四个量子数

主量子数 n	角量子数 l		磁量子数 m			自旋磁量子数 m_s		电子运动状态数
取值	取值	能级符号	取值	原子轨道符号	原子轨道总数	取值	符号	
1	0	1s	0	1s	1	±1/2	↓↑	2
2	0	2s	0	2s	4	±1/2	↓↑	8
	1	2p	0	$2p_z$		±1/2	↓↑	
			±1	$2p_x$		±1/2	↓↑	
				$2p_y$		±1/2	↓↑	

9.3.4 概率密度和电子云

波函数绝对值的平方 $|\psi|^2$ 却有明确的物理意义。ψ^2 称为概率密度,是电子在核外空间单位体积内出现的几率的大小。为了形象地表示核外电子运动的概率分布情况,化学上惯用小黑点分布的疏密表示电子出现概率的相对大小。小黑点较密的地方,表示该点 ψ^2 数值大,电子在该点概率密度较大,单位体积内电子出现的机会多。用这种方法来描述电子在核外出现的概率密度大小所得到的图像称为电子云图,图9-3是基态氢原子的电子云图。因为电子云是几率密度 ψ^2 分布的形象化描述,所以,人们也把 ψ^2 称为电子云。

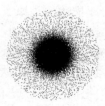

图 9-3 氢原子的电子云图

一个原子轨道是一个数学函数,很难阐述其具体的物理意义。它不是行星绕太阳运行的"轨道",不是火箭的弹道,也不是电子在原子中的运动途径,只能将其想象为特定电子在原子核外可能出现的某个区域的数学描述。也可以这样理解,特定能量的电子在核外空间出现最多的区域叫原子轨道。从电子云角度讲,这个区域就是云层最密的区域。注意,电子云并不是一个严格的科学术语,而只是一种形象化比喻。特别要说明的是,电子云图中的一个小黑点绝不代表一个电子,不妨将密密麻麻的小黑点看作某个特定电子在空间运动时留下的"足迹"。

9.3.5 原子轨道和电子云的图像

1. 原子轨道和电子云的角度分布图

以一组三个量子数确定的波函数 $\Psi_{n,l,m}$ 和电子云 $\Psi_{n,l,m}^2$ 都可用三维图像来表示,但因很难直观、简单地表示清楚,通常采用数学方法,将波函数分解成随角向变化和随径向变化两部分乘积:

$$\Psi_{n,l,m}(r,\theta,\phi) = R_{n,l}(r) \cdot Y_{l,m}(\theta,\phi) \tag{9-10}$$

式中,$\Psi_{n,l,m}(r,\theta,\phi)$ 即原子轨道;$R_{n,l}(r)$ 叫做原子轨道的径向部分,它只与离核半径有关,表示 θ、ϕ 一定时,波函数 ψ 随半径 r 变化的关系;$Y_{l,m}(\theta,\phi)$ 叫做原子轨道的角度部分,它只与角度有关,表示 r 一定时,波函数 ψ 随角度 θ、ϕ 变化的关系。这样,我们就可以从角向部分和径向部分两个侧面,来论述和画出原子轨道和电子云的形状和方向。

1) 原子轨道的角度分布图

原子轨道的角度分布表示波函数的角度部分 $Y_{l,m}(\theta,\phi)$ 随 θ 和 ϕ 变化的规律。作图的方法是,从坐标原点(原子核)出发,引出不同 θ、ϕ 角度的直线,按照有关波函数角度分布的函数式 $Y(\theta,\phi)$ 算出 θ 和 ϕ 变化时 $Y(\theta,\phi)$ 的值,使直线的长度为 $|Y|$,将所有直线的端点连接起来,在空间则成为一个封闭的曲面,并在曲面上标出 Y 值的正负号,这样的图形称为原子轨道的角度分布图。以下举例说明 p_z 轨道角度分布图的做法。

例 9-1 $Y_{2p_z} = \sqrt{\dfrac{3}{4\pi}} \cos\theta$,与一般的函数作图一样,绘制各点。

解 不同 θ 角的 Y 值如下:

θ	0	15	30	45	60	90	120	135	150	160	180
Y	0.489	0.472	0.423	0.345	0.244	0	−0.244	−0.345	−0.423	−0.472	−0.489

作 Y-θ 图,具体步骤为:

(1) 描点。因为自变量是 θ,因变量为 Y,所以从坐标原点出发,引出相当于各 θ 角的直线,取长度为 Y 值。

(2) 将各点连线。将所有这些直线的端点联结起来在空间形成一个曲线,如图 9-4(a)。

(3) 因 Y_{2p_z} 函数是 θ 的函数,与 ϕ 无关,所以将所得曲线绕 z 轴转一圈,得到上下两个相切的球面,如图 9-4(b)。

图 9-4 中球面上任意一点至原点的距离代表在该角度 (θ,ϕ) 上 Y_{2p_z} 数值的大小,xy 平面上下的正负号表示 Y_{2p_z} 值为正值或负值,并不代表电荷,这些正负号和 Y_{2p_z} 的极大值空间取向将在原子形成分子的成键过程中起到重要作用。整个球面表示 Y_{2p_z} 随 θ 和 ϕ 角度变化的规律。

图 9-5 给出了 s、p、d 轨道的角度分布(剖面)图。

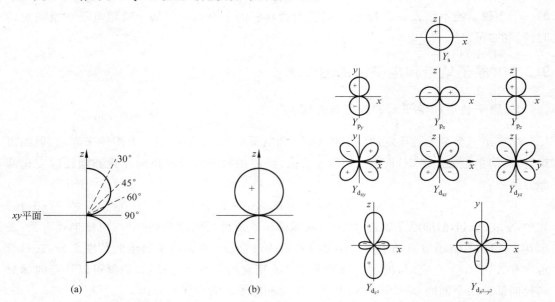

图 9-4 角度分布图的作法   图 9-5 原子轨道的角度分布(剖面)图

注意:

(1) $Y_{l,m}(\theta,\phi)$ 与量子数 n 无关,只与 l、m 有关,故 $2p_z$、$3p_z$、$4p_z$ 等原子轨道角度分布图相同,统称 p_z 轨道的角度分布图。

(2) l 不同,原子轨道角度分布不同。一般地,$l=0$ 时为球形;$l=1$ 时为哑铃形;$l=2$ 时为梅花形,共有 l 个节面。

(3) 当 l 一定时,原子轨道角度分布图的个数等于 $2l+1$ 个,但各图的取值方向与 m 取值无直接关系。

(4) 图形有正、负区域。

原子轨道的角度分布图反映了波函数数值在距核 r 处的同一球面上,不同角度、不同方向的分布情况。

2) 电子云的角度分布图

电子云的角度分布图是波函数角度部分函数 $Y(\theta,\phi)$ 的平方 Y^2 随 θ 和 ϕ 角度变化的图形(图 9-6),反映的是概率密度在同一球面、不同角度、不同方向上的大小分布情况。因为概率密度是 ψ^2,电子云图即概率密度图,用与原子轨道类似的方法可画出电子云的角度分布图。电子云的角度分布图形及取向与对应的原子轨道角度分布图是相似的,角度节面数也相同,二者的主要区别在于:

(1) 原子轨道的角度分布有正负之分,而 Y 取平方后总是正值,所以电子云的角度分布皆为正值。

（2）电子云的角度分布图像比相应的轨道角度分布图像瘦一些（s轨道除外），因$|Y|\leqslant 1$，故$|Y|^2\leqslant|Y|$。

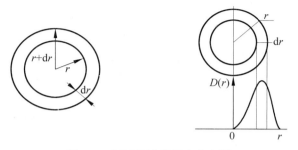

图 9-6　原子轨道的径向分布图

最后强调的是：原子轨道和电子云的角度分布图都只反映了函数关系的角度部分，原子轨道很难用简单的图形表示其全貌，而电子云的实际图形则是综合考虑了径向和角度两个部分而得到的。

2. 电子云的径向分布图

电子云的角度分布图只能反映出电子在核外空间不同角度的概率密度的大小，并不反映电子出现的概率密度大小与离核远近的关系，通常用电子云的径向分布图来反映电子在核外空间出现的概率密度随离核远近变化的情况。因此，电子云径向分布图是反映电子云随半径 r 变化的图形，它对了解原子的结构和性质、了解原子间的成键过程具有重要的意义。

径向波函数图，即 $R(r)$-r 关系图，可理解为任意指定的方向上，距核为不同 r 处的波函数数值的相对大小，反映的是波函数的相对数值在距核不同 r 处的分布情况，它与量子数 n、l 有关。考虑一个离核半径为 r，厚度为 dr 的薄球壳（图 9-6），以 r 为半径的球面积为 $4\pi r^2$，球壳的体积为 $4\pi r^2 \cdot \mathrm{d}r$，因此，电子在球壳内出现的概率为

$$\mathrm{d}p = R^2(r) \cdot 4\pi r^2 \cdot \mathrm{d}r \tag{9-11}$$

式中，R 为波函数的径向部分。令

$$D(r) = R^2(r) \cdot 4\pi r^2$$

$D(r)$ 即径向分布函数。以薄球壳半径 r 为横坐标，径向分布函数 D 为纵坐标作图，可得径向分布图。图 9-7 是氢原子各种状态的径向分布图。从图中可以看出，氢原子 1s 轨道，$D(r)$ 在 $r=a_0=52.9$ pm 处有极大值。a_0 恰好为玻尔半径，这一点与量子力学虽有相似之处，但有本质上的区别。玻尔理论中基态氢原子的电子只能在 $r=52.9$ pm 处运动，而量子力学认为电子只是在 $r=52.9$ pm 的薄球壳内出现的概率最大。

一般地，径向分布图有 $(n-l)$ 个峰，$(n-l-1)$ 个节面，例如 3d 电子，$n=3$，$l=2$，$n-l=1$，只出现一个峰；3s 电子，$n=3$，$l=0$，$n-l=3$，有三个峰。峰数的规律是：$ns > np > nd > nf$，各级轨道分别多一个离核较近的峰，这些近核的小峰分别伸入 $(n-1)$ 各峰的内部，伸入的程度各不相同，这是受到钻穿效应的影响。

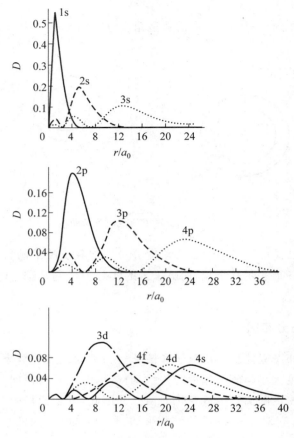

图 9-7 氢原子各种状态的径向分布图

电子云的角度分布图和径向分布图分别反映了电子云特性的两个侧面之一,它们有不同的处理方式,因此所解决的问题和适用范围不同,应综合考虑以认识核外电子的运动状态。应该明白,原子轨道和电子云的空间图像既不是通过实验,也不是直接观察得到的,而是根据量子力学计算得到的数据绘制出来的。

9.4 多电子原子结构

氢原子和类氢原子核外只有一个电子,这一个电子只受到核对它的吸引作用,其薛定谔方程可精确求解,相应的原子轨道的能量只取决于主量子数 n。在主量子数相同的同一电子层内,各亚层的能量是相等的,如 $E_{3s}=E_{3p}=E_{3d}$。而在多电子原子中,电子不仅受原子核的吸引,电子与电子之间还存在相互作用力,如相斥作用,此时电子的能量不仅取决于主量子数 n,还与角量子数 l 有关,因此多电子原子中的轨道能量由 n、l 决定。

9.4.1 屏蔽效应和钻穿效应

氢原子、类氢离子的核外只有一个电子,所以只存在电子与原子核之间的引力,这时电

子的能量只与主量子数 n 有关:

$$E_n = -13.6Z^2/n^2 \quad (\text{eV}) \tag{9-12}$$

但对于电子数多于1的多电子原子必须考虑电子间的排斥力(减弱了原子核对核外电子的吸引力),故上式不再适用。

设想把其他电子对指定电子的排斥力归结为核对指定电子吸引力的减弱,实际作用在指定电子上的核电荷为 $Z-\sigma$。这种因受其他电子排斥,而使指定电子感受到的核电荷(称为有效核电荷 Z^*)减小的作用称为屏蔽效应。

$$\text{有效核电荷 } Z^* = \text{核电荷 } Z - \text{屏蔽常数 } \sigma(\text{被抵消部分}) \tag{9-13}$$

这样处理后,对于多电子原子的一个电子来说,其能量则可用式(9-14)来表示:

$$E = -13.6(Z-\sigma)^2/n^2 \tag{9-14}$$

σ 的计算可采用斯莱脱的近似规则:

(1) 原子中的电子按如下状态分为轨道组;

(1s),(2s,2p),(3s,3p),(3d),(4s,4p),(4d),(4f),(5s,5p),(5d,5f)

(2) 外层电子对内层没有屏蔽作用,即 $\sigma=0$;

(3) 1s 轨道上 2 个电子之间的 $\sigma = 0.30$,其他同组的各分层电子之间的 $\sigma=0.35$;

(4) 被屏蔽的电子为 nd 或 nf 电子时,则位于它左边各组电子对它的屏蔽常数 $\sigma=1.00$;

(5) 被屏蔽的电子为 ns 或 np 电子时,则主量子数为 $(n-1)$ 的各电子对它们的 $\sigma=0.85$,而小于 $(n-1)$ 的各电子对它们的 $\sigma = 1.00$;

(6) 将有关屏蔽电子对该电子的 σ 值相加,$\sigma = \sum \sigma_i$。

例 9-2 计算基态钾原子的 4s 和 3d 电子的能量。

解 核外电子分组如下:$(1s)^2(2s,2p)^8(3s,3p)^8(4s)^1$ 或 $(3d)^1$

$\sigma_{4s} = (10 \times 1.00) + (8 \times 0.85) = 16.80$

$\sigma_{3d} = 18 \times 1.00 = 18.00$

$E_{4s} = [-13.6 \times (19-16.8)^2/4^2] \text{eV} = -4.114 \text{ eV}$

$E_{3d} = [-13.6 \times (19-18)^2/3^2] \text{eV} = -1.51 \text{ eV}$

从计算可以看出,σ 与 l 有关,故 l 与能量有关。进一步讨论如下:

(1) n 不同,l 相同的轨道,其能量随 n 增大而升高;

(2) n 相同,l 不同时,$E_{ns} < E_{np} < E_{nd} < E_{nf}$,即屏蔽作用 $ns > np > nd > nf$。

这是因 n 相同时,电子离核的平均距离虽相同,但电子云形状不同,当被屏蔽电子本身 l 值小时,其电子云分布比较集中,而其他电子云分布比较分散,对其屏蔽小,即 σ 小,因而 Z^* 大,该电子能得到较大核电荷的吸引,所以能量低。从本质上来看,这与不同电子的径向分布不同有密切关系,即受钻穿效应影响的结果。

在多电子原子中,每个电子既被其他电子所屏蔽,也对其他电子起屏蔽作用,在原子核附近出现几率较大的电子,可更多地避免其他电子的屏蔽,受到核较强的吸引而更靠近核,这种进入原子核附近空间的作用叫钻穿效应。由于电子的钻穿作用不同,而使轨道的能量发生变化。钻穿效应的规律是,n 相同时,l 越小的电子,钻穿作用越强,受核吸引力会越强，或回避内层电子屏蔽的能力越强。所以 $E_{ns}<E_{np}<E_{nd}<E_{nf}$。钻穿效应的本质是 s、p、d、f 等状态的径向分布不同而引起的能量效应。钻穿效应和屏蔽效应是相互联系的，钻穿效应的结果是使轨道的能量降低，常用于解释能级交错现象。

总之，屏蔽效应和钻穿效应是从其他电子（屏蔽电子）对某轨道上电子（被屏蔽电子）的屏蔽能力和某轨道上电子（被屏蔽电子）回避其他电子屏蔽的能力的两个侧面（被动和主动）来描述多电子原子中电子之间的相互作用对轨道能级的影响，着眼点不同，但本质都是一种能量效应。能级分裂和能级交错是钻穿效应和屏蔽效应共同作用的结果。屏蔽效应和钻穿效应引起的能量效应，可以帮助我们理解核外电子排布的轨道顺序。

9.4.2 鲍林近似能级图

鲍林通过光谱实验，总结出多电子原子的近似能级图，见图 9-8。该图按照原子轨道能量高低的顺序 ns、$(n-2)f$、$(n-1)d$、np 排列，并按能量相近的原则划分为 7 个能级组。

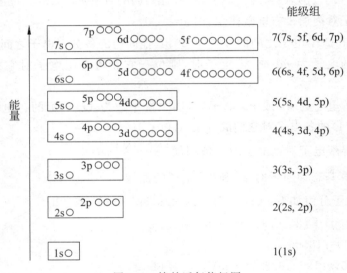

图 9-8 鲍林近似能级图

图 9-8 中每个小圆圈代表一个原子轨道。鲍林近似能级图反映了与元素周期系一致的核外电子填充顺序，按照能级图中各轨道的能量高低的顺序来填充电子所得到的结果与光谱实验得到各元素原子内电子的排布情况大都是相符合的。我们把能级相近的一组轨道称为能级组。能级组间，能量差大；能级组内，能量差小。

由图 9-8 可知，当 n、l 都不相同时，$E_{4s}<E_{3d}<E_{5s}<E_{4d}<E_{6s}<E_{4f}<E_{5d}<E_{6p}$，…，这就是所谓的"能级交错"。各能级组包含的轨道如下：①1s；②2s，2p；③3s，3p；④4s，3d，4p；⑤5s，4d，5p；⑥6s，4f，5d，6p；⑦7s，5f，6d，7p，…依次为第一至第七能级组。

前面我们已强调过，在多电子原子中，电子能量的高低不仅与 n 有关，而且与 l 有关，那么电子能量 E 与 n 和 l 到底关系如何呢？我国化学家徐光宪教授根据光谱实验数据归纳出一条近似规律公式 $(n+0.7l)$，按此公式把 $(n+0.7l)$ 值的整数部分相同的各能级合并为一组，叫做能级组，并按第一位数字的值确定能级的号数，如：

3p 轨道　$(n+0.7l)$ 值　$=3+1\times0.7=3.9$　第三能级组
4s 轨道　$(n+0.7l)$ 值　$=4+0=4.0$　第四能级组
3d 轨道　$(n+0.7l)$ 值　$=3+2\times0.7=4.4$　第四能级组
4p 轨道　$(n+0.7l)$ 值　$=4+1\times0.7=4.7$　第四能级组
5s 轨道　$(n+0.7l)$ 值　$=5+0=5.0$　第五能级组

同时，$(n+0.7l)$ 的值越大，轨道能量越高，如能量顺序 $E_{3p}<E_{4s}<E_{3d}<E_{4p}<E_{5s}$，有"能级交错"现象，其中 4s、3d、4p 合称第四能级，其余类推。

鲍林近似能级图和近似公式总结如下：

①都只有定性意义，没有定量意义；②仅代表基态原子的价电子层填入电子时各轨道能级的相对高低，而不表示其他条件下（如激发态原子或离子的外层电子所在轨道）能量的高低情况；③对于原子的外层电子来说，$(n+0.7l)$ 越大，能级越高；④对于离子的外层电子，则按 $(n+0.4l)$ 推断，即 $(n+0.4l)$ 的值越大，轨道能级越高；⑤对于原子较深的内层来说，能级高低基本上仍决定于 n，故讨论原子内层电子能量时，把 n 相同的能级合并为一组，如 K、L、M 层，但在讨论原子的价层能级时，这种划分就不恰当了。

必须指出，鲍林近似能级图仅反映了多电子原子中原子轨道能量的近似高低，不能认为所有元素原子的能级高低都是一成不变的。光谱实验和量子力学理论证明，随着元素原子序数的递增，原子核对核外电子的吸引作用增强，轨道的能量有所下降。由于不同的轨道下降的程度不同，所以能级的相对次序有所改变。

9.4.3　核外电子排布规则

根据原子光谱实验和量子力学理论，原子核外电子排布一般遵守以下 3 个原则：能量最低原理、泡利不相容原理、洪特规则。

1. 能量最低原理

多电子原子在基态时，核外电子总是尽可能地分布在能量最低的轨道，以使原子系统的能量最低，这就是能量最低原理。能量最低原理是自然界一切事物共同遵守的法则。

2. 泡利不相容原理

瑞士物理学家泡利（Pauli W.）在 1925 年根据光谱分析结果和元素在周期系中的位置，提出了泡利不相容原理：在同一个原子里没有 4 个量子数完全相同的电子；或者说，在同一个原子里没有运动状态完全相同的电子。即在原子中，若电子的 n、l、m 相同，则 m_s 一定不同，在同一条原子轨道上最多可以容纳两个自旋方向相反的电子。

3. 洪特规则

洪特（Hund F.）根据大量光谱实验，提出电子在等价轨道上分布时，总是尽可能以自旋平行的方向分占不同的轨道，这样才能使原子能量最低。如基态氮原子 $2s^2 2p^3$，2p 上的 3 个电子分占 3 条 p 轨道，而且自旋平行。洪特规则是一个经验规则，后经量子力学证明，电子按洪特规则排布可以使系统的能量最低。

作为洪特规则的特例,简并轨道在全空(p^0、d^0、f^0)、全满(p^6、d^{10}、f^{14})、半满(p^3、d^5、f^7)时较稳定。这一结论与量子力学的结论一致。

按上面所述 3 个原则将核外电子进行逐一填充,其规律为:$ns^{1\sim2}(n-2)f^{1\sim14}(n-1)d^{1\sim10}np^{1\sim6}$。但有两点要说明:

(1) 在 La 系和 Ac 系中,是先由 La([Xe]$5d^1 6s^2$) 到 La 系(如 Ce:[Xe]$4f^1 5d^1 6s^2$)及先由 Ac([Rn]$6d^2 7s^2$) 到 Ac 系(如 Th:[Xe]$6d^2 7s^2$,Pa:[Xe]$5f^2 6d^1 7s^2$)。(有的认为 La 系和 Ac 系包括 La 和 Ac,有的认为不包括 La 和 Ac。)

(2) 要尊重实验事实,注意几个特殊情况,见表 9-2。

表 9-2 几个特殊的电子构型

原子序数	元素	电子构型 是	电子构型 并非	原子序数	元素	电子构型 是	电子构型 并非
41	Nb	[Kr]$4d^4 5s^1$	[Kr]$4d^3 5s^2$	90	Th	[Rn]$6d^2 7s^2$	[Rn]$5d^2 7s^2$
44	Ru	[Kr]$4d^7 5s^1$	[Kr]$4d^6 5s^2$	91	Pa	[Rn]$5f^2 6d^1 7s^2$	[Rn]$5f^3 7s^2$
45	Rh	[Kr]$4d^8 5s^1$	[Kr]$4d^7 5s^2$	92	U	[Rn]$5f^3 6d^1 7s^2$	[Rn]$5f^4 7s^3$
58	Ce	[Xe]$4f^1 5d^1 6s^2$	[Xe]$4f^2 6s^2$	93	Np	[Rn]$5f^4 6d^1 7s^2$	[Rn]$5f^5 7s^2$
64	Gd	[Xe]$4f^7 5d^1 6s^2$	[Xe]$4f^8 6s^2$	96	Cm	[Rn]$5f^7 6d^1 7s^2$	[Rn]$5f^8 7s^2$
78	Pt	[Xe]$4f^{14} 5d^9 6s^1$	[Xe]$4f^{14} 5d^8 6s^2$				

电子结构式是用原子轨道符号表示电子排布的式子(注意电子在轨道上填充时按轨道能级顺序逐一填充,书写电子排布式时可按填充好的电子层顺序书写)。如 ^{26}Fe 的 26 个在原子轨道上的填充顺序为 $1s^2\ 2s^2\ 2p^6\ 3s^2\ 3p^6\ 4s^2\ 3d^6$,其电子排布式可写为 $1s^2\ 2s^2\ 2p^6\ 3s^2\ 3p^6\ 3d^6\ 4s^2$,也可以写作[Ar]$3d^6\ 4s^2$,[Ar]代表原子实。所谓"原子实"是指原子中除去最高能级组以外的原子实体,一般为稀有气体原子。原子实后面是价层电子,即在化学反应中可能发生变化的电子。

表 9-3 列出了元素基态的电子构型。也可以用轨道图示表示元素的电子结构,轨道图示是指在以横线(或圆圈、方框)表示的轨道中,填入以箭头符号代表自旋方向的电子,如 ^{7}N 的电子结构图式为:

图示中轨道位置的高低代表轨道能量的高低。

表 9-3　元素基态电子构型

周期	原子序数	元素符号	电子结构	周期	原子序数	元素符号	电子结构	周期	原子序数	元素符号	电子结构
1	1	H	$1s^1$		37	Rb	$[Kr]5s^1$		73	Ta	$[Xe]4f^{14}5d^36s^2$
	2	He	$1s^2$		38	Sr	$[Kr]5s^2$		74	W	$[Xe]4f^{14}5d^46s^2$
2	3	Li	$[He]2s^1$		39	Y	$[Kr]4d^15s^2$		75	Re	$[Xe]4f^{14}5d^56s^2$
	4	Be	$[He]2s^2$		40	Zr	$[Kr]4d^25s^2$		76	Os	$[Xe]4f^{14}5d^66s^2$
	5	B	$[He]2s^22p^1$		41	Nb	$[Kr]4d^45s^1$		77	Ir	$[Xe]4f^{14}5d^76s^2$
	6	C	$[He]2s^22p^2$		42	Mo	$[Kr]4d^55s^1$		78	Pt	$[Xe]4f^{14}5d^96s^1$
	7	N	$[He]2s^22p^3$		43	Tc	$[Kr]4d^55s^2$	6	79	Au	$[Xe]4f^{14}5d^{10}6s^1$
	8	O	$[He]2s^22p^4$		44	Ru	$[Kr]4d^75s^1$		80	Hg	$[Xe]4f^{14}5d^{10}6s^2$
	9	F	$[He]2s^22p^5$		45	Rh	$[Kr]4d^85s^1$		81	Tl	$[Xe]4f^{14}5d^{10}6s^26p^1$
	10	Ne	$[He]2s^22p^6$	5	46	Pd	$[Kr]4d^{10}$		82	Pb	$[Xe]4f^{14}5d^{10}6s^26p^2$
	11	Na	$[Ne]3s^1$		47	Ag	$[Kr]4d^{10}5s^1$		83	Bi	$[Xe]4f^{14}5d^{10}6s^26p^3$
	12	Mg	$[Ne]3s^2$		48	Cd	$[Kr]4d^{10}5s^2$		84	Po	$[Xe]4f^{14}5d^{10}6s^26p^4$
	13	Al	$[Ne]3s^23p^1$		49	In	$[Kr]4d^{10}5s^25p^1$		85	At	$[Xe]4f^{14}5d^{10}6s^26p^5$
3	14	Si	$[Ne]3s^23p^2$		50	Sn	$[Kr]4d^{10}5s^25p^2$		86	Rn	$[Xe]4f^{14}5d^{10}6s^26p^6$
	15	P	$[Ne]3s^23p^3$		51	Sb	$[Kr]4d^{10}5s^25p^3$		87	Fr	$[Rn]7s^1$
	16	S	$[Ne]3s^23p^4$		52	Te	$[Kr]4d^{10}5s^25p^4$		88	Ra	$[Rn]7s^2$
	17	Cl	$[Ne]3s^23p^5$		53	I	$[Kr]4d^{10}5s^25p^5$		89	Ac	$[Rn]6d^17s^2$
	18	Ar	$[Ne]3s^23p^6$		54	Xe	$[Kr]4d^{10}5s^25p^6$		90	Th	$[Rn]6d^27s^2$
	19	K	$[Ar]4s^1$		55	Cs	$[Xe]6s^1$		91	Pa	$[Rn]5f^26d^17s^2$
	20	Ca	$[Ar]4s^2$		56	Ba	$[Xe]6s^2$		92	U	$[Rn]5f^36d^17s^2$
	21	Sc	$[Ar]3d^14s^2$		57	La	$[Xe]5d^16s^2$		93	Np	$[Rn]5f^46d^17s^2$
	22	Ti	$[Ar]3d^24s^2$		58	Ce	$[Xe]4f^15d^16s^2$		94	Pu	$[Rn]5f^67s^2$
	23	V	$[Ar]3d^34s^2$		59	Pr	$[Xe]4f^36s^2$		95	Am	$[Rn]5f^77s^2$
	24	Cr	$[Ar]3d^54s^1$		60	Nd	$[Xe]4f^46s^2$		96	Cm	$[Rn]5f^76d^17s^2$
	25	Mn	$[Ar]3d^54s^2$		61	Pm	$[Xe]4f^56s^2$		97	Bk	$[Rn]5f^97s^2$
	26	Fe	$[Ar]3d^64s^2$		62	Sm	$[Xe]4f^66s^2$	7	98	Cf	$[Rn]5f^{10}7s^2$
	27	Co	$[Ar]3d^74s^2$		63	Eu	$[Xe]4f^76s^2$		99	Es	$[Rn]5f^{11}7s^2$
4	28	Ni	$[Ar]3d^84s^2$	6	64	Gd	$[Xe]4f^75d^16s^2$		100	Fm	$[Rn]5f^{12}7s^2$
	29	Cu	$[Ar]3d^{10}4s^1$		65	Tb	$[Xe]4f^96s^2$		101	Md	$[Rn]5f^{13}7s^2$
	30	Zn	$[Ar]3d^{10}4s^2$		66	Dy	$[Xe]4f^{10}6s^2$		102	No	$[Rn]5f^{14}7s^2$
	31	Ga	$[Ar]3d^{10}4s^24p^1$		67	Ho	$[Xe]4f^{11}6s^2$		103	Lr	$[Rn]5f^{14}6d^17s^2$
	32	Ge	$[Ar]3d^{10}4s^24p^2$		68	Er	$[Xe]4f^{12}6s^2$		104	Rf	$[Rn]5f^{14}6d^27s^2$
	33	As	$[Ar]3d^{10}4s^24p^3$		69	Tm	$[Xe]4f^{13}6s^2$		105	Db	$[Rn]5f^{14}6d^37s^2$
	34	Se	$[Ar]3d^{10}4s^24p^4$		70	Yb	$[Xe]4f^{14}6s^2$		106	Sg	$[Rn]5f^{14}6d^47s^2$
	35	Br	$[Ar]3d^{10}4s^24p^5$		71	Lu	$[Xe]4f^{14}5d^16s^2$		107	Bh	$[Rn]5f^{14}6d^57s^2$
	36	Kr	$[Ar]3d^{10}4s^24p^6$		72	Hf	$[Xe]4f^{14}5d^26s^2$		108	Hs	$[Rn]5f^{14}6d^67s^2$
									109	Mt	$[Rn]5f^{14}6d^77s^2$
									110	Ds	$[Rn]5f^{14}6d^87s^2$

注：表中单框中的元素是过渡元素，双框中的元素是镧系或锕系元素。

9.5 原子的电子结构与元素周期系

9.5.1 原子结构与元素周期表

元素周期律使人们认识到元素之间彼此不是相互孤立的,而是存在着内在的联系,由此对化学元素的认识形成了一个完整的自然体系,使化学成为一门系统的科学。自20世纪30年代量子力学发展并弄清了各元素原子核外电子分布之后,人们才认识到元素周期律与原子的核外电子分布,特别是外层电子分布密切相关。

1. 元素电子结构的周期性

元素按原子序数(核电荷)递增的顺序依次排列成周期表时,原子最外电子层结构重复 ns^1 到 ns^2np^6 的周期变化。因这样一个明显的周期性变化,元素周期表的每一周期都是由碱金属开始(除第一周期外),以稀有气体结束。所以,元素周期律是原子内部结构周期性变化的反映,而元素性质的周期性则是原子电子层构型的周期性的体现。

2. 原子的电子结构与元素周期律

元素周期律是指元素的性质随着核电荷数(原子序数)的递增而呈周期性变化的规律。

1) 周期

把原子核外电子排布式中具有相同电子层数的元素按原子序数的递增从左到右排成一行,称为一个周期,元素周期表中共有七个周期。周期数对应于能级组数,各周期所含元素的数目等于能级组中原子轨道所能容纳的电子总数。原子的电子层结构与周期的关系为:

(1) 元素的周期数是与各能级组相对应的。能级组的划分是导致周期系中所有元素划分为周期的本质原因。

(2) 元素所在的周期数等于该元素原子的电子层数:

$$周期数 = 最外电子层的主量子数 n = 最高能级组数$$

完成一个周期就是电子填满了一个能级组。

(3) 各周期元素的数目等于相应能级组中原子轨道所能容纳的电子总数。

(4) 由于能级交错,每周期元素原子最外层电子数不超过8个,次外层不超过18个。

(5) 除第一周期都是非金属外,每周期元素变化过程是:碱金属→过渡金属(第三周期以上)→金属→非金属→稀有气体。

2) 族

把原子价层电子数相同的元素按原子序数的递增从上到下排成一列(纵行),称为族,周期表中共有18个纵行,分为七个主族(以ⅠA—ⅦA表示)、七个副族(以ⅠB—ⅦB表示)、Ⅷ族(含3个纵行,也称ⅧB族)和零族(也称ⅧA族)。

主族元素和ⅠB、ⅡB族元素的族号数等于原子最外层电子数;稀有气体按习惯称为零族;ⅢB~ⅦB副族元素的族号数等于这些原子最外层s电子数与次外层d电子数之和;第Ⅷ族元素含周期表的第8,9,10三列,其价层电子分布一般为 $(n-1)d^{6\sim 10}ns^{0\sim 2}$。

3) 区

元素除了按周期和族划分之外,还可以根据原子的价电子构型把周期表分为五个区。

s 区　价电子构型为 $ns^{1\sim 2}$,包括ⅠA、ⅡA 族;

p 区　价电子构型为 $ns^2 np^{1\sim 6}$,包括ⅢA～ⅦA 族和零族;

d 区　价电子构型为 $(n-1)d^{1\sim 10}ns^{1\sim 2}$,包括ⅢB～ⅦB 族和Ⅷ族;

ds 区　价电子构型为 $(n-1)d^{10}ns^{1\sim 2}$,包括ⅠB、ⅡB 族;

f 区　价电子构型为 $(n-2)f^{0\sim 14}(n-1)d^{0\sim 2}ns^2$,包括镧系、锕系。

s 区元素是活泼金属元素(H 除外)。p 区包括金属元素和除氢外的全部非金属元素,其中包括最活泼的非金属(卤素)和最不活泼的非金属元素(稀有气体元素)。s 区和 p 区元素都是主族元素。d 区和 ds 区组成过渡元素,第四、五、六周期的过渡元素分别称为第一、二、三过渡元素。长周期表下部 f 区是镧系元素,也称为内过渡元素,包括 57～71 号元素和89～103 号元素,其中镧和锕在周期表第六和第七周期ⅢB 族各占一个位置。d、ds、f 区元素均属于副族元素,全部是金属元素。可以从表 9-4 看出原子的电子构型和分区情况。

表 9-4　原子的电子构型和分区情况

族	元素	分区	价电子层结构	随原子序数递增,最后电子的填充情况	原子中各层相应能级组的电子数充满情况
主族元素	代表性(典型)元素	s 区	$ns^{1\sim 2}$	在最外层的 s 能级上填充电子	除最外层的电子数未充满外,其余各层均已充满
		p 区	$ns^2 np^{1\sim 6}$	在最外层的 p 能级上填充电子	同上(但ⅧA 元素的原子各层的电子数均已充满)
副族元素	过渡元素	d 区	$(n-1)d^{1\sim 10}ns^{1\sim 2}$	在次外层的 d 能级上填充电子	最外层、次外层的电子数尚未充满
		ds 区	$(n-1)d^{10}ns^{1\sim 2}$	同上	同 s 区
	内过渡元素	f 区	$(n-2)f^{0\sim 14}ns^{1\sim 2}$ 或 $(n-2)f^{0\sim 14}(n-1)d^{1\sim 2}ns^2$	在倒数第三层的 f 能级上填充电子(有个别例外)	次外层、倒数第三层的电子数均未充满

总之,原子的电子构型与元素周期律的关系十分密切,这正是原子结构理论的重要应用之一。

9.5.2　元素性质的周期性

决定元素性质的直接原因,是原子的电子结构,尤其是价电子数,具体地反映在原子半径、电离能、电子亲和能、电负性等数值上,这些数值称为原子性质参数。

1. 原子半径

原子半径有三种不同的定义(图 9-9):

(1) 共价半径:同种元素的两原子以共价键结合时,其核间距的一半称为共价半径。

(2) 金属半径：在金属晶体中，紧密堆积配位数为 12 时，相邻两原子核间距的一半称为金属半径。

(3) 范德华半径：在分子晶体中，相邻分子的两原子核间距的一半称为范德华半径。

图 9-9　原子半径示意图

如图 9-10 所示，原子半径变化规律为：

(1) 同一元素：$r_{负离子} > r_{原子} > r_{正离子}$。

(2) 同一周期从左到右原子半径呈减小趋势，到稀有气体突然变大。长、短周期原子半径变化趋势稍有不同。

(3) 同族元素从上到下原子半径由于电子层数的增加，总的趋势是增加的，但主族和副族情况有所不同。副族元素的变化不明显。特别是由于镧系收缩的影响，第六周期原子半径比同族第五周期的原子半径增加不多，有的甚至减小。

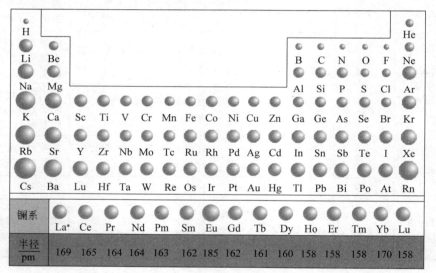

图 9-10　原子半径变化规律

2. 电离能 I

基态的气态原子失去一个电子形成气态一价正离子时所需能量称为元素的第一电离能（I_1）。元素气态一价正离子失去一个电子形成气态二价正离子时所需能量称为元素的第二电离能（I_2）。第三、四电离能依此类推，并且 $I_1 < I_2 < I_3 \cdots$。由于原子失去电子必须消耗能量以克服核对外层电子的引力，所以电离能总为正值，SI 单位为 $J \cdot mol^{-1}$，常用 $kJ \cdot mol^{-1}$。无特别说明时，通常指的都是第一电离能。

电离能可以定量比较气态原子失去电子的难易，电离能越大，原子越难失去电子，其金属性越弱；反之，金属性越强。所以它可以比较元素的金属性强弱。影响电离能大小的因素是有效核电荷、原子半径和原子的电子构型。

电离能的规律是：

(1) 同周期主族元素从左到右作用到最外层电子上的有效核电荷逐渐增大，电离能也逐渐增大，到稀有气体由于具有稳定的电子层结构，其电离能最大。故同周期元素从强金属逐渐变到非金属，直至强非金属，见图 9-11。

(2) 同周期副族元素从左至右，由于有效核电荷增加不多，原子半径减小缓慢，电离能增加不如主族元素明显。由于最外层只有两个电子，过渡元素均表现金属性。

(3) 同一主族元素从上到下，原子半径增加，有效核电荷增加不多，则原子半径增大的影响起主要作用，电离能由大变小，元素的金属性逐渐增强。

(4) 同一副族电离能变化不规则。

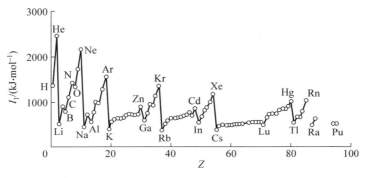

图 9-11　元素的第一电离能图

3. 电子亲和能 E_A

一个基态气态原子得到一个电子形成气态负一价离子所放出的能量称为第一电子亲和能，以 E_{A1} 表示，依次也有 E_{A2}、E_{A3} 等。

$$A(g) + e^- \longrightarrow A^-(g), \quad \Delta_r H_{m,1}^{\ominus} = -E_{A1} < 0$$

元素的电子亲和能越大，表示元素由气态原子得到电子生成负离子的倾向越大，该元素非金属性越强。影响电子亲和能大小的因素与电离能相同，即原子半径、有效核电荷和原子的电子构型。它的变化趋势与电离能相似，具有大的电离能的元素一般电子亲和能也很大，见图 9-12。

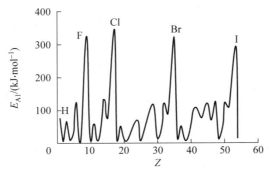

图 9-12　第一电子亲和能

注意,第一电子亲和能最大的(绝对值)不是 F,而是 Cl,这是因为 F 的半径特别小之故。由于负离子和电子存在排斥作用,使 E_{A1} 常为负值,而 E_{A2} 常为正值。电子亲和能主要用来表示元素得电子难易程度,E_{A1} 负值的绝对值越大,其原子就越易得到电子,说明元素的非金属性越强,但由于各元素的电子亲和能数据不全,同时测定比较困难,准确性也较差,因此规律不太明显,应用也不太广泛。

4. 电负性 χ

物质发生化学反应时,是原子的外层电子在发生变化,因此原子对电子的吸引能力的不同是造成化学性质有差别的本质原因。

通常把原子在分子中吸引成键电子的能力称为元素的电负性,用符号 χ 表示。1932 年,美国化学家鲍林首先提出电负性概念,并根据热化学的数据和分子的键能,指定氟的电负性为 4(后又精确为 3.98),再求出其他元素的相对电负性,见图 9-13。不过我们要注意,分子中原子吸引电子的能力与多方面的因素有关,比如所形成化学键的类型、使用的原子轨道、不同的氧化态、形成键的周围环境等。后来许多学者也提出了各种电负性的计算方法,但鲍林的电负性标度最为经典。

IA											IIIA	IVA	VA	VIA	VIIA
H 2.1	IIA														
Li 1.0	Be 1.5										B 2.2	C 2.5	N 3.0	O 3.5	F 4.0
Na 0.9	Mg 1.2	IIIB	IVB	VB	VIB	VIIB	VIIIB			IB	IIB	Al 1.5	Si 2.8	P 2.1	S 2.5	Cl 3.0
K 0.8	Ca 1.0	Sc 1.3	Ti 1.5	V 1.6	Cr 1.6	Mn 1.5	Fe 1.8	Co 1.9	Ni 1.9	Cu 1.9	Zn 1.6	Ga 1.6	Ge 1.8	As 2.0	Se 2.4	Br 2.8
Rb 0.8	Sr 1.0	Y 1.2	Zr 1.4	Nb 1.6	Mo 1.8	Tc 1.9	Ru 2.2	Rh 2.2	Pd 2.2	Ag 1.9	Cd 1.7	In 1.7	Sn 1.8	Sb 1.9	Te 2.1	I 2.5
Cs 0.7	Ba 0.9	Ln 1.1	Hf 1.3	Ta 1.5	W 1.7	Re 1.9	Os 2.2	Ir 2.2	Pt 2.2	Au 2.4	Hg 1.9	Tl 1.8	Pb 1.9	Bi 1.9	Po 2.0	At 2.2
Fr 0.7	Ra 0.9	Ac 1.1														

图 9-13 鲍林电负性图

电负性递变规律如下:

(1) 同一周期元素从左到右电负性逐渐增加,过渡元素的电负性变化不大。

(2) 同一主族元素从上到下电负性逐渐减小,副族元素则从上到下电负性逐渐增强。

电负性是判断元素是金属或非金属以及了解元素化学性质的重要参数。$\chi = 2$ 是近似地标志金属和非金属的分界点,电负性越大,非金属性越强。电负性大的元素集中在周期表的右上角,F 是电负性最高的元素。周期表的左下角集中了电负性较小的元素,Cs 和 Fr 是电负性最小的元素。电负性数据是研究化学键性质的重要参数。电负性差值大的元素之间的化学键以离子键为主,电负性相同或相近的非金属元素以共价键结合,电负性相等或相近的金属元素以金属键结合。

值得注意的是,电负性大的元素通常是那些电子亲和能大的元素,即非金属性强的元素;电负性小的元素通常是那些电离能小的元素即金属性强的元素。电负性与电离能和电子亲和能之间的确存在某种联系,但并不意味着可以混用。电离能和电子亲和能一般用来讨论离子化合物形成过程中的能量关系,电负性概念则用于讨论共价化合物的性质,例如对共价键极性的讨论。

拓展知识

物质的组成基元

万物由什么组成?物质可以被无休止地分割为越来越小的物质单元,还是存在构成世界的"砖块"?这是古代哲人们就开始思索的问题。

公元前5世纪的古希腊哲学家留基伯在致力于思考分割物质问题后,得出一个结论:分割过程不能永远继续下去,物质的碎片迟早会达到不可能分得更小的地步。他的学生德谟克利特接受了这种物质碎片会小到不可再分的观念,并称这种物质的最小组成单位为"原子",意思是"不可分割"。由留基伯与德谟克利特提出的原子论哲学作为"最系统、最始终一贯,并且可以应用于一切物体的学说"(亚里士多德语)是对早期希腊各派自然哲学的大综合,并将早期希腊的自然哲学推上一个光辉的顶峰。在他们的观点中,原子是最微小的、不可再分割的物质微粒,是坚实的、内部绝对充满而没有空隙的东西。原子数目有无限多,它们彼此间性质相同,其差别只表现在形状、大小和排列上。原子在虚空中不停地运动,运动中原子间会发生碰撞,有时会黏着并组合在一起。于是,一组原子组合成一种东西,而另一组原子组合成另外的东西等,这样万物就由作为实在的建筑石料的原子和虚空构成了。

其后,哲学家伊壁鸠鲁、卢克莱修先后接受了这种原子学说,后者在其著名诗作《物性论》中以动人的笔触全面介绍了原子学说,使之成为古代原子学说理论知识的最主要来源。文艺复兴时期,与原子论相关的思想出现在布鲁诺、伽利略、弗朗西斯·培根等人的著作中。

在此之后,法国哲学家伽桑狄(1592—1655年)接受了原子学说,他的有说服力的著作,使人们对原子学说的关注得以复苏,并引发了科学家的兴趣,从而将原子论引入现代科学中。原子学说在17世纪得以复活。更重要的是,哲学家的思想火炬开始传递到科学家手中。英国化学家玻意耳受到伽桑狄著作的强烈影响,他相信:"宇宙中由普遍物质组成的混合物体的最初产物实际上是可以分成大小不同且形状千变万化的微小粒子,这种想法并不荒谬。"在《怀疑的化学家》(1661年)一书中,他提出"猜测世界可能由哪些基质组成是毫无用处的。人们必须通过实验来确定它们究竟是什么"。他把任何不能通过化学方法将其分解成更简单组分的物质称为元素。在他看来,"元素……是指某种原始的、简单的、一点也没有掺杂的物体。元素不能用任何其他物体造成,也不能彼此相互造成。元素是直接合成所谓完全混合物的成分,也是完全混合物最终分解成的要素"。后来的化学家拉瓦锡也把"元素或要素"定义为"分析所能达到的终点"。

19世纪初,化学家道尔顿更进一步阐述了化学原子学说的基本观点:化学元素由非常微小的、不可再分的物质粒子——原子组成,原子在所有化学变化中均保持自己的独特性质;同一元素的所有原子,各方面性质特别是重量都完全相同,而不同元素的原子有自己独特的性质;有简单数值比的元素的原子相结合时,就发生化合。道尔顿关于化学原子的伟大概括,最早记录在1803年9月6日的笔记中,1808年正式发表于《化学哲学的新体系》一书,由此近代原子理论得以建立。1869年,俄国著名化学家门捷列夫发表他的元素周期表。

周期表的结构性和规律性提示人们，原子自身必然存在不断做周期性重复的结构。

1895年，伦琴发现阴极射线。1896年，贝克勒耳意外发现放射现象。1897年，J.J.汤姆逊证明阴极射线是带负电的粒子，质量比氢原子小很多，这一粒子就是我们现在所熟知的"电子"。汤姆逊通过实验进一步发现这种粒子是所有原子的组成部分。以前人们认为化学原子没有结构，不可分割。而电子的发现意味着，化学家的原子并非简单的、不可分的实体。此后，20世纪头十年出现了各种原子结构假说，但没有一种能够得到证实。1911年，卢瑟福在他"一生中最不可思议的实验结果"基础上提出一种原子模型。在这种新模型中，曾经是道尔顿的不可分割的原子，现在看起来每一个都像一个微型的太阳系，坚实的原子核居于中心，电子"行星"远远地围绕着它旋转。经过玻尔等的完善，这种原子模型被广泛接受，并对门捷列夫元素周期律给出了完美解释。1919年，卢瑟福与他的学生在做进一步实验时，发现用α粒子轰击各种元素的原子核，都会从中打出高速的氢原子核。这说明氢原子核是各种元素的原子核的重要组成部分。1920年，卢瑟福给氢原子核起了一个专门名字——质子。

1932年，安德逊在宇宙线中发现曾被狄拉克预言的正电子，反物质进入了物理学家的视野。随着宇宙线的研究及20世纪50年代后加速器建设的迅猛发展，新粒子如雨后春笋一般涌现出来，其中被统称为强子的粒子就有百种以上。这些基本粒子组成了一个令人难以置信的多样性的"动物园"。1964年，盖尔曼提出夸克模型。经逐步完善的夸克模型包括六种夸克：上夸克、下夸克、粲夸克、奇异夸克、顶夸克（或称真夸克，直到1995年，才由费米实验室确认找到）、底夸克（或称美夸克）。而作为基本粒子的电子则属于轻子系列。轻子也包括六种，除我们熟知的电子外还包括电中微子、μ子、μ中微子、τ子和τ中微子。六种夸克与六种轻子可以划分成三代。如果考虑全些，还要考虑反粒子与色。添加上反轻子，那么轻子的数目要加倍，成为12种。如果考虑反夸克与夸克的色（每种夸克有3种色），那么夸克的数目增长到36种。正是这些夸克和轻子构成了物质。过去或现在的宇宙中所有的东西，都可以由它们来制造。

在寻找物质基元的道路上，我们一层接着一层地发现物质"洋葱"的不同层次分层。最初化学家认为原子是组成宇宙万物的基元。后来原子被打开了，人们又认为组成原子的质子、中子和电子是物质基元。而到现在这个阶段，物理学家眼中不可分的基元是夸克与轻子。在探索物质的基本构成组元方面，我们是否已经行进到了道路的尽头？

思 考 题

9-1 玻尔理论如何解释氢原子光谱是线状光谱？该理论有何局限性？

9-2 电子等实物微粒运动有何特性？电子运动的波粒二象性是通过什么实验得到证实的？

9-3 试述四个量子数的意义及它们的取值规则。

9-4 试述原子轨道与电子云的角度分布的含义有何不同？两种角度分布的图形有何差异？

9-5 多电子原子核外电子的填充依据什么规则？在能量相同的简并轨道上电子如何排布？

9-6 什么叫电离能？其大小与哪些因素有关？它与元素的金属性有什么关系？

9-7 原子半径通常有哪几种？其大小与哪些因素有关？

9-8 试举例说明元素性质的周期性递变规律。短周期与长周期元素性质的递变有何差异？

主族元素与副族元素的性质递变有何差异?

习 题

9-1 计算下列辐射的频率:(1)氦-氖激光波长 633 nm;(2)高压汞灯辐射之一 435.8 nm;(3)锂的最强辐射 670.8 nm。

9-2 当频率为 $1.30×10^{15}$ Hz 的辐射照射到金属铯的表面,发生光电子效应,释放出的光量子的动能为 $5.2×10^{-19}$ J,求金属铯释放电子所需要的能量。

9-3 光化学毒雾的重要组分之一 NO_2 解离为 NO 和 O_2 需要的能量为 305 kJ/mol,引起这种变化的光的最大波长多大?已知射到地面的阳光的最短波长为 320 nm,NO_2 气体在近地大气里会不会解离?

9-4 当电子的速度达到光速的 20.0% 时,该电子的德布罗意波长多大?当锂原子(质量 7.02 u)以相同速度飞行时,其德布罗意波长多大?

9-5 处于 K、L、M 层的电子最大可能数目各为多少?

9-6 以下哪些符号是错误的?
(1) 6s;(2) 1p;(3) 4d;(4) 2d;(5) 3p;(6) 3f。

9-7 描述核外电子空间运动状态的下列哪一套量子数 (n, l, m) 是不可能存在的?
(1) (2,0,0);(2) (1,1,0);(3) (2,1,-1);(4) (6,5,5)。

9-8 以下轨道的角量子数多大?
(1) 1s;(2) 4p;(3) 5d;(4) 6s;(5) 5f。

9-9 4s, 5p, 6d, 7f 轨道各有几个简并轨道?

9-10 根据原子序数给出下列元素的基态原子的核外电子结构:
(1) K;(2) Al;(3) Cl;(4) Ti(Z=22);(5) Zn (Z=30);(6) As(Z=33)。

9-11 给出下列基态原子或离子的价电子层电子结构,并用方框图表示轨道,填入轨道的电子则用箭头表示。
(1) Be;(2) N;(3) F;(4) Cl^-;(5) Ne^+;(6) Fe^{3+}。

9-12 以下哪些组态符合洪特规则?

	1s	2s	2p	3s	3p
(1)	↑↓	↑↑	↑↑ ↓ ↓		
(2)	↑↓	↑↓	↑ ↑	↑	
(3)	↑↓	↑↓	↑↓ ↑↓ ↑↓		↑↑ ↑ ↑

9-13 Li^+、Na^+、K^+、Rb^+、Cs^+ 的基态的最外层电子结构与其基态原子的次外层电子结构有否区别?

9-14 以下+3 价离子哪些具有 8 电子外壳?
(1) Al^{3+};(2) Ga^{3+};(3) Bi^{3+};(4) Mn^{3+};(5) Sc^{3+}。

9-15 已知电中性的基态原子的价电子层电子结构分别为:
(1) $3s^23p^5$;(2) $3d^64s^2$;(3) $5s^2$;(4) $4f^96s^2$;(5) $5d^{10}6s^1$。

试根据这个信息确定它们在周期表中属于哪个区、哪个族、哪个周期。

9-16 根据 Ti、Ge、Ag、Rb、Ne 在周期表中的位置，推出它们的基态原子的电子结构。

9-17 某元素的基态价层电子构型为 $5d^6 6s^2$，请给出比该元素的原子序数小 4 的元素的基态原子电子结构。

9-18 某元素的价电子为 $4s^2 4p^4$，求：它的最外层、次外层的电子数，它的可能氧化态，它在周期表中的位置（周期、族、区），它的基态原子的未成对电子数。

9-19 某元素基态原子最外层为 $5s^2$，最高氧化态为 +4，它位于周期表哪个区？是第几周期第几族元素？写出它的 +4 氧化态离子的电子构型。若用 A 代替它的元素符号，写出相应氧化物的化学式。

9-20 Na^+、Mg^{2+}、Al^{3+} 的半径为什么越来越小？Na、K、Rb、Cs 的半径为什么越来越大？

9-21 周期系从上到下、从左到右原子半径呈现什么变化规律？主族元素与副族元素的变化规律是否相同？为什么？

9-22 周期系中哪一个元素的电负性最大？哪一个元素的电负性最小？周期系从左到右和从上到下元素的电负性变化呈现什么规律？为什么？

第10章

分子结构和分子间力

学习要求

（1）熟悉共价键的价键理论的基本要点，共价键的特征和类型。
（2）熟练运用杂化轨道理论解释分子的几何构型。
（3）了解价层电子对互斥理论的要点，并会应用其推测简单分子的几何构型。
（4）了解分子轨道理论的概念和要点，能写出第二周期同核双原子分子（离子）的能级图和分子轨道表示式，并说明物质的一些性质（稳定性、键级和磁性）。
（5）了解键能、键长、键角等键参数，熟悉键的极性和分子的极性。
（6）理解分子间力、氢键的产生及其对物质性质的影响。

分子是参与化学反应的基本单元之一，又是保持物质基本化学性质的最小微粒，本章将在原子结构的基础上，介绍原子之间的成键和分子的形成，重点讨论共价键理论、分子构型以及分子间力、氢键对物质性质的影响。

10.1 路易斯理论

分子或晶体中相邻原子（或离子）之间的强烈吸引作用被称为化学键。

为了说明相同原子组成的单质分子，如 H_2、N_2、Cl_2 等，以及不同非金属元素原子结合形成的分子，如 HCl、CO_2 等，和大量有机化合物分子中的化学键的本质，1916 年，美国化学家路易斯（G. N. Lewis）提出了经典的共价键理论，用八隅体解释共价分子的成因。他认为，在形成分子时，每个原子都有使本身达到稳定的稀有气体 8 电子构型的倾向，这种倾向也可以通过两原子之间共用电子对的方式来实现。这样形成的化学键称为共价键。用小黑点代表价电子，可以表示原子形成分子时共用一对或若干对电子以满足稀有气体 8 电子构型的情景。为了方便起见，也常以一条短线代替两个小黑点，作为共享一对电子形成共价键的符号，这些电子结构式统称为路易斯结构式：

$$\begin{array}{c} H \\ H:\!\overset{..}{N}\!:H \end{array} \quad 或 \quad \begin{array}{c} H \\ | \\ H-N-H \end{array}$$

路易斯结构式的写法规则又称八隅体规则。

路易斯的共价键理论成功地解释了电负性相近或相同的原子是如何组成分子的。但许多客观事实仍然难以解释。例如，两个带负电的电子为何不排斥反而配对使两原子结合成分子？有不少化合物，如 PCl_5、BF_3 等，其中心原子的外层电子数并不满足八隅体规则却为何仍能稳定存在？

为了解决这些问题，1927年，德国物理学家海特勒和伦敦首次运用量子力学研究最简单的氢分子的形成，成功阐明了共价键的本质。接着，美国化学家鲍林进一步将量子力学处理氢分子的方法推广应用于其他分子体系，发展成现代价键理论和杂化轨道理论。1932年，美国化学家密立根和德国化学家洪特又从不同角度提出了分子轨道理论，该理论得到了广泛运用，共价键理论的发展日趋完善。

10.2 价 键 理 论

10.2.1 共价键的形成及其本质

海特勒和伦敦研究了2个氢原子结合成为氢分子时所形成共价键的本质。他们将2个氢原子相互作用时的能量(E)与2个氢原子核间距(R)的函数关系进行计算，得到了如图10-1所示的两条曲线。

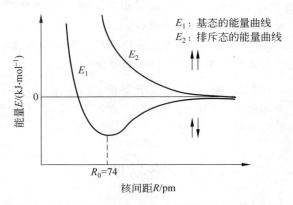

图 10-1　氢分子形成过程中能量与核间距的关系示意图

当1s电子运动状态完全相同(即自旋方向相同)的2个氢原子相距很远时，它们之间基本上不存在相互作用力。但当它们互相趋近时，逐渐产生了排斥作用，能量曲线 E_2 随核间距减小而急剧上升，系统能量始终高于2个氢原子单独存在时的能量，故不能形成稳定的分子。这种状态称为氢分子的排斥态。

如果2个氢原子的1s电子运动状态不同(即自旋方向相反)，当它们相互趋近时，2个原子产生了吸引作用，整个系统的能量降低(E_1 曲线)。当2个氢原子的核间距为74 pm时，系统能量达到最低，表明2个氢原子在此平衡距离 R_0 处成键，形成了稳定的氢分子。这种状态称为氢分子的基态。如果2个氢原子继续接近，则原子间的排斥力将迅速增加，能量曲线 E_1 急剧上升，排斥作用又将氢原子推回平衡位置。因此氢分子中的2个氢原子在平衡距离 R_0 附近振动。R_0 即为氢分子单键的键长。氢分子在平衡距离 R_0 时与2个氢原子相比能量降低的数值近似等于氢分子的键能 436 kJ·mol^{-1}。因此，2个1s电子之所以能配对成键形成稳定的氢分子，其关键在于2个氢原子参与配对的1s电子的自旋方向相反。

由量子力学的原理可以知道，当1s电子自旋方向相反的2个氢原子相互靠近时，随着核间距 R 的减小，2个1s原子轨道发生重叠，按照波的叠加原理可以发生同相位重叠(即同号重叠),使两核间形成一个电子概率密度增大的区域,从而削弱了两核间的正电排斥力,系统能量降低,达到稳定状态——基态。实验测知氢分子中的核间距为 74 pm,而氢原子的玻尔半径为 53 pm,可见氢分子中 2 个氢原子的 1s 轨道必然发生了重叠。若 1s 电子自旋方向相同的 2 个氢原子相互靠近时,2 个 1s 原子轨道发生不同相位重叠(即异号重叠),使两核间电子概率密度减少,增大了两核间的排斥力,系统能量升高,即为不稳定状态——排斥态(图 10-2)。

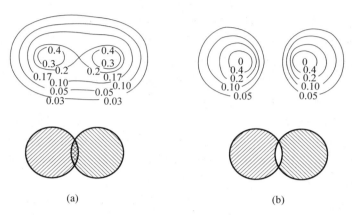

图 10-2　氢分子的两种状态的 $|\psi|^2$ 和原子轨道重叠示意图
(a) 基态;(b) 激发态

总之,价键理论继承了路易斯共用电子对的概念,又在量子力学理论的基础上,指出共价键的本质是由于原子轨道重叠,原子核间电子概率密度增大,吸引原子核而成键。

10.2.2　价键理论

1. 现代价键理论的基本要点

把量子力学处理氢分子体系的上述结果推广到其他分子体系,就发展成为现代价键理论(简称 VB 法,或称电子配对法)。其基本要点如下:

(1) 2 原子接近时,自旋方向相反的未成对的价电子可以配对,形成共价键。

若 A、B 2 个原子各有一个自旋方向相反的未成对价电子,可以互相配对形成稳定的共价单键(A—B)。氦原子无未成对价电子,故不可能形成 He_2 分子。

若 A、B 2 个原子各有 2 个或 3 个自旋方向相反的未成对价电子,则可以形成双键(A=B)或叁键(A≡B)。如氮原子有 3 个未成对价电子,若与另一个氮原子的 3 个未成对价电子自旋方向相反,则可以配对形成叁键(N≡N)。共用电子对数目在 2 个以上的共价键称为多重键。

若 A 原子有 2 个未成对价电子,B 原子有 1 个,则 A 原子可以与 2 个 B 原子结合形成 AB_2 分子,例如 H_2O 分子。

(2) 形成共价键时,成键电子的原子轨道必须在对称性一致的前提下发生重叠。成键原子的原子轨道相互重叠得越多,形成的共价键越稳定。因此共价键应尽可能地沿着原子轨道最大重叠的方向形成,此谓原子轨道最大重叠原理。

上述要点表明共价键的本质也是属于电性的。

2. 共价键的特点

共价键具有两个特点——饱和性和方向性,这是现代价键理论两个基本要点的自然结论。

1) 共价键的饱和性

原子在形成共价分子时所形成的共价键数目,取决于它所具有的未成对电子的数目。因此,一个原子有几个未成对电子(包括激发……后形成的未成对电子),便可与几个自旋方向相反的未成对电子配对成键。此为共价键的饱和性。

2 个氢原子通过自旋方向相反的 1s 电子配对形成 H—H 单键结合成 H_2 分子后,就不能再与第 3 个 H 原子的未成对电子配对了。氮原子有 3 个未成对电子,可与 3 个氢原子的自旋方向相反的未成对电子配对形成 3 个共价单键,结合成 NH_3。

2) 共价键的方向性

根据原子轨道最大重叠原理,在形成共价键时,原子间总是尽可能沿着原子轨道最大重叠的方向成键。轨道重叠越多,电子在两核间的概率密度越大,形成的共价键就越稳定。除 s 轨道呈球形对称外,p、d、f 轨道在空间都有一定的伸展方向。在成键时为了达到原子轨道的最大程度重叠,形成的共价键必然会有一定的方向性。

例如氢与氯结合形成 HCl 分子时,氢原子的 1s 电子与氯原子的一个未成对电子(设处于 $3p_x$ 轨道上)配对成键时有 3 种重叠方式。只有 H 原子的 1s 原子轨道沿着 x 轴的方向向 Cl 原子的 $3p_x$ 轨道接近,才能达到最大的重叠,形成稳定的共价键(图 10-3(a))。

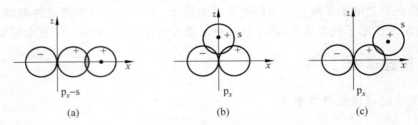

图 10-3　s 和 p_x 轨道的重叠示意图

图 10-3(b) 所示的 s 原子轨道接近 p_x 轨道的方式中,原子轨道同号重叠与异号重叠部分相等,正好相互抵消,这种重叠为无效重叠,故氢与氯在这个方向上不能结合。

图 10-3(c) 所示的接近方向中,s 原子轨道同号部分重叠较图(a)的少,结合较不稳定,氢原子有移向 x 轴的倾向。

共价键的方向性决定了共价分子具有一定的空间构型。

3. 共价键的键型

1) σ 键和 π 键

按原子轨道重叠方式及重叠部分对称性的不同,可以将共价键分为 σ 键和 π 键两类。

σ 键:若两原子轨道按"头碰头"的方式发生轨道重叠,轨道重叠部分沿着键轴(即成键原子核间连线)呈圆柱形对称,这种共价键称为 σ 键(图 10-4(a))。形成 σ 键的电子叫 σ 电子。

π 键:若两原子轨道按"肩并肩"的方式发生轨道重叠,轨道重叠部分对通过键轴的一个平面具有镜面反对称,这种共价键称为 π 键(图 10-4(b))。形成 π 键的电子叫 π 电子。

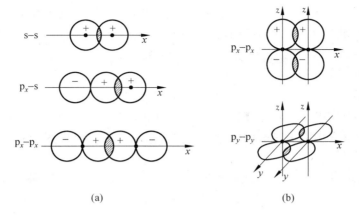

(a)

(b)

图 10-4 σ 键和 π 键

(a) σ 键；(b) π 键

σ 键与 π 键的特征列于表 10-1。

表 10-1 σ 键和 π 键的特征比较

特 征	σ 键	π 键
原子轨道重叠方式	沿键轴方向"头碰头"重叠	沿键轴方向"肩并肩"重叠
原子轨道重叠部位	集中在两核之间键轴处，可绕键轴旋转	分布在通过键轴的一平面的上下方，键轴处为零，不可绕轴旋转
原子轨道重叠程度	大	小
键的强度	较大	较小
化学活泼性	不活泼	活泼

如 N_2 分子中 2 个 N 原子，各以 3 个 2p 轨道（$2p_x, 2p_y, 2p_z$）相互重叠形成共价叁键。设键轴为 x 轴，结合时每个 N 原子的未成对 $2p_x$ 电子彼此沿 x 轴方向，以"头碰头"的方式重叠，形成 1 个 σ 键。此时每个 N 原子的 $2p_y$ 和 $2p_z$ 电子便只能采取"肩并肩"的方式重叠，形成 2 个 π 键（图 10-5）。

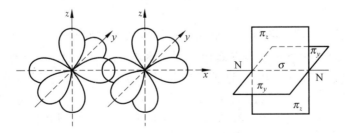

图 10-5 N_2 分子中化学键示意图

N_2 分子的价键结构可以用下面两式表示：

:N≡N:　　　　　:N—N:

路易斯结构式　　　价键结构式

右式中用短横线表示 σ_x 键,用长方框分别表示 π_y 和 π_z 键,框内电子为 π 电子,元素符号侧旁的电子表示 2s 轨道上未参与成键的孤对电子。

必须注意,π 键不能单独存在,它总和 σ 键相伴形成。一般双键含 1 个 σ 键,1 个 π 键;叁键含 1 个 σ 键,2 个 π 键。

2) 配位共价键

按共用电子对中电子的来源方式不同,可将共价键分为正常共价键和配位共价键。

如果共价键的共用电子对由成键两原子各提供 1 个电子所组成,称为正常共价键。如 H_2、O_2、Cl_2、HCl 等。

如果共价键的共用电子对是由成键两原子中的 1 个原子提供的,称为配位共价键,简称配位键。提供电子对的原子称为电子对给予体,接受电子对的原子称为电子对接受体。例如:

$$H^+ + :N\!-\!H \longrightarrow [H:N\!-\!H]^+$$

(结构式中 N 上下各连一个 H)

通常用"→"表示配位键,以区别于正常共价键。但应注意,配位共价键在形成以后,和正常共价键并无任何差别。因此 NH_4^+ 的价键结构式虽然表示为 $[H\leftarrow N\!-\!H]^+$(N 上下各连一个 H),但 4 个 N—H 键是完全等同的。

形成配位键必须具备两个条件:第一,一个原子的价电子层有未共用的电子对,即孤对电子;第二,另一个原子的价电子层有空轨道。

含有配位键的离子或化合物是相当普遍的,如 $[Cu(NH_3)_4]^{2+}$、$[Ag(NH_3)_2]^+$、$[Fe(CN)_6]^{4-}$、$Fe(CO)_5$。

10.3 杂化轨道理论

价键理论简明地阐明了共价键的形成过程和本质,成功解释了共价键的方向性和饱和性,但在解释一些分子的空间结构方面却遇到了困难。例如 CH_4 分子的形成,按照价键理论,C 原子只有 2 个未成对的电子,只能与 2 个 H 原子形成 2 个共价键,而且键角应该大约为 90°。但这与实验事实不符,因为 C 与 H 可形成 CH_4 分子,其空间构型为正四面体,∠HCH = 109.5°。为了更好地解释多原子分子的实际空间构型和性质,1931 年鲍林提出了杂化轨道理论,丰富和发展了现代价键理论。1953 年,我国化学家唐敖庆等统一处理了 s-p-d-f 轨道杂化,提出了杂化轨道的一般方法,进一步丰富了杂化轨道理论的内容。

10.3.1 杂化轨道的概念

杂化轨道理论从电子具有波动性、波可以叠加的观点出发,认为一个原子和其他原子形成分子时,中心原子所用的原子轨道(即波函数)不是原来纯粹的 s 轨道或 p 轨道,而是若干不同类型、能量相近的原子轨道经叠加混杂、重新分配轨道的能量和调整空间伸展方向,组成了同等数目的能量完全相同的新的原子轨道——杂化轨道,以满足化学结合的需要。这一过程称为原子轨道的杂化。

下面以 CH_4 分子的形成为例加以说明。

基态 C 原子的外层电子构型为 $2s^2 2p_x^1 2p_y^1$。在与 H 原子结合时,2s 上的 1 个电子被激发到 $2p_z$ 轨道上,C 原子以激发态 $2s^1 2p_x^1 2p_y^1 2p_z^1$ 参与化学结合。当然,电子从 2s 激发到 2p 上需要能量,但由于可多生成 2 个共价键,放出更多的能量而得到补偿。

在成键之前,激发态 C 原子的 4 个单电子分占的轨道 $2s, 2p_x, 2p_y, 2p_z$ 会互相"混杂",线性组合成 4 个新的完全等价的杂化轨道。此杂化轨道由 1 个 s 轨道和 3 个 p 轨道杂化而成,故称为 sp^3 杂化轨道。经杂化后的轨道一头大,一头小,其方向指向正四面体的 4 个顶角,能量不同于原来的原子轨道(图 10-6)。4 个 sp^3 杂化轨道的夹角都是 $109.5°$。

形成的 4 个 sp^3 杂化轨道与 4 个 H 原子的 1s 原子轨道重叠,形成$(sp^3\text{-}s)\sigma$ 键,生成 CH_4 分子。

图 10-6 sp^3 杂化轨道示意图

杂化轨道成键时,同样要满足原子轨道最大重叠原理。由于杂化轨道的电子云分布更为集中,杂化轨道的成键能力比未杂化的各原子轨道的成键能力强,故形成 CH_4 分子后体系能量降低,分子的稳定性增强。

CH_4 分子形成的整个杂化过程可示意如下:

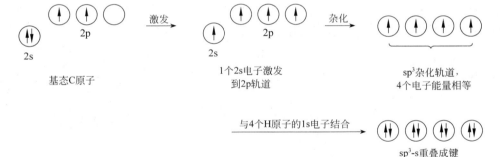

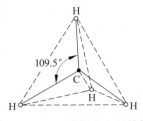

图 10-7 CH_4 分子的空间结构

化合物的空间构型是由满足原子轨道最大重叠的方向所决定的。在 CH_4 分子中,4 个 sp^3 杂化轨道指向正四面体的 4 个顶点,故 4 个 H 原子的 1s 轨道在正四面体的 4 个顶点方向与 4 个杂化轨道重叠最大,这决定了 CH_4 的空间构型为正四面体,四个 C—H 键间的夹角为 $109.5°$(图 10-7)。

由以上讨论可归纳得到杂化轨道理论的基本要点:

(1)同一个原子中能量相近的原子轨道之间可以通过叠加混杂,形成成键能力更强的一组新的原子轨道,即杂化轨道。

(2)原子轨道杂化时,原已成对的电子可以激发到空轨道中而成单个电子,其激发所需的能量可以由成键时放出的能量得到补偿。

(3) n 个原子轨道杂化后只能得到 n 个能量相等、空间取向不同的杂化轨道。

必须注意,孤立原子轨道本身不会杂化形成杂化轨道。只有当原子相互结合形成分子需要满足原子轨道的最大重叠时,才会使原子内原来的轨道发生杂化以获得更强的成键能力。

10.3.2 杂化轨道的类型

根据参与杂化的原子轨道的种类和数目的不同,可将杂化轨道分成以下几种类型。

1. s-p 型杂化

只有 s 轨道和 p 轨道参与的杂化称为 s-p 型杂化。根据参与杂化的 p 轨道数目不同,s-p 型杂化又可分为 3 种杂化方式。

1) sp 杂化

能量相近的 1 个 ns 轨道和 1 个 np 轨道杂化,可形成 2 个等价的 sp 杂化轨道。每个 sp 杂化轨道含 $\frac{1}{2}$ 的 ns 轨道和 $\frac{1}{2}$ 的 np 轨道的成分,轨道呈一头大、一头小,两 sp 杂化轨道之间的夹角为 180°(图 10-8)。分子呈直线形构型。

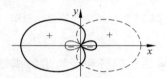

图 10-8 sp 杂化轨道示意图

例如气态 $BeCl_2$ 分子的形成。基态 Be 原子的外层电子构型为 $2s^2$,无未成对电子,似乎不能再形成共价键,但 Be 的 1 个 2s 电子可以激发进入 2p 轨道,取 sp 杂化形成 2 个等价的 sp 杂化轨道,分别与 Cl 的 3p 轨道沿键轴方向重叠,生成 2 个 (sp-p)σ 键。故 $BeCl_2$ 分子呈直线形。

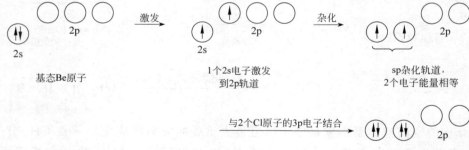

此外,CO_2 分子、$Ag(NH_3)_2^+$ 离子以及周期表 ⅡB 族 Zn、Cd、Hg 元素的某些共价化合物,如 $ZnCl_2$、$HgCl_2$ 等,其中心原子也是采取 sp 杂化的方式与相邻原子结合的。

2) sp^2 杂化

能量相近的 1 个 ns 轨道和 2 个 np 轨道杂化,可形成 3 个等价的 sp^2 杂化轨道。每个 sp^2 杂化轨道含有 $\frac{1}{3}$ 的 ns 轨道成分和 $\frac{2}{3}$ 的 np 轨道成分,轨道呈一头大、一头小,各 sp^2 杂化轨道之间的夹角为 120°(图 10-9)。分子呈平面三角形构型。

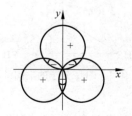

图 10-9 sp^2 杂化轨道示意图

例如 BF_3 分子的形成。基态 B 原子的外层电子构型为 $2s^22p^1$,似乎只能形成 1 个共价键。按杂化轨道理论,成键时 B 的 1 个 2s 电子被激发到空的 2p 轨道上,激发态 B 原子的外层电子构型为 $2s^12p_x^12p_y^1$,取 sp^2 杂化,形成 3 个等价的 sp^2 杂化轨道,指向平面三角形的 3 个顶点,分别与 F 的 2p 轨道重叠,形成 3 个 $(sp^2$-$p)\sigma$ 键,键角为 $120°$。所以,BF_3 分子呈平面三角形,与实验事实完全相符。

除 BF_3 外,其他气态卤化硼分子,如 BCl_3,以及 NO_3^-、CO_3^{2-} 等离子的中心原子也是采取 sp^2 杂化成键的。

3) sp^3 杂化

能量相近的 1 个 ns 轨道和 3 个 np 轨道杂化,可形成 4 个等价的 sp^3 杂化轨道。每个 sp^3 杂化轨道含 $\frac{1}{4}$ 的 ns 轨道成分和 $\frac{3}{4}$ 的 np 轨道成分,轨道呈一头大、一头小,分别指向正四面体的 4 个顶点,各 sp^3 杂化轨道间的夹角为 $109.5°$。分子呈四面体构型。

除 CH_4 分子外,CCl_4、$CHCl_3$、CF_4、SiH_4、$SiCl_4$、$GeCl_4$、ClO_4^- 等分子和离子也是采取 sp^3 杂化的方式成键的。

2. s-p-d 型杂化

不仅 ns、np 原子轨道可以杂化,能量相近的 $(n-1)d$、nd 原子轨道也可以参与杂化,得到 s-p-d 型杂化轨道。

1) sp^3d 杂化

以 PCl_5 分子为例。P 原子的价电子排布是 $3s^23p^33d^0$,在与氯化合时,P 的 1 个 3s 电子激发到 3d 空轨道上,进而发生 sp^3d 杂化形成 5 个 sp^3d 杂化轨道。P 原子利用 5 个 sp^3d 杂化轨道与 5 个 Cl 原子成键,形成 PCl_5 分子。因为 5 个 sp^3d 杂化轨道在 P 原子周围为三角双锥形分布,所以 PCl_5 分子为三角双锥体结构(图 10-10),平面上 3 个键的键角是 $120°$,2 个锥顶键的键角是 $180°$,它们与平面上 3 个键的键角均为 $90°$。

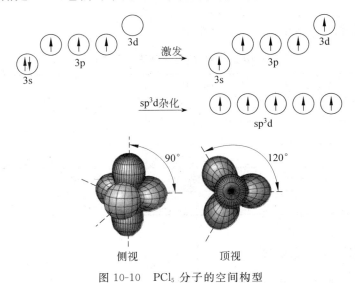

图 10-10 PCl_5 分子的空间构型

2) sp^3d^2 杂化

以 SF_6 分子为例。S 原子的价电子排布是 $3s^23p^43d^0$,在与氟化合时,S 的 1 个 3s 电子和 1 个 3p 电子激发到 3d 空轨道上,进而发生 sp^3d^2 杂化形成 6 个 sp^3d^2 杂化轨道。S 原子利用 6 个 sp^3d^2 杂化轨道与 6 个 F 原子成键,形成 SF_6 分子。因为 6 个 sp^3d^2 杂化轨道在 S 原子周围呈八面体分布,所以 SF_6 分子为八面体结构(图 10-11),相对的键之间键角是 180°,相邻的键之间键角是 90°。

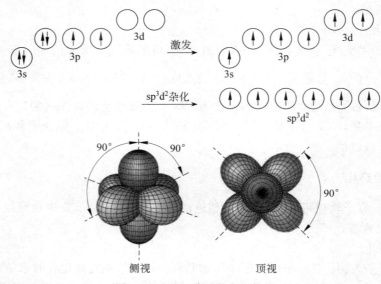

图 10-11 SF_6 分子的空间构型

含 d 轨道参与的杂化轨道类型还有 dsp^2、dsp^3 和 d^2sp^3 杂化,这些杂化轨道是由 $(n-1)d$,ns 和 np 轨道组成,即采用 $(n-1)d$ 轨道参与杂化,此类杂化方式将在第 12 章配合物结构中介绍。

表 10-2 归纳了上述杂化轨道类型及性质。

表 10-2 杂化轨道与分子空间构型

杂化轨道	杂化轨道数目	键 角	分子几何构型	实 例
sp	2	180°	直线形	$BeCl_2$,CO_2
sp^2	3	120°	平面三角形	BF_3,$AlCl_3$
sp^3	4	109.5°	四面体	CH_4,CCl_4
sp^3d	5	90°,120°	三角双锥	PCl_5
sp^3d^2	6	90°	八面体	SF_6,SiF_6^{2-}

3. 等性杂化和不等性杂化

以上讨论的 3 种 s-p 杂化方式中,参与杂化的均是含有未成对电子的原子轨道,每一种杂化方式所得的杂化轨道的能量、成分都相同,其成键能力必然相等,这样的杂化轨道称为等性杂化轨道。

但若中心原子有不参与成键的孤对电子占有的原子轨道参与了杂化,便可形成能量不等、成分不完全相同的新的杂化轨道,这类杂化轨道称为不等性杂化轨道。NH_3、H_2O 分子就属于这一类。

基态 N 原子的外层电子构型为 $2s^2 2p_x^1 2p_y^1 2p_z^1$,成键时这 4 个价电子轨道发生了 sp^3 杂化,得到 4 个 sp^3 杂化轨道,其中有 3 个 sp^3 杂化轨道分别被未成对电子占有,和 3 个 H 原子的 1s 电子形成 3 个 σ 键,第 4 个 sp^3 杂化轨道则为孤对电子所占有。该孤对电子未与其他原子共用,不参与成键,故较靠近 N 原子,其电子云较密集于 N 原子的周围,从而对其他 3 个被成键电子对占有的 sp^3 杂化轨道产生较大排斥作用,键角从 109.5°压缩到 107.3°。故 NH_3 分子呈三角锥形(图 10-12)。

H_2O 分子中 O 原子采取 sp^3 不等性杂化,有 2 个 sp^3 杂化轨道分别为孤对电子所占有,对其他 2 个被成键电子对占有的 sp^3 杂化轨道的排斥更大,使键角压缩到 104.5°。故 H_2O 分子的空间构型呈 V 形(图 10-13)。

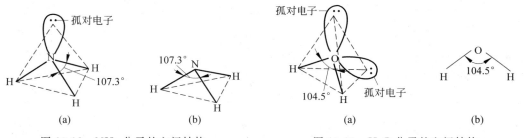

图 10-12　NH_3 分子的空间结构　　　　图 10-13　H_2O 分子的空间结构

杂化轨道理论成功地解释了许多分子的键合状况以及分子的形状、键角等。但是由于过分强调了电子对的定域性,因而对有些实验事实如光谱和磁性(例如氧分子的顺磁性)等无法加以解释。

10.4　价层电子对互斥理论

1940 年由西奇威克(N. V. Sidgwick)提出的价层电子对互斥理论,可以简便地判断许多共价型分子的几何构型。

10.4.1　价层电子对互斥理论的基本要点

(1) 价层电子对互斥理论认为,在一个多原子共价分子中,中心原子周围配置的原子或原子团(一般称之为配位体)的相对位置,主要决定于中心原子的价电子层中电子对的互相排斥,它们(在保持与核一定距离的情况下)趋向于尽可能地远离,使斥力最小,分子最稳定。

(2) AX_mL_n 分子(A 为中心原子,X 表示配位原子,下标 m 表示配位原子的个数,L 表示中心原子上的孤电子对,下标 n 是孤电子对数)的几何构型取决于中心原子 A 的价电子层电子对数 VPN。价电子层电子对(简称价层电子对)包括成键电子对与未成键的孤对电子。价层电子对空间排布方式以及与价层电子对数的关系如表 10-3 所示。

表 10-3　价层电子对的排布方式

价层电子对数(VPN)	价层电子对的排布方式	价层电子对数(VPN)	价层电子对的排布方式
2	直线形	5	三角双锥
3	平面三角形	6	八面体
4	四面体		

(3) 就只含单键的 AX_mL_n 分子而言,中心原子 A 的价层电子对数 VPN 等于成键电子对数 m 和孤对电子对数 n 之和(VPN=m+n)。AX_mL_n 分子的几何构型与价层电子对数、成键电子对数及孤对电子对数之间的关系如表 10-4 所示。

表 10-4　AX_mL_n 分子的几何构型与价层电子对的排布方式

VPN	m	n	AX_mL_n	A 的价层电子对的排布方式	分子几何构型	实例
2	2	0	AX_2		直线形	$BeCl_2$
3	3	0	AX_3		三角形	BF_3
	2	1	AX_2L		V 形	$SnCl_2$
4	4	0	AX_4		四面体	CH_4
	3	1	AX_3L		三角锥	NH_3
	2	2	AX_2L_2		V 形	H_2O
5	5	0	AX_5		三角双锥	PCl_5
	4	1	AX_4L		变形四面体 (跷跷板形)	SF_4
	3	2	AX_3L_2		T 形	ClF_3

续表

VPN	m	n	AX_mL_n	A的价层电子对的排布方式	分子几何构型	实例
5	2	3	AX_2L_3		直线形	XeF_2
6	6	0	AX_6		八面体	SF_6
6	5	1	AX_5L		四方锥	ClF_5
6	4	2	AX_4L_2		正方形	XeF_4

（4）A与X间具有重键时当成单键处理。多重键的2对或3对电子同单键的1对电子是等同的。

（5）价层电子对间的斥力大小规律：
① 电子对间夹角越小，斥力越大；
② 孤对电子对-孤对电子对＞孤对电子对-成键电子对＞成键电子对-成键电子对；
③ 叁键＞双键＞单键。

10.4.2 分子几何构型的预测

分子或离子几何构型的推断步骤如下。

1) 确定中心原子的价层电子对数

$$VPN = \frac{1}{2}[A\text{的价电子数} + X\text{提供的价电子数} \pm \text{离子电荷数（负离子或正离子）}]$$

A的价电子数＝A所在的族数

ⅡA	硼族	碳族	氮族	氧族	卤素	稀有气体
2	3	4	5	6	7	8

X的价电子数：H和卤素记为1，氧和硫记为0。

例如：CH_4 分子中，$VPN = (4+1×4)/2 = 4$；

H_2O 分子中，$VPN = (6+1×2)/2 = 4$；

SO_3 分子中，$VPN = (6+0)/2 = 3$；

SO_4^{2-} 离子中，$VPN = (6+0+2)/2 = 4$。

2) 根据表10-3，确定价层电子对的排布方式

价层电子对尽可能远离，以使斥力最小。

3) 确定中心原子的孤对电子对数 n，推断分子的几何构型

$$n=\frac{1}{2}(A\text{ 的价电子数}-A\text{ 用于与 X 成键的电子数之和})$$

例如：SF_4 分子，$n=\frac{1}{2}(6-1\times 4)=1$。

值得注意的是：

(1) $n=0$：分子的几何构型与电子对的几何构型相同。

(2) $n\neq 0$：分子的几何构型不同于电子对的几何构型(表 10-5)。

表 10-5　分子的几何构型与电子对的几何构型比较

VPN	n	电子对的几何构型	分子的几何构型	实例
3	1	平面三角形	V 形	$SnCl_2$
4	1	四面体	三角锥	NH_3
4	2	四面体	V 形	H_2O
6	1	八面体	四方锥	IF_5
6	2	八面体	平面正方形	XeF_4
5	1	三角双锥	变形四面体	SF_4
5	2	三角双锥	T 形	ClF_3
5	3	三角双锥	直线形	XeF_2

(3) 三角双锥构型中,孤对电子处于水平方向的三角形中,如 SF₄ 分子中,VPN=5,$n=1$,电子对的几何构型为三角双锥;有 4 个顶点被占据,孤对电子占据的位置有两种可能,如图 10-14 所示。图 10-14(a)是指孤对电子与成键电子对间互成 90° 的有 3 处,互成 180° 的有一处,图 10-14(b)是指孤对电子占据水平方向三角形的一个顶点,与成键电子对互成 90° 的有 2 处,互成 120° 的有 2 处。角度越小,斥力越大。显然,SF₄ 分子应以图(b)为稳定构型,即孤对电子应优先占据水平方向三角形的一个顶点,使分子构型成为变形四面体。

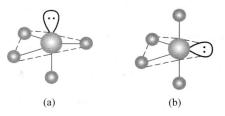

图 10-14　SF₄ 中孤对电子所处的位置

10.4.3　判断分子(离子)几何构型的实例

例 10-1　判断 BrF₃ 分子的几何构型。

解　因为中心原子 Br 的 VPN=(7+1×3)/2=5,所以由表 10-3 可知价层电子对排布的几何构型呈三角双锥构型。

又因为 $n=(7-3)/2=2$,所以 BrF₃ 属于 AX₃L₂ 型分子,由表 10-5 可知 BrF₃ 几何构型为 T 形,与价层电子对排布的几何构型不同。

例 10-2　判断 I_3^- 离子的几何构型。

解　因为中心原子 I 的 VPN=(7+1×2 +1)/2=5,所以由表 10-3 可知价层电子对排布的几何构型呈三角双锥构型。

又因为 $n=(7+1-2)/2=3$,所以 I_3^- 属于 AX₂L₃ 型离子,几何构型为直线形,与价层电子对排布的几何构型不同。

10.5　分子轨道理论

价键理论、杂化轨道理论虽能较好地说明共价键形成的本质和分子的空间构型,但由于其都是以电子配对为基础的,只考虑形成共价键的电子,而未将分子看成一个整体,因此在应用中有局限性。按照价键理论,O₂ 分子的路易斯电子式是:Ö═Ö:,分子中应该没有成单电子,但是测定其磁性,表明氧为顺磁性物质,液态氧和固态氧极易为磁铁所吸引,故 O₂ 分子中应该有成单电子。高温下的 B₂ 分子虽具有偶数的价电子,但它也是顺磁性物质。而 H_2^+、O_2^+、NO、NO₂ 等奇数电子分子或离子也能够稳定存在。这些事实,价键理论无法加以解释。1932 年,美国密立根和洪特等人提出了分子轨道理论(简称 MO 法)。该理论以量子力学为基础,把原子电子层结构的主要概念推广到分子体系中,很好地说明了上述实验事实,从另一个方面揭示了共价分子形成的本质。

10.5.1　分子轨道理论的基本要点

分子轨道理论的基本要点如下:

(1) 分子轨道理论认为,分子中的电子不再从属于某个特定的原子而是在整个分子空间范围内运动。因此,分子中的电子运动状态应该用相应的波函数 ψ(简称分子轨道)来描述。每个分子轨道也具有相应的能量 E,由此可得到分子轨道能级图。

(2) 分子轨道是由分子中原子的原子轨道线性组合而成的。n 个原子轨道线性组合,可以形成 n 个分子轨道。其中,$\frac{n}{2}$ 个分子轨道的能量高于原子轨道,称为反键分子轨道;$\frac{n}{2}$ 个分子轨道的能量低于原子轨道,称为成键分子轨道。

(3) 原子轨道要有效组合成为分子轨道,必须遵循 3 个原则,即能量近似原则、轨道最大重叠原则和对称性匹配原则。

(4) 分子中的电子将遵循泡利不相容原理、能量最低原理和洪特规则,依次填入分子轨道之中。

1. 原子轨道线性组合形成分子轨道

原子轨道有效组合形成分子轨道必须遵循 3 个原则:能量近似原则、轨道最大重叠原则和对称性匹配原则。

能量近似原则:原子轨道必须能量接近,才能有效线性组合成为分子轨道。对于同核的双原子分子,如 O_2,它们对应的原子轨道能量相同,故 1s 轨道与 1s 轨道、2p 轨道与 2p 轨道可以分别线性组合形成分子轨道,而 1s 轨道与 2p 轨道之间不可能发生组合。

最大重叠原则:由于原子轨道有一定的伸展方向,因而原子轨道在线性组合时不仅要考虑到轨道能量的近似,还必须考虑到原子轨道应达到最大重叠,这能使体系能量下降最大,体系更稳定。

对称性匹配原则:是指只有相对于键轴来说对称性相同的 2 个原子轨道才能组合成分子轨道。原子轨道的波函数有正值与负值之分,2 个原子轨道的波函数同号区域重叠(+、+重叠或-、-重叠)组成成键分子轨道(图 10-15(c)、(d)、(e));2 个原子轨道的波函数异号区域重叠(+、-重叠或-、+重叠)组成反键分子轨道。这就是所谓对称性匹配原则。而 2 个原子轨道的波函数一部分发生异号区域重叠(+、-重叠),另一部分发生同号区域重叠(+、+重叠)时,则对称性不匹配,不能组合成分子轨道(图 10-15(a)、(b))。

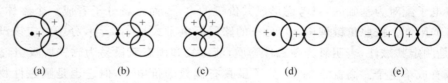

图 10-15 轨道重叠的几种情况
(a)、(b) 对称性不匹配;(c)、(d)、(e) 对称性匹配

分子轨道的形状可以通过原子轨道的重叠分别近似地描述。在满足上述 3 原则的前提下,2 个原子轨道线性组合形成分子轨道时,有成键轨道和反键轨道之分(不要把"反键"误解为"不能成键")。2 个符号相同的波函数叠加(或 2 个原子轨道线性相加)组合成为成键分子轨道,两核间概率密度增大,其能量较原子轨道的能量低。2 个符号相反的波函数叠加(或 2 个原子轨道线性相减),组合成为反键分子轨道,两核间概率密度减小,其能量较原子轨道的能量高。

1) s-s 原子轨道的组合

2 个原子的 2 个 ns 原子轨道相加(即相叠合),组合成为 σ_{ns} 成键分子轨道;相减,则组合成为 σ_{ns}^* 反键分子轨道。σ 分子轨道对键轴呈圆柱形对称,如图 10-16(a)所示。进入 σ 轨道的电子称为 σ 电子,由 σ 电子构成的键称为 σ 键。

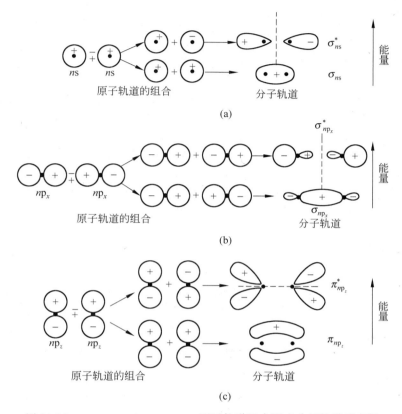

图 10-16　ns-ns、np$_x$-np$_x$、np$_z$-np$_z$ 原子轨道组合形成分子轨道示意图

2) p-p 原子轨道的组合

np-np 原子轨道的组合可以分成两种情况。

如图 10-16(b)所示,2 个 np$_x$ 原子轨道以"头碰头"的方式组合成 σ_{np_x} 成键分子轨道和 $\sigma_{np_x}^*$ 反键分子轨道,对键轴呈圆柱形对称。

而 2 个 np$_z$ 原子轨道以"肩并肩"的方式组合成 π_{np_z} 成键分子轨道和 $\pi_{np_z}^*$ 反键分子轨道。π 分子轨道有一个通过键轴、与 z 轴垂直的反对称面(图 10-16(c))。进入 π 轨道的电子称为 π 电子,由 π 电子构成的键称为 π 键。

另 2 个 np$_y$ 原子轨道也只能以"肩并肩"的方式叠合,组合成另一组分子轨道 π_{np_y} 和 $\pi_{np_y}^*$。它们与 π_{np_z}、$\pi_{np_z}^*$ 分别互相垂直。2 个成键轨道 π_{np_y} 和 π_{np_z} 是简并的,2 个反键轨道 $\pi_{np_y}^*$ 和 $\pi_{np_z}^*$ 也是简并的。

2. 分子轨道能级图

由于原子轨道种类不同,能量也不同,因此组合而成的分子轨道能量也不同。根据光谱实验测定的数据,可以确定分子轨道能量的次序,按由低到高排列得到分子轨道能级图。

氢分子的分子轨道能级图见图 10-17。氢原子中只有 1 个 1s 电子,2 个氢原子的 1s 轨道组合成氢分子的 σ_{1s} 和 σ_{1s}^* 分子轨道。2 个电子均填入能量较低的 σ_{1s} 分子轨道,体系能量下降,表明两原子间发生了键合作用,生成了稳定的氢分子。氢分子的分子轨道表示式为

$$H_2[(\sigma_{1s})^2]$$

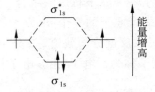

图 10-17 氢分子的分子轨道能级图

第二周期元素形成同核双原子分子时,其分子能级高低次序有两种情况,见图 10-18。

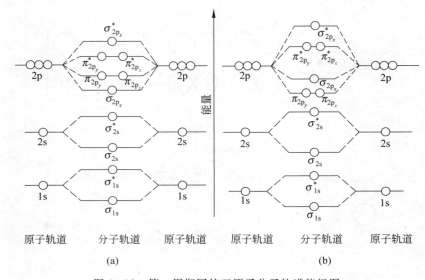

图 10-18 第二周期同核双原子分子轨道能级图

若 2s 和 2p 原子轨道能量相差较大时(如第二周期中 O、F、Ne 原子),当 2 个这种原子相互接近时,2s 和 2p 原子轨道间不会发生相互作用。其分子轨道能级图如图 10-18(a)所示,分子轨道的能量次序为

$$\sigma_{2p_x} < \pi_{2p_y} = \pi_{2p_z}$$

若 2s 和 2p 原子轨道能量相差较小(如第二周期中 B、C、N 原子),当 2 个这种原子相互靠近时,由于能量相差不大,因而邻近轨道可产生相互作用,结果使分子轨道原来的能量次序发生改变,如图 10-18(b)所示,分子轨道的能量次序为

$$\pi_{2p_y} = \pi_{2p_z} < \sigma_{2p_x}$$

主量子数为 3 或 3 以上的原子轨道所组合而成的同核双原子分子轨道的能量高低的一般次序至今尚不够明确。

分子轨道理论也阐明了分子中电子进入分子轨道的次序,电子在填充时必须遵循泡利不相容原理、能量最低原理和洪特规则。

10.5.2 应用实例

1. 同核双原子分子的分子轨道能级图

1) H_2^+ 分子离子

H_2^+ 分子离子只有 1 个电子,它占据 σ_{1s} 成键分子轨道,H_2^+ 的分子轨道表示式为
$$H_2^+[(\sigma_{1s})^1]$$

由于有一个电子进入能量较 1s 原子轨道低的 σ_{1s} 成键轨道,体系能量下降了,因此 H_2^+ 分子离子可以存在。键级 $=\dfrac{1}{2}$(见 10.6.4 节)。H_2^+ 分子离子中的键称为单电子 σ 键。

2) He_2 分子

He_2 分子有 4 个电子,其分子轨道表示式为
$$He_2[(\sigma_{1s})^2(\sigma_{1s}^*)^2]$$

进入 σ_{1s} 和 σ_{1s}^* 轨道的电子各有 2 个,形成分子后体系的能量没有降低,可以预期 He_2 分子不能稳定存在。键级 $=\dfrac{2-2}{2}=0$。这正是稀有气体为单原子分子的原因。

3) N_2 分子

N_2 分子共有 14 个电子,按照第二周期同核双原子分子轨道能级图(图 10-18(b)),N_2 分子的分子轨道表示式为
$$N_2[(\sigma_{1s})^2(\sigma_{1s}^*)^2(\sigma_{2s})^2(\sigma_{2s}^*)^2(\pi_{2p_y})^2(\pi_{2p_z})^2(\sigma_{2p_x})^2]$$

量子力学认为,内层电子离核近,受到核的束缚大,在形成分子时实际上不起作用,原子组成分子主要是外层价电子的相互作用。所以,在分子轨道表示式中内层电子常用符号代替(当 $n=1$ 时用 KK,$n=2$ 时用 LL 等)。故 N_2 分子的分子轨道式亦可简写为:
$$N_2[KK(\sigma_{2s})^2(\sigma_{2s}^*)^2(\pi_{2p_y})^2(\pi_{2p_z})^2(\sigma_{2p_x})^2]$$

在 N_2 的分子轨道中,对成键起作用的主要是 $(\pi_{2p_y})^2$,$(\pi_{2p_z})^2$ 和 $(\sigma_{2p_x})^2$,它们形成了 2 个 π 键和 1 个 σ 键,这一点与价键理论的结论一致。键级 $=\dfrac{8-2}{2}=3$。N_2 分子中电子充满了所有的成键分子轨道,能量降低最多,故 N_2 具有特殊的稳定性。生物体中的固氮酶可以在常温常压条件下将氮转化为其他化合物,而工业合成氨却需要在催化剂和高温高压下才能打开 N≡N 叁键。如何在温和条件下打开 N≡N 叁键实现人工固氮,是人们正在研究的一个重要课题。

4) O_2 分子

O_2 分子有 16 个电子,其分子轨道能级图见图 10-18(a)。最后 2 个电子按洪特规则应分别进入 $\pi_{2p_y}^*$ 和 $\pi_{2p_z}^*$,并保持自旋平行。O_2 的分子轨道表示式为
$$O_2[KK(\sigma_{2s})^2(\sigma_{2s}^*)^2(\sigma_{2p_x})^2(\pi_{2p_y})^2(\pi_{2p_z})^2(\pi_{2p_y}^*)^1(\pi_{2p_z}^*)^1]$$

在 O_2 的分子轨道中,实际对成键起作用的有 $(\sigma_{2p_x})^2$ 构成的 1 个 σ 键,$(\pi_{2p_y})^2$ 和 $(\pi_{2p_y}^*)^1$ 构成的 1 个三电子 π 键,以及 $(\pi_{2p_z})^2$ 和 $(\pi_{2p_z}^*)^1$ 构成的另 1 个三电子 π 键,因此 O_2 分子的价键结构式可以表示成:

$$:\!\overset{\cdot\,\cdot}{\underset{\cdot\,\cdot}{O}}\!-\!\overset{\cdot\,\cdot}{\underset{\cdot\,\cdot}{O}}\!:$$

其中 ⋯ 表示 1 个三电子 π 键。每 1 个三电子 π 键中只有 1 个净的成键电子，其键能仅仅是正常 π 键的一半，故 2 个三电子 π 键相当于一个正常 π 键。由于 O_2 分子中含有 2 个自旋方向平行的单电子，因此表现出顺磁性和化学活泼性，这与实验事实相符。键级 $=\dfrac{8-4}{2}=2$。

实验测得其键能为 494 kJ·mol^{-1}，相当于双键。O_2 分子的结构是分子轨道理论获得成功的一个重要例证。

2. 异核双原分子的分子轨道能级图

以 HF 分子为例。F 原子的 $2p_x$ 轨道与 H 原子的 1s 轨道能量相近，对称性匹配组成一个成键分子轨道，能量低于 F 的 2p 轨道，另一个反键分子轨道，能量高于 H 的 1s 轨道，F 的 1s 和 2s 轨道在形成分子轨道时不参与成键，其能量与原子轨道能量相同，这样的分子轨道叫非键轨道。F 的 $2p_y$、$2p_z$ 轨道不能与 H 的 1s 轨道有效组合，也形成 2 个非键轨道，见图 10-19。因此在 HF 分子中共有 3 种分子轨道：成键轨道（3σ），反键轨道（4σ）和非键轨道（1σ，2σ，1π）。H 原子和 F 原子共有 10 个电子，根据最低能量原理和泡利不相容原理把这些电子填入分子轨道中，从图 10-19 可看出使 HF 分子能量降低的是进入 3σ 轨道中的 2 个电子。HF 分子的电子构型为

$$HF[1\sigma^2 2\sigma^2 3\sigma^2 1\pi^4]$$

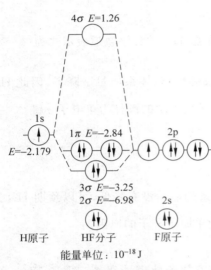

图 10-19　HF 的分子轨道能级图

分子轨道理论对分子中电子的分布加以统筹安排，使分子中的电子具有整体性，运用该理论说明了共价键的形成，也解释了分子或离子中单电子键和三电子键的形成，应用范围比较广，成功阐明了价键理论不能解释的一些问题。但它对分子几何构型的描述不如价键理论直观。它和价键理论虽都基于量子力学，对某些问题的解释有相同的结论，但各有长短，因此两者应该互为补充，相辅相成。近年来随着计算机的飞速发展和运用，分子轨道的定量计算发展很快，有力地推动了新型材料、新型药物的"分子设计"研究和运用。

10.6　键　参　数

表征化学键性质的某些物理量，如键长、键角、键能、键级等，称为键参数。它们在理论上可以由量子力学计算而得，也可以由实验测得。键参数可用来粗略而方便地定性、半定量确定分子的形状，解释分子的某些性质。

10.6.1　键长

分子中成键的两原子核间的平衡距离叫键长（l）或键距（d），单位 pm。键长的数据可通过分子光谱、X 射线衍射、电子衍射等实验方法测得，也可用量子力学的近似方法计算而得。表 10-6 列出了部分共价键的键长和键能。

表 10-6 部分共价键的键长和键能

共价键	键长/pm	键能/(kJ·mol^{-1})	共价键	键长/pm	键能/(kJ·mol^{-1})
H—H	74.2	436.00	F—F	141.8	154.8
H—F	91.8	565±4	Cl—Cl	198.8	239.7
H—Cl	127.4	431.20	Br—Br	228.4	190.16
H—Br	140.8	362.3	I—I	266.6	198.95
H—I	160.8	294.6	C—C	154	345.6
O—H	96	458.8	C=C	134	602±21
S—H	134	363±5	C≡C	120	835.1
N—H	101	386±8	O=O	120.7	493.59
C—H	109	411±7	N≡N	109.8	941.69

两个确定的原子之间,形成的共价键键长越短,键就越强。H—F、H—Cl、H—Br、H—I 键长依次增大,键的强度依次减弱,热稳定性递减。

相同的成键原子所组成的单键和多重键的键长并不相等。如碳原子之间可形成单键、双键和叁键,键长依次缩短,键的强度渐增。

10.6.2 键能

断裂某种气态 A—B 键时所需的能量称为 A—B 键的键能,用 E(A—B)表示。

在一定温度和标准状态下,将 1 mol 理想气态双原子分子 AB 拆开成为气态的 A 原子和 B 原子,所需的能量称为 A—B 键的离解能,常用 D(A—B)表示,单位 kJ·mol^{-1},例如 H_2 分子的键离解能 D(H—H)=436.0 kJ·mol^{-1}。因此,对双原子分子来说,键离解能就是键能,即 E(H—H)= D(H—H)= 436.0 kJ·mol^{-1}。同样,E(N≡N)= D(N≡N)= 941.69 kJ·mol^{-1}。

对多原子分子来说,同一种键的键能和离解能并不完全等同,键离解能是指离解分子中某一特定键所需的能量,而二元多原子分子中某种键的键能,实际上指的是某种键多次离解能的平均值。例如:

$$
\begin{aligned}
CH_4(g) &\longrightarrow CH_3(g) + H(g) & D_1 &= 435.3 \text{ kJ·mol}^{-1} \\
CH_3(g) &\longrightarrow CH_2(g) + H(g) & D_2 &= 460.5 \text{ kJ·mol}^{-1} \\
CH_2(g) &\longrightarrow CH(g) + H(g) & D_3 &= 426.9 \text{ kJ·mol}^{-1} \\
+)\ CH(g) &\longrightarrow C(g) + H(g) & D_4 &= 339.1 \text{ kJ·mol}^{-1} \\
\hline
CH_4(g) &\longrightarrow C(g) + 4H(g) & D_\text{总} &= 1661.8 \text{ kJ·mol}^{-1}
\end{aligned}
$$

$$E(C—H) = \frac{D_\text{总}}{4} = \frac{1661.8}{4} \text{kJ·mol}^{-1} = 415.5 \text{ kJ·mol}^{-1}$$

同一种键在不同的多原子分子中键能数据会稍有不同,这是由于分子中的键能不仅取决于成键原子本身的性质,而且也与分子中存在的其他原子的种类有关,表 10-6 中列出的仅仅是平均键能数据。

一般而言,键能越大,表明该键越牢固,由该键组成的分子越稳定。如 H—F、H—Cl、H—Br、H—I 键长渐增,键能渐小,故推论 H—I 分子不如 H—F 稳定。

10.6.3 键角

多原子分子中两相邻化学键之间的夹角称为键角。原则上,键角也可以用量子力学近似方法算出。但对复杂分子,目前仍然通过光谱、衍射等结构实验求得键角。表 10-7 列出了部分分子的键长、键角和分子的几何构型。

表 10-7 部分分子的键长、键角和分子构型

分子式	键长/pm(实验值)	键角 α(实验值)/(°)	分子构型
H_2S	134	92	V 形
CO_2	116.2	180	直线形
NH_3	101	107.3	三角锥形
CH_4	109	109.5	正四面体

一般地说,知道了一个分子中的键长和键角数据,就可以确定该分子的几何构型。例如:$HgCl_2$ 分子的键角∠ClHgCl = 180°,可推知 $HgCl_2$ 分子是直线型非极性分子。H_2O 分子的键角∠HOH = 104.5°,故 H_2O 分子呈 V 形,为极性分子。

10.6.4 键级

当电子进入成键轨道时体系能量下降,利于形成共价键。电子进入反键轨道时体系能量升高,不利于形成共价键。在分子轨道理论中,常用键级的大小来说明成键的强度,描述分子的结构稳定性。键级定义为净成键电子数的一半:

$$键级 = \frac{成键轨道上的电子数 - 反键轨道上的电子数}{2}$$

例如,H_2、O_2、N_2、HF 和 CO 的键级分别为 1,2,3,1 和 3。

一般来说,键级越大,键能越大,共价键越牢固,分子越稳定。若键级为零,表明原子间不能形成稳定的分子。要注意的是键级只能定性地推断键能的级别,粗略估计分子结构稳定性的相对大小。事实上键级相同的分子其稳定性也可能有差别。

10.6.5 键矩与部分电荷

键矩是表示键的极性的物理量,记作 μ。

$$\mu = q \cdot l$$

式中,q 为电荷量;l 为核间距。μ 为矢量,例如,实验测得 H—Cl($\mu = 3.57 \times 10^{-30}$ C·m),由于 $l(HCl) = 127$ pm,由此计算出:

$$q = \frac{\mu}{l} = \frac{3.57 \times 10^{-30}}{127 \times 10^{-12}} C = 2.81 \times 10^{-20} C$$

相当于 0.18 元电荷(将 q 值除以 1.6022×10^{-19} C 的结果),即 $\delta = 0.18$ 元电荷:

$$\delta_H = 0.18, \quad \delta_{Cl} = -0.18$$
$$H \rightarrow Cl$$

也就是说，H—Cl 键具有 18% 的离子性。这里的 δ 通常又称为部分电荷，原子的部分负电荷大小与成键原子间的电负性差有关，δ 值可借助电负性分数来计算：

部分电荷＝某原子的价电子数－孤对电子数－共用电子数×电负性分数

已知 H 和 Cl 的电负性分别为 2.18 和 3.16，HCl 分子中，H 原子和 Cl 原子的部分电荷计算如下：

$$\delta_H = 1 - 0 - 2 \times \left(\frac{2.18}{2.18 + 3.16}\right) = 0.18$$

$$\delta_{Cl} = 7 - 6 - 2 \times \left(\frac{3.16}{3.16 + 2.18}\right) = -0.18$$

10.7 分子间力和氢键

化学键是决定分子化学性质的主要因素，但影响物质性质的因素，除化学键外还有分子与分子之间的一些较弱的作用力。在温度足够低时，许多气体能凝聚为液体、甚至固体，说明在分子与分子之间确实存在着一种相互吸引作用。荷兰物理学家范德华在 1873 年就发现并研究了这种作用力。这种作用力一般是属于电学性质范畴的，大小约在几至几十 $kJ \cdot mol^{-1}$，其产生与分子的极化有关，是影响物质物理性质的重要因素。对分子间作用力本质的认识是随着量子力学的出现而逐步深入的。

10.7.1 分子的极性

1. 键的极性

在共价键中，若成键两原子的电负性差值等于 0，则共用电子对不会偏向成键的任一原子，这种键称为非极性共价键；若成键两原子的电负性差值不等于 0，则共用电子对会偏向电负性大的原子一方，使这个原子带上部分负电荷，而成键的另一原子带上部分正电荷，这好像共价键的两端出现正、负两极一样，这种键称为极性共价键。显然，成键的两原子电负性差值越大，键的极性也就越大。为了表示键的极性，可以在相关原子符号上方以 X^+、X^- 表示构成极性共价键的原子的带电情况，如 H^+—F^-。离子键可以看成是键极性的一个极端，而非极性共价键则是另一个极端。

2. 分子的极性

共价分子有极性分子和非极性分子之分。一种分子的正电荷中心（原子核）和负电荷中心（电子）重合时，整个分子不显极性，这种分子称为非极性分子；反之，分子内便会显出极性，这种分子称为极性分子。极性分子本身存在的正、负极（正负电荷重心）称为固有偶极或永久偶极。

分子的极性与键的极性有关。如果组成分子的键是非极性键，则该分子一定为非极性分子，如 H_2、N_2 分子。如果组成分子的键有极性，对双原子分子来说，必定为极性分子，如

HCl、HBr 等分子。但对多原子分子来说,分子的极性不仅取决于组成分子的元素的电负性,而且也与分子的空间构型有关。如 CO_2、BF_3 等分子中,虽然都有极性键,但由于 CO_2 为直线形,BF_3 为平面三角形构型,键的极性互相抵消,因此它们均为非极性分子。而 H_2S 分子为 V 形构型,NH_3 分子为三角锥形构型,键的极性不能互相抵消,故它们均为极性分子。

必须指出,分子的极性和键的极性并不完全一致。共价键是否有极性,取决于成键两原子的共用电子对是否有偏移;而分子是否有极性,则取决于整个分子的正、负电荷重心是否重合,它与键的极性以及整个分子的空间构型有关。

分子的极性大小常用偶极矩 μ 来衡量。距离为 d、电量为 $\pm q$ 的 2 个基本点电荷所构成的一个电偶极子,其偶极矩 $\mu = q \cdot d$。偶极矩是一个矢量,其方向规定从正电荷指向负电荷。分子的偶极矩 μ 可以用实验方法加以测定,单位为 $C \cdot m$。μ 值既可以说明分子极性的强弱,也提供了判断分子空间构型的信息。例如,实验测得 CS_2 分子的 $\mu = 0$,可以判断 CS_2 为非极性分子,其空间构型应是直线型。μ 越大,分子的极性越强。因此可以根据偶极矩 μ 的大小比较分子极性的相对强弱。表 10-8 列出了部分分子的偶极矩 μ 和分子的空间构型。

表 10-8　部分分子的偶极矩 μ 和分子的空间构型

	分子	$\mu/(10^{-30} C \cdot m)$	空间构型		分子	$\mu/(10^{-30} C \cdot m)$	空间构型
双原子分子	HCl	3.43	直线形	三原子分子	H_2S	3.66	V 字形
	HBr	2.63	直线形		CO_2	0	直线形
	HI	1.27	直线形		CS_2	0	直线形
	CO	0.40	直线形	四原子分子	NH_3	4.90	三角锥形
	H_2	0	直线形		BF_3	0	平面三角形
三原子分子	HCN	6.99	直线形	五原子分子	$CHCl_3$	3.37	四面体形
	H_2O	6.16	V 字形		CH_4	0	正四面体形
	SO_2	5.33	V 字形		CCl_4	0	正四面体形

3. 分子的极化

在外电场作用下,分子中的原子核和电子会产生相对位移,正、负电荷重心的位置发生改变,分子发生了变形,极性增大,这种过程称为分子的极化。

非极性分子内原来重合的正、负电荷重心(图 10-20(a))在外电场的作用下会彼此分离,分子出现了偶极(图 10-20(b))。这种在外电场的诱导下产生的偶极,称为诱导偶极。这一过程也称为分子的变形极化。这种分子外形发生变化的性质称为分子的变形性,也称为极化度。当外电场消失时,诱导产生的偶极也就随之消失,分子恢复为原状。

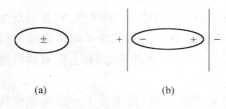

图 10-20　非极性分子在外电场中的变形

极性分子本身就具有固有偶极,当极性分子被置于外电场中时,所有分子的偶极会按照电场的方向定向排列,这一过程称为取向,亦称为分子的定向极化。同时,在外电场的作用下,极性分子也会因变形而产生诱导偶极。分子此时所呈现的极性,是由极性分子本身的固有偶极和由外电场诱发的诱导偶极所组成的,如图 10-21 所示。

图 10-21　极性分子在外电场中的取向和变形极化

在单位电场作用下,分子被极化的程度或变形性的大小可用分子极化率 α 表示。表 10-9 列出了部分分子的极化率 α。由表 10-9 可以看出,稀有气体从 He 到 Xe,卤化氢从 HCl 到 HI,分子越大,分子变形的可能性越大,极化率也就越大。反之亦然,极化率越大,表示该分子的变形性越大。

表 10-9　部分分子的极化率 α

分子	$\alpha/(10^{-30} \text{ m}^3)$	分子	$\alpha/(10^{-30} \text{ m}^3)$	分子	$\alpha/(10^{-30} \text{ m}^3)$	分子	$\alpha/(10^{-30} \text{ m}^3)$
He	0.203	H_2	0.81	HCl	2.56	CO	1.93
Ne	0.392	O_2	1.55	HBr	3.49	CO_2	2.59
Ar	1.63	N_2	1.72	HI	5.20	NH_3	2.34
Kr	2.46	Cl_2	4.50	H_2O	1.59	CH_4	2.60
Xe	4.01	Br_2	6.43	H_2S	3.64	C_2H_6	4.50

分子的极化和变形不仅能在外电场的作用下发生,而且在相邻分子间也可以发生。由于极性分子本身就存在着正、负极,因此极性分子与极性分子、极性分子与非极性分子相邻时,同样也会发生极化作用。这种极化作用对分子间力的产生有重要影响。

10.7.2　分子间作用力

分子的极化和变形是分子间产生相互作用力的根本原因。分子间作用力也称为范德华力,分色散力、诱导力和取向力三种类型。

1. 色散力

由于分子中电子的运动和核的振动,使电子与核产生瞬间的相对位移,导致分子中正、负电荷重心分离而产生瞬时偶极。两个分子之间靠这种瞬时偶极产生异极相吸的吸引力,称为色散力。虽然瞬时偶极仅在瞬时出现,存在时间极短,但由于分子处于不断运动之中,因此不断地重复产生瞬时偶极,故分子之间始终存在着这种色散力。许多非极性分子就是靠色散力(图 10-22)凝聚成固体或液体的,如室温下苯是液体;碘、萘是固体;在低温下,Cl_2、N_2、O_2 以及稀有气体也能液化。

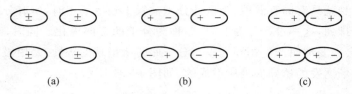

图 10-22　非极性分子相互作用示意图

分子间色散力的大小与分子的变形性有关,一般来说,分子越大,其变形性越大,分子间的色散力越大。必须指出,色散力是存在于一切分子之间的作用力。

2. 诱导力

当极性分子和非极性分子相互靠近时,两者间除存在色散力外,极性分子的固有偶极会使非极性分子变形而产生诱导偶极,极性分子的固有偶极与非极性分子的诱导偶极之间产生了吸引,这种吸引力称为诱导力,如图 10-23 所示。诱导力使非极性分子产生了偶极,也使极性分子的极性增强。显然,极性分子的偶极矩越大,或非极性分子的变形性越大,分子间产生的诱导力就越大。诱导力也会出现在离子和离子、离子和分子、极性分子与极性分子之间。

3. 取向力

两个极性分子互相靠近时,由于极性分子固有偶极的作用,产生同极相斥、异极相吸,使极性分子在空间转向成为异极相邻的状态,以静电引力互相吸引。这种由极性分子在空间取向形成的作用力,称为取向力,如图 10-24 所示。

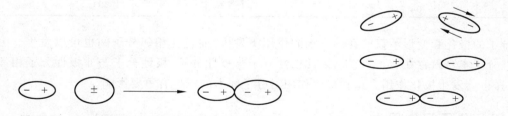

图 10-23　极性分子与非极性分子相互作用示意图　　　图 10-24　极性分子相互作用示意图

取向力只存在于极性分子之间,其大小取决于极性分子固有偶极的大小。

4. 分子间力的特征及其对物性的影响

分子间力的特征:

(1) 分子间力是永远存在于分子之间的一种作用力,其本质是一种静电吸引力。

(2) 作用能量一般在几至几十 $kJ \cdot mol^{-1}$,比化学键小 1~2 个数量级。

(3) 分子间力是一种短程力,作用范围约 500 pm 以内。没有方向性和饱和性。如只要空间许可,气体凝聚时总是吸引尽可能多的其他分子于其正负两极周围。

(4) 大多数分子间的作用力以色散力为主。只有极性很大的分子,取向力才占较大的比重。

分子间力对物质的物理性质,包括熔点、沸点、熔化热、气化热、溶解度和黏度等都有较大的影响。例如,F_2、Cl_2、Br_2、I_2 的熔、沸点随相对分子质量的增加而升高,这是因为色散力随分子相对质量增大而增强的缘故。

分子间力也可以说明物质相互溶解情况。例如,极性分子 NH_3 和 H_2O 之间,存在着较强的取向力,所以可以很好地互溶。而 CCl_4 是非极性分子,非极性的 CCl_4 分子之间的吸引力以及极性的 H_2O 分子之间的吸引力均大于 CCl_4 和 H_2O 分子之间的吸引力,所以 CCl_4 不溶于 H_2O。I_2 和 CCl_4 都是非极性分子,I_2 与 CCl_4 之间的色散力较大,因此 I_2 易溶于 CCl_4。

图 10-25 给出了 ⅣA～ⅦA 同族元素氢化物熔点、沸点的递变情况。图中除 F、O、N 外,其余氢化物熔点、沸点的变化趋势可以用分子间作用力的大小很好地加以解释。

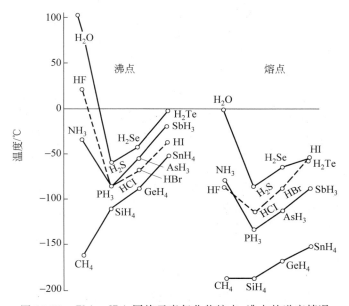

图 10-25　ⅣA～ⅦA 同族元素氢化物熔点、沸点的递变情况

10.7.3　氢键

1. 氢键的形成

当氢原子与电负性很大、半径很小的原子 X(如 F、O、N 等)以共价键结合时,由于 X 原子吸引电子的能力很强,共用电子对强烈偏向于 X 原子,氢原子几乎成为没有电子云的只带有正电荷的"裸核",它的半径又很小,电荷密度很大,还可以与另一个电负性很大,且半径较小的原子 Y(如 F、O、N 等)的孤对电子充分靠近产生吸引力,形成氢键。氢键通常表示为 X—H…Y。

形成氢键的条件是:

(1) 有一个与电负性很大、半径很小的原子 X 形成共价键的氢原子。

(2) 有另一个电负性很大、半径很小且有孤对电子的原子 Y。

X 和 Y 可以是同种元素,也可以是不同种的元素。

氢键的键能是指打开 1 mol H⋯Y 键所需要的能量。氢键比共价键的键能小得多,约为 10～40 kJ·mol^{-1},与分子间作用力的数量级相同,所以把它归入分子间作用力的范畴,但它又不完全类同于分子间作用力。

氢键的强弱与 X,Y 的电负性和半径大小有密切关系。元素的电负性越大,形成的氢键越强:

$$F—H⋯F > O—H⋯O > O—H⋯N > N—H⋯N > O—H⋯Cl > O—H⋯S$$

Cl 电负性和 N 相同,但半径比 N 大,只能形成极弱的氢键(O—H⋯Cl);O—H⋯S 氢键更弱;C 因电负性甚小,一般不形成氢键。

除了分子间氢键外,某些化合物可以形成分子内氢键,多是一些有机化合物(如邻硝基苯酚、水杨醛等)。

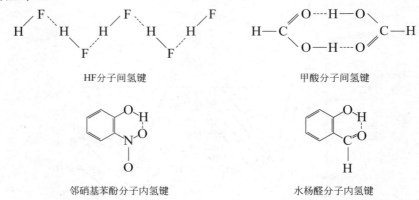

HF分子间氢键　　　　　　　甲酸分子间氢键

邻硝基苯酚分子内氢键　　　水杨醛分子内氢键

2. 氢键的特点

1) 方向性

在氢键 X—H⋯Y 中,Y 原子取 X—H 的键轴方向与 H 靠近,即 X—H⋯Y 中 3 个原子在一直线上,以使 Y 与 X 距离最远,两原子电子云之间的斥力最小,从而能形成较强的氢键。

2) 饱和性

当 X—H 与 Y 原子形成氢键后,由于 H 原子半径比 X 和 Y 小得多,如果有另一个电负性大的原子靠近,则这个原子的电子云受到 X 和 Y 电子云的排斥力远比受到带正电荷 H 的吸引力大而很难与 H 靠近,因此 X—H⋯Y 上的氢原子不可能再与另一个电负性大的原子形成氢键。

3. 氢键对物质性质的影响

1) 熔、沸点升高

分子间形成氢键增加了分子间的作用力,从而使物质的熔、沸点显著升高。所以图 10-25 中 HF、H$_2$O、NH$_3$ 的熔、沸点与同族氢化物相比都特别高。必须指出,当物质存在分子内氢键时,反而会使其熔、沸点下降。对位和邻位硝基苯酚的沸点分别为 114℃ 和

45℃,是因为前者只能生成分子间氢键,而后者可以生成分子内氢键之故。

2) 溶解度变化

溶质和极性溶剂间形成氢键会使溶质的溶解度增加,如 NH_3 在水中的溶解度很大。溶质形成分子内氢键时,其在极性溶剂中的溶解度减小,在非极性溶剂中的溶解度增加。

氢键的形成也会影响物质的酸碱性、密度、介电常数甚至反应性。

在液态水中,H_2O 分子间可以形成缔合分子(图 10-26)。当水凝固成冰时同样以氢键结合形成了缔合分子(图 10-27)。由于分子必须按照氢键轴排列,所以冰的排列不是最紧密排列,导致冰的密度反而比水小。

氢键广泛存在于无机含氧酸、有机羧酸、醇、酚、胺分子之间。氢键在生物大分子如蛋白质、核酸、糖类等中起着重要的作用。蛋白质分子的 α-螺旋结构就是靠羰基(C═O)上的氧和亚氨基(—NH)上的氢以氢键(C═O…H—N)彼此连接而成的(图 10-28)。脱氧核糖核酸(DNA)的双螺旋结构各圈之间也是靠氢键连接而维持其一定的空间构型、增强其稳定性的。可以说,没有氢键的存在,也就没有这些特殊而又稳定的大分子结构,而正是这些大分子支撑了生物机体,担负着储存营养、传递信息等各种生物功能。

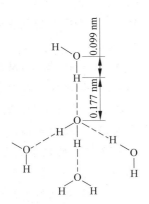

图 10-26 水的缔合分子

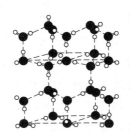

图 10-27 冰的结构

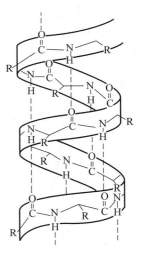

图 10-28 蛋白质 α-螺旋结构模式

拓展知识

荧光和磷光

第一次记录荧光现象的是 16 世纪西班牙的内科医生和植物学家 N. Monardes,他于 1575 年提到,在含有一种称为"Lignum Nephriticum"的木头切片的水溶液中,呈现出极为可爱的天蓝色。以后逐步有一些学者也观察和描述过荧光现象,但对其本质及含义的认识都没有明显的进展。直到 1852 年,对荧光分析法具有开拓性工作的 Stokes 在考察奎宁和绿色素的荧光时,用分光计观察到其荧光的波长比入射光的波长稍为长些,而不是由光的漫反射引起的，从而导入荧光是光发射的概念，并提出了"荧光"这一术语，他还研究了荧光强度与荧光物质浓度之间的关系，并描述了在高浓度或某些外来物质存在时的荧光猝灭现象。

磷光也是某些物质在紫外光照射下所发射的光，早期并没有与荧光明确区分。1944年，Lewis和Kasha提出了磷光与荧光的不同概念，指出磷光是分子从亚稳的激发三重态跃迁回基态所发射出的光，它有别于从激发单重态跃迁回基态所发射的荧光。磷光分析法由于具有某些特点，几十年来的理论研究及应用也不断得到发展。

荧光和磷光是怎么产生的呢？在一般温度下，大多数分子处在基态的最低振动能级。处于基态的分子吸收能量（电能、热能、化学能或光能等）后被激发为激发态。激发态是很不稳定的，它将很快地释放出能量又重新跃迁回基态。若分子返回基态时以发射电磁辐射（即光）的形式释放能量，就称为"发光"。物质的分子吸收了光能而被激发，跃迁回基态所发射的电磁辐射，称为荧光和磷光。

荧光和磷光均属于光致发光，所以都涉及两种辐射，即激发光（吸收）和发射光，因而也都具有两种特征光谱，即激发光谱和发射光谱。

通过测量荧光（或磷光）体的发光通量（即强度）随激发光波长的变化而获得的光谱，称为激发光谱。激发光谱的具体测绘方法是，通过扫描激发单色器，使不同波长的入射光照射激发荧光（磷光）体，发出的荧光（磷光）通过固定波长的发射单色器而照射到检测器上，检测其荧光（磷光）强度，最后通过记录仪记录光强度对激发光波长的关系曲线，即为激发光谱。通过激发光谱，找到发射荧光（磷光）强度最大的激发光波长，即为最佳激发波长，常用 λ_{ex} 表示。

通过测量荧光（或磷光）体的发光通量（强度）随发射光波长的变化而获得的光谱，称为发射光谱。其测绘方法是，固定激发光的波长，扫描发射光的波长，记录发射光强度对发射光波长的关系曲线，即为发射光谱。通过发射光谱找到发射荧光（磷光）强度最大的发射波长，即为最佳的发射波长，常用 λ_{em} 表示。磷光发射波长比荧光来得长，图10-29为萘的激发光谱及荧光和磷光的发射光谱。

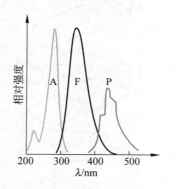

图10-29 萘的激发光谱A、荧光发射光谱F和磷光发射光谱P

荧光激发光谱和发射光谱有其明显的特征：

（1）斯托克斯位移。在溶液荧光光谱中，所观察到的荧光发射波长总是大于激发波长，$\lambda_{em} > \lambda_{ex}$。斯托克斯于1852年首次发现这种波长位移现象，故称斯托克斯位移。斯托克斯位移说明了在激发与发射之间存在着一定的能量损失。激发态分子由于振动弛豫及内部转移的无辐射跃迁而迅速衰变到 S_1 电子激发态的最低振动能级（图10-30），这是产生其位移的主要原因；其次，荧光发射时，激发态的分子跃迁到基态的各振动能级，此时，不同振动能级也发生振动弛豫至最低振动能级，也造成能量的损失；第三，溶剂效应和激发态分子可能发生的某些反应，也会加大斯托克斯位移。

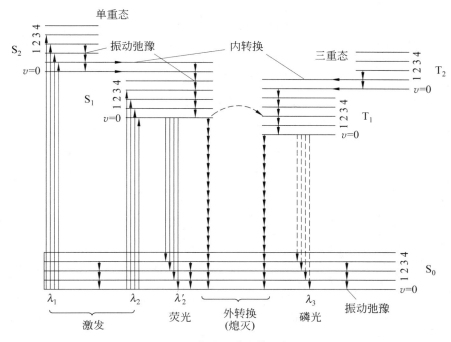

图 10-30　荧光和磷光体系能级图

(2) 荧光发射光谱的形状与激发波长无关。由于荧光发射是激发态的分子由第一激发单重态的最低振动能级跃迁回基态的各振动能级所产生的,所以不管激发光的能量多大,能把电子激发到哪种激发态,都将经过迅速的振动弛豫及内部转移跃迁至第一激发单重态的最低能级,然后发射荧光。因此除了少数特殊情况,如 S_1 与 S_2 的能级间隔比一般分子大(如莫)及可能受溶液性质影响的物质外,荧光光谱只有一个发射带,且发射光谱的形状与激发波长无关。

(3) 荧光激发光谱的形状与发射波长无关。由于在稀溶液中,荧光发射的效率(称为量子产率)与激发光的波长无关,因此用不同发射波长绘制激发光谱时,激发光谱的形状不变,只是发射强度不同而已。

(4) 荧光激发光谱与吸收光谱的形状相近似,荧光发射光谱与吸收光谱成镜像关系。物质的分子只有对光有吸收,才会被激发,所以,从理论上说,某化合物的荧光激发光谱的形状,应与它的吸收光谱的形状完全相同。然而实际并非如此,由于存在着测量仪器的因素或测量环境的某些影响,使得绝大多数情况下,"表观"激发光谱与吸收光谱两者的形状有所差别。只有在校正仪器因素后,两者才非常近似,而如果也校正了环境因素后,两者的形状才相同。

如果把某种物质的荧光发射光谱和它的吸收光谱相比较,便会发现两者之间存在着"镜像对称"关系。图 10-31 分别表示萘的苯溶液和硫酸奎宁的稀硫酸溶液的吸收光谱和荧光发射光谱。

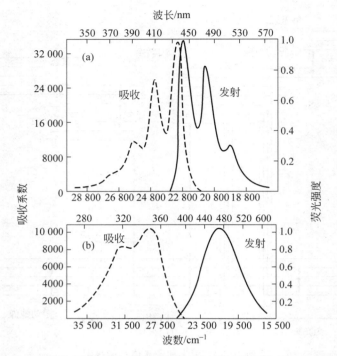

图 10-31　芘的苯溶液(a)和硫酸奎宁的稀硫酸溶液(b)的吸收光谱和荧光发射光谱

10-1　画出下列分子或离子的路易斯结构式：
NH_4^+，HNO_3，CN^-，CO_2，H_2O_2，$HClO$，$HClO_3$，CCl_2O，C_2H_2。

10-2　原子轨道重叠形成共价键必须满足哪些原则？σ 键和 π 键有何区别？

10-3　指出下列各分子中 C 原子采取的杂化轨道类型：
C_2H_2，C_2H_4，C_2H_6，CH_2O，CH_3OH，$HCOOH$，C_6H_6，C_{60}，金刚石，石墨。

10-4　试用杂化轨道理论解释下列分子的成键情况：
$BeCl_2$，BF_3，$SiCl_4$，PCl_5，SF_6。

10-5　用不等性杂化轨道理论解释下列分子的成键情况和空间构型：
PCl_3，H_2O，NH_3，OF_2，ICl_3，XeF_4。

10-6　根据价层电子对互斥理论，判断下列分子或离子的空间构型，要求给出中心原子价层电子对的几何排布，并由此推断中心原子可能采取的杂化轨道类型：
NO_2，SO_3^{2-}，SO_4^{2-}，$SnCl_2$，ICl_2^+，BO_3^{3-}，XeO_4，$BrCl_3$，SF_4，ClO_3^-。

10-7　利用价层电子对互斥理论预测 I_3^- 的空间构型。

10-8　PCl_3 的空间构型为三角锥形，键角略小于 $109.5°$；$SiCl_4$ 是四面体构型，键角为 $109.5°$，试用杂化轨道理论加以解释。

10-9　简述分子轨道理论的基本论点。

10-10　分别写出 O_2、O_2^+、O_2^{2+} 的分子轨道排布式，计算其键级，比较其稳定性和磁性高低。

10-11 写出铍分子、硼分子、碳分子等双原子分子的分子轨道表示式,并指出分子的键型、键级,分子是否能稳定存在。

10-12 画出 HF 的分子轨道能级图,写出分子轨道表示式并计算分子的键级。

10-13 根据分子轨道理论说明 CO 分子的成键情况,并说明为什么 C 和 O 的电负性差较大,而 CO 分子的极性却较弱。

10-14 已知 N 与 H 的电负性差(0.8)小于 N 与 F 的电负性差(0.9),为什么 NH_3 分子的偶极矩却比 NF_3 大? 已知 $\mu(NH_3)=1.5D, \mu(NF_3)=0.2D$。

10-15 为什么由不同种元素形成的 PCl_5 分子为非极性分子,而由同种元素形成的 O_3 分子却是极性分子?

10-16 简要说明分子间作用力的类型和存在范围。一般以何种力为主?

10-17 简要说明氢键的形成条件、类型以及对物质性质的影响。

10-18 下列说法中哪些是不正确的? 请说明理由。
(1) sp^2 杂化轨道是由某个原子的 1s 轨道和 2p 轨道混合形成的。
(2) 中心原子中的几个原子轨道杂化时必定形成数目相同的杂化轨道。
(3) 在 CCl_4、$CHCl_3$ 和 CH_2Cl_2 分子中,碳原子都采用 sp^3 杂化,因此这些分子都是正四面体形。
(4) 原子在基态时没有未成对电子,就一定不能形成共价键。

10-19 下列化合物分子之间是否存在氢键? 为什么?
H_3BO_3,CH_3CONH_2,CH_3COOH,CH_3Cl,HCl。

10-20 判断下列各组物质间存在什么形式的分子间作用力。
(1) 硫化氢气体;(2) 甲烷气体;(3) 氯仿气体;(4) 氨气;(5) 溴与四氯化碳。

10-21 下列说法是否正确? 说明理由。
(1) 非极性分子中不含极性键。
(2) 直线型分子一定是非极性分子。
(3) 非金属单质的分子间只存在色散力。
(4) 对羟基苯甲醛的熔点比邻羟基苯甲醛的熔点高。

10-22 为什么水的沸点比氧的同族元素(S,Se 等)氢化物的沸点高得多?

10-23 何为荧光(磷光)的激发光谱和发射光谱? 如何绘制? 它们有何特点?

10-24 简述荧光和磷光发射的过程。

习　题

10-1 判断题(对的打√,错的打×)
(1) 一般来说,π 键只能与 σ 键同时存在,在共价双键或叁键中,只能有一个 σ 键。　　　　　　　　　　　　　　　　　　　　　　　　　　　　　(　)
(2) 由极性键组成的分子一定是极性分子。　　　　　　　　　　　　　(　)
(3) 含氢化合物分子间均能形成氢键。　　　　　　　　　　　　　　　(　)
(4) PCl_3 分子具有平面三角形结构,其键角为 120°。　　　　　　　　(　)
(5) 氨分子中氮、氢键的键角小于甲烷分子中碳、氢键的键角。　　　(　)

(6) 不同原子间,能量相近的轨道不能进行杂化。 (　　)
(7) 非极性分子中的化学键一定是非极性键。 (　　)
(8) 中心原子采取 sp^3 杂化所形成的共价化合物分子的空间构型一定是正四面体型。
 (　　)
(9) 在 CH_3CH_2OH 溶液中,分子之间不仅存在着分子间作用力,还存在分子间氢键。
 (　　)
(10) 两个 H 原子以共价键结合成 H_2 分子,故 H_2 分子中的化学键具有方向性。
 (　　)
(11) HCN 是直线形分子,故其偶极矩为 0。 (　　)
(12) 无论是极性分子还是非极性分子,分子间均存在色散力。 (　　)
(13) CO_2 分子中的化学键为极性共价键,但分子为非极性分子。 (　　)
(14) 根据分子轨道理论,氧气是顺磁性的。 (　　)
(15) 碳碳双键的键能是碳碳单键键能的 2 倍。 (　　)

10-2 选择题

(1) 下列分子中只含 σ 键的为(　　)。
　　A. HCN　　　　B. H_2O　　　　C. CO　　　　D. N_2　　　　E. C_2H_4

(2) 下列化合物中分子极性最大的是(　　)。
　　A. CCl_4　　　B. C_2H_5OH　　C. I_2　　　　D. H_2O　　　E. H_2S

(3) 下列化合物偶极矩 $\mu=0$ 的是(　　)。
　　A. H_2O　　　B. NH_3　　　　C. BF_3　　　D. CH_3Cl　　E. HCl

(4) 在下列分子或离子中,没有孤电子对的是(　　)。
　　A. H_2O　　　B. NH_3　　　　C. H_2S　　　D. NH_4^+　　　E. OH^-

(5) 乙醇和水之间的作用力为(　　)。
　　A. 色散力　　　　　　　　　　B. 取向力和诱导力
　　C. 色散力和诱导力　　　　　　D. 取向力、诱导力和色散力
　　E. 除 D 所述之外还有氢键

(6) 稀有气体在低温下能够被液化的原因在于(　　)。
　　A. 单原子分子有一定的体积　　B. 单原子分子有一定的质量
　　C. 单原子分子间有相互作用　　D. 单原子分子在低温下形成氢键
　　E. 原子是由带正电荷的核和带负电荷的电子组成的

(7) 下列说法中正确的是(　　)。
　　A. p 轨道之间"肩并肩"重叠可形成 σ 键
　　B. p 轨道之间"头碰头"重叠可形成 π 键
　　C. s 轨道和 p 轨道"头碰头"重叠可形成 σ 键
　　D. s 轨道和 p 轨道"头碰头"重叠可形成 π 键
　　E. 共价键是两个原子轨道"头碰头"重叠形成的

(8) 甲烷(CH_4)分子中,碳原子所采用的杂化方式为(　　)。
　　A. sp　　　　B. sp^2　　　　C. sp^3　　　D. dsp^2　　　E. spd^2

(9) 下列各组分子之间仅存在着色散力的是（　　）。
　　A. 甲醇和水　　B. 溴化氢和氯化氢　　C. 氮气和水
　　D. 乙醇和水　　E. 苯和四氯化碳

(10) 下列分子中极性最小的是（　　）。
　　A. NaF　　B. HF　　C. HCl　　D. HBr　　E. HI

(11) 下列化合物中存在氢键的是（　　）。
　　A. HF　　B. CH_4　　C. HI　　D. CCl_4　　E. CO_2

(12) 下列化合物中，能形成分子内氢键的是（　　）。
　　A. 邻羟基苯甲酸　　B. CH_3F　　C. 对羟基苯甲酸
　　D. H_2O　　E. PH_3

(13) NH_3 分子中 N 原子采取不等性 sp^3 杂化，分子在空间的构型为（　　）。
　　A. 直线形　　B. 三角形　　C. 四方形　　D. 三角锥形
　　E. 四面体形

(14) 下列分子中，属于极性分子的是（　　）。
　　A. CO_2　　B. CH_4　　C. NH_3　　D. O_2　　E. $BeCl_2$

(15) 利用电负性数值可以预测（　　）。
　　A. 原子半径的大小　　B. 分子的极性
　　C. 化学键的极性　　D. 有效核电荷
　　E. 分子构型

(16) 在 $BeCl_2$ 分子中，Be 原子所采取的杂化方式是（　　）。
　　A. sp　　B. sp^2　　C. sp^3　　D. s^2p^2　　E. spd^2

(17) 氢键的本质是（　　）。
　　A. 分子组成中含有氢原子　　B. 静电吸引作用
　　C. 分子内化学键　　D. 分子间化学键
　　E. 使小分子聚合成比较复杂的分子的力

(18) 下列分子中存在分子间氢键的是（　　）。
　　A. BF_3　　B. CH_3F　　C. HAc　　D. CCl_4

(19) 根据价层电子对互斥理论，下列分子或离子中，空间构型为平面三角形的是（　　）。
　　A. BCl_3　　B. NH_3　　C. SO_4^{2-}　　D. H_2O　　E. $BeCl_2$

(20) 根据分子轨道理论，B_2 分子中的化学键是（　　）。
　　A. 1个σ键　　B. 一个π键　　C. 2个σ键
　　D. 1个σ键、一个π键　　E. 2个单电子π键

(21) 下列分子之间存在取向力的是（　　）。
　　A. H_2O　　B. CCl_4　　C. CO_2　　D. O_2　　E. 苯

(22) 已知 PH_3 分子的空间构型为三角锥形，故 P 原子在形成分子时所采取的杂化方式是（　　）。

A. sp   B. sp^2 C. sp^3 D. dsp^2 E. d^2sp^3

(23) 下列化合物中,既有离子键又有共价键的是(　　)。
     A. CaO   B. CH_4 C. $BaCl_2$ D. NH_4Cl E. H_2O

(24) 下列分子中,键角最小的是(　　)。
     A. NH_3 B. BF_3 C. H_2O D. CO_2 E. $BeCl_2$

(25) 下列物质中最易溶于水的是(　　)。
     A. $CH_3CH_2CH_3$ B. CH_3—O—CH_3 C. I_2
     D. $CH_3CH_2CH_2$—OH   E. 苯酚(C₆H₅OH)

10-3 填空题

(1) 氢键的键能一般比分子间作用力_____,比化学键的键能_____。

(2) 共价键具有_____和_____,通常 σ 键比 π 键_____。

(3) 使固体碘升华需克服的力是_____。

(4) 现代价键理论认为,N_2 分子的 2 个 p_x 轨道沿 x 轴以_____方式重叠可形成_____。而具有单电子的 2 个 p_y 和 2 个 p_z 轨道以_____方式重叠形成_____键。

(5) 根据杂化轨道理论,BF_3 分子的空间构型是_____;NF_3 分子的空间构型是_____。

(6) 据分子轨道理论,O_2 的键级为_____,O_2 分子中存在_____个 σ 键和_____个 π 键,故 O_2 是_____磁性的。

(7) 在 Cl_2、NH_3、NH_4Cl、$BaCl_2$、CCl_4 中,由非极性键组成的非极性分子是_____,由离子键形成的化合物是_____,由极性键形成的极性分子是_____,既有离子键又有共价键的化合物是_____。

(8) 分子轨道理论认为,在 HF 分子中,H 原子的 1s 轨道与 F 原子的_____轨道形成_____分子轨道,其中能量较低的轨道称为_____轨道,在这个轨道中有_____个自旋方向_____的电子,F 原子的其余电子则进入_____轨道。

(9) 第 16 号元素 S 的外层电子构型为_____,未成对电子数为_____个,H_2S 分子的空间构型是_____,分子_____极性。

10-4 试用杂化轨道理论判断下列各物质是以何种杂化轨道成键,并说明各分子的形状及是否有极性:PH_3、CH_4、NF_3、BBr_3、SiH_4。

10-5 下列分子中,哪个键角最小?
$HgCl_2$、BF_3、CH_4、NH_3、H_2O。

10-6 根据价层电子对互斥理论判断 ClO^-、ClO_2^-、ClO_3^-、ClO_4^- 离子的几何构型。

10-7 用价层电子对互斥理论推测下列离子或分子的几何构型:
$PbCl_2$、NF_3、PH_4^+、BrF_5、SO_4^{2-}、NO_3^-、XeF_4、$CHCl_3$。

10-8 根据价层电子对互斥理论,判断 CO_2、NO_2、SO_3 分子的空间构型,推断中心原子可能采取的杂化轨道类型。

10-9 应用同核双原子分子轨道能级图,从理论上推断下列分子是否可能存在,并指出它们各自成键的名称和数目,写出价键结构式或分子结构式。

H_2^+、He_2^+、C_2、Be_2、B_2、N_2^+、O_2^+。

10-10 根据分子轨道理论说明:

(1) He_2 分子不存在;(2) N_2 分子很稳定;(3) O_2^- 具有顺磁性。

10-11 根据键的极性和分子的几何构型,判断下列哪些分子是极性分子,哪些分子是非极性分子:

Ne、Br_2、HF、NO、H_2S、CS_2、$CHCl_3$、CCl_4、BF_3、NF_3。

10-12 判断下列各组物质中不同物质分子之间存在着何种分子间力:

(1) 苯和四氯化碳;(2) 氦气和水;(3) 硫化氢和水。

10-13 判断下列各组物质间存在何种分子间作用力:

(1) 硫化氢气体;(2) 甲烷气体;(3) 氯仿气体;(4) 氨水;(5) 溴水。

10-14 判断下列物质哪些存在氢键,如果有氢键形成请说明氢键的类型。

$C_2H_5OC_2H_5$、HF、H_2O、H_3BO_3、HBr、H_2S、CH_3OH、邻硝基苯酚。

第 11 章

固体结构

学习要求

(1) 熟悉晶体的类型、特征和组成晶体微粒间的作用力。

(2) 了解金属晶体的 3 种密堆积结构及其特征。理解金属键的形成和特征。

(3) 熟悉 3 种典型离子晶体的结构特征。理解晶格能的概念和离子电荷、半径对晶格能的影响;熟悉晶格能对离子化合物熔点、硬度的影响;了解晶格能的热化学计算方法。

(4) 了解离子半径及其变化规律、离子极化及其对键型、晶格类型、溶解度、熔点、颜色的影响。

(5) 熟悉键的极性和分子的极性;了解分子的偶极矩和变形性及其变化规律。

90%的元素单质和大部分无机化合物在常温下均为固体,它们在人类生活中起着重要的作用。本章以晶体结构为重点,着重研究晶体中微粒之间的作用力和这些微粒在空间的排布情况。

11.1 晶体的类型和特征

11.1.1 晶体的特征

晶体和非晶体是按粒子在固体状态中排列特性的不同而划分的。

晶体是内部结构有规则排列的固体。晶体是由粒子(原子或分子或离子)在空间按一定规律、周期重复地排列所构成的固体物质。晶体内部原子或分子或离子按周期性规律排列的结构,是晶体与气体、液体以及非晶态固体的本质区别。晶体的周期性结构,使得晶体具有一些共同的特征:

(1) 均匀性。晶体中粒子周期排布的周期很小,宏观观察分辨不出微观的不连续性,因而,晶体内部各部分的宏观性质(如化学组成、密度等)是相同的。

(2) 各向异性。晶体在不同的方向上有不同的物理性质的现象,叫做各向异性。晶体的力学性质、光学性质、热和电的传导性质都表现出各向异性。例如,石墨晶体在平行于石墨层方向上比垂直于石墨层方向上电导率大 10 000 倍;云母片沿某一平面的方向容易撕成薄片等。这是由于在晶体内不同方向上微观粒子排列的周期长短不同,而粒子间距离的长短又直接影响它们相互作用力的大小和性质。非晶体由于粒子的排列是混乱的,表现为各向同性。

(3) 自发地形成多面体外形。例如,只要结晶条件良好,可以看出食盐、石英、明矾等分别具有立方体、六角柱体和八面体的几何外形。这是晶体内微观粒子的排布具有空间点阵结构在晶体外形上的表现。玻璃、松香、橡胶等非晶体都没有一定的几何外形。当然晶体也可以不具有多面体外形,大多数天然和合成固体是多晶体,它们是许多取向混乱、尺寸不一、形状不规则的小晶体或晶粒的集合。

(4) 有确定的熔点。非晶体没有固定的熔点,只有一段软化温度范围。这是由于晶体的每一个晶胞都是等同的,都在同一温度下被微观粒子的热运动所瓦解。在非晶体中,粒子间的作用力有的大、有的小,极不均一,所以没有固定的熔点。

(5) 有特定的对称性。晶体的理想外形和内部结构具有对称性。

(6) 使 X 射线产生衍射。晶体结构的周期和 X 射线的波长差不多,可以作为三维光栅,使 X 射线产生衍射现象。X 射线衍射是了解晶体结构的重要实验方法。

11.1.2 晶格理论的基本概念

晶格是一种几何概念,是从实际晶体中抽象出来的,即把晶体中规则排列的粒子抽象为几何学上的点,并称为结点,这些结点的总和称为空间点阵。如果沿着三维空间的方向,把点阵中各相邻的点按照一定的规则连接起来,就可以得到描述晶体内部结构的具有一定几何形状的空间格子,称为晶格。晶格可以表示晶体周期性结构的规律。也就是说,晶格是用点和线反映晶体结构的周期性。实际晶体的粒子(可以是原子、离子和分子)就位于晶格的结点上,它们将晶格划分为一个个平行六面体的基本单元。而晶胞则是包括晶格点上的粒子在内的平行六面体,它是晶体的最小重复单元。晶胞在空间平移并无隙地堆砌而成晶体。

1. 晶胞的两大要素

(1) 晶胞的形状与大小。用晶胞参数 a、b、c、α、β、γ 表示。a、b、c 为六面体边长,α、β、γ 分别是 bc、ca、ab 所组成的夹角(图 11-1)。这就意味着晶胞的形状一定是平行六面体,彼此间无缝并置,具有平移对称性。

(2) 晶胞的内容。由晶胞中原子、离子或分子的种类、数目和它在晶胞中的相对位置来表示。

由于整个晶体是晶胞在三维空间平移的结果,所以研究清楚晶胞的形状、大小与内容,一个实际晶体的结构也就清楚了。

2. 晶系

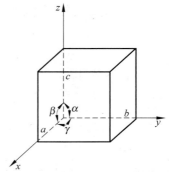

图 11-1 晶胞参数

按照晶胞参数的差异,将晶体分成 7 种晶系(表 11-1 和图 11-2)和 14 种空间点阵排列型式(图 11-3)。

表 11-1 七种晶系

晶系	边长	夹角	晶体实例
立方(cubic)	$a=b=c$	$\alpha=\beta=\gamma=90°$	Cu,NaCl
四方(tetragonal)	$a=b\neq c$	$\alpha=\beta=\gamma=90°$	Sn,SnO_2
正交(rhombic)	$a\neq b\neq c$	$\alpha=\beta=\gamma=90°$	I_2,$HgCl_2$
三方(rhombohedra)	$a=b=c$	$\alpha=\beta=\gamma\neq 90°$	Bi,Al_2O_3
六方(hexagonal)	$a=b\neq c$	$\alpha=\beta=90°,\gamma=120°$	Mg,AgI
单斜(monoclinic)	$a\neq b\neq c$	$\alpha=\gamma=90°,\beta\neq 90°$	S,$KClO_3$
三斜(triclinic)	$a\neq b\neq c$	$\alpha\neq\beta\neq\gamma\neq 90°$	$CuSO_4\cdot 5H_2O$

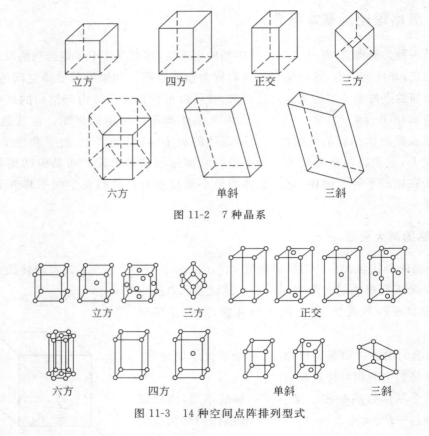

图 11-2　7 种晶系

图 11-3　14 种空间点阵排列型式

11.1.3　晶体的基本类型

根据组成晶体的粒子的种类及粒子之间作用力的不同,可将晶体分为金属晶体、离子晶体、分子晶体和原子晶体 4 种基本类型(表 11-2)。

表 11-2 晶体的基本类型和特征

晶体类型	组成粒子	粒子作用力	物理性质			实例
			熔、沸点	硬度	熔融导电性	
金属晶体	原子、离子	金属键	高或低	大或小	好	Cr,K
原子晶体	原子	共价键	高	大	差	SiO_2
离子晶体	离子	离子键	高	大	好	NaCl
分子晶体	分子	分子间力	低	小	差	干冰

在以下各节中将对这 4 种晶体类型进行详细讨论。

11.2 金属键和金属晶体

11.2.1 金属晶格

金属晶体的晶格上占据的粒子是金属原子或金属正离子。金属晶体是靠金属正离子和自由电子之间的相互吸引作用结合成一个整体的,这种结合作用就是金属键。

金属晶体力求金属原子能够达到最紧密的堆积,使每个金属原子拥有尽可能多的相邻原子(通常是 8 或 12 个原子),从而达到最稳定的结构。金属的这种紧密堆积,已为金属的 X 射线衍射实验所证实。

金属晶体中金属原子在空间的排列,可近似视为等径圆球的密堆积。金属晶体的堆积方式主要有 3 种:六方紧密堆积、面心立方紧密堆积、体心立方紧密堆积。

六方紧密堆积方式的空间利用率是 74.05%,配位数是 12,属于六方晶格,见图 11-4。

面心立方紧密堆积方式的空间利用率也是 74.05%,配位数也是 12,属于面心立方格子,见图 11-5。

体心立方紧密堆积配位数是 8,空间利用率是 68.02%。这种堆积同层圆球是按正方形排列的,每个圆球位于另 8 个圆球为顶角组成的立方体的中心,如图 11-6 所示。

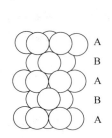

图 11-4 六方紧密堆积

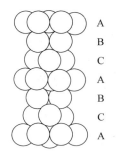

图 11-5 面心立方紧密堆积

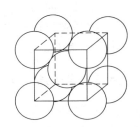

图 11-6 体心立方紧密堆积

一些金属所属的晶格类型如下。

六方紧密堆积晶格:La、Y、Mg、Zr、Hg、Cd、Co 等;

面心立方紧密堆积晶格：Sr、Ca、Pb、Ag、Au、Al、Cu、Ni 等；
体心立方紧密堆积晶格：K、Rb、Cs、Li、Na、Cr、Mo、W、Fe 等。

11.2.2 金属键

非金属元素的原子都有较多的价电子，彼此可以共用电子而互相结合。但大多数金属元素的价电子都少于 4 个（多数只有 1 个或 2 个价电子），而金属晶格中每个原子要被 8 个或 12 个相邻原子所包围，很难想象它们之间是如何结合起来的。为了说明金属键的本质，目前有两种主要的理论——金属键的改性共价键理论和能带理论。这里我们只简要讨论金属键的改性共价键理论。有关能带理论读者可参阅其他书刊。

改性共价键理论认为，金属原子极易失去电子变成金属正离子，所以金属晶体内晶格结点上排列的微粒为金属原子和金属正离子。从金属原子脱离下来的电子为整个晶体内的金属原子、金属正离子所共有，并能在它们之间自由运动，故称为自由电子。金属离子亦有结合电子成为金属原子的趋势。这样，自由电子就把金属正离子和金属原子结合在一起，形成了金属晶体，这种结合力就称为金属键。这一理论借用了共价键理论中共用电子的概念，因此这种键可以认为是改性的共价键。但与一般的共价键不同，它们的共用电子是非定域（即离域）的，是属于整个金属晶体内所有原子和离子的，因此金属键是一种"少电子多中心键"。金属键没有方向性和饱和性。由于自由电子的存在和晶体的紧密堆积结构，使金属具有一些共同的性质，例如具有较大的密度、金属光泽、良好的导电性、导热性和延展性。

11.3 离子晶体

11.3.1 离子键的形成及离子的电子层结构

1. 离子键的形成

金属元素与电负性较大的非金属元素生成的化合物，如 NaCl、KCl、CsCl、MgO 等都是离子型化合物。正负离子之间通过静电作用结合在一起，这种化学键称为离子键。离子键的一个特点是无方向性，即只要条件许可，离子可以在任何方向与带有相反电荷的离子互相吸引。离子键的键能比较大。例如，氯化钠在通常的条件下是以离子晶体存在，由于在晶体中不存在 NaCl 单体，所以 NaCl 是化学式，而不是分子式。

2. 离子的电子层结构

所有简单阴电子（如 F^-、Cl^-、S^{2-} 等）最外层电子构型为 ns^2np^6，即为 8 电子构型。而阳离子的电子构型则较为复杂（表 11-3）。

非稀有气体构型的离子也有一定的稳定性。离子的电子构型直接影响键的离子性，进而影响化合物的性质，将在 11.4 节"离子极化"中讨论。

表 11-3 阳离子的电子构型

	离子外电子层电子排布通式	离子的电子构型	阳离子实例	元素所在区域
稀有气体	$1s^2$	2	Li^+，Be^{2+}	s 区
电子构型	ns^2np^6	8	Na^+，Mg^{2+}，Al^{3+}	s 区、p 区
非稀有气体电子构型	$ns^2np^6nd^{1\sim9}$	9～17	Cr^{3+}，Mn^{2+}，Fe^{2+}，Fe^{3+}，Cu^{2+}	d 区、ds 区
	$ns^2np^6nd^{10}$	18	Cu^+，Zn^{2+}，Cd^{2+}，Hg^{2+}	ds 区
	$(n-1)s^2(n-1)p^6(n-1)d^{10}ns^2$	18+2	Sn^{2+}，Pb^{2+}，Sb^{3+}，Bi^{3+}	p 区

11.3.2 离子晶体

在离子晶体中，晶胞中的微粒为正离子和负离子，微粒间有很强的静电作用，这种静电结合力就叫做离子键，所以离子键没有方向性和饱和性。凡靠离子键结合而成的晶体统称为离子晶体。

1. 离子晶体的特征和性质

离子型晶体化合物最显著的特点是具有较高的熔点和沸点。它们在熔融状态能够导电，但在固体状态，离子被局限在晶格的某些位置上振动，因而绝大多数离子晶体几乎不导电。大多数离子型化合物容易溶于极性溶剂中。

2. 离子晶体的几种最简单的结构类型

下面给出 AB 型离子化合物的几种最简单的结构类型 NaCl 型、CsCl 型和 ZnS 型。

1) NaCl 型结构

NaCl 型结构是 AB 型离子化合物中常见的一种晶体构型。

点阵型式：Na^+ 离子的面心立方点阵与 Cl^- 离子的面心立方点阵平行交错，交错的方式是一个面心立方格子的结点位于另一个面心立方格子的中点，如图 11-7 所示。

晶系：立方晶系；配位比是 6∶6（每个离子被 6 个相反电荷的离子所包围）。

2) CsCl 型结构

点阵型式：Cs^+ 离子形成简单立方点阵，Cl^- 离子形成另一个立方点阵，两个简单立方点阵平行交错，交错的方式是一个简单立方格子的结点位于另一个简单立方格子的体心，如图 11-8 所示。

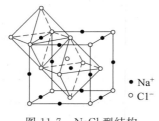

图 11-7　NaCl 型结构

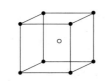

图 11-8　CsCl 型结构

晶系：立方晶系；配位比是 8∶8（每个正离子被 8 个负离子包围，同时每个负离子也被 8 个正离子所包围）。

3）立方 ZnS 型结构

点阵型式：Zn 原子形成面心立方点阵，S 原子也形成面心立方点阵。平行交错的方式比较复杂，是一个面心立方格子的结点位于另一个面心立方格子的体对角线的 1/4 处，如图 11-9 所示。

图 11-9 ZnS 型结构

晶系：立方晶系；配位比是 4∶4。BeO、ZnSe 等晶体均属立方 ZnS 型。

常见的离子化合物的晶体结构类型列于表 11-4。

表 11-4 常见的离子化合物的晶体构型

构型	实 例
CsCl 型	CsCl、CsBr、CsI、TlCl、TlBr、NH_4Cl 等
NaCl 型	Li^+、Na^+、K^+、Rb^+ 的卤化物；AgF；Mg^{2+}、Ca^{2+}、Sr^{2+}、Ba^{2+} 的氧化物；硫化物；硒化物等
ZnS 型	BeO、BeS、BeSe、BeTe、MgTe 等

3. 离子晶体的离子半径比

不同正、负离子结合成离子晶体时，形成配位比不同的空间结构，其原因主要是离子种类、离子外层电子构型、离子电荷、离子半径以及外界条件。这里着重讨论正、负离子的半径比和离子晶体构型之间的关系。

一般负离子半径大于正离子半径，因此在形成离子晶体时，只有正、负离子紧密接触而负离子也两两接触时，才是最稳定的排列，这与正、负离子的半径之比 r_+/r_- 有关。现以 NaCl 型晶体为例加以说明。图 11-10 表示取 NaCl 晶体某一层的平面图，其中图(a)表示正、负离子作最紧密的接触，负离子也两两接触的排列。

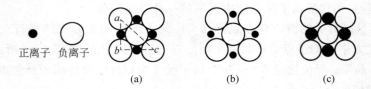

图 11-10 配位数为 6 的晶体中正、负离子的半径比
(a) $r_+/r_- = 0.414$；(b) $r_+/r_- < 0.414$；(c) $r_+/r_- > 0.414$

由图 11-10 可知，$\dfrac{ab}{ac} = \sin 45° = 0.707$，而 $\dfrac{ab}{ac} = \dfrac{2r_- + 2r_+}{4r_-}$，可求得 $\dfrac{r_+}{r_-} = 0.414$，此时晶体中正负离子之间和负离子之间都能紧密接触，是最稳定的排列。

如果 $\dfrac{r_+}{r_-} < 0.414$，见图 11-10(b)，晶体中负离子相互接触而正、负离子间彼此不能接触，这样的构型吸引力小，排斥力大，不能稳定存在。晶体将被迫转入较少的配位数，例如转入 4 配位的 ZnS 型，此时正、负离子就可以相互接触。但当 $\dfrac{r_+}{r_-} < 0.225$ 时，ZnS 型的晶体也不能稳定存在，这时晶体就要向配位数更小的构型（如配位数为 3）转变。

如果 $\frac{r_+}{r_-}>0.414$,见图 11-10(c),负离子彼此不能接触,而正、负离子仍然接触。吸引力大,排斥力小,这种构型仍然可以稳定存在。但当 $\frac{r_+}{r_-}>0.732$ 时,只要空间条件许可,正离子周围就有可能容纳更多的负离子,即晶体将向配位数为 8 的 CsCl 型转变。

上述正、负离子半径比与晶体构型和配位数的关系称为离子半径比定则,它只适用于 AB 型离子型晶体,而不适用于共价化合物(表 11-5)。

表 11-5　正负离子半径比与晶体构型和配位数的关系

r_+/r_-	配位数	晶体构型	实　例
0.225~0.414	4	立方 ZnS 型	BeO、BeS、BeSe、BeTe、ZnO、CuCl 等
0.414~0.732	6	NaCl 型	NaBr、KI、LiF、MgO、CaO、CaS 等
0.732~1.00	8	CsCl 型	CsCl、CsBr、CsI、TlCl、TlBr 等

此外,离子晶体的构型还与离子的电荷、电子构型以及外界条件有关。正、负离子之间如果有强烈的极化作用,晶体的构型就会偏离上述一般规则。故晶体到底采取何种构型,应由实验来确定。

11.3.3　晶格能

晶格能(U)是指将 1 mol 离子晶体的正负离子(克服晶体中的静电引力)完全气化而远离所需要吸收的能量。例如:

$$\text{NaF(s)} \longrightarrow \text{Na}^+(g) + \text{F}^-(g), \quad U = 902 \text{ kJ} \cdot \text{mol}^{-1}$$

对晶体构型相同的离子化合物,离子的电荷越多,核间距越短,晶格能就越大。晶格能的大小常用来比较离子键的强度和晶体的牢固程度。离子化合物的晶格能越大,表示正负离子间结合力越强,晶体越牢固,因此晶体的熔点越高,硬度越大。(判断典型的离子晶体熔点高低时,用晶格能判断;典型的共价性物质用分子间力判断。)

对于相同类型的离子晶体来说,离子电荷数越大,正、负离子半径越小,则晶格能越大,熔点越高,硬度越大(表 11-6)。

表 11-6　晶格能与离子型化合物的物理性质(298.15 K)

物质	晶格能/(kJ·mol^{-1})	熔点/K	硬度
NaI	684	933	—
NaBr	733	1013	—
NaCl	771	1074	—
NaF	902	1261	—
BeO	4543	2833	9.0
MgO	3889	3916.2	6.5
CaO	3513	3476.9	4.5
SrO	3310	3204.9	3.5
BaO	3152	2196	3.3

11.4 离子极化

AgI 晶体按离子半径比的理论计算,其 $\frac{r_+}{r_-}=0.573$,应为 NaCl 型晶体,但实际上却为 ZnS 型晶体,这是因为 Ag^+ 和 I^- 之间有强烈的极化作用的缘故。离子极化普遍存在于离子晶体之中,对化合物的性质有很大影响。

11.4.1 离子的极化力和变形性

简单离子由于正、负电荷重心重合,故都不显极性。但若离子处于外电场中,其核和外层电子的电子云就会发生相对位移,离子发生变形,如图 11-11 所示,这个过程称为离子的极化。

带有电荷的离子本身就是一个电场。正负离子靠近时,可以相互产生极化。其结果是使电子云变形,并使正负离子之间产生了额外的吸引力。离子极化的强弱主要决定于离子的极化力和离子的变形性。

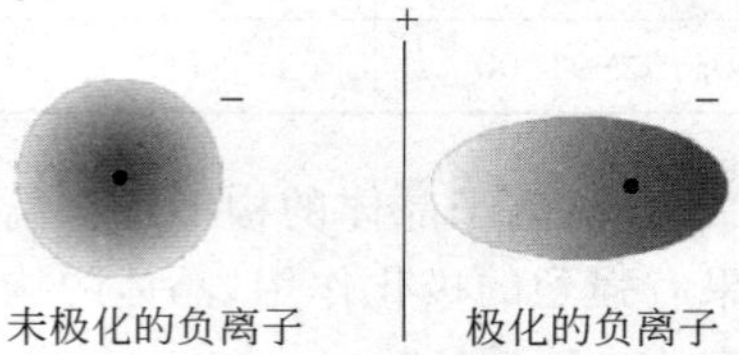

未极化的负离子　　极化的负离子

图 11-11　离子相互极化示意

1. 离子的极化力

离子的极化力是指某种离子使异号电荷离子极化(即变形)的能力。

离子的极化力与离子的电荷、半径以及电子构型有关。对阳离子而言,离子的电荷越多,半径越小,所产生的电场强度就越大,离子的极化力就越大,例如:$Al^{3+}>Mg^{2+}>Na^+$。当离子的电荷相同、半径相近时,离子的电子构型对离子的极化力就起决定性的作用:8 电子构型(如 Na^+、Ca^{2+} 等)<9~17 电子构型(Mn^{2+}、Fe^{2+}、Fe^{3+} 等)<2,18 和 18+2 电子构型(Li^+、Be^{2+} 等;Cu^+、Cd^{2+} 等;Pb^{2+}、Bi^{3+} 等)。

2. 离子的变形性

在外电场的作用下,离子外层电子云与核发生相对位移,称为离子的变形性。

离子的变形性主要决定于离子半径的大小。离子半径大,核对外层电子吸引力较弱,离子变形性大,如 $I^->Br^->Cl^->F^-$。对正离子来说,电荷越大,其变形性越小;对负离子来说,电荷越大,其变形性越大。当离子半径相近、电荷相等时,离子的变形性取决于其电子构型,非稀有气体构型(即 18,18+2,9~17 电子构型)的正离子的变形性比稀有气体构型(8 电子构型)离子大得多。电子构型相同时,负离子比正离子容易变形。

3. 离子的附加极化作用

一般来说,负离子为 8 电子构型,外层又多了电子,半径较大,所以负离子的极化力较弱,变形性较大。相反,正离子外层少了电子,半径较小,具有较强的极化力,变形性却不大(除 18,18+2 电子构型的正离子)。所以正、负离子之间,一般考虑正离子对负离子的极化和负离子的变形。

但当正离子为 18 或 18+2 电子构型时,它的极化力和变形性都比较显著,这时往往会引起正、负离子之间的相互极化作用,从而加大离子间的引力。如 AgI 晶体中,Ag⁺ 为 18 电子构型,极化力强,变形性也较大;I⁻ 半径很大,极易变形。I⁻ 被 Ag⁺ 极化所产生的诱导偶极又会诱导变形性大的 Ag⁺,使之变形;而 Ag⁺ 所产生的诱导偶极又会加强 Ag⁺ 对 I⁻ 的极化,使 I⁻ 的诱导偶极增大,结果正、负离子都发生显著的极化现象,这种加强的极化作用又称为附加极化作用。每个离子的总极化作用是它原来的极化作用和附加极化作用的加和。

11.4.2 离子极化对晶体结构和性质的影响

1. 对键型的影响

极化力强、变形性又大的正离子与变形性大的负离子之间的相互极化作用显著,负离子的电子云会向正离子方向偏移,同时正离子的电子云也会发生相应变形,正、负离子的电子云互相重叠,导致正、负离子的核间距(即键长)缩短、键的极性减弱,键的性质可能从离子键向共价键逐步过渡(图 11-12)。离子相互极化程度越大,键的共价成分就越多。AgX 中,F⁻ 半径很小,变形性小,Ag⁺ 和 F⁻ 之间相互极化作用不明显,故 AgF 为离子键。随着 Cl⁻、Br⁻、I⁻ 半径增大,Ag⁺ 和 X⁻ 之间的相互极化作用不断增强,化学键极性逐渐减弱,到 AgI 已经是共价键了(表 11-7)。

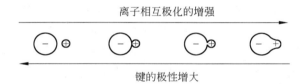

图 11-12 离子极化对键型的影响

表 11-7 卤化银的键型、晶体结构和性质

卤 化 银	AgF	AgCl	AgBr	AgI
卤素离子半径/pm	133	181	196	220
正负离子半径之和/pm	259	307	322	346
实测键长/pm	246	277	288	299
离子极化程度	⎯⎯⎯⎯⎯⎯⎯⎯→从左到右逐渐增强⎯⎯⎯⎯⎯⎯⎯⎯→			
键型	离子键	过渡键型	过渡键型	共价键
r_+/r_- 值	0.95	0.70	0.64	0.57
理论晶体构型	CsCl 型	NaCl 型	NaCl 型	NaCl 型
实际晶体构型	NaCl 型	NaCl 型	NaCl 型	ZnS 型
配位数	6	6	6	4
溶解度/(mol·L⁻¹)	易溶	1.3×10^{-5}	7.3×10^{-7}	9.2×10^{-9}
颜色	白色	白色	淡黄色	黄色

可见，离子键和共价键之间没有绝对的界限。无机化合物中不少属于过渡键型。

2. 对晶体结构的影响

离子化合物的晶体结构不但与离子半径比 $\dfrac{r_+}{r_-}$ 有关，还与极化作用有关。如果正、负离子相互极化作用明显，离子的电子云相互重叠增大，键的共价成分增加，键长缩短。键长缩短正是由于正离子部分钻入了负离子的电子云，即 $\dfrac{r_+}{r_-}$ 变小，这导致向配位数较小的晶体构型转变。按离子半径比定则计算，AgCl、AgBr 和 AgI 的 $\dfrac{r_+}{r_-}$ 分别为 0.70、0.64、0.57，它们都应属配位数为 6 的 NaCl 型，但 AgI 中由于有强烈的相互极化作用，导致向配位数较小的 ZnS 型转变，且是共价晶体(表 11-7)。AgF 虽是离子键，$\dfrac{r_+}{r_-} > 0.732$，但仍有一定的离子极化作用，所以 AgF 晶体为 NaCl 型。

3. 对化合物性质的影响

离子极化作用必然会影响化合物的性质，包括熔点、沸点的降低，溶解度的降低和化合物颜色的改变等。

(1) 熔点、沸点。NaCl、$MgCl_2$、$AlCl_3$ 的熔点分别为 801℃、714℃、192℃，因为极化力 $Al^{3+} > Mg^{2+} > Na^+$，所以 NaCl 为离子化合物，而 $AlCl_3$ 接近于共价化合物。

(2) 溶解度。AgF、AgCl、AgBr、AgI 的溶解度依次减小，这是因为从 $F^- \to I^-$ 半径依次增大，变形性也随之增大，卤化物共价性依次增加，溶解度递减。

(3) 颜色。一般若组成化合物的正、负离子都为无色，则该化合物也为无色，如 NaCl、KI、KNO_3。若其中一离子有色，则该化合物呈该离子的颜色，如 K_2CrO_4 呈 CrO_4^{2-} 的黄色。但 Ag_2CrO_4 呈棕红色，AgI 呈黄色，Ag_2S 呈黑色，则与 Ag^+ 具有较强的极化作用和负离子的变形性有关。

11.5 原子晶体和分子晶体

11.5.1 共价型原子晶体和混合键型晶体

1. 共价型原子晶体

所有原子都以共价键相结合形成的晶体称为共价型晶体。共价型原子晶体的特点：原子间以共价键相结合，共价键有方向性和饱和性，所以原子的配位数由键的数目决定，一般配位数较低，键的方向性决定了晶体结构的空间构型；由于共价键的结合力比离子键大，所以共价型原子晶体都有较大的硬度和高的熔点，其导电性和导热性较差。

金刚石是一种典型的共价型原子晶体。在这种晶体中，每个 C 原子采取 sp^3 杂化，C 与 C 相连，形成四面体结构，这种结构在空间连续排布就形成了金刚石。从这种晶体可抽出面心立方晶胞,每个 C 的配位数为 4(图 11-13 和图 11-14)。

SiO_2 为原子晶体,空间网状结构(图 11-15),Si 原子构成正四面体,O 原子位于 Si—Si 键中间。(SiO_2 晶体中不存在 SiO_2 分子,只是由于 Si 原子和 O 原子个数比为 1:2,才得出二氧化硅的化学式为 SiO_2。)

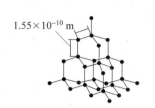
图 11-13 金刚石的晶体结构示意图

图 11-14 金刚石的晶胞立体构型

图 11-15 二氧化硅晶体结构示意图

Si、Ge、Sn 的单质,SiC 都属于共价型晶体。

2. 混合键型晶体

除金属晶体、离子晶体、原子晶体和分子晶体 4 种基本晶体类型外,还有一系列过渡型晶体,因为这些晶体中粒子间的作用力不止一种,所以常称为混合键型晶体。常见的混合键型晶体有层状结构和链状结构两种。

石墨是一种典型的混合键型晶体,为层状结构。石墨中,每个 C 以 sp^2 杂化与其他 C 形成平面大分子(大共轭分子),由多层平面大分子排列起来就构成了石墨。在每一层内,C 与 C 以共价键结合,键长 $1.42×10^{-10}$ m,而层与层之间是靠范德华力相结合,比化学键弱得多,层相距为 $3.35×10^{-10}$ m,由于有离域的 π 电子,所以,石墨具有一些金属的性质,如良好的导电性、导热性。具有金属光泽等,由于石墨层与层之间结合力较弱,层间容易滑动,所以,石墨是一种很好的润滑剂(图 11-16、图 11-17)。属于这类晶体的还有:CaI_2、CdI_2、MgI_2、$Ca(OH)_2$ 等。

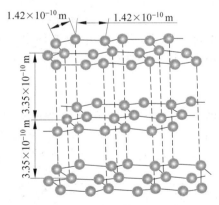
图 11-16 石墨的晶体结构示意图

图 11-17 石墨的晶体结构俯视图

天然硅酸盐的基本结构单位是由 1 个 Si 原子和 4 个 O 原子组成的硅氧正四面体,由于硅氧四面体的连接和排列方式不同而形成不同的硅酸盐物质。各个四面体通过两个顶角 O 连接其他四面体中的 Si 并在一维空间无限延伸,构成单链状结构的硅酸盐负离子

$(SiO_3)_n^{2n-}$ 或双链状结构 $(SiO_3)_n^{6n-}$（图 11-18）。链内硅氧原子间是由共价键组成的长链；链之间的结合力较链内的小，故沿平行于链的方向作用力，晶体易裂开成柱状或纤维状。工业上重要的耐火材料石棉等即属于这种结构的硅酸盐。

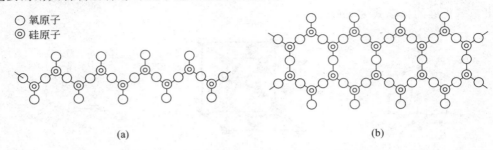

图 11-18　硅酸盐负离子链状硅氧四面体结构
(a) 单链结构；(b) 双链结构

11.5.2　分子型晶体

1. 分子型晶体

单原子分子或共价分子由范德华力凝聚而成的晶体称为分子型晶体。值得注意的是这种晶体如果由单原子分子组成，例如 He、Ne、Ar 等稀有气体的晶体，则其粒子间都是靠范德华力结合，这与共价型原子晶体是有区别的。CO_2 晶体是一种典型的由共价分子组成的分子晶体，从这种晶体可抽出立方面心晶胞，每个晶胞含 4 个 CO_2 分子，每个 CO_2 分子周围紧邻其他 12 个 CO_2 分子（图 11-19）。由于范德华力没有方向性和饱和性，所以一般分子晶体中粒子都尽可能采用密堆积方式。

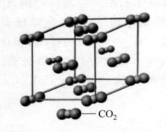

图 11-19　固态二氧化碳的晶体结构示意图

由于范德华力较弱，分子晶体硬度小，熔点低（一般低于 400℃）。有些分子晶体可升华，如碘、萘等。这类晶体固态或熔融态都不导电，但某些分子晶体具有强极性共价键，能溶于水产生水合离子，因而水溶液能导电，如冰醋酸、氯化氢等。分子晶体延展性也很差。

2. 氢键型晶体

分子中与电负性大的原子 X 以共价键相连的氢原子，还可以和另一个电负性大的原子 Y 之间形成一种弱的键称为氢键，氢键有方向性和饱和性，通常在晶体中分子间趋向尽可能多生成氢键以降低能量。

冰是一种典型的氢键型晶体，属于六方晶系，在冰中每个 O 原子周围有 4 个 H，2 个 H 近一些，以共价键相连，2 个 H 较远，以氢键相连，氢的配位数为 4。水分子间的主要作用力是氢键，每个水分子周围只有 4 个水分子与之相邻，这种结构称为非密堆积结构，因此冰的密度比水小（图 11-20）。

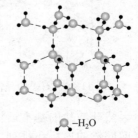

图 11-20　冰的晶体结构

拓展知识

晶 体 材 料

随着计算机技术和激光技术的发展,人类已经走进了崭新的光电子时代;而实现这一巨大变化的物质基础不是别的,正是硅单晶和激光晶体。可以断言,晶体材料的进一步发展,必将谱写出人类科技文明的新篇章。

1. 人类对晶体的认识过程及有关晶体的概念

1) 人类对晶体的认识过程

什么是晶体?从古至今,人类一直在孜孜不倦地探索着这个问题。早在石器时代,人们便发现了各种外形规则的石头,并把它们做成工具,从而揭开了探求晶体本质的序幕。之后,经过长期观察,人们发现晶体最显著的特点就是具有规则的外形。

1669 年,意大利科学家斯丹诺(Nicolaus Steno)发现了晶面角守恒定律,指出在同一物质的晶体中,相应晶面之间的夹角是恒定不变的。接着,法国科学家阿羽依(Rene Just Hauy)于 1784 年提出了著名的晶胞学说,使人类对晶体的认识迈出了一大步。根据这一学说,晶胞是构成晶体的最小单位,晶体是由大量晶胞堆积而成的。

1885 年,这一学说被法国科学家布喇菲(A. Bravais)发展成空间点阵学说,认为组成晶体的原子、分子或离子是按一定的规则排列的,这种排列形成一定形式的空间点阵结构。1912 年,德国科学家劳厄(Max van Lane)对晶体进行了 X 射线衍射实验,首次证实了这一学说的正确性,并因此获得了诺贝尔物理奖。

2) 晶体的概念

具有空间点阵结构的物体就是晶体,空间点阵结构共有 14 种。例如,食盐的主要成分氯化钠(NaCl)具有面心立方结构,是一种常见的晶体。此外,许多金属(如钨、钼、钠、常温下的铁等)都具有体心立方结构,因而都属于晶体。

值得注意的是,在晶体中,晶莹透明的有很多,但是,并不是所有透明的固体都是晶体,如玻璃就不是晶体。这是因为,组成玻璃的粒子只是在一个原子附近的范围内作有规则的排列,而在整个玻璃中并没有形成空间点阵结构。

3) 天然晶体与人工晶体

晶体分为天然晶体和人工晶体。千百年来,自然界中形成了许多美丽的晶体,如红宝石、蓝宝石、祖母绿等,这些晶体叫做天然晶体(图 11-21~图 11-23)。

图 11-21 红宝石

图 11-22 蓝宝石

图 11-23 祖母绿

然而，由于天然晶体出产稀少、价格昂贵，19世纪末，人们开始探索各种方法来生长晶体，这种由人工方法生长出来的晶体叫人工晶体。到目前为止，人们已发明了几十种晶体生长方法，如提拉法、浮区法、焰熔法、坩埚下降法、助熔剂法、水热法、降温法、再结晶法等。利用这些方法，人们不仅能生长出自然界中已有的晶体，还能制造出自然界中没有的晶体。从红、橙、黄、绿、蓝、靛、紫到各种混合颜色，这些人工晶体五彩纷呈，有的甚至比天然晶体还美丽。

4) 晶体的共性

由于具有周期性的空间点阵结构，晶体具有下列共同性质：均一性，即晶体不同部位的宏观性质相同；各向异性，即晶体在不同方向上具有不同的物理性质；自限性，即晶体能自发地形成规则的几何外形；对称性，即晶体在某些特定方向上的物理化学性质完全相同；具有固定熔点；内能最小。

5) 晶体学

晶体学的研究对象是晶体，人们对晶体的认识是从天然晶体开始的。天然晶体具有规则外形和宏观对称性，最初人们认为只有规则外形的天然矿物才是晶体。直到20世纪初期发现了X射线在晶体中的衍射现象，间接地证明了晶体中原子（分子）的规则周期排列，人们开始从微观更深的层次上来认识和研究晶体。

晶体学是一门边缘交叉科学，它涉及许多学科，如数学、物理学、化学和生物学等。同时，晶体学又是很多学科的基础，包含的内容比较广泛。一般可以将晶体学分成晶体生成学、晶体几何学、晶体结构学、晶体物理学和晶体化学等五个部分。

2. 晶体的性能及应用

一位物理学家说过："晶体是晶体生长工作者送给物理学家的最好的礼物。"这是因为，当物质以晶体状态存在时，它将表现出其他物质状态所没有的优异的物理性能，因而是人类研究固态物质的结构和性能的重要基础。此外，由于能够实现电、磁、光、声和力的相互作用和转换，晶体还是电子器件、半导体器件、固体激光器件及各种光学仪器等工业的重要材料，广泛应用于通信、摄影、宇航、医学、地质学、气象学、建筑学、军事技术等领域。

按功能来分，晶体有20种之多，如半导体晶体、磁光晶体、激光晶体、电光晶体、声光晶体、非线性光学晶体、压电晶体、热释电晶体、铁电晶体、闪烁晶体、绝缘晶体、敏感晶体、光色晶体、超导晶体以及多功能晶体等。

3. 晶体研究的发展趋势

随着人们对晶体认识的不断深入，晶体研究的方向也逐步地发生着变化，其总的发展趋势是：从晶态转向非晶态；从体单晶转向薄膜晶体；从通常的晶格转向超晶格；从单一功能转向多功能；从体性质转向表面性质；从无机扩展到有机，等等。

此外，鉴于充分认识到晶体结构-性能关系的重要性，人们已经开始利用分子设计来探索各种新型晶体。随着光子晶体和纳米晶体的出现和发展，人类对晶体的认识更是有了新的飞跃。可以相信，在不久的将来，晶体的品种将会更多，性能将会更优异，应用范围也将会越来越广。

总之，晶体不仅是美丽的，而且也是有用的。它蕴涵着丰富的内容，是人类宝贵的财富。但迄今为止，人们对它的认识犹如冰山之一角，还有许多未知领域等待着我们去探索。

11-1 离子的电荷和半径对典型的离子晶体性能有何影响？离子晶体的通性有哪些？

11-2 为什么干冰（CO_2 固体）和石英的物理性质差异很大？金刚石和石墨都是碳元素的单质，为什么物理性质不同？

11-3 金属晶体的特性与金属键有何联系？

11-4 混合键型晶体主要有哪两类？举例说明。

11-5 "由于离子键没有方向性和饱和性，所以离子在晶体中趋向于紧密堆积方式"，此话对否？NaCl 型晶体离子配位数为 6，立方 ZnS 型晶体离子配位数仅为 4，这与上述的紧密堆积是否矛盾？

11-6 当温度不同时，RbCl 可能以 NaCl 型或 CsCl 型结构存在，(1) 每种结构中正离子与负离子的配位数各是多少？(2) 哪一种结构中 Rb 的半径较大？

11-7 闪锌矿晶胞中 Zn^{2+} 与 S^{2-} 各有几个？

11-8 离子极化力、变形性与离子电荷、半径、电子层结构有何关系？离子极化对晶体结构和性质有何影响？举例说明。

11-9 试用离子极化讨论 Cu^+ 与 Na^+ 虽然半径相似，但 CuCl 在水中溶解度比 NaCl 小得多的原因。

11-10 根据卤化铜的半径数据，卤化铜应取 NaCl 晶体结构型，而事实上却取 ZnS 型，这表明卤离子与铜离子之间的化学键有什么特色？为什么？

11-11 试说明石墨的结构是一种混合型的晶体结构。利用石墨作电极或作润滑剂各与它的晶体中哪一部分结构有关？金刚石为什么没有这种性能？

习　　题

11-1 选择题（将每题一个正确答案的标号选出）

(1) 下列物质的晶体中，属于原子晶体的是（　　）。

　　A. S_8　　　　B. Ga　　　　C. Si　　　　D. GaO

(2) 下列离子中，变形性最大的是（　　）。

　　A. K^+　　　B. Rb^+　　　C. Br^-　　　D. I^-

(3) 下列离子中，属于 9～17 电子构型的是（　　）。

　　A. Li^+　　　B. F^-　　　C. Fe^{3+}　　　D. Pb^{2+}

(4) 下列晶体熔化时，需要破坏共价键的是（　　）。

　　A. SiO_2　　　B. HF　　　C. KF　　　D. Pb

(5) 下列晶格能大小顺序中正确的是（　　）。
　　A. CaO>KCl>MgO>NaCl　　　　B. NaCl>KCl>RbCl>SrO
　　C. MgO>RbCl>SrO>BaO　　　　D. MgO>NaCl>KCl>RbCl

(6) 下列各组物质沸点高低次序中错误的是（　　）。
　　A. LiCl<NaCl　　　　　　　　　B. $BeCl_2$>$MgCl_2$
　　C. KCl>RbCl　　　　　　　　　D. $ZnCl_2$<$BaCl_2$

(7) 下列各组化合物溶解度大小顺序中，正确的是（　　）。
　　A. AgF>AgBr　　　　　　　　　B. CaF_2>$CaCl_2$
　　C. $HgCl_2$<HgI_2　　　　　　　D. LiF>NaCl

(8) 下列物质晶格能大小顺序中正确的是（　　）。
　　A. MgO>CaO>NaF　　　　　　B. CaO>MgO>NaF
　　C. NaF>MgO>CaO　　　　　　D. NaF>CaO>MgO

(9) 下列每组物质发生状态变化所克服的粒子间的相互作用属于同种类型的是（　　）。
　　A. 食盐和蔗糖熔化　　　　　　　B. 钠和硫熔化
　　C. 碘和干冰升华　　　　　　　　D. 二氧化硅和氧化钠熔化

(10) 下列化学式能真实表示物质分子组成的是（　　）。
　　A. NaOH　　B. SO_3　　C. CsCl　　D. SiO_2

(11) 关于晶体的下列说法正确的是（　　）。
　　A. 只要含有金属阳离子的晶体就一定是离子晶体
　　B. 离子晶体中一定含金属阳离子
　　C. 在共价化合物分子中各原子都形成 8 电子结构
　　D. 分子晶体的熔点不一定比金属晶体熔点低

11-2　判断题（对的打√，错的打×）

(1) 固体物质可以分为晶体和非晶体两类。　　　　　　　　　　　　　　　（　　）
(2) 仅依据离子晶体中正离子半径的相对大小即可决定晶体的晶格类型。　　（　　）
(3) 正、负离子相互极化，导致键的极性增强，可使离子键转变为共价键。　（　　）
(4) 因为 Al^{3+} 的极化力比 Mg^{2+} 强，因此 $AlCl_3$ 的熔点低于 $MgCl_2$。　（　　）
(5) 非金属元素间的化合物为分子晶体。　　　　　　　　　　　　　　　　（　　）
(6) 金属键和共价键一样都是通过自由电子而成键的。　　　　　　　　　　（　　）
(7) 氯化氢溶于水后产生 H^+ 和 Cl^-，所以氯化氢分子是由离子键形成的。　（　　）

11-3　填空题

(1) 指出下列离子的外层电子构型的类型：
　　Ba^{2+} _____ , Mn^{2+} _____ , Sn^{2+} _____ , Cd^{2+} _____ 。

(2) 试判断下列各组物质熔点的高低（用">"或"<"表示）：
　　NaCl _____ RbCl，CuCl _____ NaCl，MgO _____ BaO，NaCl _____ $MgCl_2$。

(3) 氧化钙晶体中晶格结点上的微粒为 _____ 和 _____ ，粒子间作用力为 _____ ，晶体类型为 _____ 。

(4) 下列过程需要克服哪种类型的力：NaCl 溶于 H_2O _____ ，液 NH_3 蒸发

_____,SiC 熔化_____,干冰的升华_____。

11-4 简答题

(1) 排出 CO、Ne、HF、H_2 的沸点由高到低的顺序,并说明原因。

(2) 试用离子极化的观点解释 AgF 易溶于水,而 AgCl、AgBr 和 AgI 难溶于水,而且由 AgF 到 AgBr 再到 AgI 溶解度依次减小的现象。

(3) 试判断下列各种物质各属何种晶体类型,并写出熔点从高至低的顺序:KCl、SiC、HI、BaO。

第 12 章

配位化合物

学习要求

(1) 掌握配合物的命名、结构和价键理论。
(2) 了解配合物的分类、同分异构现象、磁性及应用。

配位化学是在无机化学基础上发展起来的一门兼容并蓄的交叉学科。自从维尔纳(Werner)在1893年提出配位学说以来,配位化学已经走过了一百多年的历史。配位化学研究的对象是配位化合物(简称配合物),即由可以给出孤对电子或多个不定域电子的一定数目的离子或分子(称为配体)和具有接受孤对电子或多个不定域电子的空位的原子或离子(统称为中心原子),按一定的组成和空间构型所形成的化合物。近年来,配合物这一概念打破了传统的有机化学和无机化学之间的界限,传统的无机化合物与多样的有机配体通过花样繁多的价键形式相互组合,形成具备丰富空间结构的配合物,这也使得配位化学这一研究领域在结构化学与理论化学等诸多方面得到了广泛的关注。设计和合成具有特定结构和功能的分子材料不仅是当代科学界重要的研究方向,也是配位化学研究领域中的一个重要的组成部分。"功能配合物"的研究是一个与材料和信息科学密切相关、具有重要应用前景的基础领域。

功能性配(聚)合物是指具有光、电和磁等物理功能的配(聚)合物,从广义上讲是指具有特定的物理、化学和生物特性的配(聚)合物。随着对特定功能分子基材料的开发,功能性配(聚)合物的结构和种类也日趋丰富,构成配位中心的范围从传统的过渡金属发展到主族金属、稀土金属甚至是放射金属离子,许多无机功能簇也被引入到配(聚)合物中来;而有机配体也从原来的含氮、含氧的有机配体发展到含硫、含磷配体,还有许多含金属有机基团的配体也被选作合成配(聚)合物的配体。通过引入具有特定功能的有机官能团配体或者功能性的金属,可以使目标功能材料在气体储存、磁性、手性拆分和催化等方面具有潜在的应用价值。

12.1 配合物的组成和命名

配合物是由中心原子(或离子)和配体(阴离子或分子)以配位键的形式结合而成的复杂离子或分子。这种复杂离子或分子称为配位单元。凡含有配位单元的化合物称配合物。自1798年法国化学家Tassaert合成了第一个配合物$[Co(NH_3)_6]Cl_3$以来,人们已合成出成千上万种配合物。特别是运用单晶衍射仪以来,人们对配合物的合成、性质、结构和应用作了大量的研究,配位化学得到迅速发展。它已广泛地渗透到结构化学、有机化学、分析化学、生物化学、高分子化学、物理化学和催化化学等各领域中,已成为化学科学的一个独立分支学科。

常见的配离子(或分子),如$[Co(NH_3)_6]^{3+}$、$[Cu(tssb)(phen)]$(tssb=牛磺酸缩水杨醛席夫碱,phen=1,10-邻菲罗啉)、$[Co(NH_3)_5(H_2O)]^{3+}$ 及由它们组成的化合物$[Co(NH_3)_6]Br_3$、$[Cu(tssb)(phen)]\cdot1.5H_2O$、$[Co(NH_3)_5(H_2O)]Cl_3$ 统称配合物。

12.1.1 配合物的组成

配合物是典型的路易斯酸碱加合物,如铜氨溶液中,铜氨离子$[Cu(NH_3)_2]^+$是路易斯酸Cu^+和路易斯碱NH_3的加合物,Cu^+有空轨道,NH_3中的氮原子上有孤对电子,可以作为电子对的给体,Cu^+与NH_3以配位键结合:$[NH_3\rightarrow Cu\leftarrow NH_4]^+$。

又如,在$CoCl_2$的氨溶液中加入H_2O_2,可以得到一种橙黄色晶体。此晶体溶于水后加入$AgNO_3$溶液,立即出现$AgCl$沉淀,且沉淀量相当于该化合物中氯的总量。表明化合物中,Cl^-是自由的,和分子的其他部分以离子键结合,能独立显示其化学性质;此化合物中氨的含量很高,但水溶液却呈中性或弱酸性;其水溶液用碳酸盐或磷酸盐实验,也检查不出钴离子存在。这些实验证明,化合物中,Co^{3+}和NH_3分子由于形成配离子而一定程度上丧失了Co^{3+}和NH_3各自独立存在时的化学性质。可见化合物$CoCl_3\cdot 6NH_3$的组成可以表示为$[Co(NH_3)_6]Cl_3$。其中Co^{3+}称中心离子(或形成体),6个配位的NH_3分子称配位体(简称配体),中心离子和配位体构成配合物的内配位层(也称内界)放在方括号内,内界中,配体(单基)的总数叫配体数。Cl^-称外配位层(也称外界),表示如下,内外界之间以离子键结合,且在水中可以完全解离。

1) 中心离子(形成体)

配合物中,中心离子一般为:①阳离子,如Cu^{2+}、Fe^{2+}、Co^{2+}、Ni^{2+}等;②原子,如$Ni(CO)_4$、$Fe(CO)_5$、$Cr(CO)_6$中的Ni、Fe、Cr都是电中性原子;③高价非金属元素,如SiF_6^{2-}的Si(Ⅳ)、PF_6^-中的P(Ⅴ)等。

2) 配体

配体可以是:①阴离子,如X^-、OH^-、SCN^-、$tssb^{2-}$、$C_2O_4^{2-}$、PO_4^{3-}等;②中性分子,如phen、H_2O、NH_3、CO、bipy(2,2'-联吡啶)、en(乙二胺)。在配体中,直接与形成体成键的原子称为配位原子,如N、O、S、X等,主要是第ⅤA、ⅥA、ⅦA和0族元素,配位原子必须含有孤对电子(即路易斯碱)。

配体可分为以下3类。

(1) 单基(齿)配体:配体中只有一个配位原子的为单基(齿)配体,如NH_3、H_2O、X^-等。

(2) 多基配体：有两个或多个配位原子的，称为多基配体，见表 12-1。

表 12-1 常见的多基配体

配 体	配体结构	配位原子
phen：	(邻菲啰啉结构)	两个 N 为配位原子
en：	$H_2\ddot{N}$—CH_2—CH_2—$\ddot{N}H_2$	两个 N 为配位原子
bipy：	(联吡啶结构)	两个 N 为配位原子
$C_2O_4^{2-}$：	(草酸根结构)	两个 O 为配位原子
mop(2-甲氧基苯酚)：	(2-甲氧基苯酚结构)	两个 O 为配位原子

(3) 两可配体：虽有多个配位原子，但在一定的条件下，仅有一种配位原子与金属配位，这种配体称为两可配体。如硝基（—NO_2^-，以 N 配位）与亚硝酸根（—O—N＝O^-，以 O 配位），硫氰酸根（SCN^-，以 S 配位）与异硫氰酸根（NCS^-，以 N 配位），都是两可配体。

3) 配位数

直接同形成体配位的原子数目叫做形成体的配位数。如$[Ag(NH_3)_2]^+$、Ag^+的配位数为2。这里，配位数等于配体的数目（对单基配体）。又如$[Pt(en)_2]Cl_2$中Pt^{2+}的配位数为4，这里，配位数等于配体数乘以齿数（对多基配体）。

配位数一般为2,4,6,8等。配位数的大小取决于形成体和配体的性质（它们的电荷、体积、电子层结构以及它们之间相互影响的情况）及配合物形成时的条件，特别是温度、浓度、酸度。一般规律是：第一，中心离子的电荷越高，配位数越大，如$[PtCl_6]^{2-}$和$[PtCl_4]^{2-}$，$[Cu(NH_3)_4]^{2+}$和$[Cu(NH_3)_2]^+$；第二，配体的负电荷增加，配位数减少（一方面增大了配体和形成体之间的静电引力，但另一方面，又增大了配体之间的斥力，总结果使配位数降低），如$[Zn(NH_3)_6]^{2+}$和$[Zn(CN)_4]^{2-}$，SiF_6^{2-}和SiO_4^{2-}；第三，形成体半径越大，配位数越大，如AlF_6^{3-}和BF_4^-；第四，配体半径越大，配位数越少，如AlF_6^{3-}、$AlCl_4^-$、$AlBr_4^-$；第五，增大配体的浓度，有利于形成高配位数的配合物；第六，反应温度升高，配位数减少。

4) 配离子电荷

配离子的电荷等于形成体电荷和配体总电荷的代数和，如$[Co(NH_3)_6]^{3+}$、$[Co(H_2O)_6]^{2+}$、$[Co(NH_3)_5Cl]^{2+}$。

12.1.2 配合物的命名

配合物的命名与一般无机化合物的命名原则相同，即从右往左命名为"某（阴离子为简单离子)化某、氢氧(阴离子为氢氧根)化某、某酸(阳离子为H)或某(阴离子为复杂离子)酸某"等。所不同的是内界的命名。

内界命名顺序为：配体数→配体名称→合→中心离子(氧化数)。其中，中心离子的氧化数须用罗马数字(如Ⅰ,Ⅱ,Ⅲ,…)标出，如$[Cu(NH_3)_4]^{2+}$命名为四氨合铜(Ⅱ)离子。含有多种无机配体时，通常先列出阴离子的名称，后列出中性分子的名称，不同配体之间以圆点(·)分开，如$K[PtCl_5(NH_3)]$命名为五氯·(一)氨合铂(Ⅳ)酸钾，$[PtCl_3(NH_3)]^-$命名为三氯·一氨合铂(Ⅱ)酸根。配体同为中性分子或阴离子，按配位原子元素符号的英文字母顺序排列，如$[Co(NH_3)_5(H_2O)]Cl_3$为(三)氯化五氨·(一)水合钴(Ⅲ)。配位原子相同，含原子数较少的配体排在前面，较多原子数的配体排在后面，如$[Pt(NO_2)(NH_3)(NH_2OH)(py)]Cl$(py：吡啶)为氯化硝基·一氨·羟胺·吡啶合铂(Ⅱ)。

中性配合物：酸性原子团→中性分子配体→中心离子(氧化数)

配位原子相同且配体含有相同的原子数，按结构中与配位原子相连的非配位原子的元素符号的英文字母顺序，如$[Pt(NH_2)(NO_2)(NH_3)_2]$，命名为一氨基·一硝基·二氨合铂(Ⅱ)。

配合物中同时含有无机和有机配体，则无机配体在前，有机配体在后。如$K[PtCl_3(C_2H_4)]$，命名为三氯乙烯合铂(Ⅱ)酸钾。

常见的配合物列于表12-2。

表12-2 常见配合物的命名及组成

配合物化学式	命 名	形成体	配体	配位原子	配位数
$[Cu(NH_3)_4]SO_4$	硫酸四氨合铜(Ⅱ)	Cu^{2+}	NH_3	N	4
$K_3[Fe(NCS)_6]$	六异硫氰根合铁(Ⅲ)酸钾	Fe^{3+}	NCS^-	N	6
$H_2[PtCl_6]$	六氯合铂(Ⅳ)酸	Pt^{4+}	Cl^-	Cl	6
$[Cu(NH_3)_4](OH)_2$	氢氧化四氨合铜(Ⅱ)	Cu^{2+}	NH_3	N	4
$K[PtCl_5(NH_3)]$	五氯·氨合铂(Ⅳ)酸钾	Pt^{4+}	Cl^-,NH_3	Cl,N	6
$[Zn(OH)(H_2O)_3]NO_3$	硝酸羟基·三水合锌(Ⅱ)	Zn^{2+}	OH^-,H_2O	O	4
$[Co(NH_3)_5(H_2O)]Cl_3$	(三)氯化五氨·水合钴(Ⅲ)	Co^{3+}	NH_3,H_2O	N,O	6
$Fe(CO)_5$	五羰(基)合铁	Fe	CO	C	5
$[Co(NO_2)_3(NH_3)_3]$	三硝基·三氨合钴(Ⅲ)	Co^{3+}	NO_2^-,NH_3	N	6
$[Mg(EDTA)]^{2-}$酸钠	乙二胺四乙酸根合镁(Ⅱ)酸钠	Mg^{2+}	EDTA	N,O	6

12.1.3 配合物的分类

根据配合物的组成，可将配合物分为以下几种。

(1) 简单配合物：简单配合物分子或离子中只有一个中心离子，每个配体只有一个配位原子与中心离子成键。如$[Cu(NH_3)_4]^{2+}$、SiF_6^{2-}、$[Pt(NH_2)(NO_2)(NH_3)]$等。

(2) 螯合物：在螯合物分子或离子中其配体为多基配体，配体与中心离子成键，形成环状结构，如$[Ca(EDTA)]^{2-}$(图12-1)，EDTA是乙二胺四乙酸根的简称，其分子式为

($^-$OOCCH$_2$)$_2$NCH$_2$CH$_2$N(CH$_2$COO$^-$)$_2$。

(3) 多核配合物：含两个或两个以上中心离子(或原子)的配合物，称为多核配合物。在两个中心离子之间，常以配体连接起来，如 Fe(H$_2$O)$_6^{3+}$ 的水解产物之一—[Fe$_2$(OH)$_2$(H$_2$O)$_8$]$^{4+}$ 为双核配合物，其结构如图 12-2 所示。

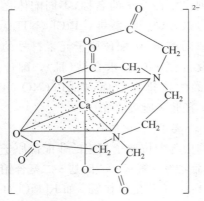

图 12-1　[Ca(EDTA)]$^{2-}$ 的结构　　　　图 12-2　多核配合物结构示例

(4) 簇合物：簇合物分子或离子中含有三个或三个以上的中心离子，离子之间常以配体相互连接。如 84 核锰簇[Mn$_{84}$O$_{72}$(O$_2$CMe)$_{78}$(OMe)$_{24}$(MeOH)$_{12}$(H$_2$O)$_{42}$(OH)$_6$]·xH$_2$O·yCHCl$_3$(图 12-3)，32 核钴簇[Co$_{24}^{II}$Co$_8^{III}$(μ_3-O)$_{24}$(H$_2$O)$_{24}$(TC$_4$A)$_6$](图 12-4)，它是由 6 个{Co$_4$(TC$_4$A)}亚单元环绕在一个 8 核钴立方烷周围，所有的钴原子都是通过 μ_3-O 桥联的，这是迄今为止，最大的钴单分子磁体簇。

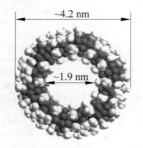 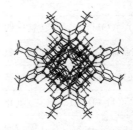

图 12-3　巨大的 Mn$_{84}$ 锰离子簇单分子磁体　　　　图 12-4　Co$_{32}$ 单分子磁体簇

(5) 羰合物：某些 d 区元素以 CO 为配体形成的配合物称为羰合物，如 Ni(CO)$_4$、Co(CO)$_4$ 等。

(6) 烯烃配合物：这类配合物的配体是不饱和烃，如乙烯、丙烯等，它们常与一些 d 区元素的金属离子形成配合物，如氯化三氯·乙烯合铂(Ⅳ)[PtCl$_3$(C$_2$H$_4$)]Cl 等。

(7) 多酸型配合物：这类配合物是一些复杂的无机含氧酸及其盐类。如磷钼酸铵(NH$_4$)$_3$[P(Mo$_3$O$_{10}$)$_4$]·6(H$_2$O)，其中 P(Ⅴ)是中心离子，Mo$_3$O$_{10}^{2-}$ 是配位体。

(8) 大环配合物：大环配合物是指其环的骨架上含有 O、N、P、As、S、Se 等多个配位原子的多齿配体所形成的环状配合物，主要有冠醚配合物、卟啉配合物、杂原子大环配合物等。

(9) 簇基配位聚合物：这类配合物是以簇合物为配体构筑的聚合物，簇合物配体通过其他配体或其本身相互连接而形成，这类化合物由于具有多功能性质而受到广泛的关注。

12.2 配合物的结构

12.2.1 配合物的空间构型

配合物的空间构型是指配体围绕着中心离子或原子排布的几何构型。测定配合物空间构型的方法很多,常用的是单晶 X 射线衍射法,这种方法能够比较精确地确定配合物中各个原子的位置、键长、键角、扭转角等,从而得出配合物分子或离子的空间构型。空间构型与配位数的多少存在密切的关系。现将其中主要构型列于表 12-3 中。

表 12-3 配合物的空间构型

配位数	空间构型	配合物
2	直线形	$Cu(NH_3)_2^+$,$Ag(CN)_2^-$,AuI_2^-
3	平面三角形	$Cu(CN)_3^{2-}$,HgI_3^-,$Pt(PPh_3)_3$,$Ln[N(SiMe_3)_2]_3$,$Ln=La,Ce,Pr,Nd,Sm,Eu,Gd,Ho,Yb,Lu$
4	四面体	$BeCl_4^{2-}$,$HgCl_4^{2-}$,AlF_4^-,VCl_4,$FeCl_4^-$,TiI_4,NiX_4^{2-}($X=F,Cl,Br,I$)
4	平面正方形	$Pt(NH_3)_4^{2+}$,AuF_4^-,$PdCl_4^{2-}$,$Au(CN)_4^-$,$Rh(CO)_2I_2^-$,$Ni(CN)_4^{2-}$
5	四方锥	TiF_5^{2-},$Co(CN)_5^{3-}$,$SbCl_5^{2-}$,$MnCl_5^{2-}$
5	三角双锥	$CuCl_5^{2-}$,$Fe(CO)_5$,$Cd(CN)_5^{3-}$
6	八面体	$Fe(CN)_6^{3-}$,$Cu(NH_3)_6Cl_2$
7	五角双锥	$M(NO_3)_2(Py)_3$,$M=Co,Cu,Zn,Cd$;$K_4[V(CN)_7]·2H_2O$
7	单帽八面体	$(NEt_4)[W(CO)_4Br_4]$,$Mo(CO)_3(Pet_3)_2Cl_2$
7	单帽三角棱柱体	K_2NbF_7,$Li[Mn(H_2O)·EDTA]·4H_2O$
8	四方反棱柱体	ZrF_4,$Na_3[TaF_8]$,$H_4[W(CN)_8]·6H_2O$
8	十二面体	$Ti(NO_3)_4$,K_2ZrF_8,$K_3[Cr(O_2)_4]$,$[\{Ln_2(bpdc)_3(H_2O)\}·H_2O]_n$($Ln=Sm,Eu,Tb$)。($H_2$bpdc$=2,2'$-联吡啶-$4,4'$-二羧酸)
8	双帽三角棱柱体	Li_4UF_8,$[Pt_6(\mu_3\text{-}SnBr_3)_2(\mu\text{-}CO)_6(\mu\text{-}Ph_2PCH_2PPh_2)_3]$,$Ba(ClO_2)_2·3.5H_2O$
8	六角双锥	$[UO_2(C_2O_4)_3]^{4-}$
8	立方体	Na_3PaF_8

从表 12-3 可以看出,在各种不同配位数的配合物中,围绕形成体(中心离子或原子)排布的配体,趋向于处在彼此排斥作用最小的位置上。这样的排布有利于使体系的能量最低。这与价层电子对互斥理论对一般分子的空间构型的推断是一致的。从表 12-3 还可以看出配合物空间构型不仅取决于配位数,当配位数相同时,还常与中心离子和配体的种类有关,如 $Ni(CN)_4^{2-}$ 是平面正方形,而 $NiCl_4^{2-}$ 的构型为四面体构型。

12.2.2 配合物同分异构现象

分子式相同,但结构和性质不同的配合物称为配合物的同分异构体,这种现象称为同分异构现象。配合物的同分异构现象是一种非常普遍的现象,通常可分为几何异构、旋光异构、键合异构、电离异构、溶剂合异构、配位异构等。下面主要介绍几何异构、旋光异物和键合异物。

1. 几何异构现象

配体相同但空间排布方式不同的现象称为几何异构现象,它实质为空间异构现象。四面体配合物不存在几何异构现象,但 MA_2B_2 型平面正方形配合物存在顺式(*cis-*)和反式(*trans-*)异构现象。如 $Pt(NH_3)_2Cl_2$ 有两种几何异构体(图 12-5)。

这两种几何异构体的性质不同:*cis*-$Pt(NH_3)_2Cl_2$ 呈棕黄色,为极性分子,在水中的溶解度为 $0.258\ g/100\ gH_2O$,而且具有抗癌活性。邻位的 Cl^- 可被 OH^- 取代,然后被草酸根取代,形成 $Pt(NH_3)_2(C_2O_4)$:

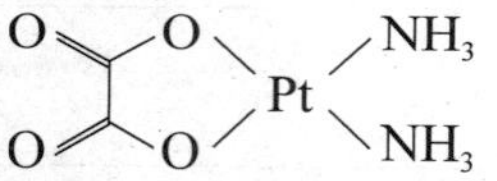

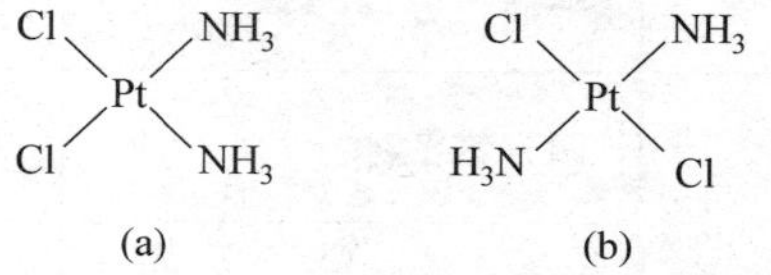

而 *trans*-$Pt(NH_3)_2Cl_2$ 呈淡黄色,为非极性分子,在水中的溶解度仅为 $0.037\ g/100\ gH_2O$,难溶于水,不具有抗癌活性,也不能转化为草酸配合物。

图 12-5 $Pt(NH_3)_2Cl_2$ 的顺、反异构体
(a) *cis*-$Pt(NH_3)_2Cl_2$;(b) *trans*-$Pt(NH_3)_2Cl_2$

一般来说,中性顺、反异构体可以通过测量偶极矩来区分。因为顺式异构体的偶极矩不为零,是极性分子;而反式异构体的偶极矩为零,是非极性分子。

配合物的几何异构体现象,可以通过 IR 和 Raman 光谱进行研究。具体内容可参见高等无机化学教材。

MA_4B_2 型八面体配合物的顺、反异构体为数很多,如 $Co(NH_3)_4Cl_2^+$ (图 12-6),$Pt(NH_3)_4Cl_2^{2+}$ 和 $Ru(PMe)_4Cl_2$ 等。而 MA_3B_3 型八面体配合物有经式(*mer-*)和面式(*fac-*)异构体。在经式异构体中,三个相同的配体中的两个互相处于反位上;面式异构体

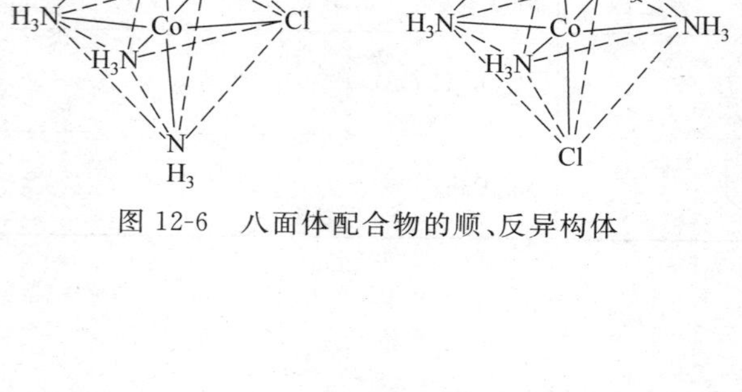

图 12-6 八面体配合物的顺、反异构体

中，三个相同的配体占据八面体同一个三角面的三个顶点,和顺、反异构体不同,面、经异构体的数目有限,已知的有 $Co(NH_3)_3(NO_2)_3$、$RhCl_3(H_2O)_3$、$[PtX_3(NH_3)_3]^+$（X＝Br,I）、$IrCl_3(H_2O)_3$（图 12-7）、$RhCl_3(CH_3CN)_3$、$RhX_3(PMe_3)_3$（X＝Cl,Br）。

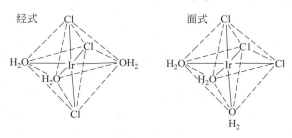

图 12-7　八面体配合物的经、面异构体

2. 旋光异构现象

旋光异构体又称光学异构体或光学活性异构体,是指两种异构体的对称关系类似于一个人的左手和右手,互成镜像关系(图 12-8)。光学活性是一种普遍现象,许多分子具有这样的特性,这类分子叫做手性分子。例如,cis-$[Cr(SCN)_2(en)_2]^+$ 与它的镜像是不能重叠的,但异构体Ⅱ与异构体Ⅰ的镜像相同,故 cis-$[Cr(SCN)_2(en)_2]^+$ 属于手性离子,具有旋光异构体（异构体Ⅰ、Ⅱ）;而 $trans$-$[Cr(SCN)_2(en)_2]^+$ 与它的镜像相同（图 12-9）,不是手性离子,没有旋光异构体。具有旋光异构体的配合物可使平面偏振光发生方向相反的偏转,其中使偏振光向右（顺时针）偏转的为右旋旋光异构体（符号 D 表示）,使偏振光向左（逆时针）偏转的为左旋旋光异构体（符号 L 表示）。

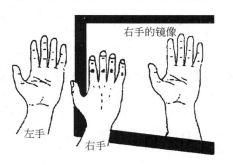

图 12-8　左手和右手的关系

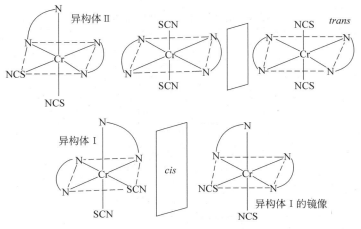

图 12-9　$[Cr(SCN)_2(en)_2]^+$ 的顺、反异构体及其镜像

具有相同的物理性质（如熔点、沸点、溶解度、折射率、酸性、密度等）、热力学性质（如自由能、焓、熵等）和化学性质的异构体称为对映异构体,简称对映体。对映体的熔点、沸点、在

非手性溶剂中的溶解度及与非手性试剂反应的速度都相同,而旋光性、与手性试剂反应或在手性催化剂或手性溶剂中的反应速度则不同。这类配合物异构体在生物体内的生理功能有极大的差异,生物体内含有许多具有旋光活性的有机物。

3. 键合异构现象

能以不同的配位原子参与配位的离子称为两可离子,如亚硝酸根、硫氰酸根、氰根等配体能以不同的配位原子与中心离子键合,形成键合异构体(linkage isomer)。如 $[Co(NH_3)_5(NO_2)]Cl_2$ 和 $[Co(NH_3)_5(ONO)]Cl_2$、$[Co(en)_2(NCS)(NO_2)]Cl$ 和 $[Co(en)_2(NCS)(ONO)]Cl$、$[Co(en)_2(NO_2)_2]X$ 和 $[Co(en)_2(ONO)_2]X(X=F, Cl, Br, I)$、$[Co(NH_3)_2(Py)_2(NO_2)_2]Cl_2$ 和 $[Co(NH_3)_2(Py)_2(ONO)_2]Cl_2$ 等都是键合异构体。

为区分 M—NO_2 和 M—ONO 两种键合异构体中的配体,我们将前者称为硝基,后者称为亚硝酸根(nitrito)。如 $[Co(en)_2(NO_2)_2]Cl$ 命名为氯化二硝基·二乙二胺合钴(Ⅲ),而 $[Co(en)_2(ONO)_2]Cl$ 命名为氯化二亚硝酸根·二乙二胺合钴(Ⅲ)。

12.3 配合物的化学键理论

美国化学家鲍林(L. Pauling)将杂化轨道理论应用到研究配合物的结构,较好地说明了配合物的空间构型和某些性质,从 20 世纪 30 年代到 50 年代主要用这个理论讨论配合物中的化学键,这就是价键理论。其要点如下。

(1) 在形成配合物时,由配体提供孤对电子进入形成体的空轨道形成配位键(σ 键)。

(2) 为了形成结构匀称的配合物,形成体采用杂化轨道与配体成键。

(3) 不同类型的杂化轨道具有不同的空间构型。

前面章节我们曾讨论了主族元素的杂化轨道,如 sp^3、sp^2、sp 杂化轨道。对大多数 d 区元素的原子来说,d 轨道也能参与杂化,形成含有 s、p、d 成分的杂化轨道,如 sp^3d^2、dsp^3 等杂化轨道,现将常见的杂化轨道、空间构型和一些实例列于表 12-4。

表 12-4 杂化轨道类型、空间结构和实例

配位数	杂化轨道	空间构型	实 例
2	sp	直线形	BeH_2, $Ag(NH_3)_2^+$, BeF_2, AgI_2^-
3	sp^2	三角形	BF_3
4	sp^3	正四面体	$NiCl_4^{2-}$, BeF_4^{2-}, $Be(H_2O)_4^{2+}$
4	dsp^2	平面正方形	$Ni(CN)_4^{2-}$
5	dsp^3	三角双锥	$Ni(CN)_5^{3-}$
5	d^2sp^2	四方锥	$Co(L)(H_2O)$, $H_2L=$邻香草醛缩乙二胺双希夫碱
6	d^2sp^3, sp^3d^2	八面体	$Fe(CN)_6^{3-}$, FeF_6^{3-}

1. 配位数为 2 的配合物

一般来说,d^{10} 金属离子易形成配位数为 2 的配合物,如 Cu^+ 的配合物 $Cu(NH_3)_2^+$,Ag^+

的配合物 $Ag(NH_3)_2^+$、$[AgBr_2]^-$ 等。价键理论对它们的结构给予了说明。

Cu^+ 的价层电子构型如下：

从 Cu^+ 的价电子轨道的电子分布可以看出，Cu^+ 与配体形成配位数为 2 的配合物时，它可以提供 1 个 4s 轨道和 1 个 4p 轨道来接受配体提供的电子对。按杂化轨道理论，为了增强成键能力，并形成结构匀称的配合物，Cu^+ 的 4s 和 4p 轨道混合起来组成 2 个新的杂化轨道，即 sp 杂化轨道。以 sp 杂化轨道成键的配合物的空间构型为直线形，键角 180°。如 $Cu(NH_3)_2^+$，它的电子构型如下：

2. 配位数为 3 的配合物

配位数为 3 的配合物不是很多，常见的有 BF_3，价键理论认为 B^{3+} 的电子构型如下：

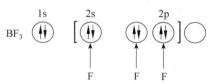

B^{3+} 与配体形成配位数为 3 的配合物时，它可以提供 1 个 2s 轨道和 2 个 2p 轨道来接受配体提供的电子对。按杂化轨道理论，为了增强成键能力，并形成结构匀称的配合物，B^{3+} 的 1 个 2s 和 2 个 2p 轨道混合起来组成 3 个新的杂化轨道，即 sp^2 杂化轨道。根据表 12-4 可知，以 sp^2 杂化轨道成键的配合物，构型为平面三角形，BF_3 的电子构型如下：

3. 配位数为 4 的配合物

由表 12-4 可知，配位数为 4 的配合物有两种构型：一种是以 sp^3 杂化轨道成键的配合物的构型，为正四面体；另一种是以 dsp^2 杂化轨道成键的配合物的构型，为平面正方形。至于在何种情况下以 sp^3 杂化轨道成键，何种情况下以 dsp^2 杂化轨道成键，则主要由中心离子的价电子构型和配体的性质决定。例如 Ni^{2+} 的价电子构型如下：

Ni^{2+} 形成配位数为 4 的配合物，当配体是卤离子时，它利用 1 个 4s 和 3 个 4p 轨道形成 sp^3 杂化轨道成键，形成四面体构型，这时，镍离子有 2 个未成对电子，理论磁矩 μ（μ 可用公式 $\mu = \sqrt{n(n+2)} \mu_B$ 计算，式中 n 为分子中未成对的电子数，μ_B 为玻尔磁子，$\mu_B = 9.274 \times 10^{-24}$ A·m^2）为 2.83 μ_B，实测的磁矩为 2.65 μ_B。如 NiX_4^{2-} 的电子分布为

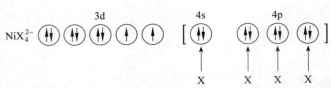

当配体是 CN^- 时，$[Ni(CN)_4]^{2-}$ 配离子为平面正方形，且为反铁磁（理论磁矩为 $0\,\mu_B$）的配合物。$[Ni(CN)_4]^{2-}$ 形成时以 dsp^2 杂化轨道成键，它的电子分布为

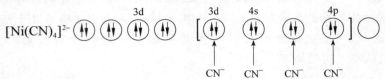

在 $[Ni(CN)_4]^{2-}$ 中还有一个空的 4p 轨道，Ni^{2+} 似乎还可以形成配位数为 5 的配合物，以 dsp^3 杂化轨道成键，构型为三角双锥。实验证明，Ni^{2+} 在过量的 CN^- 溶液中，确实能形成 $[Ni(CN)_5]^{3-}$，它的空间构型确实为三角双锥。

4. 配位数为 6 的配合物

配位数为 6 的配合物的空间构型大多为八面体构型，常用的杂化轨道方式为 d^2sp^3、sp^3d^2。例如 $[Fe(CN)_6]^{3-}$，配合物的空间构型八面体，磁矩为 $2.4\,\mu_B$ 根据这些事实，价键理论推测它的成键情况，Fe^{3+} 的价电子轨道中的价电子分布为

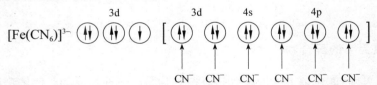

当 $[Fe(CN)_6]^{3-}$ 形成时，若 Fe^{3+} 仍保留 5 个未成对的电子，其理论磁矩应为 $5.92\,\mu_B$，这一数值与它的实测值 $2.4\,\mu_B$ 相差太远。若 Fe^{3+} 保留 3 个或 1 个未成对的电子，其理论磁矩应分别为 $3.87\,\mu_B$ 和 $1.73\,\mu_B$。实测得的磁矩 $2.4\,\mu_B$ 与 $1.73\,\mu_B$ 比较接近，故可以确定 $[Fe(CN)_6]^{3-}$ 仅有 1 个未成对 d 电子，其他 4 个 d 电子两两耦合。因此，$[Fe(CN)_6]^{3-}$ 形成时以 d^2sp^3 杂化轨道成键，其电子构型为

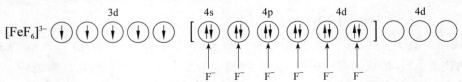

形成内轨型配合物。所谓内轨型配合物就是以内轨配位键形成的配合物，如 $[Fe(CN)_6]^{3-}$。

已知 Fe^{3+} 的另一配合物 $[FeF_6]^{3-}$ 的空间构型也是八面体，但它的磁矩却是 $5.90\,\mu_B$ 相当于有 5 个未成对的电子。显然，$[FeF_6]^{3-}$ 中 Fe^{3+} 的电子排布明显不同于 $[Fe(CN)_6]^{3-}$ 中的 Fe^{3+}。$[FeF_6]^{3-}$ 是以 sp^3d^2 杂化轨道成键的，其电子排布为

形成外轨型配合物。所谓外轨型配合物就是以外轨（价轨道）配位键形成的配合物，如 $[FeF_6]^{3-}$。

由于$(n-1)$d轨道比nd轨道的能量低,同一中心离子形成的内轨型配合物比外轨型配合物稳定。如$K_f[Fe(CN)_6]^{3-}=1.0×10^{42}$,而$K_f[FeF_6]^{3-}=1.0×10^{35}$。该理论目前尚不能准确预测什么情况下形成内轨型配合物或外轨型配合物,一般而言:

(1) 中心离子具有$d^4\sim d^7$构型,既可形成内轨型也可形成外轨型配合物。

(2) 电负性大的配位原子(如F、O)大多与$d^4\sim d^7$型离子形成外轨型配合物,而CN^-常与$d^4\sim d^7$型离子形成内轨型配合物(原因:配位原子电负性较小,易给出孤对电子,对中心离子的影响较大,使电子层结构发生变化,$(n-1)$d轨道上的电子被强行配对,腾出内层能量较低的d轨道,形成内轨型配合物)。

价键理论的优点是能说明配合物的配位数、空间构型、磁性和稳定性。价键理论的不足是:①不能定量说明配合物的性质如吸收光谱;②对d^9型配合物的说明很勉强。

有关配合物结构的其他理论如晶体场理论、分子轨道理论请参考其他无机化学教材。

12.4 配合物的晶体场理论

晶体场理论是1929年由贝特(H. Bethe)和范弗莱克(J. H. VanVleck)首先提出的,它主要讨论在配体形成的静电场中,中心离子的d轨道如何分裂,以及电子如何重新分布,从而说明配合物的形成、结构与性质。

1. 晶体场理论的基本要点

(1) 配合物的中心离子与配位体之间的化学作用力是纯粹的静电作用,即它们之间不形成共价键或者说不发生轨道重叠。带正电的中心离子处于配位体所形成的晶体场之中。

(2) 中心离子的d轨道受配位体所形成的非球形对称的晶体场的排斥作用,使中心离子原来能量相同的五个d轨道的能量发生改变,有些d轨道的能量相对升高,有些则相对降低,即d轨道的能级发生分裂。

(3) 由于d轨道的能级分裂,中心离子的d电子重排,优先占据能量较低的轨道,产生晶体场稳定化能(CFSE),导致附加的成键作用,使配合物更稳定。

2. 晶体场中的d轨道

五重简并的d轨道在空间中的五种伸展方向如图12-10所示。

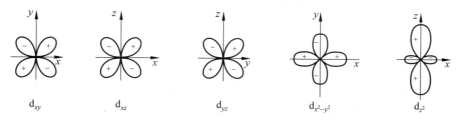

图12-10 d轨道在空间中的伸展方向

当原子处于电场中时,受到电场的作用,轨道的能量要升高。若电场是球形对称的,各轨道能量升高的幅度一致(图12-11)。

图 12-11　d 轨道在球形场电场中的能量分布

若处于非球形电场中，则根据电场的对称性不同，各轨道能量升高的幅度可能不同，即原来的简并轨道将发生能量分裂。

下面主要以八面体构型的配合物为例具体介绍晶体场理论。

在八面体构型的配合物中，六个配体沿 x、y、z 三轴的正负 6 个方向分布，形成电场。在电场中各轨道的能量均有所升高。但受电场作用不同，能量升高程度不同（图 12-12）。

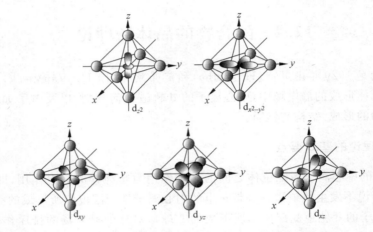

图 12-12　正八面体场中 d 轨道与配位体的相对位置

$d_{x^2-y^2}$、d_{z^2} 的波瓣与六个配体正相对，受电场作用大，能量升高得多，高于球形场。d_{xy}、d_{xz}、d_{yz} 不与配体相对，能量升高得少，低于球形场（图 12-13）。

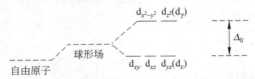

图 12-13　d 轨道在八面体场中的分裂

高能量的 $d_{x^2-y^2}$、d_{z^2} 统称 e_g（或 d_γ）轨道；能量低的 d_{xy}、d_{xz}、d_{yz} 统称 t_{2g}（或 d_ε）轨道。这些轨道符合表示对称类型，e 为二重简并，t 为三重简并，g 代表中心对称。

3. 分裂能及影响分裂能大小的因素

分裂能是指在晶体场中 d 轨道分裂后的最高能量的 d 轨道与最低能量的 d 轨道之间的能量差。对八面体场而言，也就是 t_{2g} 轨道和 e_g 轨道的能量差，用 Δ_0 表示，即

$$\Delta_0 = E(e_g) - E(t_{2g})$$

影响分裂能大小的因素包括：

(1) 中心离子的电荷数：中心离子电荷数大，中心与配体距离近，则作用强，Δ_0 大；

(2) 中心原子所在的周期数：第四周期过渡元素的 Δ_0 小，五、六周期的 Δ_0 相对大些；

(3) 配体的影响（Δ_0 递增次序）：$I^-<Br^-<Cl^-<F^-<OH^-<-ONO^-<C_2O_4^{2-}<H_2O<NH_3<en<NO_2^-<CN^-(CO)$。

一般规律是：配位原子卤素<氧<氮<碳，这个顺序称为光化学序列，因为它影响 Δ_0，而 Δ_0 的大小直接影响配合物的光谱。

4. 分裂后的 d 轨道中电子的排布

在八面体场中，中心离子的 d 电子在 t_{2g} 和 e_g 轨道中的分布要遵守最低能量原理、Hund 规则和 Pauli 不相容原理，同时还要考虑分裂能的影响。当中心离子具有 $d^{1\sim 3}$ 电子时，电子应排在低能量的 t_{2g} 轨道上，而且自旋平行，其电子的排布方式只有一种。

对于 $d^{4\sim 7}$ 构型的离子，d 电子可以有两种排布方式。如某过渡金属 d^4 组态，在八面体场中，d 电子的排布如下：

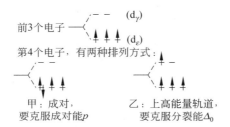

究竟如何排列，取决于 p 和 Δ 的大小关系，若 $\Delta > p$，取甲种方式；若 $\Delta < p$，取乙种方式。
甲种：自旋成单电子的数目较低，称为低自旋方式。
乙种：自旋成单电子的数目较高，称为高自旋方式。

从光化学序列中看出 NO_2^-、CN^-、CO 等 Δ 大，常导致 $\Delta > p$，取低自旋方式；而 X^-、OH^-、H_2O 等 $\Delta < p$，常取高自旋方式。

例如，Co^{3+} 形成的两种配离子 $[Co(CN)_6]^{3-}$ 和 $[CoF_6]^{3-}$ 的 Δ_0 和 p 值如表 12-5 所示。

表 12-5　$[Co(CN)_6]^{3-}$ 和 $[CoF_6]^{3-}$ 的 Δ_0 和 p 值

	$[Co(CN)_6]^{3-}$	$[CoF_6]^{3-}$
Δ_0/J	67.524×10^{-20}	25.818×10^{-20}
p/J	35.350×10^{-20}	35.350×10^{-20}
场	强	弱
Co^{3+} 的价电子构型	$3d^6$	$3d^6$
八面体场中 d 电子排布	$t_{2g}^6 e_g^0$	$t_{2g}^4 e_g^2$
未成对电子数	0	4
实测磁矩/B.M.	0	5.26
自旋状态	低自旋	高自旋
价键理论	内轨型	外轨型
杂化方式	d^2sp^3	sp^3d^2

在八面体的强场和弱场中，$d^1\sim d^{10}$ 构型的中心离子的电子在 t_{2g} 和 e_g 轨道中的分布情况

如表 12-6 所示。

表 12-6　八面体场中电子在 t_{2g} 和 e_g 轨道中的分布

d 电子	弱场		未成对电子数	强场		未成对电子数
	t_{2g}	e_g		t_{2g}	e_g	
d^1	↑		1	↑		1
d^2	↑ ↑		2	↑ ↑		2
d^3	↑ ↑ ↑		3	↑ ↑ ↑		3
d^4	↑ ↑ ↑	↑	4	↑↓ ↑ ↑		2
d^5	↑ ↑ ↑	↑ ↑	5	↑↓ ↑↓ ↑		1
d^6	↑↓ ↑ ↑	↑ ↑	4	↑↓ ↑↓ ↑↓		0
d^7	↑↓ ↑↓ ↑	↑ ↑	3	↑↓ ↑↓ ↑↓	↑	1
d^8	↑↓ ↑↓ ↑↓	↑ ↑	2	↑↓ ↑↓ ↑↓	↑ ↑	2
d^9	↑↓ ↑↓ ↑↓	↑↓ ↑	1	↑↓ ↑↓ ↑↓	↑↓ ↑	1
d^{10}	↑↓ ↑↓ ↑↓	↑↓ ↑↓	0	↑↓ ↑↓ ↑↓	↑↓ ↑↓	0

5. 配合物的颜色

物质的颜色是由于选择性地吸收可见光(波长在 400~800 nm)而产生的。当白光照射到物体上,如果光全部被吸收,物质就呈黑色;如果光全部被反射出来,物体就呈白色;如果只吸收可见光中某些波长的光,则剩下的未被吸收光的颜色就是该物质的颜色,物质呈现的颜色与其吸收光的颜色称为互补色(表 12-7)。

表 12-7　互补色

观察到的颜色	绿	蓝	紫	红	橙	黄
吸收光的颜色	红	橙	黄	绿	蓝	紫

大多数过渡元素的配离子之所以带有颜色,是由于中心离子大多有未充满电子的 d 轨道。在晶体场的影响下,d 轨道发生分裂,分裂能一般在 $1 \times 10^6 \sim 3 \times 10^6 \, m^{-1}$ 范围,正好与可见光能量相当。当 e_g 轨道未充满时,t_{2g} 轨道中的电子吸收了可见光中某些波长的光,向 e_g 轨道跃迁,这种跃迁称为 d—d 跃迁。由于 d—d 跃迁,故过渡元素配离子大部分有颜色。

不同配合物,由于分裂能不同,发生 d—d 跃迁所吸收光的波长也不同,结果便产生不同的颜色。例如

$$Ti(H_2O)_6^{3+}, \quad Ti^{3+} \quad 3d^1$$

Ti^{3+} 的 $3d^1$ 电子在分裂后的 d 轨道中的排列为:

$$\underset{d_\varepsilon}{\underline{\uparrow} \quad \underline{}} \quad \underset{d_\gamma}{\underline{} \quad \underline{}} \qquad (d_\varepsilon)^1 (d_\gamma)^0$$

在自然光的照射下,吸收了能量相当于 Δ_0 波长的部分,使电子排布变为

$$(d_\varepsilon)^0(d_\gamma)^1$$

这种吸收在紫区和红区最少,故显紫红色。又如
$$Mn(H_2O)_6^{2+}, \quad Mn^{2+} \quad d^5$$
H_2O 为弱场,其 d^5 的排布为:

$$(d_\varepsilon)^3(d_\gamma)^2$$

吸收部分可见光后,变成:

$$(d_\varepsilon)^2(d_\gamma)^3$$

显粉红色,更浅。

这类显色机理,是电子从分裂后的低能量 d 轨道向高能量 d 轨道跃迁造成的。组态为 $d^1 \sim d^9$ 的配合物,一般有颜色,基本都是由 d—d 跃迁造成的。

组态为 d^0 和 d^{10} 的化合物,不可能有 d—d 跃迁,如 Ag(Ⅰ)$4d^{10}$、Cd(Ⅱ)$4d^{10}$ 等,化合物一般无色。

6. 晶体场稳定化能(CFSE)

配位体静电场使中心离子 d 轨道发生分裂,电子重新填充;进入分裂后轨道的电子所具有的总能量与未分裂前电子的总能量之差,称为晶体场稳定化能,常用 CFSE 表示。

正八面体配合物 CFSE 计算公式为
$$CFSE = n_1 E(t_{2g}) + n_2 E(e_g)$$
若以 Dq 为单位,则
$$CFSE = n_1 \times (-4Dq) + n_2 \times 6Dq$$
式中,n_1 为 t_{2g} 轨道中的电子数,n_2 为 e_g 轨道中的电子数。

7. 配合物的稳定性

配合物的稳定性可通过配合物的生成热来了解。若配体为水,配合物的稳定性可以用水合热来比较。

以第一过渡元素 M^{2+} 的水合热的绝对值 $|\Delta H|$ 对 M^{2+} 的 d 电子数作图,得图 12-14。

根据热力学对水合热的计算,随 d 电子数的增加,$|\Delta H|$ 应逐渐增加,得一平缓上升的曲线(图 12-14 中带"×"的虚线);但依实验数据作图,却得双峰曲线(图 12-14 中带"·"的实线),这一反常现象可以用晶体场稳定化能进行解释。

在正八面体弱场中,d^0、d^5、d^{10} 的 CFSE=0,这些离子的水合热是"正常"的,其实验值均落在虚线上。其余离子的水合热,由于都有不等于零的稳定化能,如果从实验值中扣除各水合离子的 CFSE,则相应各点正好落在虚线上。所以,实验曲线的"双峰"现象正是由于晶体场稳定化能造成的。水合热越大,表明水合物越稳定。

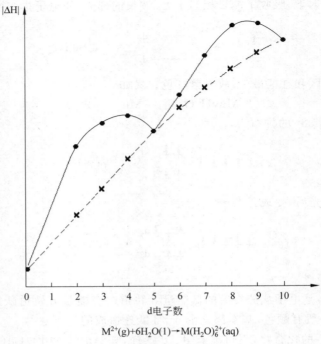

$M^{2+}(g)+6H_2O(l) \rightarrow M(H_2O)_6^{2+}(aq)$

图 12-14　第一过渡元素 M^{2+} 的水合热

晶体场理论对配合物的颜色、稳定性、磁性等给出了较好的解释，但仍存在许多不足，例如晶体场理论把中心离子与配体间的作用看成纯粹的静电作用，这不完全符合实际。晶体场理论也不能解释 $Ni(CO)_4$、$Fe(CO)_5$ 等中性原子形成的配合物，需要用配位场理论进行讨论，本书不予介绍。

12.5　配位反应与配位平衡

由一个中心元素（离子或原子）和几个配体（阴离子或分子）以配位键相结合形成复杂离子（或分子）的反应叫做配位反应。这些复杂离子（或分子）统称配合物。配合物在水溶液中存在着配合物的解离反应和生成反应间的平衡，这种平衡称为配位平衡。配位平衡涉及配合物的稳定性，是配合物的重要性质。同时，配合物在溶液中能发生一系列的化学反应，如配体取代反应、电子转移反应、分子重排反应和配体的化学反应等，会对配位平衡产生重要的影响。

12.5.1　配合物的解离常数和稳定常数

化学平衡的原理适用于配位平衡。配离子在水溶液中像弱电解质一样能部分解离出其组成部分。下面以 $[AgI_2]^-$ 为例讨论配离子的解离平衡。

$[AgI_2]^-$ 的解离反应是分步进行的：

$$[AgI_2]^-(aq) \rightleftharpoons AgI(aq) + I^-(aq) \qquad K_{d_1}^{\ominus}$$

$$AgI(aq) \rightleftharpoons Ag^+(aq) + I^-(aq) \qquad K_{d_2}^{\ominus}$$

总的解离反应：$[AgI_2]^-(aq) \rightleftharpoons Ag^+(aq) + 2I^-(aq) \qquad K_d^{\ominus}$

$$K_d^\ominus = K_{d_1}^\ominus K_{d_2}^\ominus = \frac{c(\text{Ag}^+)[c(\text{I}^-)]^2}{c(\text{AgI}_2^-)} \tag{12-1}$$

$K_{d_1}^\ominus$、$K_{d_2}^\ominus$ 分别为 $[\text{AgI}_2]^-$ 的分步解离常数;$K_d^\ominus$ 是总的解离常数,又称配合物的不稳定常数。$K_d^\ominus$ 越小,配合物越难解离,即配合物越稳定。

配合物解离反应的逆反应是配合物的生成反应,通常也用配合物生成反应的平衡常数来表示配合物的稳定性。生成反应也是分步进行的。如对 $[\text{AgI}_2]^-$ 配离子来说,

$$\text{Ag}^+(\text{aq}) + \text{I}^-(\text{aq}) \rightleftharpoons [\text{AgI}](\text{aq}) \qquad K_{f_1}^\ominus$$

$$[\text{AgI}](\text{aq}) + \text{I}^-(\text{aq}) \rightleftharpoons [\text{AgI}_2]^- \qquad K_{f_2}^\ominus$$

总的生成反应:$\text{Ag}^+(\text{aq}) + 2\text{I}^-(\text{aq}) \rightleftharpoons [\text{AgI}_2]^- \qquad K_f^\ominus$

$$K_f^\ominus = K_{f_1}^\ominus \cdot K_{f_2}^\ominus = \frac{c(\text{AgI}_2^-)}{c(\text{Ag}^+)[c(\text{I})^-]^2} \tag{12-2}$$

$K_{f_1}^\ominus$ 和 $K_{f_2}^\ominus$ 分别为 $[\text{AgI}_2]^-$ 的分步生成常数;$K_f^\ominus$ 是配合物总的生成常数,又称为稳定常数或累积稳定常数。写成通式:

$$K_f^\ominus = K_{f_1}^\ominus K_{f_2}^\ominus \cdots K_{f_i}^\ominus \tag{12-3}$$

表 12-8 中列出一些配合物的逐级稳定常数和累积稳定常数。$K_f^\ominus$ 越大,配合物越稳定,即配合物越难解离。

表 12-8 一些配合物的稳定常数

配合物	$\lg K_{f_i}^\ominus$						$\lg K_f^\ominus$
	$i=1$	$i=2$	$i=3$	$i=4$	$i=5$	$i=6$	
$[\text{Ag}(\text{NH}_3)_2]^+$	3.33	3.91					7.24
$[\text{Cu}(\text{NH}_3)_4]^{2+}$	4.31	3.67	3.04	2.30			13.32
$[\text{HgI}_4]^{2-}$	12.87	10.95	3.78	2.23			29.83
$[\text{Cd}(\text{CN})_4]^{2-}$	5.48	5.12	4.63	3.55			18.78
$[\text{Ni}(\text{NH}_3)_4]^{2+}$	2.80	2.24	1.73	1.19	0.75	0.03	8.74
$[\text{AlF}_6]^{3-}$	6.10	5.05	3.85	2.75	1.62	0.47	19.84

根据化学计量方程式与平衡常数的对应关系,可以得到:

$$\begin{cases} K_f^\ominus = \dfrac{1}{K_d^\ominus} \\ K_{f_1}^\ominus = \dfrac{1}{K_{d_2}^\ominus}, \quad K_{f_2}^\ominus = \dfrac{1}{K_{d_1}^\ominus} \end{cases} \tag{12-4}$$

一般来说,配合物的逐级稳定常数随着配位数的增大而减少,$K_{f_1}^\ominus > K_{f_2}^\ominus > K_{f_3}^\ominus \cdots$,但各级稳定常数之间有时相差不是太大,在进行平衡组成计算时,只有在累积稳定常数很大,配体在溶液中有较大浓度的情况下,才可作近似计算。否则,需要进行精确计算。

例 12-1 室温下,将 0.020 mol 的 AgNO_3 固体溶于 1.0 L 0.050 mol/L 的氨水中,设体积仍为 1.0 L。计算该溶液中游离的 Ag^+、NH_3 和配离子 $[\text{Ag}(\text{NH}_3)_2]^+$ 的浓度。

解 查表 12-5 得 $K_{f_1}^\ominus(\text{Ag}(\text{NH}_3)^+) = 2.14 \times 10^3$,$K_{f_2}^\ominus(\text{Ag}(\text{NH}_3)_2^+) = 8.13 \times 10^3$,$K_f^\ominus(\text{Ag}(\text{NH}_3)_2^+) = 1.74 \times 10^7$。由于 $n(\text{NH}_3) : n(\text{Ag}^+) > 2 : 1$,氨水浓度有较大的过剩,$K_f^\ominus$ 又很大,预计生成 $[\text{Ag}(\text{NH}_3)_2]^+$ 的反应很完全,生成了 0.020 mol/L $[\text{Ag}(\text{NH}_3)_2]^+$。$c(\text{Ag}(\text{NH}_3)^+)$ 很小,可以忽略不计。

$$Ag^+(aq) + 2NH_3(aq) \rightleftharpoons [Ag(NH_3)_2]^+(aq)$$

开始浓度/(mol·L^{-1})   0   0.050−2×0.020   0.020
                              =0.010

变化浓度 x $2x$ $-x$

平衡浓度 x $0.010+2x$ $0.020-x$

$$K_f^\ominus = \frac{c(Ag(NH_3)_2^+)}{c(Ag^+)[c(NH_3)]^2}$$

$$1.74 \times 10^7 = \frac{0.020-x}{x(0.010+2x)^2}$$

因为 $K_f^\ominus$ 很大,$K_d^\ominus$ 很小,$0.020-x \approx 0.020$,$0.010+2x \approx 0.010$,

$$1.74 \times 10^7 = \frac{0.020}{x(0.010)^2}, \quad x = 1.15 \times 10^{-5}$$

平衡时,

$c(Ag^+) = 1.15 \times 10^{-5}$ mol·L^{-1}, $c([Ag(NH_3)_2]^+) = 0.020$ mol·L^{-1},
$c(NH_3) = 0.010$ mol·L^{-1}

$c(Ag(NH_3)^+)$ 有多大呢?由于

$$Ag^+(aq) + NH_3(aq) \rightleftharpoons Ag(NH_3)^+(aq)$$

$$K_f^\ominus = \frac{c(Ag(NH_3)^+)}{c(Ag^+)c(NH_3)}$$

则有

$c(Ag(NH_3)^+) = (2.14 \times 10^3 \times 1.15 \times 10^{-5} \times 0.010)$ mol·L^{-1} $= 2.46 \times 10^{-4}$ mol·L^{-1}

由各种物质的浓度比较可以看出,上述近似计算是完全可行的。

12.5.2 配体取代反应和电子转移反应

1. 配体取代反应

许多金属离子在水中都以水合离子 $[M(H_2O)_n]^{m+}$ 的形式存在,加入某种配体后,它可以取代 $[M(H_2O)_n]^{m+}$ 中的 H_2O,生成新的配合物 $[M(H_2O)_xL_{n-x}]^{y+}$。一种配体取代配离子内层的另一种配体,生成新的配合物的反应称为配体取代反应或配体交换反应。例如浓度为 1×10^{-3} mol/L 的 K_2PtCl_4 水溶液,在 25℃ 下达到平衡时,溶液中含 53% 的 $[PtCl_3(H_2O)]^-$ 以及 42% 的 $PtCl_2(H_2O)_2$,而 $PtCl_4^{2-}$ 离子的含量仅为 5%。这是因为发生了如下的配体取代反应:

$$PtCl_4^{2-} + H_2O \longrightarrow [PtCl_3(H_2O)]^- + Cl^- \tag{12-5}$$

$$[PtCl_3(H_2O)]^- + H_2O \longrightarrow PtCl_2(H_2O)_2 + Cl^- \tag{12-6}$$

又如绿色的 $[Co(NH_3)(H_2O)Cl_2]Cl$ 水溶液,在室温下放置,很快转变为蓝色,继而转变成紫色,这是因为发生了如下配体取代反应:

$$[Co(NH_3)(H_2O)Cl_2]Cl + H_2O \longrightarrow [Co(NH_3)(H_2O)_2Cl]Cl_2 \tag{12-7}$$
　　　　　　绿色　　　　　　　　　　　　　　　　蓝色

$$[Co(NH_3)(H_2O)_2Cl]Cl_2 + H_2O \longrightarrow [Co(NH_3)(H_2O)_3]Cl_3 \tag{12-8}$$
　　　　　蓝色　　　　　　　　　　　　　　　　紫色

再如,在血红色的 $[Fe(NCS)]^{2+}$ 溶液中加入 NaF,发生的取代反应为

$$[Fe(NCS)]^{2+}(aq) + F^-(aq) \longrightarrow [FeF]^{2+}(aq) + NCS^-(aq)$$

$$K^{\ominus} = \frac{K_f^{\ominus}([FeF]^{2+})}{K_f^{\ominus}([Fe(NCS)]^{2+})} = \frac{7.1 \times 10^6}{9.1 \times 10^2} = 7.8 \times 10^3$$

该取代反应的平衡常数比较大，说明反应向右进行的趋势较大。若 F^- 离子浓度足够大（$J < K^{\ominus}$），$[Fe(NCS)]^{2+}$（血红色）可全部转化为 $[FeF]^{2+}$（无色），原溶液的血红色消失。

在离子的分离与鉴定中，可用某一配体来掩蔽混合溶液中的某些离子，以便鉴定另一离子。例如，在 Fe^{3+} 和 Co^{2+} 的混合溶液中加入 KNCS(s) 时，由于 NCS^- 与 Fe^{3+} 形成血红色配合物，妨碍 Co^{2+} 的检出。若在混合溶液中先加入 NaF 溶液，F^- 与 Fe^{3+} 形成稳定的 $[FeF_6]^{3-}$（无色），此时再加入 KNCS，由于 $[Fe(NCS)_6]^{3-}$ 远不及 $[FeF_6]^{3-}$ 稳定，所以不会出现 $[Fe(NCS)_6]^{3-}$ 的血红色，而 $[Co(NCS)_4]^{2-}$ 的稳定性远比 $[CoF_4]^{2-}$ 的稳定性大，因此，可以观察到 $[Co(NCS)_4]^{2-}$ 的天蓝色（加入丙酮后现象更明显）。这在分析化学中叫做掩蔽效应。F^- 叫做掩蔽剂，意思是加入 F^- 而将 Fe^{3+} 掩蔽起来。

在很多情况下，配体取代反应往往伴随着溶液 pH 的改变。如果所用的配位剂是弱酸，发生取代反应生成新的配合物时，常使溶液中的 H_3O^+ 浓度增加，溶液的 pH 降低，这是一些配合物形成时的特征之一。用配合物的稳定常数和弱酸的解离常数可以计算反应后溶液的 pH。

配合物取代反应速率差别很大。快的反应瞬间完成，只需要 10^{-10} s 左右；而慢的反应在几天或几个月内都不会有大的变化。我们往往把取代反应比较快的配合物（如半衰期 $T_{1/2} < 1$ min）称为"活性"配合物；把取代反应比较慢的配合物（如半衰期 $T_{1/2} > 1$ min）称为"惰性"配合物。显然，"活性"配合物的取代反应的活化能较小，而"惰性"配合物的取代反应的活化能较大。

在这里，我们要区分配合物取代反应动力学中活性和惰性的概念与热力学中稳定性的概念的不同。一个活性配合物有可能是热力学极稳定的，而一个取代反应惰性的配合物并不一定是热力学稳定的配合物。例如，$[Ni(CN)_4]^{2-}$ 在水中的取代反应是：

$$Ni(CN)_4^{2-}(aq) + 6H_2O(l) \longrightarrow Ni(H_2O)_6^{2+}(aq) + 4CN^-(aq)$$

在热力学上，$[Ni(CN)_4]^{2-}$ 是相当稳定的。然而，用示踪原子法证实，该反应的反应速率极快，$[Ni(CN)_4]^{2-}$ 是一个活性配合物。

另一个例子是 $[Co(NH_3)_6]^{3+}$，它在水中的取代反应是：

$$Co(NH_3)_6^{3+}(aq) + 6H_2O(l) \longrightarrow Co(H_2O)_6^{3+}(aq) + 6NH_3(aq)$$

该反应的平衡常数高达 2.1×10^{22}，如此大的标准平衡常数说明红色的 $[Co(NH_3)_6]^{3+}$ 能在很大程度上转化为 $[Co(H_2O)_6]^{3+}$。但是在 $[Co(NH_3)_6]^{3+}$ 的酸性水溶液中，溶剂水分子取代配合物中的氨分子需要几周时间。说明 $[Co(NH_3)_6]^{3+}$ 在动力学上是一个惰性配合物。能形成惰性配合物的金属离子还有 Co(Ⅲ)、Cr(Ⅲ)、Ir(Ⅲ)、Pt(Ⅳ) 和 Pt(Ⅱ) 等。由于它们在溶液中的这种惰性，可以有足够的时间来研究这些配合物的结构和性质。

2. 电子转移反应

电子转移反应的类型和机理远比取代反应复杂和多样化，主要有电子交换反应和氧化还原反应。例如电子交换反应：

$$Fe(H_2O)_6^{2+}(aq) + Fe^*(H_2O)_6^{3+}(aq) \longrightarrow Fe(H_2O)_6^{3+}(aq) + Fe^*(H_2O)_6^{2+}(aq)$$

又如氧化还原反应：

$$Fe(CN)_6^{4-}(aq) + IrCl_6^{2-}(aq) \longrightarrow IrCl_6^{3-}(aq) + Fe(CN)_6^{3-}(aq)$$

在这个氧化还原反应中,两种配离子之间发生了电子转移,其中[Fe(CN)₆]⁴⁻是还原剂(失电子),[IrCl₆]²⁻是氧化剂(得电子)。该反应的反应速率系数为 4.1×10⁵ L/(mol·s)。这两个配合物的配体取代反应是惰性的,但电子转移反应的速率很大。

对金属配位离子的电子转移反应机理的研究有助于理解有关酶、颜料、催化剂和超导体中的金属元素的作用。美国化学家 H. Taube 因研究过渡金属配合物电子转移反应机理的卓越贡献而荣获 1983 年诺贝尔化学奖。

12.6 配合物的应用

配合物的种类繁多,主要有简单配合物、螯合物、大环化合物、金属有机化合物、原子簇合物、多核配合物、低维配合物等。配合物的应用非常广泛,几乎遍布生产和科研的每个部门,渗透人类生活的各个角落。但不同配合物有不同的应用。下面介绍一些典型的应用。

1. 物质的分离、提纯和鉴定

由于不同的物质与各种配位剂有不同的配位性质,据此可以应用某些配位剂或螯合剂来实现某些元素的浓缩、富集、分离、提取和纯化,如用萃取的方法从海水中提取金、铜和铀,就是借助专门的配位剂来实现的。由于一些配位剂与金属离子的反应具有很高的灵敏性和专属性,且能生成具有特征颜色的产物,因而常用作测定某种金属离子的特征试剂,如用丁二酮肟作为镍离子鉴定的特征试剂。此外,许多配位剂还被用作重量分析中的沉淀剂、配位滴定中的配位剂、指示剂、掩蔽剂、光度分析中的显色剂等,用途十分广泛。

2. 电镀与环境保护

在电镀工业中,配合物及配位反应被广泛用于改善镀层的质量。例如在电镀铜时,不能用 CuSO₄ 溶液直接电镀,而常加入配位剂焦磷酸钾($K_4P_2O_7$),使形成[Cu(P_2O_7)₂]⁶⁻配离子,以降低 Cu²⁺ 浓度,从而得到较光滑、较均匀、附着力较好的镀层。在环境治理中,常用配合物离子的生成来处理工业三废,除去有害物质,回收有利物质,达到废物资源化的目的。例如生产中的含氰废液,由于氰化物极毒,造成严重公害,因此可用硫酸亚铁(FeSO₄)溶液处理,使生成毒性很小的配合物 Fe₂[Fe(CN)₆]。

3. 配合催化

某些配位反应能加快一些反应的反应速率,起到催化作用。这种利用配位反应而引起的催化作用叫做配合催化,它在有机合成中极为重要。例如,乙烯在 PdCl₂ 催化下氧化成乙醛,其反应首先生成 Pd(Ⅱ)的配合物[Pd(C₂H₄)(H₂O)]Cl₂,再分解生成 CH₃CHO。相关反应可表示如下:

$$C_2H_4 + PdCl_2 + H_2O \xrightarrow{\text{室温}} CH_3CHO + Pd + 2HCl$$

$$Pd + 2CuCl_2 \rightleftharpoons PdCl_2 + 2CuCl$$

$$2CuCl + \frac{1}{2}O_2 + 2HCl \rightleftharpoons 2CuCl_2 + H_2O$$

总反应式(三式相加)为

$$C_2H_4 + \frac{1}{2}O_2 \xrightarrow[\text{稀盐酸}]{PbCl_2 + CuCl_2} CH_3CHO$$

拓展知识

被骂出来的诺贝尔化学奖获得者——维克多·格林尼亚

维克多·格林尼亚(Victor Grignard),1871年5月6日生于法国瑟堡。因发现格氏试剂而获得1912年诺贝尔化学奖。

可是,谁能想象少年的格林尼亚是怎样的一个二流子呢?

维克多·格林尼亚出生在一家很有名望的造船厂业主的家里,家里经济条件优越。父母十分迁就他,孩子想要什么就给什么,从来也不批评和管教孩子。到了上学的年龄,父母早早就送他去上学,希望他成为一个有知识、有教养的人,而且还请了家庭教师辅导。无奈格林尼亚已经养成了娇生惯养、游手好闲的坏习惯。小学、中学从来就不知道好好学习,当然也没有学到什么知识。更糟糕的是父母管不了,别人也不敢管。又有谁愿意得罪这位财大气粗的老板呢?父母的宠爱为社会造就了一个二流子。而他自己也自命不凡,以为在这个城市里,谁都怕他这位了不起的"英雄"。

1. 波多丽伯爵严词教训,格林尼亚浪子回头

1892年秋,已经21岁的维克多·格林尼亚仍然整天无所事事,寻欢作乐。

一天,瑟堡市的上流社会又举行舞会,无事可做的格林尼亚自然不会放过这个机会。在舞场上,他发现坐在对面的一位姑娘美丽而端庄,气质非凡,在瑟堡市是很少见到的,不知不觉便动起心来,便上前请她共舞。姑娘端坐不动,流露出不屑一顾的神态。格林尼亚的劣迹,这位姑娘早有耳闻,她不与这种不学无术的纨绔子弟共舞。格林尼亚长这么大,还没有碰过这么实实在在的钉子,更何况这是在大庭广众之下,脸往哪里放啊。这当头一棒打得格林尼亚有点不知东南西北了。他气、恼、羞、怒、恨五味俱全,一时竟站在那里不知如何是好。后来格林尼亚得知这位姑娘是波多丽伯爵,不禁吸一口凉气,冷汗渗出。他定了定神,重又走上前向波多丽伯爵表示歉意,总得给自己找个台阶下吧。谁知这位女伯爵早就想教训教训这个无人敢管的二流子了,她并不买格林尼亚的账,只是冷冷地一笑,脸上显出鄙夷的神态,用手指着格林尼亚说:"请快点走开,离我远一点,我最讨厌像你这样不学无术的花花公子挡住了我的视线!"被人宠坏了的格林尼亚此时已无地自容了,他的威风、傲气、蛮霸一扫而空。在瑟堡市称雄称霸多年的格林尼亚被波多丽女伯爵的三言两语打得落花流水。

2. 毅然离家,重新做人

庆幸的是格林尼亚自尊心尚未丧失,知耻近乎勇。格林尼亚闭门不出,检讨自己的行为。20多岁的人了,五尺男子汉,要本事没有本事,要品德没有品德,竟成了社会上的一个"公害"。他想到波多丽女伯爵教训自己时,周围人都窃窃私语,人们早已看透了自己的品行,而自己的狐朋狗友也纷纷躲藏起来,不敢露面,看来真是不得人心啊。看透了自己的行为,认识到自己的错误,格林尼亚感到有生以来从未有过的轻松。找到了犯错误的原因,就必须马上改正。格林尼亚决心离家出走。

他给家里留下了一封信:"请不要来找我,让我重新开始,我会战胜自己创造出一些成绩来的……"格林尼亚的父母早已认识到自己教育的失败,现在儿子觉悟了,他们也终于清醒了:再也不能宠爱儿子了,应该让儿子自己去闯出一条新路。老两口没有阻止儿子的行动,也没有到处寻找,只是静静地等待着儿子的好消息。

3. 发愤苦读,功成名就

格林尼亚离家出走来到里昂,一切从头开始。幸好有一个叫路易·波尔韦的教师很同情他的遭遇,愿意帮助他补习功课。经过老教授的精心辅导和他自己的刻苦努力,花了两年的时间,才把耽误的功课补习完了。这样,格林尼亚进入了里昂大学插班读书。他深知读书的机会来之不易,眼前只有一条路,就是努力、努力、再努力;发奋、发奋、再发奋。学校有机化学权威巴比尔看中了他的刻苦精神和才能,于是,格林尼亚在巴比尔教授的指导下进行学习和研究工作。1901年,由于格林尼亚发现了格氏试剂而被授予博士学位。离家出走8年之后,格林尼亚实现了出走时许下的诺言。1912年,瑞典皇家科学院鉴于格林尼亚发明了格氏试剂,对当时有机化学发展产生的重要影响,决定授予他诺贝尔化学奖。

当格林尼亚获奖的消息传开之后,一天,他收到了一封贺信。信里只有一句话:"我永远敬爱你!"这是波多丽女伯爵写给他的贺信。多少年来,格林尼亚始终牢记女伯爵对自己的教育和严厉训斥。女伯爵当年的神情又浮现在他的脑海里,假使没有当年女伯爵的逆耳忠言,格林尼亚也不会有今天。现在她又写信表示祝贺,一往情深,实在难得。格林尼亚永记女伯爵的"一骂"深情,激励自己不断前进。

从格林尼亚的事迹我们知道,一个人犯错误并不可怕,关键是要找到原因,咬牙改过,怕的是没有自尊,不知羞耻,彻底堕落。只要努力,不怕学习来得迟,就怕不去学。波多丽女伯爵骂倒了一个纨绔子弟,骂出了一个诺贝尔奖获得者。

(资料来源:张楠娟.立志在行动上[J].青年科学,2002,(11):10-11.)

思 考 题

12-1 区别下列概念:

*(1) 几何异构体与旋光异构体; (2) 内轨型配合物与外轨型配合物。

12-2 简单配合物、双核配合物、簇合物有何不同?

12-3 说明下列概念:

(1) 形成体; (2) 配体; (3) 配位原子; (4) 配位数; (5) 簇基配位聚合物。

12-4 配合物同分异构现象有哪些?

12-5 配合物价键理论的要点是什么?它有哪些优点与不足?

习 题

12-1 命名下列各配合物和配离子:

(1) $Na[BH_4]$; (2) $[Co(H_2O)_5Cl]Cl_2$; (3) $[Cr(H_2O)(en)(C_2O_4)(OH)]$;

(4) $[Ni(CN)_5]^{3-}$; (5) $[Co(NH_3)_4(NO_2)Cl]$; (6) $[Cu(NH_3)_4]^{2+}$。

12-2 指出下列配合物的空间构型并画出它们可能的立体异构体：
(1) $[Ni(NH_3)_2Cl_2]$; (2) $[Cu(C_2O_4)_2]^{2-}$; (3) $[Pt(NH_3)_2(NO_2)Cl]$;
(4) $K[Co(NH_3)_2(NO_2)_4]$; (5) $[Cu(en)Cl_2]$; (6) $[PdI_2(NH_3)_4]^{2+}$。

12-3 配离子$[NiBr_4]^{2-}$含有2个未成对电子,但$[Ni(CN)_4]^{2-}$是反铁磁性的,指出两种离子的空间构型,并估计它们的磁矩。

12-4 已知下列螯合物的磁矩,画出它们中心离子的价层电子分布,并指出其空间构型。这些螯合物中哪些是内轨型？哪些是外轨型？

螯合物	$[Co(EDTA)]^{2-}$	$[Fe(C_2O_4)_3]^{3-}$	$[Mn(CN)_6]^{3-}$
μ/μ_B	3.83	5.75	2.81

12-5 指出下列配离子的形成体、配体、配位原子、配位数：

配离子	形成体	配体	配位原子	配位数
$[Cu(NH_3)_3(H_2O)]^{2+}$				
$[Co(en)_3]^{3+}$				
$[Ni(CO)_4]$				
$[Ag(NH_3)_2]^+$				
$[Fe(OH)_3(H_2O)_3]^-$				
$[Cr(C_2O_4)(OH)(H_2O)(en)]$				
$[Ni(Cl)(bipy)_2(H_2O)]^+$				
$[Ca(EDTA)]^{2-}$				
$[AuCl_2(NH_3)_2]^+$				

12-6 填空题
(1) 配合物$[Co(NH_3)_6]SO_4$中,配合物的内界是_____,外界是_____,内界和外界之间以_____键结合。

(2) 在配合物中,提供孤对电子的负离子或分子称为_____,接受孤对电子的原子或离子称为_____,它们之间以_____键结合。

(3) 配合物$[Mn(NH_3)_3Cl_3]Cl$的名称是_____,内界是_____,外界是_____,配体是_____,配位原子是_____,配位数是_____。

(4) $[NiCl_2(NH_3)_4]Cl$的系统命名是_____,外界是_____,内界是_____,中心原子是_____,中心原子采取的杂化类型为_____,配离子的空间构型是_____,配体有_____,配位原子有_____,配位数为_____。

(5) 已知$[Fe(CN)_6]^{4-}$为内轨型配合物,则其中心离子采取的杂化轨道类型为_____,配离子中未成对电子数为_____,其磁矩估计为_____。

12-7 选择题
(1) 配合物的空间构型和配位数之间有着密切的关系,配位数为4的配合物空间构型可能是(   )。

A. 平面三角形　　　B. 三角双锥　　　C. 正四面体　　　D. 正八面体

(2) 已知螯合物$[Fe(C_2O_4)_3]^{3-}$的磁矩等于$5.78\,\mu_B$,则其空间构型和中心离子的杂化轨道类型是(　　)。

A. 三角形和sp^2杂化　　　　　　B. 三角双锥和sp^3d^2杂化

C. 八面体和d^2sp^3杂化　　　　　D. 八面体和sp^3d^2杂化

(3) 已知配合物$[Fe(en)_3]^{2+}$在低温下的磁矩等于$0\,\mu_B$,而其在高温下的磁矩等于$5.11\,\mu_B$,则该配合物低温下和高温下中心离子的杂化轨道类型是(　　)。

A. sp^3杂化和dsp^2杂化　　　　　B. d^2sp^3杂化和sp^3d^2杂化

C. sp^3d^2杂化和d^2sp^3杂化　　　D. sp^2杂化和dsp杂化

(4) 配合物$[Fe(en)_3]^{2+}$的空间构型可能是(　　)。

A. 三角形　　　　B. 平面四边形　　C. 正四面体　　D. 八面体

E. 三角双锥

(5) 在$[Co(C_2O_4)_2(en)]^{2-}$中,中心离子Co^{2+}的配位数是(　　)。

A. 6　　　　　　B. 5　　　　　　C. 4　　　　　　D. 3

(6) 在硝酸银溶液中,开始滴加一定量的氯化钠溶液,然后再滴加一定量的氨水,最后再滴加碘化钾溶液,先后观察到的现象是(　　)。

A. 先出现白色沉淀,加入氨水,沉淀增加,最后沉淀转变为黄色

B. 先出现白色沉淀,加入氨水,沉淀消失,滴加碘化钾溶液又出现黄色沉淀

C. 开始没有现象,滴加碘化钾溶液后出现黄色沉淀

D. 先出现白色沉淀,加入氨水,沉淀消失,滴加碘化钾溶液又出现淡黄色沉淀

(7) 铂能溶于王水的原因是(　　)。

A. 硝酸具有氧化性

B. 盐酸具有还原性

C. Cl^-离子具有配位能力

D. 硝酸具有氧化性而且Cl^-离子具有配位能力

12-8　已知$[Ni(Br)_2(H_2O)_2]$有两种不同的结构,成键电子所占据的杂化轨道应该是哪种杂化轨道?

12-9　已知$Ag^+(aq)+e^-=Ag(s)$的电极电势$\varphi^\ominus=0.7796\,V$,求$Ag(CN)_2^-(aq)+e^-=Ag(s)+2CN^-$的$\varphi^\ominus$值是多少?已知$k_f^\ominus([Ag(CN)_2]^-)=1.0\times10^{21}$。

12-10　为什么在水溶液中,$[Co(NH_3)_6]^{3+}$不能氧化水,Co^{3+}却能氧化水?

$\varphi^\ominus_{Co^{3+}/Co^{2+}}=1.83\,V$;　$\varphi^\ominus_{O_2/H_2O}=1.229\,V$;　$\varphi^\ominus_{O_2/OH^-}=0.401\,V$;

$K^\ominus_{稳[Co(NH_3)_6]^{2+}}=2.4\times10^4$;　$K^\ominus_{稳[Co(NH_3)_6]^{3+}}=1.4\times10^{35}$;　$K^\ominus_{b,NH_3}=1.8\times10^5$。

12-11　根据晶体场理论完成下表。

配离子	P/cm^{-1}	Δ_0/cm^{-1}	e_g轨道上电子数	t_{2g}轨道上电子数	磁矩/μ_B
$[Co(NH_3)_6]^{2+}$	22 500	11 000			
$[Fe(H_2O)_6]^{2+}$	17 600	10 400			
$[Co(NH_3)_6]^{3+}$	21 000	22 900			

12-12　某第四周期金属离子在八面体弱场中的磁矩为$4.90\,\mu_B$,而它在八面体强场中的磁矩为$0\,\mu_B$,该中心金属离子可能是哪个?

第 13 章

s 区 元 素

学习要求

(1) 掌握碱金属和碱土金属单质的物理和化学性质。
(2) 了解 s 区元素单质的存在形式,掌握单质的制备方法。
(3) 掌握碱金属和碱土金属的氢化物、氧化物、氢氧化物以及盐类的化学性质,学会用离子势判断氧化物水合物的酸碱性强弱。

在前面的章节中,我们已经讨论了化学热力学与平衡、化学动力学以及物质结构等基本理论,在此基础上,本章开始讨论元素化学。元素化学主要讨论元素及其化合物的存在、性质、制备以及用途。我国矿产资源丰富,其中钨、锌、稀土元素等含量占据世界首位,铜、铅、镍、钼等元素的储量也居世界前列。开发我国的丰富资源,并将其在高科技领域加以利用,是化学工作者的任务。在元素的原子结构中,最后填充的电子进入 s 能级的元素称为 s 区元素,进入 p 能级的元素称为 p 区元素,此外还有 d 区元素和 f 区元素。本章将讨论元素化学中的 s 区元素。

13.1 s 区元素概述

s 区元素主要包括元素周期表中ⅠA 族元素和ⅡA 族元素,ⅠA 族元素包括锂、钠、钾、铷、铯、钫 6 种元素,由于钠和钾的氢氧化物是典型的碱,因此又称碱金属;ⅡA 族元素包括铍、镁、钙、锶、钡、镭 6 种元素,由于钙、锶、钡的氧化物的性质介于碱金属与稀土元素之间,因此又称碱土金属。碱金属和碱土金属原子的价层电子构型分别为 ns^1 和 ns^2,即它们的原子最外层分别有 1 个和 2 个 s 电子,因此这些元素被称为 s 区元素。s 区元素中,锂、铷、铯、铍是稀有金属元素,钫和镭是放射性元素。

s 区元素是最活泼的金属元素,表现在如下几个方面:
(1) 易与 H_2 直接化合成 MH、MH_2 离子型化合物;
(2) 与 O_2 形成正常氧化物、过氧化物和超氧化物;
(3) 易与 H_2O 反应(除 Be、Mg 外);
(4) 与非金属作用形成相应化合物。

s 区元素的一个重要特点是通常只有一种稳定的氧化态。碱金属原子最外层只有 1 个 ns 电子,次外层是 8 电子(锂的次外层是 2 电子)结构,它们的原子半径在同周期元素中(稀有气体除外)是最大的,而核电荷数在同周期元素中是最小的。由于内层电子的屏蔽作用显著,故这些元素很容易失去最外层的1个s电子,从而使碱金属的第一电离能在同周期的元素中为最低。因此,碱金属是同周期元素中金属性最强的元素。碱土金属原子最外层有2个ns电子,次外层也是8电子结构(铍的次外层是2电子),它们的核电荷数比碱金属大,原子半径比碱金属小,虽然这些元素也易失去最外层的s电子,有较强的金属性,但它们的金属性比同周期的碱金属略差一些。

13.2 s区元素的单质

13.2.1 s区元素单质的存在和制备

由于碱金属和碱土金属的化学活泼性强,决定了它们不能以单质的形式存在于自然界中。在地壳中,Na、K、Mg的丰度很高,主要的矿物有钠长石$Na[AlSi_3O_8]$、钾长石$K[AlSi_3O_8]$、光卤石$[KCl \cdot MgCl_2 \cdot 6H_2O]$、白云石$CaCO_3 \cdot MgCO_3$和菱镁石$MgCO_3$等。Ca、Sr、Ba在自然界中存在的主要形式为难溶的碳酸盐和硫酸盐,例如方解石$CaCO_3$、碳酸锶矿$SrCO_3$、石膏$CaSO_4 \cdot 2H_2O$、天青石$SrSO_4$以及重晶石$BaSO_4$等。

碱金属和碱土金属具有较强的还原性,要使M^+和M^{2+}还原为M,通常采用的方法有两种:熔盐电解法和热还原法。

1) 熔盐电解法

从理论上说,电解任何熔融的碱金属和碱土金属盐类都可以制得单质。例如:电解熔融的氯化钠可以制备金属钠,反应如下:

$$2NaCl \xrightarrow{电解} 2Na + Cl_2(g)$$

电解熔融的氯化钙可以制备金属钙,反应如下:

$$CaCl_2 \xrightarrow{电解} Ca + Cl_2(g)$$

有时为了降低熔体的熔点,常采用电解混合熔盐的方法,如制备金属锂时常用1∶1物质的量比的氯化锂和氯化钾混合物作为熔融电解质。

2) 热还原法

镁除了常用的电解熔融无水氯化镁来制备外,工业上还采用热还原氧化镁来制备,还原剂可以是碳和碳化钙等。例如:

$$MgO(s) + CaC_2(s) \longrightarrow Mg(s) + CaO(s) + 2C(s,石墨)$$

$$MgO(s) + C(s) \longrightarrow Mg(s) + CO(g)$$

应当指出,在金属钾的实际生产中,并不采用电解KCl熔盐的方法,这是因为钾太容易溶解在熔化的KCl中,以致不能浮在电解槽的上部加以分离收集;同时因为钾在操作温度下迅速气化,增加了不安全因素。工业上采用热还原法,在850℃以上用金属钠还原氯化钾得到金属钾:

$$Na(g) + KCl(l) \longrightarrow NaCl(l) + K(g)$$

由于钾的沸点比钠低,钾比钠更容易气化,随着钾蒸气的不断溢出,平衡不断向右移动,可以得到含有少量钠的金属钾,再经过蒸馏即可得到纯度达到99%～99.99%的金属钾。

13.2.2 s区元素单质的物理和化学性质

1. 物理性质

表 13-1 列出了碱金属和碱土金属的一些基本性质。一般来说,碱金属和碱土金属的新鲜表面都具有金属光泽的银白色(铍为灰色),接触空气后会生成一层含有氧化物、氮化物和碳酸盐的外壳而颜色变暗。由于碱金属和碱土金属具有较大的原子半径和较少的核电荷,因此,它们的金属键很不牢固,物理性质的主要特点是轻、软、低熔点。碱金属的密度小于 $2 \text{ g} \cdot \text{cm}^{-3}$,碱土金属的密度也都小于 $5 \text{ g} \cdot \text{cm}^{-3}$。碱金属和碱土金属(除铍和镁外)硬度都小于 2,碱金属和钙、钡可以用刀子切割。

表 13-1 碱金属和碱土金属的性质

性 质	锂	钠	钾	铷	铯	铍	镁	钙	锶	钡
元素符号	Li	Na	K	Rb	Cs	Be	Mg	Ca	Sr	Ba
原子序数	3	11	19	37	55	4	12	20	38	56
价电子层结构	$2s^1$	$3s^1$	$4s^1$	$5s^1$	$6s^1$	$2s^2$	$3s^2$	$4s^2$	$5s^2$	$6s^2$
氧化数	+1	+1	+1	+1	+1	+2	+2	+2	+2	+2
固体密度(20℃)/(kg·m^{-3})	0.53	0.97	0.86	1.53	1.88	1.85	1.74	1.54	2.60	3.51
熔点/℃	180.5	97.81	63.25	38.89	28.40	1278	648.8	839	769	725
沸点/℃	1342	882.9	760	686	669.3	2970	1107	1484	1384	1640
硬度(金刚石=10)	0.6	0.4	0.5	0.3	0.2	4.0	2.0	1.5	1.8	—
金属半径/pm	155	190	235	248	267	112	160	197	215	222
离子半径/pm	60	95	133	148	169	31	65	99	113	135
相对导电性(Hg=1)	11	21	14	8	5	5.2	21.4	20.8	4.2	—
第一电离能/(kJ·mol^{-1})	520.3	495.8	418.9	403	375.7	899.5	737.4	589.8	549.5	502.9
第二电离能/(kJ·mol^{-1})	7298	4562	3051	2633	2230	1757	1450.7	1145.4	1064.3	965.3
电负性	0.98	0.93	0.82	0.8	0.79	1.57	1.31	1.0	0.95	0.89
$E^{\ominus}_{M^{n+}/M}$/V	−3.045	−2.714	−2.925	−2.98	−3.03	−1.85	−2.37	−2.87	−2.89	−2.91

s区元素的物理性质与它们在实际中的应用密切相关。镁合金具有良好的机械强度和质轻的特点,而直升机需要极轻的材料,因此镁合金广泛应用于直升机的制造上。镁合金也成为各种运输工具、军事器材以及通信设施等的重要结构材料。此外,锂-铝合金由于具有高强度和低密度的特点,也是制造航空、宇航产品所需要的材料。铍作为最有效的中子减速剂和反射剂之一用于核反应堆。此外,铍还可以用作 X 射线管的窗口材料。在碱金属的晶体中具有活动性很强的自由电子,因而它们具有良好的导电、导热性。铷和铯失去电子的能力极强,仅受到光照,电子就可以从金属表面逸出,因此,常用来制造光电管,进行光电信号

的转化。将碱金属的真空光电管安装在自动开关的门上,当光照射时,由光电效应产生电流,通过一定装置形成电流,使门关上。当人位于自动门附近时,光被遮住,光电效应消失,电路断开,门自动打开。

可以将表中碱金属和碱土金属性质变化的总趋势归纳如下：

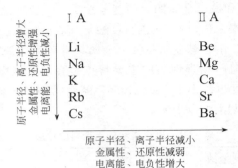

2. 化学性质

碱金属和碱土金属元素的共同特征是它们的原子最外层有一个与核联系较弱的 ns 电子,以及具有稀有气体原子结构的内电子层。外层的价电子容易失去,如铷和铯具有强烈的光敏性,普通光线的能量即可使这两种元素的价电子电离。

s 区元素在所有元素中电负性最小,决定了这些元素在金属态和化合态时的化学反应性能。在金属态时,它们是最强的还原剂,极易与其他物质发生反应,生成离子键成分很高的化合物;在化合态时,这些元素的离子又是所有阳离子中最稳定的。

碱金属和碱土金属是很活泼的金属元素,它们能直接或间接地与电负性较高的非金属元素,如卤素、磷、硫、氢等形成相应的化合物。除了锂、铍和镁的某些化合物具有比较明显的共价性质外,其余化合物一般具有离子键的性质。碱金属对所有化学试剂(除氮气外)的反应活泼性都随碱金属活泼性的增加而增加。即锂最不活泼,故锂只以较慢速度和水作用,而钠和水反应剧烈,钾能燃烧,铷和铯则爆炸。碱金属和碱土金属重要的化学反应和性质分别列于表 13-2 和表 13-3 中。

表 13-2 碱金属的化学反应和性质

化 学 反 应	性 质
$4Li+O_2(过量)\longrightarrow 2Li_2O$	其他金属形成 $Na_2O_2,K_2O_2,KO_2,RbO_2,CsO_2$
$2M+S\longrightarrow M_2S$	反应剧烈,也有多硫化物产生
$2M+2H_2O\longrightarrow 2MOH+H_2$	Li 反应缓慢,K 发生爆炸;与酸作用时都发生爆炸
$2M+H_2\longrightarrow 2MH$	高温下反应,LiH 最稳定
$2M+X_2\longrightarrow 2MX$	X=卤素
$6Li+N_2\longrightarrow 2Li_3N$	室温,其他碱金属无此反应
$3M+E\longrightarrow M_3E$	E=P,As,Sb,Bi,加热反应
$M+Hg\longrightarrow 汞齐$	—

表 13-3　碱土金属的化学反应和性质

化 学 反 应	性　　质
$2M + O_2 \longrightarrow 2MO$	加热能燃烧,钡能形成过氧化物 BaO_2
$M + S \longrightarrow MS$	
$M + 2H_2O \longrightarrow M(OH)_2 + H_2$	Be、Mg 与冷水反应缓慢
$M + 2H^+ \longrightarrow M^{2+} + H_2$	Be 反应缓慢,其余反应较快
$M + H_2 \longrightarrow MH_2$	仅高温下反应,Mg 需高压
$M + X_2 \longrightarrow MX_2$	—
$3M + N_2 \longrightarrow M_3N_2$	水解生成 NH_3 和 $M(OH)_2$
$Be + 2OH^- + 2H_2O \longrightarrow Be(OH)_4^{2-} + H_2$	余者无此类反应

3. 焰色反应

碱金属和钙、锶、钡的挥发性盐在无色火焰中灼烧时,能够使火焰呈现特征的颜色,称为"焰色反应"。产生焰色反应的原因是由于它们的原子或离子受热时,电子容易被激发,当电子从较高能级跃迁到较低能级时,相应的能量以光的形式释放出来,产生线状光谱。火焰的颜色往往相应于强度较大的谱线区域。原子结构不同,发出不同波长的光,光的颜色也不同。表 13-4 列出了 s 区元素的火焰颜色及主要的发射波长。

表 13-4　s 区元素的火焰颜色及主要的发射波长

元素	Li	Na	K	Rb	Cs	Ca	Sr	Ba
颜色	深红	黄	紫	红紫	蓝	橙红	深红	绿
波长/nm	670.8	589.2	766.5	780.0	455.5	714.9	687.8	553.5

在分析化学中,常利用焰色反应来检测这些金属元素的存在。将硝酸锶或硝酸钡与氯化钾和硫等以适当比例混合,可制成红色或绿色的信号弹;如把锶、钡、钾的硝酸盐或氯酸盐配以镁粉、松香等,可做成能发射出各种颜色光的信号剂和焰火剂。

13.3　s 区元素的化合物

13.3.1　氢化物

碱金属和碱土金属在氢气流中加热时,可分别生成离子型氢化物,例如:

$$2Li + H_2 \xrightarrow{\triangle} 2LiH$$

$$2Na + H_2 \xrightarrow{653\ K} 2NaH$$

$$Ca + H_2 \xrightarrow{423 \sim 573\ K} CaH_2$$

它们是白色固体粉末,熔点、沸点较高,熔融时能够导电。碱金属氢化物具有 NaCl 型晶体结构,钙、锶、钡的氢化物类似于某些重金属氢化物(如斜方 $PbCl_2$)的晶体结构。碱金属和碱土金属的氢化物,性质类似盐,又称为盐型氢化物。离子型氢化物和水剧烈反应,生成氢气。

$$MH + H_2O \longrightarrow MOH + H_2$$
$$MH_2 + 2H_2O \longrightarrow M(OH)_2 + 2H_2$$

CaH_2 常用作军事和气象野外作业的生氢剂。

在这些氢化物中,氢以 H^- 的形式存在,因此,具有强还原性。例如,NaH 在 400℃能将 $TiCl_4$ 还原为金属钛:

$$TiCl_4 + 4NaH \longrightarrow Ti + 4NaCl + 2H_2$$

在有机合成中,LiH 常用来还原某些有机化合物,CaH_2 也是重要的还原剂。

离子型氢化物在受热时,可以分解为氢气和游离金属:

$$2MH \xrightarrow{\triangle} 2M + H_2$$
$$MH_2 \xrightarrow{\triangle} M + H_2$$

不同的离子型氢化物分解温度不同。在碱金属氢化物中,LiH 最稳定;在碱土金属氢化物中,以 CaH_2 最为稳定。

离子型氢化物能在非水溶剂中与 B^{3+}、Al^{3+} 和 Ga^{3+} 等结合形成复合氢化物。例如,LiH 和无水 $AlCl_3$ 在乙醚溶液中作用,生成氢化铝锂:

$$4LiH + AlCl_3 \xrightarrow{乙醚} Li[AlH_4] + 3LiCl$$

$Li[AlH_4]$ 在干燥的空气中较稳定,遇水则发生猛烈反应:

$$Li[AlH_4] + 4H_2O \longrightarrow LiOH + Al(OH)_3 + 4H_2$$

在有机合成中,$Li[AlH_4]$ 常用于有机官能团的还原。例如,可以把醛、酮和羧酸等还原为醇,将硝基还原为氨基。在高分子化学工业中,$Li[AlH_4]$ 用作某些聚合反应的引发剂和催化剂。

13.3.2 氧化物

碱金属、碱土金属与氧形成的二元化合物,包括正常的氧化物、过氧化物以及超氧化物,其中分别含有 O^{2-}、O_2^{2-} 和 O_2^- 离子。前两种属于反磁性物质,后者是顺磁性物质。此外,碱金属还可以形成臭氧化物 MO_3。s 区元素与氧形成的各种含氧二元化合物列于表 13-5 中。

表 13-5　s 区元素形成的含氧二元化合物

种　类	阴离子	直接形成	间接形成
正常氧化物	O^{2-}	Li,Be,Mg,Ca,Sr,Ba	ⅠA、ⅡA 所有元素
过氧化物	O_2^{2-}	Na,Ba	除 Be 外的所有元素
超氧化物	O_2^-	(Na),K,Rb,Cs	除 Be、Mg、Li 外的所有元素

1. 正常氧化物

碱金属中的锂和所有碱土金属在空气中燃烧时,生成正常氧化物 Li_2O 和 MO,例如:

$$4Li + O_2 \longrightarrow 2Li_2O$$

$$2M + O_2 \longrightarrow 2MO$$

其他碱金属的正常氧化物是利用金属与它们的过氧化物或者硝酸盐作用来得到。

$$Na_2O_2 + 2Na \longrightarrow 2Na_2O$$

$$2KNO_3 + 10K \longrightarrow 6K_2O + N_2$$

热分解碱土金属的碳酸盐、硝酸盐等也可得到氧化物 MO，例如：

$$MCO_3 \xrightarrow{\triangle} MO + CO_2(g)$$

表 13-6 和表 13-7 列出了碱金属和碱土金属氧化物的某些物理性质。

表 13-6　碱金属氧化物的某些物理性质（298.15 K）

碱金属氧化物的物理性质	Li_2O	Na_2O	K_2O	Rb_2O	Cs_2O
颜色	白	白	淡黄	亮黄	橙红
熔点/K	>1973	1548（升华）	623（分解）	673（分解）	673（分解）
$\Delta_f H_m^\ominus /(kJ \cdot mol^{-1})$	−597.9	−414.2	−361.5	−339.1	−345.8

表 13-7　碱土金属氧化物的某些物理性质（298.15 K）

碱土金属氧化物	BeO	MgO	CaO	SrO	BaO
颜色	白	白	白	白	白
熔点/K	2803	3125	2887	2693	2191
$\Delta_f H_m^\ominus /(kJ \cdot mol^{-1})$	−609.6	−601.7	−635.1	−592.0	−553.4

在碱金属氧化物中，从 Li_2O 到 Cs_2O 颜色逐渐加深。由于 Li^+ 半径很小，Li_2O 的熔点很高。Na_2O 的熔点也较高，其余氧化物未达到熔点时开始分解。碱金属氧化物 M_2O 与水反应均生成氢氧化物 MOH，反应的程度从 Li_2O 到 Cs_2O 依次加强。Li_2O 与水缓慢反应，Rb_2O 和 Cs_2O 与水反应剧烈，会发生燃烧甚至爆炸。

碱土金属的氧化物都为白色粉末，一般在水中的溶解度小。BeO 几乎不与水反应，MgO 与水缓慢反应，CaO、SrO 和 BaO 与水均发生剧烈反应生成相应的碱，并放出大量热。除了 BeO 是 ZnS 型晶体外，其余均为 NaCl 型晶体。由于在碱金属化合物 MO 中，正、负离子都带两个电荷，而 M-O 间的距离小，因此 MO 的晶格能较大，熔点和硬度很高。根据这种特性，BeO 和 MgO 常用来制作耐火材料和新型陶瓷，特别是 BeO，还具有反射放射性射线的能力。

2. 过氧化物

过氧化物是含有过氧基（—O—O—）的化合物，可看做 H_2O_2 的衍生物。过氧化物中的阴离子是过氧离子 O_2^{2-}，其结构式如下：

$$[:\ddot{O}:\ddot{O}:]^{2-} \quad 或 \quad [-O-O-]^{2-}$$

按照分子轨道理论，O_2^{2-} 的分子轨道电子排布式为

$$(\sigma_{1s})^2(\sigma_{1s}^*)^2(\sigma_{2s})^2(\sigma_{2s}^*)^2(\sigma_{2p})^2(\pi_{2p})^4(\pi_{2p}^*)^4$$

其中只有 1 个 σ 键对形成稳定的过氧离子有利，键级为 1。

除了 Be 和 Mg 以外，所有碱金属和碱土金属都能形成过氧化物。其中比较常见的是 Na_2O_2 和 BaO_2。工业用的 Na_2O_2 是将金属钠在铝制容器中加热到 300℃ 熔融，并通入已除去二氧化碳的干燥空气，得到淡黄色颗粒状的 Na_2O_2。

$$2Na + O_2 \longrightarrow Na_2O_2$$

过氧化钠与水或酸在室温反应生成过氧化氢，反应式为

$$Na_2O_2 + 2H_2O \longrightarrow 2NaOH + H_2O_2$$

$$Na_2O_2 + H_2SO_4(稀) \longrightarrow Na_2SO_4 + H_2O_2$$

$$\longrightarrow H_2O + \frac{1}{2}O_2$$

所生成的 H_2O_2 立即分解生成氧气，故过氧化钠广泛用作氧气发生剂。

在潮湿空气中，Na_2O_2 能吸收 CO_2，产生 O_2，所以可用作供氧剂。

$$Na_2O_2 + CO_2 \longrightarrow Na_2CO_3 + \frac{1}{2}O_2$$

Na_2O_2 具有碱性和氧化性，常用作熔矿剂，使既不溶于水也不溶于酸的矿石氧化分解为可溶性的化合物，例如：

$$2Fe(CrO_2)_2 + 7Na_2O_2 \longrightarrow 4Na_2CrO_4 + Fe_2O_3 + 3Na_2O$$

过氧化钠也用于纺织品和纸浆的漂白。过氧化钠在熔融时几乎不分解，但当遇到棉花、木炭或者铝粉等还原性物质时，会发生爆炸，因此在使用过氧化钠时要注意安全。

其他元素的过氧化物可采用间接的方法制备得到。例如：

$$MO + H_2O_2 + 7H_2O \longrightarrow MO_2 \cdot 8H_2O \quad (M = Ca, Sr, Ba)$$

此外，工业上采用在加压和高温的条件下，BaO 和 O_2 作用生成 BaO_2。

$$2BaO + O_2 \xrightarrow{加压,高温} 2BaO_2$$

3. 超氧化物

在碱金属和碱土金属的超氧化物中，阴离子是超氧离子 O_2^-，其结构式如下：

$$[:\ddot{\underset{..}{O}}{-}\ddot{\underset{..}{O}}:]^-$$

按照分子轨道理论，O_2^- 的分子轨道电子排布式为

$$(\sigma_{1s})^2(\sigma_{1s}^*)^2(\sigma_{2s})^2(\sigma_{2s}^*)^2(\sigma_{2p})^2(\pi_{2p})^4(\pi_{2p}^*)^3$$

O_2^- 中含有 1 个 σ 键和 1 个三电子键，键级为 3/2。由于含有一个未成对电子，因而 O_2^- 具有顺磁性。

除锂、铍和镁外，其余的碱金属和碱土金属均能形成超氧化物 MO_2（碱金属）和 $M(O_2)_2$（碱土金属）。钾、铷和铯在过量的氧气中燃烧直接生成超氧化物，例如：

$$K + O_2 \longrightarrow KO_2$$

高温下，Na_2O_2 和 O_2 作用形成 NaO_2。将 O_2 通入 K，Rb 和 Cs 的液氨溶液中，也能得到相应的超氧化物。

$$Na_2O_2 + O_2 \longrightarrow 2NaO_2$$

超氧化物是强氧化剂，能和 H_2O，CO_2 反应放出 O_2，被用作高空飞行或潜水的供氧剂。

$$2MO_2 + 2H_2O \longrightarrow O_2 + H_2O_2 + 2MOH$$

$$4MO_2 + 2CO_2 \longrightarrow 2M_2CO_3 + 3O_2$$

KO_2 易制备，因此常用于急救器中，利用上述反应提供 O_2。

4. 臭氧化物

臭氧 O_3 同钾、铷、铯的氢氧化物作用，可得到它们的臭氧化物，例如：

$$6KOH + 4O_3 \longrightarrow 4KO_3 + 2KOH \cdot H_2O + O_2(g)$$

利用液氨重结晶，得到橘红色 KO_3 晶体，不稳定，缓慢分解成 KO_2 和 O_2。

实验发现，在碱性溶液中，H_2O_2 分解时有 O_3^- 离子存在，其键长为 135 pm，键角为 108°。

臭氧化物与水剧烈反应，但不生成过氧化物，反应如下：

$$4MO_3 + 2H_2O \longrightarrow 4MOH + 5O_2(g)$$

13.3.3 氢氧化物

某元素氧化物的水合物可能是氢氧化物，也可能是含氧酸。对于氢氧化物碱性的强弱以及是否具有两性，可以用离子势粗略地判断。

氧化物的水合物可以用通式 ROH 表示，其中 R 代表成酸或成碱元素的离子，ROH 在水中有两种解离方式，即

$$R-O-H \longrightarrow R^+ + OH^- \quad 碱式解离$$

$$R-O-H \longrightarrow RO^- + H^+ \quad 酸式解离$$

究竟以何种解离方式为主，还是两者兼而有之，与 R 离子的电荷及半径大小有关。将离子的电荷数 Z 与其半径 r 之比定义为离子势，用 Φ 表示，即

$$\Phi = \frac{Z}{r}$$

显然，Φ 越大（Z 越大，r 越小），R 与 O 原子间的静电引力越强，则 R 吸引氧原子的电子云越强，O—H 键被削弱得越多，使 ROH 容易以酸式解离为主；相反，若 R 的 Φ 越小（Z 越小，r 越大），则 R—O 键越弱，ROH 易以碱式解离为主。据此有人提出用 $\sqrt{\Phi}$ 值作为判断 ROH 酸碱度的经验公式。如果离子半径以 nm 为单位，则

$\sqrt{\Phi}$	<7	7~10	>10
R—O—H 酸碱性	碱性	两性	酸性

碱金属和碱土金属的氢氧化物中，除了 $Be(OH)_2$ 为两性氢氧化物外，其余的氢氧化物都是强碱或者中强碱，并且同族元素（ⅠA 和 ⅡA）自上而下氢氧化物的碱性依次增强。

表 13-8 列出了碱金属和碱土金属氢氧化物的酸碱性递变与 $\sqrt{\Phi}$ 的关系，利用离子势判断氧化物水合物的酸碱性只是一个经验规律。

碱金属的氢氧化物因对皮肤和纤维有强烈的腐蚀作用，所以又被称为苛性碱。NaOH 和 KOH 通常分别被称为苛性钠（也称烧碱）和苛性钾。工业上制备 NaOH 采用电解食盐水溶液的方法，常用隔膜电解法和离子交换膜电解法。用碳酸钠和熟石灰反应（苛化法）也可制备 NaOH。

表 13-8　碱金属和碱土金属氢氧化物的酸碱性递变与 $\sqrt{\Phi}$ 的关系

	碱金属氢氧化物	$\sqrt{\Phi}$ 值	碱土金属氢氧化物	$\sqrt{\Phi}$ 值
碱性增强 ↓	LiOH	4.08	Be(OH)$_2$	8.03
	NaOH	3.26	Mg(OH)$_2$	5.53
	KOH	2.75	Ca(OH)$_2$	4.49
	RbOH	2.59	Sr(OH)$_2$	4.21
	CsOH	2.43	Ba(OH)$_2$	3.86

　　　　　　　　　　　　　　　　← 碱性增强

　　碱金属和碱土金属的氢氧化物都是白色固体，放置在空气中容易吸水而潮解，因此固体 NaOH 和 Ca(OH)$_2$ 是常用的干燥剂。它们还易与空气中的二氧化碳反应生成碳酸盐，所以要封存。

　　由于碱金属氢氧化物的水溶液或者熔融物具有强碱性，所以它们能够溶解某些两性金属（如 Al、Zn 等）及其氧化物，还能溶解非金属（Si、Bi 等）及其氧化物。反应如下：

$$2Al + 2NaOH + 6H_2O \longrightarrow 2NaAl(OH)_4 + 3H_2$$

$$Al_2O_3 + 2NaOH \xrightarrow{熔融} 2NaAlO_2 + H_2O$$

$$Si + 2NaOH + H_2O \longrightarrow Na_2SiO_3 + 2H_2$$

$$SiO_2 + 2NaOH \longrightarrow Na_2SiO_3 + H_2O$$

　　由以上反应方程式可知，氢氧化钠可以腐蚀玻璃。实验室盛放氢氧化钠溶液的试剂瓶的瓶塞不能用玻璃塞，而要用橡皮塞，这是因为玻璃的主要成分是二氧化硅，当经过长时间的存放后，氢氧化钠会和 SiO_2 反应生成黏性的 Na_2SiO_3，使玻璃瓶塞和瓶口黏在一起而无法打开。

　　氢氧化钠是重要的化工原料，在工业和科研上有很多用途。氢氧化钠、氢氧化钾易于熔化，又能溶解某些金属氧化物和非金属氧化物，因此，在工业生产和分析化学实验中常用来分解矿石。

13.3.4　配合物

　　s 区元素形成配合物的能力较弱，1967 年美国杜邦公司的 C. J. Pederson 在研究烯烃聚合反应的催化剂时，首次报道合成了二苯并-18-冠-6 这一冠醚，促进了研究者对 s 区金属的冠醚和穴醚配合物的研究。之后美国化学家 C. J. Cram 和法国化学家 J. M. Lehn 从各角度对冠醚进行了研究，J. M. Lehn 首次合成了穴醚。为此，1987 年，C. J. Pedersen、C. J. Cram 和 J. M. Lehn 共同获得了诺贝尔化学奖。

　　冠醚，又称"大环醚"，是对发现的一类含有多个氧原子的大环化合物的总称，其结构形似皇冠，故称冠醚。名称可以用 X-冠-Y 表示，X 表示环上所有原子的数目，Y 表示环上氧原子的数目。常见的冠醚有 15-冠-5 和 18-冠-6，结构式如下。

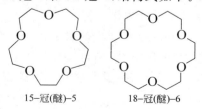

15-冠(醚)-5　　18-冠(醚)-6

冠醚具有特殊的结构，即分子中具有一个空穴。由于环中的氧原子具有未共用电子对，可以与金属离子络合。不同的冠醚具有不同大小的空隙，从而可以容纳不同大小的金属离子，形成配离子。如 12-冠-4 可以与 Li^+ 络合，18-冠-6 可与 K^+ 络合，还可与重氮盐络合，因而冠醚可以用于分离金属离子。

冠醚的空穴结构对离子具有选择作用，在有机反应中可作催化剂，使许多在传统条件下难以反应甚至不能发生的反应顺利地进行。冠醚与试剂中的正离子络合，使该正离子可溶在有机溶剂中，而与它相对应的负离子也随同进入有机溶剂内；冠醚不与负离子络合，使游离或裸露的负离子反应活性很高，能迅速反应。在此过程中，冠醚把试剂带入有机溶剂中，称为相转移剂或相转移催化剂，这样发生的反应称为相转移催化反应。例如，KCN 与卤代烃的反应，由于 KCN 不溶于有机溶剂，KCN 与卤代烃的反应在有机溶剂中不容易进行，当加入 18-冠-6 后，反应立刻进行。其原因是冠醚可以溶于有机溶剂，K^+ 通过与冠醚络合进入反应体系，CN^- 通过与 K^+ 之间的作用，也进入反应体系，从而顺利与卤代烃反应。相转移催化反应速率快、条件简单、操作方便、产率高。冠醚有一定的毒性，必须避免吸入其蒸气或与皮肤接触。由于冠醚比较昂贵，并且毒性非常大，因此还未能得到广泛应用。

当冠醚中的氧原子被杂原子氮取代，形成含氮的双环和三环多醚，其形状结构类似地穴，所以称其为穴醚。碱金属、碱土金属阳离子的穴醚配合物比冠醚配合物更加稳定。

碱土金属离子除了能形成大环配合物外，还能与一些常见的配体形成稳定配合物。Mg^{2+} 和 Be^{2+} 具有明显形成配合物的趋势，能与多磷酸根离子结合形成胶态螯合物。利用此性质可以除去硬水中的 Mg^{2+} 和 Ca^{2+}，达到软化水的目的。

13.3.5 盐类

碱金属、碱土金属常见的盐类有卤化物、硫酸盐、硝酸盐、碳酸盐以及磷酸盐等，在此着重介绍它们的共性。

1. 晶体的类型（键型）

除了锂盐和铍盐外，其余碱金属和碱土金属盐类的化合物主要以离子键结合，具有较高的熔点和沸点。Li^+ 和 Be^{2+} 的价电子构型均为 $1s^2$，而且 Be^{2+} 离子半径较小，电荷较多，离子的极化能力强，当它与容易变形的离子如 Cl^-、Br^-、I^- 等结合时，化合物过渡为共价型化合物。例如：$BeCl_2$ 熔点较低，容易升华，溶于有机溶剂，说明 $BeCl_2$ 为共价化合物。Li^+ 的电荷数少于 Be^{2+}，虽然其极化能力小于 Be^{2+}，但部分锂盐也具有共价性。

2. 颜色

碱金属离子（M^+）和碱土金属离子（M^{2+}）无论在晶体中还是水溶液中都是无色的。若阴离子是有色的，则它们的化合物一般显示阴离子的颜色，如 CrO_4^{2-} 是黄色的，$BaCrO_4$ 和 K_2CrO_4 也为黄色。

3. 热稳定性

一般来说，碱金属盐的热稳定性高。卤化物在高温挥发但不分解；硫酸盐在高温时不挥发不分解；碳酸盐除 Li_2CO_3 在 1000℃ 以上部分分解为 Li_2O 和 CO_2 外，其余均不分解；碱金属硝酸盐的稳定性低，加热到一定温度分解。例如：

$$4LiNO_3 \xrightarrow{700℃} 2Li_2O + 4NO_2\uparrow + O_2\uparrow$$

$$2NaNO_3 \xrightarrow{730℃} 2NaNO_2 + O_2\uparrow$$

$$2KNO_3 \xrightarrow{670℃} 2KNO_2 + O_2\uparrow$$

碱土金属的卤化物、硫酸盐和碳酸盐也较稳定。碱土金属碳酸盐在常温下稳定（除 $BeCO_3$ 外），只有在强热条件下，才发生分解反应，它们分解产生 100 kPa 的 CO_2 所需的温度如下：

$BeCO_3$	$MgCO_3$	$CaCO_3$	$SrCO_3$	$BaCO_3$
不存在	540℃	900℃	1280℃	1360℃

即碱土金属碳酸盐的热稳定性，按照 $BeCO_3 \rightarrow BaCO_3$ 的顺序依次增强，这一现象可以用离子极化的观点来解释。Be^{2+} 的极化力很强，使 CO_3^{2-} 发生很大的变形，以致使之分解生成 CO_2。从 $Mg^{2+} \rightarrow Ba^{2+}$，离子极化作用依次减小，$CO_3^{2-}$ 变形的程度依次减弱，正、负离子作用中的离子键的成分依次增加，因此，碳酸盐的热稳定性按照 $BeCO_3 \rightarrow BaCO_3$ 的顺序增大。

4. 溶解性

碱金属的盐类一般都易溶于水，仅有锂的弱酸盐如 LiF、Li_2CO_3、Li_3PO_4 及 K^+、Rb^+、Cs^+ 的大阴离子盐如 $K_2[PtCl_6]$、$K[B(C_6H_5)_4]$、$K_3[Co(NO_2)_6]$ 等难溶于水。钠、钾的一些难溶盐常用于鉴定 Na^+ 和 K^+。碱土金属盐类中，除了卤化物和硝酸盐外，多数碱土金属的盐溶解度较小，如表 13-9 所示。

表 13-9 碱土金属常见盐在水中的溶解度/(g/100 g H_2O)

阴离子	Be^{2+}	Mg^{2+}	Ca^{2+}	Sr^{2+}	Ba^{2+}
SO_4^{2-}	易溶	易溶	0.204	0.01	0.0002
CrO_4^{2-}	易溶	易溶	2.3	0.12	0.000 34
CO_3^{2-}	—	0.0094	0.0015	0.0011	0.0017
$C_2O_4^{2-}$	易溶	0.03	0.0006	0.006	0.0009
F^-	易溶	0.009	0.0011	0.017	0.12

13.4　锂、铍的特殊性　对角线规则

13.4.1　锂的特殊性

由于锂原子的半径较小，它与同族元素的性质差异较大。锂的熔点、硬度高于其他碱金属，而导电性较弱。因为 $Li^+(g)$ 的水合热较大，锂的标准电极电势 $E^{\ominus}(Li^+/Li)$ 在同族元素

中反常地低。Li^+ 的半径小,对晶格能有较大的贡献,因此锂在空气中燃烧时能与氮气直接作用生成氮化物。

锂化合物的性质也不同于其他的碱金属化合物。例如 LiOH 在红热时分解,而其他碱金属的氢氧化物不分解;LiH 的热稳定性要高于同族其他金属的氢化物;LiF、Li_2CO_3 和 Li_3PO_4 难溶于水。

13.4.2 铍的特殊性

铍及其化合物和同族其他金属及其化合物的性质也有明显的差异。铍的熔点、沸点、硬度高于其他碱土金属,但其具有脆性。铍的电负性较大,具有较强形成共价键的倾向。例如,除了 $BeCl_2$ 属于共价型化合物外,其他碱土金属的氯化物基本上都属于离子型化合物。此外,铍的化合物易水解,稳定性相对较差;除铍外,其他碱土金属的氢氧化物都属于中强碱。$Be(OH)_2$ 呈两性,既能溶于酸,也能溶于碱,反应方程式如下:

$$Be(OH)_2 + 2H^+ + 2H_2O \longrightarrow [Be(H_2O)_4]^{2+}$$
$$Be(OH)_2 + 2OH^- \longrightarrow [Be(OH)_4]^{2-}$$

13.4.3 对角线规则

1. 锂与镁的相似性

锂及其化合物的性质,有不同于其本族元素的特殊性,但其中大部分性质与镁相似。主要表现如下:

(1) 单质在过量的氧气中燃烧时,只生成普通氧化物。
(2) 氢氧化物均为中强碱,而且在水中的溶解度都不大。
(3) 氟化物、碳酸盐和磷酸盐等都难溶于水。
(4) 氯化物都能溶解在有机溶剂(如乙醇)中。
(5) 碳酸盐受热时,都能分解成相应的氧化物(Li_2O、MgO)。

2. 铍与铝的相似性

铍和铝元素具有如下的相似性:
(1) 铍、铝都是两性金属,既能溶于酸,也能溶于碱,都能被浓硝酸钝化。
(2) BeO 和 Al_2O_3 都是高熔点、高硬度的物质,氧化物和氢氧化物都具有两性,而且难溶于水。
(3) BeO 和 Al_2O_3 都是缺电子的共价型化合物,在蒸气中以缔合分子的形式存在。
(4) 无水 $BeCl_2$ 和 $AlCl_3$ 是共价化合物,易升华,易溶于乙醇和乙醚等有机溶剂中。
(5) 碳化物属于同一类型,水解后产生甲烷,反应如下:

$$Be_2C + 4H_2O \longrightarrow 2Be(OH)_2(s) + CH_4(g)$$
$$Al_4C_3 + 12H_2O \longrightarrow 4Al(OH)_3(s) + 3CH_4(g)$$

(6) 铍、铝的氟化物均能与碱金属的氟化物反应生成配合物,如 $Na_2[BeF_4]$ 和 $Na_3[AlF_6]$。

以上铍和铝的相似性质，表现出铍与本族其他元素的性质有较大的差异。

3. 对角线规则

在周期表中，除了锂和镁、铍和铝性质相似以外，硼和硅也具有相似性，呈现出一定的规律性。即在 s 区和 p 区元素中，位于左上方的元素与其右下方的元素，在性质上呈现相似性，这种规律被称为对角线规则。

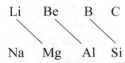

对角线规则是从有关元素及其化合物的许多性质之中总结出的经验规律，对此可以用离子极化的观点加以粗略解释。例如 Li^+ 和 Na^+ 虽然属于同一族，离子电荷数相同，但 Li^+ 半径小，而且具有 2 电子结构，因此 Li^+ 的极化能力要远强于同族的 Na^+，导致锂和钠的化合物在性质上差别很大。由于 Mg^{2+} 的电荷数较高，而半径又小于 Na^+，其极化能力与 Li^+ 接近，导致 Li^+ 与它右下方的 Mg^{2+} 在性质上显示出某些相似性。

因此，处于周期表中左上、右下对角线位置的邻近两个元素，由于电荷和半径的影响刚好相反，它们的离子极化作用比较接近，从而使它们的化学性质比较接近，由此反映出物质的结构与性质的内在联系。

拓展知识

硬水及其软化

天然水因含有大量 Ca^{2+}、Mg^{2+}、Fe^{2+}、Cl^-、SO_4^{2-} 以及 HCO_3^- 等离子而具有一定"硬度"，其中的 Ca^{2+} 和 Mg^{2+} 含量是计算硬度的主要指标。硬水并不对健康造成直接危害，但是会给生活带来很多麻烦，比如用水器具上结水垢、肥皂和清洁剂的洗涤效率减低等。锅垢的主要成分为 $CaSO_4$，由于锅垢的导热系数小，阻碍热的传导，还可能引起锅炉或蒸气管爆裂，造成事故。因此，需要对水的"硬度"进行分析测定，并根据需要对硬水进行软化处理。

我国对水的"硬度"规定是：当每升水含 MgO、CaO 的总量相当于 10 mg CaO 时，硬度为 1°。通常 8°（相当于含有 80 mg·L^{-1} CaO）的水为硬水。水的硬度可以分为暂时硬度和永久硬度。暂时硬度是指水中 Ca^{2+}、Mg^{2+} 的碳酸氢盐部分，它们可以被加热除去：

$$Ca(HCO_3)_2 \xrightarrow{\triangle} CaCO_3 \downarrow + H_2O + CO_2 \uparrow$$

永久硬度是指水中 Ca^{2+}、Mg^{2+} 的硫酸盐或者氯化物部分，它们不会因为加热而被除去。

此外，含有大量离子的水用在化工生产上，还会影响产品的纯度和质量。因此，工业上需要对硬水进行"软化"处理，即降低硬水中的 Ca^{2+}、Mg^{2+} 等离子的浓度。软化硬水的方法有以下几种。

1. 暂时硬水煮沸法

水的暂时硬度是由碳酸氢钙或碳酸氢镁引起的，这种水经过煮沸以后，水里所含的碳酸氢钙或碳酸氢镁就会分解成不溶于水的碳酸钙和难溶于水的碳酸镁沉淀。这些沉淀物析出,水的硬度就可以降低,从而使硬度较高的水得到软化。

2. 化学沉降法

如果水的硬度由永久硬度引起,由于 Ca^{2+}、Mg^{2+} 以硫酸盐或者氯化物形式存在,煮沸法不能使之软化,这时可以采用石灰乳和纯碱来除去 Ca^{2+}、Mg^{2+} 等离子,反应如下:

$$4Mg^{2+} + Ca(OH)_2 + 3Na_2CO_3 \longrightarrow Mg_4(OH)_2(CO_3)_3 \downarrow + Ca^{2+} + 6Na^+$$

$$Ca^{2+} + Na_2CO_3 \longrightarrow CaCO_3 \downarrow + 2Na^+$$

也可以用 Na_3PO_4 和 Na_2HPO_4 做沉淀剂,使之与 Ca^{2+}、Mg^{2+} 反应生成 $Ca_3(PO_4)_2$ 和 $Mg_3(PO_4)_2$,由于沉淀疏松且稳定,不会生成锅垢,无须过滤,带磷酸盐沉淀的水可以直接送入锅炉使用。

3. 离子交换法

采用特定的阳离子交换树脂,以钠离子将水中的钙、镁离子置换出来,由于钠盐的溶解度很高,所以避免了随温度的升高而造成水垢生成的情况。人造沸石的主要成分是 $Na_2O \cdot Al_2O_3 \cdot 2SiO_2 \cdot nH_2O$,简写为 Na_2Z。当硬水通过沸石颗粒时,其中的 Na^+ 能被水中的 Ca^{2+}、Mg^{2+} 取代:

$$Na_2Z + Ca^{2+} \rightleftharpoons CaZ + 2Na^+$$

$$Na_2Z + Mg^{2+} \rightleftharpoons MgZ + 2Na^+$$

结果 Ca^{2+}、Mg^{2+} 留在交换剂上,而 Na^+ 进入溶液。这种方法的主要优点是:效果稳定准确,工艺成熟,可以将硬度降至0,采用这种方式的软化水设备一般叫做"离子交换器"。

4. 膜分离

纳滤膜(NF)及反渗透膜(RO)均可以拦截水中的钙镁离子,从而从根本上降低水的硬度。这种方法的特点是,效果明显而稳定,处理后的水适用范围广;但是对进水压力有较高要求,设备投资、运行成本都较高。一般较少用于专门的软化处理。

5. 电磁法

采用在水中加上一定的电场或磁场来改变离子的特性,从而改变碳酸钙(碳酸镁)沉积的速度及沉积时的物理特性的方法来阻止硬水垢的形成。

13-1 碱金属单质有哪些最基本的共性?
13-2 请举出你亲身经历或使用过的s区金属单质和化合物,并说明它们的用途。
13-3 解释s区元素氢氧化物的碱性递变规律。
13-4 解释碱土金属碳酸盐的热稳定性的变化规律。
13-5 试述过氧化钠的性质、制备和用途。

13-6 试说明 $BeCl_2$ 是共价化合物，而 $CaCl_2$ 是离子化合物。

13-7 在周期表中，有哪三对元素呈对角线关系，性质上具有类似性？

13-8 简述硬水产生的原因和处理方法。

习 题

13-1 s 区金属的氢氧化物中，哪些是两性氢氧化物？分别写出它们与酸、碱反应的方程式。

13-2 完成并配平下列反应方程式：

(1) $CaH_2 + H_2O \longrightarrow$ (2) $Na_2O_2 + H_2O \longrightarrow$ (3) $KO_2 + CO_2 \longrightarrow$

(4) $Be(OH)_2 + OH^- \longrightarrow$ (5) $LiNO_3 \xrightarrow{700℃}$ (6) $Na_2O_2 + CO_2 \longrightarrow$

(7) $Na_2O_2 + Na \longrightarrow$ (8) $MgO(s) + CaC_2(s) \longrightarrow$

13-3 钙在空气中燃烧生成什么产物？产物与水反应有何现象发生？写出相应的反应方程式。

13-4 计算反应 $MgO(s) + C(石墨) \rightleftharpoons CO(g) + Mg(s)$ 的 $\Delta_r H_m^{\ominus}(298.15\ K)$，$\Delta_r S_m^{\ominus}(298.15\ K)$ 和 $\Delta_r G_m^{\ominus}(298.15\ K)$ 以及该反应可以自发进行的最低温度。

13-5 计算 298.15 K 时，标准状态下金属镁在 CO_2 中燃烧的焓变。根据计算结果说明能否用 CO_2 作为镁着火时的灭火剂。

13-6 从下列反应的 $\Delta_r G_m^{\ominus}$ 值可得出 BeO—CaO—BaO 系列中何种性质的变化规律？

$$\Delta_r G_m^{\ominus}/(kJ \cdot mol^{-1})$$

$$BeO(s) + CO_2(g) \longrightarrow BeCO_3(s) \quad +21.01$$

$$CaO(s) + CO_2(g) \longrightarrow CaCO_3(s) \quad -130.2$$

$$BaO(s) + CO_2(g) \longrightarrow BaCO_3(s) \quad -218.0$$

13-7 $NaOH(s)$ 和 $Ca(OH)_2(s)$ 都是固体，试设计一实验方案来区分这两种碱。

13-8 有一份白色固体混合物，其中可能含有 KCl、$MgSO_4$、$BaCl_2$、$CaCO_3$，根据实验现象，判断混合物中有哪几种化合物？

(1) 混合物溶于水，得到透明澄清溶液；

(2) 对溶液进行焰色反应，通过钴玻璃观察到紫色；

(3) 向溶液中加入碱，产生白色胶状沉淀。

13-9 将 1.00 g 白色固体 A 加强热，得到白色固体 B（加热时直至 B 的质量不再变化）和无色气体。将气体收集在 450 mL 的烧瓶中，温度为 25℃，压力为 27.9 kPa。将该气体通入 $Ca(OH)_2$ 饱和溶液中得到白色固体 C。如果将少量 B 加入水中，所得 B 溶液能使红色石蕊试纸变蓝。B 的水溶液被盐酸中和后，经过蒸发干燥得到白色固体 D。利用 D 做焰色反应实验，火焰为绿色。如果 B 的水溶液与 H_2SO_4 混合后，得到白色沉淀 E，E 不溶于盐酸。试确定 A、B、C、D、E 各是什么物质，并写出相关的反应方程式。

第 14 章

p 区 元 素

学习要求

(1) 了解 p 区元素单质的结构、基本性质及其同素异形体。
(2) 掌握 p 区元素重要化合物的结构、性质及其制备。
(3) 熟悉 p 区元素的重要化合物的分析鉴定。

p 区元素是指基态核外电子排布为 $ns^2np^{1\sim6}$ 的元素,包括ⅢA～ⅦA 和 0 族元素,即除氢以外的所有非金属元素和部分金属元素。

14.1 p 区元素概述

p 区元素的价层电子构型为 $ns^2np^{1\sim6}$,它们大多数都有多种氧化态。第ⅢA～ⅤA 族元素的低的正氧化值化合物的稳定性在同一主族中自上而下有增强的趋势,高的正氧化值化合物的稳定性则自上而下依次减弱。同一族元素这种自上而下低氧化值化合物比高氧化值化合物变得更稳定的现象叫做惰性电子对效应。一般认为,惰性电子对效应主要是指 p 区的过渡后金属(即 Ga、In、Tl;Ge、Sn、Pb;As、Sb、Bi 等)中的 ns^2 电子对逐渐难以成键,并易出现低氧化态的现象。例如具有 $6s^2$ 的 Hg(0)、Tl(Ⅰ)、Pb(Ⅱ)、Bi(Ⅲ)特别稳定。

p 区元素的电负性较 s 区元素的电负性大。p 区元素在许多化合物中以共价键结合。除 In 和 Tl 以外,p 区元素形成的氢化物都是共价型的。较重的元素形成的氢化物不稳定,例如,第ⅤA 族元素氢化物的稳定性按 $NH_3>PH_3>AsH_3>SbH_3>BiH_3$ 的顺序依次减弱。

与 s 区元素中的锂和铍具有特殊性相似,在 p 区元素中第二周期元素也表示出反常性。例如,氮、氧、氟的单键键能分别小于第三周期元素磷、硫、氯的单键键能:

	N—N(N_2H_4 中)	O—O (H_2O_2 中)	F—F
$\Delta_B H_m^\ominus/(kJ \cdot mol^{-1})$	159	142	141
	P—P(P_4 中)	S—S(H_2S_2 中)	Cl—Cl
$\Delta_B H_m^\ominus/(kJ \cdot mol^{-1})$	209	264	199

这与通常情况下单键键能在同一族中自上而下依次递减的规律不符。造成这一反常现象的原因是 N、O、F 原子半径小,成键时 N 与 N、O 与 O、F 与 F 原子间靠得近(即键长较短),原子中未参与成键的电子之间有较明显的排斥作用,从而削弱了共价单键的强度。

第二周期 p 区元素原子最外层只有 2s 和 2p 轨道,所容纳的电子数最多不超过 8,因此,第二周期 p 区元素形成化合物时配位数一般不超过 4。

从第四周期起,在周期系中 s 区元素和 p 区元素之间插进了 d 区元素,使第四周期 p 区元素的有效核电荷显著增大,对核外电子的吸引力增强,因而原子半径比同周期的 s 区元素的原子半径显著地减小。因此 p 区第四周期 Ga、Ge、As、Se、Br 等元素的性质在同族中也显得比较特殊,表现出异样性。例如,在 VA 族元素中,砷的氯化物 $AsCl_5$ 并不存在,这与同族中的磷和锑能形成高氧化值的氯化物不同。在 ⅦA 族元素的含氧酸中,溴酸、高溴酸的氧化性均比其他卤酸、高卤酸的氧化性强。

在第五周期和第六周期的 p 区元素前面,也排列着 d 区元素(第六周期前还排列着 f 区元素),它们对这两周期元素也有类似的影响,因而使各族第四、五、六周期 3 种元素性质又出现了同族元素性质的递变情况,但这种递变远不如 s 区元素那样明显。

第六周期 p 区元素由于镧系收缩的影响与第五周期相应元素的性质比较接近。从下面列出的有关离子半径可以看出,第五、六周期元素的离子半径相差不太大,而第四、五周期元素的离子半径却相差较大。

	Ga^{3+}	Ge^{4+}	As^{5+}
r/pm	62	53	47
	In^{3+}	Sn^{4+}	Sb^{5+}
r/pm	81	71	62
	Tl^{3+}	Pb^{4+}	Bi^{5+}
r/pm	95	84	74

p 区同族元素性质的递变虽然并不规则,但这种不规则也有一定的规律性,如从电负性与原子序数的关系(图 14-1)来看,随着原子序数的增加(或周期数的增加)电负性出现锯齿形变化。

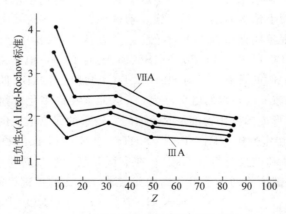

图 14-1 p 区元素电负性-原子序数的关系

14.2 硼族元素

14.2.1 硼族元素概述

周期系第ⅢA 族元素为硼族元素,包括硼、铝、镓、铟、铊 5 种元素。铝在地壳中的含量仅次于氧和硅,其丰度(以质量计)居第三位,而在金属元素中铝的丰度居于首位。硼和铝有富集矿藏,而镓、铟、铊是分散的稀有元素,常与其他矿共生。本节重点讨论硼、铝及其化合物。硼族元素的基本性质列于表 14-1 中。

表 14-1 硼族元素的基本性质

基本性质	硼	铝	镓	铟	铊
元素符号	B	Al	Ga	In	Tl
原子序数	5	13	31	49	81
价层电子结构	$2s^22p^1$	$3s^23p^1$	$4s^24p^1$	$5s^25p^1$	$6s^26p^1$
氧化值	+3	+3	(+1),+3	+1,+3	+1,(+3)
共价半径/pm	88	143	122	163	170
离子半径(M^{3+})/pm	20	50	62	81	95
熔点/℃	2076	660.3	29.8	156.6	303.5
沸点/℃	3864	2518	2203	2072	1457
电负性	2.04	1.61	1.81	1.78	2.04
电离能/(kJ·mol^{-1})	807	583	585	541	596
电子亲和能/(kJ·mol^{-1})	−23	−42.5	−28.9	−28.9	−50
$\varphi^{\ominus}(M^{3+}/M)$/V	—	−1.68	−0.5493	−0.339	0.741
$\varphi^{\ominus}(M^{+}/M)$/V					−0.3358
配位数	3,4	3,4,6	3,6	3,6	3,6
晶体结构	原子晶体	金属晶体	金属晶体	金属晶体	金属晶体

硼族元素原子的价层电子构型为 ns^2np^1,因此它们一般形成氧化值为+3 的化合物。随着原子序数的增加,形成低氧化值+1 化合物的趋势逐渐增强。硼的原子半径较小,电负性较大,所以硼的化合物都是共价型的,在水溶液中也不存在 B^{3+},而其他元素均可形成 M^{3+} 和相应的化合物。但由于 M^{3+} 具有较强的极化作用,这些化合物中的化学键也容易表现出共价性。在硼族元素化合物中形成共价键的趋势自上而下依次减弱。由于惰性电子对效应的影响,低氧化值的 Tl(Ⅰ)的化合物较稳定,所形成的键具有较强的离子键特征。

硼族元素原子的价电子轨道(ns 和 np)数为 4,而其价电子仅有 3 个,这种价电子数小于价键轨道数的原子称为缺电子原子。它们所形成的化合物有些为缺电子化合物。在缺电子化合物中,成键电子对数小于中心原子的价键轨道数。由于有空的价键轨道的存在,所以它们有很强的接受电子对的能力,容易形成聚合型分子(如 Al_2Cl_6)和配位化合物(如 HBF_4)。在此过程中,中心原子的价键轨道的杂化方式由 sp^2 杂化过渡到 sp^3 杂化。相应分子的空间构型由平面结构过渡到立体结构。

在硼的化合物中,硼原子的最高配位数为 4,而在硼族其他元素的化合物中,由于外层 d 轨道参与成键,所以中心原子的最高配位数可以是 6。

14.2.2 硼族元素的单质

硼在地壳中的含量很小。硼在自然界主要以含氧化合物的形式存在。硼的重要矿石有

硼砂 $Na_2B_4O_7 \cdot 10H_2O$、方硼石 $2Mg_3B_3O_{15} \cdot MgCl_2$、硼镁矿 $Mg_2B_2O_5 \cdot H_2O$ 等，还有少量硼酸 H_3BO_3。

铝在自然界分布很广，主要以铝矾土矿（$Al_2O_3 \cdot xH_2O$）的形式存在。

镓、铟、铊在自然界没有单独的矿物，而是以杂质的形式分散在其他矿物中。例如，铝矾土中含有镓，闪锌矿 ZnS 含有少量的铟和铊。

单质硼有无定形硼和晶形硼等多种同素异形体。无定形硼为棕色粉末，晶形硼呈黑灰色。单质硼的硬度近乎金刚石，有高电阻，熔点、沸点都很高。单质硼有多种复杂的晶形结构。其中最常见的一种是 α-菱形硼，如图 14-2 所示。其基本结构单元为 12 个硼原子组成的正二十面体，每个面近似为一个等边三角形，B—B 键的键长为 177 pm。

图 14-2　B_{12} 的正二十面体结构单元

晶形硼相当稳定，不与氧、硝酸、热浓硫酸、烧碱等作用。无定形硼则比较活泼，能与熔融的 NaOH 反应，在高温下能同 N_2、O_2、S、X_2 等单质反应，也能在高温下同金属反应生成金属硼化物。由于硼有较大的电负性，它能与金属形成硼化物，其中硼的氧化值一般认为是 -3。

铝是一种银白色的有光泽的轻金属，密度为 $2.7 \ g \cdot cm^{-3}$，具有良好的导电性和延展性。铝虽然是活泼金属，但由于表面覆盖了一层致密的氧化物膜，使铝不能进一步同氧和水作用，因此具有很高的稳定性。工业上提取铝是以铝矾土矿为原料，在加压条件下碱溶得到四羟基合铝（Ⅲ）酸钠，经沉降、过滤后，在溶液中通入 CO_2 使生成的氢氧化铝 $Al(OH)_3$ 沉淀，过滤后将沉淀干燥、灼烧得到 Al_2O_3，最后将 Al_2O_3 和冰晶石 Na_3AlF_6 的熔融液在 1300 K 左右的高温下电解，在阴极上得到熔融的金属铝，纯度可达 99% 左右。

镓、铟、铊都是软金属，物理性质相近，熔点都较低。镓的熔点为 302.78 K，比人的体温还低，放在人的手掌就能使之熔化。而其沸点为 2343 K，其熔点与沸点相差之大是所有金属中独一无二的，因为这一特点，镓用来制造测量高温的温度计。

14.2.3　硼的化合物

1. 硼的氢化物

硼可以形成一系列共价型氢化物，这类化合物的性质与烷烃相似，故又称为硼烷。目前已制出的硼烷有 20 多种，最简单的一种是 B_2H_6（乙硼烷）而不是 BH_3。硼烷分为多氢硼烷和少氢硼烷两大类，其通式可分别写作 B_nH_{n+6} 和 B_nH_{n+4}。

硼烷的标准摩尔生成焓都为正值，所以硼和氢不能直接化合生成硼烷。硼烷的制取是采用间接方法实现的。例如，用 LiH，NaH 或 $NaBH_4$ 与卤化硼作用可以制得 B_2H_6：

$$6LiH(s) + 8BF_3(g) \longrightarrow 6LiBF_4(s) + B_2H_6(g), \quad \Delta_r H_m^\ominus = -1386 \ kJ \cdot mol^{-1}$$

$$3NaBH_4(s) + 4BF_3(g) \xrightarrow{50\sim70℃} 3NaBF_4(s) + 2B_2H_6(g), \quad \Delta_r H_m^\ominus = -349 \ kJ \cdot mol^{-1}$$

上述反应较完全，产率高，产物比较纯。实验室制乙硼烷还有下述方法：

$$2NaBH_4 + I_2 \xrightarrow{\text{二甘醇二甲醚}} B_2H_6 + 2NaI + H_2$$

硼的氢化合物的分子结构不能仅用一般的共价键来表示。由于硼原子是缺电子原子，硼烷分子内所有的价电子总数不能满足形成一般共价键所需要的数目，所以硼烷呈缺电子状态。

在 B_2H_6 和 B_4H_{10} 这类硼烷分子中,除了形成一部分正常共价键外,还形成一部分三中心键,即 2 个硼原子与 1 个氢原子通过共用 2 个电子而形成的三中心二电子键。三中心键是一种非定域的键。B_2H_6 和 B_4H_{10} 的结构分别如图 14-3 和图 14-4 所示。常以弧线表示三中心键,好像是 2 个硼原子通过氢原子作为桥梁而联结起来的,该三中心键又称为氢桥。氢桥与氢键不同,它是一种特殊的共价键,体现了硼的氢化合物的缺电子特征。值得注意的是,乙硼烷分子中,2 个硼原子键没有 B—B 单键,而 B_4H_{10} 中则有一个 B—B 单键。

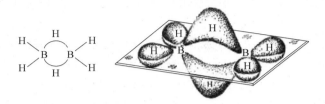

图 14-3　B_2H_6 分子结构示意图

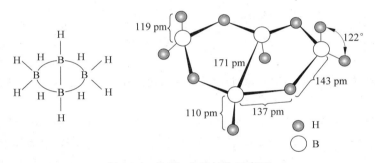

图 14-4　B_4H_{10} 分子结构示意图

简单的硼烷都是无色气体,具有难闻的臭味,极毒。硼烷的一些物理性质列于表 14-2 中。

表 14-2　硼烷的一些物理性质

化学式	B_2H_6	B_4H_{10}	B_5H_9	B_5H_{11}	B_6H_{10}	$B_{10}H_{14}$
名称	乙硼烷	丁硼烷	戊硼烷-9	戊硼烷-11	己硼烷	癸硼烷
室温下状态	气	气	液	液	液	固
熔点/K	107.5	153	226.4	150	210.7	372.6
沸点/K	180.5	291	321	336	383	486
溶解情况	易溶于乙醚	易溶于苯	易溶于苯	—	易溶于苯	易溶于苯
水解情况	室温下很快	室温下缓慢	363 K 3 天未完全	—	363 K,16 h 未完全;室温下缓慢	室温下缓慢,加热较快
稳定性	373 K 以下稳定	不稳定	很稳定	室温分解	室温缓慢分解	极稳定

2. 硼的含氧化合物

1) 三氧化二硼

三氧化二硼 B_2O_3 是白色固体,温度较低时,得到的是 B_2O_3 晶体,高温灼烧后得到的是玻璃状 B_2O_3。晶态 B_2O_3 比较稳定,其密度为 $2.55\ g\cdot cm^{-3}$,熔点为 450℃。玻璃状 B_2O_3 的密度为 $1.83\ g\cdot cm^{-3}$,温度升高时逐渐软化,当达到赤热高温时即成为液态。

在 B_2O_3 晶体中,不存在单个的 B_2O_3 分子,而是含有—B—O—B—O—链的大分子。

B_2O_3 能被碱金属以及镁和铝还原为单质硼。B_2O_3 与水反应可生成偏硼酸 HBO_2 和硼酸。

B_2O_3 同某些金属氧化物反应,形成具有特征颜色的玻璃状偏硼酸盐,如:

$$B_2O_3 + CuO \longrightarrow Cu(BO_2)_2 (蓝色)$$
$$B_2O_3 + NiO \longrightarrow Ni(BO_2)_2 (绿色)$$

利用这一类反应,可以鉴定某些金属离子,这在分析化学上称为硼珠试验。

B_2O_3 的制备可由硼酸受热脱水得到:

$$H_3BO_3 \xrightarrow{150℃} HBO_2 + H_2O$$
$$2HBO_2 \xrightarrow{300℃} B_2O_3 + H_2O$$

2) 硼酸

硼酸包括原硼酸 H_3BO_3、偏硼酸 HBO_2 和多硼酸 $xB_2O_3\cdot yH_2O$。原硼酸通常又简称为硼酸。

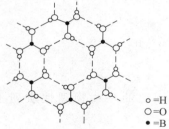

图 14-5 硼酸的分子结构

硼酸只有一种晶型,其晶体结构为层状。硼酸晶体的基本结构单元为 H_3BO_3 分子,构型为平面三角形。在 H_3BO_3 分子中,硼原子以 sp^2 杂化轨道与 3 个氧原子形成 3 个 σ 键。H_3BO_3 分子在同一层内彼此通过氢键相互连接,如图 14-5 所示。层与层之间距离为 318 pm,层间以微弱的分子间力结合起来。因此硼酸晶体呈鳞片状,具有解理性,可作润滑剂使用。

硼酸微溶于冷水,但在热水中溶解度较大。H_3BO_3 是一元酸,其水溶液呈弱酸性,H_3BO_3 是典型的路易斯酸。H_3BO_3 与水的反应如下:

$$B(OH)_3 + H_2O \longrightarrow B(OH)_4^- + H^+, \quad K^\ominus = 5.8\times 10^{-10}$$

$B(OH)_4^-$ 的构型为四面体,其中硼原子采用 sp^3 杂化轨道成键。H_3BO_3 与 H_2O 反应的特殊性是由其缺电子性质决定的。

在 H_3BO_3 溶液中加入多羟基化合物,如丙三醇(甘油)、甘露醇 $CH_2OH(CHOH)_4CH_2OH$,由于形成配合物和 H^+ 而使溶液酸性增强:

硼酸和单元醇反应则生成硼酸酯：

$$\text{B} \begin{array}{c} \text{—OH} \\ \text{—OH} \\ \text{—OH} \end{array} + \begin{array}{c} \text{H—OR} \\ \text{H—OR} \\ \text{H—OR} \end{array} \longrightarrow \text{B} \begin{array}{c} \text{—OR} \\ \text{—OR} \\ \text{—OR} \end{array} + 3\text{H}_2\text{O}$$

这一反应的进行要加入 H_2SO_4 作为脱水剂，以抑制硼酸酯的水解。硼酸酯可挥发并且易燃，燃烧时火焰呈绿色。利用这一特性可以鉴定有无硼化合物存在。

3) 硼酸盐

硼酸盐有偏硼酸盐、原硼酸盐和多硼酸盐等多种。最重要的硼酸盐是四硼酸钠，俗称硼砂。硼砂的分子式是 $Na_2B_4O_7 \cdot 8H_2O$，习惯上也常写作 $Na_2B_4O_7 \cdot 10H_2O$。硼砂晶体中，$[B_4O_5(OH)_4]^{2-}$ 阴离子通过氢键互相连接成链，链与链之间借钠离子联系在一起，其中还含有水分子。$[B_4O_5(OH)_4]^{2-}$ 的结构如图 14-6 所示。

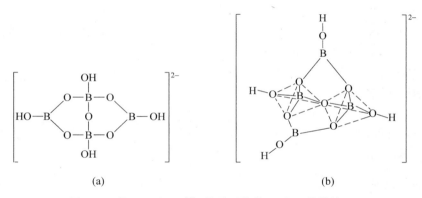

图 14-6　$[B_4O_5(OH)_4]^{2-}$ 的平面结构(a)和立体结构(b)

硼砂是无色透明的晶体，在干燥的空气中容易风化失水。熔融的硼砂可以溶解许多金属氧化物，形成特征颜色的偏硼酸的复盐。

硼砂易溶于水，其溶液因 $[B_4O_5(OH)_4]^{2-}$ 的水解而显碱性：

$$[B_4O_5(OH)_4]^{2-} + 5H_2O \rightleftharpoons 4H_3BO_3 + 2OH^- \rightleftharpoons 2H_3BO_3 + 2B(OH)_4^-$$

20℃时，硼砂溶液的 pH 为 9.24。硼砂溶液中含有的 H_3BO_3 和 $B(OH)_4^-$ 的物质的量相等，故具有缓冲作用。在实验室中可用它来配制缓冲溶液。

3. 硼的卤化物

硼的卤化物为三卤化硼 BX_3。三卤化硼的分子构型为平面三角形，在 BX_3 分子中，硼原子以 sp^2 杂化轨道与卤素原子形成 σ 键。随着卤素原子半径的增大，B—X 键的键能依次减小。三卤化硼的一些性质列于表 14-3 中。三卤化硼分子是共价型的，在室温下，随相对分子质量的增加，三卤化硼的存在状态由气态的 BF_3 和 BCl_3 经液态的 BBr_3 过渡到固态的 BI_3。纯 BX_3 都是无色的，但 BBr_3 和 BI_3 在光照下部分分解而显黄色。

BX_3 是缺电子化合物，但不形成二聚分子，有接受孤对电子的能力，因而表现出路易斯酸的性质。它们与路易斯碱(如氨、醚等)生成加合物，例如：

表 14-3　三卤化硼的一些性质

性　质	BF$_3$	BCl$_3$	BBr$_3$	BI$_3$
熔点/℃	−127.1	−107	−46.0	49.9
沸点/℃	−100.4	12.7	91.3	210
键能/(kJ·mol^{-1})	613.1	456	377	267
键长/pm	130	175	195	210

$$BF_3 + NH_3 \longrightarrow F_3B \longleftarrow NH_3$$

三氟化硼水解生成硼酸和氢氟酸,BF$_3$ 又与生成的 HF 加合而产生氟硼酸 H[BF$_4$],反应如下:

$$BF_3 + 3H_2O \longrightarrow H_3BO_3 + 3HF$$
$$BF_3 + HF \longrightarrow H[BF_4]$$

氟硼酸是一种强酸,其酸性比氢氟酸强。除了 BF$_3$ 外,其他三卤化硼一般不与相应的氢卤酸加合形成 BX$_4^-$。这是因为中心硼原子半径很小,随着卤素原子半径的增大,在硼原子周围容纳 4 个较大的原子更加困难。

BX$_3$ 和碱金属、碱土金属作用被还原为单质硼,而和某些强还原剂如 NaH 和 LiAlH$_4$ 等作用则被还原为乙硼烷。例如:

$$3LiAlH_4 + 4BCl_3 \longrightarrow 3LiCl + 3AlCl_3 + 2B_2H_6$$

在 BX$_3$ 中最重要的是 BF$_3$ 和 BCl$_3$,它们是许多有机反应的催化剂,也常用于有机硼化合物的合成和硼氢化合物的制备。

4. 硼的氮化物

氮化硼 BN 是一种新型的无机合成材料。在实验室里,用硼砂和氯化铵熔融制备较纯的 BN。三氯化硼和过量的氨气反应,生成物受热分解也可以产生 BN。

BN 共有 12 个电子,与两个碳原子的核外电子数相等。像这类具有相同原子数目和电子数目的分子(或离子)属于等电子体。等电子体常常表现出相似的结构和相近的性质。BN 有 3 种晶型:无定形(类似于无定形碳)、六方晶型(类似于石墨)以及立方晶型(类似于金刚石)。六方晶型的 BN(图 14-7)又称为白石墨,是一种优良的耐高温润滑剂。用它做成的氮化硼纤维质地柔软,不被无机溶剂所浸蚀,具有质轻、防火、耐高温、耐腐蚀等特点,已用于工业生产。立方晶型的 BN,硬度近似金刚石,用作磨料。

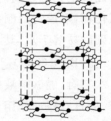

图 14-7　六方氮化硼的晶体结构

14.2.4　铝的化合物

1. 氧化铝和氢氧化铝

1) 氧化铝

氧化铝 Al$_2$O$_3$ 有多种晶型,其中两种主要的变体是 α-Al$_2$O$_3$ 和 γ-Al$_2$O$_3$。

在自然界中以结晶状态存在的 α-Al_2O_3 称为刚玉。刚玉的熔点高,硬度仅次于金刚石。金属铝在氧气中燃烧,灼烧 $Al(OH)_3$、$Al(NO_3)_3$ 和 $Al_2(SO_4)_3$ 也能够得到 α-Al_2O_3。α-Al_2O_3 化学性质极不活泼,除溶于熔融的碱外,与所有试剂都不反应。

γ-Al_2O_3 可溶于稀酸,也能溶于碱,又称为活性氧化铝。由于其比表面很大(200~600 $m^2 \cdot g^{-1}$),所以用作吸附剂和催化剂载体。

2)氢氧化铝

氢氧化铝是两性氢氧化物,它可以溶于酸生成 Al^{3+},又可溶于过量的碱生成$[Al(OH)_4]^-$:

$$Al(OH)_3(s) + OH^- \longrightarrow [Al(OH)_4]^-$$

在铝酸盐溶液中通入 CO_2 沉淀出来的是氢氧化铝白色晶体:

$$2[Al(OH)_4]^- + CO_2 \longrightarrow 2Al(OH)_3 + CO_3^{2-} + H_2O$$

而在铝盐溶液中加入氨水或适量的碱所得到的凝胶状白色沉淀则是无定形 $Al(OH)_3$,实际上是含水量不定的水合氧化铝 $Al_2O_3 \cdot xH_2O$。$Al(OH)_3$ 是一种优良的阻燃剂。

2. 铝的卤化物

铝能形成卤化铝 AlX_3,其中除 AlF_3 是离子型化合物外,其他 AlX_3 均为共价型化合物。AlF_3 的性质也比较特殊,它是白色难溶固体(其溶解度为 0.56 g/100gH_2O),而其他 AlX_3 均易溶于水。在 AlF_3 晶体中,Al 的配位数为 6,气态 AlF_3 是单分子的。

铝的卤化物中以 $AlCl_3$ 最为重要。$AlCl_3$ 分子中的铝原子是缺电子原子,因此 $AlCl_3$ 是典型的路易斯酸,表现出强烈的加合作用倾向。在气态中 2 个 $AlCl_3$ 聚合为双聚分子 Al_2Cl_6,其结构如图 14-8 所示。在 Al_2Cl_6 分子中,每个铝原子以 sp^3 杂化轨道与 4 个氯原子成键,呈四面体结构。2 个铝原子与两端的 4 个氯原子共处于同一平面,中间 2 个氯原子位于该平面的两侧,形成桥式结构,并与上述平面垂直。这 2 个氯原子各与 1 个铝原子形成一个 Cl→Al 配键。这是由 $AlCl_3$ 的缺电子性所决定的。

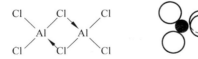

图 14-8 Al_2Cl_6 的结构

$AlCl_3$ 除了聚合为二聚分子外,也能与有机胺、醚、醇等路易斯碱加合。因此,无水 $AlCl_3$ 被广泛地用作石油化工和有机合成工业的催化剂。

3. 铝的含氧酸盐

铝的含氧酸盐有硫酸铝、氯酸铝、高氯酸铝、硝酸铝等。由于 Al^{3+} 的水解作用,使得其溶液呈酸性。

铝的弱酸盐水解更加明显,几乎达到完全的程度。因此,在 Al^{3+} 的溶液中加入$(NH_4)_2S$ 或 Na_2CO_3 溶液,得不到相应的弱酸铝盐,而都生成 $Al(OH)_3$ 沉淀。所以,弱酸的铝盐不能用湿法制取。

在 Al^{3+} 溶液中加入茜素的氨溶液,生成红色沉淀。反应方程式如下:

$$Al^{3+} + 3NH_3 \cdot H_2O \longrightarrow Al(OH)_3(s) + 3NH_4^+$$

$$Al(OH)_3 + 3Cl_4H_6O_2(OH)_2(茜素) \longrightarrow Al(Cl_4H_7O_4)_3(红色) + 3H_2O$$

这一反应的灵敏度较高,溶液中微量的 Al^{3+} 也有明显的反应,故常用来鉴定 Al^{3+} 的存在。

14.3 碳族元素

14.3.1 碳族元素概述

碳族元素在周期系第ⅣA族,包括碳、硅、锗、锡、铅 5 种元素,价层电子构型为 ns^2np^2,因此它们能生成氧化值为 +4 和 +2 的化合物,碳有时生成氧化值为 -4 的化合物。氧化值为 +4 的化合物主要是共价型的。

在碳族元素中,碳和硅是非金属元素。硅虽然也呈现较弱的金属性,但仍以非金属性为主。锗、锡、铅是金属元素,其中锗在某些情况下也表现出非金属性。碳族元素的基本性质列于表 14-4 中。

表 14-4 碳族元素的基本性质

基本性质	碳	硅	锗	锡	铅
元素符号	C	Si	Ge	Sn	Pb
原子序数	6	14	32	50	82
原子量	12.01	28.09	72.59	118.7	207.2
价层电子结构	$2s^22p^2$	$3s^23p^2$	$4s^24p^2$	$5s^25p^2$	$6s^26p^2$
氧化值	+4,(+2)	+4,(+2)	+4,+2	+4,+2	(+4),+2
共价半径/pm	77	118	122	141	154
离子半径(M^{4+})/pm	16	42	53	71	84
离子半径(M^{2+})/pm	—	—	73	93	120
熔点/℃	3550	1412	937.3	232	327
沸点/℃	4329	3265	2830	2602	1749
电负性	2.55	1.90	2.01	1.96(Ⅳ) 1.80(Ⅱ)	2.33(Ⅳ) 187(Ⅱ)
电离能/(kJ·mol^{-1})	1093	793	767	715	722
电子亲和能/(kJ·mol^{-1})	-122	-137	-116	-116	-100
$\varphi^{\ominus}(M^{4+}/M)$/V	—	—	—	0.1539	1.458
$\varphi^{\ominus}(M^{2+}/M)$/V				-0.1410	-0.1266
配位数	3,4	4	4	4,6	4,6
晶体结构	原子晶体(金刚石) 层状晶体(石墨)	原子晶体	原子晶体	原子晶体(灰锡) 金属晶体(白锡)	金属晶体

在碳族元素中,随着原子序数的增大,氧化值为+4 的化合物的稳定性降低,惰性电子对效应表现得比较明显。例如,Pb(Ⅱ)的化合物比较稳定,而 Pb(Ⅳ)的化合物氧化性较强,稳定性差。

硅与第ⅢA 族的硼在周期表中处于对角线位置,它们的单质及其化合物的性质有相似之处。

14.3.2 碳族元素的单质

在自然界以单质状态存在的碳是金刚石和石墨,以化合物形式存在的碳有煤、石油、天然气、碳酸盐、二氧化碳等,动植物体内也含有碳。

金刚石和石墨是碳的最常见的两种同素异形体。金刚石是原子晶体,其晶体结构如图 14-9 所示。C—C 键长为 155 pm,键能为 347.3 kJ·mol^{-1}。

石墨是层状晶体,质软,有金属光泽,可以导电。通常所谓无定形碳,如焦炭、炭黑等都具有石墨结构。活性炭是经过加工处理所得的无定形碳,具有很大的比表面积,有良好的吸附性能。碳纤维是新型的结构材料,具有质轻、耐高温、抗腐蚀、导电等性能,机械强度很高,广泛用于航空、机械、化工和电子工业上,也可用于外科医疗上。碳纤维也是无定形碳。

20 世纪 80 年代中期,人们发现了碳元素的第三种晶体形态,称为碳原子簇。在种类繁多的碳原子簇中,人们对 C_{60} 研究最为深入,因为它的稳定性最高。结构研究表明,C_{60} 分子具有球形结构,60 个碳原子构成近似球形的 32 面体,即由 12 个正五边形和 20 个正六边形组成,相当于截角正 20 面体。图 14-10 为 C_{60} 的结构示意图。每个碳原子以 sp^2 杂化轨道和相邻 3 个碳原子相连,剩余的 p 轨道在 C_{60} 的外围和腔内形成大 π 键。它的形状酷似足球,故称为足球烯。K 和 Rb 等掺杂 C_{60} 可制备良好的超导体,如 K_3C_{60} 和 Rb_3C_{60} 超导体,超导起始温度分别为 8 K 和 28 K。

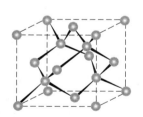

图 14-9 金刚石的结构

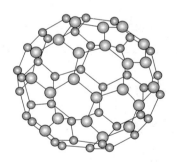

图 14-10 C_{60} 的结构示意图

硅有晶体和无定形体两种,晶体硅的结构与金刚石类似,熔点、沸点较高,性质脆硬。工业晶体硅可按下面步骤得到:

$$SiO_2 \xrightarrow{C(电炉)} Si \xrightarrow{Cl_2} SiCl_4 \xrightarrow{蒸馏} 纯\ SiCl_4 \xrightarrow{H_2\ 还原} Si$$

锗是一种灰白色的金属,比较脆硬,其晶体结构也是金刚石型。锗常与许多硫化物矿共生,如硫银锗矿 $4Ag_2S·GeS_2$,硫铅锗矿 $2PbS·GeS_2$ 等。

锡有 3 种同素异形体,即灰锡(α-锡)、白锡(β-锡)和脆锡,它们之间的相互转变关系如下:

灰锡（α-锡） $\xrightleftharpoons{13.2℃}$ 白锡（β-锡） $\xrightleftharpoons{161℃}$ 脆锡

白锡是银白色的，比较软，具有延展性。低温下白锡转变为粉末状的灰锡，所以，锡制品会因长期处于低温而自行毁坏。这种现象称为锡疫。

铅是很软的重金属，强度不高，能挡住 X 射线。可作电线的包皮、铅蓄电池的电极、核反应堆的防护屏等。

碳族单质的化学活泼性自上而下逐渐增强。碳族元素的化学性质列于表 14-5 中。

表 14-5　碳族元素的化学性质

试　　剂	反　　应	说　　明
热的浓 HCl	$E + 2H^+ \longrightarrow E^{2+} + H_2$	C、Si、Ge 不反应，Pb 反应缓慢
热的浓 H_2SO_4	$C + 2H_2SO_4 \longrightarrow CO_2 + 2SO_2 + 2H_2O$ $E + 4H_2SO_4 \longrightarrow E(SO_4)_2 + 2SO_2 + 4H_2O$	Si 不反应 E＝Sn、Ge；Pb 生成 $PbSO_4$
浓 HNO_3	$3E + 4H^+ + 4NO_3^- \longrightarrow 3EO_2 + 4NO + 2H_2O$ $3Pb + 8H^+ + 2NO_3^- \longrightarrow 3Pb^{2+} + 2NO + 4H_2O$	不包括 Si 但发烟 HNO_3 使 Pb 钝化
HF	$Si + 6HF \longrightarrow H_2SiF_6 + 2H_2$	Si 只与 HF 反应
碱溶液	$Si + 2OH^- + H_2O \longrightarrow SiO_3^{2-} + 2H_2$ $Sn + 2OH^- + 2H_2O \longrightarrow Sn(OH)_4^{2-} + H_2\uparrow$	C、Ge、Pb 不反应 $Sn(OH)_4^{2-}$ 很缓慢生成，不易察觉
熔融碱	$E + 4OH^- \longrightarrow EO_4^{4-} + 2H_2$	C 不反应，Sn 生成 $Sn(OH)_6^{2-}$，Pb 生成 $Pb(OH)_4^{2-}$
空气中加热	$E + O_2 \xrightarrow{\triangle} EO_2$	E＝C、Si、Ge、Sn，Pb 生成 PbO
热水蒸气	$E + 2H_2O(g) \longrightarrow EO_2 + 2H_2$ $C + H_2O(g) \longrightarrow CO + H_2$	E＝Si、Sn、Ge 和 Pb 不反应
S，加热	$E + 2S \xrightarrow{\triangle} ES_2$	Pb 生成 PbS
Cl_2，加热	$E + 2Cl_2S \xrightarrow{\triangle} ECl_4 + 2S$	Pb 生成 $PbCl_2$
金属，加热	碳化物、硅化物、Pb、Sn 形成合金	

14.3.3　碳的化合物

1. 碳的氧化物

一氧化碳 CO 是无色、无臭、有毒的气体，微溶于水。CO 分子中碳原子与氧原子间形成三重键，即 1 个 σ 键和 2 个 π 键。与 N_2 分子不同的是其中 1 个 π 键是配键，这对电子是由氧原子提供的。CO 分子的结构式为

$$:C\equiv O: \quad \text{或} \quad :C—O:$$

CO_2 是无色、无臭的气体，其临界温度为 31℃，很容易被液化。常温下，加压至 7.6 MPa 即可使 CO_2 液化。CO_2 分子是直线形的，其结构式可写作 O＝C＝O。有人认为在 CO_2 分子中可能存在着离域的大 π 键，即碳原子除了与氧原子形成 2 个 σ 键外，还形成 2 个三中心四电子的大 π 键 Π_3^4。CO_2 分子结构的另一种表示如下：

$$:\overset{\Pi_3^4}{\underset{\Pi_3^4}{\overline{\underline{\text{O}\xrightarrow{\sigma}\text{C}\xrightarrow{\sigma}\text{O}}}}}:$$

CO 和 CO_2 的重要物理性质和结构参数见表 14-6。

表 14-6　CO 和 CO_2 的物理性质和结构参数

物理性质、结构参数	CO_2	CO
熔点/℃	$-56.6(5.065\times10^5\text{ Pa})$	$-205(1.013\times10^5\text{ Pa})$
沸点/℃	-78.5(升华)	-191.4
临界温度/℃	31	-140.2
临界压强/$(1.013\times10^5\text{ Pa})$	75.3	34.5
水中溶解度(0℃)/$(\text{dm}^3 \cdot \text{dm}^{-3}(\text{H}_2\text{O}))$	1.73	0.035
$\Delta_f G_m^\ominus/(\text{kJ}\cdot\text{mol}^{-1})$	-394.6	-137.2
键长/pm	116	113
键能/$(\text{kJ}\cdot\text{mol}^{-1})$	531.4	1070.3
偶极矩/$(10^{-30}\text{ C}\cdot\text{m})$	0	1.40

CO 具有还原性，易被氧化为 CO_2。CO 作为配体与过渡金属原子(或离子)形成羰基配合物，如 $Fe(CO)_5$，$Ni(CO)_4$ 和羰基钴 $Co_2(CO)_8$ 等。CO 表现出强烈的加合性，其配位原子为 C。

CO 是重要的化工原料和燃料。CO 毒性很大，它能与人体血液中的血红蛋白结合，CO 的含量达 0.1%(体积分数)时，就会引起中毒，导致缺氧症，甚至引起心肌坏死。

CO_2 不助燃，可用作灭火剂。但燃着的金属镁可与 CO_2 反应：

$$2Mg+CO_2 \longrightarrow 2MgO+C, \quad \Delta_r H_m^\ominus = -809.89 \text{ kJ}\cdot\text{mol}^{-1}$$

所以镁燃烧时不能用 CO_2 扑灭。

2. 碳酸及其盐

碳酸是二元弱酸，通常将水溶液中 H_2CO_3 的解离平衡写成：

$$H_2CO_3 \rightleftharpoons H^+ + HCO_3^-, \quad K_{a_1}^\ominus = 4.4\times10^{-7}$$

$$HCO_3^- \rightleftharpoons H^+ + CO_3^{2-}, \quad K_{a_2}^\ominus = 4.7\times10^{-11}$$

碳酸盐有两种类型，即正盐(碳酸盐)和酸式盐(碳酸氢盐)。碳酸根离子 CO_3^{2-} 的空间构型为平面三角形，碳原子以 sp^2 杂化轨道与氧原子成键。碳氧键长介于 C—O 键长和 O=O 键长之间，这被认为是碳氧原子间除形成 σ 键之外，还形成离域的四中心六电子大 π 键 Π_4^6 的缘故。

碱金属(锂除外)和铵的碳酸盐易溶于水，其他金属的碳酸盐难溶于水。对于难溶的碳酸盐来说，通常其相应的酸式盐溶解度较大。但对易溶的碳酸盐来说却恰好相反，其相应的酸式盐的溶解度较小。这是由于在酸式盐中 HCO_3^- 之间以氢键相连形成二聚离子或多聚链状离子的结果：

$$\left[\begin{array}{c}O-C\begin{array}{c}OH-O\\OH-O\end{array}C-O\end{array}\right]^{2-} \qquad \cdots O-\underset{O^-}{\overset{O^-}{C}}-O\cdots H-\underset{O^-}{\overset{O^-}{C}}-O\cdots H-\underset{O^-}{\overset{O^-}{C}}-O\cdots$$

碳酸及其盐的热稳定性较差。碳酸氢盐受热分解为相应的碳酸盐、水和二氧化碳：

$$2M^{I}HCO_3 \xrightarrow{\triangle} M_2^{I}CO_3 + H_2O + CO_2$$

大多数碳酸盐在加热时分解为金属氧化物和二氧化碳：

$$M^{II}CO_3 \xrightarrow{\triangle} M^{II}O + CO_2$$

一般来说，碳酸、碳酸氢盐、碳酸盐的热稳定性顺序是：

$$碳酸 < 酸式盐 < 正盐$$

不同金属碳酸盐的分解温度可以相差很大，这与金属离子的极化作用有关。金属离子的极化作用越强，其碳酸盐的分解温度就越低，即碳酸盐越不稳定。表14-7列出了一些碳酸盐的分解温度。

表14-7 一些碳酸盐的分解温度

碳酸盐	Li_2CO_3	Na_2CO_3	$MgCO_3$	$BaCO_3$	$FeCO_3$	$ZnCO_3$	$PbCO_3$
$r(M^{n+})/pm$	60	95	65	135	76	74	120
M^{n+} 的电子构型	$2e^-$	$8e^-$	$8e^-$	$8e^-$	$(9\sim17)e^-$	$18e^-$	$(18+2)e^-$
分解温度/℃	1310	1800	540	1360	282	300	300

3. 碳的卤化物

碳的卤化物CX_4中，常温下CF_4是气体，CCl_4是液体，CBr_4和CI_4是固体。

四氯化碳CCl_4是无色液体，带有微弱的特殊臭味，沸点为77℃，几乎不溶于水。CCl_4是化学惰性的物质，在通常情况下既不与酸也不与碱作用。CCl_4是脂肪、油、树脂以及不少油漆等的优良溶剂，因此它能洗除油渍。CCl_4不能燃烧，可用作灭火剂。

碳的卤化物还有混合四卤化物CCl_2F_2和$CBrClF_2$等。二氟二氯甲烷CCl_2F_2的商业名称是氟利昂-12，它的化学性质极不活泼，无毒，不可燃，在-30℃冷凝，用作冰箱、空调器等制冷装置的冷冻剂。近年来，由于大气中氟利昂（CCl_2F_2、CCl_3F等）不断增加，对臭氧层有破坏作用，所以氟利昂正逐步被新的无氟制冷剂代替。

4. 碳化物

大多数碳化物都是通过碳与金属在高温下反应得到的。碳化物都是具有高熔点的固体。碳化物可按其成键的特点分为离子型、共价型和间充型碳化物3种类型。

周期系ⅠA、ⅡA、ⅢA族元素（除硼外）与碳生成无色透明的离子型碳化物。这些碳化物的稳定性都很高，但大多数在水或稀酸中水解生成乙炔或甲烷：

$$CaC_2 + 2H_2O \longrightarrow Ca(OH)_2 + C_2H_2$$
$$Al_4C_3 + 12H_2O \longrightarrow 3CH_4 + 4Al(OH)_3$$

硼、硅的碳化物 B_4C 和 SiC 是共价型的,它们都是原子晶体,具有高硬度(接近金刚石)、高熔点以及化学惰性等特征。碳化硅又名金刚砂,是无色晶体,可用作优良磨料。碳化硼是黑色有光泽的晶体,可用于研磨金刚石。

14.3.4 硅的化合物

1. 硅的氧化物

在自然界中常见的石英就是二氧化硅的晶体,它是一种坚硬、脆性、难溶的无色透明的固体。它有多种变体,天然石英名为 β-石英,随温度的升高而逐渐变成 α-石英等变体。

石英是原子晶体,其中每个硅原子与 4 个氧原子以单键相连,构成 SiO_4 四面体结构单元,如图 14-11 所示。SiO_4 四面体间通过共用顶角的氧原子而彼此连接起来,并在三维空间里多次重复此结构。二氧化硅的最简式是 SiO_2,但 SiO_2 不代表一个简单分子。

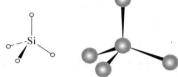

图 14-11　SiO_4 四面体

石英在 1600℃熔化成黏稠液体(不易结晶),其结构单元处于无规则状态,当急速冷却时,形成石英玻璃。石英玻璃是无定形二氧化硅,其中硅和氧的排布是杂乱的。石英玻璃能高度透过可见光和紫外光,膨胀系数小,能经受温度的剧变,因此石英玻璃可用来制造紫外灯和光学仪器。石英玻璃有强的耐酸性,但能被 HF 腐蚀,反应方程式如下:

$$SiO_2 + 4HF \longrightarrow SiF_4(g) + 2H_2O$$

二氧化硅是酸性氧化物,能与热的浓碱溶液反应生成硅酸盐,反应较快。SiO_2 和熔融的碱反应更快,例如:

$$SiO_2 + 2NaOH \longrightarrow Na_2SiO_3 + H_2O$$

SiO_2 也可与某些碱性氧化物或某些含氧酸盐发生反应生成相应的硅酸盐,例如:

$$SiO_2 + 2Na_2CO_3 \longrightarrow Na_2SiO_3 + CO_2$$

2. 硅酸及其盐

硅酸 H_2SiO_3 的酸性比碳酸还弱。H_2SiO_3 的 $K_{a_1}^{\ominus} = 1.7 \times 10^{-10}$,$K_{a_2}^{\ominus} = 1.6 \times 10^{-12}$。硅酸的组成比较复杂,随形成的条件而异,常以通式 $xSiO_2 \cdot yH_2O$ 表示。原硅酸 H_4SiO_4 经脱水得到偏硅酸 H_2SiO_3 和多硅酸。由于各种硅酸中偏硅酸的组成最简单,所以习惯上常用化学式 H_2SiO_3 表示硅酸。

从凝胶状硅酸中除去大部分的水,可得到白色、稍透明的固体,工业上称为硅胶。硅胶具有许多极细小的孔隙,比表面积很大,常用作干燥剂或催化剂的载体。

硅酸盐按其溶解性分为可溶性和不溶性两大类。常见的硅酸盐 Na_2SiO_3 和 K_2SiO_3 是易溶于水的,其水溶液因 SiO_3^{2-} 水解而显碱性。俗称为水玻璃的是硅酸钠(通常写作 $Na_2O \cdot nSiO_2$)的水溶液。其他硅酸盐难溶于水并具有特征的颜色。

天然存在的硅酸盐都是不溶性的。长石、云母、黏土、石棉、滑石等都是最常见的天然硅酸盐,其化学式很复杂,通常写成氧化物的形式。铝硅酸盐在自然界中分布最广。

3. 硅的卤化物

硅的卤化物 SiX_4 都是无色的,常温下 SiF_4 是气体,$SiCl_4$ 和 $SiBr_4$ 是液体,SiI_4 是固体,其中最重要的是 SiF_4 和 $SiCl_4$。

四氟化硅是无色而有刺激气味的气体,在水中强烈水解,生成氟硅酸和正硅酸:

$$3SiF_4 + 4H_2O \longrightarrow H_4SiO_4 + 4H^+ + 2SiF_6^{2-}$$

因而 SiF_4 在潮湿的空气中发烟,在气相中的主要产物是 $F_3SiOSiF_3$。无水的 SiF_4 很稳定,干燥时不腐蚀玻璃。

常温下,$SiCl_4$ 是无色而有刺鼻气味的液体。$SiCl_4$ 易水解,因而在潮湿的空气中与水蒸气发生水解作用会产生烟雾,其反应方程式如下:

$$SiCl_4 + 3H_2O \longrightarrow H_2SiO_3 + 4HCl$$

若使氨与 $SiCl_4$ 同时蒸发,所形成的烟雾更为浓厚,这是因为 NH_3 与 HCl 结合成氯化铵雾。利用这一类反应可制作烟雾。

4. 硅的氢化物

硅与氢形成的一系列氢化物称为硅烷。与碳烷不同的是,硅烷的数目是有限的,这反映了硅原子间彼此结合成链的能力比碳差。迄今为止,已制得的硅烷也只有二十几种。硅与氢不能生成与烯烃、炔烃类似的不饱和化合物。因此硅烷的通式可以写作 Si_nH_{2n+2}。硅烷的结构与烷烃相似。

最简单的硅烷是甲硅烷 SiH_4,是无色、无臭的气体。高级硅烷为无色液体。硅烷都是共价型化合物,能溶于有机溶剂。

14.3.5 锡、铅的化合物

1. 锡、铅的氧化物和氢氧化物

锡和铅都能形成氧化值为 +2 和 +4 的氧化物及相应的氢氧化物。其中锡的 +4 氧化值化合物比其 +2 氧化值化合物稳定。由于受惰性电子对效应的影响,铅的 +2 氧化值化合物比其 +4 氧化值化合物稳定。

锡、铅的氧化物的特性列于表 14-8。

表 14-8 锡、铅的氧化物的特性

物质	颜色	制备方法	主要性质
SnO	黑色	热 $Sn(II)$ 盐溶液与碳酸钠作用得到	
SnO_2	白色	$Sn + O_2(空气) \xrightarrow{\triangle} SnO_2$	经高温灼烧过的 SnO_2 不能与酸、碱溶液反应,但可进行以下反应: $SnO_2 + 2NaOH \xrightarrow{熔融} Na_2SnO_3 + H_2O$
PbO	橙黄	Pb 在空气中加热,生成 PbO	
PbO_2	褐色	碱性中用 Cl_2 或 $NaClO$ 氧化 $Pb(OH)_2$ 而得	$2PbO_2 + 4H_2SO_4 \longrightarrow 2Pb(HSO_4)_2 + O_2 + 2H_2O$ $PbO_2 + 4HCl(浓) \longrightarrow PbCl_2 + Cl_2 + 2H_2O$ $2Mn^{2+} + 5PbO_2 + 4H^+ \longrightarrow 2MnO_4^- + 5Pb^{2+} + 2H_2O$

锡、铅的氢氧化物都是两性的。它们的酸碱性递变规律如下：

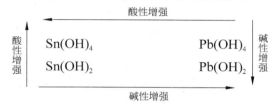

2. 锡、铅的盐

亚锡酸盐和氯化亚锡都具有较强的还原性，有关的标准电极电势如下：

$$[Sn(OH)_6]^{2-} + 2e^- \rightleftharpoons [Sn(OH)_4]^{2-} + 2OH^-, \quad \varphi^\ominus = -0.93 \text{ V}$$

$$Sn^{4+} + 2e^- \rightleftharpoons Sn^{2+}, \quad \varphi^\ominus = 0.151 \text{ V}$$

在碱性溶液中，$[Sn(OH)_4]^{2-}$ 能把 Bi^{3+} 还原为金属铋（粉末状的金属铋呈黑色）：

$$3[Sn(OH)_4]^{2-} + 2Bi^{3+} + 6OH^- \longrightarrow 3[Sn(OH)_6]^{2-} + 2Bi$$

这一反应常用来鉴定溶液中是否有 Bi^{3+} 存在。在酸性溶液中，Sn^{2+} 能把 Fe^{3+} 还原为 Fe^{2+}。$SnCl_2$ 是较强的还原剂，能将 $HgCl_2$ 还原为白色的氯化亚汞 Hg_2Cl_2 沉淀：

$$2HgCl_2 + Sn^{2+} + 4Cl^- \longrightarrow Hg_2Cl_2(s) + [SnCl_6]^{2-}$$

过量的 $SnCl_2$ 还能将 Hg_2Cl_2 还原为单质汞（这种情况下汞为黑色）：

$$Hg_2Cl_2(s) + Sn^{2+} + 4Cl^- \longrightarrow 2Hg + [SnCl_6]^{2-}$$

上述反应可用来鉴定溶液中的 Sn^{2+}，也可以用来鉴定 $Hg(Ⅱ)$ 盐。

由于 $Pb(Ⅱ)$ 的还原性比 $Sn(Ⅱ)$ 差，$Pb(Ⅳ)$ 的氧化性强，所以在酸性溶液中要把 Pb^{2+} 氧化为 $Pb(Ⅳ)$ 的化合物很困难，在碱性溶液中将 $Pb(OH)_2$ 氧化为 $Pb(Ⅳ)$ 的化合物也需要用较强的氧化剂才能实现，例如：

$$Pb(OH)_2 + NaClO \longrightarrow PbO_2 + NaCl + H_2O$$

可溶性的 $Sn(Ⅱ)$ 和 $Pb(Ⅱ)$ 的化合物只有在强酸性溶液中才有水合离子存在。当溶液的酸性不足或由于加入碱而使酸性降低时，水合金属离子便按下式发生显著的水解：

$$Sn^{2+} + H_2O \rightleftharpoons Sn(OH)^+ + H^+, \quad K^\ominus = 10^{-3.9}$$

$$2Sn^{2+} + 2H_2O \rightleftharpoons [Sn_2(OH)_2]^{2+} + 2H^+, \quad K^\ominus = 10^{-4.45}$$

$$Pb^{2+} + H_2O \rightleftharpoons Pb(OH)^+ + H^+, \quad K^\ominus = 10^{-7.1}$$

水解的结果可以生成碱式盐或氢氧化物沉淀。例如，$SnCl_2$ 水解生成白色的 $Sn(OH)Cl$ 沉淀：

$$SnCl_2 + H_2O + Cl^- \longrightarrow Sn(OH)Cl(s) + H^+$$

$Sn(Ⅳ)$ 和 $Pb(Ⅳ)$ 的盐在水溶液中也发生强烈的水解。例如，$SnCl_4$ 在潮湿的空气中因水解而发烟。$PbCl_4$ 也有类似的水解，但只在低温时存在，常温即分解为 $PbCl_2$ 和 Cl_2。

可溶性的铅盐有 $Pb(NO_3)_2$ 和 $Pb(Ac)_2$。绝大多数 $Pb(Ⅱ)$ 的化合物是难溶于水的。例如，Pb^{2+} 与 Cl^-、Br^-、NCS^-、F^-、I^-、SO_4^{2-}、CO_3^{2-} 和 CrO_4^{2-} 形成的化合物都难溶于水，它们在水中的溶解度按上述顺序依次减小。有些难溶的铅盐可以通过形成配合物而溶解，如 $PbCl_2$ 溶于盐酸溶液：

$$PbCl_2 + 2HCl \longrightarrow H_2[PbCl_4]$$

$PbSO_4$ 能溶于浓硫酸生成 $Pb(HSO_4)_2$，也能溶于醋酸铵溶液生成 $Pb(Ac)_2$。

Pb^{2+} 与 CrO_4^{2-} 反应生成黄色的 $PbCrO_4$ 沉淀：

$$Pb^{2+} + CrO_4^{2-} \longrightarrow PbCrO_4$$

这一反应常用来鉴定 Pb^{2+}，也可用来鉴定 CrO_4^{2-}。$PbCrO_4$ 可溶于过量的碱生成 $[Pb(OH)_3]^-$：

$$PbCrO_4 + 3OH^- \longrightarrow [Pb(OH)_3]^- + CrO_4^{2-}$$

利用这一性质可以将 $PbCrO_4$ 与其他黄色的铬酸盐（如 $BaCrO_4$）沉淀区别开来。

3. 锡、铅的硫化物

锡、铅的硫化物有 SnS、SnS_2 和 PbS。在含有 Sn^{2+} 和 Pb^{2+} 的溶液中通入 H_2S 时，分别生成棕色的 SnS 和黑色的 PbS 沉淀；在 $SnCl_4$ 的盐酸溶液中通入 H_2S 则生成黄色的 SnS_2 沉淀。

SnS、SnS_2 和 PbS 均不溶于水和稀酸。它们与浓盐酸作用因生成配合物而溶解：

$$MS + 4HCl \longrightarrow H_2[MCl_4] + H_2S$$
$$SnS_2 + 6HCl(浓) \longrightarrow H_2[SnCl_6] + 2H_2S$$

SnS_2 能溶于 Na_2S 或 $(NH_4)_2S$ 溶液中生成硫代锡酸盐：

$$SnS_2 + S^{2-} \longrightarrow SnS_3^{2-}$$

SnS 和 PbS 不溶于 Na_2S 或 $(NH_4)_2S$ 溶液，但多硫离子 S_x^{2-} 具有氧化性，能把 SnS 氧化为 SnS_2，进而转化成硫代锡酸盐。反应方程式如下：

$$SnS + S_2^{2-} \longrightarrow SnS_3^{2-}$$

硫代锡酸盐不稳定，遇酸分解为 SnS_2 和 H_2S：

$$SnS_3^{2-} + 2H^+ \longrightarrow SnS_2 + H_2S$$

SnS_2 能和碱作用，生成硫代锡酸盐和锡酸盐：

$$3SnS_2 + 6OH^- \longrightarrow 2SnS_3^{2-} + [Sn(OH)_6]^{2-}$$

而低氧化值的 SnS 和 PbS 则不溶于碱。

14.4 氮族元素

14.4.1 氮族元素概述

周期系第ⅤA族为氮族元素，包括氮、磷、砷、锑、铋 5 种元素。氮族元素价层电子构型为 ns^2np^3，它们与电负性较大的元素结合时，主要形成氧化值为 +3 和 +5 的化合物。由于惰性电子对效应，氮族元素自上而下氧化值为 +3 的化合物稳定性增强，氧化值为 +5（除氮外）的化合物稳定性减弱。氮族元素所形成的化合物主要是共价型的，而且原子越小，形成共价键的趋势越大。较重的元素除与氟化合形成离子键外，与其他元素多以共价键结合。在氧化值为 -3 的化合物中，只有活泼金属的氮化物是离子型的，含有 N^{3-}。氮族元素在形成化合物时，除了氮原子最大配位数一般为 4 外，其他元素的原子最大配位数为 6。

氮和磷是非金属元素，砷和锑为准金属，铋是金属元素。与硼族、碳族元素相似，第ⅤA

族元素也是由典型的非金属元素过渡到典型的金属元素。氮族元素的基本性质列在表 14-9 中。

表 14-9　氮族元素的基本性质

基本性质	氮	磷	砷	锑	铋
元素符号	N	P	As	Sb	Bi
原子序数	7	15	33	51	83
相对原子质量	14.01	30.97	74.92	121.8	209.0
价层电子构型	$2s^22p^3$	$3s^23p^3$	$4s^24p^3$	$5s^25p^3$	$6s^26p^3$
共价半径/pm	70	110	121	141	155
离子半径/pm M^{3-} M^{3+} M^{5+}	171 — 11	212 — 34	222 69 47	245 92 62	— 108 74
沸点/℃	-195.79	280.3	615(升华)	1587	1564
熔点/℃	-210.01	44.15	817	630.7	271.5
电负性	3.04	2.19	2.18	2.05	2.02
第一电离能 /(kJ·mol^{-1})	1402.3	1011.8	944	831.6	703.3
第二电离能 /(kJ·mol^{-1})	2856.1	1903.2	1797.8	1595	1610
第三电离能 /(kJ·mol^{-1})	4578.1	2912	2735.5	2440	2466
第四电离能 /(kJ·mol^{-1})	7475.1	4957	4837	4260	4370
第五电离能 /(kJ·mol^{-1})	9444.9	6273.0	6043	5400	5400
电子亲和能 /(kJ·mol^{-1})	6.75	-72.1	-78.2	-103.2	-110
$\varphi^\ominus(M^V/M^{III})/V$	0.934	-0.276	0.560	0.581 (Sb_2O_5/SbO^+)	(1.6) (Bi_2O_5/BiO^+)
$\varphi^\ominus(M^{III}/M^0)/V$	$1.46HNO_2$	$-0.503H_3PO_3$	$0.248HAsO_2$	$0.212(SbO^+)$	$0.32(BiO^+)$
氧化值	0,1,2,3,4,5, -3,-2,-1	3,5,-3,(1)	-3,3,5	(-3),3,5	3,(5)
配位数	3,4	3,4,5,6	3,4,(5),6	3,4,(5),6	3,6
晶体结构	分子晶体	分子晶体(白磷)层状晶体(黑磷)	分子晶体(黄砷)层状晶体(灰砷)	分子晶体(黑锑)层状晶体(灰锑)	层状晶体

氮族元素物理性质的变化有一定的不规则性，氮的原子半径最小，熔点最低，电负性最大。第四周期元素砷表现出异样性，砷的熔点比预期的高。

14.4.2 氮族元素的单质

氮主要以单质存在于大气中，约占空气体积的 78%。天然存在的氮的无机化合物较少，只有硝酸钠大量分布于智利沿海，氮在地壳中的质量分数为 0.0046%。

磷很容易被氧化，因此自然界不存在单质磷。磷主要以磷酸盐的形式分布在地壳中，如磷酸钙 $Ca_3(PO_4)_2$、氟磷灰石 $3Ca_3(PO_4)_2 \cdot CaF_2$。磷存在于细胞、蛋白质、骨骼和牙齿中，是生命体的重要元素。

常见的磷的同素异形体有白磷、红磷和黑磷 3 种。

白磷是透明的、软的蜡状固体，是 P_4 分子通过分子间力堆积起来的。P_4 分子呈四面体构型，其结构如图 14-12 所示。在 P_4 分子中，键角为 60°，这样的分子内部具有张力，其结构是不稳定的。P—P 键的键能小，易被破坏，所以白磷的化学性质很活泼，容易被氧化，在空气中能自燃。因此必须将其保存在水中。白磷能溶于非极性溶剂。白磷是剧毒物质，约 0.15 g 的剂量可使人致死。

将白磷在隔绝空气的条件下加热至 400℃，可以得到红磷：

$$P_4(白磷) \longrightarrow 4P(红磷), \quad \Delta_r H_m^\ominus = -17.6 \text{ kJ} \cdot \text{mol}^{-1}$$

红磷的结构比较复杂，有研究者介绍过的结构是 P_4 分子中的一个 P—P 键断裂后相互连接起来的长链结构，如图 14-13 所示。另外，还有横截面为五角形管道的层、网状的复杂结构。红磷较白磷稳定，不溶于有机溶剂。

图 14-12　P_4 分子的四面体构型

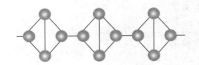

图 14-13　红磷的结构

白磷在高压和较高温度下可以转变为黑磷。黑磷具有与石墨类似的层状结构，但与石墨不同的是黑磷每一层内的磷原子并不都在同一平面上，而是相互依共价键连接成网状结构，如图 14-14 所示。黑磷具有导电性。黑磷也不溶于有机溶剂。

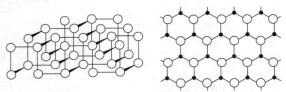

图 14-14　黑磷的网状结构

● 纸面下的P原子
○ 纸面上的P原子

砷、锑和铋主要以硫化物矿存在，如雄黄 As_4S_4、辉锑矿 Sb_2S_3、辉铋矿 Bi_2S_3 等。

氮族元素中，除氮气外，其他元素的单质都比较活泼。氮族元素（除氮外）的化学性质列在表 14-10 中。

表 14-10　氮族元素的化学性质

试剂	P	As	Sb	Bi
O_2	P_2O_3,P_2O_5（白磷极易氧化,故保存在水中）	As_2O_3（强热下反应）	Sb_2O_3（强热下反应）	Bi_2O_3（强热下反应）
H_2	PH_3（磷与氢气在气相中反应）	—	—	—
Cl_2	PCl_5,PCl_3	$AsCl_3$	$SbCl_3$,$SbCl_5$	$BiCl_3$
S	P_2S_3	As_2S_3	Sb_2S_3	Bi_2S_3
浓 H_2SO_4	—	H_3AsO_3	$Sb_2(SO_4)_3$	$Bi_2(SO_4)_3$
浓 HNO_3	H_3PO_4	H_3AsO_4	Sb_2O_5	Bi_2O_3
碱溶液	$H_2PO_2^- + PH_3$（白磷歧化）	—	—	—

14.4.3　氮的化合物

1. 氮的氢化合物

1) 氨

氨分子的构型为三角锥形,氮原子除以 sp^3 不等性杂化轨道与氢原子成键外,还有一对孤对电子。

氨作为路易斯碱能与一些物质发生加合反应。例如,NH_3 与 Ag^+ 和 Cu^{2+} 分别形成 $[Ag(NH_3)_2]^+$ 和 $[Cu(NH_3)_4]^{2+}$。NH_4^+ 可以看成 H^+ 与 NH_3 加合的产物。

氨分子中的氢原子可以被活泼金属取代形成氨基化物。例如,当氨通入熔融的金属钠可以得到氨基化钠 $NaNH_2$：

$$2Na + 2NH_3 \xrightarrow{350℃} 2NaNH_2 + H_2$$

$NaNH_2$ 是有机合成中重要的缩合剂。此外,金属氮化物（如氮化镁 Mg_3N_2）可以看成氨分子中 3 个氢原子全部被金属原子取代而形成的化合物。

氨原子中的氮的氧化值为 -3,是氮的最低氧化值,所以氨具有还原性。例如,氨在纯氧中可以燃烧生成水和氮气：

$$4NH_3 + 3O_2 \xrightarrow{燃烧} 6H_2O + 2N_2$$

氨在一定条件下进行催化反应可以制得 NO,这是目前工业制造硝酸的重要步骤之一。

氨与酸作用可以得到各种相应的铵盐。铵盐与碱金属的盐非常相似,特别是与钾盐相似,这是由于 NH_4^+ 的半径(143 pm)和 K^+ 的半径(133 pm)相近之故。

铵盐一般为无色晶体,皆溶于水。铵盐在水中都有一定程度的水解。

鉴定试液中的 NH_4^+ 用 Nessler 试剂（$K_2[HgI_4]$ 的 KOH 溶液）：

$$NH_4^+ + 2[HgI_4]^{2-} + 4OH^- \longrightarrow \left[O{\overset{Hg}{\underset{Hg}{\diagup\!\!\!\diagdown}}}NH_2\right]I(s) + 7I^- + 3H_2O$$

因 NH_4^+ 的含量和 Nessler 试剂的量不同,生成沉淀的颜色从红棕到深褐色有所不同。但如果试液中含有 Fe^{3+}、Co^{2+}、Ni^{2+}、Cr^{3+}、Ag^+ 和 S^{2-} 等,将会干扰 NH_4^+ 的鉴定。可在试液中加碱,使逸出的氨与滴在滤纸条上的 Nessler 试剂反应,以防止其他离子的干扰。

固体铵盐受热易分解,分解的情况因组成铵盐的酸的性质不同而异。如果酸是易挥发且不易氧化的,则酸和氨一起挥发。例如:

$$(NH_4)_2CO_3 \xrightarrow{\triangle} 2NH_3 + H_2O + CO_2$$

如果酸是不挥发的且无氧化性,则只有氨挥发掉,而酸或酸式盐则留在容器中。例如:

$$(NH_4)_3PO_4 \xrightarrow{\triangle} 3NH_3 + H_3PO_4$$

如果酸是有氧化性的,则分解出的氨被酸氧化生成 N_2 或 N_2O。例如:

$$(NH_4)_2Cr_2O_7 \xrightarrow{\triangle} N_2 + Cr_2O_3 + 4H_2O$$

$$NH_4NO_3 \xrightarrow{\triangle} N_2O + 2H_2O$$

HNO_3 对 NH_4NO_3 的分解有催化作用:

$$5NH_4NO_3 \xrightarrow{\triangle} 4N_2 + 2HNO_3 + 9H_2O$$

加热大量无水 NH_4NO_3 会引起爆炸。在制备、储存、运输、使用 NH_4NO_3、NH_4NO_2、NH_4ClO_3、NH_4ClO_4、NH_4MnO_4 等时,应格外小心,防止受热或撞击,以避免发生安全事故。

2) 联氨

联氨 N_2H_4 也叫肼,相当于 2 个 NH_3 各脱去 1 个氢原子而结合起来的产物 NH_2-NH_2。纯净的联氨是无色液体,凝固点为 1.4℃,沸点为 113.5℃。N_2H_4 是一种二元碱:

$$N_2H_4(aq) + H_2O \rightleftharpoons N_2H_5^+(aq) + OH^-, \quad K_{b_1}^\ominus = 9.8 \times 10^{-7}$$

$$N_2H_5^+(aq) + H_2O \rightleftharpoons N_2H_6^{2+}(aq) + OH^-, \quad K_{b_2}^\ominus = 7.0 \times 10^{-15}$$

氮的氧化值为 -2。联氨是一种强还原剂。联氨在空气中可燃烧,放出大量的热:

$$N_2H_4(l) + O_2(g) \longrightarrow N_2(g) + 2H_2O(l), \quad \Delta_r H_m^\ominus = -622 \text{ kJ} \cdot \text{mol}^{-1}$$

联氨及其衍生物用作火箭燃料。由于 N—N 键能较小,因此联氨的热稳定性差,在 250℃ 时分解为 NH_3、N_2 和 H_2。

3) 羟胺

羟胺 NH_2OH 可以看作氨分子中的 1 个氢原子被羟基取代的衍生物。羟胺是白色晶体,熔点为 330℃,易溶于水,其水溶液呈弱碱性($K_b^\ominus = 9.12 \times 10^{-9}$),比联氨的碱性还弱。

由于 N—O 键键能较小,因此 NH_2OH 固体不稳定,在 15℃ 以上发生分解,生成 NH_3、N_2、N_2O、NO 和 H_2O 等的混合物。羟胺高温分解时会发生爆炸,但羟胺的水溶液比较稳定。

羟胺中氮的氧化值为 -1,因此它既有氧化性又有还原性。通常,羟胺主要是用作还原剂,其氧化产物是无污染的 N_2 和 H_2O。羟胺与酸形成盐,如盐酸羟胺[NH_3OH]Cl、硫酸羟胺[NH_3OH]$_2SO_4$ 等。羟胺是有机化学中的重要试剂。

2. 氮的氧化物

氮的氧化物常见的有 5 种:一氧化二氮 N_2O、一氧化氮 NO、三氧化二氮 N_2O_3、二氧化氮 NO_2、五氧化二氮 N_2O_5。其中氮的氧化值从 +1 到 +5。这些氧化物的结构和物理性质列于表 14-11 中。

表 14-11　氮的氧化物的物理性质

	颜色和状态	结　构	熔点/℃	沸点/℃	$\Delta_f H_m^\ominus/$ (kJ·mol^{-1})
一氧化二氮 N$_2$O	无色气体	N=N=O 直线形	-90.8	-88.5	82
一氧化氮 NO	无色气体	Ṅ=O 或 N⋮O	-163.6	-151.8	90.25
三氧化二氮 N$_2$O$_3$	蓝色气体	O-N-NO$_2$ 平面	-100.7	2(升华)	83.72
二氧化氮 NO$_2$	红棕色气体	Ṅ(O)(O) V形	-11.2	21.2	33.18
四氧化二氮 N$_2$O$_4$	无色气体	O$_2$N-NO$_2$ 平面	-9.3	21.2(分解)	9.16
五氧化二氮 N$_2$O$_5$	无色固体	O$_2$N-O-NO$_2$ 汽态／固态 NO$_2^+$·NO$_3^-$ 离子型 平面	30	47.0	11.3

3. 氮的含氧酸及其盐

1）亚硝酸及其盐

亚硝酸是一种弱酸，$K_a^\ominus = 4.6 \times 10^{-4}$，酸性稍强于醋酸。

亚硝酸分子有两种结构：顺式和反式，如图 14-15 所示。一般来说，反式比顺式更稳定。

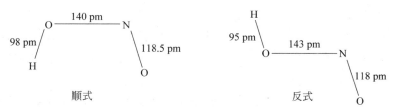

图 14-15　亚硝酸分子的结构

亚硝酸极不稳定，只能存在于很稀的冷溶液中，溶液浓缩或加热时，就分解为 H$_2$O 和 N$_2$O$_3$，后者又分解为 NO$_2$ 和 NO：

$$2HNO_2 \rightleftharpoons H_2O + N_2O_3 \rightleftharpoons H_2O + NO + NO_2$$
　　　　　　　　　　　　淡蓝色　　　　　　棕色

亚硝酸盐大多是无色的，除淡黄色的 AgNO$_2$ 外，一般都易溶于水。亚硝酸根离子的构型为 V 形，氮原子采取 sp^2 杂化与氧原子形成 σ 键，此外还形成一个三中心四电子大 π 键 Π_3^4：

$$\left[\begin{array}{c} \ddot{N} \\ O \diagup \diagdown O \end{array} \right. \left. \begin{array}{c} 123.6\,pm \\ 115.4° \end{array} \right]$$

碱金属、碱土金属的亚硝酸盐有很高的热稳定性。在水溶液中这些亚硝酸盐相对稳定。所有亚硝酸盐都是剧毒的致癌物质。

NO_2^- 还具有一定的配位能力,可与许多金属离子形成配合物。例如,NO_2^- 与 Co^{3+} 生成六亚硝酸根合钴(Ⅲ)配离子 $[Co(NO_2)_6]^{3-}$,其钠盐与 K^+ 反应生成黄色 $K_2Na[Co(NO_2)_6]$ 沉淀,可用来鉴定 K^+。

亚硝酸盐在酸性介质中具有氧化性,其还原产物一般为 NO。例如:

$$2NaNO_2 + 2KI + 2H_2SO_4 \longrightarrow 2NO + I_2 + Na_2SO_4 + K_2SO_4 + 2H_2O$$

这一反应在分析化学中用于测定 NO_2^- 的含量。与强氧化剂反应时 NO_2^- 又表现出还原性,被氧化为 NO_3^-:

$$5NO_2^- + 2MnO_4^- + 6H^+ \longrightarrow 5NO_3^- + 2Mn^{2+} + 3H_2O$$

2)硝酸及其盐

在硝酸分子中,氮分子采用 sp^2 杂化轨道与 3 个氧原子形成 3 个 σ 键,呈平面三角形分布。此外,氮原子上余下一个未参与杂化的 p 轨道则与 2 个非羟基氧原子的 p 轨道相重叠,在 O—N—O 间形成三中心四电子 π 键 Π_3^4,如图 14-16 所示。HNO_3 分子内还可以形成氢键。

纯硝酸是无色液体。实验室中用的浓硝酸含 HNO_3 约为 69%,密度为 $1.4 \text{ g} \cdot \text{cm}^{-3}$,相当于 $15 \text{ mol} \cdot \text{L}^{-1}$。浓度为 86% 以上的浓硝酸,由于硝酸的挥发而产生白烟,故通常称为发烟硝酸。溶有过量 NO_2 的浓硝酸产生红烟。发烟硝酸可用作火箭燃料的氧化剂。

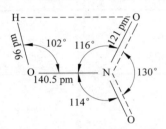

图 14-16 HNO_3 的分子结构

浓硝酸很不稳定,受热或光照时,部分地按下式分解:

$$4HNO_3 \longrightarrow 4NO_2 + O_2 + 2H_2O$$

硝酸具有强氧化性。除了不活泼的金属如金、铂等和某些稀有金属外,硝酸几乎能与所有的其他金属反应生成相应的硝酸盐。但是硝酸与金属反应的情况比较复杂,反应产物与硝酸的浓度和金属的活泼性有关。

硝酸作为氧化剂与金属反应时,主要被还原为下列物质:NO_2,HNO_2,NO,N_2O,N_2,NH_3,通常得到的产物是上述某些物质的混合物。浓硝酸主要被还原为 NO_2,稀硝酸通常被还原为 NO。当较稀的硝酸与较活泼的金属作用时,可得到 N_2O;若硝酸很稀时,则可被还原为 NH_4^+。例如:

$$Cu + 4HNO_3(浓) \longrightarrow Cu(NO_3)_2 + 2NO_2 + 2H_2O$$
$$3Cu + 8HNO_3(稀) \longrightarrow 3Cu(NO_3)_2 + 2NO + 4H_2O$$
$$4Zn + 10HNO_3(稀) \longrightarrow 4Zn(NO_3)_2 + N_2O + 5H_2O$$
$$4Zn + 10HNO_3(很稀) \longrightarrow 4Zn(NO_3)_2 + NH_4NO_3 + 3H_2O$$

在上述反应中,氮的氧化值由 +5 分别改变到 +4,+2,+1 和 -3,但不能认为稀硝酸的氧化性比浓硝酸强。相反,硝酸越稀,氧化性越弱。

有些金属(如铁、铝、铬等)可溶于稀硝酸而不溶于冷的浓硝酸。这是由于浓硝酸将其金属表面氧化成一层薄而致密的氧化物保护膜,致使金属钝化不能再与硝酸继续作用。

有些金属(如锡、铝、钨等)与硝酸作用生成不溶于酸的氧化物。

浓硝酸和浓盐酸的混合物(体积比为1∶3)叫做王水。在王水中发生下列反应:

$$HNO_3 + 3HCl \longrightarrow Cl_2 + NOCl + 2H_2O$$

因此实际上王水中存在着 HNO_3、Cl_2 和氯化亚硝酰 $NOCl$ 等几种氧化剂。王水的氧化性比硝酸更强,可以将金、铂等不活泼金属溶解。例如:

$$Au + HNO_3 + 4HCl \longrightarrow HAuCl_4 + NO + 2H_2O$$

另外,王水中有大量的 Cl^-,能与 Au^{3+} 形成 $[AuCl_4]^-$,从而降低了金属电对的电极电势,增强了金属的还原性。浓硝酸和氢氟酸的混合液也具有强氧化性和配位作用,能溶解铌和钽。

在硝酸盐中,NO_3^- 的构型为平面三角形,如图 14-17 所示。NO_3^- 与 CO_3^{2-} 互为等电子体,它们的结构相似。NO_3^- 中的氮原子除了以 sp^2 杂化轨道与 3 个氧原子形成 σ 键外,还与这些氧原子形成一个四中心六电子大 π 键 Π_4^6。

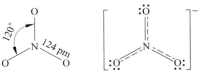

图 14-17 NO_3^- 的构型

硝酸盐固体或水溶液在常温下比较稳定。固体硝酸盐受热时能分解,分解的产物因金属离子的性质不同而分为 3 类:最活泼的金属(在金属活动顺序中比 Mg 活泼的金属)的硝酸盐受热分解时产生亚硝酸盐和氧气,例如:

$$2NaNO_3 \xrightarrow{\triangle} 2NaNO_2 + O_2$$

活泼性较差的金属(活泼性位于 Mg 和 Cu 之间的金属)的硝酸盐受热分解为氧气、二氧化氮和相应的金属氧化物,例如:

$$2Pb(NO_3)_2 \xrightarrow{\triangle} 2PbO + 4NO_2 + O_2$$

不活泼金属(比 Cu 更不活泼的金属)的硝酸盐受热时则分解为氧气、二氧化氮和金属单质,例如:

$$2AgNO_3 \xrightarrow{\triangle} 2Ag + 2NO_2 + O_2$$

通常,硝酸盐的热分解反应的产物与相应的亚硝酸盐和氧化物的稳定性有关。

14.4.4 磷的化合物

1. 磷的氢化物

磷的氢化物常见的有气态的 PH_3(磷化氢)和液态的联膦 P_2H_4,其中最重要的是 PH_3,称为膦。

膦是无色气体,有类似大蒜的气味,剧毒,在 -87.78℃ 凝聚为液体,在 -133.81℃ 结晶为固体。膦在水中的溶解度很小(20℃ 时只有氨溶解度的 1/2600)。纯净的膦在空气中的着火点为 150℃,膦燃烧生成磷酸:

$$PH_3 + 2O_2 \longrightarrow H_3PO_4$$

膦分子的结构与氨分子相似,也呈现三角锥形,磷原子上有一对孤对电子。膦的碱性比氨弱,它是一种较强的还原剂,稳定性较差。与 NH_3 不同,PH_3 的加和性很差,与铵盐相对应的许多磷盐是不存在的。比较稳定的磷盐是碘化磷 PH_4I,它可由磷与碘化氢直接化合成。氯化磷和溴化磷在室温下便分解。与铵盐不同,卤化磷遇水立即分解,例如:

$$PH_4Cl + H_2O \longrightarrow PH_3 + H_3O^+ + Cl^-$$

磷中的 P 氧化态为 -3,是一种强还原剂。

联磷极不稳定,易燃烧,有时制得的磷在常温下可自动燃烧,就是由于其中含有少量的联磷而引起的。联磷见光即分解为磷和单质磷:

$$3P_2H_4 \longrightarrow 4PH_3 + 2P$$

2. 磷的氧化物

1)三氧化二磷

气态和液态的三氧化二磷都是二聚分子 P_4O_6,该氧化物可以看成由于 P_4 分子中受到弯曲应力的 P—P 键因氧分子的进攻而断开,在每两个 P 原子间嵌入一个氧原子而形成的稠环分子,见图 14-18。

由于 P_4O_6 分子具有似球状的结构而容易滑动,所以三氧化二磷是有滑腻感的白色吸潮性蜡状固体,熔点 23.8℃,沸点(在 N_2 气氛中)173℃。三氧化二磷有很强的毒性,当溶于冷水时缓慢地生成亚磷酸,因而它又叫做亚磷酸酐。

2)五氧化二磷

根据蒸气密度的测定证明五氧化二磷为二聚分子 P_4O_{10}。P_4O_{10} 分子的结构基本与 P_4O_6 相似,只是在每个磷原子上还有一对孤对电子,会受到氧分子的进攻,因此,P_4O_6 还可以继续氧化成 P_4O_{10},使形成的 P_4O_{10} 分子结构如图 14-19 所示。

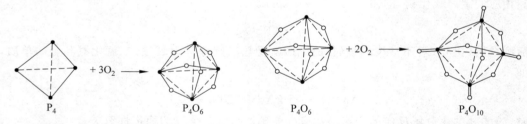

图 14-18 P_4O_6 的分子结构　　　　　图 14-19 P_4O_{10} 的分子结构

P_4O_{10} 是白色雪花状晶体,在 360℃ 时升华。P_4O_{10} 与水反应时先生成偏磷酸,然后形成焦磷酸,最后形成正磷酸。但生成 H_3PO_4 的反应较慢,在酸性和加热的条件下,反应可以大大加快。

P_4O_{10} 吸水性很强,在空气中吸收水分迅速潮解,因此常用作气体和液体的干燥剂。P_4O_{10} 甚至可以使硫酸、硝酸等脱水生成相应的氧化物:

$$P_4O_{10} + 6H_2SO_4 \longrightarrow 6SO_3 + 4H_3PO_4$$
$$P_4O_{10} + 12HNO_3 \longrightarrow 6N_2O_5 + 4H_3PO_4$$

3. 磷的含氧酸及其盐

1)次磷酸及其盐

次磷酸(H_3PO_2)是无色晶状固体,熔点为 26.5℃,易潮解。H_3PO_2 极易溶于水。

H_3PO_2 是一元中强酸，$K_a^\ominus = 1.0 \times 10^{-2}$。在 H_3PO_2 分子中，有 2 个氢原子直接与磷原子相连，另外 1 个与氧原子相连的氢原子可以被金属取代，在水中解离出 H^+。H_3PO_2 的结构如图 14-20 所示。

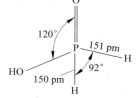

图 14-20　H_3PO_2 的分子结构

H_3PO_2 常温下比较稳定，升温至 50℃ 分解。但在碱性溶液中 H_3PO_2 非常不稳定，容易歧化为 HPO_3^{2-} 和 PH_3。

H_3PO_2 是强还原剂，能在溶液中将 $AgNO_3$、$HgCl_2$、$CuCl_2$ 等重金属盐还原为金属单质。

次磷酸盐多易溶于水。次磷酸盐也是强还原剂，例如，化学镀镍就是用 NaH_2PO_2 将镍盐还原为金属镍，沉积在钢或其他金属镀件的表面。

2）亚磷酸及其盐

亚磷酸通常是指正亚磷酸（H_3PO_3）。偏亚磷酸（HPO_2）和焦亚磷酸（$H_4P_2O_5$）在水溶液中很快就会水合成正亚磷酸。

亚磷酸是无色晶体，熔点为 73℃，易潮解，在水中的溶解度较大，20℃ 时其溶解度为 82 g/100g（H_2O）。亚磷酸为二元酸，$K_{a_1}^\ominus = 6.3 \times 10^{-2}$，$K_{a_2}^\ominus = 2.0 \times 10^{-7}$。$H_3PO_3$ 的结构如下：

$$\begin{array}{c} O \\ \parallel \\ H-O-P-O-H \\ | \\ H \end{array}$$

H_3PO_3 受热发生歧化反应，生成磷酸和膦。

亚磷酸能形成正盐和酸式盐（如 NaH_2PO_3）。碱金属和钙的亚磷酸盐易溶于水，其他金属的亚磷酸盐都难溶。

亚磷酸和亚磷酸盐都是较强的还原剂，能将热的浓硫酸还原为二氧化硫。

3）磷酸及其盐

磷酸（H_3PO_4）是三元中强酸，其三级解离常数为：$K_{a_1}^\ominus = 6.7 \times 10^{-3}$，$K_{a_2}^\ominus = 6.3 \times 10^{-8}$，$K_{a_3}^\ominus = 4.5 \times 10^{-13}$。

磷酸的分子的构型如图 14-21 所示。其中，PO_4 原子团呈四面体构型，磷原子以 sp^3 杂化轨道与 4 个氧原子形成 4 个 σ 键。

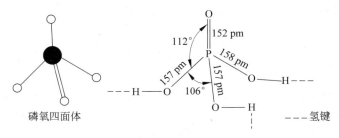

图 14-21　磷酸的分子的构型

磷酸经强热时就发生脱水作用，生成焦磷酸、三聚磷酸或偏磷酸，其脱水过程可以用下面的反应方程式表示：

[焦磷酸生成反应式]

焦磷酸

[三聚磷酸生成反应式]

三聚磷酸

[偏磷酸生成反应式]

偏磷酸

磷酸可以形成 3 种类型的盐,即磷酸二氢盐、磷酸一氢盐和正盐。例如:酸式盐——NaH_2PO_4(磷酸二氢钠)和 Na_2HPO_4(磷酸一氢钠),正盐——Na_3PO_4。

磷酸正盐比较稳定,一般不易分解。但酸式磷酸盐受热容易脱水成焦磷酸盐或偏磷酸盐。

大多数磷酸二氢盐都容易溶于水,而磷酸一氢盐和正盐(除钠、钾及铵等少数盐外)都难溶于水。

PO_4^{3-} 具有较强的配位能力,能与许多金属离子形成可溶性的配合物。例如,Fe^{3+} 与 PO_4^{3-}、$H_2PO_4^-$ 形成无色的 $H_3[Fe(PO_4)_2]$、$H[Fe(HPO_4)_2]$,在分析化学上常用 PO_4^{3-} 作为 Fe^{3+} 的掩蔽剂。

磷酸盐与过量的钼酸铵 $(NH_4)_2MoO_4$ 及适量的浓硝酸混合后加热,可慢慢生成黄色的磷钼酸铵沉淀:

$$PO_4^{3-} + 12MoO_4^{2-} + 24H^+ + 3NH_4^+ \longrightarrow (NH_4)_3PO_4 \cdot 12MoO_3 \cdot 6H_2O(s) + 6H_2O$$

这一反应可用来鉴定 PO_4^{3-}。

焦磷酸($H_4P_2O_7$)是无色玻璃状物质,易溶于水。焦磷酸是四元酸,其 $K_{a_1}^\ominus = 2.9 \times 10^{-2}$,$K_{a_2}^\ominus = 5.3 \times 10^{-3}$,$K_{a_3}^\ominus = 2.2 \times 10^{-7}$,$K_{a_4}^\ominus = 4.8 \times 10^{-10}$。可见焦磷酸的酸性比磷酸强。

$P_2O_7^{4-}$ 也具有配位能力。适量的 $Na_4P_2O_7$ 溶液与 Cu^{2+} 等离子作用生成相应的焦磷酸盐沉淀;当 $Na_4P_2O_7$ 过量时,则由于生成配合物使沉淀溶解:

$$2Cu^{2+} + P_2O_7^{4-} \longrightarrow Cu_2P_2O_7(s)$$

$$Cu_2P_2O_7(s) + 3P_2O_7^{4-} \longrightarrow 2[Cu(P_2O_7)_2]^{6-}$$

焦磷酸盐可用于硬水软化和无氰电镀。

与焦磷酸相似,当偏磷酸溶液中加入硝酸银时产生白色沉淀。偏磷酸溶液有使蛋白沉淀的特性。根据各种磷酸与硝酸银或蛋白作用的差异,可对焦磷酸、偏磷酸和正磷酸进行鉴别。

4. 磷的卤化物

1) 三卤化磷

三卤化磷分子的构型为三角锥形,如图 14-22 所示。磷原子位于三角锥的顶点,除了采取 sp^3 杂化与 3 个卤原子形成 3 个 σ 键外,还有一对孤对电子,因此 PX_3 具有极性。

三卤化磷的性质列于表 14-12 中。

表 14-12 三卤化磷的性质

PX_3	熔点/℃	沸点/℃	P—X 键长/pm	$\Delta_f H_m^{\ominus}/(kJ \cdot mol^{-1})$
PF_3	-151.3	-101.38	152	-918.8
PCl_3	-93.6	76.1	204	-319.7
PBr_3	-41.5	173.2	223	-184.5
PI_3	60	—	247	-45.6

三卤化磷中以三氯化磷最为重要。过量的磷在氯气中燃烧生成 PCl_3。PCl_3 在温室下是无色液体,在潮湿空气中强烈地发烟,在水中强烈地水解,生成亚磷酸和氯化氢:

$$PCl_3 + 3H_2O \longrightarrow H_3PO_3 + 3HCl$$

2) 五卤化磷

磷与过量的卤素单质直接反应生成五卤化磷,三卤化磷和卤素反应也可以得到五卤化磷。例如,三氯化磷和氯气直接反应生成五氯化磷。

五卤化磷的气态分子为三角双锥形,如图 14-23 所示。磷原子以 sp^3d 杂化轨道与 5 个卤原子形成 5 个 σ 键,其中 2 个 P—X 键比其他 3 个 P—X 键长一些。

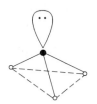

图 14-22 三卤化磷分子的构型

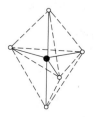

图 14-23 五卤化磷分子的构型

五卤化磷的性质列于表 14-13 中。

表 14-13 五卤化磷的性质

PX_5	熔点/℃	沸点/℃	P—X 键长/pm	$\Delta_f H_m^{\ominus}/(kJ \cdot mol^{-1})$
PF_5	-75	-83	157	
PCl_5	—	160 升华	214(轴),201	445.6
PBr_5	100	分解	—	251.0
PI_5	—	—	—	

PX_5 受热分解为 PX_3 和 X_2,且热稳定性随 X_2 的氧化性增强而增强。例如,PCl_5 在 300℃以上分解为 PCl_3 和 Cl_2,此时 PF_5 尚不分解。

PX_5 中最重要的是 PCl_5。PCl_5 是白色晶体,含有 $[PCl_4]^+$ 和 $[PCl_6]^-$,$[PCl_4]^+$ 和 $[PCl_6]^-$ 的排列类似于 CsCl 的 Cs^+ 和 Cl^-。

PCl_5 水解得到磷酸和氯化氢,反应分两步进行:

$$PCl_5 + H_2O \longrightarrow POCl_3 + 2HCl$$
$$POCl_3 + 3H_2O \longrightarrow H_3PO_4 + 3HCl$$

14.4.5 砷、锑、铋的化合物

1. 砷、锑、铋的氢化物

砷、锑、铋都能形成氢化物,即 AsH_3、SbH_3、BiH_3。这些氢化物都是无色无味有毒液体,它们的分子结构与 NH_3 类似,为三角锥形。AsH_3、SbH_3、BiH_3 的熔点、沸点依次升高;它们都是不稳定的,且稳定性依次降低,BiH_3 极不稳定;它们的碱性也按此顺序依次减弱,BiH_3 根本没有碱性。

砷、锑、铋的氢化物中较重要的是砷化氢 AsH_3,也叫胂。金属的砷化物水解或用较活泼金属在酸性溶液中还原 $As(Ⅲ)$ 的化合物,可以得到 AsH_3:

$$Na_3As + 3H_2O \longrightarrow AsH_3 + 3NaOH$$
$$As_2O_3 + 6Zn + 6H_2SO_4 \longrightarrow 2AsH_3 + 6ZnSO_4 + 3H_2O$$

胂是一种很强的还原剂,能还原某些重金属盐,析出重金属,例如:

$$2AsH_3 + 12AgNO_3 + 3H_2O \longrightarrow As_2O_3 + 12HNO_3 + 12Ag(s)$$

这是古氏试砷法的主要反应。

2. 砷、锑、铋的氧化物

砷、锑、铋与磷相似,可以形成两类氧化物,即氧化值为 +3 的 As_2O_3、Sb_2O_3、Bi_2O_3 和氧化值为 +5 的 As_2O_5、Sb_2O_5、Bi_2O_5(Bi_2O_5 极不稳定)。砷、锑、铋的 M_2O_3 是其相应亚酸的酸酐,它们的 M_2O_5 则是相应正酸的酸酐。

砷、锑、铋的氧化物的酸性逐渐减弱,碱性逐渐增强。

3. 砷、锑、铋的氢氧化物及含氧酸

砷、锑、铋的氧化值为 +3 的氢氧化物有 H_3AsO_3、$Sb(OH)_3$ 和 $Bi(OH)_3$,它们的酸性依次减弱,碱性依次增强。H_3AsO_3 和 $Sb(OH)_3$ 是两性氢氧化物;而 $Bi(OH)_3$ 的碱性大大强于酸性,只能微溶于浓的强碱溶液中。H_3AsO_3 仅存在于溶液中,而 $Sb(OH)_3$ 和 $Bi(OH)_3$ 都是难溶于水的白色沉淀。

砷、锑、铋的氧化值为 +3 的氢氧化物(或含氧酸)的还原性依次减弱。

砷酸盐、锑酸盐和铋酸盐都具有氧化性,且氧化性依次增强。砷酸盐、锑酸盐只有在酸性溶液中才表现出氧化性,例如:

$$H_3AsO_4 + 2I^- + 2H^+ \longrightarrow H_3AsO_3 + I_2 + H_2O$$

H_3AsO_3 只有在强酸性溶液中才表现出明显的氧化性。铋酸盐在酸性溶液中是很强的氧化剂,可将 Mn^{2+} 氧化成高锰酸盐:

$$2Mn^{2+} + 5NaBiO_3(s) + 14H^+ \longrightarrow 2MnO_4^- + 5Bi^{3+} + 5Na^+ + 7H_2O$$

这一反应可以用于鉴定 Mn^{2+}。

4. 砷、锑、铋的盐

砷、锑、铋难以形成 M^{5+},但在强酸溶液中可以形成 M^{3+},例如,砷、锑、铋的三氯化物、硫酸锑 $Sb_2(SO_4)_3$、硫酸铋 $Bi_2(SO_4)_3$ 和硝酸铋 $Bi(NO_3)_3$ 等。这些盐在水溶液中都易水解。除 $AsCl_3$ 的水解与 PCl_3 相似外,其他盐的水解产物为碱式盐。例如:

$$Sb_2(SO_4)_3 + 2H_2O \longrightarrow (SbO)_2SO_4(s) + 2H_2SO_4$$

$$BiCl_3 + H_2O \longrightarrow BiOCl(s) + 2HCl$$

Sb^{3+} 和 Bi^{3+} 也具有一定的氧化性,可被强还原剂还原为金属单质。例如:

$$2Sb^{3+} + 3Sn \longrightarrow 2Sb + 3Sn^{2+}$$

这一反应可以用来鉴定 Sb^{3+}。在碱性溶液中,$Sn(II)$ 可将 $Bi(III)$ 还原为 Bi:

$$2Bi^{3+} + 3[Sn(OH)_4]^{2-} + 6OH^- \longrightarrow 2Bi + 3[Sn(OH)_6]^{2-}$$

利用这一反应可以鉴定的 Bi^{3+} 存在。

5. 砷、锑、铋的硫化物

砷、锑、铋都能形成稳定的硫化物。氧化值为 $+3$ 的硫化物有黄色的 As_2S_3,橙色的 Sb_2S_3 和黑色的 Bi_2S_3;氧化值为 $+5$ 的硫化物有黄色的 As_2S_5 和橙色的 Sb_2S_5,但不能生成 Bi_2S_5。

在砷、锑、铋的盐溶液中通入硫化氢或加入可溶性硫化物,可得到相应的砷、锑、铋的硫化物沉淀。例如:

$$2AsO_3^{3-} + 3H_2S + 6H^+ \longrightarrow As_2S_3(s) + 6H_2O$$

这些硫化物都不溶于水和稀盐酸。

砷、锑、铋的硫化物与酸和碱的反应同它们相应的氧化物相似。砷、锑的硫化物能溶于碱溶液,形成砷、锑相应的含氧酸盐,也能溶于碱金属硫化物,生成相应的硫代(亚)酸盐;但 Bi_2S_3 不溶于碱或碱金属硫化物溶液中。

在砷、锑的硫代亚酸盐溶液中加入盐酸,它们立即分解为相应的硫化物和硫化氢。

砷的硫化物不溶于浓盐酸,而 Sb_2S_3 和 Bi_2S_3 则溶于浓盐酸:

$$Sb_2S_3 + 12HCl \longrightarrow 2H_3[SbCl_6] + 3H_2S$$

$$Bi_2S_3 + 8HCl \longrightarrow 2H[BiCl_4] + 3H_2S$$

As_2S_3 和 Sb_2S_3 都具有还原性,能与多硫化物反应生成硫代酸盐:

$$As_2S_3 + 3S_2^{2-} \longrightarrow 2AsS_4^{3-} + S$$

$$Sb_2S_3 + 3S_2^{2-} \longrightarrow 2SbS_4^{3-} + S$$

Bi_2S_3 的还原性极弱,不发生这类反应。

14.5 氧族元素

14.5.1 氧族元素概述

氧族元素包括周期系第ⅥA族的氧、硫、硒、碲和钋5种元素。氧和硫是典型的非金属元素,硒和碲也是非金属元素,而钋则是放射性金属元素。

氧族元素原子的价层电子构型为 ns^2np^4,氧有获得2个电子到达稀有气体稳定电子层结构的趋势,表现出较强的非金属性。氧以下的元素在价电子层中都存在空的d轨道,当同电负性大的元素结合时,可显示+2,+4,+6的氧化态。氧族元素的一些性质列在表14-14中。从电负性的数值可以看出,氧族元素的非金属性不如相应的卤族元素那样强。

表14-14 氧族元素的一般性质

	氧	硫	硒	碲	钋
元素符号	O	S	Se	Te	Po
原子序数	8	16	34	52	84
价层电子构型	$2s^2 2p^4$	$3s^2 3p^4$	$4s^2 4p^4$	$5s^2 5p^4$	$6s^2 6p^4$
共价半径/pm	60	104	117	137	153
沸点/℃	−183	445	685	990	962
熔点/℃	−218	115	217	450	254
电负性	3.44	2.58	2.55	2.10	2.0
电离能/(kJ·mol^{-1})	1320	1005	947	875	812
电子亲和能/(kJ·mol^{-1})	−141	−200	−195	−190	
$\varphi^{\ominus}(X/X^{2-})$/V	—	−0.45	−0.78	−0.92	
氧化值	−2,(−1)	−2,2,4,6	−2,2,4,6	2,4,6	2,6
配位数	1,2	2,4,6	2,4,6	6,8	
晶体结构	分子晶体	分子晶体	分子晶体(红硒) 链状晶体(灰硒)	链状晶体	金属晶体

氧族元素单质的非金属化学活泼性按O>S>Se>Te的顺序降低。氧和硫是比较活泼的。氧几乎与所有元素(除大多数稀有气体外)化合而生成相应的氧化物。单质硫与许多金属接触时都能发生反应。室温时汞也能与硫化合;高温下硫能与氢、氧、碳等非金属作用。只有稀有气体以及单质碘、氮、碲、金、铂和钯不能直接与硫化合。硒和碲也能与大多数元素反应而生成相应的硒化物和碲化物。除钋外,氧族元素单质不与水和稀酸反应。浓硝酸可以将硫、硒和碲分别氧化成 H_2SO_4、H_2SeO_3 和 H_2TeO_3。

在氧族元素中,氧和硫能以单质和化合态存在于自然界,硒和碲属于分散稀有元素,它们以极微量存在于各种硫化物矿中。从焙烧这些硫化物矿的烟道气中除尘时可以回收硒和碲,也可以从电解精炼铜的阳极泥中回收得到硒和碲。

碲是银白色链状晶体,很脆,易成粉末。碲主要用来制造合金以增加其坚硬性和耐磨性。

本节将重点讨论氧和硫及其化合物。

14.5.2 氧及其化合物

1. 氧

氧是地壳中分布最广的元素,其丰度居各种元素之首,其质量约占地壳的一半。氧广泛分布在大气、水层和岩石中。大气层中,氧以单质状态存在,空气中氧的体积分数约为21%。在水层中主要以水的形式存在。在岩石中氧主要以硅酸盐氧化物及其他含氧阴离子的形式存在。

自然界的氧有3种同位素,即 ^{16}O、^{17}O、^{18}O,其中 ^{16}O 的含量最高,占氧原子数的99.76%。^{18}O 是一种稳定的同位素,可以通过水的分馏以重氧水的形式富集。^{18}O 常作为示踪原子用于化学反应机理的研究。

氧分子的结构式为 $O=O$,具有顺磁性。在液态氧中有缔合分子 O_4 存在,O_4 具有反磁性。

氧是无色、无臭的气体,在 $-183℃$ 时凝聚为淡蓝色液体,冷却到 $-218℃$ 时凝结为蓝色的固体。氧气常以 15 MPa 压入钢瓶内储存。氧分子是非极性分子,故在水中的溶解度很小,在 $-80℃$ 时,1 L 水中只能溶解 30 mL 的氧气。

氧分子的键解离能较大,常温下空气中的氧气只能将某些强还原性的物质(如 NO、$SnCl_2$、H_2SO_3 等)氧化。在加热条件下,除卤素、少数贵金属(如 Au、Pt 等)以及稀有气体外,氧气几乎能与所有元素直接化合成相应的氧化物。

2. 臭氧

臭氧 O_3 是氧气 O_2 的同素异形体。臭氧在地面附近的大气层中含量极少,仅占 1.0×10^{-3} mL·m^{-3},臭氧主要存在于平流层,它能吸收太阳光的紫外辐射。在大雷雨的天气里,空气中的氧气在电火花的作用下也部分转化为臭氧。复印机工作时有臭氧产生。在实验室里可借助无声放电的方法制备浓度达百分之几的臭氧。

臭氧分子的构型为 V 形,如图 14-24 所示,在臭氧分子中,中心氧原子以 2 个 sp^2 杂化轨道与另外 2 个氧原子形成 σ 键,第 3 个 sp^2 杂化轨道为孤对电子所占有。此外,中心氧原子未参与杂化的 p 轨道上有一对电子,两端氧原子与其平行的 p 轨道各有 1 个电子,它们之间形成垂直于分子平面的三中心四电子大 π 键 Π_3^4。臭氧分子是反磁性的,表明其分子中没有成单电子。

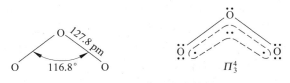

图 14-24 臭氧分子的结构

臭氧是淡蓝色的气体，有一种鱼腥味。臭氧在 $-112℃$ 时凝聚为深蓝色液体，在 $-193℃$ 时凝结为黑紫色固体。臭氧分子为极性分子，其偶极矩 $\mu=1.8\times10^{-30}$ C·m。臭氧比氧气易溶于水（$0℃$ 时 1 L 水中可溶解 0.49 L O_3）。液态臭氧与液氧不能互溶。臭氧可以通过分级液化的方法提纯。

臭氧在常温下缓慢分解，在 $200℃$ 以上分解较快：

$$2O_3(g) \longrightarrow 3O_2(g), \quad \Delta_r H_m^{\ominus}=-285.4 \text{ kJ·mol}^{-1}$$

二氧化锰的存在可加速臭氧的分解，而水蒸气则可减缓臭氧的分解。纯的臭氧容易爆炸。

臭氧的氧化性比 O_2 强。臭氧能将 I^- 氧化而析出单质碘：

$$O_3 + 2I^- + 2H^+ \longrightarrow I_2 + O_2 + H_2O$$

这一反应用于测定臭氧的含量。

臭氧可作为杀菌剂及高能燃料的氧化剂。

3. 过氧化氢

过氧化氢 H_2O_2 分子的结构如图 14-25 所示。H_2O_2 分子不是直线形的，在 H_2O_2 分子中有一个过氧链—O—O—，2 个氧原子都以 sp^3 杂化轨道成键，除相互连接形成 O—O 键外，还各与 1 个氢原子相连。

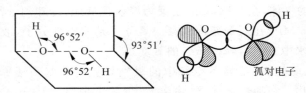

图 14-25 H_2O_2 分子的结构

H_2O_2 的水溶液一般也称为双氧水。纯的过氧化氢的熔点为 $-1℃$，沸点为 $150℃$。$-4℃$ 时固体 H_2O_2 的密度为 1.643 g·cm^{-3}。H_2O_2 分子间通过氢键发生缔合，能与水以任何比例相混溶。

高纯度的 H_2O_2 在低温下比较稳定，当加热到 426 K 以上，便发生强烈的爆炸性分解：

$$2H_2O_2(l) \longrightarrow 2H_2O(l) + O_2(g), \quad \Delta_r H_m^{\ominus}=-196 \text{ kJ·mol}^{-1}$$

浓度高于 65% 的 H_2O_2 和某些有机物接触时，容易发生爆炸。H_2O_2 在碱性介质中分解速率远比在酸性介质中大。少量 Fe^{2+}、Mn^{2+}、Cu^{2+}、Cr^{3+} 等金属离子的存在能大大加速 H_2O_2 的分解。光照也可以使 H_2O_2 的分解速率加大。因此，H_2O_2 应储存在棕色瓶中，置于阴凉处。

过氧化氢是一种极弱的酸，298.15 K 时，其 $K_{a_1}^{\ominus}=2.4\times10^{-12}$，$K_{a_2}^{\ominus}$ 约为 10^{-25}。H_2O_2 能与某些金属氢氧化物反应，生成过氧化物和水。例如：

$$H_2O_2 + Ba(OH)_2 \longrightarrow BaO_2 + 2H_2O$$

H_2O_2 既有氧化性，又有还原性。H_2O_2 无论在酸性还是在碱性溶液中都是强氧化剂，可将黑色的 PbS 氧化为白色的 $PbSO_4$：

$$PbS + 4H_2O_2 \longrightarrow PbSO_4 + 4H_2O$$

在酸性溶液中，H_2O_2 能与重铬酸盐反应生成蓝色的过氧化铬 CrO_5。CrO_5 在乙醚或戊醇中比较稳定。

$$4H_2O_2 + Cr_2O_7^{2-} + 2H^+ \longrightarrow 2CrO_5 + 5H_2O$$

这个反应可用于检验 H_2O_2，也可用于检验 CrO_4^{2-} 或 $Cr_2O_7^{2-}$ 的存在。

14.5.3 硫及其化合物

1. 单质硫

单质硫俗称硫磺，是分子晶体，很松脆，不溶于水，导电性、导热性很差。硫有几种同素异形体。天然硫是黄色固体，叫做正交硫（菱形硫），密度为 $2.06\ g \cdot cm^{-3}$，在 94.5℃ 以下是稳定的，温度高于 94.5℃ 时，正交硫转变为单斜硫。单斜硫呈浅黄色，密度为 $1.99\ g \cdot cm^{-3}$，在 94.5～115℃（熔点）范围内稳定。94.5℃ 是正交硫和单斜硫这两种同素异形体的转变温度：

$$S(正交) \xrightarrow{94.5℃} S(单斜), \quad \Delta_r H_m^\ominus = 0.33\ kJ \cdot mol^{-1}$$

正交硫和单斜硫的分子都是由 8 个硫原子组成的，具有环状结构，如图 14-26 所示。在 S_8 分子中，每个硫原子各以 sp^3 杂化轨道中的 2 个轨道与相邻的 2 个硫原子形成 σ 键，而 sp^3 杂化轨道中的另两个轨道则各有一对孤对电子。

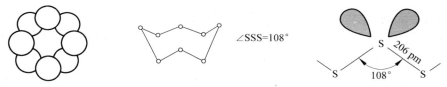

图 14-26 硫的分子构型

将加热到 190℃ 的熔融硫倒入冷水中迅速冷却，可以得到弹性硫。由于骤冷，长链状硫分子来不及成环，仍以绞结的长链存在于固体中，因而固体就有弹性。弹性硫不溶于任何溶剂，静置后缓慢地转变为稳定的晶体状硫。

硫的化学性质比较活泼，能与许多金属直接化合生成相应的硫化物，也能与氢、氧、卤素（碘除外）、碳、磷等直接作用生成相应的共价化合物。硫能与具有氧化性的酸（如硝酸、浓硫酸等）反应，也能溶于热的碱液生成硫的化合物和亚硫酸盐：

$$3S + 6NaOH \xrightarrow{\triangle} 2Na_2S + Na_2SO_3 + 3H_2O$$

当硫过量时则生成硫代硫酸盐：

$$4S + 6NaOH \xrightarrow{\triangle} 2Na_2S + Na_2S_2O_3 + 3H_2O$$

硫的最大用途是制造硫酸。硫在橡胶工业、造纸工业、火柴和焰火制造等方面也是不可缺少的。此外，硫还用于制造黑火药、合成药剂以及农药杀虫剂等。

2. 硫化氢和硫化物

1) 硫化氢

硫化氢（H_2S）是无色、剧毒的气体。硫化氢的沸点为 $-60℃$，熔点为 $-86℃$，比同族的 H_2O、H_2Se、H_2Te 都低。硫化氢稍溶于水，在 20℃ 时 1 体积的水能溶解 2.5 体积的硫化氢。硫化氢分子的构型与水分子相似，也呈 V 字形。H_2S 分子的极性比 H_2O 弱。空气中

H_2S 含量达到 0.05% 时,即可闻到其腐蛋臭味。工业上允许空气中 H_2S 的含量不超过 $0.01 \text{ mg} \cdot L^{-1}$。$H_2S$ 中毒是由于它能与血红素中的 Fe^{2+} 作用生成 FeS 沉淀,因而使 Fe^{2+} 失去原来的生理作用。

硫化氢中硫的氧化值为-2,是硫的最低氧化值。硫化氢具有较强的还原性。硫化氢在充足的空气中燃烧生成二氧化硫和水,当空气不足或温度较低时,生成游离的硫和水。硫化氢能被卤素氧化成游离的硫。

硫化氢的水溶液称为氢硫酸,是一种很弱的二元酸,其 $K_{a_1}^{\ominus} = 9.1 \times 10^{-8}$,$K_{a_2}^{\ominus} = 1.1 \times 10^{-12}$。硫化氢在水溶液中更容易被氧化。硫化氢水溶液在空气中放置后,由于空气中的氧把硫化氢氧化成游离的硫而渐渐变混浊。

2)金属硫化物

金属硫化物大多数是有颜色的。碱金属硫化物和 BaS 易溶于水,其他碱土金属硫化物微溶于水(BeS 难溶)。除此之外,大多数金属硫化物难溶水,有些还难溶于酸。个别硫化物由于完全水解,在水溶液中不能生成,如 Al_2S_3 和 Cr_2S_3 必须采用干法制备。

硫化钠和硫化铵都具有还原性,容易被空气中的 O_2 氧化而形成多硫化物。

金属硫化物无论是易溶的还是微溶的,都会发生水解反应,即使是难溶金属硫化物,其溶解的部分也发生水解。

各种难溶金属硫化物在酸中的溶解情况差异很大,这与它们的溶度积常数有关。$K_{sp}^{\ominus}$ 大于 10^{-24} 的硫化物一般可溶于稀酸。溶度积介于 10^{-25} 与 10^{-30} 之间的硫化物一般不溶于稀酸而溶于浓盐酸。

溶度积更小的硫化物(如 CuS)在浓盐酸中也不溶解,但可溶于硝酸。对于在硝酸中也不溶解的 HgS 来说,则需要用王水才能将其溶解。

3. 多硫化物

在可溶性硫化物的浓溶液中加入硫粉时,硫溶解而生成相应的多硫化物,例如:

$$(NH_4)_2S + (x-1)S \longrightarrow (NH_4)_2S_x$$

通常生成的产物是含有不同数目硫原子的各种多硫化物的混合物。随着硫原子数目 x 的增加,多硫化物的颜色从黄色经过橙黄色而变为红色。$x=2$ 的多硫化物也可称为过硫化物。

过硫化氢 H_2S_2 与过氧化氢的结构相似。

多硫化物具有氧化性,这一点与过氧化氢相似,但多硫化物的氧化性不及过氧化物强。

4. 二氧化硫、亚硫酸及其盐

气态 SO_2 的分子构型为 V 形,如图 14-27 所示。在 SO_2 分子中,硫原子以 2 个 sp^2 杂化轨道分别与 2 个氧原子形成 σ 键,而另一个 sp^2 杂化轨道上则保留 1 对孤对电子。硫原子的未参与杂化的 p 轨道上的 2 个电子与 2 个氧原子的未成对 p 电子形成三中心四电子大 π 键 Π_3^4。键角 $\angle OSO$ 为 119.5°,S—O 键长为 143 pm。

SO_2 是无色有窒息性臭味的气体。沸点-10℃,熔点-75.5℃,较易液化。液态 SO_2 能够解离,是一种良好的非水溶剂:

$$2SO_2 \rightleftharpoons SO^{2+} + SO_3^{2-}$$

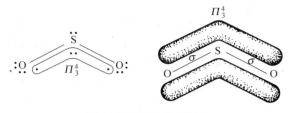

图 14-27 SO₂ 分子结构

SO$_2$ 分子的极性较强，SO$_2$ 易溶于水，生成很不稳定的亚硫酸 H$_2$SO$_3$。H$_2$SO$_3$ 是二元中强酸，其 $K_{a_1}^{\ominus}=1.54\times 10^{-2}$，$K_{a_2}^{\ominus}=1.02\times 10^{-7}$。H$_2SO_3$ 只存在于水溶液中，游离状态的纯 H$_2$SO$_3$ 尚未制得。

亚硫酸可形成正盐（如 Na$_2$SO$_3$）和酸式盐（如 NaHSO$_3$）。碱金属和铵的亚硫酸盐易溶于水，并发生水解；亚硫酸氢盐的溶解度大于相应的正盐，也易溶于水。在含有不溶性亚硫酸钙的溶液中通入 SO$_2$，可使其转化为可溶性的亚硫酸氢钙：
$$CaSO_3 + SO_2 + H_2O \longrightarrow Ca(HSO_3)_2$$
通常在金属氢氧化物的水溶液中通入 SO$_2$ 得到相应的亚硫酸盐。

亚硫酸盐的还原性比亚硫酸要强，在空气中易被氧化成硫酸盐而失去还原性。

5. 三氧化硫、硫酸及其盐

1) 三氧化硫

气态 SO$_3$ 为单分子，其分子构型为平面三角形，如图 14-28 所示。在 SO$_3$ 分子中，硫原子以 sp^2 杂化轨道与 3 个氧原子形成 3 个 σ 键，此外，还以 pd^2 杂化 π 轨道与 3 个氧原子形成垂直于分子平面的大 π 键，叫做四中心六电子大 π 键 Π_4^6。在大 π 键中，有 3 个电子原来属于硫原子，而另外 3 个电子原来分别属于 3 个氧原子。在 SO$_3$ 分子中，∠OSO 为 120°，S—O 键长为 143 pm，比 S—O 单键（155 pm）短，故具有双键特征。

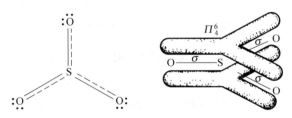

图 14-28 SO₃ 分子的构型

纯三氧化硫是无色、易挥发的固体，其熔点为 16.8 ℃，沸点为 44.8 ℃。在固态 SO$_3$ 中，硫原子都是采取 sp^3 杂化轨道成键的。液态 SO$_3$ 主要以三聚分子形式存在。

三氧化硫具有很强的氧化性。例如，当磷和它接触时会燃烧。高温时 SO$_3$ 的氧化性更为显著，能氧化 KI、HBr 和 Fe、Zn 等金属。

三氧化硫极易与水化合生成硫酸，同时放出大量的热：
$$SO_3(g) + H_2O(l) \longrightarrow H_2SO_4(aq), \quad \Delta_r H_m^{\ominus} = -132.44 \text{ kJ}\cdot\text{mol}^{-1}$$
因此，SO$_3$ 在潮湿的空气中挥发成雾状。

2) 硫酸

纯硫酸是无色的油状液体,在10.38℃时凝固成晶体,市售的浓硫酸密度为1.84 g·cm^{-3},浓度约为18 mol·L^{-1}。98%的浓硫酸沸点为330℃,是常用的高沸点酸,这是硫酸分子间形成氢键的缘故。

浓硫酸有很强的吸水性,常用于干燥氯气、氢气和二氧化碳。

在硫酸分子中,各键角和4个S—O键长全是不相等的,如图14-29。硫原子采取sp^{3}杂化轨道与4个氧原子中的2个氧原子形成2个σ键;另外2个氧原子则接受硫的电子对分别形成σ配键;与此同时,硫原子的空的3d轨道与2个不在OH基中的氧原子的2p轨道对称性匹配,相互重叠,反过来接受来自2个氧原子的孤对电子,从而形成了附加的(p-d)π反馈配键,如图14-30所示。

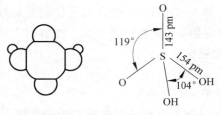

图14-29 硫酸分子的结构

图14-30 (p-d)π配键

硫酸晶体呈现波纹形层状结构。每个硫氧四面体(SO$_4$原子团)通过氢键与其他4个SO$_4$基团连接,如图14-31所示(图中未标出氢原子,虚线表示氢键)。

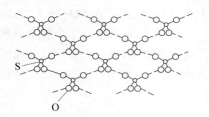
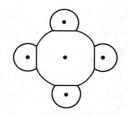
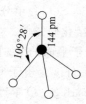

图14-31 硫酸晶体结构和硫氧四面体

浓硫酸是一种氧化剂,在加热的情况下,能氧化许多金属和某些非金属。通常浓硫酸被还原为二氧化硫。例如:

$$Zn + 2H_2SO_4(浓) \xrightarrow{\triangle} ZnSO_4 + SO_2 + 2H_2O$$

$$S + 2H_2SO_4(浓) \xrightarrow{\triangle} 3SO_2 + 2H_2O$$

比较活泼的金属也可以将浓硫酸还原为硫或硫化氢,例如:

$$3Zn + 4H_2SO_4(浓) \longrightarrow 3ZnSO_4 + S + 4H_2O$$

$$4Zn + 5H_2SO_4(浓) \longrightarrow 4ZnSO_4 + H_2S + 4H_2O$$

浓硫酸氧化金属并不放出氢气。稀硫酸与比氢活泼的金属(如Mg、Zn、Fe等)作用时,能放出氢气。

冷的浓硫酸(70%以上)能使铁的表面钝化,因此可以用钢罐储装和运输浓硫酸(80%~90%)。

硫酸是二元酸,在稀硫酸溶液中,第一步电离是完全的,第二步电离程度则较低(K_{a_2}=

$1.2×10^{-2}$)。在一般温度下,硫酸并不分解,是比较稳定的酸。

3) 硫酸盐

硫酸能形成两种类型的盐,即正盐和酸式盐(硫酸氢盐)。

在硫酸盐中,SO_4^{2-} 的构型为正四面体。SO_4^{2-} 中 4 个 S—O 键键长均为 144 pm,具有很大程度的双键性质。

大多数硫酸盐易溶于水,但 $PbSO_4$、$CaSO_4$ 和 $SrSO_4$ 溶解度很小,$BaSO_4$ 几乎不溶于水,而且也不溶于酸。根据 $BaSO_4$ 的这一特性,可以用 $BaCl_2$ 等可溶性钡盐鉴定 SO_4^{2-}。虽然 SO_3^{2-} 和 Ba^{2+} 也生成白色 $BaSO_3$ 沉淀,但它能溶于盐酸而放出 SO_2。

大多数硫酸盐结晶时带有结晶水,如 $Na_2SO_4·10H_2O$、$CaSO_4·2H_2O$、$CuSO_4·5H_2O$、$FeSO_4·7H_2O$ 等。硫酸盐容易形成复盐。例如,$K_2SO_4·Al_2(SO_4)_3·24H_2O$(明矾)、$K_2SO_4·Cr_2(SO_4)_3·24H_2O$(铬钾矾)和 $(NH_4)_2SO_4·FeSO_4·6H_2O$ 等是常见的重要硫酸复盐。

6. 硫的其他含氧酸及其盐

1) 焦硫酸

冷却发烟硫酸时,可以析出焦硫酸 $H_2S_2O_7$,$H_2S_2O_7$ 是无色晶体,焦硫酸可看作两分子硫酸间脱去一分子水所得的产物。其结构式如下:

$$H-O-\overset{\overset{O}{\|}}{\underset{\underset{O}{\|}}{S}}-O-\overset{\overset{O}{\|}}{\underset{\underset{O}{\|}}{S}}-O-H$$

焦硫酸的吸水性、腐蚀性比硫酸更强。

2) 硫代硫酸及其盐

硫代硫酸($H_2S_2O_3$)可看作硫酸分子中的一个氧原子被硫原子取代的产物。硫代硫酸极不稳定。亚硫酸盐与硫作用生成硫代硫酸盐。例如,将硫粉和亚硫酸钠一同煮沸可制得硫代硫酸钠:

$$Na_2SO_3+S \xrightarrow{\triangle} Na_2S_2O_3$$

硫代硫酸钠具有还原性。例如,$Na_2S_2O_3$ 可以被较强的氧化剂 Cl_2 氧化为硫酸钠:

$$S_2O_3^{2-}+4Cl_2+5H_2O \longrightarrow 2SO_4^{2-}+8Cl^-+10H^+$$

在纺织工业上用 $Na_2S_2O_3$ 作脱氯剂。$Na_2S_2O_3$ 与碘的反应是定量的,在分析化学上用于碘量法的滴定,其反应方程式为

$$2S_2O_3^{2-}+I_2 \longrightarrow S_4O_6^{2-}+2I^-$$

反应产物中的 $S_4O_6^{2-}$ 叫四硫酸根离子,其结构式如下:

$$\left[-O-\overset{\overset{O}{\uparrow}}{\underset{\underset{O}{\downarrow}}{S}}-S-S-\overset{\overset{O}{\uparrow}}{\underset{\underset{O}{\downarrow}}{S}}-O-\right]^{2-}$$

3) 过硫酸及其盐

过硫酸可看作是过氧化氢的衍生物。若 H_2O_2 分子中的一个氢原子被—SO_3H 基团取

代，形成过一硫酸 H_2SO_5，若两个氢原子都被—SO_3H 基团取代，则形成过二硫酸 $H_2S_2O_8$。过一硫酸和过二硫酸的结构式如下：

$$\begin{array}{c} \text{O} \\ \uparrow \\ \text{HO—O—S—OH} \\ \downarrow \\ \text{O} \end{array} \qquad \begin{array}{c} \text{O} \qquad\qquad \text{O} \\ \uparrow \qquad\qquad \uparrow \\ \text{HO—S—O—O—S—OH} \\ \downarrow \qquad\qquad \downarrow \\ \text{O} \qquad\qquad \text{O} \end{array}$$

重要的过二硫酸盐有 $K_2S_2O_8$ 和 $(NH_4)_2S_2O_8$，它们是强氧化剂，能将 Cr^{3+} 和 Mn^{2+} 等氧化成相应的高氧化值的 $Cr_2O_7^{2-}$、MnO_4^-。但其中有些反应的速率较低，在催化剂作用下，反应进行较快。例如：

$$S_2O_8^{2-} + 2I^- \xrightarrow[\text{催化}]{Cu^{2+}} 2SO_4^{2-} + I_2$$

$$2Mn^{2+} + 3S_2O_8^{2-} + 8H_2O \xrightarrow[\text{催化}]{Ag^+} 2MnO_4^- + 10SO_4^{2-} + 16H^+$$

过硫酸及其盐的热稳定性较差，受热时容易分解。例如，$K_2S_2O_8$ 受热时会放出 SO_3 和 O_2：

$$2K_2S_2O_8 \xrightarrow{\triangle} 2K_2SO_4 + 2SO_3 + O_2$$

14.6 卤　　素

14.6.1 卤素概述

周期系第ⅦA族元素称为卤素，包括氟、氯、溴、碘和砹 5 种元素。其中氟是所有元素中非金属性最强的，碘具有微弱的金属性，砹是放射性元素。卤素的一般性质列于表 14-15 中。

表 14-15　卤素的一般性质

性　质	氟	氯	溴	碘
元素符号	F	Cl	Br	I
原子序数	9	17	35	53
价电子结构	$2s^22p^5$	$3s^23p^5$	$4s^24p^5$	$5s^25p^5$
氧化值	$-1,0$	$-1,0,+1,+3,+5,+7$	$-1,0,+1,+3,+5,+7$	$-1,0,+1,+3,+5,+7$
共价半径/pm	64	99	114	133
X^- 离子半径/pm	133	181	196	220
电负性	3.98	3.16	2.96	2.66
电离能/(kJ·mol^{-1})	1687	1257	1146	1015
电子亲和能/(kJ·mol^{-1})	-328	-349	-325	-295
X^- 的水合能/(kJ·mol^{-1})	-507	-368	-335	-293
X_2 的解离能/(kJ·mol^{-1})	157	243	194	153

卤素原子的价层电子构型为 ns^2np^5，它们容易得到一个电子形成卤离子，从而达到稳定的 8 电子构型。因此卤素原子的电子亲和能的绝对值很大，从氯到碘依次减小，但氟的电子亲和能却比氯小，原因是氟的原子半径特别小，核周围的电子密度较大，当接受外来电子时将引起电子间的较大斥力，从而抵消了气态氟原子形成气态氟离子时所放出的热量。氯、溴、碘的氧化值多为奇数，即 +1，+3，+5，+7。

14.6.2 卤素单质

卤素单质均为非极性双原子分子，从氟到碘，随着相对分子质量的增大，分子间色散力逐渐增加，卤素单质的密度、熔点、沸点、临界温度和气化热等物理性质均依次递增。卤素单质都是有颜色的，且随着原子序数的增大，颜色逐渐加深。卤素单质的一些物理性质列于表 14-16 中。

表 14-16　卤素单质的一些物理性质

物理性质	氟	氯	溴	碘
物态(298.15 K,101.3 kPa)	气体	气体	液体	固体
颜色	淡黄色	黄绿色	红棕色	紫黑色(有金属光泽)
密度(液体)/(mg·mL^{-1})	1.513(85 K)	1.655(203 K)	3.187(273 K)	3.960(393 K)
熔点/K	53.38	172	265.8	386.5
沸点/K	84.86	238.4	331.8	457.4
气化热/(kJ·mol^{-1})	6.54	20.41	29.56	41.95
临界温度/K	144	417	588	785
临界压力/MPa	5.57	7.7	10.33	11.75
$\Delta_f H_m^{\ominus}(X^-,aq)/(kJ·mol^{-1})$	−332.63	−167.159	−121.55	−55.19
$\varphi^{\ominus}(X_2/X^-)/V$	2.889	1.360	1.0774	0.5345
晶体结构	分子晶体	分子晶体	分子晶体	分子晶体(具有部分金属性)

卤素单质在水中的溶解度不大。其中，氟使水剧烈地分解而放出氧气。常温下，1 m^3 水可溶解约 2.5 m^3 的氯气。氯、溴和碘的水溶液分别称为氯水、溴水和碘水。卤素单质在有机溶剂中的溶解度比在水中的溶解度大得多。根据这一差别，可以用四氯化碳等有机溶剂将卤素单质从水溶液中萃取出来。

卤素单质的毒性从氟到碘逐渐减弱。卤素单质强烈地刺激眼、鼻、气管等器官的黏膜，吸入较多的卤素蒸气会导致严重中毒，甚至死亡。液溴会使皮肤严重灼伤而难以治愈，在使用溴时要特别小心。

卤素单质的氧化性是它们最典型的化学性质。卤素是很活泼的非金属元素，可以与金属、非金属和水作用。随着原子半径的增大，卤素的氧化性依次减弱：

$$F_2 > Cl_2 > Br_2 > I_2$$

因此，位于前面的卤素单质可以氧化后面卤素的阴离子。

卤素与水发生下列两类反应：

$$X_2 + H_2O \rightleftharpoons 2H^+ + 2X^- + \frac{1}{2}O_2 \tag{1}$$

$$X_2 + H_2O \rightleftharpoons H^+ + X^- + HXO \tag{2}$$

氟的氧化性最强，只能与水发生上述第(1)类反应，反应是自发的、激烈的放热反应：

$$2F_2 + 2H_2O \longrightarrow 4HF + O_2, \quad \Delta_r G_m^\ominus = -713.02 \text{ kJ} \cdot \text{mol}^{-1}$$

Cl_2，Br_2，I_2 与水主要发生上述第(2)类反应，反应进行的程度随原子序数的增大依次减小。

当溶液的 pH 增大时，卤素的歧化反应平衡向右移动。卤素在碱性溶液中易发生如下的歧化反应：

$$X_2 + 2OH^- \longrightarrow X^- + OX^- + H_2O \tag{3}$$

$$3OX^- \longrightarrow 2X^- + XO_3^- \tag{4}$$

氯在 20℃时，只有反应(3)进行得很快，在 70℃时，反应(4)才进行得很快，因此常温下氯与碱作用主要是生成次氯酸盐。溴在 20℃时，反应(3)和(4)进行得都很快，而在 0℃时反应(4)较缓慢，因此只有在 0℃时才能得到次溴酸盐。碘即使在 0℃时反应(4)也进行得很快，所以碘与碱反应只能得到碘酸盐。

14.6.3 卤化氢和氢卤酸

常温下卤化氢都是无色、有刺激性臭味的气体。卤化氢分子都是共价型极性分子，分子中键的极性、键能、分子的极性及热稳定性均按 HF、HCl、HBr、HI 的顺序减弱。液态 HX 都不导电。卤化氢的一些性质列于表 14-17 中。

表 14-17　卤化氢和氢卤酸的一些性质

性　　质	HF	HCl	HBr	HI
熔点/K	190.0	158.2	184.5	222.5
沸点/K	292.5	188.1	206.0	237.6
$\Delta_f H_m^\ominus(g)/(\text{kJ} \cdot \text{mol}^{-1})$	-271.0	-92.3	-36.4	26.5
$\Delta_f G_m^\ominus(g)/(\text{kJ} \cdot \text{mol}^{-1})$	-273.0	-95.4	-53.6	1.72
在 1273 K 的分解百分数	可忽略	0.0014	0.5	33
气态分子偶极矩/(10^{-30} C·m)	6.37	3.57	2.76	1.40
气态分子核间距/pm	92	127	141	161
键能/(kJ·mol^{-1})	568.6	431.8	365.7	298.7
熔化焓/(kJ·mol^{-1})	19.6	2.0	2.4	2.9
气化焓/(kJ·mol^{-1})	28.7	16.2	17.6	19.8
水合焓/(kJ·mol^{-1})	-48.1	-17.6	-20.9	-23.0

氟化氢的熔点、沸点反常地高，这是由于 HF 分子间存在氢键形成缔合分子的缘故。

卤化氢的水溶液称氢卤酸，氢卤酸的酸性、还原性按 HF＜HCl＜HBr＜HI 的顺序依次增强。其中，除氢氟酸为弱酸且没有还原性外，其他的氢卤酸都是强酸，氢溴酸、氢碘酸的酸性甚至强于高氯酸。

14.6.4 卤化物、多卤化物

1. 卤化物

卤素和电负性比它小的元素生成的化合物叫做卤化物。卤化物可以分为金属卤化物和非金属卤化物两类。

非金属卤化物是共价型卤化物。共价型卤化物的熔点、沸点按 F、Cl、Br、I 顺序而升高，如表 14-18 所示。

表 14-18　卤化硅的熔点和沸点　　　　　　　　　　　　　　　　　　　　　　℃

卤化硅	SiF_4	$SiCl_4$	$SiBr_4$	SiI_4
熔点	−90.3	−68.8	5.2	120.5
沸点	−86	57.6	154	287.3

金属卤化物大多为离子型化合物，在某些卤化物中，阳离子与阴离子之间极化作用比较明显，表现出一定的共价性，如 $AgCl$、$AlCl_3$ 等。

同一周期元素的卤化物，自左向右随阳离子电荷数依次升高，离子半径逐渐减小，键型从离子型过渡到共价型，熔点和沸点显著降低，导电性下降。

同一金属的不同卤化物，从 F 至 I 随着离子半径的依次增大，极化率逐渐变大，键的离子性依次减小，而共价性依次增大。卤化物的熔点和沸点通常也从 F 至 I 依次降低，但卤化铝的熔点和沸点由于键型过渡而不符合上述变化规律。AlF_3 为离子型化合物，熔点、沸点均高，其他卤化铝多为共价型，熔点、沸点均较低，且沸点随着相对分子质量增大而依次增高（表 14-19）。

表 14-19　卤化钠、卤化铝的熔点和沸点　　　　　　　　　　　　　　　　　　℃

卤化钠	熔点	沸点	卤化铝	熔点	沸点
NaF	996	1704	AlF_3	1090	1272（升华）
NaCl	800.8	1465	$AlCl_3$	—	181（升华）
NaBr	755	1390	$AlBr_3$	97.5	253（升华）
NaI	660	1340	AlI_3	191.0	382

同一金属不同氧化值的卤化物中，高氧化值的卤化物一般共价性更显著，所以熔点、沸点比低氧化值的卤化物低一些，较易挥发。表 14-20 列出了几种金属氯化物的熔点和沸点。

表 14-20　几种金属氯化物的熔点和沸点　　　　　　　　　　　　　　　　　　℃

氯化物	熔点	沸点	氯化物	熔点	沸点
$SnCl_2$	246.9	623	$FeCl_2$	677	1024
$SnCl_4$	−33	114.1	$FeCl_3$	304	约 316

大多数金属卤化物易溶于水,仅 $AgCl$、Hg_2Cl_2、$PbCl_2$ 和 $CuCl$ 是难溶的。溴化物和碘化物的溶解性和相应的氯化物相似。氟化物的溶解度与其他卤化物有些不同。例如,CaF_2 难溶,而其他卤化钙则易溶。同一金属的不同卤化物,离子型卤化物的溶解度按 F、Cl、Br、I 顺序增大;共价型卤化物的溶解度则按 F、Cl、Br、I 顺序减小。

由于卤离子能和许多金属离子形成配合物,所以难溶金属卤化物常常可以与相应的 X^- 发生加合反应,生成配离子而溶解。例如:

$$HgI_2 + 2I^- \longrightarrow [HgI_4]^{2-}$$

2. 多卤化物

有些金属卤化物能与卤素单质或卤素互化物发生加合作用,生成的化合物称为多卤化物,例如:

$$KI + I_2 \longrightarrow KI_3$$

I_2 在含有 I^- 的溶液中溶解度比在纯水中大很多,这与上述加合反应有关。这一反应中,I^- 和 I_2 结合而生成 I_3^-,溶液中存在下列平衡:

$$I^- + I_2 \longrightarrow I_3^-, \quad K^{\ominus} = 725$$

溴和氯也可以发生类似的反应,但反应的程度按碘、溴、氯依次减小。

14.6.5 卤素的含氧化合物

1. 卤素的氧化物

主要的卤素氧化物见表 14-21。

表 14-21 卤素的氧化物

氧化值	-1	$+1$	$+3$	$+4$	$+5$	$+6$	$+7$
F	OF_2, O_2F_2						
Cl		Cl_2O	Cl_2O_3	ClO_2		Cl_2O_6	Cl_2O_7
Br		Br_2O		BrO_2	Br_2O_5	BrO_3	Br_2O_7
I				I_2O_4	I_2O_5		

这些氧化物都具有较强的氧化性,大多数是不稳定的,其中 I_2O_5 是最稳定的卤素氧化物。

在氯氧化合物中,ClO_2 是最稳定的,也是唯一大量生产的卤素氧化物。ClO_2 的分子构型为 V 型,是有成单电子的分子,具有顺磁性。ClO_2 为黄绿色气体,熔点为 $-59.6\,℃$,沸点为 $10.9\,℃$。ClO_2 的化学活性强,可用于水的净化和纸张、纺织品的漂白。

2. 卤素的含氧酸及其盐

除了氟的含氧酸仅限于次氟酸 HOF 外,氯、溴、碘可以形成 4 种类型的含氧酸,见表 14-22。

表 14-22　卤素的含氧酸

命名	氟	氯	溴	碘
次卤酸	HOF	HClO*	HBrO*	HIO*
亚卤酸		HClO$_2$*		
卤酸		HClO$_3$*	HBrO$_3$*	HIO$_3$
高卤酸		HClO$_4$*	HBrO$_4$*	HIO$_4$，H$_5$IO$_6$

* 仅存在于水溶液中。

在卤素的含氧酸根离子中，卤素原子作为中心原子，采用 sp^3 杂化轨道与氧原子成键，形成不同构型的卤素含氧酸根（图 14-32）。而在 H$_5$IO$_6$ 中，碘原子采用 sp^{3}d^2 杂化轨道与氧原子成键，如图 14-33 所示。

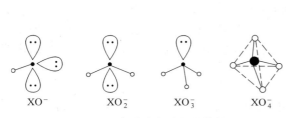
图 14-32　氯的含氧酸根的结构

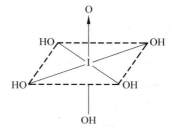
图 14-33　H$_5$IO$_6$ 的结构

1）次卤酸及其盐

次卤酸均为弱酸，酸性按 HClO、HBrO、HIO 的次序减弱。但 HIO 的 $K_b^\ominus = 3.2 \times 10^{-10}$，比其 $K_a^\ominus = 2.3 \times 10^{-11}$ 大，故其碱式分离的倾向稍大于酸式分离。在次卤酸中，只有 HOF 可得到纯的化合物，次氯酸、次溴酸、次碘酸都不稳定，只能存在于稀溶液中，并且在光的作用下迅速分解：

$$2HXO \xrightarrow{光} O_2 + 2HX$$

当在碱性介质和加热条件下，次卤酸按另一种方式分解，即歧化为卤酸和氢卤酸：

$$3HXO \longrightarrow HXO_3 + 2HX \quad 或 \quad 3XO^- \longrightarrow XO_3^- + 2X^-$$

ClO$^-$ 和 BrO$^-$ 分别在 75℃ 和 50℃ 时歧化速度快，而 IO$^-$ 在室温下就迅速歧化。

次卤酸都具有强氧化性，其氧化性按 Cl、Br、I 顺序降低。

2）亚卤酸及其盐

已知的亚卤酸仅有亚氯酸。亚氯酸是二氧化氯与水反应的产物之一：

$$2ClO_2 + H_2O \longrightarrow HClO_2 + HClO_3$$

但亚氯酸溶液极不稳定，只要数分钟便分解出 ClO$_2$ 和 Cl$_2$，溶液从无色变为黄色：

$$8HClO_2 \longrightarrow 6ClO_2 + Cl_2 + 4H_2O$$

二氧化氯与过氧化物反应时，得到亚氯酸盐和氧气：

$$2ClO_2 + Na_2O_2 \longrightarrow 2NaClO_2 + O_2$$

$$2ClO_2 + BaO_2 \longrightarrow Ba(ClO_2)_2 + O_2$$

亚氯酸盐虽比亚氯酸稳定，但加热或敲击固体亚氯酸盐时，立即发生爆炸，分解成氯酸盐和氧化物。亚氯酸盐的水溶液较稳定，具有强氧化性，可作漂白剂。

3) 卤酸及其盐

卤酸主要有氯酸、溴酸和碘酸。氯酸和溴酸均为强酸（$pK_a^\ominus \leqslant 0$），而碘酸为中强酸（$pK_a^\ominus = 0.8$）。卤酸的酸性按 Cl、Br、I 的顺序依次减弱。氯酸和溴酸都只能存在于溶液中，卤酸的稳定性按 Cl、Br、I 的顺序依次增强。

氯酸作为强氧化剂，其还原产物可以是 Cl_2 或 Cl^-，这与还原剂的强弱及氯酸的用量有关。例如，$HClO_3$ 过量时，还原产物为 Cl_2：

$$HClO_3 + 5HCl \longrightarrow 3Cl_2 + 3H_2O$$

重要的氯酸盐有氯酸钾和氯酸钠。在有催化剂存在下加热 $KClO_3$ 时，分解为氯化钾和氧气：

$$2KClO_3 \xrightarrow{\text{催化剂}} 2KCl + 3O_2$$

在没有催化剂存在时，小心加热 $KClO_3$，则发生歧化反应生成高氯酸钾和氯化钾：

$$4KClO_3 \longrightarrow 3KClO_4 + KCl$$

固体 $KClO_3$ 是强氧化剂，与各种易燃物（如硫、磷、碳或有机物质）混合后，经撞击会引起爆炸着火。因此 $KClO_3$ 多用来制造火柴和焰火等。氯酸钠比氯酸钾易吸潮，一般不用其制炸药、焰火等，多用作除草剂。溴酸钾、碘酸钾是重要的分析基准物质。卤酸盐的水溶液只有在酸性条件下才有较强的氧化性。

4) 高卤酸及其盐

高氯酸是最强的无机含氧酸。高溴酸也是强酸，而高碘酸是一种弱酸（$K_{a_1}^\ominus = 4.4 \times 10^{-4}$，$K_{a_2}^\ominus = 2 \times 10^{-7}$，$K_{a_3}^\ominus = 6.3 \times 10^{-13}$）。高卤酸的酸性按 Cl、Br、I 的顺序依次减弱。

无水的高氯酸是无色液体。$HClO_4$ 的稀溶液比较稳定，在冷的稀溶液中 $HClO_4$ 的氧化性弱，但浓的 $HClO_4$ 不稳定，受热分解为氯、氧和水：

$$4HClO_4 \longrightarrow 2Cl_2 + 7O_2 + 2H_2O$$

浓的 $HClO_4$ 是强氧化剂，与有机物质接触会引起爆炸，所以储存时必须远离有机物，使用时也务必注意安全。在钢铁分析中常用高氯酸来溶解矿样。

高溴酸呈艳黄色，在溶液中比较稳定，其浓度可达 55%，蒸馏时可得到 83% 的 $HBrO_4$，利用脱水剂可结晶出 $HBrO_4 \cdot 2H_2O$。高溴酸是强氧化剂。

高碘酸 H_5IO_6 是无色单斜晶体，其分子为八面体构型，碘原子采用 sp^3d^2 杂化轨道成键。这与其他高卤酸不同。由于碘原子半径较大，故其周围可容纳 6 个氧原子。与其他高卤酸相应的 HIO_4 称为偏高碘酸。高碘酸在真空下加热脱水则转化为偏高碘酸。高碘酸也具有强氧化性。

除 K^+、NH_4^+、Cs^+、Rb^+ 的盐外，高氯酸盐多易溶于水。高碘酸盐一般难溶于水。

5) 氯的各种含氧酸及其盐的性质比较

氯能形成 4 种含氧酸，即次氯酸、亚氯酸、氯酸和高氯酸，现将氯的各种含氧酸及其盐的性质的一般规律总结如下：

	热稳定性增强 →		
↑ 热稳定性增强 氧化能力减弱 酸性增强	HClO	MClO	↓ 热稳定性增强 氧化能力减弱
	HClO$_2$	MClO$_2$	
	HClO$_3$	MClO$_3$	
	HClO$_4$	MClO$_4$	
	← 氧化能力增强		

14.7 稀有气体

稀有气体包括氦、氖、氩、氪、氙、氡等6种元素,其原子的最外层电子构型除氦为$1s^2$外,其余均为稳定的8电子构型ns^2np^6。稀有气体的化学性质很不活泼,所以过去人们曾认为它们与其他元素之间不会发生化学反应,将它们列为周期表中的零族,并称之为"惰性气体"。然而正是这种绝对化的概念束缚了人们的思想,阻碍了对稀有气体化合物的研究。1962年,在加拿大工作的26岁的英国青年化学家N. Bartlett合成了第一个稀有气体化合物$Xe[PtF_6]$,引起了化学界的很大兴趣和重视。许多化学家竞相开展这方面的工作,先后陆续合成了多种稀有气体化合物,促进了稀有气体化学的发展。

14.7.1 稀有气体的性质和用途

稀有气体在自然界是以单质状态存在的。除氦以外,它们主要存在于空气中。在空气中氩的体积分数约为0.934%,氖、氪、氙和氡的含量则更少。空气中各稀有气体的含量列于表14-23中。

表14-23 空气中各稀有气体的含量

稀有气体	氦	氖	氩	氪	氙
体积分数 φ/%	5.239×10^{-4}	1.818×10^{-4}	0.934	1.14×10^{-4}	8.6×10^{-5}
质量分数 w/%	7.42×10^{-5}	1.267×10^{-3}	1.288	3.29×10^{-4}	3.9×10^{-5}

氦也存在于天然气中,含量约为1%,有些地区的天然气中氦含量可高达8%左右。另外,某些放射性物质中常含有氦。氡也存在于放射性矿物中,是镭、钍的放射性产物。

稀有气体的某些性质列于表14-24中。稀有气体均无色、无臭、无味,都是单原子分子,分子间仅存在着微弱的范德华力。稀有气体的熔点、沸点、溶解度、密度和临界温度等随原子序数的增大而递增,这同它们分子间色散力的递增是相适应的,而色散力的依次递增与分子极化率的递增相关联。

表14-24 稀有气体的某些性质

性 质	氦	氖	氩	氪	氙	氡
元素符号	He	Ne	Ar	Kr	Xe	Rn
原子序数	2	10	18	36	54	86
相对原子质量	4.0026	20.180	39.948	83.80	131.29	222.02
原子最外层电子构型	$1s^2$	$2s^22p^6$	$3s^23p^6$	$4s^24p^6$	$5s^25p^6$	$6s^26p^6$
范德华半径/pm	122	160	191	198	217	—
熔点/℃	-272.15	-248.67	-189.38	-157.36	-111.8	-71

续表

性　　质	氦	氖	氩	氪	氙	氡
沸点/℃	−268.935	−246.05	−185.87	−153.22	−108.04	−62
电离能/(kJ·mol^{-1})	2375.3	2086.95	1526.8	1357.0	1176.5	1043.3
水中溶解度/(mL·kg^{-1})(20℃)	8.61	10.5	33.6	59.4	108	230
临界温度/K	5.25	44.5	150.85	209.35	289.74	378.1
气体密度(标准状况)/(g·L^{-1})	0.176	0.8999	1.7824	3.7493	5.761	9.73
摩尔气化焓/(kJ·mol^{-1})	0.08	1.8	6.7	9.6	13.6	18.0

稀有气体的化学性质很不活泼，但从上到下化学反应性依次增强。如 Xe 可以与 F_2 在不同条件下反应生成 XeF_2、XeF_4 和 XeF_6 等。现在已经合成的稀有气体化合物多为氙的化合物和少数的氪的化合物，而氦、氖、氩的化合物至今尚未制得。

利用液氦可以获得 0.001 K 的低温。因氦不燃烧，用气体氦代替氢气填充气球或汽艇要比氢安全得多。氦在血液中的溶解度比氮小，用氦和氧的混合物代替空气供潜水员呼吸用，可以延长潜水员在水底工作的时间，避免潜水员返回水面时因压力突然下降而引起氮气自血液中溢出，导致阻塞血管造成的"气塞病"。大量的氦还用于航天工业和核反应工程。稀有气体在电场作用下易放电发光。氖、氩等常用于霓虹灯、航标灯等照明设备。氪和氙也用于制造特种电光源，如用氙制造的高压长弧氙灯称为"人造小太阳"。稀有气体可作为某些金属的焊接、冶炼和热处理或制备还原性极强物质的保护气氛。在医学上，氡已用于治疗癌症。但氡的放射性也会危害人体健康。

14.7.2　稀有气体的化合物

到目前为止，对稀有气体化合物研究得比较多的主要是氙的化合物。例如，氙的氟化物（XeF_2、XeF_4、XeF_6 等）、氧化物（XeO_3、XeO_4 等）、氟氧化物（$XeOF_2$、$XeOF_4$ 等）和含氧酸盐（$MHXeO_4$、M_4XeO_6 等）。

氙的主要化合物及某些性质列于表 14-25 中。

表 14-25　氙的主要化合物及其性质

氧化值	化合物	状态	熔点/K	性　　质
+2	XeF_2	无色晶体	402	易溶于 HF 中，易水解，有强氧化性
+4	XeF_4	无色晶体	390	稳定，有强氧化性，遇水歧化
	$XeOF_2$	无色晶体	304	不太稳定
+6	XeF_6	无色晶体	323	稳定，水解猛烈，有强氧化性
	$XeOF_4$	无色晶体	227	稳定
	XeO_3	无色晶体	—	易爆炸，易潮解，溶液中稳定，有强氧化性
+8	XeO_4	无色气体	237.3	易爆炸
	M_4XeO_6	无色盐	—	有强氧化性

氙及其主要化合物间的转化如下：

$$XeF_4 \xleftarrow[\triangle]{F_2} Xe \xrightarrow[\text{光照}]{F_2} XeF_2 \xrightarrow{H_2O} Xe$$

$$\downarrow H_2O \quad F_2 \downarrow \triangle, \text{光辐射}$$

$$XeO_3 \xleftarrow{H_2O} XeF_6 \xrightarrow{H_2O} XeOF_4$$

$$\downarrow OH^- \quad \downarrow MF(M=Na, K, Rb, Cs)$$

$$HXeO_4^- \quad M^+[XeF_7]^- \xrightarrow{\triangle} M_2^+[XeF_8]^{2-}(M=Rb, Cs)$$

$$\downarrow OH^-$$

$$XeO_6^{4-} \xrightarrow{Ba^{2+}} Ba_2XeO_6 \xrightarrow[-5℃]{H_2SO_4} XeO_4$$

根据价层电子对互斥理论，可以推测出氙的某些主要化合物的分子（或离子）的空间构型（见表 14-26）。例如 XeF_6 分子的构型为变形八面体，如图 14-34 所示。利用杂化轨道理论可以解释氙的化合物的空间构型。例如，在 XeF_2 和 XeF_4 中，氙原子分别以 sp^3d 和 sp^3d^2 杂化轨道中的一部分与氟原子形成 σ 键。而在 XeF_6 中，氙原子则可能以 sp^3d^3 杂化轨道与氟原子形成 σ 键。

表 14-26　某些氙化合物分子（或离子）的构型

化合物	价层电子对数	成键电子对数	孤对电子对数	分子（或离子）的空间构型	中心原子价轨道杂化类型
XeF_2	5	2	3	直线形	sp^3d
XeF_4	6	4	2	平面四方形	sp^3d^2
XeF_6	7	6	1	变形八面体	sp^3d^3
$XeOF_4$	6	5	1	四方锥形	sp^3d^2
XeO_3	4	3	1	三角锥形	sp^3
XeO_4	4	4	0	四面体形	sp^3
XeO_6^{4-}	6	6	0	八面体形	sp^3d^2

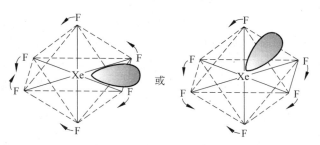

图 14-34　XeF_6 的分子构型

氙的氟化物是很强的氧化剂，也是很有前途的氟化剂。作为氧化剂，XeF_2 在氧化过程中自身被还原为氙逸出，不给系统增加杂质，所以，氙的化合物是性能非常优异的分析试剂。作为氟化剂，XeF_2 对有机物、无机物均有良好的氟化性能。近几年来发现的稀有气体卤化物具有优质激光材料的性能,可发射出大功率及特定波长的激光。

拓展知识

新型无机非金属材料

新型无机非金属材料是用人工合成方法制得的材料,它包括氧化物、氮化物、碳化物、硅化物、硼化物等化合物(这些材料又称为精细陶瓷或特种陶瓷)以及一些非金属单质,如碳、硅等。这些材料的主要特点是耐高温、抗氧化、耐磨、耐腐蚀和硬度大,同时还具有诸如热、声、光、电、磁学等方面的特殊性能,利用这些特殊性能做成的各种功能材料,已成为许多科学技术领域中的关键性材料。

1. 耐热高强结构材料

随着各种新技术,特别是空间技术和能源开发技术的发展,对耐热高强结构材料的需要越趋迫切,例如航天器的喷嘴、燃烧室内衬、喷气发动机叶片以及能源开发和核燃料等。非氧化物系等新型陶瓷材料,如 Si_3N_4、SiC、BN 等,有可能同时满足耐高温和高强度的双重要求,而成为目前最有希望的耐热高强结构材料。

(1) 氮化硅。目前最有代表性的耐热高强结构材料首推氮化硅(Si_3N_4)。氮化硅的硬度高(耐磨损)、熔点高(耐高温)、结构稳定、绝缘性能好,是制造高温燃气轮机的理想材料,对航天航空事业也很有吸引力。但它的抗机械冲击强度偏低,容易发生脆性断裂。所以氮化硅陶瓷的韧化是材料科学工作者的一个新课题,添加 ZrO_2 或 HfO_2 可制得增韧氮化硅陶瓷。

(2) 氮化硼。以 B_2O_3 和 NH_4Cl,或单质硼和 NH_3 为原料,利用加压烧结方法可制得高密度的氮化硼(BN)陶瓷。它兼有许多优良性能,不但耐高温、耐腐蚀、高导热、高绝缘,还很容易进行机械加工,且加工精度高(可达 0.01 mm)、密度小、润滑、无毒,是一种理想的高温导热绝缘材料,用途广泛。

通常制得的氮化硼具有石墨型的六方层状结构,俗称白色石墨,它是比石墨更耐高温的固体润滑剂。和石墨转变为金刚石的原理相似,六方层状结构 BN 在高温(1800℃)、高压(8000 MPa)下可转变为金刚石型的立方晶体 BN,其键长、硬度(莫氏硬度9.8~9.9)均与金刚石的相近,而耐热性比金刚石还好(熔点约3000℃,可承受1500~1800℃高温),是新型耐高温超硬材料。用立方 BN 制作的刀具适用于切削既硬又韧的超硬材料(如冷硬铸铁、合金耐磨铸铁、淬火钢等),其工作效率是金刚石的 5~10 倍,刀具寿命提高几十倍。

2. 半导体材料和超导材料

(1) 半导体材料。半导体是电阻率介于金属和绝缘体之间并有负的电阻温度系数的物质。半导体室温时电阻率为 10^{-5}~10^7 $\Omega \cdot m$,温度升高时电阻率指数则减小。半导体材料很多,按化学成分可分为元素半导体和化合物半导体两大类。锗和硅是最常用的元素半导体;化合物半导体包括ⅢA~ⅤA 族化合物(砷化镓、磷化镓等)、ⅡA~ⅥA 族化合物(硫化镉、硫化锌等)、氧化物(锰、铬、铁、铜的氧化物),以及由ⅢA~ⅤA 族化合物和ⅡA~ⅥA 族化合物组成的固溶体(镓铝砷、镓砷磷等)。

半导体是最重要的信息功能材料,其发明和发展对信息技术的发展与人类社会的进步具有划时代的历史意义。21 世纪,人类正进入信息社会,计算机正进入千家万户,信息高速公路的开通,因特网的广泛应用,促使信息功能材料迅速发展,成为新材料中最活跃的领域。半导体材料(目前以掺杂硅、锗和砷化镓应用最多)是制造晶体管的原料,晶体管是构造集成电路的元件,集成电路又是当今微电子技术的核心,而微电子技术则是电子计算机及一切信息技术的基础。

(2) 超导材料。一般金属材料的电导率随温度的下降而增大,而当温度接近绝对零度时,其电导率趋近于一有限的常数。而有些物质则不同,它们在某一特定的温度附近时,电导率突然增至无穷大,这种现象称为超导电性。具有超导电性的材料称为超导材料。超导材料从一有限电导率的正常状态向无限大电导率的超导态转变时的温度称为临界温度,常用 T_c 表示。

超导材料的应用主要有:①利用材料的超导电性可制作磁体,应用于电机、高能粒子加速器、磁悬浮运输、受控热核反应、储能等;可制作电力电缆,用于大容量输电(功率可达 10 000 MW);可制作通信电缆和天线,其性能优于常规材料。②利用材料的完全抗磁性可制作无摩擦陀螺仪和轴承。③利用约瑟夫森效应可制作一系列精密测量仪表以及辐射探测器、微波发生器、逻辑元件等。可制作计算机的逻辑和存储元件,其运算速度比高性能集成电路的快 10~20 倍,功耗只有其四分之一。

3. 碳纳米管材料

1991 年,日本 NEC 公司基础研究实验室的电子显微镜专家饭岛(Iijima)在高分辨透射电子显微镜下检验石墨电弧设备中产生的球状碳分子时,意外发现了由管状的同轴纳米管组成的碳分子,现在称作碳纳米管,又名巴基管。

碳纳米管具有典型的层状中空结构特征(图 14-35),构成碳纳米管的层片之间存在一定的夹角,碳纳米管的管身是准圆管结构,并且大多数由五边形截面所组成。管身由六边形碳环微结构单元组成,端帽部分是由含五边形的碳环组成的多边形结构,或者称为多边锥形多壁结构。碳纳米管是一种具有特殊结构(径向尺寸为纳米量级,轴向尺寸为微米量级,管子两端基本上都封口)的一维量子材料。它主要由呈六边形排列的碳原子构成数层到数十层的同轴圆管,层与层之间保持固定的距离,约为 0.34 nm,直径一般为 2~20 nm。由于其独特的结构,碳纳米管的研究具有重大的理论意义和潜在的应用价值。

图 14-35 碳纳米管结构

碳纳米管具有良好的力学性能,抗拉强度达到 50~200 GPa,是钢的 100 倍,至少比常规石墨纤维高一个数量级,密度却只有钢的 1/6;它的弹性模量可达 1 TPa,与金刚石的弹性模量相当,约为钢的 5 倍。

碳纳米管的硬度与金刚石相当,却拥有良好的柔韧性,可以拉伸。碳纳米管的长径比一般在 1000∶1 以上,是理想的高强度纤维材料。

碳纳米管具有良好的导电性能,由于碳纳米管的结构与石墨的片层结构相同,所以具有很好的电学性能。理论预测其导电性能取决于其管径和管壁的螺旋角。当碳纳米管的管径大于 6 nm 时，导电性能下降；当管径小于 6 nm 时，碳纳米管可以被看成具有良好导电性能的一维量子导线。有报道说，直径为 0.7 nm 的碳纳米管具有超导性，尽管其超导转变温度只有 1.5×10^{-4} K，但是预示着碳纳米管在超导领域的应用前景。

碳纳米管具有良好的传热性能。碳纳米管具有非常大的长径比，因而其沿着长度方向的热交换性能很高，相对地其垂直方向的热交换性能较低，通过合适的取向，碳纳米管可以合成高各向异性的热传导材料。另外，碳纳米管有着较高的热导率，只要在复合材料中掺杂微量的碳纳米管，该复合材料的热导率可能会得到很大的改善。

碳纳米管还具有光学和储氢等其他良好的性能，有望用作分子导线、纳米半导体材料、催化剂载体、分子吸收剂和近场发射材料等。科学家们还预测碳纳米管将成为 21 世纪最有前途的纳米材料。

14-1　在实验室中如何制备乙硼烷？乙硼烷的结构如何？
14-2　什么是缺电子原子和缺电子化合物？
14-3　$B_{10}H_{14}$ 的结构中有多少种形式的化学键？
14-4　碳单质有哪些同素异形体？其结构特点和物理性质如何？
14-5　硼酸和石墨均为层状晶体，试比较它们结构的异同。
14-6　说明 CO_2 和 SiO_2 在结构、物理性质方面的差异。
14-7　总结碳酸盐热稳定性和溶解性的变化规律。
14-8　CCl_4 不易水解，而 $SiCl_4$ 较易水解，其原因是什么？
14-9　什么是沸石分子筛？试述其结构特点及应用。
14-10　单质锡有哪些同素异形体，性质有何异同？
14-11　铅的氧化物有几种？分别简述其性质。
14-12　$SnCl_4$ 和 $SnCl_2$ 水溶液均为无色，如何鉴别？
14-13　为什么氮的电负性比磷大，但磷的化学性质却比氮活泼？
14-14　为什么氮可以形成二原子分子 N_2，而同族其他元素则不能生成二原子分子？
14-15　为什么 Bi(V) 的氧化能力比同族其他元素都强？
14-16　试从分子结构上比较 NH_3、HN_3、N_2H_4 和 NH_2OH 等的酸碱性。
14-17　硝酸与金属反应所得产物受什么因素影响？
14-18　比较砷、锑、铋氢氧化物的酸碱性、氧化还原性的变化规律。
14-19　比较砷、锑、铋的硫化物的性质。
14-20　试说明过氧化氢分子的结构中氧原子的杂化轨道和成键方式。
14-21　单质硫的主要同素异形体有哪些？
14-22　卤素中哪种元素最活泼？为什么由氟到氯活泼性的变化有一个突变？
14-23　说明卤素单质氧化性和 X^- 还原性递变规律。
14-24　比较氧族元素和卤族元素氢化物在酸性、还原性、热稳定性方面的递变规律。
14-25　比较硫和氯的含氧酸在酸性、氧化性、热稳定性方面的递变规律。

14-26 p区元素化合物分子或离子中哪些含有 Π_3^4 键？哪些含有 Π_4^6 键？

14-1 为什么说硼酸是一种路易斯酸？硼砂的结构式如何书写？硼砂的水溶液酸碱性如何？

14-2 完成反应方程式：
(1) $BCl_3 + H_2O \longrightarrow$ 　　　　　　(2) $B_2H_6 + H_2O \longrightarrow$
(3) 乙硼烷在空气中燃烧；　　　　　(4) $H_3BO_3 + OH^- \longrightarrow$

14-3 用化学方程式表示以硼砂为原料制备下列化合物的过程：
(1) H_3BO_3；　(2) BF_3；　(3) B_2O_3；　(4) $NaBH_4$。

14-4 能否用加热 $AlCl_3 \cdot 6H_2O$ 的方法制取 $AlCl_3$？为什么？写出制取无水 $AlCl_3$ 的 3 种反应方程式。

14-5 写出下列方程式：
(1) $Al^{3+} + CO_3^{2-} + H_2O \longrightarrow$ 　　(2) $Al^{3+} + S^{2-} + H_2O \longrightarrow$
(3) 在四羟基合铝酸钠溶液中通入 CO_2 气体　(4) $Al + OH^- + H_2O \longrightarrow$

14-6 试通过计算说明 $Al(OH)_3(s)$ 能否溶于氨水中。
$K_{sp}^{\ominus}(Al(OH)_3) = 4.57 \times 10^{-33}$，　$K^{\ominus}(NH_3 \cdot H_2O) = 1.8 \times 10^{-5}$，
$K_f^{\ominus}([Al(OH)_4]^-) = 1.07 \times 10^{33}$

14-7 某元素 A 直接与ⅦA族中某元素 B 反应时生成 A 的最高氧化值的化合物 AB_x，在此化合物中 B 的含量为 83.5%，而在相应的氧化物中，氧的质量占 53.3%。AB_x 为无色透明液体，沸点为 57.6℃，对空气的相对密度约为 5.9。试回答：
(1) 元素 A、B 的名称；
(2) 元素 A 属第几周期、第几族及其最高价氧化物的化学式。

14-8 完成下列方程式：
(1) $CaCO_3 + H_2O + CO_2 \longrightarrow$ 　　　(2) $SiF_4 + HF \longrightarrow$
(3) $SiCl_4 + H_2O \longrightarrow$ 　　　　　　(4) $SiO_2 + Na_2CO_3 \xrightarrow{熔融}$
(5) $SiO_2 + NaOH \xrightarrow{\triangle}$ 　　　　　(6) $Na_2SiO_3 + CO_2 + H_2O \longrightarrow$
(7) $Na_2SiO_3 + NH_4Cl \longrightarrow$ 　　　　(8) $SiO_2 + HF \longrightarrow$
(9) $Si + NaOH + H_2O \longrightarrow$

14-9 写出下列方程式：
(1) 二氧化铅与盐酸反应；
(2) 少量的氯化亚锡与氯化汞溶液反应；
(3) 将硫化亚锡溶解在 $6\ mol \cdot L^{-1}$ 的盐酸中；
(4) 硫化锡溶解在浓盐酸中；
(5) PbS 与浓盐酸反应；
(6) 氯化亚锡与重铬酸钾反应(酸性介质)；
(7) 氢氧化铅与次氯酸钠反应；

(8) 将硫化亚锡溶解在稀硝酸中。

14-10 写出下列实验步骤中字母 A~F 所表示的物质或现象，以及①、②两个步骤的反应方程式。

```
         Sn⁴⁺                         K₂CrO₄
                        溶液 ────────→ (A) 黄色沉淀 ─── HCl ───→ ┌─ (C) 气体
         Pb²⁺   ──H₂S──┤                                   ①      └─ (D) 沉淀
                        沉淀 ──Na₂S──→ (B) 溶液
         Ba²⁺                 (过量)                          HNO₃
                                        (E) 沉淀 ─── ② ───→ 现象(F)
```

14-11 比较下列物质性质的变化规律，并作出简要解释。
(1) 氧化性：Bi(V)和Sb(V)；　　　　(2) 碱性：Sn(OH)₂和Pb(OH)₂；
(3) 热稳定性：NaHCO₃和Na₂CO₃。

14-12 将 0.100 mol Pb(OH)₂ 溶解在 1.00 L 0.210 mol·L⁻¹ HCl 溶液中。计算溶解反应的标准平衡常数以及平衡时溶液中的 Pb²⁺，Cl⁻ 浓度和溶液的 pH（已知 $K_{sp}^{\ominus}$(Pb(OH)₂)=1.2×10⁻¹⁵，$K_{sp}^{\ominus}$(PbCl₂)=1.6×10⁻⁵）。

14-13 试比较下列化合物的性质：
(1) NO₃⁻ 和 NO₂⁻ 的氧化性；
(2) NO₂、NO 和 N₂O 在空气中和 O₂ 反应的情况；
(3) N₂H₄ 和 NH₂OH 的还原性。

14-14 完成下列方程式：
(1) P₄O₁₀ + H₂SO₄ ─→　　　　　　　(2) PCl₃ + H₂O ─→
(3) PCl₅ + H₂O ─→　　　　　　　　(4) PO₄³⁻ + MoO₄²⁻ + NH₄⁺ + H⁺ ─→
(5) Sb(OH)₃ + OH⁻ ─→　　　　　　(6) SbCl₃ + H₂O ─→
(7) BiCl₃ + H₂O ─→　　　　　　　　(8) Bi(NO₃)₃ + H₂O ─→
(9) Sb₂O₃ + OH⁻ ─→　　　　　　　(10) H₃AsO₄ + I⁻ + H⁺ ─→
(11) Sb₂(SO₄)₃ + H₂O ─→　　　　　(12) Bi(OH)₃ + Cl₂ + NaOH ─→
(13) Sb₂S₅ + (NH₄)₂S ─→

14-15 某白色固体 A 加热分解后得固体 B 和气体混合物，该气体混合物经冰盐水冷却，得到无色液体 C 和无色气体 D。无色液体 C 受热气化后得棕色气体 E，C 的相对分子质量是 E 的相对分子质量的 2 倍。将固体 B 溶解于稀硝酸得一无色溶液，在其中加入 NaCl 得白色沉淀 F。F 不溶于 2.0 mol·L⁻¹ 的氨水中，而溶于热水中。在 F 的饱和溶液中加入 K₂CrO₄ 溶液生成黄色沉淀 G，G 溶于过量氢氧化钠溶液之中。写出上述各字母所代表的物质、A 的热分解方程式和 B 的颜色。

14-16 试计算 25℃ 时反应 H₃AsO₄ + 2I⁻ + 2H⁺ ⇌ H₃AsO₃ + I₂ + H₂O 的标准平衡常数。当 H₃AsO₄、H₃AsO₃ 和 I⁻ 的浓度均为 1.0 mol·L⁻¹，该反应正、负极电极电势相等时，溶液的 pH 为多少？

14-17 试用一种试剂将钠的硫化物、多硫化物、亚硫酸盐、硫代硫酸盐和硫酸盐彼此区分开来。写出有关的离子方程式。

14-18 某溶液中含有 S²⁻、SO₃²⁻、S₂O₃²⁻、SO₄²⁻、Cl⁻ 等，当滴加 H₂O₂(aq) 后，可能发生的反应是什么？写出反应方程式。

14-19 解释下列事实：

(1) 不能用硝酸与 FeS 作用制备 H_2S；

(2) 亚硫酸是良好的还原剂，浓硫酸是相当强的氧化剂，但两者相遇并不发生反应；

(3) 将亚硫酸盐溶液久置于空气中，将几乎失去还原性；

(4) 实验室内不能长久保存 Na_2S 溶液；

(5) 通 H_2S 于 Fe^{3+} 溶液中得不到 Fe_2S_3 沉淀；

(6) 硫代硫酸钠可用作织物漂白后的去氯剂。

14-20 将硫磺在空气中燃烧生成气体 A，把 A 溶于水得溶液 B，向 B 中滴入溴水；溴水褪色，B 变 C，在 C 溶液中加入 Na_2S 产生气体 D 和沉淀 E；若把 D 通入 B 溶液中也得到沉淀 E。试判断 A～E 各为何物，并写出相应的反应方程式。

14-21 完成并配平下列反应方程式：

(1) $I^- + O_3 + H^+ \longrightarrow$ (2) $H_2O_2 + I^- + H^+ \longrightarrow$

(3) $H_2O_2 + MnO_4^- + H^+ \longrightarrow$ (4) $FeCl_3 + H_2S \longrightarrow$

(5) $Ag_2S + HNO_3（浓）\longrightarrow$ (6) $S + HNO_3（浓）\longrightarrow$

(7) $Na_2S_2O_3 + I_2 \longrightarrow$ (8) $I_2 + H_2SO_3 + H_2O \longrightarrow$

(9) $H_2S + H_2SO_3 \longrightarrow$ (10) $Na_2S_2O_3 + Cl_2 + H_2O \longrightarrow$

(11) $Mn^{2+} + S_2O_8^{2-} + H_2O \longrightarrow$ (12) $S_2O_8^{2-} + S^{2-} + OH^- \longrightarrow$

14-22 将 $SO_2(g)$ 通入纯碱溶液中，有无色无味气体 A 逸出，所得溶液经烧碱中和，再加入硫化钠溶液除去杂质，过滤后得溶液 B。将某非金属单质 C 加入溶液 B 中加热，反应后再经过滤、除杂等过程后，得溶液 D。取 3 mL 溶液 D 加入 HCl 溶液，其反应产物之一为沉淀 C。另取 3 mL 溶液 D，加入少许 $AgBr(s)$，则其溶解，生成配离子 E。再取第 3 份 3 mL 溶液 D，在其中加入几滴溴水，溴水颜色消失，再加入 $BaCl_2$ 溶液，得到不溶于稀盐酸的白色沉淀 F。试确定 A～F 的化学式，并写出各步反应方程式。

14-23 写出下列反应方程式：

(1) 由 Cl_2 制备漂白粉；

(2) 次氯酸钠溶液与 KI 溶液反应（pH<9 的条件下）；

(3) 将氯气通入溴水中；

(4) 氯水和碘水反应；

(5) 次氯酸钠溶液与稀盐酸反应；

(6) 单质碘与白磷混合再滴少量水；

(7) 单质碘与消石灰溶液混合；

(8) 碘化钾固体与浓 H_2SO_4 反应；

(9) 在溴化钾固体上滴加浓硫酸。

14-24 完成并配平下列反应方程式：

(1) $Ca(ClO)_2 + HCl \longrightarrow$ (2) $Cl_2 + NH_3 \longrightarrow$

(3) $I_2 + OH^- \longrightarrow$ (4) $SnCl_2 + I_2 + KCl \longrightarrow$

(5) $Br_2 + OH^- \xrightarrow{\text{室温}}$ (6) $PBr_3 + H_2O \longrightarrow$

(7) $H_2O_2 + HIO_3 \longrightarrow$

14-25 用某氯化物 A 进行下列实验：

(1) 固体氯化物(A) $\xrightarrow{H_2O}$ 白色浊液(B) $\xrightarrow{+\text{稀 HCl}}$ 澄清溶液(C);

(2) 溶液(C) $\xrightarrow{+\text{适量 NaOH(aq)}}$ 白色沉淀(D) $\xrightarrow{+\text{过量 NaOH(aq)}}$ 无色溶液(E) $\xrightarrow{+BiCl_3(aq)}$ 黑色沉淀(F);

(3) 溶液(C) $\xrightarrow{+\text{少量 Na}_2\text{S(aq)}}$ 棕色沉淀(G) $\xrightarrow{+Na_2S_2(aq)}$ 无色溶液(H);

(4) 溶液(C) $\xrightarrow{\text{通入 Cl}_2(g)}$ Cl_2 气味消失,生成无色溶液(I) $\xrightarrow{+\text{适量 Na}_2\text{S(aq)}}$ 黄色沉淀(J) $\xrightarrow{+\text{过量 Na}_2\text{S(aq)}}$ 无色溶液(H);

(5) 溶液(H) $\xrightarrow{+\text{稀 HCl}}$ (J)复出,并有腐蛋气味放出。

试确定 A~J 各代表什么物质,并写出实验(1)~(5)中各有关反应方程式。

14-26 通过计算说明 CuS 不能溶于非氧化性强酸中。假定溶解后的浓度 $c<0.010\ \text{mol}\cdot\text{L}^{-1}$,可认为难溶（$K_{sp}^{\ominus}(\text{CuS})=6.3\times10^{-36}$；$K^{\ominus}(\text{H}_2\text{S})=9.1\times10^{-8}$；$K^{\ominus}(\text{HS}^-)=1.1\times10^{-12}$）。

14-27 今有饱和溴水、饱和碘水、CCl_4(l)及浓度均为 $1.0\ \text{mol}\cdot\text{L}^{-1}$ 的 Cl^-、Br^- 和 I^- 溶液。试设计一个实验方案,使选用试剂种类最少,并进行最少次数的实验,来判断在给定实验条件下,Cl^-、Br^- 和 I^- 还原能力的相对强弱。

14-28 已知 $\varphi^{\ominus}(F_2/F^-)=2.889\ \text{V}$,计算 $\varphi^{\ominus}(F_2/HF)$ 值（$K_a^{\ominus}(HF)=3.53\times10^{-4}$）。

14-29 某元素 A 的单质为双原子分子,可用氟直接氟化得氟化物 B,B 在常温常压下为无色液体,遇水即水解为 A 的含氧酸 C 和 HF：

$$B+xH_2O\longrightarrow H_{(2x-y)}AO_x+yHF$$

$C(H_{(2x-y)}AO_x)$ 为无色晶体。含氧酸 C 的钡盐在加热时发生歧化反应生成 A_2 和 D,同时放出氧气。D 为 A 的另一种含氧酸钡盐,其酸根离子具有八面体构型。试回答：

(1) 写出 A、B、C、D 的化学式；

(2) 写出含氧酸 C 的钡盐受热时的歧化反应方程式；

(3) 试用 VSEPR 理论讨论 B 的几何构型。

第15章

d 区 元 素

学习要求

(1) 熟悉 d 区元素性质的一般规律。
(2) 掌握重要元素铬、锰、铁、钴、镍、铜、银、锌、镉、汞单质及其化合物的性质。

15.1 d 区元素概述

d 区元素包括周期系第ⅢB～ⅦB,Ⅷ,ⅠB 和ⅡB 族元素(不包括镧系元素和锕系元素),d 区元素都是金属元素,通常称为过渡元素或过渡金属。这些元素位于长式元素周期表的中部,即典型金属元素和典型非金属元素之间。通常按不同周期将过渡元素分为三个过渡系。

第一过渡系:第四周期元素从钪(Sc)到锌 Zn;

第二过渡系:第五周期元素从钇(Y)到镉(Cd);

第三过渡系:第六周期元素从镥(Lu)到汞(Hg)。

15.1.1 d 区元素的电子构型

d 区元素在原子结构上的共同特征是随着核电荷增加,电子依次填充在次外层的 d 轨道上,而最外层 s 轨道上仅有 1～2 个电子,其价层电子构型的通式为 $(n-1)d^{1\sim 10}ns^{1\sim 2}$(Pd 为 $5s^0$)。除ⅠB、ⅡB 族元素的 $(n-1)d$ 轨道充满电子外,其他过渡元素都具有未充满电子的 d 轨道,由于 d 区元素具有相似的电子层结构,它们具有许多共同的性质。

15.1.2 d 区元素的原子半径和电离能

d 区元素的原子半径见图 15-1,同周期过渡元素的原子半径随着原子序数的增加而缓慢地依次减小,到了第Ⅷ族元素后又缓慢增大。同族过渡元素的原子半径,除了ⅢB 外,自上而下随着原子序数的增大而增大。但是第二过渡系的原子半径比第一过渡系的原子半径增大得不多,而第三过渡系比第二过渡系原子半径增大的程度更小,这主要是由于镧系收缩所导致的结果。

d 区元素的电离能见图 15-2,同周期各过渡系元素电离能随原子序数的增大,总的变化趋势是逐渐增大的。同副族过渡元素的电离能递变不很规则。

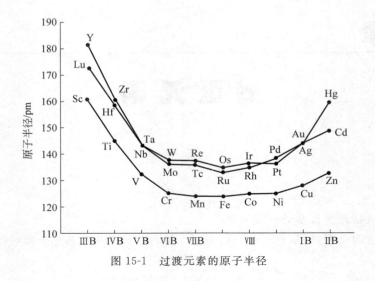

图 15-1　过渡元素的原子半径

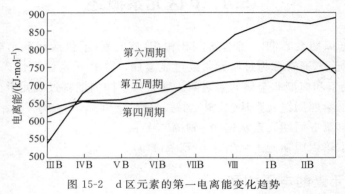

图 15-2　d 区元素的第一电离能变化趋势

15.1.3　d 区元素的物理性质

在 d 区元素中不仅 s 电子参与成键，d 电子也可参与成键。单质的金属键很强，其金属单质一般质地坚硬，色泽光亮，是电和热的良导体，其密度、硬度、熔点、沸点一般较高。在所有元素中，铬的硬度最大，钨的熔点最高，锇的密度最大，铼的沸点最高，汞在室温时呈液体状态。

d 区金属具有较好的延展性、良好的导热和导电性能。银是所有金属中导热和导电性能最好的。

15.1.4　d 区元素的化学性质

d 区元素因其特殊的电子构型，从而表现出以下几方面特性。

(1) 可变的氧化值。由于 $(n-1)d$，ns 轨道能量相近，不仅 ns 电子可作为价电子，$(n-1)d$ 电子也可部分或全部作为价电子，因此，该区元素常具有多种氧化值，一般从 +2 到与元素所在族数相同的最高氧化值，但第Ⅷ族例外（见表 15-1）。

表 15-1　第四周期过渡元素的常见氧化态

元素	Sc	Ti	V	Cr	Mn	Fe	Co	Ni	Cu
氧化态	(+2) +3	+2 +3 +4	+2 +3 +4 +5	+2 +3 +4 +6	+2 +3 +4 +6 +7	+2 +3 (+6)	+2 +3	+2 (+3)	+1 +2

注：氧化值下面有横线的表示稳定的氧化态，有括号的表示不稳定的氧化态。

(2) 较强的配位性。由于 d 区元素的原子或离子具有未充满的 $(n-1)d$ 轨道及 ns、np 空轨道，并且有较大的有效核电荷；同时其原子或离子的半径又较主族元素为小，因此它们不仅具有接受电子对的空轨道，同时还具有较强的吸引配体的能力，因而它们有很强的形成配合物的倾向。例如，它们易形成氨配合物、氰基配合物、草酸基配合物等，除此之外，多数元素的中性原子能形成羰基配合物，如 $Fe(CO)_5$、$Ni(CO)_4$ 等，这是该区元素的一大特性。

在水溶液或晶体中所有第一过渡系金属的+3 和+2 氧化态的配合物通常是四或六配位的，在化学性质方面也具有相似性。

(3) 水合离子的颜色和含氧酸根颜色。第四周期 d 区金属的低价离子在水溶液中都是以水合离子的形式存在的，例如 $[Cr(H_2O)_6]^{3+}$、$[Fe(H_2O)_6]^{3+}$ 等，一般简写为 Cr^{3+}、Fe^{3+} 等。第一过渡系金属水合离子的颜色见表 15-2。

表 15-2　第四周期过渡元素水合离子的颜色

未成对的 d 电子数	Sc	Ti	V	Cr	Mn	Fe	Co	Ni	Cu
0	Sc^{+3} 无色	Ti^{+4} 无色							Cu^{+1} 无色
1		Ti^{+3} 紫色							Cu^{+2} 蓝色
2		Ti^{+2} 褐色	V^{+3} 绿色	Cr^{+3}① 蓝紫色				Ni^{+2} 绿色	
3			V^{+2} 紫色	Cr^{+2} 蓝色			Co^{+2} 粉红		
4					Mn^{+3} 红色	Fe^{+2} 浅绿			
5					Mn^{+2} 浅红色	Fe^{+3}② 浅紫			

注：① Cr^{+3} 部分水合为绿色。
② pH＝0 时，为浅紫色的 $[Fe(H_2O)_6]^{3+}$；当 pH＞2～3 时，Fe^{+3} 水解为 $[Fe(H_2O)_5(OH)]^{2+}$ 等离子而呈现棕黄色或红棕色。

由于过渡金属离子具有未成对 d 电子，容易吸收可见光而发生 d-d 跃迁，因而它们常常具有颜色。没有未成对 d 电子的水合离子是无色的，如 d^0、d^{10} 构型的离子；具有 d^5 电子构型的离子常显浅色或无色，如 Mn^{2+} 为浅红色。

第四周期 d 区金属含氧酸根离子 VO_3^-、CrO_4^{2-}、MnO_4^-，它们的颜色分别为黄色、橙色、紫色。对于这些具有 d^0 电子组态的化合物来说，应该是无色的，但它们却呈现出较深的颜色。这是因为化合物吸收可见光后发生了电子从一个原子转移到另一个原子而产生的荷移跃迁。在这些含氧酸根中，配体 O^{2-} 上的电子向金属离子跃迁，这种跃迁对光有很强的吸收，吸收谱带的摩尔吸收率很大，数量级通常在 10^4 左右。金属离子越容易获得电子，而和它结合的配体越容易失去电子，那么它的荷移谱带越向低波数方向移动。

15.2 钛、钒

15.2.1 钛及其化合物

1. 钛的单质

在常温下，钛表面容易形成一层保护性氧化膜，不受硝酸、王水、潮湿氯气、稀硫酸、稀盐酸及稀碱溶液的侵蚀，因此钛具有优异的抗腐蚀性能，特别是对海水的抗腐蚀性很强。钛的密度小（$4.5\ g·L^{-1}$，约为 Fe 的 1/2），耐高温，机械强度也优于铁（接近钢）。因此它的用途广泛，是航空、宇航、舰船、兵器工业和电力工业等部门的重要材料。钛及其合金可用于制造各种泵、阀门、过滤设备的金属丝网和各种防腐设备和部件。医疗上用钛制人造骨骼。粉末状钛在电子管制造工艺中用作除氧剂。

常温下钛不溶于无机酸，但它被热盐酸侵蚀，生成 Ti(Ⅲ) 和 H_2。热 HNO_3 将钛氧化得到水合 TiO_2。碱则不侵蚀金属钛。Ti 在高温下与 N_2、H_2、C、B、S 等化合，分别形成大分子化合物 TiB、TiB_2、TiN 和 TiH_2。TiB_2、TiN 和 TiC 都是高熔点的惰性固体，它们有强的共价键。

2. 钛的化合物

钛的氧化态有 +4（最稳定），+3，+2，0，-1（很稀少）等多种，在钛的化合物中，氧化值为 +4 的化合物比较稳定，应用较广。

二氧化钛 TiO_2 俗称钛白，在自然界中有 3 种晶型：金红石型、锐钛型和板钛矿型。钛白是钛工业中产量最大的精细化工产品，也是迄今为止公认的最好的白色颜料，具有折射率高、着色力强、遮盖力大、化学性能稳定、耐化学腐蚀及抗紫外线作用等良好性能，因而广泛用于油漆、造纸、塑料、橡胶、陶瓷和日用化工领域。

纯的二氧化钛为白色难熔固体，受热变黄，冷却又变白，难溶于水，可溶于热的浓硫酸。用热水水解硫酸氧钛 $TiOSO_4$ 可得到难溶于水的二氧化钛的水合物 $TiO_2·nH_2O$。加热 $TiO_2·nH_2O$ 可得到白色粉末状的 TiO_2：

$$TiO_2·nH_2O \xrightarrow{300℃} TiO_2 + nH_2O$$

四氯化钛是以共价键为主的化合物，在常温下是无色液体，有刺激性气味，在潮湿空气中强烈水解而发烟：

$$TiCl_4 + 2H_2O = TiO_2 + 4HCl$$

四氯化钛是制备金属钛的原料，可用盐型氢化物在高温下还原金属氯化物和氧化物

制得:

$$TiCl_4 + 4NaH = Ti + 4NaCl + 2H_2$$

15.2.2 钒及其化合物

1. 钒的单质

钒在自然界中的分布非常分散,制备困难,因此,将钒归于稀有金属。钒在自然界中的矿物有 60 多种,但是具有工业开采价值的很少,主要有绿硫钒矿(V_2S_5)、铅钒矿($Pb_5[VO_4]_3Cl$)、钒云母($KV_2[AlSi_3O_{10}](OH)_2$)等。

金属钒外观呈银灰色,硬度比钢大,熔点高,塑性好,有延展性,具有较高的抗冲击性能、良好的焊接性和传热性以及耐腐蚀性能。钒主要用于制造钒钢,当钒在钒钢中的含量达到 $0.1\%\sim0.2\%$ 时,可使钢质紧密,提高钢的韧性、弹性、强度、耐腐性和抗冲击性。因此,钒钢广泛用作结构钢、弹簧钢、工具钢、装甲钢和钢轨等。

2. 钒的化合物

钒原子的价层电子构型为 $3d^34s^2$,能够形成氧化数为 +2,+3,+4,+5 的化合物,最高氧化数为 +5,其主要化合物有五氧化二钒 V_2O_5,偏钒酸盐 MVO_3、正钒酸盐 M_3VO_4 和多钒酸盐。零氧化态仅仅出现在羰基化合物 $V(CO)_6$ 和少数有机化合物中,例如 $V(C_6H_6)_2$ 是二苯铬的类似物。钒的化合物都有毒。

V_2O_5 是钒的重要化合物之一,是制备其他钒化合物的主要原料,它是橙黄色至砖红色固体,微溶于水,是两性偏酸性的氧化物,易溶于强碱溶液中。V_2O_5 在工业上用作接触法制 H_2SO_4 的催化剂,可通过偏钒酸铵来制备:

$$2NH_4VO_3 \xrightarrow{\triangle} V_2O_5 + 2NH_3 + H_2O$$

V_2O_5 既可溶于强碱生成钒酸盐,又可溶于强酸生成 $(VO_2)_2SO_4$(称硫酸钒酰、硫酸四氧化二钒或硫酸双氧钒):

$$V_2O_5 + 2NaOH \longrightarrow 2NaVO_3 + H_2O$$

$$V_2O_5 + H_2SO_4 \longrightarrow (VO_2)_2SO_4 + H_2O$$

V_2O_5 具有一定的氧化性,可以与浓盐酸反应,生成钒(Ⅳ)盐和氯气:

$$V_2O_5 + 6HCl \longrightarrow 2VOCl_2 + Cl_2 + 3H_2O$$

钒酸盐因生成时的条件(如温度、pH 等)不同,可生成偏钒酸盐 M^IVO_3,正钒酸盐 $M_3^IVO_4$ 和多钒酸盐 $M_4^IV_2O_7$、$M_3^IV_3O_9$ 等。在钒酸盐中只有钠、钾等少数金属的钒酸盐是易溶于水的,水溶液无色或呈黄色。

15.3 铬、钼、钨 多酸型配合物

15.3.1 铬

1. 铬的单质

铬的最重要矿源是铬铁矿 $FeCr_2O_4$ 或 $FeO \cdot Cr_2O_3$。铬是银白色金属,纯铬有延展性,

但通常铬硬而脆,这是因为含有微量氧化物或其他杂质。铬在同周期中是熔点最高的元素(熔点 1890℃)。常温下,铬的表面因形成致密的氧化物膜而变为钝态,在空气和水中都相当稳定。但是,失去保护膜后铬能够缓慢地溶解于稀 HCl 和稀 H_2SO_4 中。在高温下,铬能和卤素、硫、氮、碳等非金属反应。

铬具有良好的光泽,抗蚀性强,常用于金属表面的镀层和冶炼合金。铬镀层的最大优点是耐磨、耐腐蚀又极光亮;在钢中添加铬,可增强钢的耐磨性、耐热性和耐腐蚀性能,含铬 18% 的钢称为不锈钢。

2. 铬的化合物

铬的价层电子构型为 $3d^54s^1$,铬可以呈现 +6,+5,+4,+3,+2 和 0 等多种氧化态,其中以 +3 和 +6 最为常见。虽然存在 +4,+5 氧化态的化合物,但不稳定,易发生歧化反应。

1) Cr(Ⅵ)的化合物

将浓 H_2SO_4 加入 $K_2Cr_2O_7$ 溶液中,沉淀出紫红色固体三氧化铬 CrO_3:

$$K_2Cr_2O_7 + H_2SO_4(浓) \Longrightarrow K_2SO_4 + 2CrO_3(s) + H_2O$$

CrO_3 有毒,其熔点为 198℃,在 198℃ 以上逐步分解生成 Cr_2O_3 和 O_2。CrO_3 溶于水生成 H_2CrO_4,溶于碱生成铬酸盐。CrO_3 是强氧化剂,有机物如酒精与它接触会起火。CrO_3 具有毒性,使用时应注意安全。

CrO_3 的水溶液呈黄色,含有铬酸,显强酸性。H_2CrO_4 只存在于溶液中,没有析出过游离态的 H_2CrO_4。常见的铬酸盐是 K_2CrO_4 和 Na_2CrO_4,都是黄色晶状固体。在碱性或中性溶液中 Cr(Ⅵ)主要以 CrO_4^{2-} 存在,当增加溶液中 H^+ 浓度时,先生成 $HCrO_4^-$,随之转变为 $Cr_2O_7^{2-}$,溶液颜色由黄色(CrO_4^{2-})转变成橘红色($Cr_2O_7^{2-}$):

$$2CrO_4^{2-} + 2H^+ \Longrightarrow 2HCrO_4^- \Longrightarrow Cr_2O_7^{2-} + H_2O$$

在稍强的酸性溶液中或 CrO_3 溶于水时,溶液中基本上只有 $Cr_2O_7^{2-}$。向 $Cr_2O_7^{2-}$ 的溶液中加碱,溶液由橘红色变为黄色。pH<2 时,溶液中以 $Cr_2O_7^{2-}$ 占优势。

有些铬酸盐比相应的重铬酸盐难溶于水。在 $Cr_2O_7^{2-}$ 的溶液中加入 Ag^+、Ba^{2+}、Pb^{2+} 时,分别生成 Ag_2CrO_4(砖红色)、$BaCrO_4$(淡黄色)、$PbCrO_4$(黄色)沉淀。

$$4Ag^+ + Cr_2O_7^{2-} + H_2O \Longrightarrow 2Ag_2CrO_4(s) + 2H^+$$
$$2Ba^{2+} + Cr_2O_7^{2-} + H_2O \Longrightarrow 2BaCrO_4(s) + 2H^+$$
$$2Pb^{2+} + Cr_2O_7^{2-} + H_2O \Longrightarrow 2PbCrO_4(s) + 2H^+$$

在 $Cr_2O_7^{2-}$ 的溶液中加入少量的 H_2O_2 和乙醚,并振荡,生成溶于乙醚的过氧化铬 $CrO(O_2)_2$,乙醚层呈现蓝色:

$$Cr_2O_7^{2-} + 4H_2O_2 + 2H^+ \Longrightarrow 2CrO(O_2)_2 + 5H_2O$$

这一反应用来鉴定溶液中是否有 Cr(Ⅵ)存在。

$Cr_2O_7^{2-}$ 有较强的氧化性,在酸性溶液中,$Cr_2O_7^{2-}$ 可把 Fe^{2+}、SO_3^{2-}、H_2S、I^- 等氧化。以 Fe^{2+} 为例,反应如下:

$$6Fe^{2+} + Cr_2O_7^{2-} + 14H^+ \longrightarrow 2Cr^{3+} + 6Fe^{3+} + 7H_2O$$

2) Cr(Ⅲ)的化合物

Cr_2O_3 是绿色晶体,通常在水、酸、碱中皆不溶解。Cr_2O_3 可用作绿色颜料。在 Cr^{3+} 溶液中加入 OH^- 时,首先生成灰绿色的 $Cr(OH)_3$ 沉淀,当碱过量时因生成亮绿色的

[Cr(OH)$_4$]$^-$ 而使沉淀溶解：
$$Cr^{3+} + 3OH^- \longrightarrow Cr(OH)_3$$
$$Cr(OH)_3 + OH^- \longrightarrow [Cr(OH)_4]^-$$

在酸性溶液中，使 Cr^{3+} 氧化为 $Cr_2O_7^{2-}$ 是比较困难的，通常采用氧化性更强的过硫酸铵 $(NH_4)_2S_2O_8$ 等做氧化剂，反应如下：
$$2Cr^{3+} + 3S_2O_8^{2-} + 7H_2O \longrightarrow Cr_2O_7^{2-} + 6SO_4^{2-} + 14H^+$$

在铬的配合物中，以 Cr^{3+} 的配合物最多。由于 Cr^{3+} 有空的价轨道，较容易形成配合物。Cr^{3+} 的配合物几乎都是配位数为 6 的，随着配合物中配位体的变化，配合物的颜色也随之发生变化：

[Cr(H$_2$O)$_6$]$^{3+}$	[Cr(NH$_3$)$_2$(H$_2$O)$_4$]$^{3+}$	[Cr(NH$_3$)$_3$(H$_2$O)$_3$]$^{3+}$
紫	紫红	浅红
[Cr(NH$_3$)$_4$(H$_2$O)$_2$]$^{3+}$	[Cr(NH$_3$)$_5$(H$_2$O)]$^{3+}$	[Cr(NH$_3$)$_6$]$^{3+}$
橙红	橙黄	黄

15.3.2 钼、钨

1. 钼、钨的单质

粉末状的钼和钨呈深灰色。紧密状的钼和钨具有金属光泽。钼是良好的导体，电导率约为银的 1/3。钨在所有金属中熔点最高(3380℃)，钨丝用于灯具，碳化钨用于切削工具和磨料。钼的主要用途是制造特种钢，它能使钢质变得更硬韧、更耐高温。这种钢可以用来制造高速切削工具、大炮的炮身和坦克甲板等。许多钼的化合物用作催化剂，固氮中的关键酶含有钼。

钼和钨对于许多酸呈惰性，但在有氧化剂存在时迅速与熔融碱反应，在高温下与氧、卤素起反应；即使在室温也与氟作用生成挥发性的六氟化物 MoF_6 和 WF_6。

2. 钼、钨的化合物

钼和钨原子的价层电子构型分别为 $4d^55s^1$ 和 $5d^46s^2$，它们都能形成氧化值从 +2 到 +6 的化合物。其中氧化值为 +6 的化合物较稳定。但氧化值为 +6 的钼、钨的化合物的氧化性比 Cr(Ⅵ) 弱得多(特别是钨)。钨的化合物不但有 WO_3 和 WF_6，也已制出 WCl_6 和 WBr_6。钼、钨的低氧化值化合物，除个别化合物外，都不太重要。本节主要讨论 Mo(Ⅵ) 和 W(Ⅵ) 的化合物。

钼(Ⅵ)、钨(Ⅵ)的化合物中，比较重要的是氧化物和含氧酸盐。它们大都是从钼、钨矿石中首先制取出来的钼、钨化合物，也是制取其他钼、钨化合物的原料。

钼(Ⅵ)、钨(Ⅵ)的含氧酸盐中，主要是碱金属的盐和铵盐，它们易溶于水。在可溶性的钼酸盐或钨酸盐中，增加酸度，往往形成聚合的酸根离子。例如，在含有 MoO_4^{2-} 的溶液中加酸，可形成 $Mo_7O_{24}^{6-}$。在含有 WO_4^{2-} 的溶液中，H^+ 浓度增大时，可形成 $HW_6O_{21}^{5-}$ 和 $W_{12}O_{41}^{10-}$ 等离子。

钼(Ⅵ)、钨(Ⅵ)在溶液中容易被还原剂(如 Zn、Sn^{2+}、SO_2 等)还原为低氧化值的化合物。例如，在以盐酸酸化的 $(NH_4)_2MoO_4$ 溶液中，加入 Zn 或 $SnCl_2$，则 Mo(Ⅵ) 被还原为

Mo^{3+}。溶液最初变为蓝色,然后变为绿色,最后变为棕色(Mo^{3+}):

$$2MoO_4^{2-} + 3Zn + 16H^+ \longrightarrow 2Mo^{3+} + 3Zn^{2+} + 8H_2O$$

溶液中若有 NCS^- 存在时,因形成 $[Mo(NCS)_6]^{3-}$ 而呈红色。这一反应常用来鉴定溶液中是否有钼(Ⅲ)存在。

在用盐酸或硫酸酸化的 WO_4^{2-} 溶液中,加入锌或氯化亚锡时,溶液呈现出蓝色——钨蓝。钨蓝是W(Ⅵ)和W(Ⅴ)氧化物的混合物,利用钨蓝的生成可以鉴定钨。

用硝酸酸化的钼酸铵溶液,加热至50℃,再加入 Na_2HPO_4 溶液,生成磷钼酸铵 $(NH_4)_3PO_4 \cdot 12MoO_3 \cdot 6H_2O$ 黄色沉淀:

$$12MoO_4^{2-} + HPO_4^{2-} + 3NH_4^+ + 23H^+ \longrightarrow (NH_4)_3PO_4 \cdot 12MoO_3 \cdot 6H_2O(s) + 6H_2O$$

这一反应常用来检查溶液中是否存在 MoO_4^{2-},也可用来鉴定溶液中的 PO_4^{3-}。

15.3.3 多酸型配合物

多酸有同多酸和杂多酸之分。由两个或两个以上同种简单含氧酸分子缩水而成的酸叫同多酸。由两个或两个以上不同种含氧酸缩水而成的酸叫杂多酸。

多酸的酸性一般比单酸的酸性强,常见的是多酸盐。能形成多酸的元素有硼、磷、硫、钼、钨、锑、钽、铌、铬等。

从配合物的观点来看,简单的酸根离子 CrO_4^{2-} 也是配离子,形成体是Cr(Ⅵ),配位体是 O^{2-}。这类酸根离子为单核配离子。显然,多酸根 $Cr_2O_7^{2-}$ 为多核配离子,其形成体是2个Cr(Ⅵ),每1个Cr(Ⅵ)周围配位着4个 O^{2-},2个 CrO_4^{2-} 之间靠共用1个O结合成 $Cr_2O_7^{2-}$。

当形成体是同种离子时,该多酸为同多酸,如 $H_2P_2O_7$。当形成体是不同种离子时,该多酸为杂多酸,对应的盐为杂多酸盐,如 $(NH_4)_3PO_4 \cdot 12MoO_3 \cdot 6H_2O$;根据实验测定和配合物的结构理论,把它写为 $(NH_4)_3[P(Mo_3O_{10})_4] \cdot 6H_2O$,其中P(Ⅴ)是形成体,而4个 $Mo_3O_{10}^{2-}$ 是配位体。

15.4 锰

15.4.1 锰的单质

锰是白色金属,质硬而脆,外形与铁相似。纯锰用途不大,常以锰铁的形式来制造各种合金钢。常温下,锰能缓慢地溶于水:

$$Mn + 2H_2O \longrightarrow Mn(OH)_2(s) + H_2$$

锰能溶于稀酸并放出氢气:

$$Mn + 2H^+ \longrightarrow Mn^{2+} + H_2$$

在氧化剂存在下,锰能与熔融的碱作用生成锰酸盐:

$$2Mn + 4KOH + 3O_2 \longrightarrow 2K_2MnO_4 + 2H_2O$$

在加热的情况下,锰还能与氧、卤素等非金属作用,生成相应的化合物。

15.4.2 锰的化合物

锰原子的价电子构型为 $3d^54s^2$。锰的最高氧化值为 +7。锰也能形成氧化值从 +6 到 -2 的化合物。锰的重要化合物有：高锰酸钾 $KMnO_4$（紫黑色晶体），锰酸钾 K_2MnO_4（暗绿色晶体），二氧化锰 MnO_2（黑色粉末），硫酸锰 $MnSO_4 \cdot 7H_2O$（肉红色晶体），氯化锰 $MnCl_2 \cdot 4H_2O$（肉红色晶体）。

1. Mn(Ⅱ)的性质

Mn(Ⅱ)是锰最稳定的氧化态，在酸性溶液中呈浅紫色。Mn(Ⅱ)的强酸盐如卤化锰、硝酸锰、硫酸锰都是易溶盐，而碳酸锰、磷酸锰、硫化锰不溶于水。在酸性溶液中，Mn^{2+} 相当稳定，只有强氧化剂如 $NaBiO_3$、$(NH_4)_2S_2O_8$、PbO_2 等才能将 Mn(Ⅱ) 氧化：

$$2Mn^{2+} + 5NaBiO_3 + 14H^+ \longrightarrow 2MnO_4^- + 5Bi^{3+} + 5Na^+ + 7H_2O$$

这一反应是 Mn^{2+} 的特征反应。由于生成了 MnO_4^- 而使溶液呈紫红色，因此常用这一反应来检验溶液中是否存在微量 Mn^{2+}。但是，当溶液中有 Cl^- 存在时，颜色变为紫红色后会立即褪去，这是由于 MnO_4^- 被 Cl^- 还原的缘故。当 Mn^{2+} 过多时，也会在紫红色出现后立即消失，这是因为生成的 MnO_4^- 又被过量的 Mn^{2+} 还原：

$$2MnO_4^- + 3Mn^{2+} + 2H_2O \longrightarrow 5MnO_2 + 4H^+$$

而在碱性溶液中，Mn(Ⅱ)具有较强的还原能力。在 Mn^{2+} 溶液中加入 NaOH 溶液，首先生成氢氧化锰 $Mn(OH)_2$ 的白色沉淀：

$$Mn^{2+} + 2OH^- =\!=\!= Mn(OH)_2$$

它在空气中很快被氧化，生成棕色的 $MnO(OH)_2$ 沉淀：

$$2Mn(OH)_2 + O_2 =\!=\!= 2MnO(OH)_2$$

2. Mn(Ⅳ)的性质

最常见的 Mn(Ⅳ)化合物是棕黑色的固体 MnO_2。由于 Mn(Ⅳ)处于中间氧化态，所以 Mn(Ⅳ)既具有氧化性，又具有还原性。在酸性溶液中 MnO_2 有强氧化性。

$$MnO_2 + 4HCl(浓) \xrightarrow{\triangle} Cl_2 + MnCl_2 + 2H_2O$$

$$2MnO_2 + 2H_2SO_4(浓) \xrightarrow{\triangle} O_2 + 2MnSO_4 + 2H_2O$$

在碱性溶液中，MnO_2 主要表现为还原性。

$$MnO_2 + 2MnO_4^- + 4OH^-（浓）\longrightarrow 3MnO_4^{2-} + 2H_2O$$

3. Mn(Ⅵ)的性质

最重要的 Mn(Ⅵ)化合物是锰酸钾，它是深绿色晶体，溶于水中呈绿色。锰酸盐只能存在于强碱溶液中，在酸性和中性溶液中易发生歧化反应：

$$3K_2MnO_4 + 2H_2O \longrightarrow 2KMnO_4 + MnO_2 + 4KOH$$

MnO_4^{2-} 在碱性介质中不是强氧化剂，在酸性溶液中虽然有强氧化性，但由于它的不稳定性，故不用作氧化剂。

4. Mn(Ⅶ)的性质

$KMnO_4$ 是 Mn(Ⅶ)最重要的化合物,是紫黑色晶体,易溶于水,溶液呈高锰酸根离子的特征紫色。$KMnO_4$ 在水溶液中是比较稳定的,但是放置时会缓慢地按下式反应:

$$4MnO_4^- + 4H^+ \longrightarrow 4MnO_2 + 2H_2O + 3O_2$$

在光线照射下这一反应会加速进行,通常用棕色瓶盛装 $KMnO_4$ 溶液。若 MnO_4^- 的溶液中有微量酸存在,上述反应能加速进行,因此 MnO_4^- 在酸性溶液中是不稳定的。

MnO_4^- 离子在酸性、中性和碱性溶液中均有氧化性,但在不同的介质中,其还原产物各不相同:

酸性介质　　$2MnO_4^- + 5SO_3^{2-} + 6H^+ \longrightarrow 2Mn^{2+} + 5SO_4^{2-} + 3H_2O$

中性介质　　$2MnO_4^- + 3SO_3^{2-} + H_2O \longrightarrow 2MnO_2 + 3SO_4^{2-} + 2OH^-$

碱性介质　　$2MnO_4^- + SO_3^{2-} + 2OH^- \longrightarrow 2MnO_4^{2-} + SO_4^{2-} + H_2O$

15.5　铁、钴、镍

铁、钴、镍是第四周期第Ⅷ族元素。它们的物理性质和化学性质都比较相似,因此把它们统称为铁系元素。

15.5.1　铁、钴、镍的单质

铁、钴、镍的单质都是有金属光泽的银白金属,钴略带灰色,都有强磁性,许多铁、钴、镍合金是很好的磁性材料。铁和镍有很好的延展性,钴则硬而脆。依 Fe—Co—Ni 顺序,其原子半径逐渐减小,密度依次增大。铁、钴、镍的熔点和沸点比较接近。

铁、钴、镍是中等活泼的金属,块状纯金属在空气中稳定,含有杂质的铁在潮湿空气中易生锈。钴和镍被空气氧化可生成薄而致密的膜,这层膜可保护金属不继续被腐蚀。在红热情况下,它们与硫、氯、溴等发生剧烈作用,赤热的铁可与水蒸气反应生成 Fe_3O_4。

铁、钴、镍的 $\varphi^{\ominus}(M^{2+}/M)$ 均为负值,活泼性按 Fe—Co—Ni 顺序递减,都溶于稀酸,溶解程度按上述顺序降低。冷浓硝酸、硫酸使它们钝化,强碱不侵蚀钴、镍,所以镍容器可盛熔融碱,镍坩埚可用作碱性溶剂分解试样的容器。浓碱缓慢侵蚀铁。

铁、钴、镍都能与一氧化碳形成羰基化合物,如$[Fe(CO)_5]$、$[Co_2(CO)_8]$和$[Ni(CO)_4]$等。这些羰合物热稳定性较差,利用它们的热分解反应可以得到高纯度的金属。

15.5.2　铁、钴、镍的化合物

铁、钴、镍原子的价层电子构型分别为 $3d^64s^2$、$3d^74s^2$、$3d^84s^2$。虽然它们的 3d 和 4s 电子都是价层电子,但是它们的最高氧化值除铁外都没有达到它们的 3d 和 4s 电子的总数。

铁、钴、镍和其他 d 区元素相比不易形成含氧阴离子,铁虽有 FeO_4^{2-} 阴离子存在,但很不稳定,是强氧化剂。钴、镍则没有含氧阴离子。这说明 d 轨道半满后,d 电子的成键能力大大降低。

一般条件下,铁表现+2,+3 氧化态,钴表现+2 氧化态,在强氧化剂作用下也表现+3

氧化态,镍常表现+2氧化态。铁、钴、镍在+2,+3氧化态时半径较小,又有未充满的d轨道,使它们有形成配合物的强烈趋向,尤其是钴(Ⅲ)形成的配合物有阴离子型、阳离子型、中性分子,数量也特别多。

与其他过渡元素一样,铁、钴、镍的高氧化值化合物比低氧化值化合物有较强的氧化性。Fe^{3+}、Co^{3+}、Ni^{3+}的氧化性按 $Fe^{3+}<Co^{3+}<Ni^{3+}$ 顺序增强。

1. 铁、钴、镍的氧化物

铁的常见氧化物有红棕色的氧化铁 Fe_2O_3,黑色的氧化亚铁 FeO 和黑色的四氧化三铁 Fe_3O_4。它们都不溶于水,灼烧后的 Fe_2O_3 不溶于酸,FeO 能溶于酸。Fe_3O_4 是 Fe(Ⅱ)和 Fe(Ⅲ)的混合型氧化物,具有磁性,能被磁铁吸引。

钴、镍的氧化物与铁的氧化物类似,它们是暗褐色的 $Co_2O_3 \cdot xH_2O$ 和灰黑色的 $Ni_2O_3 \cdot 2H_2O$,灰绿色的 CoO 和绿色的 NiO 等。氧化值为+3 的钴、镍的氧化物在酸性溶液中有强氧化性,如 Co_2O_3 与浓盐酸反应放出 Cl_2:

$$Co_2O_3 + 6HCl \longrightarrow 2CoCl_2 + Cl_2 + 3H_2O$$

2. 铁、钴、镍的氢氧化物

Fe(Ⅱ)、Co(Ⅱ)、Ni(Ⅱ)的氢氧化物依次为白色、粉红色、苹果绿色。$Fe(OH)_2$ 具有很强的还原性,易被空气中的氧气氧化:

$$4Fe(OH)_2 + O_2 + 2H_2O = 4Fe(OH)_3(s)(棕红色)$$

在 $Fe(OH)_2$ 转变为 $Fe(OH)_3$ 的过程中,有中间产物 $Fe(OH)_2 \cdot Fe(OH)_3$(黑色)生成,可以看到颜色由白色→土绿色→黑色→棕红色的变化过程。因此,制备 $Fe(OH)_2$ 时必须将有关试剂煮沸除氧,即使这样,有时白色的 $Fe(OH)_2$ 也难以看到。$CoCl_2$ 溶液与 OH^- 反应先生成蓝色的碱式氯化钴沉淀,继续加 OH^- 时才生成粉红色的 $Co(OH)_2$ 沉淀。

$$Co^{2+} + Cl^- + OH^- = Co(OH)Cl(s)(蓝色)$$
$$Co(OH)Cl + OH^- = Co(OH)_2(s)(粉红色) + Cl^-$$

$Co(OH)_2$ 也能被空气中的氧气慢慢氧化。

$$4Co(OH)_2 + O_2 + 2H_2O = 4Co(OH)_3(s)(褐色)$$

$Ni(OH)_2$ 在空气中是比较稳定的,只有较强的氧化剂如 Cl_2、NaClO 等才能把它氧化为黑色的 $Ni(OH)_3$。

$$2Ni(OH)_2 + Cl_2 + 2NaOH \longrightarrow 2Ni(OH)_3(s)(黑色) + 2NaCl$$

$Fe(OH)_3$、$Co(OH)_3$、$Ni(OH)_3$ 显碱性。$Fe(OH)_3$ 与酸反应生成盐,而 $Co(OH)_3$ 和 $Ni(OH)_3$ 因为有较强的氧化性,与盐酸反应时得不到相应的盐,而生成 Co(Ⅱ)、Ni(Ⅱ)的盐,并放出氯气。例如:

$$2Co(OH)_3 + 6HCl(浓) = 2CoCl_2 + Cl_2(g) + 6H_2O$$

$Co(OH)_3$ 和 $Ni(OH)_3$ 通常由 Co(Ⅱ)、Ni(Ⅱ)的盐在碱性条件下由强氧化剂(如 Br_2、NaClO、Cl_2 等)氧化而得到。例如:

$$2Ni^{2+} + 6OH^- + Br_2 = 2Ni(OH)_3(s) + 2Br^-$$

3. 铁、钴、镍的盐

铁的卤化物以 $FeCl_3$ 应用较广。$FeCl_3$ 是以共价键为主的化合物,它的蒸气含有双聚

分子 Fe_2Cl_6。钴、镍的主要卤化物是氟化钴(CoF_3)、氯化钴($CoCl_2$)和氯化镍($NiCl_2$)等。CoF_3 是淡棕色粉末,与水猛烈作用放出氧气。

氯化钴 $CoCl_2 \cdot 6H_2O$ 在受热脱水过程中,伴随有颜色的变化:

$$CoCl_2 \cdot 6H_2O \underset{粉色}{\overset{52.25℃}{\rightleftharpoons}} CoCl_2 \cdot 2H_2O \underset{紫红}{\overset{90℃}{\rightleftharpoons}} CoCl_2 \cdot H_2O \underset{蓝紫}{\overset{120℃}{\rightleftharpoons}} CoCl_2 \atop 蓝$$

根据氯化钴的这一特性,常用它来显示某种物质的含水情况。例如,干燥剂无色硅胶用 $CoCl_2$ 溶液浸泡后,再烘干使其呈蓝色。当蓝色硅胶吸水后,逐渐变为粉红色,表示硅胶吸水已达饱和,必须烘干至蓝色出现,方可再使用。

在水溶液中,Fe^{2+}、Co^{2+} 和 Ni^{2+} 等离子都有颜色,如 Fe^{2+} 溶液呈浅绿色,Co^{2+} 溶液呈粉红色,Ni^{2+} 溶液呈绿色,而 Fe^{3+} 溶液呈淡紫色(由于水解生成 $[Fe(H_2O)_5(OH)]^{2+}$ 而使溶液呈棕黄色)。工业盐酸常呈黄色是由于含有 $[FeCl_4]^-$ 的缘故。由于 Fe^{3+} 比 Fe^{2+} 的电荷多,半径小,因而 Fe^{3+} 比 Fe^{2+} 更容易发生水解。Fe^{3+} 仅存在于酸性较强的溶液中,稀释溶液或增大溶液的 pH,会有胶状 $Fe(OH)_3$ 沉淀出来。

在酸性溶液中,Fe^{3+} 是中强氧化剂,能把 I^-、H_2S、Fe、Cu 等氧化。在酸性溶液中,空气中的氧也能把 Fe^{2+} 氧化为 Fe^{3+}。$FeSO_4$ 溶液放置时,常有棕黄色的混浊物出现,就是 Fe^{2+} 被空气中的氧氧化为 Fe^{3+},Fe^{3+} 又水解而产生的。在水溶液中,Co^{2+} 和 Ni^{2+} 的水解程度较小。

4. 铁、钴、镍的配合物

铁、钴、镍均能形成多种配合物。Fe^{2+} 和 Fe^{3+} 与氨水反应只生成 $Fe(OH)_2$ 和 $Fe(OH)_3$,而不生成氨合物,Co^{2+} 和 Ni^{2+} 与氨水反应先生成碱式盐沉淀,然后溶于过量氨水,形成配合物:

$$CoCl_2 + NH_3 \cdot H_2O = Co(OH)Cl(s) + NH_4Cl$$
$$Co(OH)Cl + 5NH_3 + NH_4^+ = [Co(NH_3)_6]^{2+}(土黄色) + Cl^- + H_2O$$
$$2NiSO_4 + 2NH_3 \cdot H_2O = Ni_2(OH)_2SO_4(浅绿色) + (NH_4)_2SO_4$$
$$Ni_2(OH)_2SO_4 + 10NH_3 + 2NH_4^+ = 2[Ni(NH_3)_6]^{2+}(蓝色) + SO_4^{2-} + 2H_2O$$

$[Co(NH_3)_6]^{2+}$ 不稳定,易被空气氧化为 $[Co(NH_3)_6]^{3+}$:

$$4[Co(NH_3)_6]^{2+} + O_2 + 2H_2O = 4[Co(NH_3)_6]^{3+}(棕红色) + 4OH^-$$

$[Ni(NH_3)_6]^{2+}$ 在空气中是稳定的,只有强氧化剂才能使之变为 $[Ni(NH_3)_6]^{3+}$,如:

$$2[Ni(NH_3)_6]^{2+} + Br_2 = 2[Ni(NH_3)_6]^{3+} + 2Br^-$$

在 Fe^{2+} 的溶液中,加入 KCN 溶液,首先生成白色的氰化亚铁 $Fe(CN)_2$ 沉淀,当 KCN 过量时,$Fe(CN)_2$ 溶解生成 $[Fe(CN)_6]^{4-}$:

$$Fe^{2+} + 2CN^- \longrightarrow Fe(CN)_2(s)$$
$$Fe(CN)_2 + 4CN^- \longrightarrow [Fe(CN)_6]^{4-}$$

用氯气氧化 $[Fe(CN)_6]^{4-}$ 时,生成 $[Fe(CN)_6]^{3-}$:

$$2[Fe(CN)_6]^{4-} + Cl_2 \longrightarrow 2[Fe(CN)_6]^{3-} + 2Cl^-$$

$K_4[Fe(CN)_6]$ 为黄色,俗称黄血盐;$K_3[Fe(CN)_6]$ 为深红色,俗称赤血盐。

在 Fe^{3+} 的溶液中加入 $K_4[Fe(CN)_6]$ 溶液,生成蓝色沉淀,称为普鲁士蓝:

$$x\text{Fe}^{3+} + x\text{K}^+ + x[\text{Fe}(\text{CN})_6]^{4-} \longrightarrow [\text{KFe}(\text{CN})_6\text{Fe}]_x(s)$$

在 Fe^{2+} 的溶液中加入 $\text{K}_3[\text{Fe}(\text{CN})_6]$ 溶液,也能生成蓝色沉淀,称为藤氏蓝:

$$x\text{Fe}^{2+} + x\text{K}^+ + x[\text{Fe}(\text{CN})_6]^{3-} \longrightarrow [\text{KFe}(\text{CN})_6\text{Fe}]_x(s)$$

这两个反应分别用来鉴定 Fe^{3+} 和 Fe^{2+}。实验已经证明普鲁士蓝和藤氏蓝的组成都是 $[\text{KFe}^{\text{III}}(\text{CN})_6\text{Fe}^{\text{II}}]_x$。

Fe^{3+} 与 SCN^- 形成血红色的配合物:

$$\text{Fe}^{3+} + n\text{SCN}^- \Longleftrightarrow [\text{Fe}(\text{SCN})_n]^{3-n} \quad (n=1\sim 6,\text{均为红色})$$

此反应很灵敏,常用来检验 Fe^{3+} 的存在(该反应必须在酸性溶液中进行,否则会因为 Fe^{3+} 的水解而得不到 $[\text{Fe}(\text{SCN})_n]^{3-n}$)。

Co^{2+} 与 SCN^- 反应生成 $[\text{Co}(\text{SCN})_4]^{2-}$(蓝色),它在水溶液中不稳定,在丙酮或戊醇等有机溶剂中较为稳定。此反应用来鉴定 Co^{2+} 的存在:

$$\text{Co}^{2+} + 4\text{NCS}^- \xrightarrow{\text{丙酮}} [\text{Co}(\text{NCS})_4]^{2-}$$

Ni^{2+} 与二酮肟(又叫乙酰二酮肟,或者简称丁二酮肟)反应得到玫瑰红色的内配盐:

$$\text{Ni}^{2+} + 2\begin{array}{c}\text{CH}_3-\text{C}=\text{N}-\text{OH}\\|\\\text{CH}_3-\text{C}=\text{N}-\text{OH}\end{array} = \text{Ni(DMG)}_2(s) + 2\text{H}^+$$

此反应须在弱酸条件下进行,酸度过大不利于内配盐的生成;碱性过大则生成 Ni(OH)_2 沉淀,适宜条件是 pH=5~10。反应式可简写为

$$\text{Ni}^{2+} + 2\text{DMG} \longrightarrow \text{Ni(DMG)}_2(s) + 2\text{H}^+$$

此反应十分灵敏,常用来鉴定 Ni^{2+} 的存在。

*15.6 铂系元素简介

铂系元素包括钌、铑、钯、锇、铱、铂 6 种元素。铂系元素都是稀有金属,它们在地壳中的含量很小。铂系金属价格昂贵,它们和金、银被称为贵金属。

15.6.1 铂系元素的单质

铂系元素的单质中,除锇呈蓝灰色外,其他金属都呈银白色。铂系元素的特征是化学惰性、难溶和具有高催化活性。块状的铂系元素除钯和铂以外,不溶于普通强酸和王水。钯可溶于硝酸:

$$\text{Pd} + 4\text{HNO}_3 \longrightarrow \text{Pd(NO}_3)_2 + 2\text{NO}_2(g) + 2\text{H}_2\text{O}$$

钯和铂都溶于王水:

$$3Pt + 4HNO_3 + 18HCl \longrightarrow 3H_2PtCl_6 + 4NO(g) + 8H_2O$$

$$3Pd + 4HNO_3 + 18HCl \longrightarrow 3H_2PdCl_6 + 4NO(g) + 8H_2O$$

粉末状铂系元素的化学性质要比块状的活泼得多。例如粉末状的锇极易氧化,硝酸、浓硫酸、次氯酸钠溶液等都能使它氧化。铂系元素与强碱熔融可变为可溶性化合物。

铂系元素在常温下和氧、硫、氟、氯等非金属元素也不起作用,加热及高温则有不同程度的作用。使用铂器时,应防止铂被这些试剂腐蚀。

15.6.2 铂和钯的重要化合物

在铂系元素的化合物中,以铂和钯的卤化物和配合物最为常见和重要。

铂溶于王水生成氯铂酸 $H_2[PtCl_6]$,将此溶液蒸发,可以得到红棕色的 $H_2[PtCl_6]\cdot 6H_2O$ 柱状晶体。氯铂酸溶液用作镀铂时的电镀液。

在 $H_2[PtCl_6]$ 溶液中分别加入 NH_4Cl 或 KCl,可沉淀出相应的盐:

$$H_2[PtCl_6] + 2NH_4Cl \longrightarrow (NH_4)_2[PtCl_6] + 2HCl$$

除 $Na_2[PtCl_6]$ 易溶于水外,氯铂酸的铵盐、钾盐、铷盐、铯盐都是难溶于水的黄色晶体。将 $(NH_4)_2[PtCl_6]$ 灼烧,可得到海绵状铂,这一方法可用于铂的提纯。

氯铂酸及其盐可以与 SO_2、$H_2C_2O_4$ 等还原剂反应,生成氯亚铂酸 $H_2[PtCl_4]$ 及其盐:

$$H_2[PtCl_6] + SO_2 + 2H_2O \longrightarrow H_2[PtCl_4] + H_2SO_4 + 2HCl$$

在铂的卤化物中,六氟化铂 PtF_6 是一种强氧化剂,它与 O_2 反应得到 $O_2^+[PtF_6]^-$。N. Bartlett 受这一反应的启发合成了第一个稀有气体化合物 $Xe^+[PtF_6]^-$。

氯与 Pd 作用得到两种 $PdCl_2$,在低于 550℃ 时为 α 型平面链状结构,在 550℃ 以上得到 β 型(结构单元为 Pd_6Cl_{12})。$PdCl_2$ 是一种重要的催化剂,乙烯在常温常压下用 $PdCl_2$ 作催化剂能被氧化为乙醛。

$PdCl_2$ 容易被甲醛等还原成金属钯。利用 $PdCl_2$ 与 CO 作用生成黑色金属钯的反应可鉴定 CO 的存在,并估计 CO 的含量。

*15.7 金属有机化合物

过渡元素除了能与常见配体形成简单配合物或螯合物之外,还能与许多含碳中性分子如一氧化碳、烯烃、炔烃、芳烃等形成特殊的配合物。这些配合物由金属原子(或离子)与碳原子直接键合而成,称为金属有机化合物。对金属有机化合物的研究产生了无机化学和有机化学之间的交叉学科——金属有机化学。

15.7.1 金属羰基配合物

过渡金属元素与一氧化碳中性分子形成的一类特殊配合物 $M_x(CO)_y$ 叫做金属羰基配合物,简称羰合物。虽然一氧化碳不是有机化合物,但羰合物与金属有机化合物有密切联系,并含有 M—C 键,所以习惯上把羰合物归属于金属有机化合物。已合成出的羰合物中,不但有单核羰合物,也有多核羰合物。在金属羰合物中,配体是一氧化碳分子。

金属羰基配合物的制备,主要采用以下方法。

(1) 由金属与 CO 直接作用。用新还原出的、具有较好活性的铁粉和镍粉分别和 CO 作用可制得 Ni(CO)$_4$ 和 Fe(CO)$_5$：

$$Ni + 4CO \xrightarrow{\text{室温},100\ kPa} Ni(CO)_4$$

$$Fe + 5CO \xrightarrow[373 \sim 473\ K]{20\ MPa} Fe(CO)_5$$

(2) 还原法。过渡金属化合物在还原条件下与 CO 反应，常用的还原剂除 CO 本身外，还有 H$_2$、Na 和烷基铝等，例如：

$$CrCl_3 + 6CO \xrightarrow[\text{高压}]{C_6H_5MgBr} Cr(CO)_6$$

$$6MnI_2 + 30CO \xrightarrow[\text{高压}]{R_3Al} 3Mn_2(CO)_{10}$$

$$2CoCO_3 + 2H_2 + 8CO \xrightarrow[393 \sim 403\ K]{25 \sim 30\ MPa} Co_2(CO)_8 + 2CO_2 + 2H_2O$$

(3) 热解和光解法。一些羰基配合物在受热或光照条件下可生成新的羰基配合物：

$$2Fe(CO)_5 \xrightarrow{\text{光}} Fe_2(CO)_9 + CO$$

从已制出的羰合物来看，作为形成体的元素有ⅤB～ⅦB族和Ⅷ族的大部分元素。同族元素形成的羰合物在组成上几乎都是相同的，如铬和钼等都形成配位数为 6 的羰合物 M(CO)$_6$。

大多数羰合物都是易挥发的液体或固体。羰合物在受热时分解出金属和 CO，因此，这类化合物都是有毒的。利用羰合物的挥发性和不稳定性可以分离和提纯金属。羰合物在某些有机合成上常被用作催化剂。

在羰合物中形成体提供的价电子数和 CO 提供的电子数之和为 18。价电子数为偶数的过渡元素很容易形成满足 18 电子构型的羰合物，如铬、铁、镍。

价电子数为奇数的过渡元素如钒、锰、钴等形成双聚型或多聚型多核羰合物，每个形成体原子也能达到 18 电子构型的要求。在多核羰合物中，金属原子通过金属—金属键或桥式羰基的形式连接在一起。

羰合物的结构可以根据羰合物的空间构型和磁矩用价键理论说明。例如，已知 Ni(CO)$_4$ 为四面体构型，磁矩为 0，可推知 Ni 原子以 sp^3 杂化轨道与 CO 提供的电子对成键，其电子分布如下：

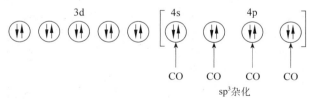

在金属羰合物中，配体 CO 分子以碳原子上的孤对电子向金属原子空的杂化轨道进行端基配位，形成 σ 键。与此同时，为了不使金属原子的负电荷过分集中，金属原子 d 轨道上的电子可部分地反馈到配体的能级相近且对称性匹配的 π* 反键轨道中去，形成反馈 π 键（图 15-3），增强

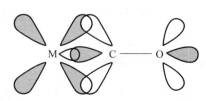

图 15-3　金属 M 与 CO 中的 σ 配键和反馈 π 键

了该化合物的稳定性。配位与反馈同时进行的作用叫协同效应。

15.7.2 不饱和烃金属有机配合物

过渡金属与烯烃、炔烃通过 π 键可形成一类含有 π 键的金属有机化合物,称 π 配合物。

1. 烯烃金属有机化合物

1827 年,丹麦化学家蔡斯(W. C. Zeise)制得了第一个金属有机化合物三氯·乙烯合铂(Ⅱ)酸钾 $K[PtCl_3(C_2H_4)]$(蔡斯盐)。它是向 $PtCl_2$ 的盐酸溶液中通入乙烯,并加入 KCl 得到:

$$H_2[PtCl_4] + C_2H_4 + KCl \longrightarrow K[PtCl_3(C_2H_4)] + 2HCl$$

此外,Ag^+、Cu^{2+}、Hg^{2+}、Ni^{2+}、Pd^{2+} 等都能与乙烯、丙烯等形成配合物。

过渡元素烯烃配合物的结构不同于其他常见配合物,配体烯烃分子能以 π 键中的 π 电子向过渡金属离子进行侧基配位,形成 σ 配键。

$[PtCl_3(C_2H_4)]^-$ 的结构如图 15-4 所示。Pt^{2+} 以 dsp^2 杂化轨道与 4 个配体(3 个 Cl^- 和 1 个 C_2H_4)成键。3 个 Cl^- 的孤对电子和乙烯的 π 电子进入 Pt^{2+} 的空轨道中,形成 σ 配键。与此同时,Pt^{2+} 的未参与杂化 d 轨道中的电子可部分地反馈到乙烯的 $π^*$ 反键轨道中,形成反馈 π 键。

2. 炔烃金属有机化合物

乙炔及其衍生物和过渡金属形成配合物及乙烯配合物有很多类似之处,而乙炔配合物更复杂。乙炔既可作为二电子给予体又可作为四电子给予体,配位方式较为多样,并可形成双核或三核配合物。

最简单的乙炔配合物 $[Pt(C_2H_2)Cl_3]^-$ 与蔡斯盐类似,乙炔仅占有金属的一个配位位置,成键作用也是 σ-π 配键键合,也就是说仅给予金属一对 π 成键电子,乙炔以 $π^*$ 接受金属的反馈电子,这时乙炔(或炔烃)仅为二电子给予体,与烯烃相当。由于炔烃中有两组相互垂直的 π 键和 $π^*$ 键,可占据两个配位位子,形成两组 σ-π 配键,所以炔烃经常形成双核配合物(图 15-5)。如 $(C_2Ph_2)Co_2(CO)_6$ 中,C_2Ph_2 把两个钴原子连接起来,此时的 $PhC\equiv CPh$ 相当于四电子给予体。

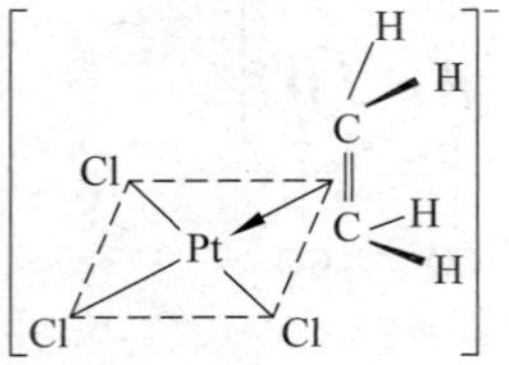

图 15-4 $[PtCl_3(C_2H_4)]^-$ 的结构示意图 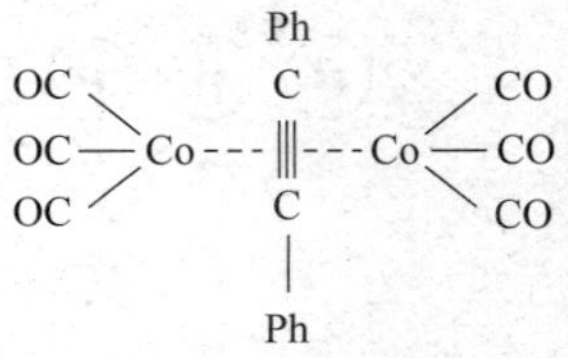   图 15-5 $(C_2Ph_2)Co_2(CO)_6$ 形成双核配合物示意图

15.7.3 夹心型配合物

环多烯(如环戊二烯)和芳烃(如苯)具有离域 π 键的结构,离域 π 键可以作为一个整体

和中心金属原子通过多中心π键形成配合物。在这些配合物中,通常多烯烃或芳香环的平面与键轴垂直,而两个环是互相平行的,中心金属原子对称地夹在两个平行的环之间,具有夹心面包式结构,故称夹心型配合物。

二茂铁[$Fe(C_5H_5)_2$]是在 1951 年由波森等制备出来的第一个夹心配合物。环戊二烯,简称茂,化学式 C_5H_6,$C_5H_5^-$ 称为茂基。$C_5H_5^-$ 的每个碳原子上各有一个垂直于其平面的 2p 轨道,形成 Π_5^6。2 个 $C_5H_5^-$ 各提供 6 个电子与 Fe(Ⅱ) 配位,将铁原子夹在中间,如图 15-6 所示。

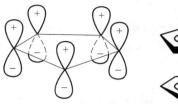

图 15-6 环戊二烯基和二茂铁的结构

第一过渡系元素中,从钛到镍的二茂配合物都已制得。第二、三过渡系元素以及某些主族元素的二茂配合物也已经被发现。制备二茂铁的方法有多种,其中最常用的方法是在四氢呋喃(THF)的溶液中,通过钠或氢化钠和环戊二烯作用生成钠盐,然后再和金属卤化物或羰基化合物反应。

$$2C_5H_6 + 2Na \xrightarrow{THF} 2C_5H_5Na + H_2$$

$$2C_5H_5Na + FeCl_2 \xrightarrow{THF} (C_5H_5)_2Fe + 2NaCl$$

目前,二茂铁及其衍生物被广泛用作火箭燃料的添加剂、汽油的抗震剂、硅树脂和橡胶的熟化剂、紫外光吸收剂等。

15.8 铜族元素

周期系第ⅠB族元素,包括铜(Cu)、银(Ag)、金(Au)3 种元素,通常称为铜族元素。价电子构型为 $(n-1)d^{10}ns^1$。

在自然界中,铜族元素除了以矿物形式存在外,还以单质形式存在。常见的矿物有辉铜矿(Cu_2S)、孔雀石($Cu_2(OH)_2CO_3$)、辉银矿(Ag_2S)、碲金矿($AuTe_2$)等。

15.8.1 铜族元素的单质

铜、银、金都有特征颜色:紫红(Cu)、白(Ag)、黄(Au),都具有较大的密度,熔沸点较高。它们的导电性、导热性、延展性特别突出。它们的导电性顺序为:Ag>Cu>Au。由于铜的价格较低,所以,铜在电器工业上得到了广泛的应用。它们都易与其他金属形成合金。

铜、银、金的化学活泼性较差,在室温下看不出它们与氧或水作用。在含有 CO_2 的潮湿空气中,铜的表面会逐渐蒙上绿色的铜锈(铜绿——碳酸羟铜 $Cu_2(OH)_2CO_3$):

$$2Cu + O_2 + H_2O + CO_2 \longrightarrow Cu_2(OH)_2CO_3$$

在加热条件下,铜与氧化合成 CuO,而银、金不发生变化。

铜、银、金不能从稀酸中置换出氢气。铜、银能溶于硝酸中,也能溶于热的浓硫酸中:

$$3Cu + 8HNO_3(稀) = 3Cu(NO_3)_2 + 2NO + 4H_2O$$

$$Cu + 2H_2SO_4(浓) \xrightarrow{\triangle} CuSO_4 + SO_2 + 2H_2O$$

金只能溶于浓硝酸和浓盐酸的混合溶液——王水中:

$$Au + 4HCl + HNO_3 \longrightarrow H[AuCl_4] + NO + 2H_2O$$

当在非氧化性酸中有适当的配位剂时,铜有时能从此种酸中置换出氢气。例如,铜能在溶有硫脲($CS(NH_2)_2$)的盐酸中置换出氢气:

$$2Cu + 2HCl + 4CS(NH_2)_2 \longrightarrow 2[Cu(CS(NH_2)_2)_2]^+ + H_2 + 2Cl^-$$

这是由于硫脲能与 Cu^+ 生成二硫脲合铜(Ⅰ)配离子,使铜的失电子能力增强。

铜、银、金的活泼性依次递减。但银与硫的亲和作用较强,当银与含有 H_2S 的空气接触时,其表面因生成一层 Ag_2S 而变黑:

$$Ag + 2H_2S + O_2 \longrightarrow Ag_2S + 2H_2O$$

15.8.2 铜族元素的化合物

1. 铜的化合物

铜的特征氧化数是 +2,也存在着 +1 氧化态的化合物。Cu^+ 为 d^{10} 构型,不发生 d-d 跃迁。Cu(Ⅰ)主要以难溶盐或配合物形式存在,一般为白色或无色。Cu^+ 在溶液中不稳定。Cu(Ⅱ)为 d^9 构型,它的化合物或配合物常因发生 d-d 跃迁而呈现颜色。Cu(Ⅱ)的化合物种类较多,较稳定,大部分 Cu(Ⅱ)盐均可溶于水。

1) Cu(Ⅰ)的化合物

一般来说,在固态时 Cu(Ⅰ)的化合物比 Cu(Ⅱ)的化合物热稳定性高。在水溶液中 Cu(Ⅰ)容易被氧化为 Cu(Ⅱ),水溶液中 Cu(Ⅱ)的化合物是稳定的。几乎所有 Cu(Ⅰ)的化合物都难溶于水。常见的 Cu(Ⅰ)化合物在水中的溶解度按下列顺序降低:

$$CuCl > CuBr > CuI > CuSCN > CuCN > Cu_2S$$

Cu^+ 在水溶液中很不稳定,容易歧化为 Cu^{2+} 和 Cu。有关电势图如下:

$$Cu^{2+} \xrightarrow{0.1607\ V} Cu^+ \xrightarrow{0.5180\ V} Cu$$

Cu^+ 与下述离子或分子都能形成稳定的配合物,其稳定性按下列顺序增强:

$$Cl^- < Br^- < I^- < SCN^- < NH_3 < S_2O_3^{2-} < CS(NH_2)_2 < CN^-$$

在 Cu(Ⅰ)的配合物中配位数常见的是 2。在这些配合物中,中心离子 Cu^+ 均以 sp 杂化形成配位键,几何构型为直线形。

Cu(Ⅰ)的配合物在水溶液中能较稳定地存在,不容易发生歧化反应,如 $[CuCl_2]^-$ 就不容易歧化为 Cu^{2+} 和 Cu。有关电势图如下:

$$Cu^{2+} \xrightarrow{0.447\ V} [CuCl_2]^- \xrightarrow{0.232\ V} Cu$$

$\varphi_{右}^{\ominus} < \varphi_{左}^{\ominus}$,所以 $[CuCl_2]^-$ 在水溶液中是比较稳定的。

常利用 $CuSO_4$ 或 $CuCl_2$ 溶液与浓盐酸和铜屑混合,在加热的条件下制取 $[CuCl_2]^-$ 溶液:

$$CuSO_4 + 4HCl + Cu \xrightarrow{\triangle} 2H[CuCl_2] + H_2SO_4$$

将制得的溶液倒入大量水中稀释时,会有白色的氯化亚铜 CuCl 沉淀析出:

$$[CuCl_2]^- \xrightleftharpoons{稀释} CuCl(s) + Cl^-$$

工业上或实验室中常用这种方法来制取氯化亚铜。

从下面的电势图可以看出，CuCl 也不容易歧化为 Cu^{2+} 和 Cu。

$$Cu^{2+} \xrightarrow{0.561\ V} CuCl \xrightarrow{0.117\ V} Cu$$

CuCl 在水中可被空气中的氧所氧化，而逐渐变为 Cu(Ⅱ) 的盐。干燥状态的 CuCl 则比较稳定。

2) Cu(Ⅱ) 的化合物

黑色的 CuO 是碱性氧化物，不溶于水，可溶于酸。CuO 分别与 H_2SO_4、HNO_3 或 HCl 作用，可得到相应的铜盐。

水合 $[Cu(H_2O)_6]^{2+}$ 呈蓝色，它在水中的水解程度不大，水解时生成 $[Cu_2(OH)_2]^{2+}$：

$$2Cu^{2+} + 2H_2O \rightleftharpoons [Cu_2(OH)_2]^{2+} + 2H^+, \quad K^\ominus = 10^{-10.6}$$

Cu(Ⅱ) 一般形成配位数为 4 的配合物，在这些配合物中，中心离子 Cu^{2+} 以 sp^3 杂化与配体形成配位键。

在 Cu^{2+} 溶液中加入适量的碱，析出浅蓝色氢氧化铜沉淀：

$$Cu^{2+} + 2OH^- \longrightarrow Cu(OH)_2(s)$$

$Cu(OH)_2$ 能溶解在过量浓碱溶液中，生成深蓝色的四羟基合铜(Ⅱ)配离子：

$$Cu(OH)_2 + 2OH^- \longrightarrow [Cu(OH)_4]^{2-}$$

在 $CuSO_4$ 和 NaOH 的混合溶液中加入葡萄糖并加热至沸腾，有暗红色的 Cu_2O 沉淀析出：

$$2[Cu(OH)_4]^{2-} + C_6H_{12}O_6 \rightleftharpoons Cu_2O(s) + C_6H_{12}O_7 + 2H_2O + 4OH^-$$

这一反应在有机化学上用来检验某些糖的存在。

$CuSO_4$ 与适量氨水反应生成浅蓝色的碱式硫酸铜沉淀，氨水过量则沉淀溶解生成深蓝色的 $[Cu(NH_3)_4]^{2+}$：

$$2Cu^{2+} + SO_4^{2-} + 2NH_3 \cdot H_2O \rightleftharpoons Cu_2(OH)_2SO_4 + 2NH_4^+$$

$$Cu_2(OH)_2SO_4 + 6NH_3 \cdot H_2O + 2NH_4^+ \rightleftharpoons 2[Cu(NH_3)_4]^{2+} + SO_4^{2-} + 8H_2O$$

在中性或弱酸性溶液中，Cu^{2+} 与 $[Fe(CN)_6]^{4-}$ 反应，生成红棕色沉淀：

$$2Cu^{2+} + [Fe(CN)_6]^{4-} \longrightarrow Cu_2[Fe(CN)_6](s)$$

这一反应常用来鉴定微量 Cu^{2+} 的存在。

在水溶液中，Cu^{2+} 具有不太强的氧化性，可氧化 I^-、SCN^- 等，例如：

$$2Cu^{2+} + 4I^- \rightleftharpoons 2CuI(s)(白色) + I_2(s)$$

这是由于 Cu^+ 与 I^- 反应生成了难溶于水的 CuI，使得溶液中的 Cu^+ 浓度变得很小，增强了 Cu^{2+} 的氧化性，即 $\varphi^\ominus(Cu^{2+}/CuI) = 0.866\ V > \varphi^\ominus(I_2/I^-)$，所以，$Cu^{2+}$ 可以把 I^- 氧化。

2. 银、金的化合物

在银的化合物中，Ag(Ⅰ) 的化合物最稳定，而金则以 Au(Ⅲ) 的化合物较为常见，但在水溶液中多以配合物形式存在。

Au(Ⅰ) 的化合物几乎都是难溶于水的。在水溶液中，Au^+ 像 Cu^+ 离子一样容易发生歧化反应：

$$Au^{3+} \xrightarrow{1.29\ V} Au^+ \xrightarrow{1.68\ V} Au$$

可见 Au^+ 离子在水溶液中不能存在。

Au⁺像Ag⁺一样，容易形成配位数为2的配合物。Au(Ⅱ)的化合物很少见，通常是Au(Ⅲ)化合物被还原时的中间产物。Au(Ⅲ)的化合物最稳定，在水溶液中多以配合物形式存在。Au(Ⅰ)和Au(Ⅲ)化合物的氧化性都较强。

Ag(Ⅰ)的化合物具有以下特点：

(1) 易溶于水的Ag(Ⅰ)的化合物有：$AgNO_3$、AgF、$AgClO_4$等，其他Ag(Ⅰ)的常见化合物几乎都是难溶于水的，如$AgCl$、$AgBr$、AgI、$AgCN$、$AgSCN$、Ag_2S、Ag_2CO_3、Ag_2CrO_4等。

(2) Ag(Ⅰ)的化合物热稳定性差，见光、受热易分解。如：

$$2AgNO_3 \xrightarrow{440℃} 2Ag + 2NO_2 + O_2$$

$$AgX \xrightarrow{光} Ag + \frac{1}{2}X_2 \quad (X = Cl, Br, I)$$

$$Ag_2O \xrightarrow{300℃} 2Ag + \frac{1}{2}O_2$$

(3) Ag⁺为d^{10}构型，它的化合物一般呈白色或无色。但$AgBr$呈淡黄色，AgI呈黄色，Ag_2O呈褐色，Ag_2CrO_4呈砖红色，Ag_2S呈黑色等，这与阴离子和Ag⁺之间发生的电荷跃迁有关。

Ag⁺在水中几乎不水解。$AgNO_3$的水溶液呈中性。在Ag⁺溶液中加入NaOH溶液，首先析出白色AgOH沉淀，常温下AgOH极不稳定，立即脱水生成暗棕色Ag_2O沉淀：

$$2Ag^+ + 2OH^- \longrightarrow Ag_2O(s) + H_2O$$

在水溶液中，Ag⁺能与多种配体形成配合物，其配位数一般为2。Ag(Ⅰ)的许多化合物都是难溶于水的，在Ag⁺的溶液中加入配位剂时，通常首先生成难溶化合物，当配位剂过量时，难溶化合物溶解生成配离子。例如，在Ag⁺溶液中逐滴加入少量氨水时，首先生成难溶于水的Ag_2O沉淀：

$$2Ag^+ + 2NH_3 + H_2O \longrightarrow Ag_2O(s) + 2NH_4^+$$

溶液中氨水浓度增大时，Ag_2O即溶解，生成$[Ag(NH_3)_2]^+$：

$$Ag_2O + 4NH_3 + H_2O \longrightarrow 2[Ag(NH_3)_2]^+ + 2OH^-$$

含有$[Ag(NH_3)_2]^+$的溶液能把醛或某些糖氧化，本身被还原为单质银，如：

$$2[Ag(NH_3)_2]^+ + HCHO + 3OH^- \longrightarrow 2Ag(s) + HCOO^- + 4NH_3 + 2H_2O$$

这类反应也叫做银镜反应，工业上利用这类反应来制作镜子或在暖水瓶的夹层内镀银。

Ag(Ⅰ)的许多难溶化合物可以转化为配离子而溶解，常利用这一特性，把Ag⁺从混合离子溶液中分离出来。例如Ag⁺和Ba^{2+}的溶液中加入过量的K_2CrO_4溶液时，会有Ag_2CrO_4和$BaCrO_4$沉淀析出，再加入足够量的氨水，Ag_2CrO_4转化为$[Ag(NH_3)_2]^+$而溶解：

$$Ag_2CrO_4 + 4NH_3 \longrightarrow 2[Ag(NH_3)_2]^+ + CrO_4^{2-}$$

$BaCrO_4$则不溶于氨水。该性质可用于Ba^{2+}和Ag⁺的分离。

Ag⁺与少量$Na_2S_2O_3$溶液反应生成$Ag_2S_2O_3$白色沉淀，放置一段时间之后，沉淀由白色转变为黄色、棕色，最后为黑色Ag_2S：

$$2Ag^+ + S_2O_3^{2-} \longrightarrow Ag_2S_2O_3(s)$$

$$Ag_2S_2O_3(s) + H_2O \longrightarrow Ag_2S(s) + H_2SO_4$$

当 $Na_2S_2O_3$ 过量时，$Ag_2S_2O_3$ 溶解，生成配离子 $[Ag(S_2O_3)_2]^{3-}$：

$$Ag_2S_2O_3(s) + 3S_2O_3^{2-} \longrightarrow 2[Ag(S_2O_3)_2]^{3-}$$

Ag_2S 的溶解度很小，难以借配位反应使它溶解，一般采用 HNO_3 的氧化性来实现 Ag_2S 的溶解：

$$3Ag_2S(s) + 8H^+ + 2NO_3^- \xrightarrow{\triangle} 6Ag^+ + 2NO + 3S + 4H_2O$$

15.9　锌族元素

周期系第ⅡB元素，包括锌(Zn)、镉(Cd)、汞(Hg)3种元素，通常称为锌族元素。价电子构型为 $(n-1)d^{10}ns^2$。最外层只有2个s电子，次外层有18个电子。这3种元素都是亲硫元素，因此，主要以硫化物存在于自然界中。锌的主要矿石是闪锌矿 ZnS、菱锌矿 $ZnCO_3$，汞的矿源是朱砂（又名辰砂）HgS，镉有 CdS 矿。

15.9.1　锌族元素的单质

锌、镉、汞都是银白色金属。它们都是低熔点金属，并依 Zn—Cd—Hg 顺序下降，汞是室温下唯一的液态金属。汞容易与其他金属形成合金，汞形成的合金称为"汞齐"，例如钠汞齐 Na-Hg、金汞齐 Au-Hg、银汞齐 Ag-Hg 等。在冶金工业中，利用汞的这种性质来提取贵金属如金、银等。

锌、镉、汞的化学活泼性从锌到汞降低。它们在干燥的空气中都是稳定的。在有 CO_2 存在的潮湿空气中，锌的表面易生成一层致密的碱式碳酸盐：

$$4Zn + 2O_2 + CO_2 + 3H_2O \longrightarrow ZnCO_3 \cdot 3Zn(OH)_2$$

使锌有防腐性能。与铝相似，锌具有两性，可溶于酸，也可溶于碱。与铝不同的是，锌还能与氨水形成配离子而溶于氨水：

$$Zn + 2OH^- + 2H_2O \longrightarrow [Zn(OH)_4]^{2-} + H_2$$
$$Zn + 4NH_3 + 2H_2O \longrightarrow [Zn(NH_3)_4](OH)_2 + H_2$$

锌和镉能从盐酸或稀硫酸中置换出氢气来，汞只能与氧化性酸反应：

$$3Hg + 8HNO_3 \longrightarrow 3Hg(NO_3)_2 + 2NO + 4H_2O$$

锌和镉与硫粉在加热时才能生成硫化物。汞在室温下就可以与硫粉作用生成 HgS。当不慎把硫粉撒在地上时，可把硫粉撒在有汞的地方，并适当搅拌或研磨，使硫与汞化合生成 HgS，防止有毒的汞蒸气进入空气中。若空气中已有汞蒸气，可以把碘升华为气体，使汞蒸气与碘蒸气相遇，生成 HgI_2，以除去空气中的汞蒸气。

15.9.2　锌族元素的化合物

锌和镉通常形成氧化值为+2的化合物，汞除了形成氧化值为+2的化合物外，还有氧化值为+1(Hg_2^{2+})的化合物。由于锌族 M^{2+} 离子为18电子构型，均无色，因而一般化合物也无色。但是因为阳离子的极化作用和变形性依 Zn^{2+}—Cd^{2+}—Hg^{2+} 顺序增强，以致 Cd^{2+} 离子，特别是 Hg^{2+} 离子与易变形的阴离子如 S^{2-}、I^- 等形成的化合物具有明显的共价性，呈现较深的颜色和较低的溶解度。

1. 锌、镉的化合物

锌和镉的卤化物中,除氟化物微溶于水外,其余均易溶于水。锌和镉的硝酸盐、硫酸盐也都易溶于水,锌的化合物大多数都是无色的。

Zn(Ⅱ)和 Cd(Ⅱ)的化合物受热时,一般情况下氧化值不改变。它们的含氧酸盐受热时分解,分别生成 ZnO 和 CdO,其无水卤化物受热时往往经熔化、沸腾成为气态的卤化物。

在常温下,Zn^{2+} 和 Cd^{2+} 离子的水解趋势较弱。

在 Zn^{2+}、Cd^{2+} 的溶液中加入强碱,都生成白色的氢氧化物沉淀,但 $Zn(OH)_2$ 是两性的,当碱过量时溶解生成 $[Zn(OH)_4]^{2-}$,而 $Cd(OH)_2$ 是碱性的,难以溶解:

$$Zn^{2+} + 2OH^- \rightleftharpoons Zn(OH)_2(s) \xrightarrow{OH^- 过量} [Zn(OH)_4]^{2-}$$

$$Cd^{2+} + 2OH^- \rightleftharpoons Cd(OH)_2(s)$$

在 Zn^{2+}、Cd^{2+} 的溶液中分别加入 $NH_3 \cdot H_2O$,均生成氢氧化物沉淀,当 $NH_3 \cdot H_2O$ 过量后生成氨的配合物:

$$M^{2+} + 2NH_3 \cdot H_2O \longrightarrow M(OH)_2 + 2NH_4^+ \quad (M = Zn, Cd)$$

$$M(OH)_2 + 2NH_3 \cdot H_2O + 2NH_4^+ \longrightarrow M(NH_3)_4^{2+} + 4H_2O$$

在 Zn^{2+}($c(H^+)<0.3 \text{ mol} \cdot L^{-1}$)和 Cd^{2+} 的溶液中分别通入 H_2S 时,都会有硫化物从溶液中沉淀出来:

$$Zn^{2+} + H_2S \longrightarrow ZnS(s, 白色) + 2H^+$$

$$Cd^{2+} + H_2S \longrightarrow CdS(s, 黄色) + 2H^+$$

CdS 的黄色可鉴定溶液中 Cd^{2+} 的存在。

在水溶液中,Zn^{2+} 和 Cd^{2+} 与同种配体形成的两种配合物相比,一般后者较稳定。锌和镉的配合物中,Zn^{2+} 和 Cd^{2+} 的配位数多为 4,构型为四面体。Zn^{2+} 和 Cd^{2+} 都是 d^{10} 构型的离子,不会发生 d-d 跃迁,故其配离子都是无色的。但是,当带有某些基团(如—N=N—)的螯合剂与 Zn^{2+} 反应时,也能生成有色的配合物。在碱性条件下,Zn^{2+} 与二苯硫腙反应,生成粉红色的内配盐沉淀:

$$\frac{1}{2}Zn^{2+} + C\begin{matrix}NH-NH-C_6H_5 \\ =S \\ N=N-C_6H_5\end{matrix} + OH^- \longrightarrow$$

$$C\begin{matrix}NH-N-C_6H_5 \\ =S \rightarrow Zn/2 \\ N=N-C_6H_5\end{matrix} \quad (s, 粉红色)^{①} + H_2O$$

此内配盐能溶于 CCl_4 中,呈棕色。实验现象为:绿色的二苯硫腙四氯化碳溶液与 Zn^{2+} 反应后充分振荡,静置,上层为粉红色,下层为棕色。

2. 汞的化合物

在氧化值为 +1 的汞的化合物中,汞以 Hg_2^{2+}(—Hg—Hg—)的形式存在,而没有单个

---

① 这种螯合物是由一个 Zn^{2+} 和两个二苯硫腙分子形成的,习惯上简写为此种形式。

Hg$^+$。Hg$_2^{2+}$ 中每个 Hg 原子以 sp 杂化轨道成键,所以 Hg$_2$X$_2$ 是线型结构,X—Hg—Hg—X。Hg(Ⅰ)化合物叫亚汞化合物,亚汞盐多数是无色的,绝大多数亚汞的无机化合物难溶于水。Hg(Ⅱ)的化合物中难溶于水的也较多,易溶于水的汞的化合物都是有毒的。在汞的化合物中,有许多是以共价键结合的。

氯化汞(HgCl$_2$,也称升汞)是直线形共价分子,易升华,微溶于水,在水溶液中主要以分子形式存在,剧毒。

在 HgCl$_2$ 溶液中加入氨水,生成氨基氯化汞(NH$_2$HgCl)白色沉淀:
$$HgCl_2 + 2NH_3 \longrightarrow NH_2HgCl(s) + NH_4Cl$$
只有在含有过量的 NH$_4$Cl 的氨水中,HgCl$_2$ 才能与 NH$_3$ 形成配合物:
$$HgCl_2 + 2NH_3 \xrightarrow{NH_4Cl} [HgCl_2(NH_3)_2]$$
$$[HgCl_2(NH_3)_2] + 2NH_3 \xrightarrow{NH_4Cl} [Hg(NH_3)_4]Cl_2$$

氯化亚汞(Hg$_2$Cl$_2$,也称甘汞)有甜味,难溶于水,无毒。在光照射下,容易分解成有毒的汞和氯化汞:
$$Hg_2Cl_2 \xrightarrow{光} HgCl_2 + Hg$$
所以应把氯化亚汞储存在棕色瓶中,避光保存。

氯化亚汞 Hg$_2$Cl$_2$ 与 NH$_3$ 作用时生成氨基氯化亚汞(NH$_2$Hg$_2$Cl):
$$Hg_2Cl_2 + 2NH_3 \longrightarrow NH_2Hg_2Cl(s) + NH_4Cl$$
NH$_2$Hg$_2$Cl 见光或受热时分解为 NH$_2$HgCl 和 Hg:
$$NH_2Hg_2Cl \longrightarrow NH_2HgCl + Hg$$
Hg^{2+} 和 Hg$_2^{2+}$ 在水溶液中可发生水解反应,增大溶液的酸性可以抑制它们的水解。

由汞的元素电势图可以看出,Hg^{2+} 在溶液中不易歧化为 Hg$_2^{2+}$ 和 Hg:
$$Hg^{2+} \xrightarrow{0.9083\ V} Hg_2^{2+} \xrightarrow{0.7955\ V} Hg$$
相反,Hg 能把 Hg^{2+} 还原为 Hg$_2^{2+}$:
$$Hg^{2+} + Hg \longrightarrow Hg_2^{2+}$$

在 Hg^{2+} 和 Hg$_2^{2+}$ 的溶液中加入强碱时,分别生成黄色的 HgO 和棕色的 Hg$_2$O 沉淀,因为 Hg(OH)$_2$ 和 Hg$_2$(OH)$_2$ 都不稳定,生成后立即脱水为氧化物:
$$Hg^{2+} + 2OH^- \longrightarrow HgO(s) + H_2O$$
$$Hg_2^{2+} + 2OH^- \longrightarrow Hg_2O(s) + H_2O$$
Hg$_2$O 不稳定,见光或受热逐渐分解为 HgO 和 Hg:
$$Hg_2O \longrightarrow HgO + Hg$$

在 Hg^{2+}、Hg$_2^{2+}$ 的溶液中分别加入适量的 Br$^-$、I$^-$、SCN$^-$、S$_2$O$_3^{2-}$、CN$^-$ 和 S^{2-} 时,分别生成难溶于水的汞盐和亚汞盐。但许多难溶于水的亚汞盐见光受热容易歧化为相应的汞(Ⅱ)盐和单质汞(除 Hg$_2$Cl$_2$)。例如,在 Hg$_2^{2+}$ 溶液中加入 I$^-$ 时,首先析出绿色的 Hg$_2$I$_2$ 沉淀:
$$Hg_2^{2+} + 2I^- \longrightarrow Hg_2I_2(s)$$
Hg$_2$I$_2$ 见光立即歧化为金红色的 HgI$_2$ 和黑色的单质汞:
$$Hg_2I_2 \longrightarrow HgI_2 + Hg$$

HgI_2 可溶于过量的 KI 溶液中,形成无色 $[HgI_4]^{2-}$:

$$HgI_2 + 2I^- \longrightarrow [HgI_4]^{2-}$$

在 Hg^{2+} 的溶液中加入 $SnCl_2$ 溶液时,首先有白色丝光状的 Hg_2Cl_2 沉淀生成,再加入过量的 $SnCl_2$ 溶液,Hg_2Cl_2 可被 Sn^{2+} 还原为 Hg:

$$2Hg^{2+} + Sn^{2+} + 8Cl^- \longrightarrow Hg_2Cl_2(s) + [SnCl_6]^{2-}$$

$$Hg_2Cl_2 + Sn^{2+} + 4Cl^- \longrightarrow 2Hg + [SnCl_6]^{2-}$$

此反应常用来鉴定溶液中 Hg^{2+} 的存在。

在 $HgCl_2$ 溶液中通入 H_2S 时,会析出 HgS 沉淀:

$$HgCl_2 + H_2S \longrightarrow HgS(s) + 2H^+ + 2Cl^-$$

在实验室中常用王水来溶解 HgS:

$$3HgS + 12Cl^- + 8H^+ + 2NO_3^- \longrightarrow 3[HgCl_4]^{2-} + 3S + 2NO + 4H_2O$$

拓展知识

锌的生物作用和含镉、汞废水的处理

1. 锌的生物作用

锌是最重要的生命必需的痕量金属元素之一,各种生命形式都需要锌。然而镉和汞却没有任何已知的生物作用,而且它们还是毒性最大的元素之一。

锌是生物体内金属酶的辅基或辅因子,存在于大多数生物细胞里,由于其浓度很低,因而推迟了对它重要性的认识。目前有两种锌酶最引人注意,即羧肽酶 A 和碳酸酐酶。

一个成年人的身体里大约含有 2g 锌。其中约 50% 存在于血液里,约 25%～33% 储存在皮肤及骨骼里,其余的锌主要分布在胰和眼等器官里。显然,人体缺锌的典型症状是皮肤受损,伤口不易愈合;骨骼变异,患佝偻症;视网膜脱落,双目失明。最近研究表明,锌还在遗传学中起着重要作用,缺乏锌的动物,发育迟缓,生殖器的发育及生殖机能受障碍,智力迟钝等。外科常用的氧化锌膏的生物功能就是促进伤口的愈合。

2. 镉和汞的毒性

镉有剧毒,主要累积在人的肾脏及肝脏内,首先引起肾脏损害,导致肾功能不良。积累在人体内的镉能破坏人体内钙的吸收,导致骨骼疏松和骨骼软化,使人患有一种无法忍受的骨痛症。镉还可以通过置换锌酶里的锌而破坏锌酶的作用,引起高血压、心血管等疾病。

人类很早就认识了汞的毒性。汞蒸气可通过呼吸道吸入,或经过消化道随饮食而误食,也可以经皮肤直接吸收而中毒。汞急性中毒症状表现为严重口腔炎、恶心呕吐、腹痛、腹泻、尿量减少或尿闭,很快死亡。慢性中毒以消化系统与神经系统症状为主,口腔黏膜溃烂、头痛、记忆力减退、语言失常,严重者可有各种精神障碍。

有机汞化合物中毒比金属汞或无机汞化合物中毒更危险。

3. 含镉、汞废水的处理

随着化学、冶炼、电镀等工业生产的不断发展,所需镉、汞及其化合物的用量也日趋增多,随之排放出来含镉、汞的废水也愈加严重,现已成为世界上危害较大的工业废水之一。为了保护环境,造福人类,现简单介绍镉、汞废水的一些处理方法的原理。

1) 含镉废水的处理

(1) 中和沉淀法。在含镉废水中投入石灰或电石渣,使镉离子变为难溶的 $Cd(OH)_2$ 沉淀:

$$Cd^{2+} + 2OH^- \longrightarrow Cd(OH)_2(s)$$

此法适用于处理冶炼含镉废水和电镀含镉废水。

(2) 离子交换法。基本原理是利用 Cd^{2+} 离子比水中其他离子与阳离子交换树脂有更强的结合力,能优先交换。

含镉废水的处理还有气浮法、碱性氯化法等。

2) 含汞废水的处理

(1) 金属还原法。可以用铜屑、铁屑、锌粒、硼氢化钠等作还原剂处理含汞废水。这种方法的最大优点是可以直接回收金属汞。

铜屑置换。用废料——紫铜屑、铅黄铜屑、铝屑,可回收电池车间排放出的强酸性含汞废水中的汞,反应式为

$$Cu + Hg^{2+} \longrightarrow Cu^{2+} + Hg$$

电池车间废水中还含有硫酸亚汞等。进水含汞浓度为 $1 \sim 400 \text{ mg} \cdot \text{L}^{-1}$,经过三组铜屑、一组铝屑过滤置换,出水含汞量小于 $0.05 \text{ mg} \cdot \text{L}^{-1}$,回收率达 99%。

硼氢化钠还原法的反应方程式为

$$BH_4^- + Hg^{2+} + 2OH^- \longrightarrow BO_2^- + 3H_2(g) + Hg$$

(2) 化学沉淀法。此法适用于不同浓度、不同种类的汞盐。缺点是含汞泥渣较多,后处理麻烦。该法一般又分为:硫氢化钠、硫酸亚铁共沉淀,电石渣、三氯化铁沉淀等。现以硫氢化钠沉淀为例,用硫氢化钠加明矾凝聚沉淀,可以处理多种汞盐洗涤废水,除汞率可达 99%,反应方程式为

$$Hg^{2+} + S^{2-} \longrightarrow HgS$$

经过滤后,可使 Hg^{2+} 达到国家允许排放标准(Hg 不超过 $0.05 \text{ mg} \cdot \text{L}^{-1}$)。

含汞废水处理方法还有活性炭吸附法、电解法、离子交换法、微生物法等。

思 考 题

15-1 试以原子结构理论说明:
(1) 第一过渡系金属元素在性质上的基本共同点;
(2) 第一过渡系元素的金属性、氧化态、氧化还原性以及酸碱稳定性变化规律;
(3) 第一过渡系金属水合离子颜色及含氧酸根颜色产生的原因。

15-2 为什么新沉淀出的 $Mn(OH)_2$ 是白色,但在空气中会转化为暗棕色?

15-3 总结 Cr(Ⅵ) 和 Cr(Ⅲ) 化合物的重要性质及相关的重要反应。以铬铁矿为原料,如何制取铬钾矾?

15-4 铬酸、钼酸、钨酸这三个酸,哪一个酸性最强?哪一个稳定性最大?

15-5 解释下列现象和问题,并写出相应的反应方程式:
(1) 在 Fe^{3+} 的溶液中加入 KCNS 时出现血红色,若加入少许 NH_4F 固体则血红色消失;
(2) 在水溶液中,可溶性的简单亚铜化合物不能稳定地存在;
(3) 铜在含 CO_2 的潮湿空气中,表面会逐渐生成绿色的铜锈;
(4) 用棕色瓶储存 $AgNO_3$(固体或溶液);
(5) 金可以耐普通酸的腐蚀,却能溶解在王水中;
(6) Cu^{2+} 可以被 I^- 还原成 Cu^+,但不会被 Cl^- 还原。

15-6 写出 3 种由 Mn^{2+} 变为 MnO_4^- 的反应。

15-7 写出 Cr^{3+}、Mn^{2+}、Fe^{3+}、Fe^{2+}、Co^{2+}、Ni^{2+} 的鉴定方法。

15-8 为什么 $[Cu(NH_3)_4]^{2+}$ 是深蓝色的,而 $[Cu(NH_3)_2]^+$ 却是无色的?将 Cu_2O 溶于氨水得到蓝色溶液,试说明其原因。

15-9 试总结 Mn^{2+}、Fe^{2+}、Fe^{3+}、Co^{2+}、Ni^{2+}、Cu^{2+}、Ag^+、Zn^{2+}、Cd^{2+}、Hg^{2+}、Hg_2^{2+} 分别与氨水、氢氧化钠溶液反应的产物以及反应过程中的现象。本章所学的金属氢氧化物中哪些是两性的?哪些是不稳定的?哪些易被空气中的氧氧化?

15-10 比较 Cu(Ⅰ)化合物与 Cu(Ⅱ)化合物的热稳定性。

习 题

15-1 完成并配平下列反应方程式:
(1) $TiO_2 + H_2SO_4(浓) \longrightarrow$
(2) $TiCl_4 + H_2O \longrightarrow$
(3) $V_2O_5 + Cl^- + H^+ \longrightarrow$
(4) $Al^{3+}(aq) + OH^-(aq, 过量) \longrightarrow$
(5) $Ni^{2+}(aq) + NH_3(aq, 过量) \longrightarrow$
(6) $Hg_2Cl_2(s) + NH_3(aq, 过量) \longrightarrow$
(7) $Pt + HNO_3 + HCl \longrightarrow$
(8) $K_2Cr_2O_7 + H_2O_2 + H_2SO_4 \longrightarrow$
(9) $Cu^{2+} + NH_3(过量) \longrightarrow$
(10) $CuSO_4 + KI \longrightarrow$
(11) $AgBr + Na_2S_2O_3 \longrightarrow$
(12) $Hg^{2+} + I^-(过量) \longrightarrow$
(13) $Hg^{2+} + Sn^{2+}(过量) + Cl^- \longrightarrow$
(14) $[Ag(NH_3)_2]^+ + HCHO \longrightarrow$

15-2 酸性钒酸盐溶液在加热时,通入 SO_2 生成蓝色溶液,用锌还原时,生成紫色溶液,将上述蓝色和紫色溶液混合时得到绿色溶液,写出离子反应方程式。

15-3 铬的某化合物 A 是橙红色溶于水的固体,将 A 用浓 HCl 处理产生黄绿色刺激性气体 B 和生成暗绿色溶液 C。在 C 中加入 KOH 溶液,先生成灰蓝色沉淀 D,继续加入过量的 KOH 溶液则沉淀消失,变成绿色溶液 E。在 E 中加入 H_2O_2 加热则生成黄色溶液 F,F 用稀酸酸化,又变为原来的化合物 A 的溶液。问 A~F 各是什么物质,写出每步变化的反应方程式。

15-4 向一含有 3 种阴离子的混合溶液中滴加 $AgNO_3$ 溶液至不再有沉淀生成为止。过滤,当用稀硝酸处理沉淀时,砖红色沉淀溶解得到橙红色溶液,但仍有白色沉淀。滤液呈紫色,用硫酸酸化后,加入 Na_2SO_3,则紫色逐渐消失。指出上述溶液中含哪 3 种阴离子,并写出有关反应方程式。

15-5 讨论下列问题:
(1) 根据锰的电势图和有关理论,MnO_4^{2-} 离子稳定存在时的 pH 最低应为多少? OH^- 浓度为何值?
(2) 试从生成焓、电极电势、电离能的数据,讨论 Mn(Ⅱ)不如 Fe(Ⅲ)稳定的原因;
(3) 在 $MnCl_2$ 溶液中加入过量 HNO_3,再加入足量 $NaBiO_3$,溶液中出现紫色后又消失;
(4) 保存在试剂瓶中的 $KMnO_4$ 溶液中出现棕色沉淀。

15-6 用反应方程式说明下列各步实验现象:
(1) 在绝对无氧条件下,向含有 Fe^{2+} 的溶液中加入 NaOH 溶液后,生成白色沉淀,随后逐渐成红棕色;
(2) 过滤后的沉淀溶于盐酸得到黄色溶液;
(3) 向黄色溶液中加几滴 KSCN 溶液,立即变血红色,再通入 SO_2,则红色消失;
(4) 向红色消失的溶液中滴加 $KMnO_4$ 溶液,其紫色会褪去;
(5) 最后加入黄血盐溶液时,生成蓝色沉淀。

15-7 举出鉴别 Fe^{3+}、Fe^{2+}、Co^{2+} 和 Ni^{2+} 离子的常用方法。

15-8 试设计一最佳方案,分离 Fe^{3+}、Al^{3+}、Cr^{3+} 和 Ni^{2+} 离子。

15-9 溶液中含有 Pb^{2+}、Sb^{3+}、Fe^{3+} 和 Ni^{2+},试将它们分离并鉴定。图示分离、鉴定步骤,写出现象和有关的反应方程式。

15-10 有一锰的化合物,它是不溶于水且很稳定的黑色粉末状物质 A,该物质与浓硫酸反应得到淡红色溶液 B,且有无色气体 C 放出。向 B 溶液中加入强碱得到白色沉淀 D。此沉淀易被空气氧化成棕色 E。若将 A 与 KOH,$KClO_3$ 一起混合熔融可得一绿色物质 F,将 F 溶于水并通入 CO_2,则溶液变成紫色 G,且又析出 A。试问 A~G 各为何物,并写出相应的方程式。

15-11 某粉红色晶体溶于水,其水溶液 A 也呈粉红色。向 A 中加入少量 NaOH 溶液,生成蓝色沉淀,当 NaOH 溶液过量时,则得到粉红色沉淀 B。再加入 H_2O_2 溶液,得到棕色沉淀 C,C 与过量浓盐酸反应生成蓝色溶液 D 和黄绿色气体 E。将 D 用水稀释又变为溶液 A。A 中加入 KNCS 晶体和丙酮后得到天蓝色溶液 F。试确定各字母所代表的物质,并写出有关反应的方程式。

15-12 某黑色过渡金属氧化物 A 溶于浓盐酸后得到绿色溶液 B 和气体 C。C 能使润湿的 KI-淀粉试纸变蓝。B 与 NaOH 溶液反应生成苹果绿色沉淀 D。D 可溶于氨水得到蓝色溶液 E,再加入丁二肟乙醇溶液则生成鲜红色沉淀。试确定各字母所代表的物质,写出有关反应的方程式。

15-13 根据磁矩数据(玻尔磁子)判断下列各种配离子的成键轨道和空间构型。
(1) $Fe(CN)_6^{3-}$:2.3;   (2) FeF_6^{3-}:5.9;   (3) $Ni(CN)_4^{2-}$:0;
(4) $CuCl_4^{3-}$:0;   (5) $CuCl_4^{2-}$:2.0。

15-14 将少量某钾盐溶液 A 加到一硝酸盐溶液 B 中,生成黄绿色沉淀 C。将少量 B 加到 A 中则生成无色溶液 D 和灰黑色沉淀 E。将 D 和 E 分离后,在 D 中加入无色硝酸盐 F,可生成金红色沉淀 G。F 与过量的 A 反应则生成 D。F 和 E 反应又生成 B。试确定各字母所代表的物质。写出有关反应的方程式。

15-15 实验测得 $K_4[Fe(CN)_6]$ 和 $[Co(NH_3)_6]Cl_3$ 具有反磁性，请推断这两个配合物中心离子以何种杂化轨道与配体成键？

15-16 下列离子中哪些可以形成有色配离子：
(1) Ag^+； (2) Fe^{3+}； (3) V^{2+}。

15-17 以下哪些离子会与 $NH_3 \cdot H_2O$ 反应生成氢氧化物沉淀？写出反应方程式。
(1) $Cr^{3+}(aq)$； (2) $Ni^{2+}(aq)$； (3) $Fe^{3+}(aq)$； (4) $Ag^+(aq)$

15-18 解释为什么 Cu(Ⅱ) 配离子都是有色的，而 Cu(Ⅰ) 配离子都是无色的。

15-19 用什么试剂区别以下各组物质？
(1) $HgCl_2$ 和 Hg_2Cl_2； (2) $Zn(OH)_2$ 和 $Cd(OH)_2$； (3) $AgCl$ 和 $HgCl_2$。

部分习题参考答案

第 1 章

1-1　0.88 MPa

1-2　5.18 kg

1-3　(1) $p(CO)=249$ kPa，$p(H_2)=499$ kPa；　(2) $p_{总}=748$ kPa

1-4　(1) 3.0 L；　(2) 4.5 L；　(3) $V_{HCN(g)}=3.0$ L，$V_{H_2O(g)}=9.0$ L

1-5　$7.093×10^5$ Pa

1-6　$x(CO_2)=0.965$，$x(N_2)=0.035$，$p(CO_2)=8.88×10^3$ kPa，$p(N_2)=3.22×10^2$ kPa

1-7　50g 水时：$V_{末}=61.63$ dm³，$n(H_2O,g)=2.013$ mol，$p(N_2,g)=48.675$ kPa，$p(H_2O,g)=101.325$ kPa；

30g 水时：$V_{末}=54.48$ dm³，$n(H_2O,g)=1.667$ mol，$p(N_2,g)=56.95$ kPa，$p(H_2O,g)=94.93$ kPa

1-8　(1) $x_{前}(H_2O,g)=0.0246$，$x_{后}(H_2O,g)=0.00955$；　(2) 0.0156 mol

1-9　$V_m(理)=56.0$ cm³·mol⁻¹，$V_m(范)=73.08$ cm³·mol⁻¹

1-10　$p(CO_2,g)=5187.7$ Pa

第 2 章

2-1　(1) 460 J；　(2) 885 J

2-2　$\Delta_r U_m = -82.7$ kJ·mol⁻¹，$\Delta_r H_m^{\ominus} = -87.7$ kJ·mol⁻¹

2-4　4 mol，2 mol

2-5　1 mol，1 mol

2-6　1.9 kJ·mol⁻¹

2-7　219.0 kJ·mol⁻¹

2-8　(1) -153.9 kJ·mol⁻¹；　(2) -18.91 kJ·mol⁻¹；　(3) -130.3 kJ·mol⁻¹；
　　(4) -218.66 kJ·mol⁻¹

2-9　(1) 0.004 mol，-295 kJ·mol⁻¹；　(2) 0.0008 mol，-1475 kJ·mol⁻¹

2-10　$\Delta_c H_m^{\ominus} = -2220$ kJ·mol⁻¹，$\Delta_f H_m^{\ominus} = -104$ kJ·mol⁻¹

2-11　(2) -128.13 kJ·mol⁻¹

2-12　22 kJ·mol⁻¹

第 3 章

3-1　一级反应 $t_{1/2} : t_{1/4} = 1 : 2$，二级反应 $t_{1/2} : t_{1/4} = 1 : 3$

3-2　11.2%

3-3 (1) $k=0.1216\ \text{h}^{-1}$; (2) $t=18.94\ \text{h}$

3-4 $k=6.79\times10^{-5}\ \text{s}^{-1}$, $t_{1/2}=10\ 206.2\ \text{s}$

3-5 $k_A=1.182\ \text{h}^{-1}$, $t_{1/2}=0.586\ \text{h}$, $c_{A(0)}=0.0993\ \text{mol}\cdot\text{dm}^{-3}$

3-6 $k=1.25\ \text{dm}^3\cdot\text{mol}^{-1}\cdot\text{s}^{-1}$

3-7 $k_{H_2}=40.1\ \text{dm}^3\cdot\text{mol}^{-1}\cdot\text{min}^{-1}$

3-8 $E_a=2.90\times10^4\ \text{J}\cdot\text{mol}^{-1}$

第 4 章

4-1 (1) $\Delta_rS_m^\ominus=307.73\ \text{J}\cdot\text{mol}^{-1}\cdot\text{K}^{-1}$, $\Delta_rG_m^\ominus=-65.7\ \text{kJ}\cdot\text{mol}^{-1}$;
(2) $\Delta_rS_m^\ominus=-23\ \text{J}\cdot\text{mol}^{-1}\cdot\text{K}^{-1}$, $\Delta_rG_m^\ominus=-147.06\ \text{kJ}\cdot\text{mol}^{-1}$;
(3) $\Delta_rS_m^\ominus=-190.7\ \text{J}\cdot\text{mol}^{-1}\cdot\text{K}^{-1}$, $\Delta_rG_m^\ominus=-1234.3\ \text{kJ}\cdot\text{mol}^{-1}$;
(4) $\Delta_rS_m^\ominus=-61.97\ \text{J}\cdot\text{mol}^{-1}\cdot\text{K}^{-1}$, $\Delta_rG_m^\ominus=193.8\ \text{kJ}\cdot\text{mol}^{-1}$

4-4 465.66 K

4-5 $K^\ominus=5$

4-6 $K_3^\ominus=5.06\times10^8$

4-7 80,80%

4-8 3.78 mol

4-9 $\Delta_rG_m^\ominus=4.544\ \text{kJ}\cdot\text{mol}^{-1}$, $K^\ominus=0.54$, $\Delta_rG_m=-3.0\ \text{kJ}\cdot\text{mol}^{-1}$

4-10 (1) $K^\ominus=27.2$, $\alpha=71.4\%$; (2) $\alpha=68.9\%$,相差 2.5%; (3) $\alpha=68.9\%$

4-11 $K_2^\ominus(500\ \text{K})=1.45\times10^{10}$

4-12 $T(\text{Ag}_2\text{O})=468.5\ \text{K}$, $T(\text{AgNO}_3)=673.0\ \text{K}$,最终分解产物为 $\text{Ag},\text{NO}_2,\text{O}_2$。

4-14 (1) $-56.9\ \text{kJ}\cdot\text{mol}^{-1}$, $-57.3\ \text{kJ}\cdot\text{mol}^{-1}$;
(2) $\Delta_rH_m^\ominus=-55.7\ \text{kJ}\cdot\text{mol}^{-1}$, $\Delta_rS_m^\ominus=4.0\ \text{J}\cdot\text{K}^{-1}\cdot\text{mol}^{-1}$

第 5 章

5-1 (1) 5.6; (2) 2.69; (3) 5.13

5-2 (1) $c(\text{OH}^-)=1.9\times10^{-3}\ \text{mol}\cdot\text{L}^{-1}$, pH=11.3, $\alpha=0.95\%$;
(2) $c(\text{OH}^-)=1.8\times10^{-5}\ \text{mol}\cdot\text{L}^{-1}$, pH=9.3, $\alpha=0.0090\%$

5-3 5.76×10^{-20}

5-5 4.0×10^{-4}

5-6 1.2×10^{-5}

5-7 $7.2\times10^{-6}\ \text{mol}\cdot\text{L}^{-1}$

5-8 $0.65\ \text{mol}\cdot\text{L}^{-1}$

5-9 (1) 9.25; (2) 5.27; (3) 1.70

5-10 5.1

5-11　49.5 g, 200 mL

5-12　1.79×10^{-5}, 11.13

5-13　0.87 L

5-14　NaH_2PO_4-Na_2HPO_4

5-15　1.2×10^{-7}

5-16　1.5×10^{-16}

5-17　(1) 沉淀；(2) 沉淀

5-18　6.32×10^{-5}, 4.0×10^{-5}

5-19　(1) 1.1×10^{-4} mol·L^{-1}；(2) 2.2×10^{-4} mol·L^{-1}；(3) 1.1×10^{-4} mol·L^{-1}；
　　　(4) 5.6×10^{-8} mol·L^{-1}；(5) 1.18×10^{-5} mol·L^{-1}

5-20　2.81～6.49

5-21　2.33×10^{-5} mol·L^{-1}

5-22　0.67 mol

5-23　Cl^-

5-24　$K^{\ominus}=8.5\times10^{-21}$，不能

第 6 章

6-7　$\varphi(MnO_4^-/Mn^{2+})=1.04$ V

6-8　Ag^+ 先被 Fe 粉还原，$c(Ag^+)=5.0\times10^{-9}$ mol·L^{-1}

6-9　$E>0$，反应自左向右正向自发进行

6-10　(1) $\varphi(Cu^{2+}/Cu)=0.333$ V；(2) $\varphi(Cu^{2+}/Cu)=-0.179$ V；
　　　(3) $\varphi(Cu^{2+}/Cu)=-0.700$ V

6-11　(1) $\varphi(H^+/H_2)=-0.0595$ V；(2) $\varphi(H^+/H_2)=-0.414$ V；
　　　(3) $\varphi(H^+/H_2)=-0.17$ V

6-12　$c(Pb^{2+})=0.5$ mol·L^{-1}

6-13　(1) $E=1.193$ V；(2) $E=0.62$ V

6-14　$K_{sp}^{\ominus}(PbSO_4)=1.24\times10^{-8}$

6-15　(1) 按指定方向进行；(2) 不能按指定方向进行；(3) 按指定方向进行

6-16　(1) $E^{\ominus}=-0.03$ V，$\Delta_rG_m^{\ominus}=17.4$ kJ·mol^{-1}；(2) $E=0.183$ V

6-17　(2) $\Delta_rG_m^{\ominus}=-13.2$ kJ·mol^{-1}，该原电池反应可以正向进行。

第 7 章

7-2　(1) $C=3, f=2, \Phi=3$；(2) $C=3, f=2, \Phi=3$；(3) $C=5, f=3, \Phi=4$

7-3

题号	组分数 C	相数 Φ	自由度 $f=C-\Phi+2$
(1)	2	1	3
(2)	2	2	2
(3)	2	3	1
(4)	2	4	0
(5)	3	2	3
(6)	4	2	4
(7)	4	3	3
(8)	1	2	1
(9)	2	2	2

7-4 (1) 2； (2) 2； (3) 3

7-5 $C=2, \Phi=3$

7-6 (1) 2； (2) 0； (3) 2； (4) 1

7-8 (2) 含 75% 苯的溶液最先析出 $m(C_6H_6)=30.6$ g，含 25% 苯的溶液最先析出 $y(HAc)=60.9$ g。

第 9 章

9-1 (1) 4.74×10^{14} s^{-1}； (2) 6.88×10^{14} s^{-1}； (3) 4.47×10^{14} s^{-1}

9-2 3.4×10^{-19} J

9-3 6.52×10^{-22} nm，NO_2 气体在近地大气里不会解离。

9-4 1.21×10^{-2} nm，9.48×10^{-7} nm

第 12 章

12-8 $\varphi^{\ominus}=-0.4636$ V

12-10 $E^{\ominus}=\varphi^{\ominus}_{[Co(NH_3)_6]^{3+}/[Co(NH_3)_6]^{2+}}-\varphi^{\ominus}_{O_2/H_2O}=0.0087$ V-1.229 V$=-1.22$ V<0
所以反应不能向右进行，即 $[Co(NH_3)_6]^{3+}$ 不能氧化水。
$E^{\ominus}=\varphi^{\ominus}_{Co^{3+}/Co^{2+}}-\varphi^{\ominus}_{O_2/H_2O}=1.830$ V-1.229 V$=0.601$ V>0
所以反应可以向右进行，即 Co^{3+} 能氧化水。

第 13 章

13-4 $\Delta_r H_m^{\ominus}=491.12$ kJ·mol^{-1}，$\Delta_r S_m^{\ominus}=197.67$ J·K^{-1}·mol^{-1}，$\Delta_r G_m^{\ominus}=436.26$ kJ·mol^{-1}，$T_c=2484.8$ K

13-5　$\Delta_r H_m^\ominus = -809.9 \text{ kJ} \cdot \text{mol}^{-1}$，不能用 CO_2 作为镁着火时的灭火剂

第 14 章

14-12　$K^\ominus = 7.5 \times 10^{17}$，$c(Pb^{2+}) = 0.0014 \text{ mol} \cdot \text{L}^{-1}$，$c(Cl^-) = 0.01 \text{ mol} \cdot \text{L}^{-1}$，pH$=2.0$

14-16　$K^\ominus = 7.27$，pH$=0.43$

14-28　$\varphi^\ominus(F_2/HF) = 3.06 \text{ V}$

附录 A

一些物质在 298.15 K 下的标准热力学数据

物质状态表示符号为：g—气态；l—液态；cr—结晶固体；am——非结晶态；ao——水溶液，非电离物质，标准浓度；ai——水溶液，电离物质，标准浓度；aq——水溶液，未指明组成。

物质的分子式	状态	$\Delta_f H_m^\ominus$ /(kJ·mol^{-1})	$\Delta_f G_m^\ominus$ /(kJ·mol^{-1})	$S_m^\ominus$ /(J·mol^{-1}·K^{-1})
Ac	cr	0	0	56.5
	g	406.0	366.0	188.1
Ag	cr	0	0	42.6
	g	284.9	246.0	173.0
Ag$^+$	aq	105.579	77.107	72.68
AgBr	cr	−100.4	−96.9	107.1
AgBrO$_3$	cr	−10.5	71.3	151.9
AgCl	cr	−127.0	−109.8	96.3
AgClO$_3$	cr	−30.3	64.5	142.0
AgClO$_4$	cr	−31.1	—	—
AgCN	cr	146.0	156.9	107.2
Ag$_2$CO$_3$	cr	−505.8	−436.8	167.4
Ag$_2$CrO$_4$	cr	−731.7	−641.8	217.6
AgF	cr	−204.6	—	—
AgI	cr	−61.8	−66.2	115.5
AgIO$_3$	cr	−171.1	−93.7	149.4
AgNO$_3$	cr	−124.4	−33.4	140.9
Ag$_2$O	cr	−31.1	−11.2	121.3
Ag$_2$S	cr	−32.6	−40.7	144.0
Ag$_2$SO$_4$	cr	−715.9	−618.4	200.4
Al	cr	0.0	—	28.3
	g	330.0	289.4	164.6

续表

物质的分子式	状态	$\Delta_f H_m^\ominus$ /(kJ·mol^{-1})	$\Delta_f G_m^\ominus$ /(kJ·mol^{-1})	$S_m^\ominus$ /(J·mol^{-1}·K^{-1})
Al^{3+}	aq	−531	−485	−321.7
AlBr$_3$	cr	−527.2	—	—
	g	−425.1	—	—
AlCl$_3$	cr	−704.2	−628.8	110.7
	g	−583.2	—	—
AlCl$_3$·6H$_2$O	cr	−2691.6	−2261.1	318.0
Al$_2$Cl$_6$	g	−1290.8	−1220.4	490.0
AlF$_3$	cr	−1510.4	−1431.1	66.5
	g	−1204.6	−1188.2	277.1
AlI$_3$	cr	−313.8	−300.8	159.0
	g	−207.5	—	—
Al$_2$O$_3$（金刚砂）	cr	−1675.7	−1582.3	50.9
AlO$_2^-$	aq	−918.8	−823.0	−21
Al$_2$O$_3$·3H$_2$O（拜耳石）	cr	−2586.67	−2310.21	136.90
Al(OH)$_3$	am	−1276	—	—
Al(OH)$_4^-$ 相当于 AlO$_2^-$(aq)+2H$_2$O(l)	am	−1502.5	−1305.3	102.9
AlPO$_4$	cr	−1733.8	−1617.9	90.8
Al$_2$S$_3$	cr	−724.0	—	—
Al$_2$(SO$_4$)$_3$	cr	−3440.84	3099.94	239.3
Al$_2$(SO$_4$)$_3$·18H$_2$O	cr	−8878.9	—	—
Ar	g	0.0	—	154.8
As（灰,gray）	cr	0.0	—	35.1
As（黄,yellow）	cr	14.6	—	—
As（黄,yellow）	g	302.5	261.0	174.2
AsBr$_3$	cr	−197.5	—	—
	g	−130.0	−159.0	363.9
AsCl$_3$	l	−305.0	−259.4	216.3
	g	−261.5	−248.9	327.2

续表

物质的分子式	状态	$\Delta_f H_m^\ominus$ /(kJ·mol^{-1})	$\Delta_f G_m^\ominus$ /(kJ·mol^{-1})	$S_m^\ominus$ /(J·mol^{-1}·K^{-1})
AsF$_3$	l	−821.3	−774.2	181.2
	g	−785.8	−770.8	289.1
AsH$_3$	g	66.4	68.9	222.8
AsI$_3$	cr	−58.2	−59.4	213.1
	g	—	—	388.3
As$_2$O$_5$	cr	−924.9	−782.3	105.4
HAsO$_4^{2-}$	ao	−906.34	−714.60	−1.7
H$_2$AsO$_3^-$	ao	−714.79	−587.13	110.5
H$_2$AsO$_4^-$	ao	−909.56	−753.17	117.0
H$_3$AsO$_3$	ao	−742.2	−639.8	159.0
H$_3$AsO$_4$	ao	−902.5	−766.0	184.0
As$_2$S$_3$	cr	−169.0	−168.6	163.6
Au	cr	0	0	47.4
	g	366.1	326.3	180.5
AuCl$_4^-$	ao	−322.2	−235.14	266.9
B	cr	0	0	5.9
	g	565.0	521.0	153.4
BBr$_3$	l	−239.7	−238.5	229.7
	g	−205.6	−232.5	324.2
BCl$_3$	l	−427.2	−387.4	206.3
	g	−403.76	−388.72	290.10
BF$_3$	g	−1136.0	−1119.4	254.4
BF$_4^-$	ao	−1574.9	−1486.9	180.0
BH$_3$	g	100.0	—	
BH$_4^-$	ao	48.16	114.35	110.5
H$_3$BO$_3$	cr	−1094.33	−968.92	88.83
	ao	−1072.32	−968.75	162.3
B(OH)$_4^-$	ao	−1344.03	−1153.17	102.5
B$_2$H$_6$	g	35.6	86.7	232.1
B$_4$C$_3$	cr	−71.0	−71.0	27.11

续表

物质的分子式	状态	$\Delta_f H_m^\ominus$ /(kJ·mol^{-1})	$\Delta_f G_m^\ominus$ /(kJ·mol^{-1})	$S_m^\ominus$ /(J·mol^{-1}·K^{-1})
BI$_3$	g	71.1	20.7	349.2
BN	cr	−254.4	−228.4	14.81
	g	647.47	614.49	212.28
B$_2$O$_3$	cr	−1273.5	−1194.3	54.0
	am	−1254.53	−1182.3	77.8
	g	−843.8	−832.0	279.8
Ba	cr	0	0	62.8
	g	180.0	146.0	170.2
Ba^{2+}	aq	−537.64	−560.77	9.6
BaBr$_2$	cr	−757.3	−736.8	146.0
BaCl$_2$	cr	−858.6	−810.4	123.7
BaCO$_3$	cr	−1216.3	−1137.6	112.1
BaF$_2$	cr	−1207.1	−1156.8	96.4
BaH$_2$	cr	−178.7	—	—
BaI$_2$	cr	−602.1	—	—
Ba(NO$_2$)$_2$	cr	−768.2	—	—
Ba(NO$_3$)$_2$	cr	−992.1	−796.6	213.8
BaO	cr	−553.5	−525.1	70.4
Ba(OH)$_2$	cr	−944.7	—	—
BaS	cr	−460.0	−456.0	78.2
BaSO$_4$	cr	−1473.2	−1362.2	132.2
Be	cr	0	0	9.5
	g	324.0	286.6	136.3
BeBr$_2$	cr	−353.5	—	—
BeCl$_2$	cr	−490.4	−445.6	82.7
BeCO$_3$	cr	−1025.0	—	—
BeF$_2$	cr	−1026.8	−979.4	53.4
BeI$_2$	cr	−192.5	—	—
BeO	cr	−609.4	−580.1	13.8
Be(OH)$_2$	cr	−902.5	−815.0	51.9
BeS	cr	−234.3	—	—

续表

物质的分子式	状态	$\Delta_f H_m^{\ominus}$ /(kJ·mol^{-1})	$\Delta_f G_m^{\ominus}$ /(kJ·mol^{-1})	$S_m^{\ominus}$ /(J·mol^{-1}·K^{-1})
BeSO$_4$	cr	−1205.2	−1093.8	77.9
Bi	cr	0	0	56.7
Bi	g	207.1	168.2	187.0
BiCl$_3$	cr	−379.1	−315.0	177.0
BiCl$_3$	g	−265.7	−256.0	358.9
BiI$_3$	cr	—	−175.3	—
Bi(OH)$_3$	cr	−711.3	—	—
Bi$_2$O$_3$	cr	−573.9	−493.7	151.5
Bi$_2$S$_3$	cr	−143.1	−140.6	200.4
Br	g	111.9	82.4	175.0
Br$^-$	aq	−121.55	−103.96	82.4
Br$_2$	g	30.907	3.110	245.463
Br$_2$	l	0	0	152.231
BrF$_3$	l	−300.8	−240.5	178.2
BrF$_3$	g	−255.6	−229.4	292.5
BrF$_5$	l	−458.6	−351.8	225.1
BrF$_5$	g	−428.9	−350.6	320.2
BrO	g	125.8	108.2	237.6
CO	g	−110.5	−137.2	197.7
CO$_2$	g	−393.51	−394.4	213.8
CO$_3^{2-}$	aq	−677.14	−527.81	−56.9
Ca	cr	0	0	41.6
Ca	g	177.8	144.0	154.9
Ca^{2+}	aq	−542.83	−553.58	−53.1
CaBr$_2$	cr	−682.8	−663.6	130.0
CaCl$_2$	cr	−795.4	−748.8	108.4
CaCO$_3$（方解石，calcite）	cr	−1207.6	−1129.1	91.7
CaCO$_3$（霰石，aragonite）	cr	−1207.8	−1128.2	88.0
CaF$_2$	cr	−1228.0	−1175.6	68.5
CaH$_2$	cr	−181.5	−142.5	41.4

续表

物质的分子式	状态	$\Delta_f H_m^\ominus$ /(kJ·mol^{-1})	$\Delta_f G_m^\ominus$ /(kJ·mol^{-1})	$S_m^\ominus$ /(J·mol^{-1}·K^{-1})
CaI$_2$	cr	−533.5	−528.9	142.0
CN$^-$	aq	150.6	172.4	94.1
SCN$^-$	aq	76.44	92.71	144.3
HCN	aq	107.1	119.7	124.7
Ca(NO$_3$)$_2$	cr	−938.2	−742.8	193.2
CaO	cr	−634.9	−603.3	38.1
Ca(OH)$_2$	cr	−985.2	−897.5	83.4
CaS	cr	−482.4	−477.4	56.5
CaSO$_4$	cr	−1434.5	−1322.0	106.5
Cd	cr	0	0	51.8
Cd	g	111.8	—	167.7
Cd^{2+}	aq	−75.90	−77.612	−73.2
CdBr$_2$	cr	−316.2	−296.3	137.2
CdCl$_2$	cr	−391.5	−343.9	115.3
CdCO$_3$	cr	−750.6	−669.4	92.5
CdF$_2$	cr	−700.4	−647.7	77.4
CdI$_2$	cr	−203.3	−201.4	161.1
CdO	cr	−258.4	−228.7	54.8
Cd(OH)$_2$	cr	−560.7	−473.6	96.0
CdS	cr	−161.9	−156.5	64.9
CdSO$_4$	cr	−933.3	−822.7	123.0
Ce	cr	0	0	72.0
Ce	g	423.0	385.0	191.8
Ce^{3+}	aq	−696.2	−672.0	−205
Ce^{4+}	aq	−537.2	−503.8	−301
CeCl$_3$	cr	−1053.5	−977.8	151.0
CeO$_2$	cr	−1088.7	−1024.6	62.3
CeS	cr	−459.4	−451.5	78.2
Cl	g	121.3	105.3	165.2
Cl$^-$	aq	−167.16	−131.26	56.5
Cl$_2$	g	0	0	223.01

续表

物质的分子式	状态	$\Delta_f H_m^{\ominus}$ /(kJ·mol^{-1})	$\Delta_f G_m^{\ominus}$ /(kJ·mol^{-1})	$S_m^{\ominus}$ /(J·mol^{-1}·K^{-1})
Cl$_2$CO	g	−219.1	−204.9	283.5
ClF$_3$	g	−163.2	−123.0	281.6
ClF$_3$	l	−189.5	—	—
ClO$_2$	g	102.5	120.5	256.8
Cl$_2$OS	g	−212.5	−198.3	309.8
Cl$_2$OS	l	−245.6	—	—
Cl$_2$O$_2$S	g	−364.0	−320.0	311.9
Cl$_2$O$_2$S	l	−394.1	—	—
Co	cr	0	0	30.0
Co	g	424.7	380.3	179.5
CoBr$_2$	cr	−220.9	—	—
CoCl$_2$	cr	−312.5	−269.8	109.2
CoCO$_3$	cr	−713.0	—	—
CoF$_2$	cr	−692.0	−647.2	82.0
Co(NO$_3$)$_2$	cr	−420.5	—	—
CoO	cr	−237.9	−214.2	53.0
Co(OH)$_2$	cr	−539.7	−454.3	79.0
CoS	cr	−82.8	—	—
CoSO$_4$	cr	−888.3	−782.3	118.0
Cr	cr	0	0	23.8
Cr	g	396.6	351.8	174.5
Cr^{3+}	aq	−1999.1	—	—
Cr$_2$O$_7^{2-}$	aq	−1490.3	−1301.1	261.9
CrBr$_2$	cr	−302.1	—	—
CrCl$_3$	cr	−556.5	−486.1	123.0
CrF$_3$	cr	−1159.0	−1088.0	93.9
CrI$_3$	cr	−205.0	—	—
Cr$_2$O$_3$	cr	−1139.7	−1058.1	81.2
Cs	cr	0	0	85.2
Cs	g	76.5	49.6	175.6
CsBr	cr	−405.8	−391.4	113.1

续表

物质的分子式	状态	$\Delta_f H_m^\ominus$ /(kJ·mol^{-1})	$\Delta_f G_m^\ominus$ /(kJ·mol^{-1})	$S_m^\ominus$ /(J·mol^{-1}·K^{-1})
CsCl	cr	−443.0	−414.5	101.2
CsClO$_4$	cr	−443.1	−314.3	175.1
CsHCO$_3$	cr	−966.1	—	—
Cs$_2$CO$_3$	cr	−1139.7	−1054.3	204.5
CsF	cr	−553.5	−525.5	92.8
CsHSO$_4$	cr	−1158.1	—	—
CsI	cr	−346.6	−340.6	123.1
CsNH$_2$	cr	−118.4	—	—
CsNO$_3$	cr	−506.0	−406.5	155.2
Cs$_2$O$_2$	cr	−286.2	—	—
CsOH	cr	−417.2	—	—
Cs$_2$O	cr	−345.8	−308.1	146.9
Cs$_2$S	cr	−359.8	—	—
Cs$_2$SO$_3$	cr	−1134.7	—	—
Cs$_2$SO$_4$	cr	−1143.0	−1323.6	211.9
Cu	cr	0	0	33.2
	g	337.4	297.7	166.4
Cu^{2+}	aq	64.77	65.249	−99.6
CuBr	cr	−104.6	−100.8	96.1
CuBr$_2$	cr	−141.8	—	—
CuCl	cr	−137.2	−119.9	86.2
CuCl$_2$	cr	−220.1	−175.7	108.1
CuCN	cr	96.2	111.3	84.5
CuF$_2$	cr	−542.7	—	—
CuI	cr	−67.8	−69.5	96.7
Cu(NO$_3$)$_2$	cr	−302.9	—	—
CuO	cr	−157.3	−129.7	42.6
Cu(OH)$_2$	cr	−449.8	—	—
CuS	cr	−53.1	−53.6	66.5
CuSO$_4$	cr	−771.4	−662.2	109.2
CuWO$_4$	cr	−1105.0	—	—

续表

物质的分子式	状态	$\Delta_f H_m^\ominus$ /(kJ·mol^{-1})	$\Delta_f G_m^\ominus$ /(kJ·mol^{-1})	$S_m^\ominus$ /(J·mol^{-1}·K^{-1})
Cu$_2$O	cr	−168.6	−146.0	93.1
Cu$_2$S	cr	−79.5	−86.2	120.9
F	g	79.4	62.3	158.8
F$_2$	g	0	0	202.8
F$_2$CO	g	−639.8	—	—
Fe	cr	0	0	27.3
Fe	g	416.3	370.7	180.5
Fe^{2+}	aq	−89.1	−78.9	−137.7
Fe^{3+}	aq	−48.5	−4.7	−315.9
FeBr$_2$	cr	−249.8	−238.1	140.6
FeBr$_3$	cr	−268.2	—	—
FeCl$_2$	cr	−341.8	−302.3	118.0
FeCl$_3$	cr	−399.5	−334.0	142.3
FeCO$_3$	cr	−740.6	−666.7	92.9
FeCr$_2$O$_4$	cr	−1444.7	−1343.8	146.0
FeF$_2$	cr	−711.3	−668.6	87.0
FeI$_2$	cr	−113.0	—	—
FeI$_3$	g	71.0	—	—
FeMoO$_4$	cr	−1075.0	−975.0	129.3
FeO	cr	−272.0	—	—
Fe$_2$O$_3$	cr	−824.2	−742.2	87.4
Fe$_3$O$_4$	cr	−1118.4	−1015.4	146.4
Fe(OH)$_2$	cr	−569.0	−486.5	88.0
Fe(OH)$_3$	cr	−823.0	−696.5	106.7
FeS	cr	−100.0	−100.4	60.3
FeSO$_4$	cr	−928.4	−820.8	107.5
FeWO$_4$	cr	−1155.0	−1054.0	131.8
Ga	cr	0	0	40.9
Ga	g	277.0	238.9	169.1
Ga	l	5.6	—	—
GaBr$_3$	cr	−386.6	−359.8	180.0
GaCl$_3$	cr	−524.7	−454.8	142.0

续表

物质的分子式	状态	$\Delta_f H_m^\ominus$ /(kJ·mol^{-1})	$\Delta_f G_m^\ominus$ /(kJ·mol^{-1})	$S_m^\ominus$ /(J·mol^{-1}·K^{-1})
GaF$_3$	cr	−1163.0	−1085.3	84.0
Ga$_2$O$_3$	cr	−1089.1	−998.3	85.0
Ga(OH)$_3$	cr	−964.4	−831.3	100.0
Ge	cr	0	0	31.1
Ge	g	372.0	331.2	167.9
GeBr$_4$	g	−300.0	−318.0	396.2
GeBr$_4$	l	−347.7	−331.4	280.7
GeCl$_4$	g	−495.8	−457.3	347.7
GeCl$_4$	l	−531.8	−462.7	245.6
GeF$_4$	g	−1190.2	−1150.0	301.9
GeI$_4$	cr	−141.8	−144.3	271.1
GeI$_4$	g	−56.9	−106.3	428.9
H	g	218.0	203.3	114.7
H$^+$	aq	0	0	0
H$_2$	g	0	0	130.7
H$_3$AsO$_4$	cr	−906.3	—	—
H$_3$BO$_3$	cr	−1094.3	−968.9	88.8
H$_3$BO$_3$	g	−994.1	—	—
HBr	g	−36.4	−53.6	198.7
HCl	g	−92.3	−95.4	186.9
HClO	g	−78.7	−66.1	236.7
HClO$_4$	l	−40.6	—	—
HF	l	−299.8	—	—
HF	g	−271.0	−273.0	173.8
HI	g	26.5	1.72	206.6
HIO$_3$	cr	−230.1	—	—
HNO$_2$	g	−79.5	−46.0	254.1
HNO$_3$	l	−174.1	−80.7	155.6
HNO$_3$	g	−135.1	−74.7	266.4
H$_2$O	l	−285.83	−237.1	70.0
H$_2$O	g	−241.8	−228.6	188.8

续表

物质的分子式	状态	$\Delta_f H_m^\ominus$ /(kJ·mol^{-1})	$\Delta_f G_m^\ominus$ /(kJ·mol^{-1})	$S_m^\ominus$ /(J·mol^{-1}·K^{-1})
H_2O_2	l	−187.8	−120.4	109.6
	g	−136.3	−105.6	232.7
H_3P	g	5.4	13.4	210.2
HPO_3	cr	−948.5	—	—
H_3PO_2	cr	−604.6	—	—
	l	−595.4	—	—
H_3PO_3	cr	−964.4	—	—
H_3PO_4	cr	−1284.4	−1124.3	110.5
	l	−1271.7	−1123.6	150.8
$H_4P_2P_7$	cr	−2241.0	—	—
	l	−2231.7	—	—
H_2S	g	−20.6	−33.4	205.8
H_2SO_4	l	−814.0	−690.0	156.9
H_3Sb	g	145.1	147.8	232.8
H_2Se	g	29.7	15.9	219.0
H_2SeO_4	cr	−530.1	—	—
H_2SiO_3	cr	−1188.7	−1092.4	134.0
H_4SiO_4	cr	−1481.1	−1332.9	192.0
H_2Te	g	99.6	—	—
He	g	0	0	126.2
Hg	l	0	0	75.9
	g	61.4	31.8	175.0
$HgBr_2$	cr	−170.7	−153.1	172.0
Hg_2Br_2	cr	−206.9	−181.1	218.0
$HgCl_2$	cr	−224.3	−178.6	146.0
Hg_2Cl_2	cr	−265.4	−210.7	191.6
Hg_2CO_3	cr	−553.5	−468.1	180.0
HgI_2	cr	−105.4	−101.7	180.0
Hg_2I_2	cr	−121.3	−111.0	233.5
HgO	cr	−90.8	−58.5	70.3

续表

物质的分子式	状态	$\Delta_f H_m^\ominus$ /(kJ·mol^{-1})	$\Delta_f G_m^\ominus$ /(kJ·mol^{-1})	$S_m^\ominus$ /(J·mol^{-1}·K^{-1})
HgS	cr	−58.2	−50.6	82.4
HgSO$_4$	cr	−707.5	—	—
Hg$_2$SO$_4$	cr	−743.1	−625.8	200.7
I	g	106.8	70.2	180.8
I$^-$	aq	−55.19	−51.59	111.3
I$_2$	cr	0	0	116.1
I$_2$	g	62.4	19.3	260.7
In	cr	0	0	57.8
In	g	243.3	208.7	173.8
K	cr	0	0	64.7
K	g	89.0	60.5	160.3
K$^+$	aq	−252.38	−283.47	102.5
KAlH$_4$	cr	−183.7	—	—
KBH$_4$	cr	−227.4	−160.3	106.3
KBr	cr	−393.8	−380.7	95.9
KBrO$_3$	cr	−360.2	−271.2	149.2
KBrO$_4$	cr	−287.9	−174.4	170.1
KCl	cr	−436.5	−408.5	82.6
KClO$_3$	cr	−397.7	−296.3	143.1
KClO$_4$	cr	−432.8	−303.1	151.0
KCN	cr	−113.0	−101.9	128.5
K$_2$CO$_3$	cr	−1151.0	−1063.5	155.5
KF	cr	−567.3	−537.8	66.6
KH	cr	−57.7	—	—
KHSO$_4$	cr	−1160.6	−1031.3	138.1
KH$_2$PO$_4$	cr	−1568.3	−1415.9	134.9
KI	cr	−327.9	−324.9	106.3
KIO$_3$	cr	−501.4	−418.4	151.5
KIO$_4$	cr	−467.2	−361.4	175.7
KMnO$_4$	cr	−837.2	−737.6	171.7
KNH$_2$	cr	−128.9	—	—

续表

物质的分子式	状态	$\Delta_f H_m^\ominus$ /(kJ·mol^{-1})	$\Delta_f G_m^\ominus$ /(kJ·mol^{-1})	$S_m^\ominus$ /(J·mol^{-1}·K^{-1})
KNO$_2$	cr	−369.8	−306.6	152.1
KNO$_3$	cr	−494.6	−394.9	133.1
KNa	l	6.3	—	—
KOH	cr	−424.8	−379.1	78.9
KO$_2$	cr	−284.9	−239.4	116.7
K$_2$O	cr	−361.5	—	—
K$_2$O$_2$	cr	−494.1	−425.1	102.1
K$_3$PO$_4$	cr	−1950.2	—	—
K$_2$S	cr	−380.7	−364.0	105.0
KSCN	cr	−200.2	−178.3	124.3
K$_2$SO$_4$	cr	−1437.8	−1321.4	175.6
K$_2$SiF$_6$	cr	−2956.0	−2798.6	226.0
Kr	g	0	0	164.1
La	cr	0	0	56.9
La	g	431.0	393.6	182.4
La$_2$O$_3$	cr	−1793.7	−1705.8	127.3
Li	cr	0	0	29.1
Li	g	159.3	126.6	138.8
LiAlH$_4$	cr	−116.3	−44.7	78.7
LiBH$_4$	cr	−190.8	−125.0	75.9
LiBr	cr	−351.2	−342.0	74.3
LiCl	cr	−408.6	−384.4	59.3
LiClO$_4$	cr	−381.0	—	—
Li$_2$CO$_3$	cr	−1215.9	−1132.1	90.4
LiF	cr	−616.0	−587.7	35.7
LiH	cr	−90.5	−68.3	20.0
LiI	cr	−270.4	−270.3	86.8
LiNH$_2$	cr	−179.5	—	—
LiNO$_2$	cr	−372.4	−302.0	96.0
LiNO$_3$	cr	−483.1	−381.1	90.0
LiOH	cr	−484.9	−439.0	42.8

续表

物质的分子式	状态	$\Delta_f H_m^\ominus$ /(kJ·mol^{-1})	$\Delta_f G_m^\ominus$ /(kJ·mol^{-1})	$S_m^\ominus$ /(J·mol^{-1}·K^{-1})
Li$_2$O	cr	−597.9	−561.2	37.6
Li$_2$O$_2$	cr	−634.3	—	—
Li$_3$PO$_4$	cr	−2095.8	—	—
Li$_2$S	cr	−441.4	—	—
Li$_2$SO$_4$	cr	−1436.5	−1321.7	115.1
Li$_2$SiO$_3$	cr	−1648.1	−1557.2	79.8
Mg	cr	0	0	32.7
Mg	g	147.1	112.5	148.6
Mg^{2+}	aq	−466.85	−454.8	−138.1
MgBr$_2$	cr	−524.3	−503.8	117.2
MgCl$_2$	cr	−641.3	−591.8	89.6
MgCO$_3$	cr	−1095.8	−1012.1	65.7
MgF$_2$	cr	−1124.2	−1071.1	57.2
MgH$_2$	cr	−75.3	−35.9	31.1
MgI$_2$	cr	−364.0	−358.2	129.7
Mg(NO$_3$)$_2$	cr	−790.7	−589.4	164.0
MgO	cr	−601.6	−569.3	27.0
Mg(OH)$_2$	cr	−924.5	−833.5	63.2
Mg(OH)$_2$	am	−695.4	−615.0	99.2
MgS	cr	−346.0	−341.8	50.3
MgSO$_4$	cr	−1284.9	−1170.6	91.6
MgSeO$_4$	cr	−968.5	—	—
Mg$_2$SiO$_4$	cr	−2174.0	−2055.1	95.1
Mn	cr	0	0	32.0
Mn	g	280.7	238.5	173.7
Mn^{2+}	aq	−220.75	−228.1	−73.6
MnBr$_2$	cr	−384.9	—	—
MnCl$_2$	cr	−481.3	−440.5	118.2
MnCO$_3$	cr	−894.1	−816.7	85.8
Mn(NO$_3$)$_2$	cr	−576.3	—	—
MnO$_2$	cr	−520.0	−465.1	53.1

续表

物质的分子式	状态	$\Delta_f H_m^\ominus$ /(kJ·mol^{-1})	$\Delta_f G_m^\ominus$ /(kJ·mol^{-1})	$S_m^\ominus$ /(J·mol^{-1}·K^{-1})
Mn(OH)$_2$	cr	−924.54	−833.51	63.18
MnS	cr	−214.2	−218.4	78.2
MnSiO$_3$	cr	−1320.9	−1240.5	89.1
Mn$_2$SiO$_4$	cr	−1730.5	−1632.1	163.2
Mo	cr	0	0	28.7
	g	658.1	612.5	182.0
N	g	472.7	455.5	153.3
N$_2$	g	0	0	191.6
NH$_3$	g	−45.9	−16.4	192.8
NH$_4^+$	aq	−132.43	−79.31	113.4
NH$_2$NO$_2$	cr	−89.5	—	—
NH$_2$OH	cr	−114.2	—	—
NH$_4$Br	cr	−270.8	−175.2	113.0
NH$_4$Cl	cr	−314.4	−202.9	94.6
NH$_4$ClO$_4$	cr	−295.3	−88.8	186.2
NH$_4$F	cr	−464.0	−348.7	72.0
NH$_4$HSO$_3$	cr	−768.6	—	—
NH$_4$HSO$_4$	cr	−1027.0	—	—
NH$_4$I	cr	−201.4	−112.5	117.0
NH$_4$NO$_2$	cr	−256.5	—	—
NH$_4$NO$_3$	cr	−365.6	−183.9	151.1
(NH$_4$)$_2$HPO$_4$	cr	−1566.9	—	—
(NH$_4$)$_3$PO$_4$	cr	−1671.9	—	—
(NH$_4$)$_2$SO$_4$	cr	−1180.9	−901.7	220.1
(NH$_4$)$_2$SiF$_6$	cr	−2681.7	−2365.3	280.2
N$_2$H$_4$	l	50.6	149.3	121.2
	g	95.4	159.4	238.5
NO$_2$	g	33.2	51.3	240.1
NO	g	90.25	86.55	210.76
N$_2$O	g	82.1	104.2	219.9
N$_2$O$_3$	l	50.3	—	—
	g	83.7	139.5	312.3

续表

物质的分子式	状态	$\Delta_f H_m^\ominus$ /(kJ·mol^{-1})	$\Delta_f G_m^\ominus$ /(kJ·mol^{-1})	$S_m^\ominus$ /(J·mol^{-1}·K^{-1})
N_2O_4	l	−19.5	97.5	209.2
	g	9.2	97.9	304.3
N_2O_5	cr	−43.1	113.9	178.2
	g	11.3	115.1	355.7
NO_3^-	aq	−205.0	−108.74	146.4
Na	cr	0	0	51.3
	g	107.5	77.0	153.7
Na^+	aq	−240.12	−261.95	59.0
$NaAlF_4$	g	−1869.0	−1827.5	345.7
$NaBF_4$	cr	−1844.7	−1750.1	145.3
$NaBH_4$	cr	−188.6	−123.9	101.3
NaBr	cr	−361.1	−349.0	86.8
	g	−143.1	−177.1	241.2
$NaBrO_3$	cr	−334.1	−242.6	128.9
NaCl	cr	−411.2	−384.1	72.1
$NaClO_3$	cr	−365.8	−262.3	123.4
$NaClO_4$	cr	−383.3	−254.9	142.3
NaCN	cr	−87.5	−76.4	115.6
Na_2CO_3	cr	−1130.7	−1044.4	135.0
NaF	cr	−576.6	−546.3	51.1
NaH	cr	−56.3	−33.5	40.0
$NaHSO_4$	cr	−1125.5	−992.8	113.0
NaI	cr	−287.8	−286.1	98.5
$NaIO_3$	cr	−481.8	—	—
$NaIO_4$	cr	−429.3	−323.0	163.0
$NaNH_2$	cr	−123.8	−64.0	76.9
$NaNO_2$	cr	−358.7	−284.6	103.8
$NaNO_3$	cr	−467.9	−367.0	116.5
NaOH	cr	−425.6	−379.5	64.5
OH^-	aq	−229.994	−157.244	−14.75
$Na_2B_4O_7$	cr	−3291.1	−3096.0	189.5

续表

物质的分子式	状态	$\Delta_f H_m^\ominus$ /(kJ·mol^{-1})	$\Delta_f G_m^\ominus$ /(kJ·mol^{-1})	$S_m^\ominus$ /(J·mol^{-1}·K^{-1})
Na$_2$HPO$_4$	cr	−1748.1	−1608.2	150.5
NaMnO$_4$	cr	−1156.0	—	—
Na$_2$MoO$_4$	cr	−1468.1	−1354.3	159.7
Na$_2$O	cr	−414.2	−375.5	75.1
Na$_2$O$_2$	cr	−510.9	−447.7	95.0
Na$_2$S	cr	−364.8	−349.8	83.7
Na$_2$SO$_3$	cr	−1100.8	−1012.5	145.9
Na$_2$SO$_4$	cr	−1387.1	−1270.2	149.6
Na$_2$SiF$_6$	cr	−2909.6	−2754.2	207.1
Na$_2$SiO$_3$	cr	−1554.9	−1462.8	113.9
Ne	g	0	0	146.3
Ni	cr	0	0	29.9
Ni	g	429.7	384.5	182.2
NiBr$_2$	cr	−212.1	—	—
NiCl$_2$	cr	−305.3	−259.0	97.7
NiI$_2$	cr	−78.2	—	—
Ni(OH)$_2$	cr	−529.7	−447.2	88.0
NiS	cr	−82.0	−79.5	53.0
NiSO$_4$	cr	−872.9	−759.7	92.0
Ni$_2$O$_3$	cr	−489.5	—	—
O	g	249.2	231.7	161.1
O$_2$	g	0	0	205.2
O$_3$	g	142.7	163.2	238.9
Os	cr	0	0	32.6
Os	g	791.0	745.0	192.6
P(白,white)	cr	0	0	41.1
P(红,red)	cr	−17.6	—	22.8
P(黑,black)	cr	−39.3	—	—
PCl$_3$	l	−319.7	−272.3	217.1
PCl$_3$	g	−287.0	−267.8	311.8

续表

物质的分子式	状态	$\Delta_f H_m^\ominus$ /(kJ·mol^{-1})	$\Delta_f G_m^\ominus$ /(kJ·mol^{-1})	$S_m^\ominus$ /(J·mol^{-1}·K^{-1})
PCl$_5$	cr	−443.5	—	—
	g	−374.9	−305.0	364.6
PF$_3$	g	−958.4	−936.9	273.1
PF$_5$	g	−1594.4	−1520.7	300.8
PI$_3$	cr	−45.6	—	—
Pb	cr	0	0	64.8
	g	195.2	162.2	175.4
Pb^{2+}	aq	−1.7	−24.43	10.5
PbBr$_2$	cr	−278.7	−261.9	161.5
PbCl$_2$	cr	−359.4	−314.1	136.0
PbCl$_4$	l	−329.3	—	—
PbCO$_3$	cr	−699.1	−625.5	131.0
PbCrO$_4$	cr	−930.9	—	—
PbI$_2$	cr	−175.5	−173.6	174.9
PbMoO$_4$	cr	−1051.9	−951.4	166.1
Pb(NO$_3$)$_2$	cr	−451.9	—	—
PbO(黄,yellow)	cr	−217.3	−187.9	68.7
PbO(红,red)	cr	−219.0	−188.9	66.5
PbO$_2$	cr	−277.4	−217.3	68.6
PbS	cr	−100.4	−98.7	91.2
PbSO$_3$	cr	−669.9	—	—
PbSO$_4$	cr	−920.0	−813.0	148.5
PbSiO$_3$	cr	−1145.7	−1062.1	109.6
Pb$_2$SiO$_4$	cr	−1363.1	−1252.6	186.6
Pd	cr	0	0	37.6
	g	378.2	339.7	167.1
Pt	cr	0.0	—	41.6
	g	565.3	520.5	192.4
PtBr$_2$	cr	−82.0	—	—
PtCl$_2$	cr	−123.4	—	—
PtS	cr	−81.6	−76.1	55.1

续表

物质的分子式	状态	$\Delta_f H_m^\ominus$ /(kJ·mol^{-1})	$\Delta_f G_m^\ominus$ /(kJ·mol^{-1})	$S_m^\ominus$ /(J·mol^{-1}·K^{-1})
S(正交晶体，Ortho)	cr	0	0	32.1
S(单斜晶体，Mono)	cr	0.3	—	—
S(单斜晶体，Mono)	g	277.2	236.7	167.8
S^{2-}	aq	33.1	85.8	−14.6
HS^-	aq	−17.6	12.08	62.8
H_2S	g	−20.63	−33.56	205.79
HSO_3^-	aq	−626.22	−527.73	139.7
HSO_4^-	aq	−887.34	−755.91	131.8
SO_2	l	−320.5		
	g	−296.8	−300.1	248.2
SO_3	cr	−454.5	−374.2	70.7
	l	−441.0	−373.8	113.8
	g	−395.7	−371.1	256.8
SO_4^{2-}	aq	−909.27	−744.53	20.1
SO_3^{2-}	aq	−635.5	−486.5	−29
$S_2O_4^{2-}$	aq	−648.5	−522.5	67
$S_4O_6^{2-}$	aq	−1224.2	−1040.4	257.3
Sb	cr	0	0	45.7
	g	262.3	222.1	180.3
$SbCl_3$	cr	−382.2	−323.7	184.1
Sc	cr	0	0	34.6
	g	377.8	336.0	174.8
Se	cr	0	0	42.4
	g	227.1	187.0	176.7
SeO_2	cr	−225.4	—	—
Si	cr	0	0	18.8
	g	450.0	405.5	168.0
SiC(立方晶体，Cub)	cr	−65.3	−62.8	16.6
SiC(六方晶体，Hex)	cr	−62.8	−60.2	16.5
$SiCl_4$	l	−687.0	−619.8	239.7
	g	−657.0	−617.0	330.7

续表

物质的分子式	状态	$\Delta_f H_m^\ominus$ /(kJ·mol^{-1})	$\Delta_f G_m^\ominus$ /(kJ·mol^{-1})	$S_m^\ominus$ /(J·mol^{-1}·K^{-1})
SiO$_2$(α)	cr	−910.7	−856.3	41.5
SiO$_2$(α)	g	−322.0	—	—
Sn(白,white)	cr	0.0	—	51.2
Sn(灰,gray)	cr	−2.1	0.1	44.1
Sn(灰,gray)	g	301.2	266.2	168.5
SnCl$_2$	cr	−325.1	—	—
SnCl$_4$	l	−511.3	−440.1	258.6
SnCl$_4$	g	−471.5	−432.2	365.8
Sn(OH)$_2$	cr	−561.1	−491.6	155.0
SnO$_2$	cr	−577.6	−515.8	49.0
SnS	cr	−100.0	−98.3	77.0
Sr	cr	0	0	52.3
Sr	g	164.4	130.9	164.6
SrCl$_2$	cr	−828.9	−781.1	114.9
Sr(NO$_3$)$_2$	cr	−978.2	−780.0	194.6
SrO	cr	−592.0	−561.9	54.4
Sr(OH)$_2$	cr	−959.0	—	—
SrSO$_4$	cr	−1453.1	−1340.9	117.0
Te	cr	0	0	49.7
Te	g	196.7	157.1	182.7
Ti	cr	0	0	30.7
Ti	g	473.0	428.4	180.3
TiCl$_2$	cr	−513.8	−464.4	87.4
TiO$_2$	cr	−944.0	888.8	50.6
Tl	cr	0	0	64.2
Tl	g	182.2	147.4	181.0
TlBr	cr	−173.2	−167.4	120.5
TlBr	g	−37.7	—	—
TlCl	cr	−204.1	−184.9	111.3
TlCl	g	−67.8	—	—
Tl$_2$CO$_3$	cr	−700.0	−614.6	155.2

续表

物质的分子式	状态	$\Delta_f H_m^\ominus$ /(kJ·mol^{-1})	$\Delta_f G_m^\ominus$ /(kJ·mol^{-1})	$S_m^\ominus$ /(J·mol^{-1}·K^{-1})
TlF	cr	−324.7	—	—
	g	−182.4	—	—
TlI	cr	−123.8	−125.4	127.6
	g	7.1	—	—
TlNO$_3$	cr	−243.9	−152.4	160.7
TlOH	cr	−238.9	−195.8	88.0
Tl$_2$O	cr	−178.7	−147.3	126.0
Tl$_2$SO$_4$	cr	−931.8	−830.4	230.5
V	cr	0	0	28.9
	g	514.2	754.4	182.3
VBr$_4$	g	−336.8	—	—
VCl$_4$	l	−569.4	−503.7	255.0
	g	−525.5	−492.0	362.4
V$_2$O$_5$	cr	−1550.6	−1419.5	131.0
W	cr	0	0	32.6
	g	849.4	807.1	174.0
WBr$_6$	cr	−348.5	—	—
WCl$_6$	cr	−602.5	—	—
	g	−513.8	—	—
WO$_2$	cr	−589.7	−533.9	50.5
Xe	g	0	0	169.7
Zn	cr	0	0	41.6
	g	130.4	94.8	161.0
Zn^{2+}	aq	−153.89	−147.06	−112.1
ZnBr$_2$	cr	−328.7	−312.1	138.5
ZnCl$_2$	cr	−415.1	−369.4	111.5
	g	−266.1	—	—
ZnCO$_3$	cr	−812.8	−731.5	82.4
ZnF$_2$	cr	−764.4	−713.3	73.7
ZnI$_2$	cr	−208.0	−209.0	161.1
Zn(NO$_3$)$_2$	cr	−483.7	—	—

续表

物质的分子式	状态	$\Delta_f H_m^\ominus$ /(kJ·mol^{-1})	$\Delta_f G_m^\ominus$ /(kJ·mol^{-1})	$S_m^\ominus$ /(J·mol^{-1}·K^{-1})
ZnO	cr	−350.5	−320.5	43.7
Zn(OH)$_2$	cr	−641.9	−553.5	81.2
ZnSO$_4$	cr	−982.8	−871.5	110.5
Zn$_2$SiO$_4$	cr	−1636.7	−1523.2	131.4
Zr	cr	0	0	39.0
	g	608.8	566.5	181.4
ZrBr$_4$	cr	−760.7	—	—
ZrCl$_2$	cr	−502.0	—	—
ZrCl$_4$	cr	−980.5	−889.9	181.6
ZrF$_4$	cr	−1911.3	−1809.9	104.6
ZrI$_4$	cr	−481.6		
ZrO$_2$	cr	−1100.6	−1042.8	50.4
Zr(SO$_4$)$_2$	cr	−2217.1	—	—
ZrSiO$_4$	cr	−2033.4	−1919.1	84.1

一些物质的标准摩尔燃烧焓（298.15 K）

物　　质	$\Delta_c H_m^\ominus/(kJ\cdot mol^{-1})$	物　　质	$\Delta_c H_m^\ominus/(kJ\cdot mol^{-1})$
$H_2(g)$	−285.88	$(CH_2OH)_2(l)$ 乙二醇	−1192.9
$C(s)$	−393.51	$(C_2H_5)_2O(g)$ 乙醚	−2730.9
$CO(g)$	−282.98	$HCOOH(l)$ 甲酸	−269.9
$CH_4(g)$ 甲烷	−890.41	$CH_3COOH(l)$ 乙酸	−871.5
$C_2H_4(g)$ 乙烯	−1410.97	$C_3H_8O_3(l)$ 甘油	−1664.4
$C_2H_2(g)$ 乙炔	−1299.63	$C_6H_5OH(s)$ 苯酚	−3063
$C_2H_6(g)$ 乙烷	−1559.88	$HCHO(g)$ 甲醛	−563.58
$C_3H_6(g)$ 丙烯	−2058.49	$CH_3CHO(g)$ 乙醛	−1192.4
$C_3H_8(g)$ 丙烷	−2220.00	$CH_3COCH_3(l)$ 丙酮	−1802.9
$C_4H_{10}(g)$ 正丁烷	−2878.51	$CH_3COOC_2H_5(l)$ 乙酸乙酯	−2254.21
$C_4H_{10}(g)$ 异丁烷	−2871.65	$(COOCH_3)_2(l)$ 草酸甲酯	−1677.8
$C_4H_8(g)$ 丁烯	−2718.60	$(COOH)_2(s)$ 草酸	−246.0
$C_5H_{12}(g)$ 戊烷	−3536.15	$C_6H_5COOH(s)$ 苯甲酸	−3227.5
$C_6H_6(l)$ 苯	−3267.62	$CS_2(l)$ 二硫化碳	−1075
$C_6H_{12}(l)$ 环己烷	−3919.91	$C_6H_5NO_2(l)$ 硝基苯	−3097.8
$C_7H_8(l)$ 甲苯	−3909.95	$C_6H_5NH_2(l)$ 苯胺	−3397.0
$C_8H_{10}(l)$ 对二甲苯	−4552.86	$C_6H_{12}O_6(s)$ 葡萄糖	−2815.8
$C_{10}H_8(s)$ 萘	−5153.9	$C_{12}H_{22}O_{11}(s)$ 蔗糖	−5648
$CH_3OH(l)$ 甲醇	−726.64	$C_{10}H_{16}O(s)$ 樟脑	−5903.6
$C_2H_5OH(l)$ 乙醇	−1366.75		

弱电解质的解离常数

(近似浓度 0.01～0.003 mol·L^{-1}，温度 298.15 K)

名　　称	化　学　式	解离常数 K	pK
醋酸	HAc	$K_a = 1.8 \times 10^{-5}$	4.74
碳酸	H_2CO_3	$K_{a_1} = 4.4 \times 10^{-7}$	6.36
		$K_{a_2} = 4.7 \times 10^{-11}$	10.33
草酸	$H_2C_2O_4$	$K_{a_1} = 5.90 \times 10^{-2}$	1.23
		$K_{a_2} = 6.40 \times 10^{-5}$	4.19
亚硝酸	HNO_2	$K_a = 4.6 \times 10^{-4}$ (285.5 K)	3.37
磷酸	H_3PO_4	$K_{a_1} = 6.7 \times 10^{-3}$	2.17
		$K_{a_2} = 6.3 \times 10^{-8}$	7.20
		$K_{a_3} = 4.5 \times 10^{-13}$ (291 K)	12.35
亚硫酸	H_2SO_3	$K_{a_1} = 1.54 \times 10^{-2}$ (291 K)	1.81
		$K_{a_2} = 1.02 \times 10^{-7}$	6.91
硫酸	H_2SO_4	$K_{a_2} = 1.20 \times 10^{-2}$	1.92
硫化氢	H_2S	$K_{a_1} = 9.1 \times 10^{-8}$ (291 K)	7.04
		$K_{a_2} = 1.1 \times 10^{-12}$	11.96
氢氰酸	HCN	$K_a = 5.8 \times 10^{-10}$	9.24
铬酸	H_2CrO_4	$K_{a_1} = 1.8 \times 10^{-1}$	0.74
		$K_{a_2} = 3.20 \times 10^{-7}$	6.49
硼酸	H_3BO_3	$K_a = 5.8 \times 10^{-10}$	9.24
氢氟酸	HF	$K_a = 3.53 \times 10^{-4}$	3.45
过氧化氢	H_2O_2	$K_a = 2.4 \times 10^{-12}$	11.62
次氯酸	HClO	$K_a = 2.95 \times 10^{-8}$ (291 K)	7.53
次溴酸	HBrO	$K_a = 2.06 \times 10^{-9}$	8.69
次碘酸	HIO	$K_a = 2.3 \times 10^{-11}$	10.64

续表

名　称	化　学　式	解离常数 K	pK
碘酸	HIO_3	$K_a = 1.69 \times 10^{-1}$	0.77
硅酸	H_2SiO_3	$K_{a_1} = 1.7 \times 10^{-10}$	9.77
		$K_{a_2} = 1.6 \times 10^{-12}$	11.80
砷酸	H_3AsO_4	$K_{a_1} = 5.62 \times 10^{-3}$ (291 K)	2.25
		$K_{a_2} = 1.70 \times 10^{-7}$	6.77
		$K_{a_3} = 3.95 \times 10^{-12}$	11.40
亚砷酸	$HAsO_2$	$K_a = 6 \times 10^{-10}$	9.22
铵离子	NH_4^+	$K_a = 5.56 \times 10^{-10}$	9.25
质子化六亚甲基四胺	$(CH_2)_6N_4H^+$	$K_a = 7.1 \times 10^{-6}$	5.15
甲酸	$HCOOH$	$K_a = 1.77 \times 10^{-4}$ (293 K)	3.75
氯乙酸	$ClCH_2COOH$	$K_a = 1.40 \times 10^{-3}$	2.85
氨基乙酸	NH_2CH_2COOH	$K_a = 1.67 \times 10^{-10}$	9.78
邻苯二甲酸	$C_6H_4(COOH)_2$	$K_{a_1} = 1.12 \times 10^{-3}$	2.95
		$K_{a_2} = 3.91 \times 10^{-6}$	5.41
柠檬酸	$(HOOCCH_2)_2C(OH)COOH$	$K_{a_1} = 7.1 \times 10^{-4}$	3.14
		$K_{a_2} = 1.68 \times 10^{-5}$ (293 K)	4.77
		$K_{a_3} = 4.1 \times 10^{-7}$	6.39
酒石酸	$(CH(OH)COOH)_2$	$K_{a_1} = 1.04 \times 10^{-3}$	2.98
		$K_{a_2} = 4.55 \times 10^{-5}$	4.34
8-羟基喹啉	C_9H_6NOH	$K_{a_1} = 8 \times 10^{-6}$	5.1
		$K_{a_2} = 1 \times 10^{-9}$	9.0
苯酚	C_6H_5OH	$K_a = 1.28 \times 10^{-10}$ (293 K)	9.89
对氨基苯磺酸	$H_2NC_6H_4SO_3H$	$K_{a_1} = 2.6 \times 10^{-1}$	0.58
		$K_{a_2} = 7.6 \times 10^{-4}$	3.12
乙二胺四乙酸(EDTA)	$(CH_2COOH)_2NCH_2CH_2N\text{-}(CH_2COOH)_2$	$K_{a_1} = 1.0 \times 10^{-2}$	2.00
		$K_{a_2} = 2.1 \times 10^{-3}$	2.68
		$K_{a_3} = 6.9 \times 10^{-7}$	6.16
		$K_{a_4} = 9 \times 10^{-11}$	10.05
乙二胺四乙酸(EDTA)	$(CH_2COOH)_2NH^+CH_2CH_2NH^+\text{-}(CH_2COOH)_2$	$K_{a_5} = 5.4 \times 10^{-7}$	6.27
		$K_{a_6} = 1.12 \times 10^{-11}$	10.95
氨水	$NH_3 \cdot H_2O$	$K_b = 1.8 \times 10^{-5}$	4.74

续表

名　称	化　学　式	解离常数 K	pK
联胺	N_2H_4	$K_b = 9.8 \times 10^{-7}$	6.00
羟氨	NH_2OH	$K_b = 9.12 \times 10^{-9}$	8.04
氢氧化铅	$Pb(OH)_2$	$K_b = 9.6 \times 10^{-4}$	3.02
氢氧化锂	$LiOH$	$K_b = 6.31 \times 10^{-1}$	0.2
氢氧化铍	$Be(OH)_2$	$K_b = 1.78 \times 10^{-6}$	5.75
	$BeOH^+$	$K_b = 2.51 \times 10^{-9}$	8.6
氢氧化铝	$Al(OH)_3$	$K_{b_1} = 5.01 \times 10^{-9}$	8.3
	$Al(OH)_2^+$	$K_{b_2} = 1.99 \times 10^{-10}$	9.7
氢氧化锌	$Zn(OH)_2$	$K_b = 7.94 \times 10^{-7}$	6.1
氢氧化镉	$Cd(OH)_2$	$K_b = 5.01 \times 10^{-11}$	10.3
乙二胺	$H_2NC_2H_4NH_2$	$K_{b_1} = 8.5 \times 10^{-5}$	4.07
		$K_{b_2} = 7.1 \times 10^{-8}$	7.15
六亚甲基四胺	$(CH_2)_6N_4$	$K_b = 1.35 \times 10^{-9}$	8.87
尿素	$CO(NH_2)_2$	$K_b = 1.3 \times 10^{-14}$	13.89

一些常见配离子的稳定常数

配离子	$K_{配}$	$\lg K_{配}$	配离子	$K_{配}$	$\lg K_{配}$
1∶1			1∶2		
$[NaY]^{3-}$	5.0×10^{1}	1.69	$[Cu(NH_3)_2]^{+}$	7.4×10^{10}	10.87
$[AgY]^{3-}$	2.0×10^{7}	7.30	$[Cu(CN)_2]^{-}$	2.0×10^{38}	38.3
$[CuY]^{2-}$	6.8×10^{18}	18.79	$[Ag(NH_3)_2]^{+}$	1.7×10^{7}	7.24
$[MgY]^{2-}$	4.9×10^{8}	8.69	$[Ag(en)_2]^{+}$	7.0×10^{7}	7.84
$[CaY]^{2-}$	3.7×10^{10}	10.56	$[Ag(CNS)_2]^{-}$	4.0×10^{8}	8.60
$[SrY]^{2-}$	4.2×10^{8}	8.62	$[Ag(CN)_2]^{-}$	1.0×10^{21}	21.0
$[BaY]^{2-}$	6.0×10^{7}	7.77	$[Au(CN)_2]^{-}$	2.0×10^{38}	38.3
$[ZnY]^{2-}$	3.1×10^{16}	16.49	$[Cu(en)_2]^{2+}$	4.0×10^{19}	19.60
$[CdY]^{2-}$	3.8×10^{16}	16.57	$[Ag(S_2O_3)_2]^{3-}$	1.6×10^{13}	13.20
$[HgY]^{2-}$	6.3×10^{21}	21.79	1∶3		
$[PbY]^{2-}$	1.0×10^{18}	18.0	$[Fe(CNS)_3]$	2.0×10^{3}	3.30
$[MnY]^{2-}$	1.0×10^{14}	14.00	$[CdI_3]^{-}$	1.2×10^{1}	1.07
$[FeY]^{2-}$	2.1×10^{14}	14.32	$[Cd(CN)_3]^{-}$	1.1×10^{4}	4.04
$[CoY]^{2-}$	1.6×10^{18}	18.20	$[Ag(CN)_3]^{2-}$	5×10^{8}	8.70
$[NiY]^{2-}$	4.1×10^{18}	18.61	$[Ni(en)_3]^{2+}$	3.9×10^{18}	18.59
$[FeY]^{-}$	1.2×10^{25}	25.07	$[Al(C_2O_4)_3]^{3-}$	2.0×10^{16}	16.30
$[CoY]^{-}$	1.0×10^{36}	36.0	$[Fe(C_2O_4)_3]^{3-}$	1.6×10^{20}	20.20
$[GaY]^{-}$	1.8×10^{20}	20.25	1∶4		
$[InY]^{-}$	8.9×10^{24}	24.94	$[Cu(NH_3)_4]^{2+}$	4.8×10^{12}	12.68
$[TlY]^{-}$	3.2×10^{22}	22.51	$[Zn(NH_3)_4]^{2+}$	5×10^{8}	8.69
$[TlHY]$	1.5×10^{23}	23.17	$[Cd(NH_3)_4]^{2+}$	3.6×10^{6}	6.55
$[CuOH]^{+}$	1×10^{5}	5.00	$[Zn(CNS)_4]^{2-}$	2.0×10^{1}	1.30
$[AgNH_3]^{+}$	2.0×10^{3}	3.30	$[Zn(CN)_4]^{2-}$	1.0×10^{16}	16.0

续表

配离子	$K_{配}$	$\lg K_{配}$	配离子	$K_{配}$	$\lg K_{配}$
$[Cd(SCN)_4]^{2-}$	1.0×10^8	8.0	\multicolumn{3}{c}{1∶6}
$[CuCl_4]^{2-}$	3.1×10^2	2.49	$[Cd(NH_3)_6]^{2+}$	1.4×10^6	6.15
$[CdI_4]^{2-}$	3.0×10^6	6.43	$[Co(NH_3)_6]^{2+}$	2.4×10^4	4.38
$[Cd(CN)_4]^{2-}$	1.3×10^{18}	18.11	$[Ni(NH_3)_6]^{2+}$	1.1×10^8	8.04
$[Hg(CN)_4]^{2-}$	3.3×10^{41}	41.51	$[Co(NH_3)_6]^{3+}$	1.4×10^{35}	35.15
$[Hg(SCN)_4]^{2-}$	7.7×10^{21}	21.88	$[AlF_6]^{3-}$	6.9×10^{19}	19.84
$[HgCl_4]^{2-}$	1.6×10^{15}	15.20	$[Fe(CN)_6]^{3-}$	1×10^{42}	42.0
$[HgI_4]^{2-}$	7.2×10^{29}	29.86	$[Fe(CN)_6]^{4-}$	1×10^{35}	35.0
$[Co(CNS)_4]^{2-}$	3.8×10^2	2.58	$[Co(CN)_6]^{4-}$	1.23×10^{19}	19.1
$[Ni(CN)_4]^{2-}$	1.2×10^{31}	31.1	$[FeF_6]^{3-}$	1.0×10^{16}	16.0

表中 Y^{4-} 表示 EDTA 的酸根；en 表示乙二胺；$C_2O_4^{2-}$ 为草酸根。

摘自：КУРИЛЕ-НКО, О. д.，《КРАТКИЙ СПРАВОЧНИК ПО ХИМИИ》，增订第四版(1974)。

附录 E

难溶化合物的溶度积常数

序号	分子式	K_{sp}	pK_{sp} ($-\lg K_{sp}$)	序号	分子式	K_{sp}	pK_{sp} ($-\lg K_{sp}$)
1	Ag_3AsO_4	1.0×10^{-22}	22.0	25	$AlPO_4$	6.3×10^{-19}	18.24
2	$AgBr$	5.0×10^{-13}	12.3	26	Al_2S_3	2.0×10^{-7}	6.7
3	$AgBrO_3$	5.50×10^{-5}	4.26	27	$Au(OH)_3$	5.5×10^{-46}	45.26
4	$AgCl$	1.8×10^{-10}	9.75	28	$AuCl_3$	3.2×10^{-25}	24.5
5	$AgCN$	1.2×10^{-16}	15.92	29	AuI_3	1.0×10^{-46}	46.0
6	Ag_2CO_3	8.1×10^{-12}	11.09	30	$Ba_3(AsO_4)_2$	8.0×10^{-51}	50.1
7	$Ag_2C_2O_4$	3.5×10^{-11}	10.46	31	$BaCO_3$	5.1×10^{-9}	8.29
8	Ag_2CrO_4	1.2×10^{-12}	11.92	32	BaC_2O_4	1.6×10^{-7}	6.79
9	$Ag_2Cr_2O_7$	2.0×10^{-7}	6.70	33	$BaCrO_4$	1.2×10^{-10}	9.93
10	AgI	8.3×10^{-17}	16.08	34	$Ba_3(PO_4)_2$	3.4×10^{-23}	22.44
11	$AgIO_3$	3.1×10^{-8}	7.51	35	$BaSO_4$	1.1×10^{-10}	9.96
12	$AgOH$	2.0×10^{-8}	7.71	36	BaS_2O_3	1.6×10^{-5}	4.79
13	Ag_2MoO_4	2.8×10^{-12}	11.55	37	$BaSeO_3$	2.7×10^{-7}	6.57
14	Ag_3PO_4	1.4×10^{-16}	15.84	38	$BaSeO_4$	3.5×10^{-8}	7.46
15	Ag_2S	6.3×10^{-50}	49.2	39	$Be(OH)_2^*$	1.6×10^{-22}	21.8
16	$AgSCN$	1.0×10^{-12}	12.00	40	$BiAsO_4$	4.4×10^{-10}	9.36
17	Ag_2SO_3	1.5×10^{-14}	13.82	41	$Bi_2(C_2O_4)_3$	3.98×10^{-36}	35.4
18	Ag_2SO_4	1.4×10^{-5}	4.84	42	$Bi(OH)_3$	4.0×10^{-31}	30.4
19	Ag_2Se	2.0×10^{-64}	63.7	43	$BiPO_4$	1.26×10^{-23}	22.9
20	Ag_2SeO_3	1.0×10^{-15}	15.00	44	$CaCO_3$	2.8×10^{-9}	8.54
21	Ag_2SeO_4	5.7×10^{-8}	7.25	45	$CaC_2O_4 \cdot H_2O$	4.0×10^{-9}	8.4
22	$AgVO_3$	5.0×10^{-7}	6.3	46	CaF_2	1.4×10^{-9}	8.85
23	Ag_2WO_4	5.5×10^{-12}	11.26	47	$CaMoO_4$	4.17×10^{-8}	7.38
24	$Al(OH)_3^*$	4.57×10^{-33}	32.34	48	$Ca(OH)_2$	5.5×10^{-6}	5.26

续表

序号	分子式	K_{sp}	pK_{sp} ($-\lg K_{sp}$)	序号	分子式	K_{sp}	pK_{sp} ($-\lg K_{sp}$)
49	$Ca_3(PO_4)_2$	2.0×10^{-29}	28.70	76	$Cu_3(PO_4)_2$	1.3×10^{-37}	36.9
50	$CaSO_4$	7.10×10^{-5}	4.15	77	Cu_2S	2.5×10^{-48}	47.6
51	$CaSiO_3$	2.5×10^{-8}	7.60	78	Cu_2Se	1.58×10^{-61}	60.8
52	$CaWO_4$	8.7×10^{-9}	8.06	79	CuS	6.3×10^{-36}	35.2
53	$CdCO_3$	5.2×10^{-12}	11.28	80	$CuSe$	7.94×10^{-49}	48.1
54	$CdC_2O_4\cdot3H_2O$	9.1×10^{-8}	7.04	81	$Dy(OH)_3$	1.4×10^{-22}	21.85
55	$Cd_3(PO_4)_2$	2.5×10^{-33}	32.6	82	$Er(OH)_3$	4.1×10^{-24}	23.39
56	CdS	8.0×10^{-27}	26.1	83	$Eu(OH)_3$	8.9×10^{-24}	23.05
57	$CdSe$	6.31×10^{-36}	35.2	84	$FeAsO_4$	5.7×10^{-21}	20.24
58	$CdSeO_3$	1.3×10^{-9}	8.89	85	$FeCO_3$	3.2×10^{-11}	10.50
59	CeF_3	8.0×10^{-16}	15.1	86	$Fe(OH)_2$	4.87×10^{-17}	16.31
60	$CePO_4$	1.0×10^{-23}	23.0	87	$Fe(OH)_3$	2.79×10^{-39}	38.55
61	$Co_3(AsO_4)_2$	7.6×10^{-29}	28.12	88	$FePO_4$	1.3×10^{-22}	21.89
62	$CoCO_3$	1.4×10^{-13}	12.84	89	FeS	6.3×10^{-18}	17.2
63	CoC_2O_4	6.3×10^{-8}	7.2	90	$Ga(OH)_3$	7.0×10^{-36}	35.15
64	$Co(OH)_2$（蓝）	6.31×10^{-15}	14.2	91	$GaPO_4$	1.0×10^{-21}	21.0
64	$Co(OH)_2$（粉红,新沉淀）	1.58×10^{-15}	14.8	92	$Gd(OH)_3$	1.8×10^{-23}	22.74
64	$Co(OH)_2$（粉红,陈化）	2.00×10^{-16}	15.7	93	$Hf(OH)_4$	4.0×10^{-26}	25.4
65	$CoHPO_4$	2.0×10^{-7}	6.7	94	Hg_2Br_2	5.6×10^{-23}	22.24
66	$Co_3(PO_4)_3$	2.0×10^{-35}	34.7	95	Hg_2Cl_2	1.3×10^{-18}	17.88
67	$CrAsO_4$	7.7×10^{-21}	20.11	96	HgC_2O_4	1.0×10^{-7}	7.0
68	$Cr(OH)_3$	6.3×10^{-31}	30.2	97	Hg_2CO_3	8.9×10^{-17}	16.05
69	$CrPO_4\cdot4H_2O$（绿）	2.4×10^{-23}	22.62	98	$Hg_2(CN)_2$	5.0×10^{-40}	39.3
69	$CrPO_4\cdot4H_2O$（紫）	1.0×10^{-17}	17.0	99	Hg_2CrO_4	2.0×10^{-9}	8.70
70	$CuBr$	5.3×10^{-9}	8.28	100	Hg_2I_2	4.5×10^{-29}	28.35
71	$CuCl$	1.2×10^{-6}	5.92	101	HgI_2	2.82×10^{-29}	28.55
72	$CuCN$	3.2×10^{-20}	19.49	102	$Hg_2(IO_3)_2$	2.0×10^{-14}	13.71
73	$CuCO_3$	2.34×10^{-10}	9.63	103	$Hg_2(OH)_2$	2.0×10^{-24}	23.7
74	CuI	1.1×10^{-12}	11.96	104	$HgSe$	1.0×10^{-59}	59.0
75	$Cu(OH)_2$	4.8×10^{-20}	19.32	105	HgS(红)	4.0×10^{-53}	52.4

续表

序号	分子式	K_{sp}	pK_{sp} ($-\lg K_{sp}$)	序号	分子式	K_{sp}	pK_{sp} ($-\lg K_{sp}$)
106	HgS(黑)	1.6×10^{-52}	51.8	137	$PbCO_3$	7.4×10^{-14}	13.13
107	Hg_2WO_4	1.1×10^{-17}	16.96	138	$PbCrO_4$	2.8×10^{-13}	12.55
108	$Ho(OH)_3$	5.0×10^{-23}	22.30	139	PbF_2	2.7×10^{-8}	7.57
109	$In(OH)_3$	1.3×10^{-37}	36.9	140	$PbMoO_4$	1.0×10^{-13}	13.0
110	$InPO_4$	2.3×10^{-22}	21.63	141	$Pb(OH)_2$	1.2×10^{-15}	14.93
111	In_2S_3	5.7×10^{-74}	73.24	142	$Pb(OH)_4$	3.2×10^{-66}	65.49
112	$La_2(CO_3)_3$	3.98×10^{-34}	33.4	143	$Pb_3(PO_4)_3$	8.0×10^{-43}	42.10
113	$LaPO_4$	3.98×10^{-23}	22.43	144	PbS	1.0×10^{-28}	28.00
114	$Lu(OH)_3$	1.9×10^{-24}	23.72	145	$PbSO_4$	1.6×10^{-8}	7.79
115	$Mg_3(AsO_4)_2$	2.1×10^{-20}	19.68	146	$PbSe$	7.94×10^{-43}	42.1
116	$MgCO_3$	3.5×10^{-8}	7.46	147	$PbSeO_4$	1.4×10^{-7}	6.84
117	$MgCO_3 \cdot 3H_2O$	2.14×10^{-5}	4.67	148	$Pd(OH)_2$	1.0×10^{-31}	31.0
118	$Mg(OH)_2$	5.6×10^{-12}	11.25	149	$Pd(OH)_4$	6.3×10^{-71}	70.2
119	$Mg_3(PO_4)_2 \cdot 8H_2O$	6.31×10^{-26}	25.2	150	PdS	2.03×10^{-58}	57.69
120	$Mn_3(AsO_4)_2$	1.9×10^{-29}	28.72	151	$Pm(OH)_3$	1.0×10^{-21}	21.0
121	$MnCO_3$	1.8×10^{-11}	10.74	152	$Pr(OH)_3$	6.8×10^{-22}	21.17
122	$Mn(IO_3)_2$	4.37×10^{-7}	6.36	153	$Pt(OH)_2$	1.0×10^{-35}	35.0
123	$Mn(OH)_4$	1.9×10^{-13}	12.72	154	$Pu(OH)_3$	2.0×10^{-20}	19.7
124	MnS(粉红)	2.5×10^{-10}	9.6	155	$Pu(OH)_4$	1.0×10^{-55}	55.0
125	MnS(绿)	2.5×10^{-13}	12.6	156	$RaSO_4$	4.2×10^{-11}	10.37
126	$Ni_3(AsO_4)_2$	3.1×10^{-26}	25.51	157	$Rh(OH)_3$	1.0×10^{-23}	23.0
127	$NiCO_3$	6.6×10^{-9}	8.18	158	$Ru(OH)_3$	1.0×10^{-36}	36.0
128	NiC_2O_4	4.0×10^{-10}	9.4	159	Sb_2S_3	1.5×10^{-93}	92.8
129	$Ni(OH)_2$(新)	2.0×10^{-15}	14.7	160	ScF_3	4.2×10^{-18}	17.37
130	$Ni_3(PO_4)_2$	5.0×10^{-31}	30.3	161	$Sc(OH)_3$	8.0×10^{-31}	30.1
131	α-NiS	3.2×10^{-19}	18.5	162	$Sm(OH)_3$	8.2×10^{-23}	22.08
132	β-NiS	1.0×10^{-24}	24.0	163	$Sn(OH)_2$	1.4×10^{-28}	27.85
133	γ-NiS	2.0×10^{-26}	25.7	164	$Sn(OH)_4$	1.0×10^{-56}	56.0
134	$Pb_3(AsO_4)_2$	4.0×10^{-36}	35.39	165	SnO_2	3.98×10^{-65}	64.4
135	$PbBr_2$	4.0×10^{-5}	4.41	166	SnS	1.0×10^{-25}	25.0
136	$PbCl_2$	1.6×10^{-5}	4.79	167	$SnSe$	3.98×10^{-39}	38.4

续表

序号	分子式	K_{sp}	pK_{sp} ($-\lg K_{sp}$)	序号	分子式	K_{sp}	pK_{sp} ($-\lg K_{sp}$)
168	$Sr_3(AsO_4)_2$	8.1×10^{-19}	18.09	184	Tl_2CrO_4	9.77×10^{-13}	12.01
169	$SrCO_3$	1.1×10^{-10}	9.96	185	TlI	6.5×10^{-8}	7.19
170	$SrC_2O_4\cdot H_2O$	1.6×10^{-7}	6.80	186	TlN_3	2.2×10^{-4}	3.66
171	$SrCrO_4$	2.2×10^{-5}	4.66	187	Tl_2S	5.0×10^{-21}	20.3
172	SrF_2	2.5×10^{-9}	8.61	188	$TlSeO_3$	2.0×10^{-39}	38.7
173	$Sr_3(PO_4)_2$	4.0×10^{-28}	27.39	189	$UO_2(OH)_2$	1.1×10^{-22}	21.95
174	$SrSO_4$	3.2×10^{-7}	6.49	190	$VO(OH)_2$	5.9×10^{-23}	22.13
175	$SrWO_4$	1.7×10^{-10}	9.77	191	$Y(OH)_3$	8.0×10^{-23}	22.1
176	$Tb(OH)_3$	2.0×10^{-22}	21.7	192	$Yb(OH)_3$	3.0×10^{-24}	23.52
177	$Te(OH)_4$	3.0×10^{-54}	53.52	193	$Zn_3(AsO_4)_2$	1.3×10^{-28}	27.89
178	$Th(C_2O_4)_2$	1.0×10^{-22}	22.0	194	$ZnCO_3$	1.4×10^{-11}	10.84
179	$Th(IO_3)_4$	2.5×10^{-15}	14.6	195	$Zn(OH)_2^*$	2.09×10^{-16}	15.68
180	$Th(OH)_4$	4.0×10^{-45}	44.4	196	$Zn_3(PO_4)_2$	9.0×10^{-33}	32.04
181	$Ti(OH)_3$	1.0×10^{-40}	40.0	197	$\alpha\text{-}ZnS$	1.6×10^{-24}	23.8
182	$TlBr$	3.4×10^{-6}	5.47	198	$\beta\text{-}ZnS$	2.5×10^{-22}	21.6
183	$TlCl$	1.7×10^{-4}	3.76	199	$ZrO(OH)_2$	6.3×10^{-49}	48.2

* 指其形态为无定形。

标准电极电势表

1. 在酸性溶液中(298.15 K)

电 极 反 应	$\varphi^{\ominus}/V$	电 极 反 应	$\varphi^{\ominus}/V$
$Li^+ + e^- \rightleftharpoons Li$	-3.0401	$Ti^{3+} + e^- \rightleftharpoons Ti^{2+}$	-0.9
$Cs^+ + e^- \rightleftharpoons Cs$	-3.026	$H_3BO_3 + 3H^+ + 3e^- \rightleftharpoons B + 3H_2O$	-0.8698
$Rb^+ + e^- \rightleftharpoons Rb$	-2.98	$TiO_2 + 4H^+ + 4e^- \rightleftharpoons Ti + 2H_2O$	-0.86
$K^+ + e^- \rightleftharpoons K$	-2.931	$Te + 2H^+ + 2e^- \rightleftharpoons H_2Te$	-0.793
$Ba^{2+} + 2e^- \rightleftharpoons Ba$	-2.912	$Zn^{2+} + 2e^- \rightleftharpoons Zn$	-0.7618
$Sr^{2+} + 2e^- \rightleftharpoons Sr$	-2.89	$Ta_2O_5 + 10H^+ + 10e^- \rightleftharpoons 2Ta + 5H_2O$	-0.750
$Ca^{2+} + 2e^- \rightleftharpoons Ca$	-2.868	$Cr^{3+} + 3e^- \rightleftharpoons Cr$	-0.744
$Na^+ + e^- \rightleftharpoons Na$	-2.71	$Nb_2O_5 + 10H^+ + 10e^- \rightleftharpoons 2Nb + 5H_2O$	-0.644
$La^{3+} + 3e^- \rightleftharpoons La$	-2.379	$As + 3H^+ + 3e^- \rightleftharpoons AsH_3$	-0.608
$Mg^{2+} + 2e^- \rightleftharpoons Mg$	-2.372	$U^{4+} + e^- \rightleftharpoons U^{3+}$	-0.607
$Ce^{3+} + 3e^- \rightleftharpoons Ce$	-2.336	$Ga^{3+} + 3e^- \rightleftharpoons Ga$	-0.549
$H_2(g) + 2e^- \rightleftharpoons 2H^-$	-2.23	$H_3PO_2 + H^+ + e^- \rightleftharpoons P + 2H_2O$	-0.508
$AlF_6^{3-} + 3e^- \rightleftharpoons Al + 6F^-$	-2.069	$H_3PO_3 + 2H^+ + 2e^- \rightleftharpoons H_3PO_2 + H_2O$	-0.499
$Th^{4+} + 4e^- \rightleftharpoons Th$	-1.899	$2CO_2 + 2H^+ + 2e^- \rightleftharpoons H_2C_2O_4$	-0.49
$Be^{2+} + 2e^- \rightleftharpoons Be$	-1.847	$Fe^{2+} + 2e^- \rightleftharpoons Fe$	-0.447
$U^{3+} + 3e^- \rightleftharpoons U$	-1.798	$Cr^{3+} + e^- \rightleftharpoons Cr^{2+}$	-0.407
$HfO^{2+} + 2H^+ + 4e^- \rightleftharpoons Hf + H_2O$	-1.724	$Cd^{2+} + 2e^- \rightleftharpoons Cd$	-0.4030
$Al^{3+} + 3e^- \rightleftharpoons Al$	-1.662	$Se + 2H^+ + 2e^- \rightleftharpoons H_2Se(aq)$	-0.399
$Ti^{2+} + 2e^- \rightleftharpoons Ti$	-1.630	$PbI_2 + 2e^- \rightleftharpoons Pb + 2I^-$	-0.365
$ZrO_2 + 4H^+ + 4e^- \rightleftharpoons Zr + 2H_2O$	-1.553	$Eu^{3+} + e^- \rightleftharpoons Eu^{2+}$	-0.36
$[SiF_6]^{2-} + 4e^- \rightleftharpoons Si + 6F^-$	-1.24	$PbSO_4 + 2e^- \rightleftharpoons Pb + SO_4^{2-}$	-0.3588
$Mn^{2+} + 2e^- \rightleftharpoons Mn$	-1.185	$In^{3+} + 3e^- \rightleftharpoons In$	-0.3382
$Cr^{2+} + 2e^- \rightleftharpoons Cr$	-0.913	$Tl^+ + e^- \rightleftharpoons Tl$	-0.336

续表

1. 在酸性溶液中 (298.15 K)

电 极 反 应	$\varphi^{\ominus}/V$	电 极 反 应	$\varphi^{\ominus}/V$
$Co^{2+}+2e^{-} \Longrightarrow Co$	−0.28	$VO^{2+}+2H^{+}+e^{-} \Longrightarrow V^{3+}+H_2O$	0.337
$H_3PO_4+2H^{+}+2e^{-} \Longrightarrow H_3PO_3+H_2O$	−0.276	$Cu^{2+}+2e^{-} \Longrightarrow Cu$	0.3419
$PbCl_2+2e^{-} \Longrightarrow Pb+2Cl^{-}$	−0.2675	$ReO_4^{-}+8H^{+}+7e^{-} \Longrightarrow Re+4H_2O$	0.368
$Ni^{2+}+2e^{-} \Longrightarrow Ni$	−0.257	$Ag_2CrO_4+2e^{-} \Longrightarrow 2Ag+CrO_4^{2-}$	0.4470
$V^{3+}+e^{-} \Longrightarrow V^{2+}$	−0.255	$H_2SO_3+4H^{+}+4e^{-} \Longrightarrow S+3H_2O$	0.449
$H_2GeO_3+4H^{+}+4e^{-} \Longrightarrow Ge+3H_2O$	−0.182	$Cu^{+}+e^{-} \Longrightarrow Cu$	0.521
$AgI+e^{-} \Longrightarrow Ag+I^{-}$	−0.15224	$I_2+2e^{-} \Longrightarrow 2I^{-}$	0.5345
$Sn^{2+}+2e^{-} \Longrightarrow Sn$	−0.140	$I_3^{-}+2e^{-} \Longrightarrow 3I^{-}$	0.536
$Pb^{2+}+2e^{-} \Longrightarrow Pb$	−0.126	$H_3AsO_4+2H^{+}+2e^{-} \Longrightarrow HAsO_2+2H_2O$	0.560
$CO_2(g)+2H^{+}+2e^{-} \Longrightarrow CO+H_2O$	−0.12	$Sb_2O_5+6H^{+}+4e^{-} \Longrightarrow 2SbO^{+}+3H_2O$	0.581
$P(白)+3H^{+}+3e^{-} \Longrightarrow PH_3(g)$	−0.063	$TeO_2+4H^{+}+4e^{-} \Longrightarrow Te+2H_2O$	0.593
$Hg_2I_2+2e^{-} \Longrightarrow 2Hg+2I^{-}$	−0.0405	$UO_2^{+}+4H^{+}+e^{-} \Longrightarrow U^{4+}+2H_2O$	0.612
$Fe^{3+}+3e^{-} \Longrightarrow Fe$	−0.037	$2HgCl_2+2e^{-} \Longrightarrow Hg_2Cl_2+2Cl^{-}$	0.63
$2H^{+}+2e^{-} \Longrightarrow H_2$	0.0000	$[PtCl_6]^{2-}+2e^{-} \Longrightarrow [PtCl_4]^{2-}+2Cl^{-}$	0.68
$AgBr+e^{-} \Longrightarrow Ag+Br^{-}$	0.07133	$O_2+2H^{+}+2e^{-} \Longrightarrow H_2O_2$	0.695
$S_4O_6^{2-}+2e^{-} \Longrightarrow 2S_2O_3^{2-}$	0.08	$[PtCl_4]^{2-}+2e^{-} \Longrightarrow Pt+4Cl^{-}$	0.755
$TiO^{2+}+2H^{+}+e^{-} \Longrightarrow Ti^{3+}+H_2O$	0.1	$H_2SeO_3+4H^{+}+4e^{-} \Longrightarrow Se+3H_2O$	0.74
$S+2H^{+}+2e^{-} \Longrightarrow H_2S(aq)$	0.142	$Fe^{3+}+e^{-} \Longrightarrow Fe^{2+}$	0.771
$Sn^{4+}+2e^{-} \Longrightarrow Sn^{2+}$	0.154	$Hg_2^{2+}+2e^{-} \Longrightarrow 2Hg$	0.7973
$Sb_2O_3+6H^{+}+6e^{-} \Longrightarrow 2Sb+3H_2O$	0.152	$Ag^{+}+e^{-} \Longrightarrow Ag$	0.7996
$Cu^{2+}+e^{-} \Longrightarrow Cu^{+}$	0.153	$OsO_4+8H^{+}+8e^{-} \Longrightarrow Os+4H_2O$	0.8
$BiOCl+2H^{+}+3e^{-} \Longrightarrow Bi+Cl^{-}+H_2O$	0.1583	$2NO_3^{-}+4H^{+}+2e^{-} \Longrightarrow N_2O_4+2H_2O$	0.803
$SO_4^{2-}+4H^{+}+2e^{-} \Longrightarrow H_2SO_3+H_2O$	0.172	$Hg^{2+}+2e^{-} \Longrightarrow Hg$	0.851
$SbO^{+}+2H^{+}+3e^{-} \Longrightarrow Sb+H_2O$	0.212	$SiO_2(石英)+4H^{+}+4e^{-} \Longrightarrow Si+2H_2O$	0.857
$AgCl+e^{-} \Longrightarrow Ag+Cl^{-}$	0.22233	$Cu^{2+}+I^{-}+e^{-} \Longrightarrow CuI$	0.86
$HAsO_2+3H^{+}+3e^{-} \Longrightarrow As+2H_2O$	0.248	$2HNO_2+4H^{+}+4e^{-} \Longrightarrow H_2N_2O_2+2H_2O$	0.86
$Hg_2Cl_2+2e^{-} \Longrightarrow 2Hg+2Cl^{-}$ (饱和 KCl)	0.26808	$2Hg^{2+}+2e^{-} \Longrightarrow Hg_2^{2+}$	0.920
$BiO^{+}+2H^{+}+3e^{-} \Longrightarrow Bi+H_2O$	0.320	$NO_3^{-}+3H^{+}+2e^{-} \Longrightarrow HNO_2+H_2O$	0.934
$UO_2^{2+}+4H^{+}+2e^{-} \Longrightarrow U^{4+}+2H_2O$	0.327	$Pd^{2+}+2e^{-} \Longrightarrow Pd$	0.951
$2HCNO+2H^{+}+2e^{-} \Longrightarrow (CN)_2+2H_2O$	0.330	$NO_3^{-}+4H^{+}+3e^{-} \Longrightarrow NO+2H_2O$	0.957

续表

1. 在酸性溶液中(298.15 K)

电 极 反 应	$\varphi^{\ominus}/V$	电 极 反 应	$\varphi^{\ominus}/V$
$HNO_2+H^++e^-\rightleftharpoons NO+H_2O$	0.983	$ClO_3^-+6H^++6e^-\rightleftharpoons Cl^-+3H_2O$	1.451
$HIO+H^++2e^-\rightleftharpoons I^-+H_2O$	0.987	$PbO_2+4H^++2e^-\rightleftharpoons Pb^{2+}+2H_2O$	1.455
$VO_2^++2H^++e^-\rightleftharpoons VO^{2+}+H_2O$	0.991	$ClO_3^-+6H^++5e^-\rightleftharpoons 1/2Cl_2+3H_2O$	1.47
$V(OH)_4^++2H^++e^-\rightleftharpoons VO^{2+}+3H_2O$	1.00	$HClO+H^++2e^-\rightleftharpoons Cl^-+H_2O$	1.482
$[AuCl_4]^-+3e^-\rightleftharpoons Au+4Cl^-$	1.002	$BrO_3^-+6H^++5e^-\rightleftharpoons 1/2Br_2+3H_2O$	1.482
$H_6TeO_6+2H^++2e^-\rightleftharpoons TeO_2+4H_2O$	1.02	$Au^{3+}+3e^-\rightleftharpoons Au$	1.498
$N_2O_4+4H^++4e^-\rightleftharpoons 2NO+2H_2O$	1.035	$MnO_4^-+8H^++5e^-\rightleftharpoons Mn^{2+}+4H_2O$	1.507
$N_2O_4+2H^++2e^-\rightleftharpoons 2HNO_2$	1.065	$Mn^{3+}+e^-\rightleftharpoons Mn^{2+}$	1.5415
$IO_3^-+6H^++6e^-\rightleftharpoons I^-+3H_2O$	1.085	$HClO_2+3H^++4e^-\rightleftharpoons Cl^-+2H_2O$	1.570
$Br_2(aq)+2e^-\rightleftharpoons 2Br^-$	1.0774	$HBrO+H^++e^-\rightleftharpoons 1/2Br_2(aq)+H_2O$	1.574
$SeO_4^{2-}+4H^++2e^-\rightleftharpoons H_2SeO_3+H_2O$	1.151	$2NO+2H^++2e^-\rightleftharpoons N_2O+H_2O$	1.591
$ClO_3^-+2H^++e^-\rightleftharpoons ClO_2+H_2O$	1.152	$H_5IO_6+H^++2e^-\rightleftharpoons IO_3^-+3H_2O$	1.601
$Pt^{2+}+2e^-\rightleftharpoons Pt$	1.18	$HClO+H^++e^-\rightleftharpoons 1/2Cl_2+H_2O$	1.611
$ClO_4^-+2H^++2e^-\rightleftharpoons ClO_3^-+H_2O$	1.189	$HClO_2+2H^++2e^-\rightleftharpoons HClO+H_2O$	1.645
$2IO_3^-+12H^++10e^-\rightleftharpoons I_2+6H_2O$	1.195	$NiO_2+4H^++2e^-\rightleftharpoons Ni^{2+}+2H_2O$	1.678
$ClO_3^-+3H^++2e^-\rightleftharpoons HClO_2+H_2O$	1.214	$MnO_4^-+4H^++3e^-\rightleftharpoons MnO_2+2H_2O$	1.679
$MnO_2+4H^++2e^-\rightleftharpoons Mn^{2+}+2H_2O$	1.224	$PbO_2+SO_4^{2-}+4H^++2e^-\rightleftharpoons PbSO_4+2H_2O$	1.6913
$O_2+4H^++4e^-\rightleftharpoons 2H_2O$	1.229	$Au^++e^-\rightleftharpoons Au$	1.692
$Tl^{3+}+2e^-\rightleftharpoons Tl^+$	1.252	$Ce^{4+}+e^-\rightleftharpoons Ce^{3+}$	1.72
$ClO_2+H^++e^-\rightleftharpoons HClO_2$	1.277	$N_2O+2H^++2e^-\rightleftharpoons N_2+H_2O$	1.766
$2HNO_2+4H^++4e^-\rightleftharpoons N_2O+3H_2O$	1.297	$H_2O_2+2H^++2e^-\rightleftharpoons 2H_2O$	1.776
$Cr_2O_7^{2-}+14H^++6e^-\rightleftharpoons 2Cr^{3+}+7H_2O$	1.33	$Co^{3+}+e^-\rightleftharpoons Co^{2+}(2mol \cdot L^{-1} H_2SO_4)$	1.83
$HBrO+H^++2e^-\rightleftharpoons Br^-+H_2O$	1.331	$Ag^{2+}+e^-\rightleftharpoons Ag^+$	1.980
$HCrO_4^-+7H^++3e^-\rightleftharpoons Cr^{3+}+4H_2O$	1.350	$S_2O_8^{2-}+2e^-\rightleftharpoons 2SO_4^{2-}$	2.010
$Cl_2(g)+2e^-\rightleftharpoons 2Cl^-$	1.36	$O_3+2H^++2e^-\rightleftharpoons O_2+H_2O$	2.076
$ClO_4^-+8H^++8e^-\rightleftharpoons Cl^-+4H_2O$	1.389	$F_2O+2H^++4e^-\rightleftharpoons H_2O+2F^-$	2.153
$ClO_4^-+8H^++7e^-\rightleftharpoons 1/2Cl_2+4H_2O$	1.39	$FeO_4^{2-}+8H^++3e^-\rightleftharpoons Fe^{3+}+4H_2O$	2.20
$Au^{3+}+2e^-\rightleftharpoons Au^+$	1.401	$O(g)+2H^++2e^-\rightleftharpoons H_2O$	2.421
$BrO_3^-+6H^++6e^-\rightleftharpoons Br^-+3H_2O$	1.423	$F_2+2e^-\rightleftharpoons 2F^-$	2.889
$2HIO+2H^++2e^-\rightleftharpoons I_2+2H_2O$	1.439	$F_2+2H^++2e^-\rightleftharpoons 2HF$	3.053

续表

2. 在碱性溶液中（298.15 K）

电 极 反 应	$\varphi^\ominus/V$	电 极 反 应	$\varphi^\ominus/V$
$Ca(OH)_2 + 2e^- = Ca + 2OH^-$	−3.02	$Fe(OH)_2 + 2e^- = Fe + 2OH^-$	−0.8914
$Ba(OH)_2 + 2e^- = Ba + 2OH^-$	−2.99	$P + 3H_2O + 3e^- = PH_3(g) + 3OH^-$	−0.87
$La(OH)_3 + 3e^- = La + 3OH^-$	−2.90	$2NO_3^- + 2H_2O + 2e^- = N_2O_4 + 4OH^-$	−0.85
$Sr(OH)_2 \cdot 8H_2O + 2e^- = Sr + 2OH^- + 8H_2O$	−2.88	$2H_2O + 2e^- = H_2 + 2OH^-$	−0.8277
$Mg(OH)_2 + 2e^- = Mg + 2OH^-$	−2.690	$Cd(OH)_2 + 2e^- = Cd(Hg) + 2OH^-$	−0.809
$Be_2O_3^{2-} + 3H_2O + 4e^- = 2Be + 6OH^-$	−2.63	$Co(OH)_2 + 2e^- = Co + 2OH^-$	−0.73
$HfO(OH)_2 + H_2O + 4e^- = Hf + 4OH^-$	−2.50	$Ni(OH)_2 + 2e^- = Ni + 2OH^-$	−0.72
$H_2ZrO_3 + H_2O + 4e^- = Zr + 4OH^-$	−2.36	$AsO_4^{3-} + 2H_2O + 2e^- = AsO_2^- + 4OH^-$	−0.71
$H_2AlO_3^- + H_2O + 3e^- = Al + 4OH^-$	−2.33	$Ag_2S + 2e^- = 2Ag + S^{2-}$	−0.691
$H_2PO_2^- + e^- = P + 2OH^-$	−1.82	$AsO_2^- + 2H_2O + 3e^- = As + 4OH^-$	−0.68
$H_2BO_3^- + H_2O + 3e^- = B + 4OH^-$	−1.79	$SbO_2^- + 2H_2O + 3e^- = Sb + 4OH^-$	−0.66
$HPO_3^{2-} + 2H_2O + 3e^- = P + 5OH^-$	−1.71	$ReO_4^- + 2H_2O + 3e^- = ReO_2 + 4OH^-$	−0.59
$SiO_3^{2-} + 3H_2O + 4e^- = Si + 6OH^-$	−1.697	$SbO_3^- + H_2O + 2e^- = SbO_2^- + 2OH^-$	−0.59
$HPO_3^{2-} + 2H_2O + 2e^- = H_2PO_2^- + 3OH^-$	−1.65	$ReO_4^- + 4H_2O + 7e^- = Re + 8OH^-$	−0.584
$Mn(OH)_2 + 2e^- = Mn + 2OH^-$	−1.56	$2SO_3^{2-} + 3H_2O + 4e^- = S_2O_3^{2-} + 6OH^-$	−0.58
$Cr(OH)_3 + 3e^- = Cr + 3OH^-$	−1.48	$TeO_3^{2-} + 3H_2O + 4e^- = Te + 6OH^-$	−0.57
$[Zn(CN)_4]^{2-} + 2e^- = Zn + 4CN^-$	−1.26	$Fe(OH)_3 + e^- = Fe(OH)_2 + OH^-$	−0.56
$Zn(OH)_2 + 2e^- = Zn + 2OH^-$	−1.249	$S + 2e^- = S^{2-}$	−0.47627
$H_2GaO_3^- + H_2O + 2e^- = Ga + 4OH^-$	−1.219	$Bi_2O_3 + 3H_2O + 6e^- = 2Bi + 6OH^-$	−0.46
$ZnO_2^{2-} + 2H_2O + 2e^- = Zn + 4OH^-$	−1.215	$NO_2^- + H_2O + e^- = NO + 2OH^-$	−0.46
$CrO_2^- + 2H_2O + 3e^- = Cr + 4OH^-$	−1.2	$[Co(NH_3)_6]^{2+} + 2e^- = Co + 6NH_3$	−0.422
$Te + 2e^- = Te^{2-}$	−1.143	$SeO_3^{2-} + 3H_2O + 4e^- = Se + 6OH^-$	−0.366
$PO_4^{3-} + 2H_2O + 2e^- = HPO_3^{2-} + 3OH^-$	−1.05	$Cu_2O + H_2O + 2e^- = 2Cu + 2OH^-$	−0.360
$[Zn(NH_3)_4]^{2+} + 2e^- = Zn + 4NH_3$	−1.04	$Tl(OH) + e^- = Tl + OH^-$	−0.34
$WO_4^{2-} + 4H_2O + 6e^- = W + 8OH^-$	−1.01	$[Ag(CN)_2]^- + e^- = Ag + 2CN^-$	−0.31
$HGeO_3^- + 2H_2O + 4e^- = Ge + 5OH^-$	−1.0	$Cu(OH)_2 + 2e^- = Cu + 2OH^-$	−0.222
$[Sn(OH)_6]^{2-} + 2e^- = HSnO_2^- + H_2O + 3OH^-$	−0.93	$MnO_2 + 2H_2O + e^- = Mn(OH)_3 + OH^-$	−0.20
$SO_4^{2-} + H_2O + 2e^- = SO_3^{2-} + 2OH^-$	−0.93	$CrO_4^{2-} + 4H_2O + 3e^- = Cr(OH)_3 + 5OH^-$	−0.13
$Se + 2e^- = Se^{2-}$	−0.924	$[Cu(NH_3)_2]^+ + e^- = Cu + 2NH_3$	−0.12
$HSnO_2^- + H_2O + 2e^- = Sn + 3OH^-$	−0.909	$Mn(OH)_3 + e^- = Mn(OH)_2 + OH^-$	−0.10

续表

2. 在碱性溶液中 (298.15 K)

电 极 反 应	$\varphi^{\ominus}/V$	电 极 反 应	$\varphi^{\ominus}/V$
$O_2 + H_2O + 2e^- \rightleftharpoons HO_2^- + OH^-$	-0.076	$O_2 + 2H_2O + 4e^- \rightleftharpoons 4OH^-$	0.401
$MnO_2 + 2H_2O + 2e^- \rightleftharpoons Mn(OH)_2 + 2OH^-$	-0.0514	$IO^- + H_2O + 2e^- \rightleftharpoons I^- + 2OH^-$	0.485
$AgCN + e^- \rightleftharpoons Ag + CN^-$	-0.017	$NiO_2 + 2H_2O + 2e^- \rightleftharpoons Ni(OH)_2 + 2OH^-$	0.490
$NO_3^- + H_2O + 2e^- \rightleftharpoons NO_2^- + 2OH^-$	0.01	$MnO_4^- + e^- \rightleftharpoons MnO_4^{2-}$	0.558
$SeO_4^{2-} + H_2O + 2e^- \rightleftharpoons SeO_3^{2-} + 2OH^-$	0.05	$MnO_4^- + 2H_2O + 3e^- \rightleftharpoons MnO_2 + 4OH^-$	0.595
$Pd(OH)_2 + 2e^- \rightleftharpoons Pd + 2OH^-$	0.07	$MnO_4^{2-} + 2H_2O + 2e^- \rightleftharpoons MnO_2 + 4OH^-$	0.60
$S_4O_6^{2-} + 2e^- \rightleftharpoons 2S_2O_3^{2-}$	0.08	$2AgO + H_2O + 2e^- \rightleftharpoons Ag_2O + 2OH^-$	0.607
$HgO + H_2O + 2e^- \rightleftharpoons Hg + 2OH^-$	0.0977	$BrO_3^- + 3H_2O + 6e^- \rightleftharpoons Br^- + 6OH^-$	0.61
$[Co(NH_3)_6]^{3+} + e^- \rightleftharpoons [Co(NH_3)_6]^{2+}$	0.108	$ClO_3^- + 3H_2O + 6e^- \rightleftharpoons Cl^- + 6OH^-$	0.62
$Pt(OH)_2 + 2e^- \rightleftharpoons Pt + 2OH^-$	0.14	$ClO_2^- + H_2O + 2e^- \rightleftharpoons ClO^- + 2OH^-$	0.66
$Co(OH)_3 + e^- \rightleftharpoons Co(OH)_2 + OH^-$	0.17	$H_3IO_6^{2-} + 2e^- \rightleftharpoons IO_3^- + 3OH^-$	0.7
$PbO_2 + H_2O + 2e^- \rightleftharpoons PbO + 2OH^-$	0.247	$ClO_2^- + 2H_2O + 4e^- \rightleftharpoons Cl^- + 4OH^-$	0.76
$IO_3^- + 3H_2O + 6e^- \rightleftharpoons I^- + 6OH^-$	0.26	$BrO^- + H_2O + 2e^- \rightleftharpoons Br^- + 2OH^-$	0.761
$ClO_3^- + H_2O + 2e^- \rightleftharpoons ClO_2^- + 2OH^-$	0.33	$ClO^- + H_2O + 2e^- \rightleftharpoons Cl^- + 2OH^-$	0.841
$Ag_2O + H_2O + 2e^- \rightleftharpoons 2Ag + 2OH^-$	0.342	$FeO_4^{2-} + 4H_2O + 3e^- \rightleftharpoons Fe(OH)_3 + 5OH^-$	0.9
$[Fe(CN)_6]^{3-} + e^- \rightleftharpoons [Fe(CN)_6]^{4-}$	0.358	$ClO_2(g) + e^- \rightleftharpoons ClO_2^-$	0.95
$ClO_4^- + H_2O + 2e^- \rightleftharpoons ClO_3^- + 2OH^-$	0.36	$O_3 + H_2O + 2e^- \rightleftharpoons O_2 + 2OH^-$	1.24
$[Ag(NH_3)_2]^+ + e^- \rightleftharpoons Ag + 2NH_3$	0.373		

一些物质的摩尔质量

化 合 物	$M/(\text{g}\cdot\text{mol}^{-1})$	化 合 物	$M/(\text{g}\cdot\text{mol}^{-1})$
Ag_3AsO_4	462.52	BaO	153.33
$AgBr$	187.77	$Ba(OH)_2$	171.34
$AgCl$	143.32	$BaSO_4$	233.39
$AgCN$	133.89	$BiCl_3$	315.34
$AgSCN$	165.95	$BiOCl$	260.43
$AlCl_3$	133.34	CO_2	44.01
Ag_2CrO_4	331.73	CaO	56.08
AgI	234.77	$CaCO_3$	100.09
$AgNO_3$	169.87	CaC_2O_4	128.10
$AlCl_3 \cdot 6H_2O$	241.43	$CaCl_2$	110.99
$Al(NO_3)_3$	213.00	$CaCl_2 \cdot 6H_2O$	219.08
$Al(NO_3)_3 \cdot 9H_2O$	375.13	$Ca(NO_3)_2 \cdot 4H_2O$	236.15
Al_2O_3	101.96	$Ca(OH)_2$	74.09
$Al(OH)_3$	78.00	$Ca_3(PO_4)_2$	310.18
$Al_2(SO_4)_3$	342.14	$CaSO_4$	136.14
$Al_2(SO_4)_3 \cdot 18H_2O$	666.41	$CdCO_3$	172.42
As_2O_3	197.84	$CdCl_2$	183.82
As_2O_5	229.84	CdS	144.47
As_2S_3	246.03	$Ce(SO_4)_2$	332.24
$BaCO_3$	197.34	$Ce(SO_4)_2 \cdot 4H_2O$	404.30
BaC_2O_4	225.35	$CoCl_2$	129.84
$BaCl_2$	208.24	$CoCl_2 \cdot 6H_2O$	237.93
$BaCl_2 \cdot 2H_2O$	244.27	$Co(NO_3)_2$	182.94
$BaCrO_4$	253.32	$Co(NO_3)_2 \cdot 6H_2O$	291.03

续表

化 合 物	$M/(g \cdot mol^{-1})$	化 合 物	$M/(g \cdot mol^{-1})$
CoS	90.99	$CuSO_4 \cdot 5H_2O$	249.68
$CoSO_4$	154.99	$FeCl_2$	126.75
$CoSO_4 \cdot 7H_2O$	281.10	$FeCl_2 \cdot 4H_2O$	198.81
$CO(NH_2)_2$（尿素）	60.06	$FeCl_3$	162.21
$CS(NH_2)_2$（硫脲）	76.116	$FeCl_3 \cdot 6H_2O$	270.30
C_6H_5OH	94.113	$FeNH_4(SO_4)_2 \cdot 12H_2O$	482.18
CH_2O	30.03	$Fe(NO_3)_3$	241.86
$C_{14}H_{14}N_3O_3SNa$（甲基橙）	327.33	$Fe(NO_3)_3 \cdot 9H_2O$	404.00
$C_6H_5NO_3$（硝基酚）	139.11	FeO	71.85
$C_4H_8N_2O_2$（丁二酮肟）	116.12	Fe_2O_3	159.69
$(CH_2)_6N_4$（六亚甲基四胺）	140.19	Fe_3O_4	231.54
$C_7H_6O_6S \cdot 2H_2O$（磺基水杨酸）	254.22	$Fe(OH)_3$	106.87
C_9H_6NOH（8-羟基喹啉）	145.16	FeS	87.91
$C_{12}H_8N_2 \cdot H_2O$（邻菲罗啉）	198.22	Fe_2S_3	207.87
$C_2H_5NO_2$（氨基乙酸、甘氨酸）	75.07	$FeSO_4$	151.91
$C_6H_{12}N_2O_4S_2$（L-胱氨酸）	240.30	$FeSO_4 \cdot 7H_2O$	278.01
$CrCl_3$	158.36	$Fe(NH_4)_2(SO_4)_2 \cdot 6H_2O$	392.13
$CrCl_3 \cdot 6H_2O$	266.45	H_3AsO_3	125.94
$Cr(NO_3)_3$	238.01	H_3AsO_4	141.94
Cr_2O_3	151.99	H_3BO_3	61.83
CuCl	99.00	HBr	80.91
$CuCl_2$	134.45	HCN	27.03
$CuCl_2 \cdot 2H_2O$	170.48	HCOOH	46.03
CuSCN	121.62	CH_3COOH	60.05
CuI	190.45	H_2CO_3	62.02
$Cu(NO_3)_2$	187.56	$H_2C_2O_4$	90.04
$Cu(NO_3)_2 \cdot 3H_2O$	241.60	$H_2C_2O_4 \cdot 2H_2O$	126.07
CuO	79.54	$H_2C_4H_4O_4$（丁二酸）	118.09
Cu_2O	143.09	$H_2C_4H_4O_6$（酒石酸）	150.09
CuS	95.61	$H_3C_6H_5O_7 \cdot H_2O$（柠檬酸）	210.14
$CuSO_4$	159.06	$H_2C_4H_4O_5$（DL-苹果酸）	134.09

续表

化合物	$M/(\text{g}\cdot\text{mol}^{-1})$	化合物	$M/(\text{g}\cdot\text{mol}^{-1})$
$HC_3H_6NO_2$（DL-a-丙氨酸）	89.10	KSCN	97.18
HCl	36.46	K_2CO_3	138.21
HF	20.01	K_2CrO_4	194.19
HI	127.91	$K_2Cr_2O_7$	294.18
HIO_3	175.91	$K_3Fe(CN)_6$	329.25
HNO_2	47.01	$K_4Fe(CN)_6$	368.35
HNO_3	63.01	$KFe(SO_4)_2 \cdot 12H_2O$	503.24
H_2O	18.015	$KHC_2O_4 \cdot H_2O$	146.14
H_2O_2	34.02	$KHC_2O_4 \cdot H_2C_2O_4 \cdot H_2O$	254.19
H_3PO_4	98.00	$KHC_4H_4O_6$（酒石酸氢钾）	188.18
H_2S	34.08	$KHC_8H_4O_4$（邻苯二甲酸氢钾）	204.22
H_2SO_3	82.07	$KHSO_4$	136.16
H_2SO_4	98.07	KI	166.00
$Hg(CN)_2$	252.63	KIO_3	214.00
$HgCl_2$	271.50	$KIO_3 \cdot HIO_3$	389.91
Hg_2Cl_2	472.09	$KMnO_4$	158.03
HgI_2	454.40	$KNaC_4H_4O_6 \cdot 4H_2O$	282.22
$Hg_2(NO_3)_2$	525.19	KNO_3	101.10
$Hg_2(NO_3)_2 \cdot 2H_2O$	561.22	KNO_2	85.10
$Hg(NO_3)_2$	324.60	K_2O	94.20
HgO	216.59	KOH	56.11
HgS	232.65	K_2SO_4	174.25
$HgSO_4$	296.65	$MgCO_3$	84.31
Hg_2SO_4	497.24	$MgCl_2$	95.21
$KAl(SO_4)_2 \cdot 12H_2O$	474.38	$MgCl_2 \cdot 6H_2O$	203.30
KBr	119.00	MgC_2O_4	112.33
$KBrO_3$	167.00	$Mg(NO_3)_2 \cdot 6H_2O$	256.41
KCl	74.55	$MgNH_4PO_4$	137.32
$KClO_3$	122.55	MgO	40.30
$KClO_4$	138.55	$Mg(OH)_2$	58.32
KCN	65.12	$Mg_2P_2O_7$	222.55

续表

化合物	$M/(\text{g} \cdot \text{mol}^{-1})$	化合物	$M/(\text{g} \cdot \text{mol}^{-1})$
$MgSO_4 \cdot 7H_2O$	246.47	NaSCN	81.07
$MnCO_3$	114.95	Na_2CO_3	105.99
$MnCl_2 \cdot 4H_2O$	197.91	$Na_2CO_3 \cdot 10H_2O$	286.14
$Mn(NO_3)_2 \cdot 6H_2O$	287.04	$Na_2C_2O_4$	134.00
MnO	70.94	CH_3COONa	82.03
MnO_2	86.94	$CH_3COONa \cdot 3H_2O$	136.08
MnS	87.00	$Na_3C_6H_5O_7$（柠檬酸钠）	258.07
$MnSO_4$	151.00	$NaC_5H_8NO_4 \cdot H_2O$（L-谷氨酸钠）	187.13
$MnSO_4 \cdot 4H_2O$	223.06	NaCl	58.44
NO	30.01	NaClO	74.44
NO_2	46.01	$NaHCO_3$	84.01
NH_3	17.03	$Na_2HPO_4 \cdot 12H_2O$	358.14
CH_3COONH_4	77.08	$Na_2H_2C_{10}H_{12}O_8N_2$（EDTA 二钠盐）	336.21
$NH_2OH \cdot HCl$（盐酸羟氨）	69.49	$Na_2H_2C_{10}H_{12}O_8N_2 \cdot 2H_2O$	372.24
NH_4Cl	53.49	$NaNO_2$	69.00
$(NH_4)_2CO_3$	96.09	$NaNO_3$	85.00
$(NH_4)_2C_2O_4$	124.10	Na_2O	61.98
$(NH_4)_2C_2O_4 \cdot H_2O$	142.11	Na_2O_2	77.98
NH_4SCN	76.12	NaOH	40.00
NH_4HCO_3	79.06	Na_3PO_4	163.94
$(NH_4)_2MoO_4$	196.01	Na_2S	78.04
NH_4NO_3	80.04	$Na_2S \cdot 9H_2O$	240.18
$(NH_4)_2HPO_4$	132.06	Na_2SO_3	126.04
$(NH_4)_2S$	68.14	Na_2SO_4	142.04
$(NH_4)_2SO_4$	132.13	$Na_2S_2O_3$	158.10
NH_4VO_3	116.98	$Na_2S_2O_3 \cdot 5H_2O$	248.17
Na_3AsO_3	191.89	$NiCl_2 \cdot 6H_2O$	237.70
$Na_2B_4O_7$	201.22	NiO	74.70
$Na_2B_4O_7 \cdot 10H_2O$	381.37	$Ni(NO_3)_2 \cdot 6H_2O$	290.80
$NaBiO_3$	279.97	NiS	90.76
NaCN	49.01	$NiSO_4 \cdot 7H_2O$	280.86

续表

化合物	$M/(\text{g}\cdot\text{mol}^{-1})$	化合物	$M/(\text{g}\cdot\text{mol}^{-1})$
$\text{Ni}(\text{C}_4\text{H}_7\text{N}_2\text{O}_2)_2$（丁二酮肟合镍）	288.91	$\text{SnCl}_2\cdot 2\text{H}_2\text{O}$	225.63
P_2O_5	141.95	SnCl_4	260.50
PbCO_3	267.21	$\text{SnCl}_4\cdot 5\text{H}_2\text{O}$	350.58
PbC_2O_4	295.22	SnO_2	150.69
PbCl_2	278.10	SnS_2	150.75
PbCrO_4	323.19	SrCO_3	147.63
$\text{Pb}(\text{CH}_3\text{COO})_2\cdot 3\text{H}_2\text{O}$	379.30	SrC_2O_4	175.64
$\text{Pb}(\text{CH}_3\text{COO})_2$	325.29	SrCrO_4	203.61
PbI_2	461.01	$\text{Sr}(\text{NO}_3)_2$	211.63
$\text{Pb}(\text{NO}_3)_2$	331.21	$\text{Sr}(\text{NO}_3)_2\cdot 4\text{H}_2\text{O}$	283.69
PbO	223.20	SrSO_4	183.69
PbO_2	239.20	ZnCO_3	125.39
$\text{Pb}_3(\text{PO}_4)_2$	811.54	$\text{UO}_2(\text{CH}_3\text{COO})_2\cdot 2\text{H}_2\text{O}$	424.15
PbS	239.30	ZnC_2O_4	153.40
PbSO_4	303.30	ZnCl_2	136.29
SO_3	80.06	$\text{Zn}(\text{CH}_3\text{COO})_2$	183.47
SO_2	64.06	$\text{Zn}(\text{CH}_3\text{COO})_2\cdot 2\text{H}_2\text{O}$	219.50
SbCl_3	228.11	$\text{Zn}(\text{NO}_3)_2$	189.39
SbCl_5	299.02	$\text{Zn}(\text{NO}_3)_2\cdot 6\text{H}_2\text{O}$	297.48
Sb_2O_3	291.50	ZnO	81.38
Sb_2S_3	339.68	ZnS	97.44
SiF_4	104.08	ZnSO_4	161.54
SiO_2	60.08	$\text{ZnSO}_4\cdot 7\text{H}_2\text{O}$	287.55
SnCl_2	189.60		

参考文献

[1] 大连理工大学无机化学教研室. 无机化学[M]. 5版. 北京：高等教育出版社，2006.
[2] 浙江大学普通化学教研组. 普通化学[M]. 5版. 北京：高教出版社，2002.
[3] 付献彩. 大学化学[M]. 北京：高等教育出版社，1999.
[4] 王光信，孟阿兰，任志华. 物理化学[M]. 2版. 北京：化学工业出版社，2001.
[5] 杨宏秀，傅希贤，宋宽秀. 大学化学[M]. 天津：天津大学出版社，2001.
[6] 北京师范大学、华中师范大学、南京师范大学无机化学教研室. 无机化学[M]. 4版. 北京：高等教育出版社，2002.
[7] 贾之慎. 无机与分析化学[M]. 2版. 北京：高等教育出版社，2009.
[8] 西南石油大学化学教研室. 大学化学教程[M]. 北京：石油工业出版社，2007.
[9] 金继红. 大学化学[M]. 北京：化学工业出版社，2006.
[10] 陈虹锦. 无机与分析化学[M]. 北京：科学出版社，2002.
[11] 陈林根. 工程化学基础[M]. 2版. 北京：高等教育出版社，2005.
[12] 王光信，孟阿兰，任志华. 物理化学[M]. 3版. 北京：化学工业出版社，2010.
[13] 朱传征，许海涵. 物理化学[M]. 北京：科学出版社，2002.
[14] 金世勋. 物理化学[M]. 北京：高等教育出版社，1994.
[15] 王元兰. 无机化学[M]. 北京：化学工业出版社，2009.
[16] 沈钟，赵振国，王果庭. 胶体与表面化学[M]. 2版. 北京：化学工业出版社，1997.
[17] 陈宗淇，王光信，徐桂英. 胶体与表面化学[M]. 北京：高等教育出版社，2001.
[18] 天津大学无机化学教研室. 无机化学[M]. 3版. 北京：高等教育出版社，2002.
[19] 浙江大学. 无机及分析化学[M]. 2版. 北京：高等教育出版社，2008.
[20] 李保山. 基础化学[M]. 北京：科学出版社，2003.
[21] 古国榜，李朴. 无机化学[M]. 2版. 北京：化学工业出版社，2001.
[22] 何凤娇. 无机化学[M]. 北京：科学出版社，2002.
[23] 孙为银. 配位化学[M]. 北京：化学工业出版社，2004.
[24] 戴安邦. 配位化学[M]. 北京：科学出版社，1987.
[25] ATKINS P, JONES L. Chemical principles: the quest for insight[M]. 2nd ed. New York: W. H. Freeman and Compamy, 2001.
[26] OXTOBY D W, GILLIS H P, NACHTRIEB N H. Principles of modern chemistry[M]. 4th ed. Fort Worth: Saunders College Publishing, 1999.
[27] BODNER G M, RICHARD L H, SPENCER J N. Chemistry: structure and dynamics[M]. New York: John Wiley & Sons, 1996.
[28] MALONE LEO J. Basic concepts of chemistry[M]. 6th ed. New York: John Wiley & Son, 2001.

元素周期表

图例说明:
- 原子序数: 19
- 元素符号（蓝色指放射性元素）: K
- 元素名称（注*的是人造元素）: 钾
- 稳定同位素的质量数（底线指丰度最大的同位素）: 39, 40
- 放射性同位素的质量数: 41
- 外围电子的构型（括号指可能的构型）: $4s^1$
- 相对原子质量（括号内数据为放射性元素最长寿命同位素的质量数）: 39.0983(1)

分类: 金属 | 稀有气体 | 非金属 | 过渡元素

注:
1. 相对原子质量…
2. 商品…
3. 稳定…

周期\族	1 IA	2 IIA	3 IIIB	4 IVB	5 VB	6 VIB	7 VIIB	8 VIII	9 VIII
1	1 H 氢 $\frac{1}{2}$ $1s^1$ 1.00794(7)								
2	3 Li 锂 $\frac{6}{7}$ $2s^1$ 6.941(2)	4 Be 铍 9 $2s^2$ 9.012182(3)							
3	11 Na 钠 23 $3s^1$ 22.98976928(2)	12 Mg 镁 $\frac{24}{25}$ 26 $3s^2$ 24.3050(6)							
4	19 K 钾 $\frac{39}{40}$ 41 $4s^1$ 39.0983(1)	20 Ca 钙 $\frac{40}{42}$ $\frac{44}{43}$ 48 $4s^2$ 40.078(4)	21 Sc 钪 45 $3d^14s^2$ 44.955912(6)	22 Ti 钛 46 49 47 50 $\underline{48}$ $3d^24s^2$ 47.867(1)	23 V 钒 50 $\underline{51}$ $3d^34s^2$ 50.9415(1)	24 Cr 铬 50 54 $\underline{52}$ 53 $3d^54s^1$ 51.9961(6)	25 Mn 锰 55 $3d^54s^2$ 54.938045(5)	26 Fe 铁 54 58 $\underline{56}$ 57 $3d^64s^2$ 55.845(2)	27 Co 钴 59 $3d^74s^2$ 58.933195(5)
5	37 Rb 铷 $\underline{85}$ 87 $5s^1$ 85.4678(3)	38 Sr 锶 84 88 86 $\underline{87}$ $5s^2$ 87.62(1)	39 Y 钇 89 $4d^15s^2$ 88.90585(2)	40 Zr 锆 90 94 91 96 92 $4d^25s^2$ 91.224(2)	41 Nb 铌 $\underline{93}$ 94 $4d^45s^1$ 92.90638(2)	42 Mo 钼 92 97 94 $\underline{98}$ 95 100 96 $4d^55s^1$ 95.96(2)	43 Tc 锝 $\underline{97}$ 98 99 $4d^55s^2$ (98)	44 Ru 钌 96 101 98 $\underline{102}$ 99 104 100 $4d^75s^1$ 101.07(2)	45 Rh 铑 103 $4d^85s^1$ 102.90550(2)
6	55 Cs 铯 133 $6s^1$ 132.9054519(2)	56 Ba 钡 130 136 132 137 $\underline{138}$ 135 $6s^2$ 137.327(7)	57–71 La–Lu 镧系	72 Hf 铪 174 178 176 179 177 $\underline{180}$ $5d^26s^2$ 178.49(2)	73 Ta 钽 180 $\underline{181}$ $5d^36s^2$ 180.94788(2)	74 W 钨 180 $\underline{184}$ 182 186 183 $5d^46s^2$ 183.84(1)	75 Re 铼 185 $\underline{187}$ $5d^56s^2$ 186.207(1)	76 Os 锇 184 189 186 190 187 $\underline{192}$ 188 $5d^66s^2$ 190.23(3)	77 Ir 铱 191 $\underline{193}$ $5d^76s^2$ 192.217(3)
7	87 Fr 钫 223 $7s^1$ (223)	88 Ra 镭 223 228 224 226 $7s^2$ (226)	89–103 Ac–Lr 锕系	104 Rf 鑪* $(6d^27s^2)$ (267)	105 Db 𨧀* (268)	106 Sg 𨭎* (271)	107 Bh 𨨏* (272)	108 Hs 𨭆* (270)	109 Mt 鿏* (276)

镧系

	57 La 镧 138 $\underline{139}$ $5d^16s^2$ 138.90547(7)	58 Ce 铈 136 142 138 148 $\underline{140}$ $4f^15d^16s^2$ 140.116(1)	59 Pr 镨 141 $4f^36s^2$ 140.90765(2)	60 Nd 钕 $\underline{142}$ 146 143 148 144 150 145 $4f^46s^2$ 144.242(3)	61 Pm 钷 145 147 $4f^56s^2$ (145)	62 Sm 钐 144 150 147 $\underline{152}$ 148 154 149 $4f^66s^2$ 150.36(2)	63 Eu 铕 151 $\underline{153}$ $4f^76s^2$ 151.964(1)

锕系

	89 Ac 锕 227 $6d^17s^2$ (227)	90 Th 钍 $\underline{230}$ 232 $6d^27s^2$ 232.03806(2)	91 Pa 镤 231 $5f^26d^17s^2$ 231.03588(2)	92 U 铀 233 236 234 $\underline{238}$ 235 $5f^36d^17s^2$ 238.02891(3)	93 Np 镎 237 239 $5f^46d^17s^2$ (237)	94 Pu 钚 238 241 239 242 240 244 $5f^67s^2$ (244)	95 Am 镅* 241 243 $5f^77s^2$ (243)

周期表

原子质量录自 2007 年国际相对原子质量，规定 ^{12}C 的相对原子质量为 12，元素的原子质量末位数的准确度加注在其后括号内。Li 的相对原子质量范围为 6.939～6.996。* 元素列有天然丰度的同位素；天然放射性和人造元素同位素的选列与国际相对原子质量表的有关文献一致。

族		13 IIIA	14 IVA	15 VA	16 VIA	17 VIIA	18 0	电子层	18族电子数
							2 He 氦 $1s^2$ 3 4 4.002602(2)	K	2
11 IB	12 IIB	5 B 硼 $2s^22p^1$ 10 11 10.811(7)	6 C 碳 $2s^22p^2$ 12 13 14 12.0107(8)	7 N 氮 $2s^22p^3$ 14 15 14.0067(8)	8 O 氧 $2s^22p^4$ 16 17 18 15.9994(3)	9 F 氟 $2s^22p^5$ 19 18.9984032(5)	10 Ne 氖 $2s^22p^6$ 20 21 22 20.1797(6)	L K	8 2
		13 Al 铝 $3s^23p^1$ 27 26.9815386(8)	14 Si 硅 $3s^23p^2$ 28 29 30 28.0855(3)	15 P 磷 $3s^23p^3$ 31 30.973762(2)	16 S 硫 $3s^23p^4$ 32 33 34 36 32.065(5)	17 Cl 氯 $3s^23p^5$ 35 37 35.453(2)	18 Ar 氩 $3s^23p^6$ 36 38 40 39.948(1)	M L K	8 8 2
29 Cu 铜 $3d^{10}4s^1$ 63 65 63.546(3)	30 Zn 锌 $3d^{10}4s^2$ 64 66 67 68 70 65.38(2)	31 Ga 镓 $4s^24p^1$ 69 71 69.723(1)	32 Ge 锗 $4s^24p^2$ 70 72 73 74 76 72.64(1)	33 As 砷 $4s^24p^3$ 75 74.92160(2)	34 Se 硒 $4s^24p^4$ 74 76 77 78 80 82 78.96(3)	35 Br 溴 $4s^24p^5$ 79 81 79.904(1)	36 Kr 氪 $4s^24p^6$ 78 80 82 83 84 86 83.798(2)	N M L K	8 18 8 2
47 Ag 银 $4d^{10}5s^1$ 107 109 107.8682(2)	48 Cd 镉 $4d^{10}5s^2$ 106 108 110 111 112 113 114 116 112.411(8)	49 In 铟 $5s^25p^1$ 113 115 114.818(3)	50 Sn 锡 $5s^25p^2$ 112 114 115 116 117 118 119 120 122 124 118.710(7)	51 Sb 锑 $5s^25p^3$ 121 123 121.760(1)	52 Te 碲 $5s^25p^4$ 120 122 123 124 125 126 128 130 127.60(3)	53 I 碘 $5s^25p^5$ 127 129 126.90447(3)	54 Xe 氙 $5s^25p^6$ 124 126 128 129 130 131 132 134 136 131.293(6)	O N M L K	8 18 18 8 2
79 Au 金 $5d^{10}6s^1$ 197 196.966569(4)	80 Hg 汞 $5d^{10}6s^2$ 196 198 199 200 201 202 204 200.59(2)	81 Tl 铊 $6s^26p^1$ 203 205 204.3833(2)	82 Pb 铅 $6s^26p^2$ 204 206 207 208 207.2(1)	83 Bi 铋 $6s^26p^3$ 209 208.98040(1)	84 Po 钋 $6s^26p^4$ 209 210 (209)	85 At 砹 $6s^26p^5$ 210 211 (210)	86 Rn 氡 $6s^26p^6$ 211 220 222 (222)	P O N M L K	8 18 32 18 8 2
111 Rg 轮* (280)	112 Cn 鎶* (285)	113 Uut* (284)	114 Uuq* (289)	115 Uup* (288)	116 Uuh* (293)	117 Uns*	118 Uuo* (294)	Q P O N M L K	8 18 32 32 18 8 2

65 Tb 铽 $4f^96s^2$ 159 158.92535(2)	66 Dy 镝 $4f^{10}6s^2$ 156 158 160 161 162 163 164 162.500(1)	67 Ho 钬 $4f^{11}6s^2$ 165 164.93032(2)	68 Er 铒 $4f^{12}6s^2$ 162 164 166 167 168 170 167.259(3)	69 Tm 铥 $4f^{13}6s^2$ 169 168.93421(2)	70 Yb 镱 $4f^{14}6s^2$ 168 170 171 172 173 174 176 173.054(5)	71 Lu 镥 $4f^{14}5d^16s^2$ 175 176 174.9668(1)
97 Bk 锫* $5f^97s^2$ 243 244 245 246 247 248 249 (247)	98 Cf 锎* $5f^{10}7s^2$ 249 250 251 252 (251)	99 Es 锿* $5f^{11}7s^2$ 252 (252)	100 Fm 镄* $5f^{12}7s^2$ 257 (257)	101 Md 钔* $5f^{13}7s^2$ 256 258 (258)	102 No 锘* $(5f^{14}7s^2)$ 259 (259)	103 Lr 铹* $(5f^{14}6d^17s^2)$ 260 (262)